MATHEMATIK
NEUE WEGE

ARBEITSBUCH
FÜR GYMNASIEN

Einführungsphase

Herausgegeben von
Arno Lergenmüller
Günter Schmidt

Schroedel

MATHEMATIK NEUE WEGE
ARBEITSBUCH FÜR GYMNASIEN
Einführungsphase

Herausgegeben von:
Arno Lergenmüller, Prof. Günter Schmidt

Mitherausgeber: Henning Körner

erarbeitet von:
Armin Baeger, Lehmen
Ellen Ebbes, Nieder-Olm
Dieter Eichhorn, St. Ingbert
Aloisius Görg. Frechen
Dr. Nicola Haas, Aachen
Johanna Heitzer, Mönchengladbach
Andreas Jacob, Kaiserslautern
Arianie Keil, Neustadt
Henning Körner, Oldenburg
Elke Kuhnert, Berlin
Arno Lergenmüller, Roxheim
Hellen Ossmann, Ingelheim
Peter Ossmann, Ingelheim
Kerstin Peuser, Roetgen
Michael Rüsing, Essen
Prof. Günter Schmidt, Stromberg
Thomas Vogt, Hargesheim
Martin Zacharias, Molfsee

Druck A [2] / Jahr 2011
Alle Drucke der Serie A sind im Unterricht parallel verwendbar.

Redaktion: Stephanie Aslanidis, Dr. Klaus-Peter Schrage
Herstellung: Reinhard Hörner
Umschlagentwurf: KLAXGESTALTUNG, Braunschweig
Illustrationen: M. Pawle, München
techn. Zeichnungen: M. Wojczak, Butjadingen
Satz: CMS – Cross Media Solutions GmbH, Würzburg
Druck und Bindung: Westermann Druck GmbH, Zwickau

ISBN 978-3-507-**85480**-2

Inhalt

Zum Aufbau dieses Buches

Grün – Weiß – Grün: Jeder Lernabschnitt ist in drei Ebenen unterteilt.

Die erste grüne Ebene

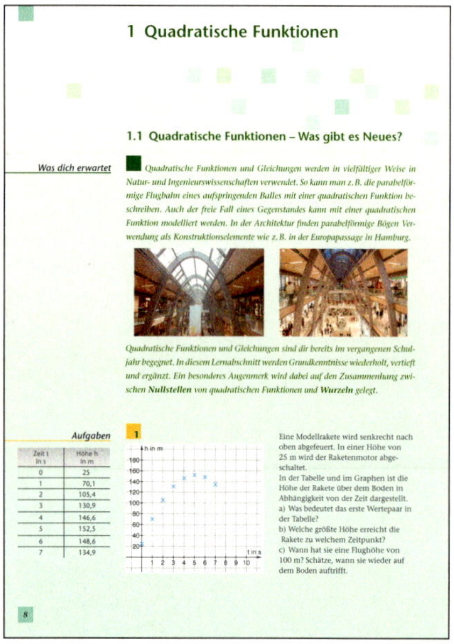

Was dich erwartet

„Das Ziel vor Augen"

In wenigen Sätzen, Bildern und Fragen erfährst du, worum es in diesem Abschnitt geht.

Einführende Aufgaben

In vertrauten Alltagsproblemen ist bereits viel Mathematik versteckt. Mit diesen Aufgaben kannst du interessante Zusammenhänge des Themas selbst entdecken und verstehen.

Dies gelingt besonders gut in der Zusammenarbeit mit einem oder mehreren Partnern.

In dem vielfältigen Angebot könnt ihr nach euren Erfahrungen und Interessen auswählen.

Die weiße Ebene

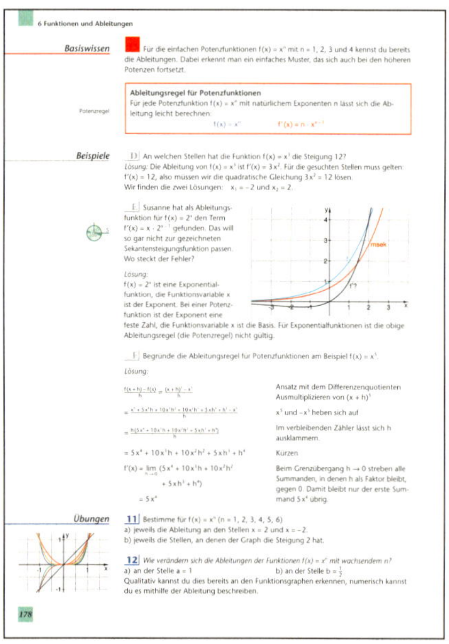

Basiswissen

Im roten Kasten findest du das Wissen und die grundlegenden Strategien kurz und bündig zusammengefasst.

Beispiele

Die durchgerechneten Musteraufgaben helfen dir beim eigenständigen Lösen der Übungen.

Übungen

„Mathematik lernt man weniger durch Zuschauen als durch eigenes Tun".

Die Übungen bieten reichlich Gelegenheit zu eigenen Aktivitäten zum Verstehen und Anwenden. Zusätzliche „Trainingsangebote" führen zur Sicherheit.

Bei vielen Aufgaben findest du

hilfreiche Tipps und Lösungshinweise

Möglichkeiten zur Selbstkontrolle

Die zweite grüne Ebene

Aufgaben

„Mathematik ist überall“

Hier findest du Anregungen zum Entdecken überraschender Zusammenhänge der Mathematik mit vielen Bereichen deiner Lebenswelt und anderer Fächer.

Die Aufgaben hier sind meist etwas umfangreicher, deshalb ist oft Teamarbeit angesagt.

In eigenen Projekten gibt es Anregungen zu mathematischen Exkursionen oder zum Erstellen eigener Produkte. Dies führt auch zu Präsentationen der Ergebnisse in größerem Rahmen.

„Check-Up“ und „Mathekisten“ – damit kannst du dein Wissen und Können gegen das Vergessen sichern.

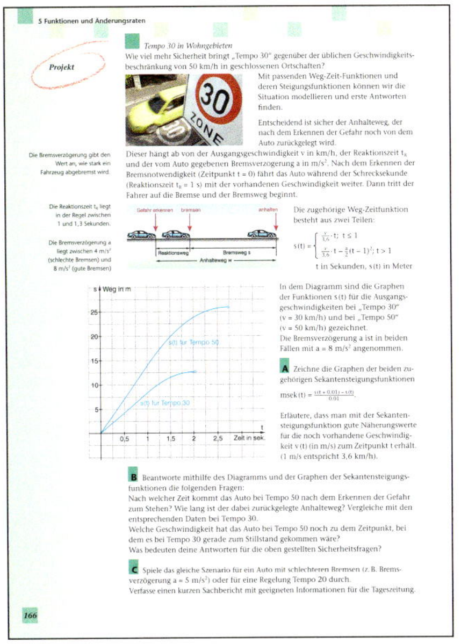
5 Funktionen und Änderungsraten

Projekt

Tempo 30 in Wohngebieten

Wie viel mehr Sicherheit bringt „Tempo 30“ gegenüber der üblichen Geschwindigkeitsbeschränkung von 50 km/h in geschlossenen Ortschaften?

Mit passenden Weg-Zeit-Funktionen und deren Steigungsfunktionen können wir die Situation modellieren und erste Antworten finden.

Entscheidend ist sicher der Anhalteweg, der nach dem Erkennen der Gefahr noch von dem Auto zurückgelegt wird.

Dieser hängt ab von der Ausgangsgeschwindigkeit v in km/h, der Reaktionszeit t_R und der vom Auto gegebenen Bremsverzögerung a in m/s^2. Nach dem Erkennen der Bremsnotwendigkeit (Zeitpunkt t = 0) fährt das Auto während der Schrecksekunde (Reaktionszeit $t_R = 1$ s) mit der vorhandenen Geschwindigkeit weiter. Dann tritt der Fahrer auf die Bremse und der Bremsweg beginnt.

Die Bremsverzögerung gibt den Wert an, wie stark ein Fahrzeug abgebremst wird.

Die Reaktionszeit t_R liegt in der Regel zwischen 1 und 1,3 Sekunden.

Die Bremsverzögerung a liegt zwischen 4 m/s^2 (schlechte Bremsen) und 8 m/s^2 (gute Bremsen)

Die zugehörige Weg-Zeitfunktion besteht aus zwei Teilen:

$$s(t) = \begin{cases} \frac{v}{3,6}\cdot t;\ t \le 1 \\ \frac{v}{3,6}\cdot t - \frac{a}{2}(t-1)^2;\ t > 1 \end{cases}$$

t in Sekunden, s(t) in Meter

In dem Diagramm sind die Graphen der Funktionen s(t) für die Ausgangsgeschwindigkeiten bei „Tempo 30“ (v = 30 km/h) und bei „Tempo 50“ (v = 50 km/h) gezeichnet.
Die Bremsverzögerung a ist in beiden Fällen mit a = 8 m/s^2 angenommen.

A Zeichne die Graphen der beiden zugehörigen Sekantensteigungsfunktionen $msek(t) = \frac{s(t+0{,}01) - s(t)}{0{,}01}$.

Erläutere, dass man mit der Sekantensteigungsfunktion gute Näherungswerte für die noch vorhandene Geschwindigkeit v(t) (in m/s) zum Zeitpunkt t erhält. (1 m/s entspricht 3,6 km/h).

B Beantworte mithilfe des Diagramms und der Graphen der Sekantensteigungsfunktionen die folgenden Fragen:
Nach welcher Zeit kommt das Auto bei Tempo 50 nach dem Erkennen der Gefahr zum Stehen? Wie lang ist der dabei zurückgelegte Anhalteweg? Vergleiche mit den entsprechenden Daten bei Tempo 30.
Welche Geschwindigkeit hat das Auto bei Tempo 50 noch zu dem Zeitpunkt, bei dem es bei Tempo 30 gerade zum Stillstand gekommen wäre?
Was bedeuten deine Antworten für die oben gestellten Sicherheitsfragen?

C Spiele das gleiche Szenario für ein Auto mit schlechteren Bremsen (z. B. Bremsverzögerung a = 5 m/s^2) oder für eine Regelung Tempo 20 durch.
Verfasse einen kurzen Sachbericht mit geeigneten Informationen für die Tageszeitung.

166

Check-Up

„Alles klar?“

Nach jedem Kapitel findest du nochmals das Wichtigste übersichtlich zusammengefasst.

„Abschlusstraining“

Zusätzlich findest du passende Aufgaben, mit denen du dein Wissen festigen und dich für die Klassenarbeit vorbereiten kannst. Die Lösungen dieser Aufgaben findest du am Ende des Buches.

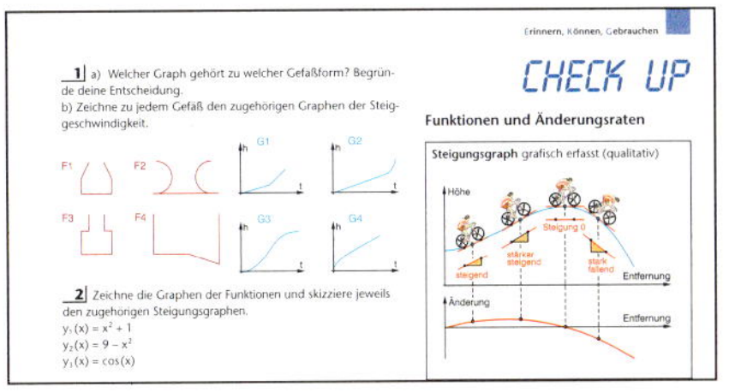
Erinnern, Können, Gebrauchen

CHECK UP

Funktionen und Änderungsraten

1 a) Welcher Graph gehört zu welcher Gefäßform? Begründe deine Entscheidung.
b) Zeichne zu jedem Gefäß den zugehörigen Graphen der Steiggeschwindigkeit.

2 Zeichne die Graphen der Funktionen und skizziere jeweils den zugehörigen Steigungsgraphen.
$y_1(x) = x^2 + 1$
$y_2(x) = 9 - x^2$
$y_3(x) = \cos(x)$

Steigungsgraph grafisch erfasst (qualitativ)

Mathekisten

„Vergessen ist menschlich!“

Deshalb kannst du in den eingestreuten Mathe-Kisten früher erworbene Kenntnisse wiederholen und auffrischen.

Exkurse

„Informationen und Geschichten über Mathematik“

Auch im Mathematikbuch gibt es einiges zu erzählen, über Menschen, Probleme und Anwendungen oder auch Seltsames und Lustiges.

Was ist eigentlich ein Grenzwert?

Die Karikatur gibt einen ersten Hinweis auf die Probleme. Die Dezimalzahl 1.9999…999 ist ohne Zweifel kleiner als 2, solange wir eine endliche Anzahl von Neunen hinter dem Komma schreiben. Sobald wir aber in Gedanken den Prozess des Anhängens von Neunen „unendlich“ fortsetzen, setzen wir das Ergebnis dieses unendlichen Prozesses – eben den Grenzwert – gleich der Zahl 2. $1{,}\overline{9} = 2$
Das ist vernünftig, aber mit unseren gewohnten Denkweisen nur schwer einzusehen. Eine Präzisierung dieser Festlegung erfordert viel Aufwand.
Genau so ist es mit dem Grenzwert des Differenzenquotienten. Auch hier hilft nur ein **Prozess**, den wir in Gedanken unendlich fortsetzen.

1 Quadratische Funktionen und Potenzfunktionen

1.1 Quadratische Funktionen – Was gibt es Neues?

Was dich erwartet

Quadratische Funktionen und Gleichungen werden in vielfältiger Weise in Natur- und Ingenieurswissenschaften verwendet. So kann man z. B. die parabelförmige Flugbahn eines aufspringenden Balles mit einer quadratischen Funktion beschreiben. Auch der freie Fall eines Gegenstandes kann mit einer quadratischen Funktion modelliert werden. In der Architektur finden parabelförmige Bögen Verwendung als Konstruktionselemente wie z. B. in der Europapassage in Hamburg.

*Quadratische Funktionen und Gleichungen sind dir bereits im vergangenen Schuljahr begegnet. In diesem Lernabschnitt werden Grundkenntnisse wiederholt, vertieft und ergänzt. Ein besonderes Augenmerk wird dabei auf den Zusammenhang zwischen **Nullstellen** von quadratischen Funktionen und **Wurzeln** gelegt.*

Aufgaben

Zeit t in s	Höhe h in m
0	25
1	70,1
2	105,4
3	130,9
4	146,6
5	152,5
6	148,6
7	134,9

1

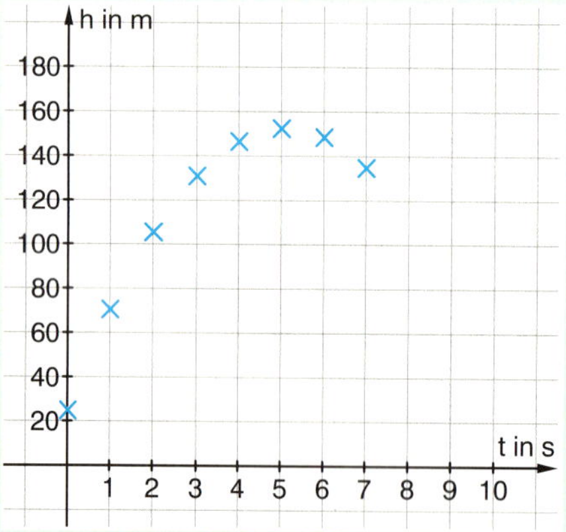

Eine Modellrakete wird senkrecht nach oben abgefeuert. In einer Höhe von 25 m wird der Raketenmotor abgeschaltet.
In der Tabelle und im Graphen ist die Höhe der Rakete über dem Boden in Abhängigkeit von der Zeit dargestellt.

a) Was bedeutet das erste Wertepaar in der Tabelle?

b) Welche größte Höhe erreicht die Rakete zu welchem Zeitpunkt?

c) Wann hat sie eine Flughöhe von 100 m? Schätze, wann sie wieder auf dem Boden auftrifft.

Aufgaben

2 Ausreichender Sicherheitsabstand

Drängeln und zu dichtes Auffahren ist die dritthäufigste Unfallursache in Deutschland. Für die Berechnung des richtigen Sicherheitsabstandes gibt es verschiedene Faustformeln.

a) Sehr bekannt ist die einfache Regel „Abstand in Metern gleich halber Tacho“. Erstelle nach dieser Formel eine Tabelle mit x: Geschwindigkeit in km/h und y: Sicherheitsabstand in m.
Zeichne zu der Tabelle ein Diagramm und finde die zugehörige Funktionsvorschrift.

b) In der Fahrschule findet man auch eine andere (exaktere) Formel zur theoretischen Berechnung des Sicherheitsabstandes:
Der Sicherheitsabstand entspricht dem Anhalteweg. Den Anhalteweg y in Metern in Abhängigkeit von der Geschwindigkeit x in km/h kann man mit der Formel

$$y = \frac{1}{100}x^2 + \frac{3}{10}x$$

berechnen.
Erstelle eine Tabelle und zeichne den zugehörigen Graphen. Beschreibe, was dir auffällt, wenn du Tabelle und Graph mit den Ergebnissen aus Teil a) vergleichst.

3 *Erkennst du ein Muster?*

a) Übertrage die Wertepaare aus den Tabellen jeweils in ein Koordinatenkreuz. Vergleiche.

b) Finde zu jeder Tabelle eine Funktionsgleichung f(x) = ■ und überprüfe deine Vermutung.

(1)

x	y
−2	4
−1	4
0	4
1	4
2	4
3	4

(2)

x	y
−2	−6
−1	−3
0	0
1	3
2	6
3	9

(3)

x	y
−2	1
−1	0
0	1
1	4
2	9
3	16

(4)

x	y
−2	4
−1	1
0	0
1	1
2	4
3	9

(5)

x	y
−2	5
−1	2
0	1
1	2
2	5
3	10

(6)

x	y
−2	5
−1	4
0	5
1	8
2	13
3	20

4 *Maximierung der Einnahmen*

Ein Konzertveranstalter plant den Auftritt eines Pop-Stars in einer Stadthalle. Im vergangenen Jahr kamen 4500 Fans und bezahlten im Schnitt 59 €. Der Veranstalter vermutet, dass bei einer Preiserhöhung um je 1 € ungefähr 90 Besucher weniger kommen, bei einer Senkung um je 1 € ungefähr 90 mehr.

a) Welchen Preis sollte der Veranstalter veranschlagen, damit seine Einnahmen möglichst groß sind?
Tipp: Verwende die Tabelle.

b) Entwickle mit der letzten Zeile in der Tabelle eine Formel, mit der man zu jeder Preisänderung um x Euro die Gesamteinnahmen berechnen kann.

c) Modellkritik: Die Nachfrage nach Tickets hängt u. a. vom Preis ab.

Preisänderung in €	Eintrittspreis in €	Besucherzahl	Einnahmen in €
−6	■	■	■
−5	■	■	■
…	…	…	…
1	■	■	■
2	■	■	■
…	…	…	…
x	59 + x	4500 − 90x	■

Basiswissen

In vielen Anwendungssituationen treten Funktionen auf, die man auf die Form $f(x) = ax^2 + bx + c$ bringen kann.

Eine Funktion mit der Funktionsgleichung $f(x) = ax^2 + bx + c$, wobei $a \neq 0$ ist, nennt man eine **quadratische Funktion**.

Beispiel:
Der Flug eines Golfballes wurde mit einer Hochgeschwindigkeitskamera gefilmt. Wissenschaftler stellten fest, dass man den Flug des Balles mit einer quadratischen Funktion modellieren kann:

Funktion: Entfernung x vom Abschlag → Höhe h(x) über dem Boden

Funktionsgleichung:
$h(x) = -0{,}003\,x^2 + 0{,}6\,x$ **$a = -0{,}003$; $b = 0{,}6$; $c = 0$**

Wertetabelle

x (in m)	h(x) (in m)
0	0
20	10,8
40	19,2
60	25,2
80	28,8
100	30
120	28,8
140	25,2
160	19,2

Graph

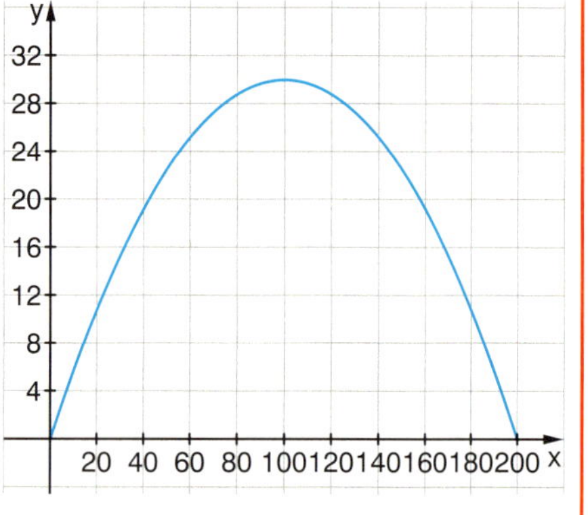

Einen Graphen wie in dem Schaubild nennt man eine **Parabel**. Parabeln sind typisch für die Graphen von quadratischen Funktionen.

Typische Fragestellungen:

Sachproblem	mathematische Formulierung und Lösung
Wie weit vom Abschlag entfernt trifft der Ball wieder auf dem Boden auf?	Wo schneidet die Parabel die x-Achse? Man nennt diese Stellen **Nullstellen der Funktion**.
Wo ist der höchste Punkt der Flugbahn?	Wo ist der höchste Punkt der Parabel? Man nennt diesen Punkt den **Scheitelpunkt der Parabel**. Der Scheitelpunkt kann auch der tiefste Punkt der Parabel sein.
Wie hoch über dem Boden ist der Ball in einer Entfernung von 160 m vom Abschlag?	Berechne h(x) für einen bestimmten x-Wert.
In welcher Entfernung vom Abschlag beträgt die Flughöhe des Balls 22 m?	Ermittle den x-Wert zu einem vorgegebenen Funktionswert.

Beispiele

A Die Funktionsgleichung des Graphen heißt $f(x) = x^2 + 3x - 5$.
Bestimme mit dem GTR die Nullstellen und den Scheitelpunkt der Funktion.

Lösung: Aus dem Graphen kann man ablesen, dass die eine Nullstelle etwas größer als 1 und die andere etwas kleiner als –4 ist.
Der Scheitelpunkt ist ungefähr $(-1{,}5 \mid -7{,}5)$.
Mit dem GTR kann man z. B. mithilfe einer Tabelle die Nullstellen genauer bestimmen.

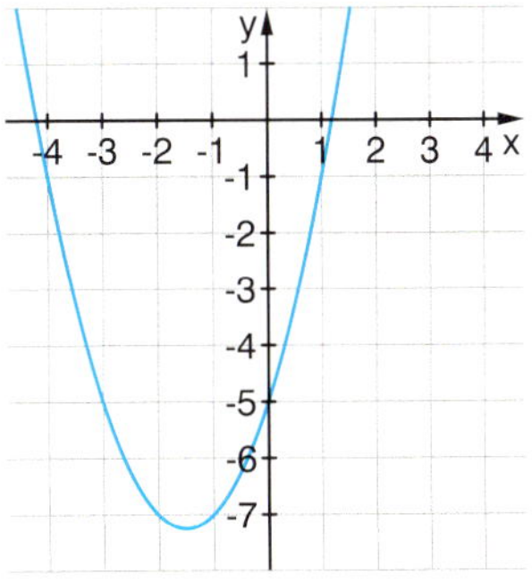

Für die negative Nullstelle:

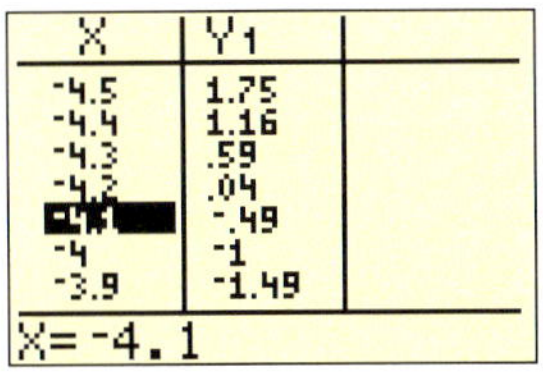

X	Y1
-4.5	1.75
-4.4	1.16
-4.3	.59
-4.2	.04
-4.1	-.49
-4	-1
-3.9	-1.49

X= -4.1

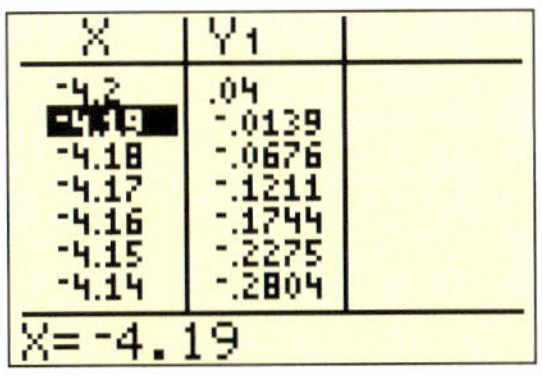

X	Y1
-4.2	.04
-4.19	-.0139
-4.18	-.0676
-4.17	-.1211
-4.16	-.1744
-4.15	-.2275
-4.14	-.2804

X= -4.19

Durch Zoomen in der Tabelle erhält man einen immer genaueren Wert für die betreffende Nullstelle, z. B. –4,19.

Genauso kann man für die andere Nullstelle verfahren sowie zum Finden des Scheitelpunktes, der hier genau bei $x = -1{,}5$ liegt.

B Untersuche die Funktion $f(x) = (x + 1)(x - 3)$. Zeige, dass es sich dabei um eine quadratische Funktion handelt.

Lösung: Durch Ausmultiplizieren kann man die Funktion in die Form $f(x) = ax^2 + bx + c$ bringen.

$$\begin{aligned} f(x) &= (x + 1)(x - 3) \\ &= x^2 - 3x + x - 3 \\ &= x^2 - 2x - 3 \end{aligned}$$

Übungen

5 *Ergänzung von Beispiel A*
a) Bestimme die zweite Nullstelle der Funktion in Beispiel A mithilfe des GTR auf zwei Stellen nach dem Komma genau.
b) Der x-Wert des Scheitelpunktes ist –1,5. Berechne den zugehörigen y-Wert.

6 *Zum Nachdenken und Begründen*
a) Worin unterscheidet sich der Graph einer linearen Funktion von dem Graphen einer quadratischen Funktion?
b) Erkläre den Unterschied zwischen dem Funktionsterm einer linearen und dem einer quadratischen Funktion.

7 Zeige, dass die Funktion in der Form $f(x) = ax^2 + bx + c$ geschrieben werden kann. Gib a, b und c an.
a) $f(x) = (x - 5)(x + 7)$ b) $f(x) = (x - 1)(x + 1)$ c) $f(x) = 3x(x - 4)$

8 Entscheide, ob es sich um eine quadratische Funktion handelt.
a) $f(x) = 3 - x^2$ b) $f(x) = 3 - x$ c) $f(x) = (3 - x)x$ d) $f(x) = x - x^2$
e) $f(x) = \frac{1}{x^2}$ f) $f(x) = 5x$ g) $f(x) = 30x^2$ h) $f(x) = (x - 5)(x + 5)$

9 Skizziere den Graphen einer quadratischen Funktion mit:
a) zwei Nullstellen,
b) einer Nullstelle,
c) keiner Nullstelle,
d) zwei Nullstellen und einem Scheitelpunkt $S(x \mid y)$ mit $x > 0$ und $y < 0$,
e) keiner Nullstelle und einem Scheitelpunkt $S(x \mid y)$ mit $x > 0$ und $y < 0$.

Übungen

10 Begründe, warum es keine quadratische Funktion gibt, die einen Scheitelpunkt $S(x|y)$ mit $x > 0$ und $y > 0$ besitzt und nur eine Nullstelle hat.

11 *Welcher Graph gehört zu welcher Funktion?*

a) $f(x) = -2x - 1$
b) $f(x) = x^2$
c) $f(x) = x^2 + 4$
d) $f(x) = (x - 1)(x - 3)$
e) $f(x) = x$
f) $f(x) = 4x + x^2$

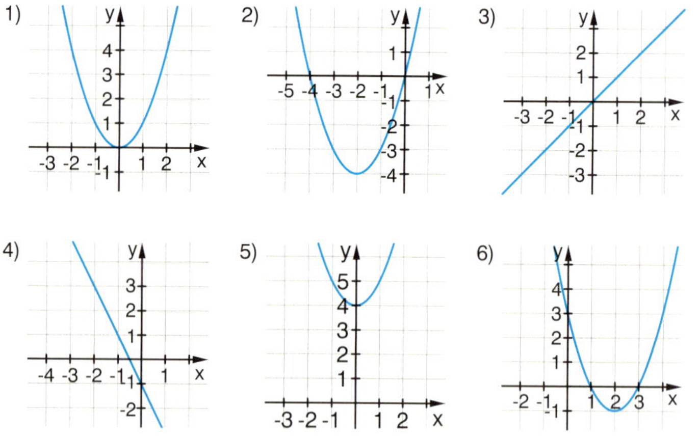

12 *Etwas für den GTR*

a) Zeichne die Graphen der Funktionen f und g aus der ersten Zeile der Tabelle in dasselbe Schaubild. Beschreibe die Funktionsterme und die Graphen von f und g

f	g	f · g
$f(x) = 2x - 2$	$g(x) = x + 1$	$(f \cdot g)(x) = (2x - 2)(x + 1)$
$f(x) = x - 2$	$g(x) = x - 2$	■
$f(x) = 0{,}5x$	$g(x) = -3x + 6$	■
$f(x) = x$	$g(x) = 0{,}4x$	■

b) Zeichne den Graphen von $f \cdot g$ in dasselbe Schaubild wie die Graphen von f und g. Beschreibe den Term $f \cdot g$ und den zugehörigen Graphen.
c) Führe die Aufgabe auch für die Funktionen aus den Zeilen 2 bis 4 der Tabelle durch. Welcher Zusammenhang besteht zwischen den Nullstellen der Funktionen f und g und denen der Funktion $f \cdot g$?

Diese Aufgabe findest du bereits in Band 9. Solltest du sie noch nicht bearbeitet haben, dann hast du hier eine neue Chance, etwas Interessantes über das Pascal'sche Dreieck zu erfahren.

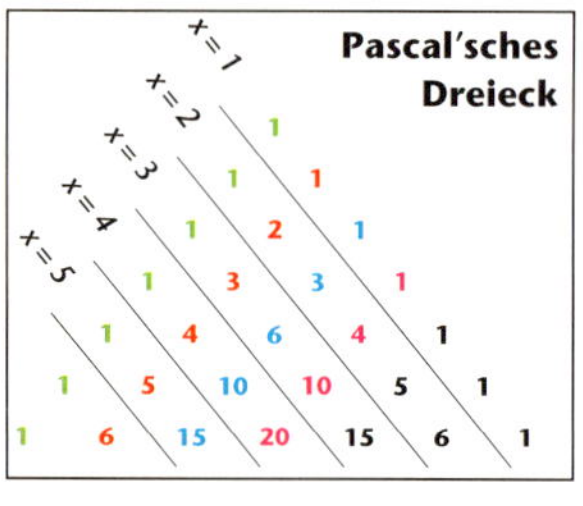

13 *Zu schön, um sie nicht zu wiederholen – eine Aufgabe zum Pascal'schen Dreieck*

In einem Mathematiklexikon steht, dass man die Zahlen im Pascal'schen Dreieck mit Formeln berechnen kann.

Für die „grüne" Kolonne: $\mathbf{y = 1}$,
für die „rote" Kolonne: $\mathbf{y = x}$,
für die „blaue" Kolonne: $\mathbf{y = \frac{1}{2}x(x + 1)}$,
für die „pinkfarbene" Kolonne: $\mathbf{y = \frac{1}{6}x(x + 1)(x + 2)}$.

a) Sind die Formeln korrekt? Erstelle für jede der Funktionen eine Tabelle für $1 \leq x \leq 7$. Vergleiche mit den Zahlen im Pascal'schen Dreieck.
b) Welche der Funktionen ist eine quadratische Funktion?
c) Wie könnte eine Formel zur Berechnung der Zahlen in der nächsten Kolonne des Pascal'schen Dreiecks lauten? Überprüfe selbst.

Nullstellen

14 *Nullstellen einer quadratischen Funktion*

An welchen Stellen schneidet der Graph die x-Achse?

a) $f(x) = x^2 - 9$ b) $f(x) = x^2 - 9x$
c) $f(x) = x^2 - 6x + 9$

Tipp: Solltest du Probleme haben, dann verwende den GTR.

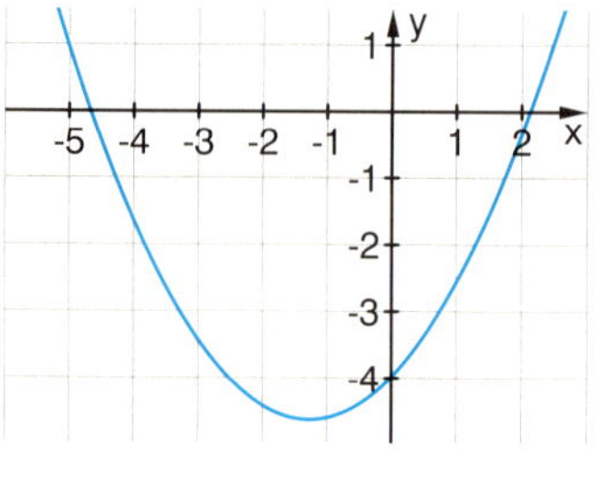

15 Ein Rettungshubschrauber wirft aus 30 m Höhe ein Floß ab. Die Höhe des Floßes über der Wasseroberfläche kann man modellieren mit der Gleichung
$\mathbf{h(t) = -5t^2 + 30}$
(t: Zeit in Sekunden seit dem Abwurf, h(t) Höhe über dem Wasser in Metern).
Ermittle auf eine Nachkommastelle genau die Zeit bis zum Auftreffen des Floßes auf der Wasseroberfläche.
Beschreibe dein Vorgehen. Auf welche rechnerischen Probleme triffst du?

Nullstellen von quadratischen Funktionen, Wurzeln und Intervallschachtelung

Will man z. B. die Nullstellen der Funktion $f(x) = x^2 - 10$ bestimmen, dann muss man die folgende Gleichung lösen:

$$x^2 - 10 = 0 \quad \text{oder} \quad x^2 = 10$$

Wir suchen also eine Zahl, die mit sich selbst multipliziert 10 ergibt. Wie wir bereits wissen, gibt es zwei Lösungen, eine positive und eine betragsgleiche negative. Beide Lösungen kann man in diesem Fall nicht als Dezimalzahl angeben. Man kann sie aber näherungsweise bestimmen oder mithilfe des Wurzelzeichens schreiben:
$x_1 = \sqrt{10}$ und $x_2 = -\sqrt{10}$
Unter der Operation **„Wurzel aus …"** versteht man die **Umkehrung des Quadrierens**.
Wurzelziehen – mit dem elektronischen Taschenrechner geht dies schnell, mit einem TR, der nur die Grundrechenarten beherrscht, ist dies aufwendiger. Man nähert sich schrittweise immer genauer dem gesuchten Wert, ohne ihn genau erreichen zu können.
Zumindest theoretisch kann man $\sqrt{a}$ für $a \geq 0$ mit einer Intervallschachtelung beliebig genau berechnen.

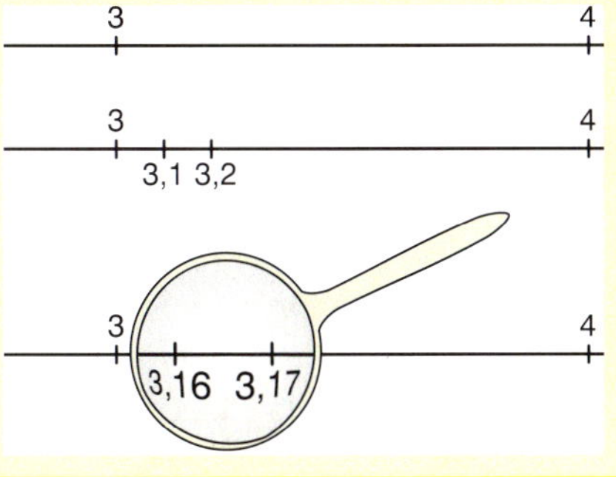

Intervallschachtelung für $\sqrt{10}$:

$3 < \sqrt{10} < 4$
$3{,}1 < \sqrt{10} < 3{,}2$
$3{,}16 < \sqrt{10} < 3{,}17$
$3{,}162 < \sqrt{10} < 3{,}163$
$3{,}1622 < \sqrt{10} < 3{,}1623$
$3{,}16227 < \sqrt{10} < 3{,}16228$

Es handelt sich um eine Folge von geschachtelten Intervallen. Die Intervalllänge kann man beliebig klein machen.

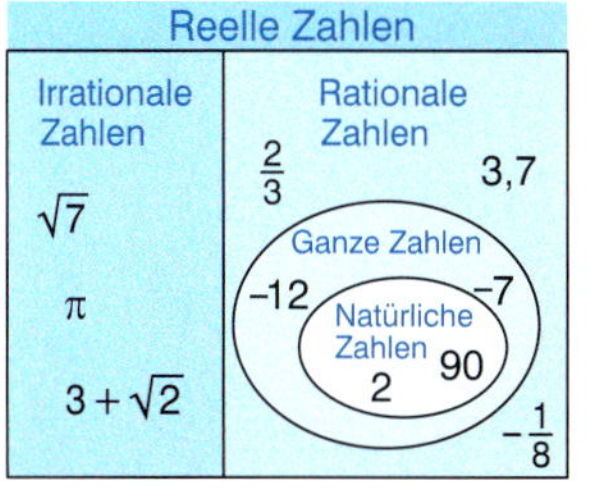

Intervallschachtelung
Eine Intervallschachtelung ist eine Folge von geschachtelten Intervallen, deren Längen beliebig klein gemacht werden können.
Eine Intervallschachtelung bestimmt genau eine Zahl.
Es ist die Zahl, die in allen Intervallen liegt.

Übungen

16 *Intervallschachtelungen*
Bestimme die ersten vier Schritte einer Intervallschachtelung für
a) $\sqrt{90}$ b) $\sqrt{5}$ c) $\sqrt{200}$

17 *Sinnvoll oder nicht – Auch rationale Zahlen können durch eine Intervallschachtelung bestimmt werden*
Welche Zahlen werden jeweils durch die folgende Intervallschachtelung bestimmt?

a)
$0{,}3 < x < 0{,}4$
$0{,}33 < x < 0{,}34$
$0{,}333 < x < 0{,}334$
$0{,}3333 < x < 0{,}3334$

b)
$0{,}9 < x < 1{,}1$
$0{,}99 < x < 1.01$
$0{,}999 < x < 1{,}001$
$0{,}9999 < x < 1{,}0001$

Zur Erinnerung: Rechenregeln für Wurzeln
Produkt von Wurzeln: Wenn $a \geq 0$ und $b \geq 0$, dann ist $\sqrt{a} \cdot \sqrt{b} = \sqrt{a \cdot b}$
Quotient von Wurzeln: Wenn $a \geq 0$ und $b \geq 0$, dann ist $\frac{\sqrt{a}}{\sqrt{b}} = \sqrt{\frac{a}{b}}$

Aufgaben

18 *Flug einer Kugel*
Die Funktion $h(t) = -4{,}9t^2 + 50t$ beschreibt die Flugbahn einer Kugel. Die Variable t stellt die Zeit in Sekunden und h(t) die Höhe des Flugkörpers in Metern dar.
a) Zeichne den zugehörigen Graphen.
b) Was bedeuten die Nullstellen der Funktion für die Anwendung? Bestimme die Nullstellen auf ein Hundertstel genau.
c) Bestimme den Scheitelpunkt der Parabel. Interpretiere seine Koordinaten für das Anwendungsbeispiel.
d) Wann erreicht der Flugkörper eine Höhe von 12,5 m? Beschreibe deinen Lösungsweg.

19 *Fallzeiten und Höhe*
Mit einer Uhr und einem Stein lässt sich die ungefähre Höhe eines Aussichtsturms bestimmen.
a) Hast du eine Idee, wie man vorgehen könnte? Beschreibe.
b) Angenommen, die Fallzeit von der Spitze des Aussichtsturms beträgt 3,5 s. Wie hoch ist der Turm in etwa? Verwende die Formel $f(t) = -4{,}9t^2 + c$ (t in Sekunden, f(t) in Metern).
c) Berechne mit der Formel aus b) die Fallzeit eines Steines von dem ca. 800 m hohen Burj Khalifa in Dubai, dem höchsten Hochhaus der Welt (2010).

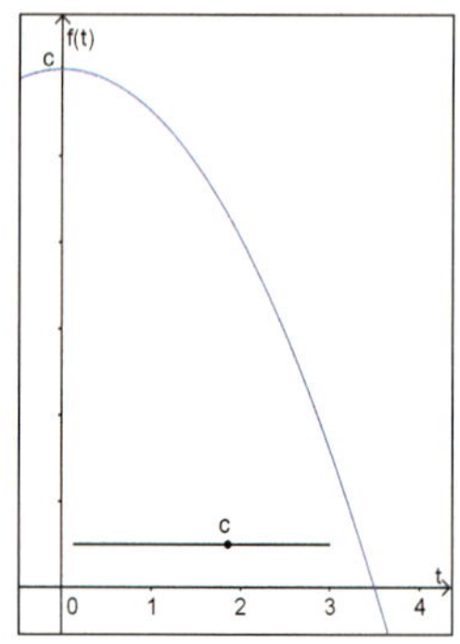

(Übrigens: Die wirkliche Fallzeit ist länger, da der Luftwiderstand den Stein abbremst.)

20 *Anwendung von quadratischen Funktionen beim Bau einer Holzterrasse*
Familie Meyer besucht eine Bauausstellung, um sich einige Anregungen für die Modernisierung ihres Hauses zu holen. Besonders interessant finden sie die Idee, auf zwei Seiten ihres Hauses eine kleine Terrasse aus Holz anzulegen. Die Meyers verfügen über Baumaterial, das für insgesamt 100 m^2 Terrasse reicht. Nun soll die Idee umgesetzt werden. Dazu ist die Breite der Terrasse so zu bestimmen, dass das vorhandene Material gerade reicht.

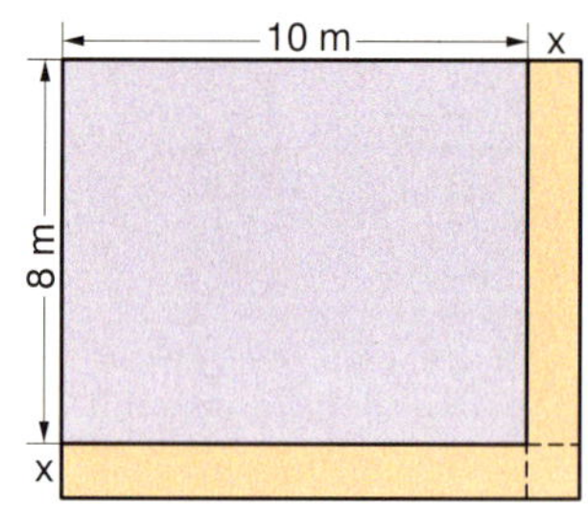

a) Erstelle eine Formel A(x) für die Fläche der Terrasse in Abhängigkeit von ihrer Breite. Solltest du damit Schwierigkeiten haben, dann berechne zunächst die Terrassenfläche für eine Breite von x = 5 m.
b) Ermittle graphisch oder mit einer Tabelle, wie breit die Terrasse höchstens sein darf, damit das vorhandene Material reicht.

21 *Höflichkeit*

Bei vielen geselligen Clubs wird erwartet, dass jeder Gast jeden anderen mit Handschlag begrüßt.

Angenommen, jeder schüttelt jedem anderen in einem Raum zur Begrüßung die Hand.
a) Übertrage die Tabelle in dein Heft und vervollständige sie. Erläutere, warum man die Daten in der Tabelle mit einer quadratischen Funktion modellieren kann.

Anzahl x der Personen	Anzahl h(x) der Begrüßungen
2	1
3	3
4	6
5	■
6	■

b) Überprüfe, ob die Funktion $h(x) = 0{,}5x^2 - 0{,}5x$ ein passendes quadratisches Modell ist.
c) Verwende das quadratische Modell zur Berechnung der Anzahl der Begrüßungen, wenn sich in dem Raum 40 Personen befinden.

1.2 Quadratische Funktionen – Scheitelpunkt und Nullstellen

Was dich erwartet

Bei dem Brunnen in Chicago wird Wasser durch 133 Düsen gepumpt. Es verlässt die Düsen und fällt auf einer parabelförmigen Flugbahn zurück in den Brunnen. Mit quadratischen Funktionen kann man die Fontänen recht gut modellieren.
Das Foto zeigt verschiedene parabelförmige Wasserfontänen. So unterschiedlich, wie die Wasserfontänen sind, so unterschiedlich sind auch die zugehörigen Funktionsgleichungen.
Wie kann man aus der „Mutter" aller quadratischen Funktionen $f(x) = x^2$ andere quadratische Funktionen erzeugen? Und wie kann man markante Punkte wie Nullstellen und den Scheitel einer quadratischen Funktion bestimmen? Auf diese Fragen gibt dieser Lernabschnitt Antworten.

Aufgaben

1 Sollte dir dieser Lernabschnitt bereits aus dem vorangegangenen Schuljahr bekannt sein, so überprüfe mit dem Basiswissen und den zugehörigen Aufgaben aus dem Check-up dein Wissen. Ansonsten fahre mit Aufgabe 2 fort.

2 *Untersuchung von quadratischen Funktionen mit Graph und Tabelle*

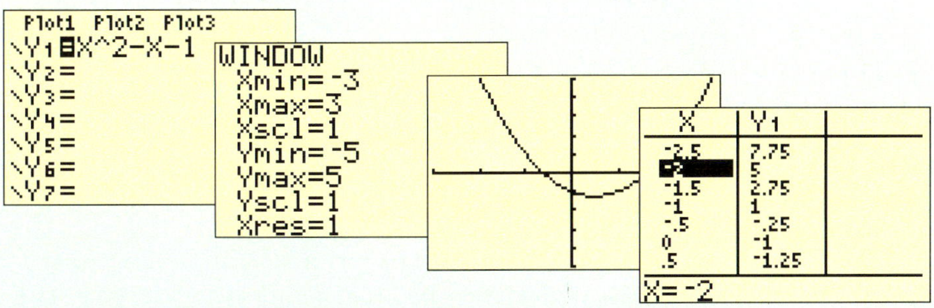

a) Finde heraus, ob die Funktion $f(x) = x^2 - 3x + 4$ im Scheitelpunkt ein Maximum oder ein Minimum hat. Ermittele die Koordinaten des Scheitelpunktes.
b) Untersuche den Scheitelpunkt der Funktion $f(x) = -2x^2 - 4x + 1$ wie in Teil a).
c) *Etwas zum Nachdenken:*
Angenommen, du weißt von einer quadratischen Funktion, dass $f(2) = f(4)$ ist. Wie kannst du dann die Koordinaten des Scheitelpunktes ermitteln?

3 Zeichne die Graphen mit dem GTR.

$f(x) = (x+3)(x-2)$ $\quad g(x) = 2(x+3)(x-2)$ $\quad h(x) = -(x+3)(x-2)$
$i(x) = -2(x+3)(x-2)$ $\quad k(x) = \frac{1}{2}(x+3)(x-2)$ $\quad l(x) = -\frac{1}{2}(x+3)(x-2)$

a) Was haben alle Funktionen gemeinsam, worin unterscheiden sie sich?
b) Welche Informationen kann man aus der Funktionsgleichung $f(x) = 2(x-1)(x+5)$ über den Graphen der Funktion f herausfinden, ohne diesen zu zeichnen?
c) Wie lautet die Funktionsgleichung der quadratischen Funktion in dem nebenstehenden Schaubild?

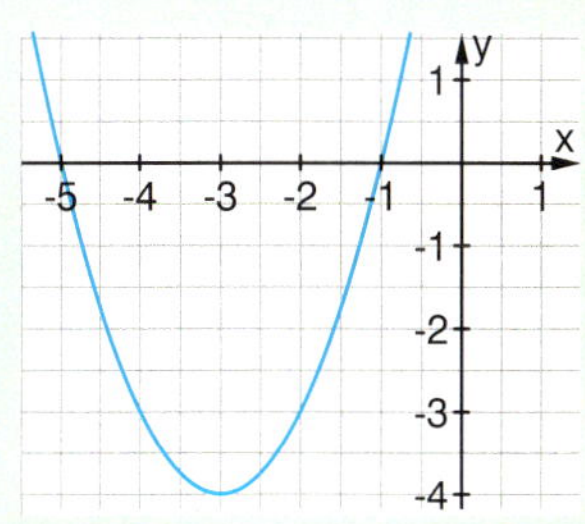

4 Alle Graphen im Schaubild gehören zu quadratischen Funktionen.
a) Was haben die Graphen gemeinsam? Worin unterscheiden sie sich?
b) Ordne die Funktionsgleichungen richtig zu.

$f(x) = x^2$ $\quad$ $g(x) = (x-4)^2$
$h(x) = 2x^2$ $\quad$ $k(x) = -0{,}5\,x^2$
$l(x) = (x+2)^2 - 4$

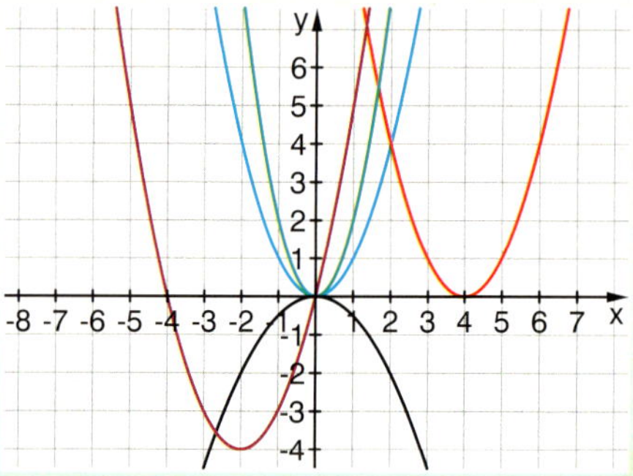

Basiswissen

Graphen von quadratischen Funktionen sind **Parabeln**. Parabeln sind **achsensymmetrisch** und besitzen einen **Scheitelpunkt**. Dieser ist entweder der niedrigste oder der höchste Punkt des Graphen der quadratischen Funktion (Minimum oder Maximum).

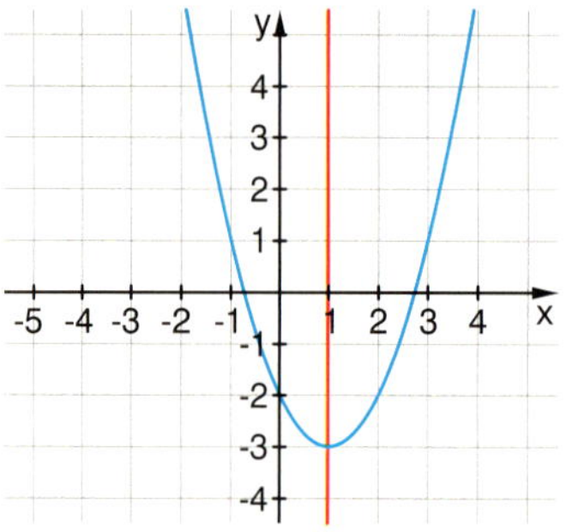

Die Symmetrieachse verläuft durch den Scheitel der Parabel

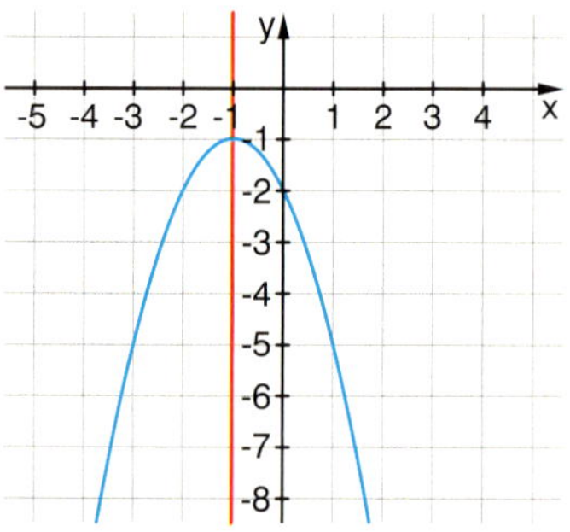

$f(x) = x^2 - 2x - 2$

x	−2	−1	0	1	2	3	4
y	6	1	−2	−3	−2	1	6

Symmetrieachse: x = 1

$g(x) = -x^2 - 2x - 2$

x	−3	−2	−1	0	1	2
y	−5	−2	−1	−2	−5	−10

Symmetrieachse: x = −1

Beispiele

A Eine Parabel hat ihre Nullstellen bei −3 und 2. Bestimme die x-Koordinate des Scheitelpunktes.

Lösung:
Die Symmetrieachse liegt in der Mitte zwischen den beiden Nullstellen. Gleichung: x = −0,5.
x-Koordinate des Scheitelpunktes: −0,5

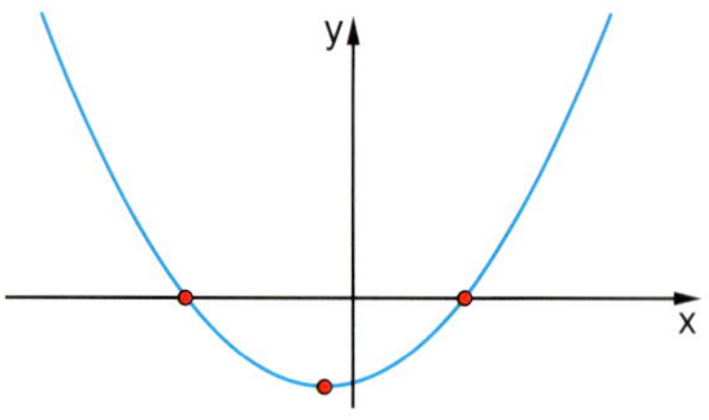

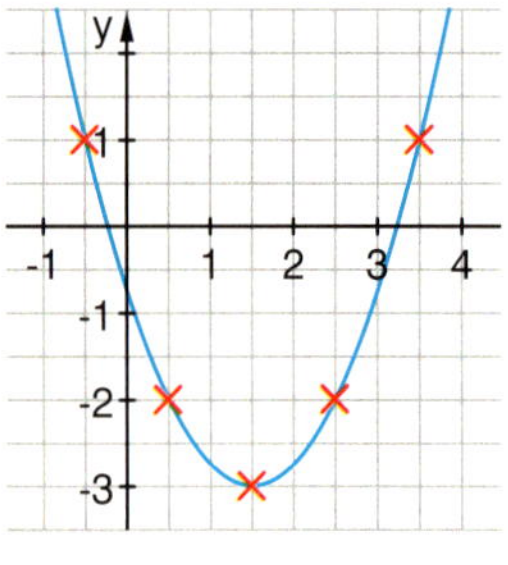

B Die Tabelle gehört zu einer quadratischen Funktion.
a) Trage die angegebenen Punkte in ein Koordinatenkreuz ein und skizziere die Parabel per Hand.
b) Bestimme die Koordinaten des Scheitelpunktes.

Lösung:
Der Scheitelpunkt liegt auf der Symmetrieachse der Parabel. Die Symmetrieachse ist x = 1,5. Die Koordinaten des Scheitelpunktes sind (1,5 | −3).

x	y
−1,5	6
−0,5	1
0,5	−2
1,5	−3
2,5	−2
3,5	1

Übungen

5 Zeichne den Graphen der Funktion und bestimme näherungsweise die Koordinaten des Scheitelpunktes

a) $f(x) = x^2 + x + 2$
b) $h(x) = 2x^2 - x - 2$
c) $g(x) = (x - 1)^2 - 2$
d) $k(x) = -2 + 4x - x^2$
e) $l(x) = -0{,}5(x - 2)^2$
f) $m(x) = (x - 3)(x + 4)$

6 Gegeben ist die Funktion $f(x) = (x - a)(x + a)$.

a) Begründe, dass diese Funktion eine quadratische Funktion ist.
b) Zeige, dass diese Funktion die Nullstellen $x_1 = a$ und $x_2 = -a$ hat.
c) Gib die Koordinaten des Scheitelpunktes an.

7 *Graphenlabor I*

Untersuche, für welche Werte von a die quadratische Funktion $f(x) = ax^2 + bx + c$ ein Maximum oder ein Minimum hat.
Tipp: Variiere bei der Funktion $f(x) = ax^2 + 2x - 1$ den Parameter a systematisch.

8 Sage voraus und überprüfe mit dem GTR.

Welche der Parabeln ist nach oben, welche nach unten geöffnet? Bei welchen Parabeln ist der y-Wert des Scheitels das Maximum der Funktion, bei welcher das Minimum?

a) $f(x) = -3x^2 + 10x$
b) $g(x) = 4x^2 - x$
c) $h(x) = (x - 2)(x + 3)$
d) $k(x) = x(x - 3)$
e) $l(x) = -(x^2 - 4x + 1)$
f) $m(x) = -(x + 3)^2$

9 *Mache das Meiste daraus*

Angenommen, du willst einen rechteckigen Gemüsegarten anlegen und einzäunen. Da der Garten an einer Seite an eine Mauer zur Straße angrenzt und an der anderen Seite an die Garage, musst du nur noch zwei Seiten einzäunen.
Für den Zaun hast du 30 m Material. Die eingezäunte Fläche sollte möglichst groß sein. Welche Länge und Breite sollte der Garten haben?

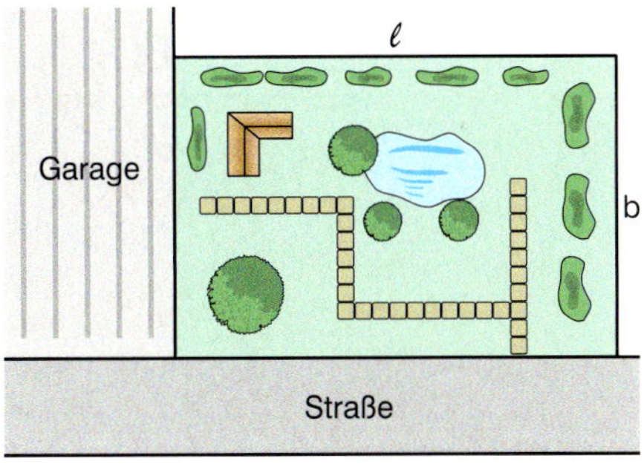

a) Die Tabelle enthält verschiedene mögliche Breiten und Längen des Gartens. Übertrage die Tabelle in dein Heft und ergänze sie. Welche Werte kann man für die Breite sinnvollerweise einsetzen?

Breite (m)	Länge (m)	Fläche A (m²)
1	29	29
2	28	56
3	■	■
…	…	…
x	l(x) = ■	A(x) = ■

b) Den Flächeninhalt A(x) kann man aus der Breite x und der Länge l(x) berechnen. Bestimme die entsprechende Funktionsgleichung.
c) Für welche Breite und Länge erhält man den größten Flächeninhalt?

10 Die Flughöhe h eines Golfballes in Abhängigkeit von der Zeit t wird mit der Funktionsgleichung $h(t) = -8t^2 + 16t$ modelliert (h in Metern und t in Sekunden).

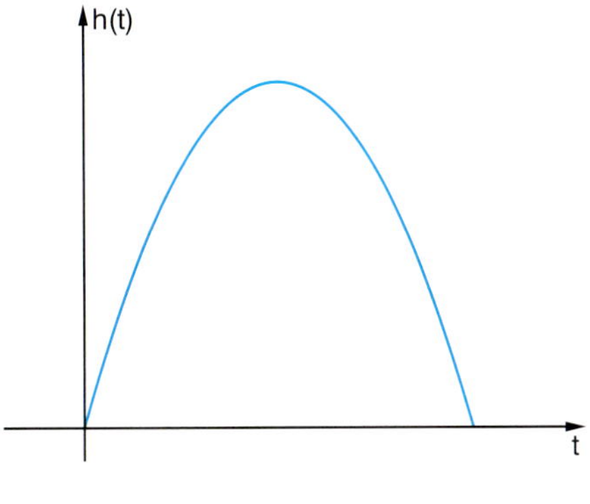

a) Zeichne den Graphen der Funktion mit dem GTR.
b) Wie lange dauert der Flug?
c) Lässt sich dem Graphen entnehmen, wie weit der Golfball fliegt? Begründe
d) Bestimme die maximale Flughöhe.

Übungen

11 *Graphenlabor II – was geschieht, wenn …?*

Diese Aufgabe sollte in arbeitsteiliger Gruppenarbeit bearbeitet werden. Die Ergebnisse können auf einem Poster dargestellt werden.

a) Gehe jeweils von der „Mutter“ aller quadratischen Funktionen $f(x) = x^2$ aus.

Auftrag 1:
Wie verändert sich der Graph der Funktion $f(x) = ax^2$, wenn man a verändert?

Auftrag 2:
Wie verändert sich der Graph der Funktion $f(x) = x^2 + c$, wenn man c verändert?

Auftrag 3:
Wie verändert sich der Graph der Funktion $f(x) = (x - b)^2$, wenn man b verändert

Formuliere die Ergebnisse mit Begriffen aus der Geometrie:
Verschieben, Strecken, Stauchen, Spiegeln.
Gib jeweils die Koordinaten des Scheitels an.

b) Verwende die Ergebnisse aus Teil a), um die Graphen der folgenden Funktionen ohne GTR zu skizzieren.

$f(x) = -0{,}5x^2$ $\quad$ $g(x) = x^2 - 4$ $\quad$ $h(x) = 2x^2$ $\quad$ $k(x) = (x + 3)^2$

$l(x) = (x - 3)^2$ $\quad$ $m(x) = (x - 3)^2 + 2$ $\quad$ $n(x) = 0{,}5(x - 3)^2 + 2$

Überprüfe deine Skizze mit dem GTR.

Basiswissen

Parameter verändern Graphen

Strecken/Stauchen in y-Richtung

$f(x) = ax^2$

$a = 1$	$f(x) = x^2$ Normalparabel
$a > 1$	Normalparabel nach oben geöffnet, gestreckt
$0 < a < 1$	Normalparabel nach oben geöffnet, gestaucht
$-1 < a < 0$	Normalparabel gespiegelt und gestaucht
$a \leq -1$	Normalparabel gespiegelt und gestreckt

Spiegeln

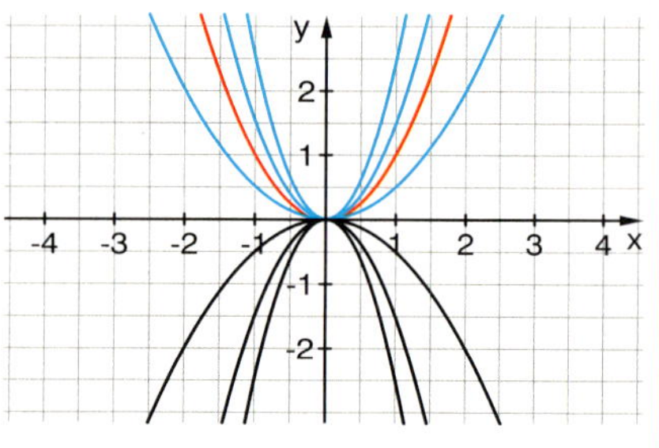

Verschieben in y-Richtung

$f(x) = x^2 + e$

$e = 0$	Normalparabel
$e > 0$	Normalparabel nach oben verschoben
$e < 0$	Normalparabel nach unten verschoben

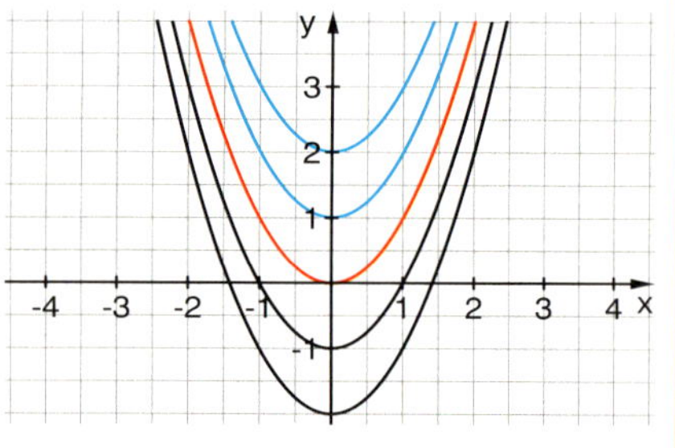

Verschieben in x-Richtung

$f(x) = (x - d)^2$

$d = 0$	Normalparabel
$d > 0$	Normalparabel nach rechts verschoben
$d < 0$	Normalparabel nach links verschoben

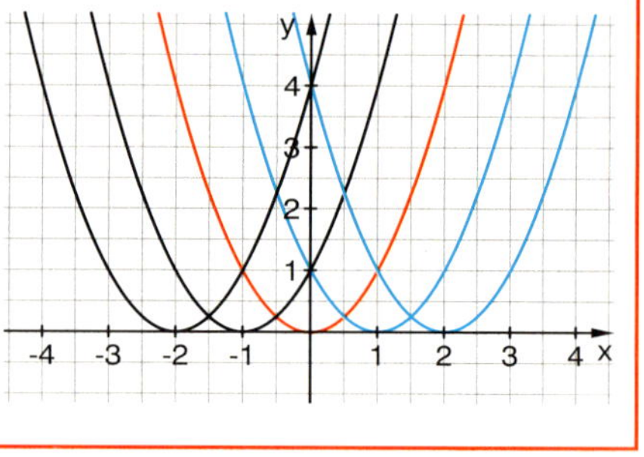

Beispiele

C Gib die Koordinaten des Scheitelpunktes der quadratischen Funktion $f(x) = (x + 2)^2 - 4$ an. Wie ist die Parabel geöffnet?
Lösung: Der Graph der angegebenen Funktion ist gegenüber der Normalparabel um 2 Einheiten nach links und um 4 Einheiten nach unten verschoben. Der Scheitelpunkt ist $S(-2|-4)$. Die Parabel ist wie die Normalparabel nach oben geöffnet.

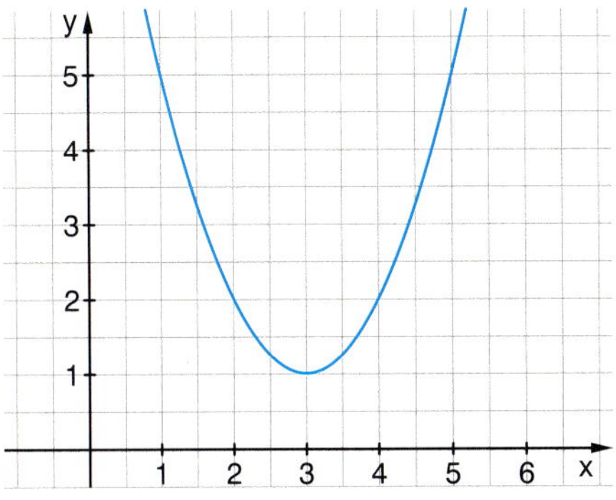

D Bestimme die Funktionsgleichung zu der Parabel.
Lösung: Die Parabel ist eine verschobene Normalparabel. Sie ist weder gestreckt noch gestaucht. Woran sieht man das? Geht man von dem Scheitelpunkt um eine Einheit in Richtung der x-Achse nach links oder rechts, dann wächst y wie bei der Normalparabel um eine Einheit. Der Scheitelpunkt ist $S(3|1)$.
$f(x) = (x - 3)^2 + 1$

Übungen

Besondere Punkte der Parabel:
Scheitelpunkt

12 Gib an, wie der Graph von g aus dem Graphen der Normalparabel entstanden ist.

a) $g(x) = (x - 1)^2$
b) $g(x) = (x - 2)^2 - 5$
c) $g(x) = 3(x - 1)^2$
d) $g(x) = -3(x - 5)^2 + 1$
e) $g(x) = (x + 5)^2 + 7$
f) $g(x) = -0{,}5(x + 1)^2 - 10$

13 *Schnellskizze des Graphen einer quadratischen Funktion*

So wird's gemacht: $f(x) = 2(x - 2)^2 - 3$, Scheitelpunkt $S(2|-3)$

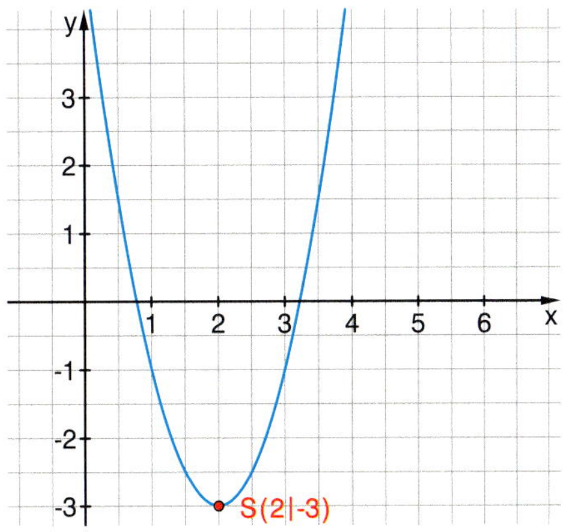

Skizziere den Graphen zu den folgenden Funktionen schnell und möglichst präzise.

a) $f(x) = (x + 3)^2$
b) $f(x) = (x - 3)^2 - 3$
c) $f(x) = -(x - 3)^2 - 3$
d) $f(x) = 2(x - 1)^2 + 2$
e) $f(x) = -0{,}5(x + 2)^2 + 5$
f) $f(x) = 0{,}5x^2 - 4$

Basiswissen

Eine Parabel – drei Darstellungen: Jede Darstellung hat ihre Vorteile.

	Scheitelpunktform	**allgemeine Form**	**faktorisierte Form**
Funktionsgleichung:	$f(x) = 2(x-1)^2 - 8$	$f(x) = 2x^2 - 4x - 6$	$f(x) = 2(x - 3)(x + 1)$
	↓	↓	↓
direkt abzulesen:	**Scheitelpunkt** $(1\|-8)$ **Streckfaktor** 2	**Schnittpunkt mit y-Achse** $(0\|-6)$ **Streckfaktor** 2	**Nullstellen:** 3 und -1 **Streckfaktor** 2

Hat eine Parabel zwei Nullstellen, dann liegt aus Symmetriegründen der Scheitelpunkt in der Mitte zwischen den beiden Nullstellen.

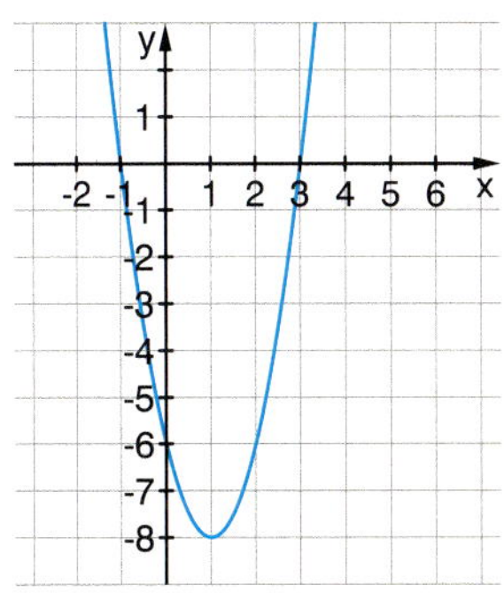

Übungen

Besondere Punkte der Parabel: **Nullstellen**

14 ***Faktorisierte Form*** *und Symmetrie, ganz schön praktisch*

Bestimme die Nullstellen und den Scheitelpunkt der quadratischen Funktion. Überprüfe deine Ergebnisse mit dem GTR.

a) $f(x) = (x - 4)(x + 2)$ b) $f(x) = (x - 1{,}5)(x - 4.5)$ c) $f(x) = (x + 3)(x + 3)$

d) $f(x) = 2(x + 3)(x - 3)$ e) $f(x) = x\left(x + \frac{5}{2}\right)$ f) $f(x) = -0{,}5(x - 1)^2$

15 *Nullstellenbestimmung und quadratische Gleichungen*

Für einfache quadratische Funktionen kann man die Nullstellen rechnerisch bestimmen.

a) $f(x) = x^2 - 4$ b) $f(x) = 8x^2 - 8$

c) $f(x) = x^2 + 16$ d) $f(x) = 7x^2$

e) $f(x) = -5x^2 + 10$ f) $f(x) = 3x^2 - 10$

Nullstellen von
$f(x) = 2x^2 - 8$
quadratische Gleichung
$2x^2 - 8 = 0 \quad | +8$
$2x^2 \quad = 8 \quad | :2$
$x^2 \quad = 4$
$x_1 = 2 \quad x_2 = -2$

Nullstellen von
$f(x) = x^2 + 2x$
quadratische Gleichung
$x^2 + 2x = 0$ Faktorisieren
$x \cdot (x + 2) = 0$
$x_1 = 0 \quad x_2 = -2$

16 *Nullstellenberechnung durch Faktorzerlegung*

Wo liegen die Nullstellen der Parabel?

a) $f(x) = x^2 - 3x$ b) $f(x) = 2x^2 - 10x$

c) $f(x) = -3x^2 + 12x$ d) $f(x) = x^2 - 1$

Berechne auch jeweils den Scheitelpunkt. Achtung: Teil d) fällt aus dem Rahmen.

17 ***Nullstellen*** *einer quadratischen Funktion in Scheitelpunktform*

Scheitelpunkt und Nullstellen einer quadratischen Funktion sind die markanten Punkte des Graphen. Ist die Funktion in Scheitelpunktform gegeben, so kann man die Nullstellen leicht berechnen.

a) Analysiere die nebenstehende Rechnung und erläutere jeden Schritt.

b) Berechne die Nullstellen der Funktionen.

$f(x) = (x - 3)^2 - 16$ $g(x) = (x + 2)^2 - 5$

$h(x) = (x - 1)^2 + 6$ $k(x) = (x - 2{,}5)^2$

$f(x) = (x - 4)^2 - 10$
quadratische Gleichung:
$(x - 4)^2 - 10 = 0$
$(x - 4)^2 \quad = 10$
$u^2 \quad = 10$
$u_1 \quad = \sqrt{10}$
$u_2 \quad = -\sqrt{10}$
$x_1 \quad = 4 + \sqrt{10} \approx 7{,}162$
$x_2 \quad = 4 - \sqrt{10} \approx 0{,}838$

c) Quadratische Funktionen müssen keine Nullstellen besitzen. Wieso kann man daraus folgern, dass es quadratische Gleichungen gibt, die keine Lösungen haben?

Basiswissen

Zum Lösen von **quadratischen Gleichungen** gibt es verschiedene Verfahren. Je nachdem, in welcher Form die Gleichung gegeben ist, wendet man das entsprechende Verfahren an. Mit der pq-Formel geht es immer.

Wichtiger Hinweis: Quadratische Gleichungen immer so umformen, dass auf einer Seite der Gleichung 0 steht

Lösen von quadratischen Gleichungen der Form

$x^2 - e = 0$	$(x - d)^2 - e = 0$	$x^2 - rx = 0$
$x^2 = e$	$(x - d)^2 = e$	$x(x - r) = 0$
$x_1 = \sqrt{e}$	$x_1 - d = \sqrt{e}$	$x_1 = 0$
$x_2 = -\sqrt{e}$	$x_2 - d = -\sqrt{e}$	$x_2 - r = 0$
keine Lösungen, falls $e < 0$	keine Lösungen, falls $e < 0$	Gleichung hat stets Lösungen
	$x_1 = d + \sqrt{e},\ x_2 = d - \sqrt{e}$	$x_1 = 0 \quad x_2 = r$
$L = \{\sqrt{e}; -\sqrt{e}\}$	$L = \{d + \sqrt{e}; d - \sqrt{e}\}$	$L = \{0; r\}$

Basiswissen

Lösen der quadratischen Gleichung

$x^2 + px + q = 0$ mit der **pq-Formel**

$x_1 = -\frac{p}{2} + \sqrt{\frac{p^2}{4} - q}$

$x_2 = -\frac{p}{2} - \sqrt{\frac{p^2}{4} - q}$

keine Lösung, falls $\frac{p^2}{4} - q$ negativ,

eine Lösung, falls $\frac{p^2}{4} - q = 0$.

$x^2 + 3x - 4 = 0$

Lösung

$p = 3,\ q = -4$

$x_1 = -\frac{3}{2} + \sqrt{\frac{9}{4} + 4} = -\frac{3}{2} + \sqrt{\frac{25}{4}} = 1$

$x_2 = -\frac{3}{2} - \sqrt{\frac{9}{4} + 4} = -\frac{3}{2} - \sqrt{\frac{25}{4}} = -4$

$L = \{-4;\ 1\}$

Wichtiger Hinweis:
Vor Anwenden der pq-Formel muss man die Gleichung immer in die Form $x^2 + px + q = 0$ bringen.

Beispiele

E Löse die quadratische Gleichung. Entscheide jeweils, welches Lösungsverfahren gut passt.

a) $4x^2 = 2x$ und b) $3x^2 = 12x - 9$

Lösung:

a) $4x^2 = 2x \quad | -2x$

$4x^2 - 2x = 0$

Lösen durch Ausklammern:

$2x(2x - 1) = 0$

$x_1 = 0 \quad x_2 = \frac{1}{2}$

$L = \{0;\ \frac{1}{2}\}$

b) $3x^2 = 12x - 9 \quad | -12x + 9$

$3x^2 - 12x + 9 = 0 \quad | :3$

$x^2 - 4x + 1 = 0$

pq-Formel: $p = -4$, $q = 1$

$x_1 = 2 + \sqrt{4 - 1} \quad x_2 = 2 - \sqrt{4 - 1}$

$L = \{2 + \sqrt{3};\ 2 - \sqrt{3}\}$

F *Problemlösen mit quadratischen Gleichungen*

Klippenspringen ist eine Sportart für wagemutige Athleten. Angenommen, die Flugbahn des Springers, der aus 27 Meter Höhe abspringt, kann mit der quadratischen Funktion $h(x) = -x^2 + 2x + 27$ modelliert werden. Stelle die „Flugbahn" mit dem GTR dar. Wie weit springt der Springer?

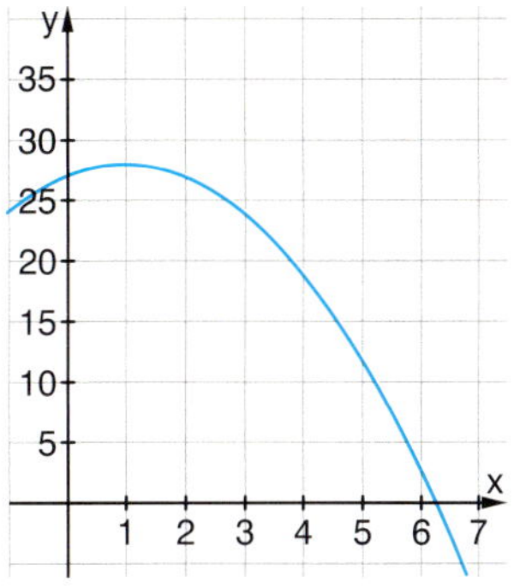

Lösung:

Beim Eintauchen in das Wasser ist der y-Wert der Modellierungsfunktion 0.

$-x^2 + 2x + 27 = 0 \quad | :(-1)$

$x^2 - 2x - 27 = 0 \qquad p = -2,\ q = -27$

$x_1 = 1 + \sqrt{1 + 27} \approx 6{,}3 \qquad x_2 = 1 - \sqrt{1 + 27} \approx -4{,}3$

Lösung des Sachproblems: Der Springer springt ca. 6,3 m weit (die negative Lösung passt nicht zum dem Sachproblem).

Übungen

18 Löse die quadratische Gleichung. Entscheide dich jeweils für ein „schnelles" Verfahren.

a) $x^2 - 9 = 0$ b) $x^2 + 4x = 2$ c) $3x^2 - 30x = 0$

d) $3x^2 = 5x$ e) $2x^2 - 8x - 4 = 0$ f) $x^2 - 10 + 25 = 0$

19 *Anzahl der Lösungen einer quadratischen Gleichung*

a) Zeige rechnerisch und graphisch, dass die Gleichung $x^2 - 6x + 10 = 0$ keine Lösung hat.

b) Wie viele Lösungen kann eine quadratische Gleichung haben? Begründe.

20 *Vermischtes*

a) Löse: (1) $2x^2 + 4x + 2 = 0$ (2) $-3x^2 + 6x - 2 = 0$

b) Finde die Nullstellen: (1) $f(x) = x^2 - 4x - 6$ (2) $g(x) = -2x^2 + 6x - 1$

c) Anzahl der Lösungen? (1) $x^2 - 4x + 10 = 0$ (2) $3x^2 - 6x + 3 = 0$

Aufgaben

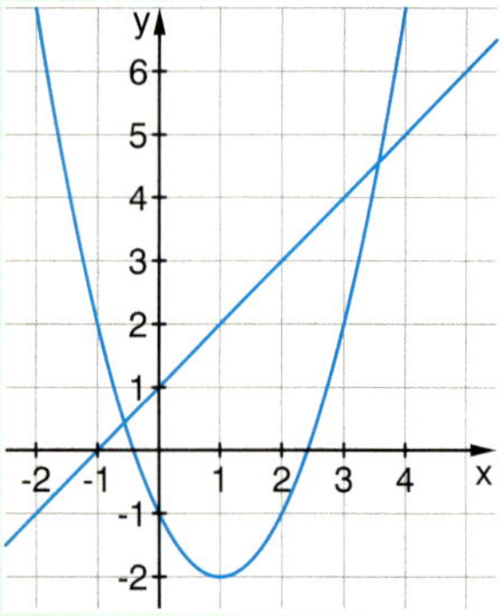

21 *Schnittpunkt(e) von Geraden und Parabeln*

Mithilfe von quadratischen Gleichungen kann man die Schnittpunkte zwischen einer Parabel und einer Geraden, deren Funktionsgleichungen bekannt sind, berechnen.

Mit wie vielen Schnittpunkten kann man beim Schnitt einer Parabel mit einer Geraden rechnen?

Berechne die Schnittpunkte.

(1) $f(x) = x^2$ und $g(x) = 3x$

(2) $f(x) = x^2$ und $g(x) = 2x - 1$

(3) $f(x) = -x^2 + 4x$ und $g(x) = 2x + 5$

Orientiere dich an dem beschriebenen Verfahren.

1. Funktionsgleichungen gleichsetzen
2. Gleichung in die Form $x^2 + px + q = 0$ bringen
3. pq-Formel anwenden
4. Ergebnis interpretieren

Überprüfe deine Ergebnisse, indem du die Schnittpunkte graphisch ermittelst.

22 *Computerprogramm zum Lösen einer quadratischen Gleichung*

Nichts einfacher als das: Man muss lediglich die pq-Formel eingeben. Der Computer wertet diese dann aus.

a) Welche Schwierigkeiten sind bei diesem Vorgehen zu erwarten?

b) Bevor der Computer die Formel für konkrete Werte von p und q auswerten kann, muss man eine Abfrage durchführen. Sonst könnte der Computer kläglich scheitern. Was muss der Computer zunächst überprüfen?

Diskriminante

Ob eine quadratische Gleichung zwei, eine oder keine Lösung hat, kann man leicht an der pq-Formel erkennen. Es kommt auf den Radikanden $\frac{p^2}{4} - q$ an:

pq-Formel

$x_{1/2} = -\frac{p}{2} \pm \sqrt{\frac{p^2}{4} - q}$

$\frac{p^2}{4} - q$	< 0	$= 0$	> 0
Zahl der Lösungen	0	1	2

Den Term $\frac{p^2}{4} - q$ nennt man **Diskriminante.**

23 *Untersuchen von quadratischen Funktionen*

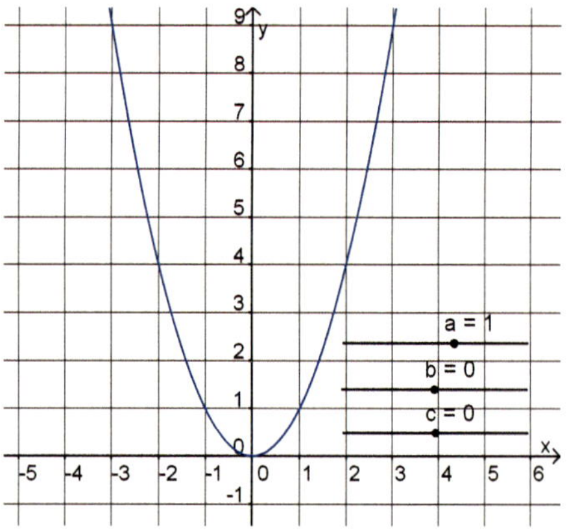

a) Untersuche mit dem GTR oder einem anderem Werkzeug durch systematisches Probieren, welchen Einfluss die Parameter a, b und c auf den Graphen der Funktion $f(x) = ax^2 + bx + c$ haben.

Tipp: Starte jeweils mit der Funktion $f(x) = x^2$ $(a = 1, b = 0, c = 0)$

b) Nullstellen der Funktion $f(x) = ax^2 + bx + c$ erhält man, wenn man die Gleichung $ax^2 + bx + c = 0$ löst.

Überprüfe, ob die Lösungsformel $x_{1/2} = \frac{-b \pm \sqrt{b^2 - 4ac}}{2a}$ korrekt ist.

c) Zeige dass bei allen quadratischen Funktionen $f(x) = ax^2 + bx + c$ der Scheitelpunkt den x-Wert $-\frac{b}{2a}$ besitzt.

Tipp: Überprüfe zunächst mit dem GTR, „ob an der Behauptung etwas dran ist".

1.3 Modellieren mit quadratischen Funktionen – Anpassen von Parabeln an Daten

Was dich erwartet

Mit quadratischen Funktionen und deren Graphen kann man viele Situationen des Alltags und innermathematische Probleme gut modellieren. Wenn man genügend Punkte einer quadratischen Parabel gegeben hat, so kann man damit Gleichungen für die Parameter a, b und c bestimmen und so die Funktionsgleichung aufstellen. Dies ist in vielen Spezialfällen recht einfach, in anderen Fällen steht uns mit dem Gauß-Algorithmus für das Lösen eines linearen Gleichungssystems ein Verfahren zur Verfügung, das wir auch mit dem GTR ausführen können.

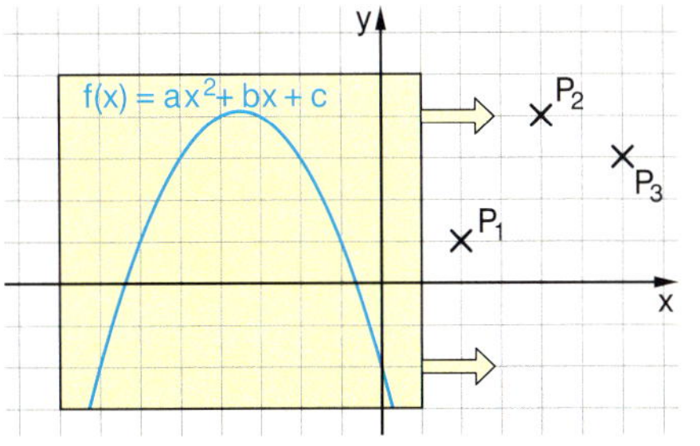

Typisch für das Modellieren ist, dass häufig die in einem Sachzusammenhang verwendete quadratische Funktion das Problem nicht genau beschreibt. In der Regel stellt das mathematische Modell eine Vereinfachung des realen Problems dar, oder das mathematische Modell ist nur zutreffend für einen bestimmten Bereich. So gilt z.B. das Fallgesetz $s(t) = 5t^2$ angenähert nur für kleine Zeitspannen, da der „Luftwiderstand" nicht berücksichtig wird. Für größere Fallzeiten wird die Fallgeschwindigkeit so groß, dass die Luftreibung den Fall bremst. Bei allen Aufgaben, bei denen man ein mathematisches Modell verwendet, muss man eine „Problemprobe" machen, d.h. man muss überprüfen, ob die mathematische Lösung ein sinnvolles Ergebnis für das Problem darstellt.

Aufgaben

1 Die Funktionsgleichung einer quadratischen Funktion kann man mit wenigen Informationen bestimmen. Dazu sollte man jeweils die Darstellungsform für quadratische Funktionen verwenden, die am besten passt.

Scheitelpunktform	Allgemeine Form	Faktorisierte Form
$f(x) = a(x-x_s)^2 + y_s$	$f(x) = ax^2 + bx + c$	$f(x) = a(x-x_1)(x-x_2)$
Streckfaktor a	Streckfaktor a	Streckfaktor a
Scheitelpunkt $S(x_s \mid y_s)$	Schnitt mit y-Achse $S_y(0 \mid c)$	Nullstellen x_1, x_2

a) Alle Parabeln mit dem Scheitelpunkt $S(2 \mid -1)$ besitzen die Funktionsgleichung $f(x) = a(x-2)^2 - 1$. Angenommen, der Punkt $A(4 \mid 1)$ liegt ebenfalls auf der Parabel. Berechne den Streckfaktor a.

b) Bestimme die Funktionsgleichung der Parabel mit den Nullstellen $x_1 = 2$ und $x_2 = 4$, die durch den Punkt $B(0 \mid -2)$ geht.

c) Begründe, warum folgende Aufgabe nicht lösbar ist: „Bestimme die Gleichung einer Parabel durch $A(0 \mid 0)$, $B(1 \mid 1)$ und $C(2 \mid 2)$."

$A(4 \mid 1)$ liegt auf der Parabel, d.h.
$1 = a(4-2)^2 - 1$

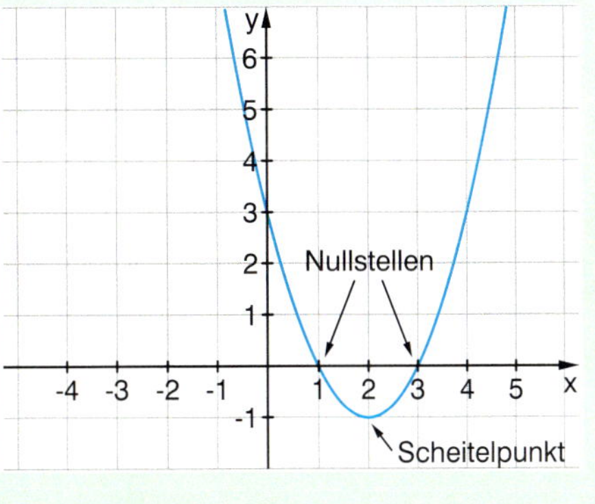

Aufgaben

2 *Brückenbogen*

Die Bögen alter Steinbrücken sind oft kreisförmig. Bei der modernen Betonbaubrücke über die Bundesstraße könnte man eine Parabelform vermuten.

Dies lässt sich nachprüfen. Über den Ausschnitt des Fotos wird ein Koordinatengitter gelegt, und daraus werden die Koordinaten einiger Punkte des Bogens abgelesen.

In dem Bild wurde das Koordinatengitter in einem DGS über das transparente Hintergrundbild der Brücke gelegt. Dies kann natürlich auch „händisch" mithilfe einer Folie geschehen.

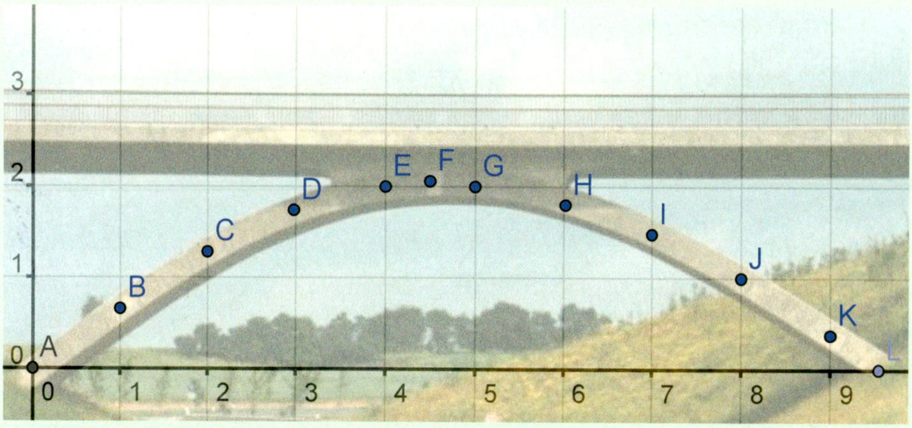

Auf dem GTR werden diese Punkte in einer Tabelle erfasst und grafisch dargestellt.

Wenn du über ein geeignetes DGS verfügst, so kannst du die folgenden Schritte auch direkt mit diesem ausführen.

L1	L2	L3 1
0	0	------
1	.66	
2	1.28	
3	1.74	
4	2	
4.5	2.06	
5	2	

L1(1) =0

L1	L2	L3 1
4.5	2.06	
5	2	
6	1.8	
7	1.48	
8	1	
9	.38	
9.54	0	

L1(12) =9.54

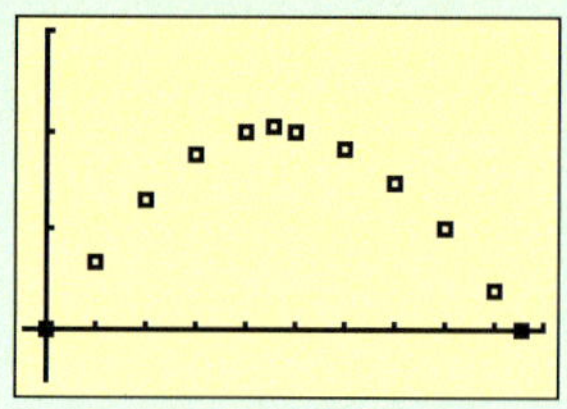

a) Wähle drei Punkte aus und setze die Koordinaten jeweils in die Funktionsgleichung $y = ax^2 + bx + c$ ein. Bestimme mithilfe dieser Gleichungen die Parameter a, b und c. Zeichne den Graphen dieser Funktion auf dem GTR. Passt der Graph zu dem Brückenbogen? Vergleiche deinen Graphen mit denen anderer, die vielleicht drei andere Punkte ausgewählt haben.

b) Das Verfahren zur Bestimmung der Funktionsgleichung hängt von der Lage des Koordinatensystems ab, das du über den Bogen legst. Wenn du eine geschickte Lage wählst, kannst du den Parabelbogen durch Probieren auf dem GTR ermitteln. Wie kannst du aus den oben gegebenen Messpunkten die Koordinaten der Punkte in dem neuen Koordinatensystem gewinnen?

Basiswissen

Mithilfe von markanten Punkten einer Parabel können wir die zugehörige Funktionsgleichung bestimmen:

(1) Scheitelpunkt
und ein weiterer Punkt P

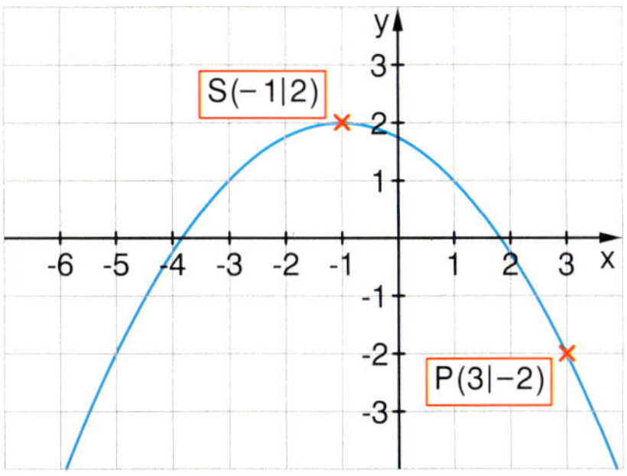

$f(x) = a(x+1)^2 + 2$
$f(3) = a(3+1)^2 + 2 = -2$
$16a + 2 = -2$
$16a = -4$
$a = -\frac{1}{4}$

$f(x) = -\frac{1}{4}(x+1)^2 + 2$

(2) Schnittpunkte mit der x-Achse
und ein weiterer Punkt P

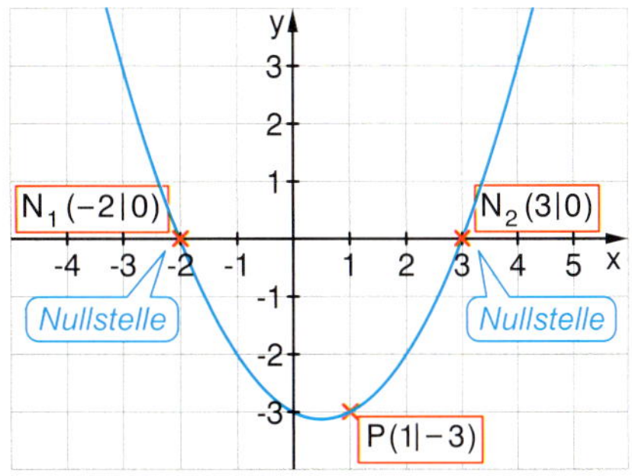

$f(x) = a(x-3)(x+2)$
$f(1) = a(1-3)(1+2) = -3$
$a(-2)(3) = -3$
$-6a = -3$
$a = \frac{1}{2}$

$f(x) = \frac{1}{2}(x-3)(x+2)$

(3) Drei Punkte, die nicht auf einer Geraden liegen

A(1 | 2), B(3 | 10), C(0 | 4)
$f(x) = ax^2 + bx + c$
Mit den drei Punkten kann man ein Gleichungssystem zur Bestimmung von a, b und c aufstellen.
Man erhält als Lösung des Gleichungssystems a = 2, b = −4 und c = 4. Die gesuchte Funktionsgleichung ist
$f(x) = 2x^2 - 4x + 4$.

Punkt	Einsetzen	Gleichung
A(1 | 2)	$a \cdot (1)^2 + b \cdot 1 + c = 2$	$a + b + c = 2$
B(3 | 10)	$a \cdot (3)^2 + b \cdot 3 + c = 10$	$9a + 3b + c = 10$
C(0 | 4)	$a \cdot (0)^2 + b \cdot 0 + c = 4$	$c = 4$

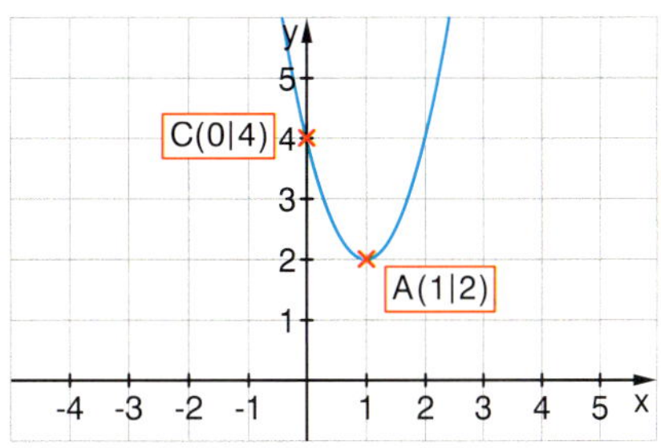

Zum Lösen linearer Gleichungssysteme siehe Werkzeugkasten Seite 30

Beispiele

A Ein Gartenbauarchitekt plant einen Springbrunnen mit einer Wasserfontäne, die 10 m hoch und 5 m weit sprüht. Wasserfontänen ähneln Parabeln. Ermittle die Funktionsgleichung einer entsprechenden Parabel.

Lösung:
Nullstellen: $x_1 = 0$, $x_2 = 5$
Scheitelpunkt: S(2,5 | 10)
$f(x) = a(x-0)(x-5)$
$f(x) = ax(x-5)$
$10 = a \cdot 2{,}5 \cdot (2{,}5 - 5)$
$10 = -6{,}25a$
$a = -1{,}6$

$f(x) = -1{,}6x(x-5)$
$= -1{,}6x^2 + 8x$

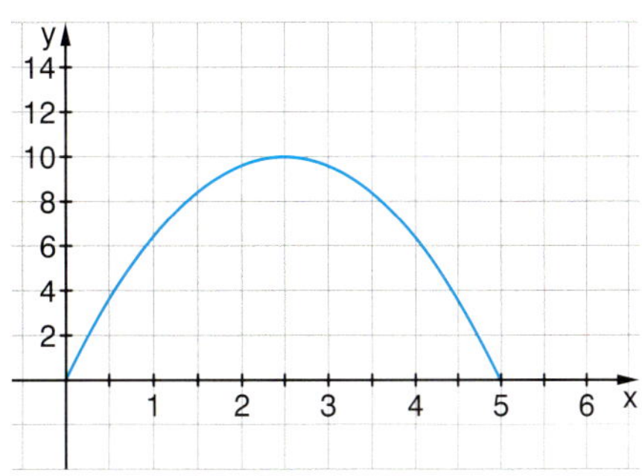

Übungen

3 Bestimme mit einer geeigneten Methode die Gleichung der Parabel. Gegeben sind:
a) Scheitelpunkt $S(-2|3)$, Parabelpunkt $P(1|5)$
b) Parabelpunkte $P(-2|3)$, $Q(0|0)$, $R(1|1)$
c) Parabelpunkte $P(-2|0)$, $Q(1|4)$, $R(3|0)$
d) Nullstellen $x_1 = -4$, $x_2 = 5$, kleinster Funktionswert -10

4 Gegeben ist eine Parabel mit dem Scheitelpunkt $S(1|1)$, die durch den Punkt $P(2|0)$ verläuft.
a) Liegt der Punkt $Q(3|-2)$ auf der Parabel?
b) Bestimme y_1 und y_2 so, dass $R(4|y_1)$ und $S(-3|y_2)$ auf der Parabel liegen.
c) Bestimme x_1 und x_2 so, dass $T(x_1|-2)$ und $U(x_2|2)$ auf der Parabel liegen.

5 *Brücken und Parabeln*
Ein Wahrzeichen der Stadt Sydney ist die berühmte „Harbour Bridge". Die Brückenbögen haben die Form einer Parabel. Die Spannweite der Brücke und die Höhe der Bögen kann man durch drei Messpunkte berechnen. Vom linken Ufer aus wurde für den unteren Bogen in Metern gemessen:
$P(0|0)$, $Q(10|10{,}58)$, $R(20|20{,}73)$.
a) Bestimme die Gleichung der Parabel, die den unteren Bogen beschreibt, mithilfe der drei Punkte P, Q, R.
b) Berechne die Spannweite der Brücke und den höchsten Punkt des Brückenbogens.

6 Die Bewegung der Sportler wird durch die eingezeichneten Parabel beschrieben. Schätze den Scheitelpunkt und eine Nullstelle der Parabel und stelle die Funktionsgleichung auf.

a)
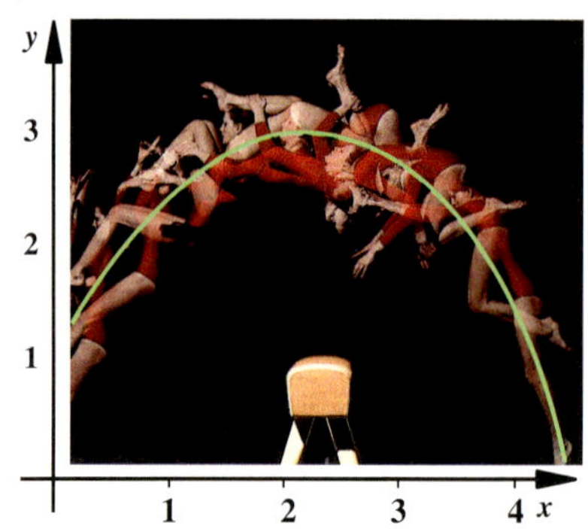

b)

Rund 23 Meter hoch und 40 Meter breit – mit dem Regierungsumzug im Jahr 1999 erhielt das Reichstagsgebäude wieder eine Kuppel. Der Architekt Sir Norman Foster hat die Konstruktion aus Stahl und Glas zusammen mit Fachingenieuren entworfen.

7 *Die Reichstagskuppel in Berlin – eine Parabel?*
Zur Bearbeitung sind einige Punkte auf der Peripherie der Kuppel im Koordinatensystem bestimmt:

$P_1(-10{,}6|0{,}44)$ $P_2(-7{,}02|4{,}33)$
$P_3(0|6{,}66)$ $P_4(3{,}02|6{,}19)$
$P_5(10{,}42|0{,}49)$

Entscheide, ob der Umriss der Reichstagskuppel eine Parabel beschreibt. Wie gehst du vor?

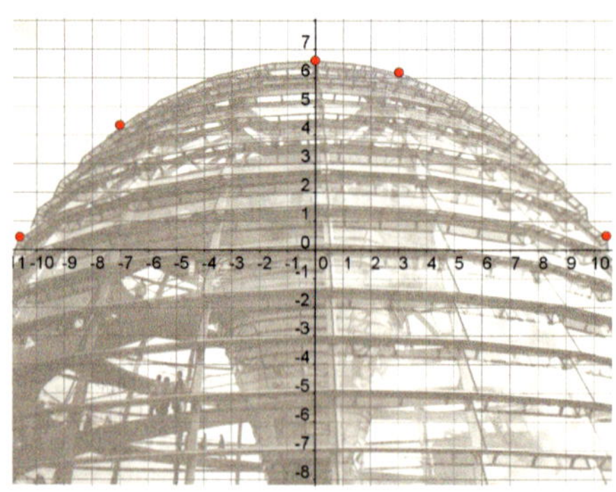

Übungen

8 *Ein quadratisches Modell finden*

a) Zeichne zu der Tabelle ein Streudiagramm. Überzeuge dich davon, dass die Punkte in etwa auf einer Parabel liegen.
b) Berechne ein quadratisches Modell: Wähle dazu drei beliebige Punkte des Streudiagramms. Berechne mit diesen drei Punkten die Gleichung der Parabel, die durch diese Punkte geht.
c) Mit dem GTR kann man eine Parabel besonders gut an die Punkte des Streudiagramms anpassen. Vergleiche mit Teil b).

x	y
−3	30
−2	10
0	−10
1,5	20
2	34
3	65

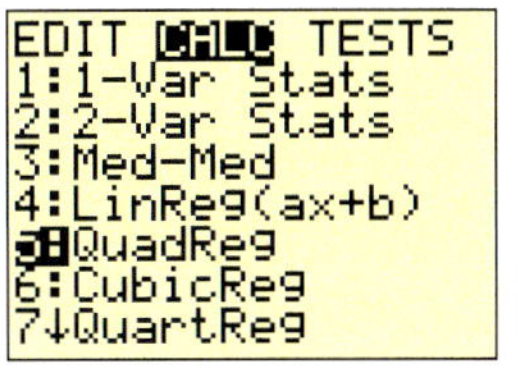

Gib die Tabelle ein.

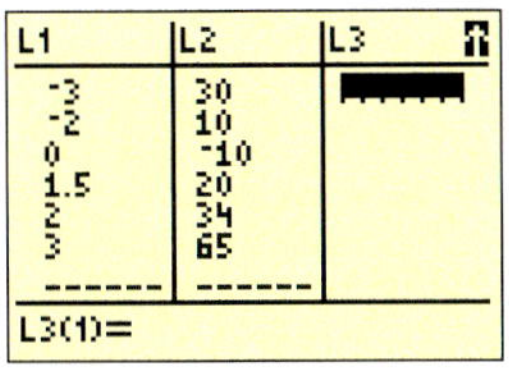

Zeichne das Streudiagramm und die errechnete Modellparabel.

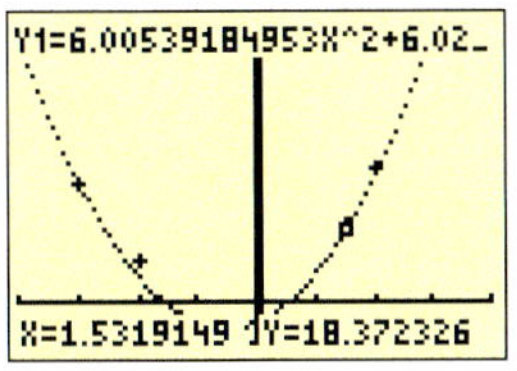

Berechne ein quadratisches Modell. Wähle dazu die quadratische Regression.

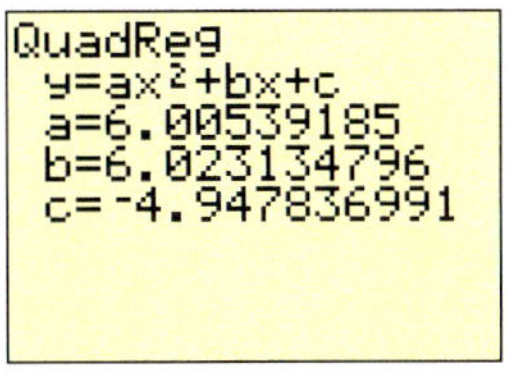

Basiswissen

Den Zusammenhang zwischen zwei Größen kann man mit Messungen oder Datenerhebungen untersuchen. Liegen die Wertepaare im Streudiagramm in etwa auf einer Parabel, kann man nach einem **quadratischen Modell** suchen.
Es gibt zwei Wege, ein quadratisches Modell zu finden:
(1) Man sucht Punkte des **Streudiagramms** heraus und bestimmt eine quadratische Funktion mit $y = ax^2 + bx + c$ so, dass die Punkte auf dem Graphen liegen. Da drei Unbekannte a, b und c zu bestimmen sind, benötigt man drei Punkte.
(2) In der Regel liegen die Punkte im Streudiagramm nicht genau auf einer Parabel. In diesem Fall kann man die quadratische Funktion berechnen lassen, die am besten „passt". Dieses Verfahren nennt man **„quadratische Regression"**.
Man kann folgende Zusammenhänge zwischen x und y vermuten:

kein erkennbarer Zusammenhang

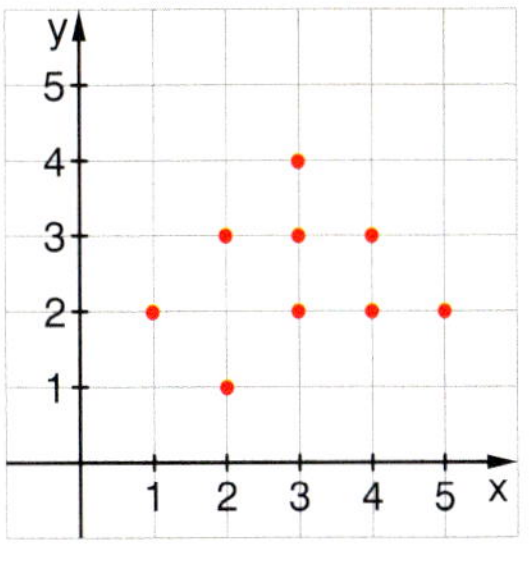

linearer Zusammenhang

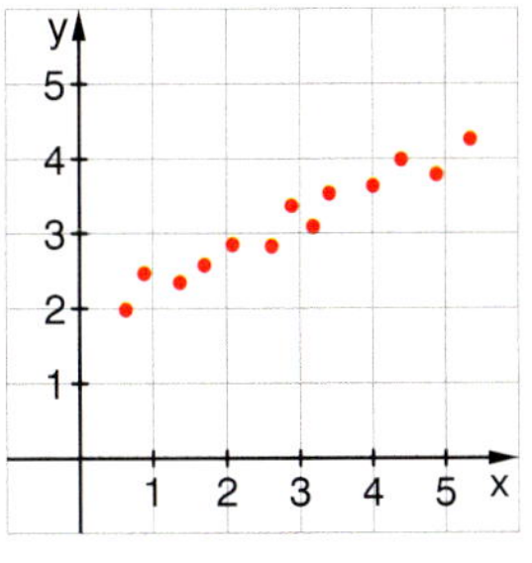

quadratischer Zusammenhang

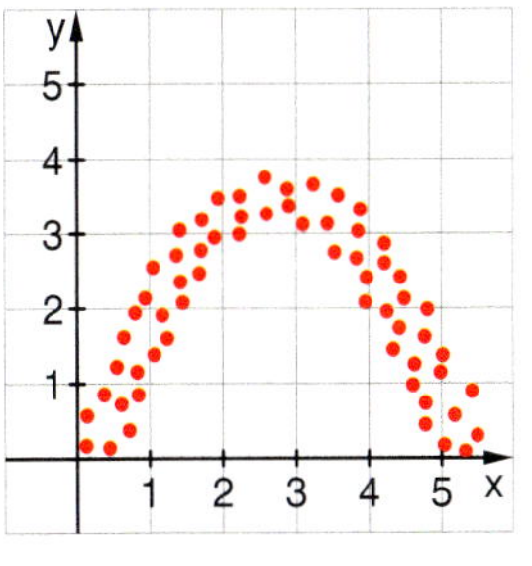

Quadratische Regression:
Eine Parabel wird so an Daten angepasst, dass die Summe der „Abweichungsquadrate" möglichst klein ist.

Übungen

9 Vergleiche für die Tabellenwerte aus Übung 8 die Summen der Abweichungsquadrate bei den jeweiligen quadratischen Modellen.

x	y (Tabelle)	y_1 (Modell 1)	y_2 (Modell 2)	$(y_1-y)^2$	$(y_2-y)^2$
−3	30	30,02	21,03	0,0004	■
−2	10	3,9	−2,97	■	■
0	−10	■	■	■	■
1,5	20	■	■	■	■
2	34	■	■	■	■
3	65	■	■	■	■
			Summe:	■	■

Modell 1 (Punkte bei −3, 0, 3):
$y_1 = 6{,}39x^2 + 5{,}83x - 10$

Modell 2 (Regression):
$y_2 = 6{,}0054x^2 + 6{,}0231x - 4{,}9478$

Übungen

10 *Snowboarding*

Snowboarding ist eine beliebte Sportart. Könner beherrschen spektakuläre Sprünge.
Bei einem Sprung wird die Höhe h(x) mithilfe einer Videokamera in Abhängigkeit von der Entfernung x vom Absprungpunkt gemessen.

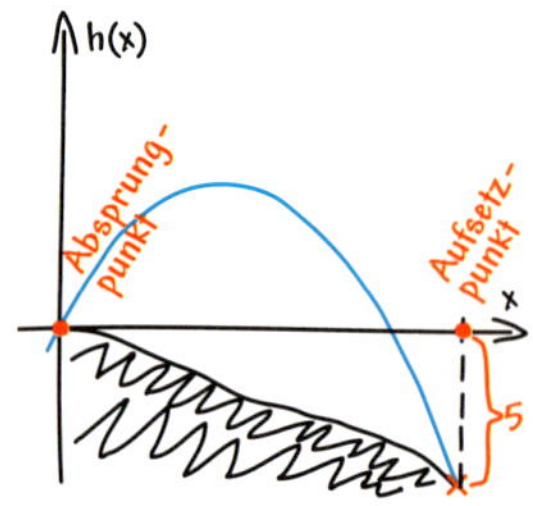

Messwerte (m)

x	h(x)
0	0
2	1,4
4	2,6
6	3,4
8	3,8
10	4,1
12	3,9

a) Ermittle zu den Messwerten ein quadratisches Modell, zum einen durch Auswahl von drei Punkten und zum anderen durch quadratische Regression. Vergleiche.
b) Wie weit vom Absprungpunkt entfernt landet der Snowboarder bei dem um 5 m tiefer liegenden Aufsetzpunkt? Rechne mit beiden Modellen.

11 Ein Tierarzt, der für einen großen Schweinemastbetrieb arbeitet, untersucht den Einfluss von Futterzusätzen auf die Gewichtszunahme der Tiere.

Experiment: 36 Schweine werden zufällig ausgewählt. Gruppen von je vier Schweinen erhalten jeweils dieselbe Menge von Futterzusatz. Die durchschnittliche Gewichtszunahme der Schweine in jeder Gruppe wird festgestellt.

Futterzusatz in Einheiten	0	1	2	3	4	5	6	7	8
Gewichtszunahme in %	10	13	22	23	21	19	17	13	10

a) Zeichne zu den Daten in der Tabelle ein Streudiagramm.
b) Ermittle mit dem GTR ein quadratisches Modell.
c) Finde mit dem quadratischen Modell heraus, bei welcher Menge von Futterzusatz die größte Gewichtszunahme erzielt wird.

Modelle und Theorie

Das oben beschriebene Modell basiert auf keiner Theorie.
Niemand kann theoretisch begründen, warum der Zusammenhang zwischen der Menge des Futterzusatzes und der prozentualen Gewichtszunahme von einer quadratischen Funktion beschrieben wird. Lediglich das Streudiagramm legt nahe, dass man ein quadratisches Modell verwenden kann.

Anders sieht es bei den Modellen zu den Brückenbögen, den Wasserfontänen bei Springbrunnen oder den Bewegungen der Sportler aus. In diesen Fällen wird das quadratische Modell durch baustatische Forderungen oder durch die Physik des schrägen Wurfes gestützt.

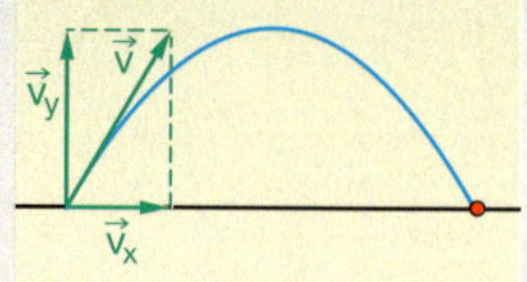

Übungen

12 *Nachweis von Kreissegmentbögen*

Wenn man bei einem Brückenbogen eine Kreissegmentform vermutet, so lässt sich dies leicht konstruktiv nachprüfen. Mithilfe der Mittelsenkrechten zweier Sehnen kann der Mittelpunkt des Kreises konstruiert werden.

Untersuche auf diese Weise, ob der abgebildete Brückenbogen ein Kreisbogen ist.

Modellieren mit der Konstruktion von Parabeln

Rechteckmethode zur Konstruktion einer Parabel

Wenn man die Symmetrieachse AB mit dem Scheitel A und einen Punkt C der Parabel kennt, so kann man die Parabel konstruieren:

Zeichne ein Rechteck CEFD, unterteile $\overline{CB}$ und $\overline{CE}$ in die gleiche Anzahl gleich langer Teile und nummeriere diese von C aus.

Verbinde A mit den Punkten 1, 2 und 3 auf der Strecke $\overline{CE}$. Ziehe dann Parallelen zu AB durch die Punkte 1, 2 und 3 auf der Strecke $\overline{BC}$. Die Schnittpunkte der gleich nummerierten Linien können dann zu dem rechten Parabelast verbunden werden.

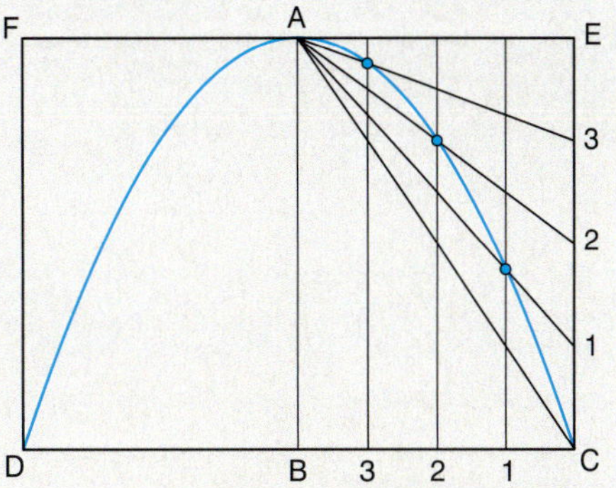

Auf die gleiche Weise kann dann der linke Parabelast konstruiert werden.

13 *Anwenden der Rechteckmethode*

a) Konstruiere nach der oben beschriebenen Rechteckmethode die Parabel mit dem Scheitelpunkt A(0|4) und dem Parabelpunkt C(4|0).

b) Berechne die Koordinaten der konstruierten Parabelpunkte als Schnittpunkte der passenden Geraden. Zeige, dass diese die Gleichung $y = -0{,}25\,x^2 + 4$ erfüllen.

Aufstellen einer Geradengleichung zu zwei gegebenen Punkten: siehe „Zum Erinnern und Wiederholen".

14 *Parabelschablone*

In einem Projekt haben Schülerinnen und Schüler eine eigene Stahlparabelbrücke entworfen und gebaut. Die Parabelbögen wurden in einer Holzschablone aus Bandeisen geformt.

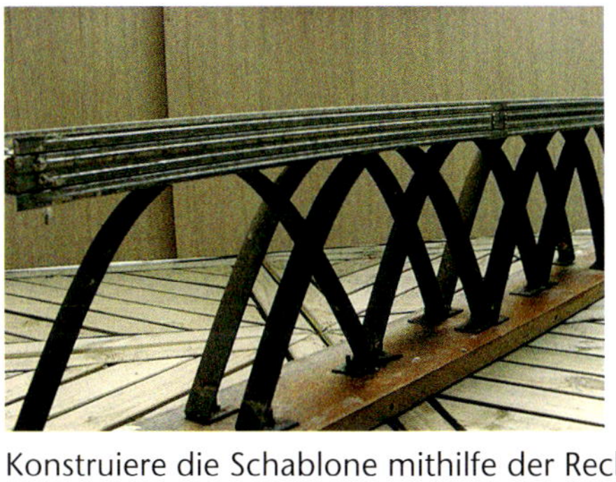

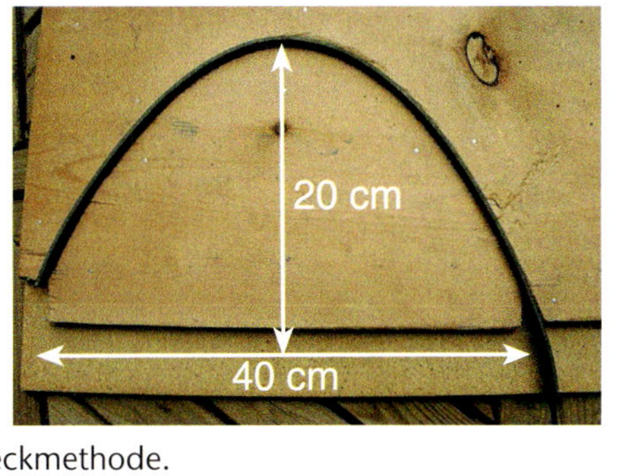

Konstruiere die Schablone mithilfe der Rechteckmethode.

Übungen

15 *Gleichungssysteme mit drei Gleichungen und drei Variablen*

Gesucht ist eine quadratische Funktion $f(x) = ax^2 + bx + c$, deren Graph durch die Punkte $P(3|0)$, $Q(-1|0)$ und $R(0|-3)$ geht. Setzt man die Koordinaten der drei Punkte in die Funktionsgleichung ein, so erhält man ein Gleichungssystem mit drei Gleichungen für die drei unbekannten Koeffizienten a, b, c.

$$\begin{aligned} 9a + 3b + c &= 0 \\ a - b + c &= 0 \\ c &= -3 \end{aligned}$$

Wir multiplizieren die zweite Gleichung mit (−9) und addieren dazu die erste Gleichung. Die so entstandene neue Gleichung ersetzt dann die zweite Gleichung.

$$\begin{aligned} 9a + 3b + c &= 0 \\ 12b - 8c &= 0 \\ c &= -3 \end{aligned}$$

Das Gleichungssystem wurde damit in eine Dreiecksform („gestaffeltes System") überführt.

Löse das Gleichungssystem in der Dreiecksform und mache die Probe (auch für das Ausgangssystem). Weshalb ist die Dreiecksform vorteilhaft?

Carl Friedrich Gauss
1777–1855

Lösen linearer Gleichungssysteme mit dem Gauß-Algorithmus

WERKZEUG

Im Allgemeinen liegt ein Gleichungssystem nicht in der lösungsfreundlichen Dreiecksform vor. Die Mathematiker haben ein Verfahren entwickelt, mit dem man ein gegebenes Gleichungssystem systematisch in eine Dreiecksform überführen kann. Dies wird heute nach dem Mathematiker Gauss benannt.

Zur Ausführung des Gauß-Algorithmus benötigt man nur zwei erlaubte **Äquivalenzumformungen**:

- *Multiplikation einer Gleichung auf beiden Seiten mit einer reellen Zahl ungleich Null.*
- *Addition zweier Gleichungen und anschließendes Ersetzen einer Gleichung durch das Ergebnis.*

Die Lösung kann nun durch Einsetzen schrittweise von unten nach oben ermittelt werden:

$$\begin{array}{lrcl} (1) & a + 3b + c &=& 19 \\ (2) & -a + b - 2c &=& -7 \\ (3) & 2a + 2b + c &=& 18 \end{array}$$

Eliminiere die Variable a:

$$\begin{array}{lrcll} (1) & a + 3b + c &=& 19 & \\ (1)+(2) & 4b - c &=& 12 & (2^*) \\ -2\cdot(1)+(3) & -4b - c &=& -20 & (3^*) \end{array}$$

Man erhält ein „fast gestaffeltes" Gleichungssystem.

Eliminiere die Variable b:

$$\begin{array}{lrcl} (1) & a + 3b + c &=& 19 \\ (2^*) & 4b - c &=& 12 \\ (2^*)+(3^*) & -2c &=& -8 \end{array}$$

Dividiere durch −2: $c = 4$

Einsetzen in (2*): $4b - 4 = 12$
$b = 4$

Einsetzen in (1): $a + 3 \cdot 4 + 4 = 19$
$a = 3$

Lösung: $(3|4|4)$

Gauss-Algorithmus mit dem GTR

Dazu muss man die Koeffizienten in Form einer Matrix eingeben, die um eine Spalte mit den Ergebnissen erweitert wird.

```
[A]
  [[1  3 1   19]
   [-1 1 -2  -7]
   [2  2 1   18]]
```

Mit dem Befehl *ref* erzeugt man die **Dreiecksform**, aus der man die Lösungen durch Rückwärtseinsetzen bestimmen kann.

```
ref([A])
  [[1 1 .5    9]
   [0 1 -.75  1]
   [0 0 1     4]]
```

Mit dem Befehl *rref* erzeugt man eine Matrix in **Diagonalform**, bei der man die Lösungen direkt ablesen kann.

```
rref([A])
     [[1 0 0 3]
      [0 1 0 4]
      [0 0 1 4]]
```

16 *Training*

Löse „per Hand" die Gleichungssysteme nach dem Gauß-Algorithmus.

a) (1) $4a + 2b + 5c = 6$
(2) $2a - b + c = 5$
(3) $3a + 2b - c = 4$

b) (1) $a + 2b + 3c = 1$
(2) $2a + 3b + 5c = 1$
(3) $3a + 4b + 6c = -1$

Überprüfe mit dem GTR.

1.4 Parabeln und Geraden – Tangenten

Was dich erwartet

Mit dem Thema Kreis und Gerade hast du dich in der Geometrie der Mittelstufe ausführlich befasst, dabei ging es insbesondere um die Konstruktion von Tangenten an den Kreis. In diesem Lernabschnitt geht es um Parabeln und Geraden, dabei stehen aber nun funktionale Aspekte im Vordergrund. Geraden und Parabeln werden durch Funktionsgleichungen beschrieben. Damit können Schnittpunkte und auch Tangentengleichungen rechnerisch ermittelt werden und als Graphen von Funktionen im Koordinatensystem geometrisch veranschaulicht werden.

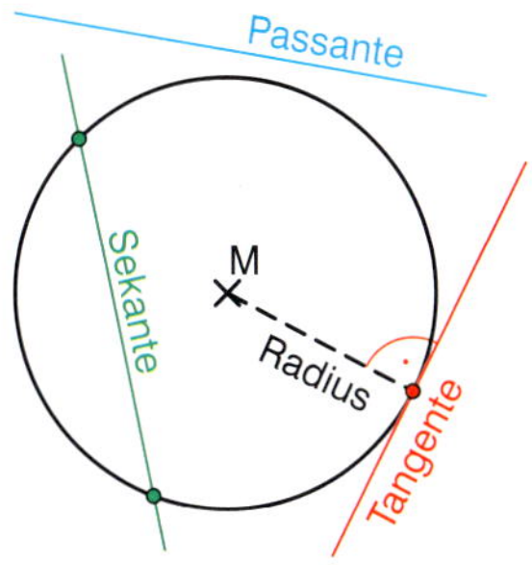

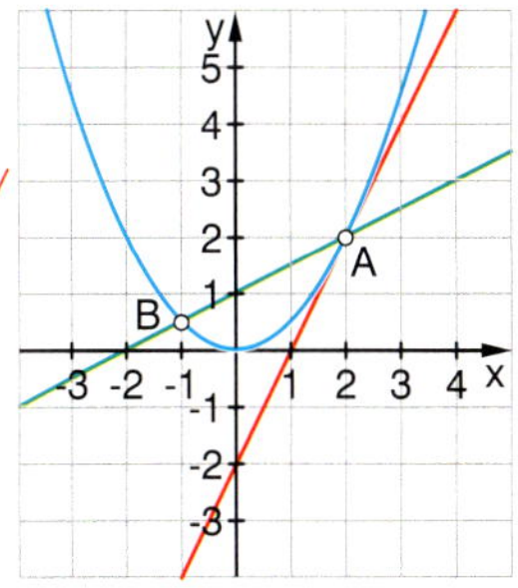

Aufgaben

1 *Geraden und Parabeln*

a) Wie viele Schnittpunkte kann eine Parabel mit einer Geraden haben? Verdeutliche die Fälle jeweils an einer Skizze.

b) Berechne die Schnittpunkte der Parabel $f(x) = x^2$ mit den Geraden $g(x) = 2x + 1$, $h(x) = 2x$ und $l(x) = 2x - 1$.

Schnittpunktberechnung der Graphen zweier Funktionen:

Ermittlung der x-Koordinate:
Setze die Funktionsterme gleich und löse die entstehende Gleichung.

Berechnung der y-Koordinate:
Setze die errechnete x-Koordinate in eine der beiden Funktionsgleichungen ein.

2 *Der Parabelrechner*

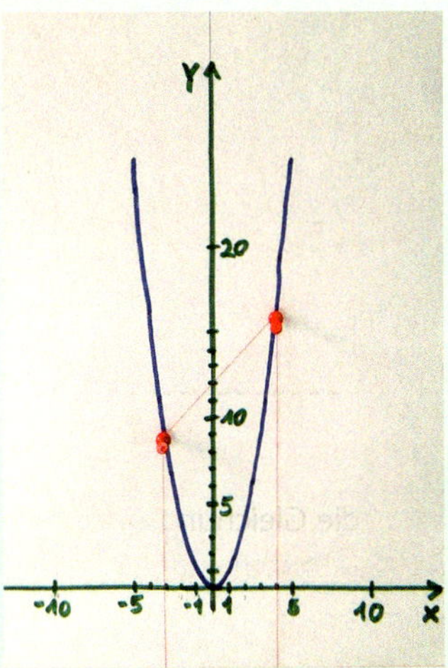

Im Mathematik-Museum bestaunen die Besucher den Parabelrechner. Kleine Nägel sind in den Punkten der Parabel $f(x) = x^2$ befestigt. Ein Faden, der an beiden Enden mit Gewichten versehen ist, wird über zwei Punkte $P_1(x_1|f(x_1))$ und $P_2(x_2|f(x_2))$ der Parabel gehängt. Im Schnittpunkt der Sehne mit der y-Achse lässt sich das Produkt $x_1 \cdot x_2$ ablesen (allerdings mit negativem Vorzeichen). Dies funktioniert immer, egal welche Parabelpunkte man wählt.

a) Bestätige diese Beobachtung. Du kannst ein eigenes Modell herstellen oder dies mit einem DGS nachspielen.

b) Mithilfe der Funktionsgleichungen von Gerade und Parabel kannst du die Funktionsweise des Parabelrechners begründen. Bestimme zunächst die Steigung m der Geraden P_1P_2 und dann die Gleichung der Geraden in der Form $y = mx + b$. Wenn du für b den Term $-x_1 \cdot x_2$ erhältst, so ist der Beweis erbracht.
Dürfen die Punkte P_1 und P_2 auch beide auf dem rechten Ast der Parabel liegen?

c) Funktioniert die Multiplikation auf diese Weise auch mit andern Parabeln? Probiere es mit der Parabel $g(x) = 0{,}25\,x^2$. Vielleicht muss das Verfahren leicht modifiziert werden.

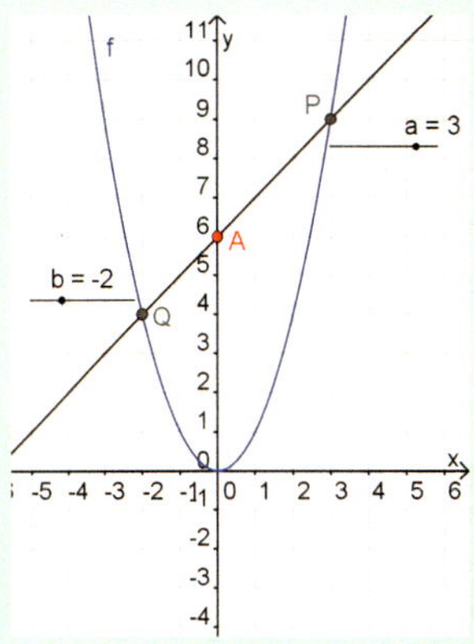

Aufgaben

3 *Tangenten und Parabeln*

Geraden, die eine Parabel nur in einem Punkt berühren, nennt man Tangenten.

a) Überprüfe mithilfe der Graphen, ob die Gerade mit $g(x) = 2x - 1$ Tangente an den Graphen der Funktion mit $f(x) = x^2 - 2x + 3$ sein kann.

b) Du kannst auch rechnerisch herausfinden, ob g Tangente ist. Erkläre. Berechne den Berührpunkt.

Basiswissen

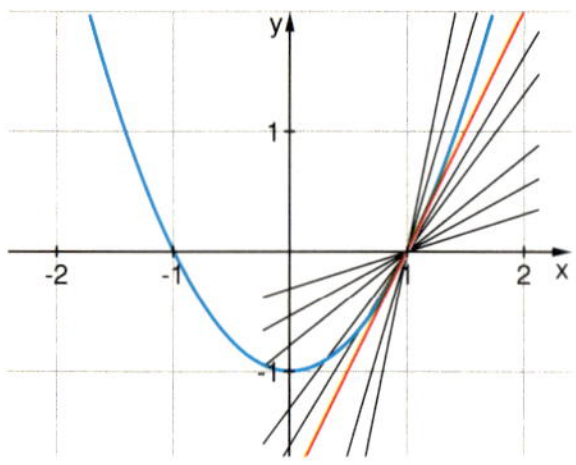

Will man die Gleichung der Tangente an eine Parabel in einem bestimmten Parabelpunkt ermitteln, dann muss man zwei Dinge berücksichtigen:

(1) Man muss die Koordinaten des Parabelpunktes kennen, in dem man die Tangente bestimmen will.

(2) Man muss die Steigung einer Geraden durch diesen Punkt so bestimmen, dass die Gerade mit der Parabel nur einen Schnittpunkt hat.

Bestimmung der Tangente an die Funktion mit $f(x) = x^2 - 1$ im Punkt (1|0)

(1) Alle Geraden durch den Punkt (1|0), die keine Senkrechten sind, haben die Funktionsgleichung $y(x) = m(x-1)$:

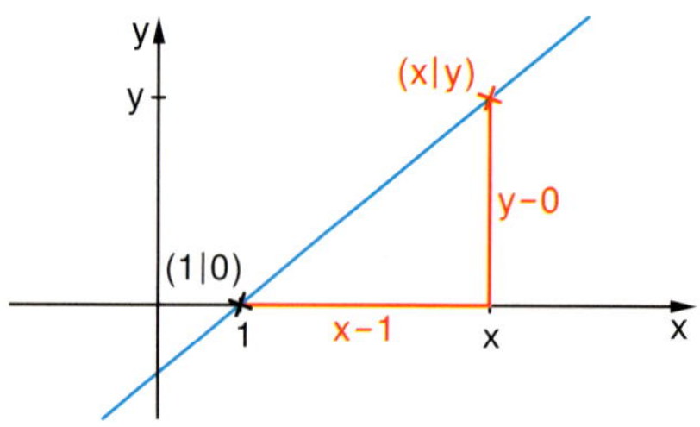

$m = \frac{y-0}{x-1} \Rightarrow y - 0 = m(x-1)$

$\Rightarrow y = m(x-1) + 0$

$= m(x-1)$

(2) Gesucht ist m.

Berechne den Schnittpunkt der Parabel mit einer beliebigen Geraden durch (1|0).

$x^2 - 1 = m(x-1)$

$x^2 - 1 = mx - m$

$x^2 - mx + m - 1 = 0$

Die Gleichung soll nur eine Lösung haben, also muss die Diskriminante D den Wert 0 haben:

Diskriminante:

$D = \frac{m^2}{4} - (m-1) = 0 \Rightarrow m = 2$

Tangente:

$y(x) = 2(x-1) = 2x - 2$

Beispiele

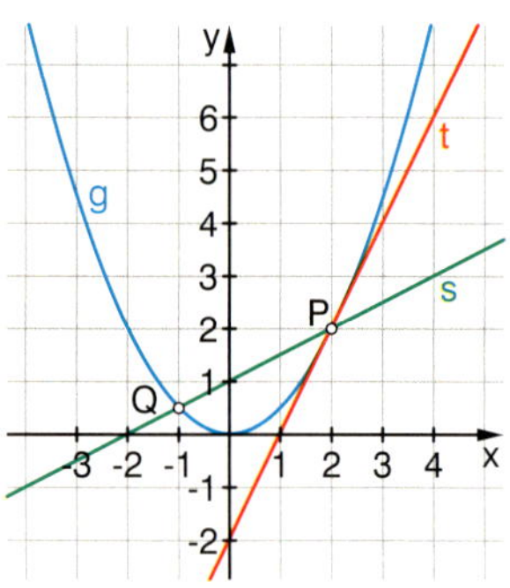

A Zeige rechnerisch, dass die Gerade s mit der Gleichung $y = 0{,}5x + 1$ eine Sekante der Parabel $g(x) = 0{,}5x^2$ ist.

Lösung:

Schnitt von s mit g: $0{,}5x + 1 = 0{,}5x^2 \Rightarrow x^2 - x - 2 = 0$

$x_{1,2} = 0{,}5 \pm \sqrt{0{,}25 + 2} \Rightarrow x_1 = 2$ oder $x_2 = -1$

zwei Lösungen, da Diskriminante $D > 0$

Schnittpunkte $S_1(2|2)$ und $S_2(-1|0{,}5)$

B Bestimme die Gleichung der Tangente an den Graphen der Funktion $g(x) = 0{,}5x^2$ im Punkt P(2|2).

Lösung:

Ansatz für Tangentengleichung: $y = m(x-2) + 2$

Schnittpunkt mit g: $0{,}5x^2 = m(x-2) + 2 \Rightarrow x^2 - 2mx + 4m - 4 = 0$

Diskriminante $D = m^2 - 4m + 4 = 0 \Rightarrow m = 2$

Tangentengleichung: $y = 2(x-2) + 2 = 2x - 2$

Übungen

4 *Lage von Geraden zur Parabel*

a) Welche der folgenden Geraden sind Sekanten, Passanten oder Tangenten an die Parabel $f(x) = 2x^2$?

g_1: $y = 4x - 2$ g_2: $y + 2 = 2x$

g_3: $y = -8(x - 1)$ g_4: $y = -2x + 4$

b) Berechne bei den Sekanten die Länge der ausgeschnittenen Sehne und bei den Tangenten die Berührpunkte.

Eine Gerade kann mit einer Parabel zwei Schnittpunkte, einen Schnittpunkt oder keinen Schnittpunkt haben. Wie beim Kreis bezeichnet man die Geraden als Sekante, als Tangente oder als Passante. Die Parabel schneidet aus der Sekante eine Sehne aus.

5 *Tangenten im Berührpunkt*

Bestimme die Tangentengleichung zu der Parabel im Berührpunkt B.

a) $y = x^2$, $B(1{,}5\,|\,■)$ b) $y = 0{,}25x^2$, $B(-4\,|\,■)$

c) $y = 4 - x^2$, $B(2\,|\,■)$ d) $y = x^2 - 4x + 3$, $B(3\,|\,■)$

Die Darstellung auf dem GTR kann als Probe dienen.

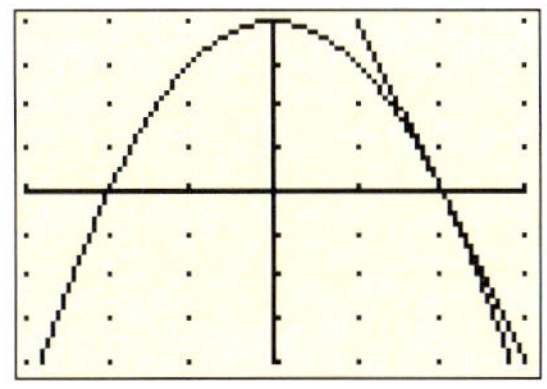

6 *Tangentendreieck*

a) Zeige, dass sich die beiden Tangenten in den Nullstellen der Parabel $f(x) = 0{,}25 \cdot x^2 - 1$ in einem Punkt S auf der y-Achse schneiden. Schneiden sie sich rechtwinklig?

b) Bestimme den Flächeninhalt des von den beiden Nullstellen und dem Schnittpunkt gebildeten Dreiecks.

c) Finde eine möglichst gute Abschätzung für den Flächeninhalt des Parabelsegments unter der x-Achse.

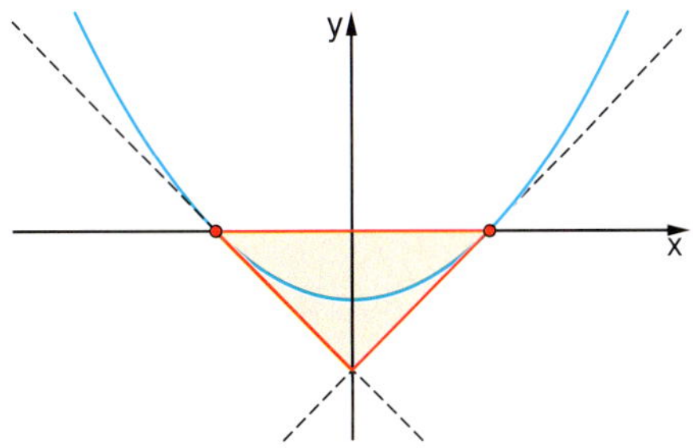

Orthogonalität zweier Geraden:
$m_1 \cdot m_2 = -1$

7 *Eine gewagte Konstruktion*

Hobbyarchitekt Kuno entwirft für die neue Empfangshalle im Future-Park eine eigenwillige Frontseite. Auf eine Parabel mit 9,80 m Spannweite und 4 m Scheitelhöhe sollen asymmetrisch auf jeder Seite zwei Balken tangential aufgelegt werden. Wie hoch und wie breit wird die dreieckige Frontseite, und wie lang müssen die beiden Balken sein?

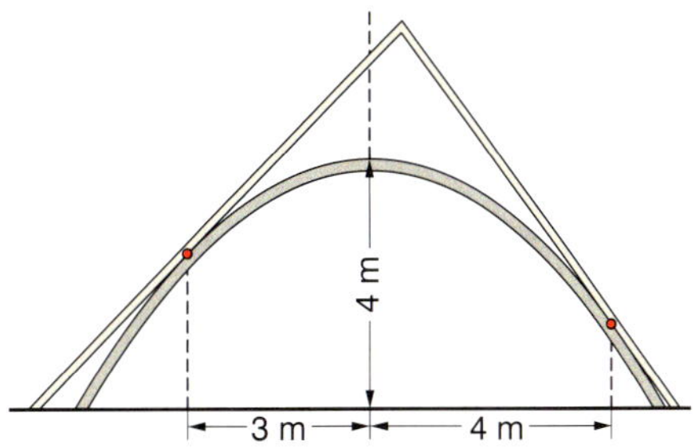

8 a) Bestätige die nebenstehende Formel durch die graphische Darstellung der Normalparabel und Zeichnen der Tangenten in den Punkten $P_1(1\,|\,■)$, $P_2(2\,|\,■)$ und $P_3(-1{,}5\,|\,■)$.

b) Leite die Tangentengleichung für einen beliebigen Punkt $P(x_P\,|\,y_P)$ her.

c) Finde eine entsprechende allgemeine Tangentengleichung für eine Parabel mit der Gleichung $y = ax^2$. Probiere zunächst für $a = 2$ und $a = 0{,}5$.

Aus der Formelsammlung:

Die Tangente im Parabelpunkt $P(x_P\,|\,y_P)$ an die Normalparabel $y = x^2$ hat die Steigung $\boldsymbol{m = 2x_P}$, den y-Achsenabschnitt $\boldsymbol{-y_P}$ und die Gleichung

***t:** $\boldsymbol{y = 2x_P \cdot x - y_P}$*

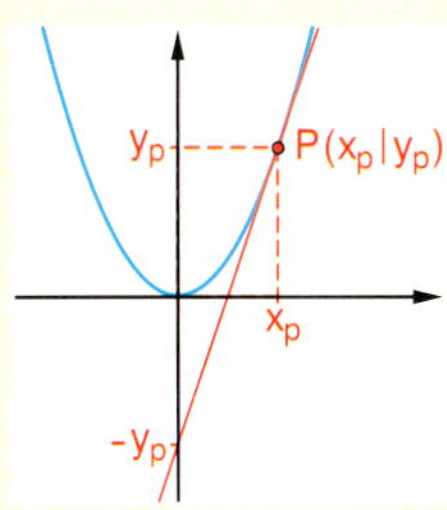

9 *Konstruktion von Tangenten an die Normalparabel*

Aus der obigen Aussage aus der Formelsammlung ergibt sich eine Konstruktionsmöglichkeit für Tangenten an die Normalparabel. Probiere es per Hand und mit einem DGS aus.

... Name	Definition
1 Funktion f	
2 Punkt P	Punkt auf f
3 Gerade a	Gerade durch P parallel zu xAchse
4 Punkt A	Schnittpunkt von yAchse, a
5 Punkt A'	A gespiegelt an xAchse
6 Gerade Tangente	Gerade durch A', P

Übungen

10 Die Schüler der Klasse 10a stellen sich auf dem Schulhof auf. Jeder sucht eine Position, von der der Abstand zum Geländer und zu dem roten Punkt jeweils gleich ist. Es sieht so aus, als würden sie auf einer Parabel stehen. Erfüllen die Punkte auf dem Graphen einer quadratischen Funktion auch diese Abstandsbedingung?

„Schülerparabel" auf dem Schulhof

a) Zeichne den Graphen der Funktion $y = \frac{1}{4}x^2$ in ein Koordinatensystem. (1 Einheit ≙ 1 cm). Zeichne auch den Graphen zu $y = -1$ (Gerade g) und den Punkt F (0|1). Überprüfe nun für verschiedene Parabelpunkte, ob diese jeweils den gleichen Abstand zu g und F aufweisen.

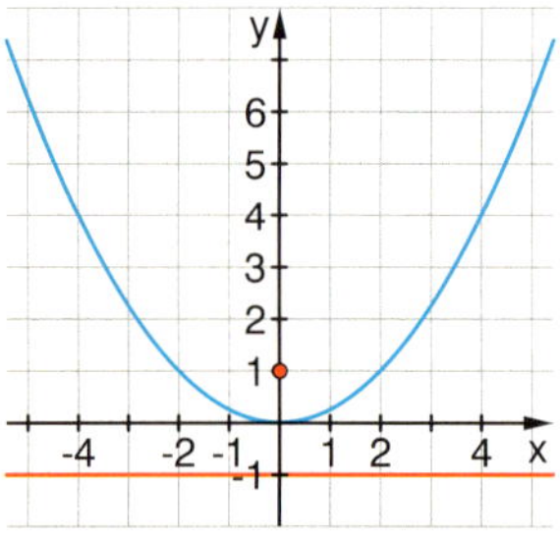

Für drei Parabelpunkte kannst du es direkt aus den Koordinaten ablesen, für die anderen Punkte kannst du nachmessen.

b) Findest du auch für den Graphen der Funktion $y = \frac{1}{2}x^2$ $\left(y = \frac{1}{8}x^2\right)$ eine entsprechende Gerade g und einen Punkt F? Wie sieht es bei der Normalparabel aus?

c) Kannst du eine Beziehung zwischen der y-Koordinate des Punktes F und dem Faktor a in der jeweiligen Funktionsgleichung $y = ax^2$ finden?

Basiswissen

Mit der „Schülerparabel" sind wir auf eine Definition der Parabel gestoßen, die lange vor der Beschreibung als Graph einer Funktion $f(x) = ax^2$ in der Geometrie genutzt wurde: Alle Punkte, die von einem gegebenen Punkt F und einer gegebenen Geraden h den gleichen Abstand haben, bilden eine Parabel.

Die Parabel als geometrische Ortslinie

Zu jeder Parabel gibt es einen Punkt F und eine Gerade h, so dass jeder Parabelpunkt von F und h den gleichen Abstand hat.
F heißt Brennpunkt der Parabel,
h heißt Leitgerade.

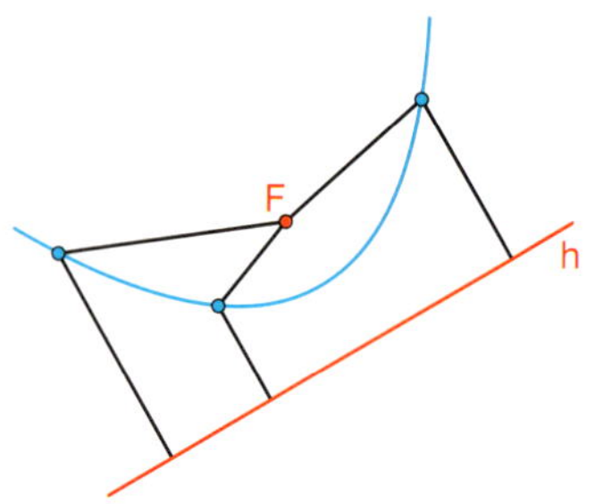

Zusammenhang zwischen Ortslinie und Funktionsgraph:

Der Graph der Funktion $y = ax^2$ ist eine Parabel. Der zugehörige Brennpunkt F hat die Koordinaten $\left(0\middle|\frac{1}{4a}\right)$, die Leitgerade h hat die Gleichung $y = -\frac{1}{4a}$.

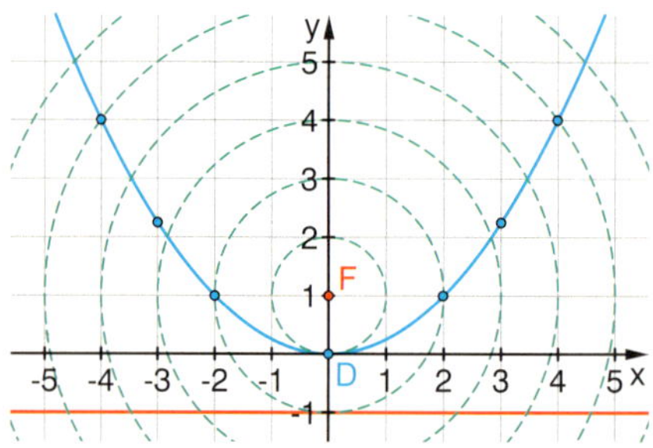

Beispiele

C Bestimme die Gleichung der Parabel mit der Leitgeraden $y = -2$ und dem Brennpunkt F(0|2).

Lösung: Aus der Lage von Leitgerade und Brennpunkt ergibt sich, dass die gesuchte Parabel den Scheitel in (0|0) und die y-Achse als Symmetrieachse hat. Damit hat die Gleichung die Form $y = ax^2$. Da $-\frac{1}{4a} = -2$, folglich $a = \frac{1}{8}$, ist $y = \frac{1}{8}x^2$ die gesuchte Gleichung.

Übungen

11 Bestimme den Scheitelpunkt der Parabel mit Brennpunkt F und Leitgerade h.
a) F(0|2), h: y = 0 b) F(0|1), h: y = 0,5 c) F(2|3), h: y = 0 d) F(0|−4), h: y = 2
Welche dieser Parabeln ist am weitesten geöffnet; welche ist die schmalste?

11 Lösungen:
(2|1,5) (0|1)
(0|0,75)
(0|−1)

12 *Funktionsgraphen als Ortslinien*
Bestimme für die Parabel den Brennpunkt F und die Leitgerade h. Überprüfe für einige Punkte die Bedingung für die Ortslinie.

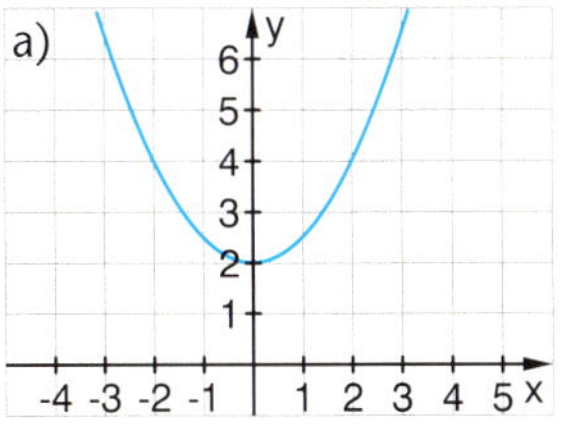

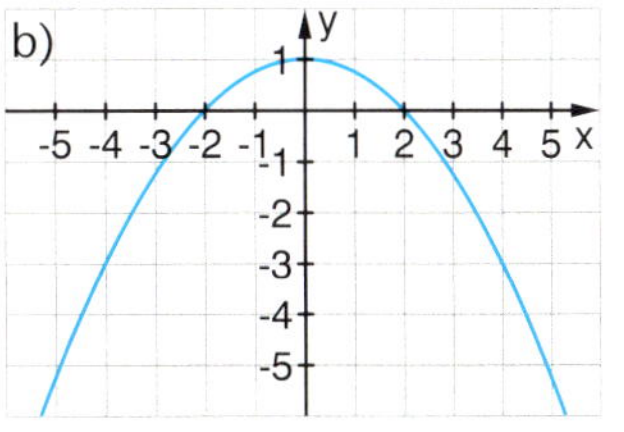

13 *Kreis-Geradenkonstruktion der Parabel*
Im Basiswissen ist eine Konstruktion von Parabelpunkten mithilfe von Kreisen um den Brennpunkt F und Parallelen zur Leitgeraden h im Bild verdeutlicht.
a) Gib eine genaue Anleitung für diese Konstruktion.
b) Konstruiere auf diese Weise Punkte des Funktionsgraphen zu $y = 0{,}2\,x^2$.

Diese Konstruktion befreit die Parabel aus der Zwangslage als Funktionsgraph.

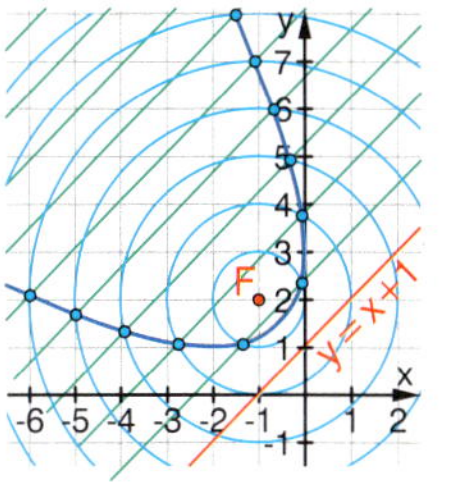

(siehe auch Konstruktion Aufgabe 17)

14 Konstruiere die Parabel mithilfe von Brennpunkt und Leitgerade. Falls möglich, gib auch eine Funktionsgleichung für die Parabel an.
a) F(0|1), h: y = −1 b) F(0|3), h: y = −3
c) F(0|0,5), h: y = −0,5 d) F(0|0), h: x = 2

Wie kommt der Brennpunkt zu seinem Namen?

Das olympische Feuer wird mit einem Parabolspiegel, der im Querschnitt parabelförmig ist, entzündet.
Das Sonnenlicht wird in den Brennpunkt reflektiert.

Dort wird es so heiß, dass die Fackel zu brennen beginnt.
Auch die so genannten Satellitenschüsseln haben im Querschnitt die Form einer Parabel. Dort wird nicht das Licht, sondern elektromagnetische Strahlung in den Brennpunkt der Satellitenschüssel (Parabolspiegel) reflektiert. Im Brennpunkt befindet sich der Empfänger.

15 *Ein Referatsthema*

Informiere dich im Physikbuch oder im Internet über das Reflexionsgesetz und insbesondere über die Reflexion am Parabolspiegel. Suche nach weiteren Anwendungen des Parabolspiegels. Schreibe einen kurzen Bericht und präsentiere deine Ergebnisse in der Klasse.

16 *Eine riesige Schüssel*
Das Paraboloid des Radioteleskops Effelsberg hat einen Außendurchmesser von 100 m, und der Empfänger ist mit einem Stahlgerüst im Brennpunkt 30 m über dem Scheitel angebracht. Welche Tiefe hat der Parabolspiegel?

Aufgaben

17 *Konstruktion der Parabel als Ortslinie mit DGS*

Die blaue Kurve ist eine Parabel. Sie entsteht als Ortslinie des Punktes P, wenn der Punkt L sich auf der Geraden h bewegt.

Konstruktionsschritte:

1. Zeichne Gerade h und Punkt F.
2. Punkt L auf h.
3. Mittelsenkrechte (g_1) zur Strecke $\overline{FL}$.
4. Senkrechte (g_2) zu h in L.
5. Schnittpunkt von g_1 mit g_2: Punkt P.

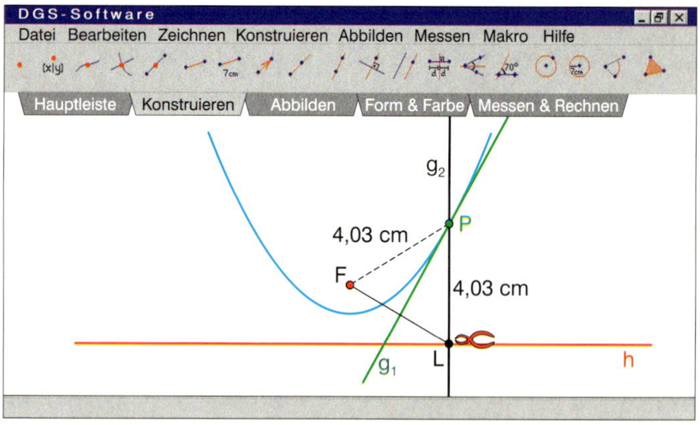

6. Ortslinie von P bei Bewegung von L auf h.

a) Führe die Konstruktion mit dem DGS selbst aus. Wähle als Abstand von F zu h 2 cm. Welcher Funktionsgraph ist zu dieser Parabel kongruent?

b) Wie verändert sich die Gestalt der Parabel, wenn du den Abstand von F zu h vergrößerst (verkleinerst)?

c) Ist die Mittelsenkrechte zur Strecke $\overline{FL}$ Tangente an die Parabel in P? Begründe.

Forschungsaufgabe

18 *Vom Kreis zur Normalparabel*

Am Kreis gibt es mit Durchmesser, Sekanten, Sehnen und Tangenten einiges zu entdecken. Schreibe möglichst viele Eigenschaften und Zusammenhänge auf, die du in dem Kreisbild erkennst bzw. vermutest.

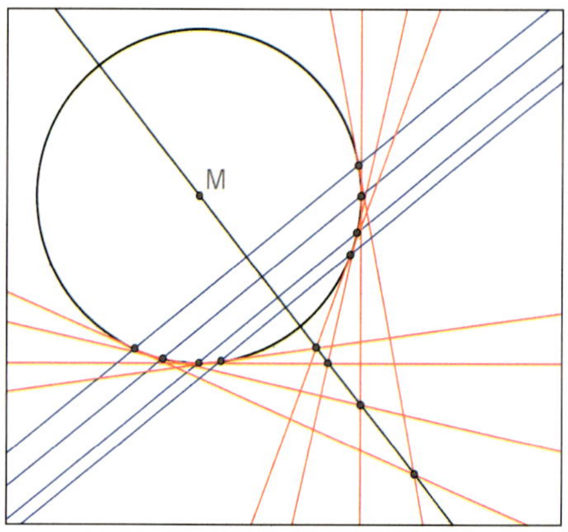

Untersuche dann, ob du an der Normalparabel ähnliche Zusammenhänge entdecken kannst. Versuche diese mit geometrischen oder algebraischen Kenntnissen zu begründen.

Im Team lässt sich besser forschen.

Ebenso ist der Einsatz eines DGS hilfreich.

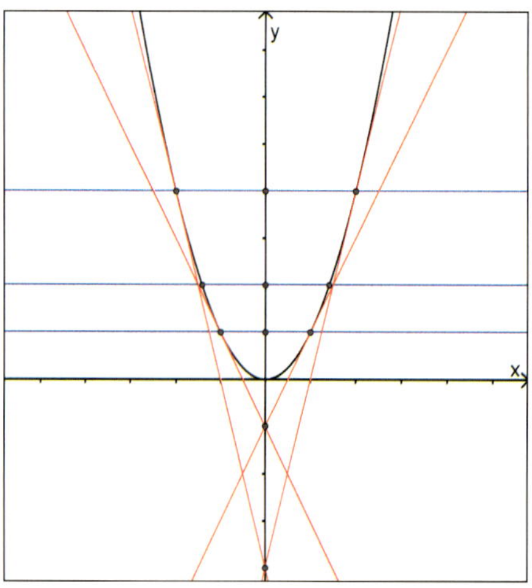

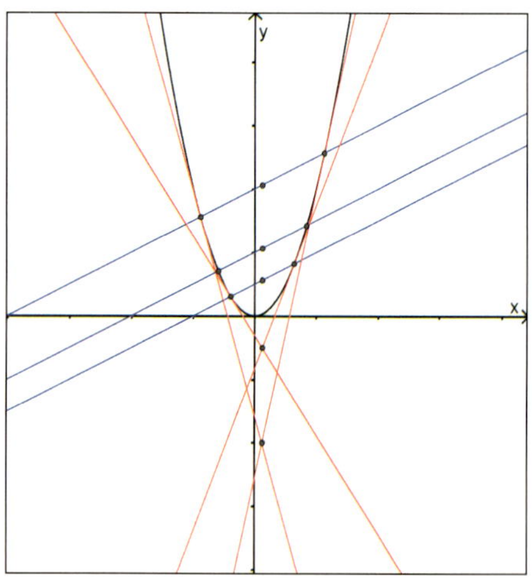

Erstelle einen abschließenden Forschungsbericht.

1.5 Von quadratischen Funktionen zu Potenzfunktionen

Was dich erwartet

Funktionen sind uns bereits in vielfältiger Form begegnet. Besonders intensiv haben wir uns mit linearen und quadratischen Funktionen beschäftigt und diese zur Lösung vielfältiger Probleme eingesetzt. Eine weitere wichtige Klasse von Funktionen sind die Potenzfunktionen. Potenzfunktionen sind Funktionen mit der Funktionsgleichung $f(x) = x^r$. Einige Vertreter dieser Funktionsklasse hast du bereits kennen gelernt:

Für $r = 1$ erhält man $f(x) = x$, für $r = 2$ die Funktion $f(x) = x^2$.

Es gibt aber auch seltsame Potenzfunktionen, z. B. $f(x) = x^{0,425}$. In diesem Fall ist der Exponent r eine Dezimalzahl. Was dies bedeutet und wie die zugehörigen Graphen aussehen, ist Thema dieses Lernabschnitts.

Aus einem Biologiebuch: „Die Körperoberfläche O(m) in Quadratmeter eines Menschen mit der Masse m in Kilogramm und der Länge von 180 cm kann man mit der Funktion $O(m) = 0{,}31 \cdot m^{0{,}425}$ berechnen."

Aufgaben

1 *Was passiert, wenn …*

Untersuche, wie sich der Graph der Funktion $f(x) = x^z$ verändert, wenn man den Exponenten systematisch von –5 bis 5 mit der Schrittweite 1 verändert.
Bringe Ordnung in die Vielfalt. Verwende dabei die für Funktionen typischen Begriffe wie:
monoton fallend/wachsend, Symmetrie, Definitionsmenge, Wertemenge usw. Solltest du dich an diese Begriffe nicht mehr erinnern, so schaue bei „Erinnern und Wiederholen", am Ende dieses Buches nach.
Diese Aufgabe kannst du mit dem GTR oder mit einem anderen mathematischen Werkzeug bearbeiten.

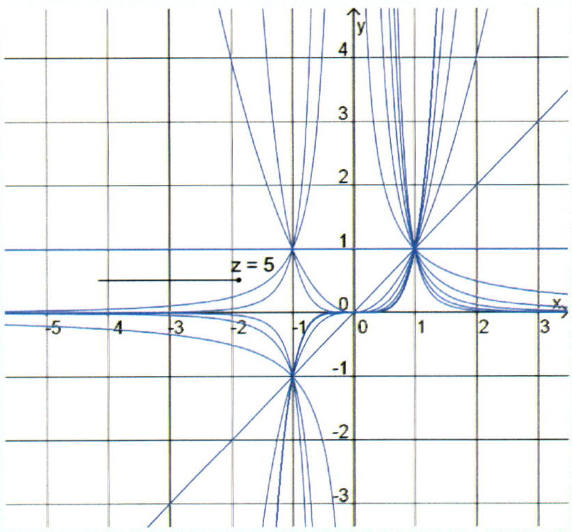

2 *Anpassen einer Funktion $f(x) = x^r$ an Daten.*

a) Gegeben ist die Wertetabelle einer Funktion. Ahnst du bereits, wie die Funktionsgleichung lautet?

x	f(x)
0	0
1	1
2	1,41
3	1,73
4	2
5	2,24
9	3
16	4

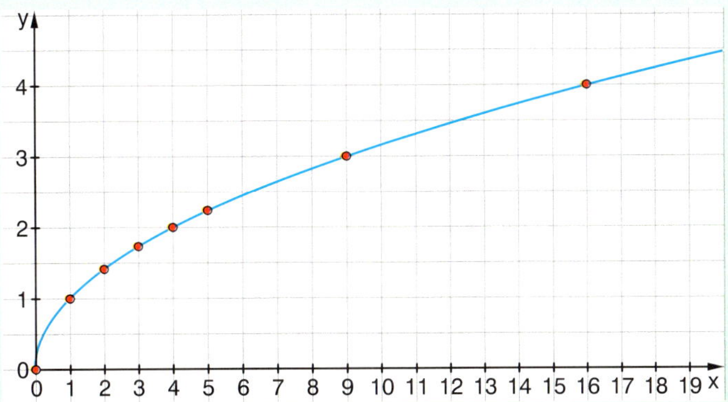

b) Der Graph der Funktion ist im Koordinatenkreuz dargestellt.
Versuche r so zu wählen, dass $f(x) = x^r$ die Funktion darstellt, deren Tabelle und Graph angegeben ist.

Tipp: für r auch Dezimalzahlen ausprobieren

Aufgaben

3 *Umkehrung einer Funktion*

Die Wertetabelle gehört zu der Funktion $f(x) = x^3$ mit $x \geq 0$.

a) Zeichne per Hand den Graphen dieser Funktion in ein Koordinatenkreuz. Verwende dabei auf x- und y-Achse die gleiche Skalierung.

b) Vertausche in der Tabelle die beiden Spalten und zeichne den zugehörigen Graphen in das gleiche Diagramm. Was beobachtest du?

c) Probiere mit dem GTR aus, ob du einen Wert für r findest, so dass $f(x) = x^r$ die Tabelle mit den vertauschten Spalten modelliert.

x	$f(x) = x^3$
0	0
0,5	0,125
1	1
1,5	3,375
2	8
2,5	15,625
3	27

4 *Potenzen und seltsame Exponenten – Zur Wiederholung:*

a) Schreibe a^n mit Faktoren. n ist eine natürliche Zahl

b) Berechne im Kopf 2^5 und 5^2.

c) Was versteht man unter a^{-n}, wenn n eine natürliche Zahl ist?

d) Schreibe als Bruch, ohne den GTR zu benutzen: 2^{-5} und 5^{-2}.

e) Rechenregeln für Potenzen: Wie werden Potenzen mit gleicher Basis multipliziert/dividiert? Wie werden Potenzen potenziert?

„Neuland"

Im Folgenden sollen die Rechenregeln aus Teil e) weiterhin gelten.

f) Offensichtlich muss dann $5^{\frac{1}{2}} \cdot 5^{\frac{1}{2}} = 5^{\frac{1}{2}+\frac{1}{2}} = 5^1 = 5$ gelten.

Welche Zahl muss man $5^{\frac{1}{2}}$ sinnvollerweise zuordnen?

Verfahre ähnlich, um herauszufinden, was $5^{\frac{1}{3}}$ sein könnte.

g) Setzt man den Gedanken aus Teil f) weiter fort, so ist $5^{\frac{1}{n}} = \sqrt[n]{5}$.

Dann ist $5^{\frac{2}{3}} = \left(5^{\frac{1}{3}}\right)^2 = \left(\sqrt[3]{5}\right)^2$. Verfahre genauso, um zu ermitteln, was $5^{0,4}$ sein könnte.

$\sqrt[n]{a}$ ist die Zahl, die n-mal mit sich selbst multipliziert a ergibt.

Basiswissen

Was man von Potenzen alles wissen sollte:

Positive ganzzahlige Exponenten	**Exponent 0**	**negative ganzzahlige Exponenten** mit $a \neq 0$
$a^n = a \cdot a \cdot \ldots \cdot a$	$a^0 = 1$	$a^{-n} = \frac{1}{a^n}$ und $\frac{1}{a^{-n}} = a^n$

rationale Exponenten mit $a \geq 0$ und m und n aus $\mathbb{N}$

$a^{\frac{1}{n}} = \sqrt[n]{a}$ $\qquad$ $a^{\frac{m}{n}} = \sqrt[n]{a^m}$

Rechenregeln: Potenzen mit gleicher Basis werden multipliziert/dividiert, indem man die Basis beibehält und die Exponenten addiert/subtrahiert. Potenzen werden potenziert, indem man die Exponenten multipliziert.

Beispiele

A Zeige, dass 8 die 8. Wurzel aus 16 777 216 ist.

Lösung 1: mit dem TR

$8^8 = 16\,777\,216$

Lösung 2: mit dem TR

$\sqrt[8]{16\,777\,216} = 8$ oder $16\,777\,216^{\frac{1}{8}} = 8$

Beispiele

B Was bedeutet $m^{0,425}$? Berechne den Term für m = 65.

Lösung: $m^{0,425} = m^{\left(\frac{425}{1000}\right)} = \sqrt[1000]{m^{425}}$, die 1000. Wurzel aus m hoch 425

$65^{0,425} = 5,90$ (gerundet auf zwei Nachkommastellen)

$5^{1,3}$ mit Taschenrechner

5 ∧ 1.3 =

8,1032...

C Vereinfache den Term nach den Regeln zum Rechnen mit Potenzen.

a) $a^{\frac{1}{3}} \cdot a^{\frac{1}{2}}$ b) $(2a^2)^{\frac{1}{2}}$ c) $\left(a^{\frac{1}{3}}\right)^6$

Lösungen:

$a^{\frac{1}{3}} \cdot a^{\frac{1}{2}} = a^{\frac{1}{3}+\frac{1}{2}} = a^{\frac{2}{6}+\frac{3}{6}} = a^{\frac{5}{6}} = \sqrt[6]{a^5}$

$(2a^2)^{\frac{1}{2}} = 2^{\frac{1}{2}} \cdot \left(a^{2}\right)^{\frac{1}{2}} = \sqrt{2} \cdot a$

$\left(a^{\frac{1}{2}}\right)^6 = a^{\frac{1}{2}\cdot 6} = a^3$

Übungen

Bearbeite die Aufgaben 5 bis 7 ohne Taschenrechner.

5 Schreibe die Terme zunächst mit Wurzelzeichen.

a) $16^{\frac{1}{2}}$ b) $625^{\frac{1}{4}}$ c) $1\,000\,000^{\frac{1}{6}}$ d) $27^{\frac{1}{3}}$ e) $25^{\frac{3}{2}}$ f) $(-4)^{\frac{1}{2}}$

Eine der Aufgaben lässt sich nicht lösen. Welche ist es. Wo ist das Problem?

6 Schreibe zunächst die Exponenten als Bruchzahl. Löse dann.

a) $4^{0,5}$ b) $32^{0,2}$ c) $81^{0,25}$ d) $49^{1,5}$ e) $1024^{0,7}$ f) $4^{2,5}$

7 Schreibe jeweils statt der Wurzel einen rationalen Exponenten. Löse dann.

a) $\sqrt[4]{3^8}$ b) $\sqrt[7]{0,6^7}$ c) $\sqrt[6]{3^{18}}$ d) $\sqrt[5]{5^5}$ e) $\sqrt[20]{32^4}$

8 *Irrationale Exponenten*

Erläutere, was dargestellt ist. Kann man vermuten, dass Potenzen mit irrationalen Exponenten existieren? Begründe.

1	$< \sqrt{2} < 2$
1,4	$< \sqrt{2} < 1,5$
1,41	$< \sqrt{2} < 1,42$
1,414	$< \sqrt{2} < 1,415$
1,4142	$< \sqrt{2} < 1,4143$
....	

10^1	$= 10$	$< 10^{\sqrt{2}} < 10^2$	$= 100$
$10^{1,4}$	$\approx 25,1189$	$< 10^{\sqrt{2}} < 10^{1,5}$	$\approx 31,6228$
$10^{1,41}$	$\approx 25,7040$	$< 10^{\sqrt{2}} < 10^{1,42}$	$\approx 26,3027$
$10^{1,414}$	$\approx 25,9418$	$< 10^{\sqrt{2}} < 10^{1,415}$	$\approx 26,0016$
$10^{1,4142}$	$\approx 25,9537$	$< 10^{\sqrt{2}} < 10^{1,4143}$	$\approx 25,9597$
....			

9 *Luftdruck*

Der Luftdruck nimmt mit wachsender Höhe ab. Für eine Höhe bis zu 80 km kann man den Luftdruck p näherungsweise mit der Formel

$p = 1013 \cdot 2^{-\frac{10\,h}{58}}$ (h in km, Luftdruck p in Hektopascal (hPa)) berechnen.

Berechne den Luftdruck am Boden und in 30 km (40 km, 45 km) Höhe.

Wenn ein mit Helium gefüllter Wetterballon aufsteigt, dann dehnt er sich wegen des geringer werdenden Luftdrucks aus.

10 *Funktionenlabor*

Finde heraus, welche verschiedenen Formen die Graphen von Potenzfunktionen $f(x) = x^r$ haben können.

Variiere dazu den Exponenten r. Verwende als Exponent verschiedene

- positive ganze Zahlen
- negative ganze Zahlen
- verschiedene Dezimalzahlen. Bringe Ordnung in die Vielfalt der Graphen.

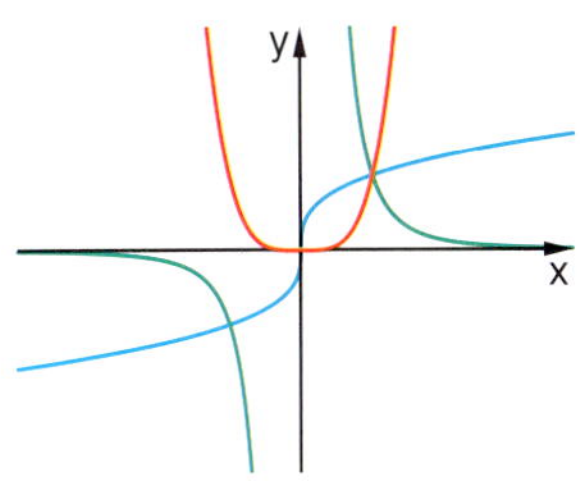

Basiswissen

Potenzfunktionen sind Funktionen mit der Funktionsgleichung $f(x) = x^r$.
Der Exponent r bestimmt das Aussehen des Funktionsgraphen.

r gerade natürliche Zahl

$f(x) = x^r$

$f(x) = x^2$
$g(x) = x^4$
$h(x) = x^6$
Definitionsmenge $D = \mathbb{R}$

Parabelförmige Graphen, symmetrisch zur y-Achse

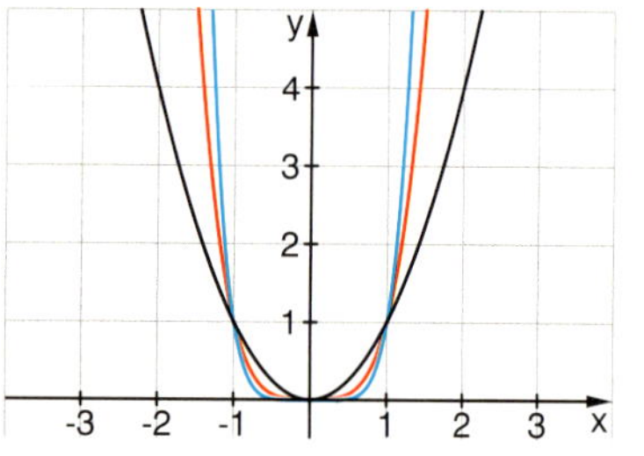

r ungerade natürliche Zahl

$f(x) = x^r$

$f(x) = x^3$
$g(x) = x^5$
$h(x) = x^7$
$D = \mathbb{R}$

Die Graphen sind symmetrisch zum Ursprung.

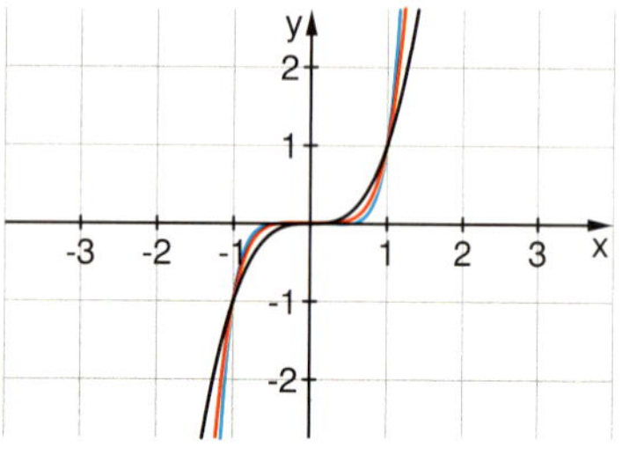

r gerade, negative ganze Zahl

$f(x) = x^r$

$f(x) = x^{-2} = \frac{1}{x^2}$
$g(x) = x^{-4} = \frac{1}{x^4}$
$h(x) = x^{-6} = \frac{1}{x^6}$
$D = \mathbb{R} \setminus \{0\}$

Die Graphen nennt man Hyperbeln. Sie sind symmetrisch zur y-Achse.

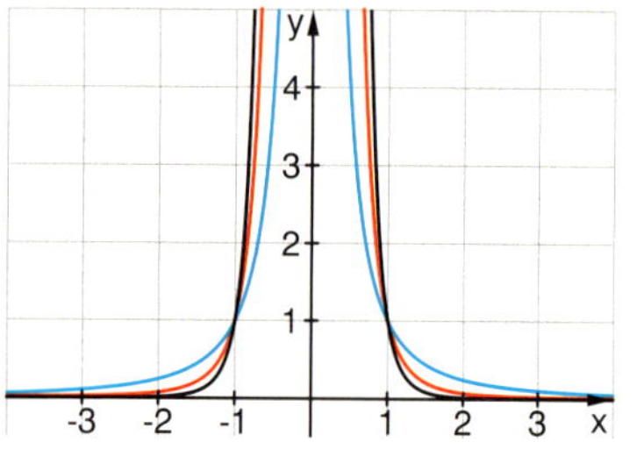

r ungerade, negative ganze Zahl

$f(x) = x^r$

$f(x) = x^{-3} = \frac{1}{x^3}$
$g(x) = x^{-5} = \frac{1}{x^5}$
$h(x) = x^{-7} = \frac{1}{x^7}$
$D = \mathbb{R} \setminus \{0\}$

Die Graphen nennt man Hyperbeln. Sie sind symmetrisch zum Ursprung.

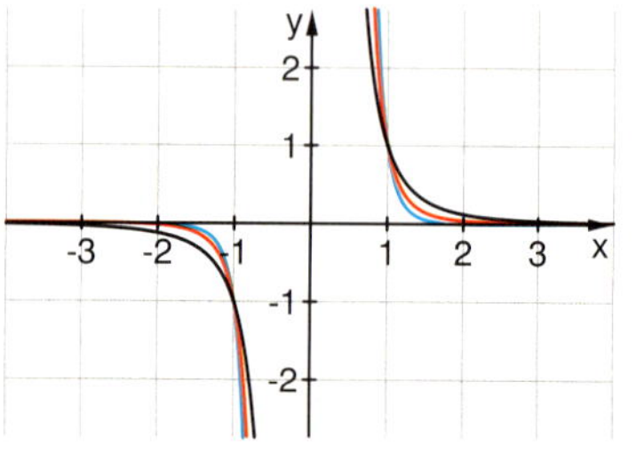

r keine ganze Zahl

$f(x) = x^r$

$f(x) = x^{0,4}$
$g(x) = x^{0,7}$
$h(x) = x^{2,5}$
Definitionsmenge
$D = \mathbb{R}^+$

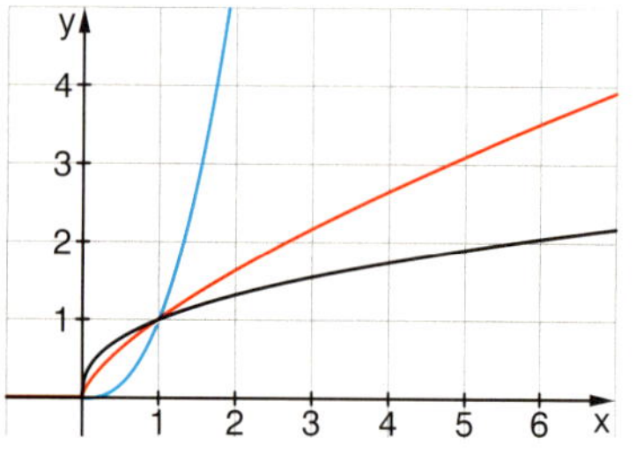

***Besonderes** Verhalten von Potenzfunktionen mit negativen ganzzahligen Exponenten:*

Die Graphen sind **Hyperbeln**. Wenn man diese durchläuft, dann wird sowohl der Abstand zwischen Hyperbel und x-Achse als auch der Abstand zwischen Hyperbel und y-Achse beliebig klein.

Geraden, denen sich ein Graph immer mehr nähert (anschmiegt), nennt man man Asymptoten. Die x- und y- Achse sind also Asymptoten der entsprechenden Funktionen.

Beispiele

D Welche Eigenschaften hat die Funktion $f(x) = x^{-3}$ („Steckbrief")? Skizziere den zugehörigen Graphen, ohne den GTR zu verwenden.

Lösung:
Die Funktion ist eine Potenzfunktion.
Der Exponent ist eine ungerade negative ganze Zahl.

„Steckbrief": Definitionsmenge $D = \mathbb{R} \setminus \{0\}$, Wertemenge $\mathbb{R} \setminus \{0\}$
Der Graph ist symmetrisch bezüglich des Ursprungs. Die Punkte $(-1 \mid -1)$ und $(1 \mid 1)$ liegen auf dem Graphen.
Die x-Achse und die y-Achse sind Asymptoten der Funktion.

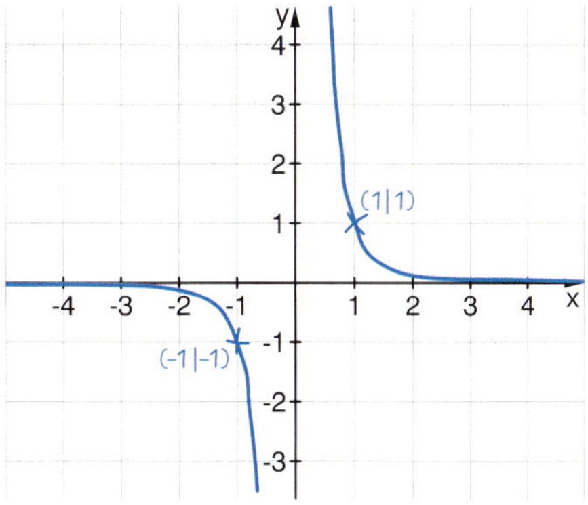

E *Parameter verändern Graphen*
Wie unterscheidet sich die Funktion $f(x) = \frac{1}{x}$ von der Funktion $g(x) = \frac{a}{x}$?
Vergleiche die Tabellen und die Graphen der beiden Funktionen f und g.
Lösung: Alle Funktionswerte von g sind das a-fache der Funktionswerte von f.
Für a = 2 erhält man folgende Tabelle.

x	0,25	0,5	1	2	4
f(x)	4	2	1	0,5	0,25
g(x)	8	4	2	1	0,5

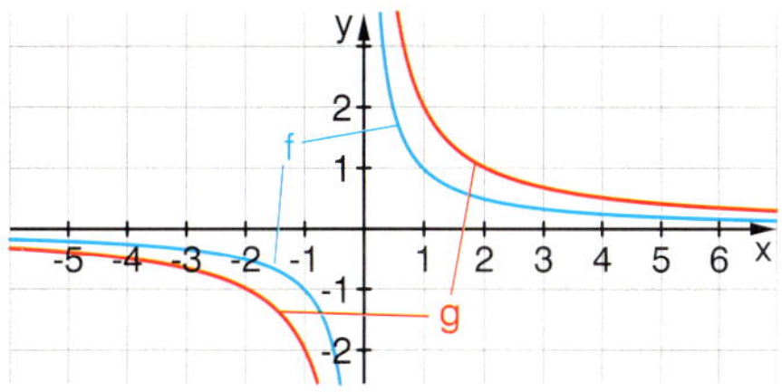

Die Funktion f wurde mit dem Faktor 2 gestreckt.

Übungen

11 Erstelle Steckbriefe für Potenzfunktionen.

a) $f(x) = x^4$ b) $f(x) = \frac{1}{x^6}$ c) $f(x) = \frac{1}{x^7}$

12 *Ein „Mini"-Forschungsauftrag (ohne GTR)*
a) Wie wird vermutlich der Graph der Funktion $f(x) = x^8$ aussehen?
Tipp: Schaue die Graphen der Funktionen $f(x) = x^2$, $g(x) = x^4$, $h(x) = x^6$ im Basiswissen an. Vergewissere dich mit dem GTR, ob du richtig „liegst".
b) Wie wird vermutlich der Graph der Funktion $f(x) = x^9$ aussehen? Was „sagt" der GTR?

13 *Aus einem Mathematikbuch der 7. Klasse*

Antiproportionale Zuordnungen und die Potenzfunktion $f(x) = \frac{1}{x}$

Zwei Variable x und y heißen antiproportional, wenn das Produkt aus x und y konstant ist, d. h. wenn gilt: $x \cdot y = k$, mit $k \neq 0$.
a) Ergänze die Tabelle für die Funktionen $y = \frac{1}{x}$

x	$\frac{1}{10}$	$\frac{1}{5}$	$\frac{1}{2}$	1	2	3	4	5	10
y	10	5	2	1	$\frac{1}{2}$	■	■	■	■
$x \cdot y$	1	1	■	■	■	■	■	■	■

Erstelle eine entsprechende Tabelle für die Funktionen $y = \frac{2}{x}$ und $y = \frac{5}{x}$.
b) Begründe, warum $y = \frac{k}{x}$ eine antiproportionale Zuordnung darstellt.

14 *Rechtecke mit gleicher Fläche und variabler Länge*
Zeichne in ein Koordinatenkreuz verschiedene flächengleiche Rechtecke so ein, dass deren linker unterer Eckpunkt im Ursprung des Koordinatenkreuzes und deren untere Seite auf der x-Achse liegen.
Bestimme eine Funktion, auf deren Graph die rechten oberen Rechteckspunkte liegen.
Begründe dein Ergebnis algebraisch.

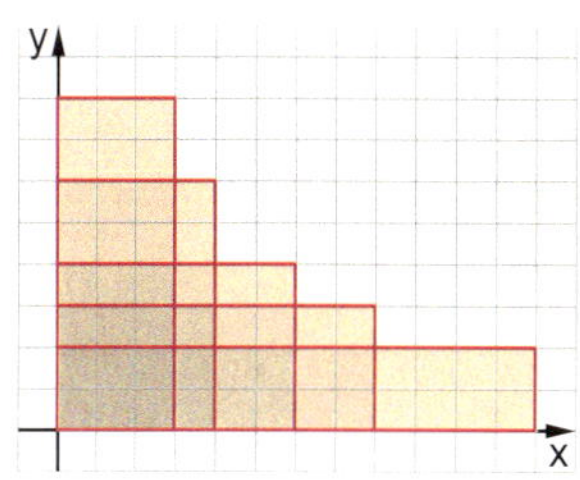

Übungen

15 *Lohnt es sich, schnell zu fahren?*

a) Wie hängt die Fahrtzeit für eine bestimmte Strecke s von der Geschwindigkeit v ab? Stelle die Fahrzeit t für eine Strecke s = 100 km in Abhängigkeit von der Geschwindigkeit v dar: mit einer Tabelle, mit einem Graphen, mit der Funktionsgleichung.

b) Entscheide, ob sich deiner Meinung nach schnelles Fahren lohnt, und begründe deine Entscheidung mit den Ergebnissen aus Teil a).

Welche wichtigen Aspekte werden nicht berücksichtigt, wenn man sich nur auf das mathematische Modell aus Teil a) stützt?

16 *Etwas für Ornithologen*

Es spielen viele verschiedene Faktoren zusammen, so dass Vögel und Flugzeuge fliegen können. Obwohl sich Flügelformen bei Vögeln sehr stark unterscheiden, ist die Zahl der Flügelschläge y pro Sekunde (ein Flügelschlag ist die Abwärts- und die Aufwärtsbewegung) bei allen Vögeln in etwa antiproportional zur Länge x der Flügel.

a) Begründe, warum die Gleichung $y = \frac{k}{x}$ diesen Zusammenhang korrekt beschreibt.

b) Eine Silbermöve hat eine Flügellänge von 24,1 cm und eine Flügelschlagfrequenz von 2,8 Schlägen pro Sekunde. Bestimme mit diesen Daten die Konstante k.

c) Berechne mit dem Ergebnis aus Teil a) die Flügelschlagfrequenz eines Kormoran (Flügellänge 38 cm) und eines Kolibris (Flügellänge 2,5 cm).

17 Erstelle den Steckbrief der Funktion f(x), deren Graph in der Abbildung in blauer Farbe dargestellt sind.

a)

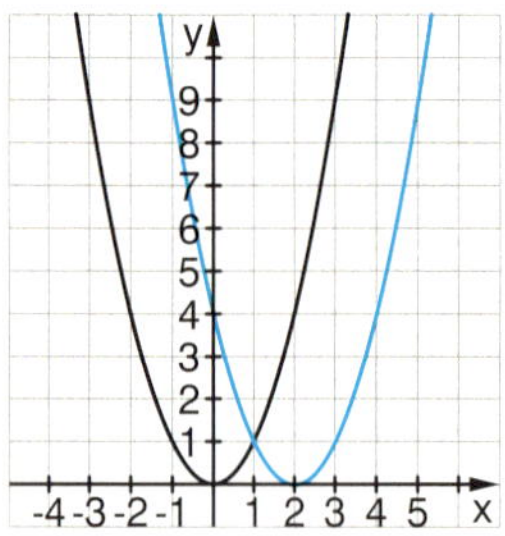

b)

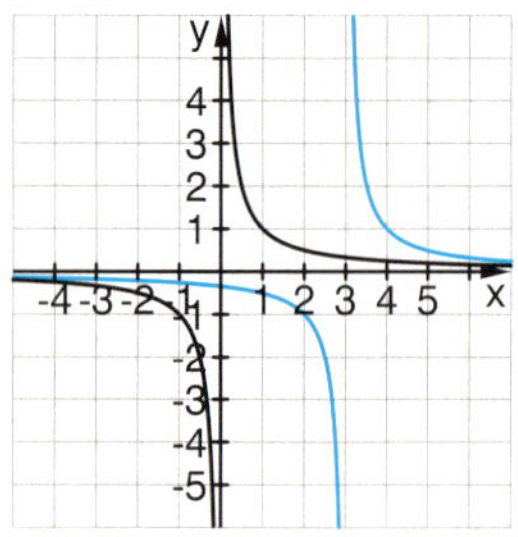

c)

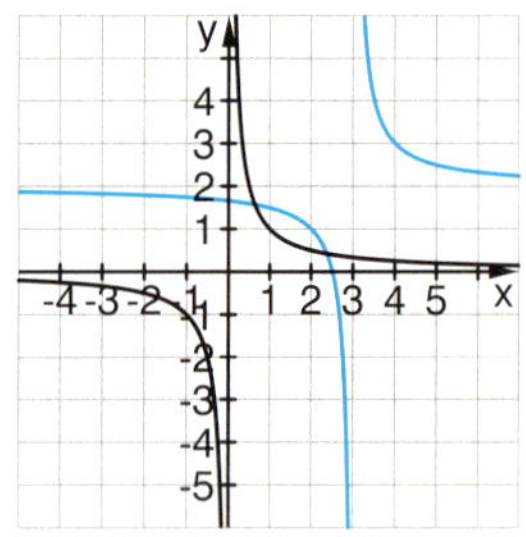

Wie könnten die Funktionsgleichungen lauten? Die Funktion in Teil a) ist aus der Funktion $g(x) = x^2$ entstanden, die Funktion in b) und c) aus $g(x) = \frac{1}{x}$.

18 *Graphenlabor: Graphen in Bewegung*

Man kann Graphen horizontal und vertikal verschieben oder in beide Richtungen gleichzeitig. Man kann Graphen strecken und stauchen und an der x-Achse spiegeln. Dies kann man mit verschiedenen Parametern in der Funktionsgleichung erreichen.

Die Funktion

$g(x) = a f(x - d) + e$

ist eine Funktion, die aus der Funktion f(x) durch entsprechende Veränderungen hervorgeht. Ist z. B.

$f(x) = \frac{1}{x}$, dann ist $g(x) = \frac{a}{x - d} + e$

a) Untersucht arbeitsteilig in Gruppen, welche Wirkung die verschiedenen Parameter haben. Verwendet bei eurer Argumentation sowohl die Graphen als auch die Tabellen.

b) Untersucht die Wirkung der Parameter a, d und e auch an anderen Funktionenfamilien:

Lineare Funktion	$f(x) = x$,	quadratische Funktion	$f(x) = x^2$,
Potenzfunktion	$f(x) = \frac{1}{x^2}$,	Potenzfunktion	$f(x) = x^3$.

Übungen

19 Die rote Kurven stellt eine Transformation des Graphen (schwarz) der Funktion $f(x) = x^3$ dar. Wie lautet die Funktionsgleichung zum roten Graphen?

a) 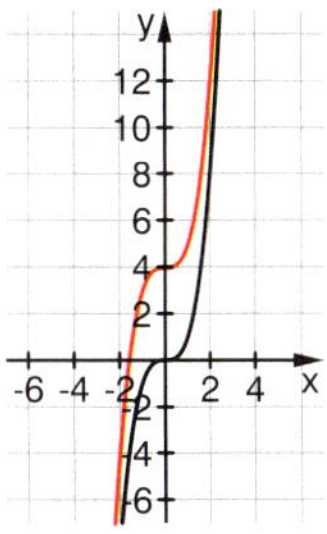

b) 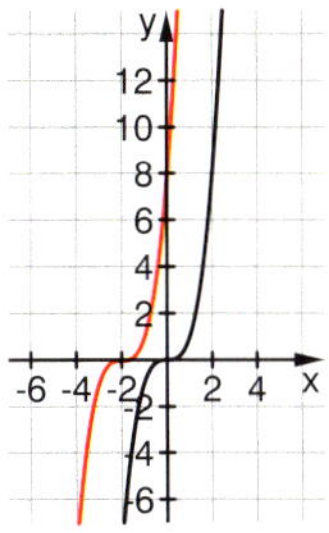

c) 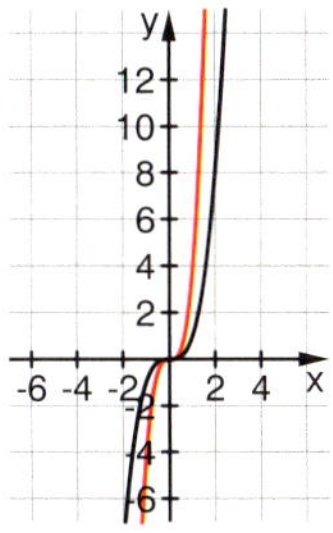

d) 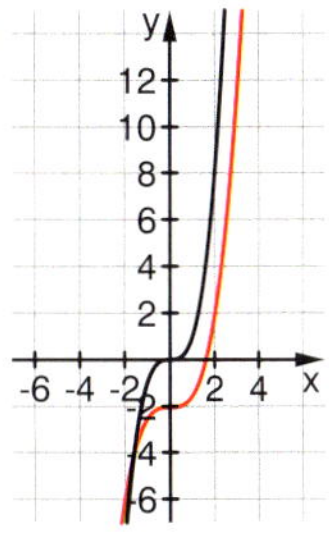

20 Die Funktion $f(x) = \frac{1}{x}$ wurde verschoben, aber nicht gestreckt oder gestaucht. Man erhält dann eine Funktion mit den Asymptoten

a) $y = 2$ und $x = 0$, b) $y = 0$ und $x = 4$, c) $y = -2$ und $x = 1$.

Welche Verschiebungen wurden durchgeführt? Wie heißen die entsprechenden Funktionsgleichungen?

Überprüfe deine Ergebnisse mit dem GTR

21 *Erkundung von senkrechten Asymptoten*

Gib die Funktion $f(x) = \frac{1}{x-2}$ in deinen GTR ein. Übertrage die Tabelle in dein Heft und ergänze die Funktionswerte. Was beobachtest du, wenn sich die x-Werte immer mehr der Zahl 2 nähern? Was bedeutet dies für die Definitionsmenge?

x	1,0	1,8	1,99	1,999	1,9999	3,0	2,1	2,01	2,001	2,0001
y	■	■	■	■	■	■	■	■	■	■

Aufgaben

22 *Ein kleines Forschungsprojekt*

Zeichne jeweils die Graphen paarweise in ein Koordinatenkreuz. Wähle dabei auf x- und y-Achse die gleiche Skalierung.

$f(x) = x^3$	$f(x) = x^2$	$f(x) = x^{\frac{3}{2}}$	$f(x) = x^{\frac{2}{5}}$	$f(x) = x^{-1}$
$g(x) = x^{\frac{1}{3}}$	$g(x) = x^{\frac{1}{2}}$	$g(x) = x^{\frac{2}{3}}$	$g(x) = x^{\frac{5}{2}}$	$g(x) = x^{-1}$

a) Vergleiche die Graphen. Was stellst du fest?

b) In der Tabelle wird auf einen x-Wert zunächst die Funktion f „angewendet" und dann auf den Funktionswert die Funktion g. Ergänze die Tabelle und erstelle ähnliche Tabellen für die anderen Funktionenpaare. Was beobachtest du?

x	$y = x^3$	$z = y^{\frac{1}{3}}$
3	27	3
4	64	4
…	…	…

Was ist die Umkehrung einer Funktion?

Eine Funktion ist eine Zuordnung, die jedem x-Wert genau einen y-Wert zuordnet. Man kann Funktionen beschreiben durch eine Zuordnungsvorschrift, eine Tabelle und/oder einen Graphen.
Will man zu einem y-Wert den zugehörigen x-Wert finden, dann muss man die Funktion „umkehren". Die Umkehrzuordnung erhält man durch:
- Vertauschen der x- und y-Spalte in der Tabelle,
- Vertauschen von x und y in der Funktionsgleichung und dann Auflösen nach y,
- Spiegeln des Graphen an der ersten Winkelhalbierenden.

Die Umkehrung ist nicht immer eindeutig.

Wann ist die Zuordnung eine Funktion?

Der **„Senkrechten-Test“**

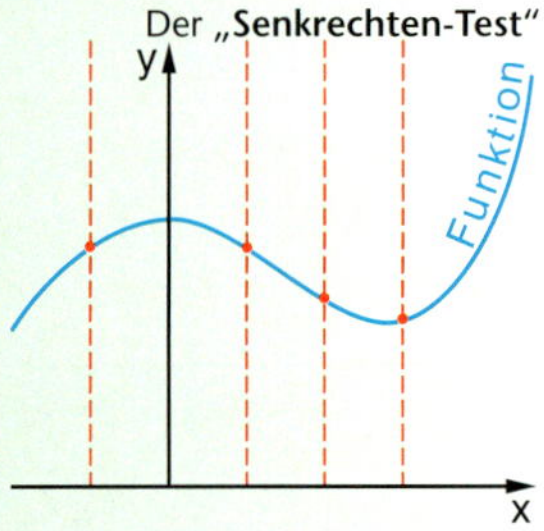

Umkehrfunktion

Ist die Umkehrung einer Funktion eindeutig, dann ist die Umkehrzuordnung eine Funktion. Wir sagen: Die **Umkehrfunktion** $\bar{f}(x)$ existiert.

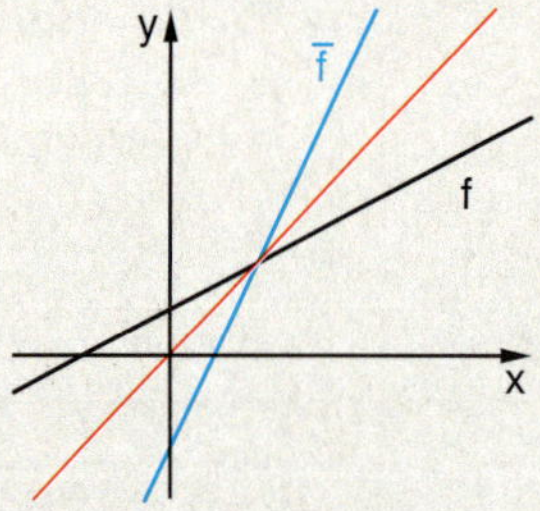

Die Umkehrung der Funktion mit $f(x) = 0{,}5\,x + 1$ ist eindeutig.

$\bar{f}(x)$ existiert.

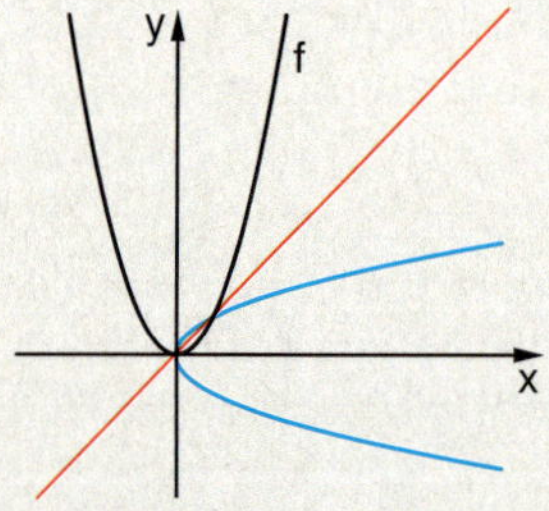

Die Umkehrung der Funktion mit $f(x) = x^2$ ist **nicht** eindeutig.

$\bar{f}(x)$ existiert **nicht**.

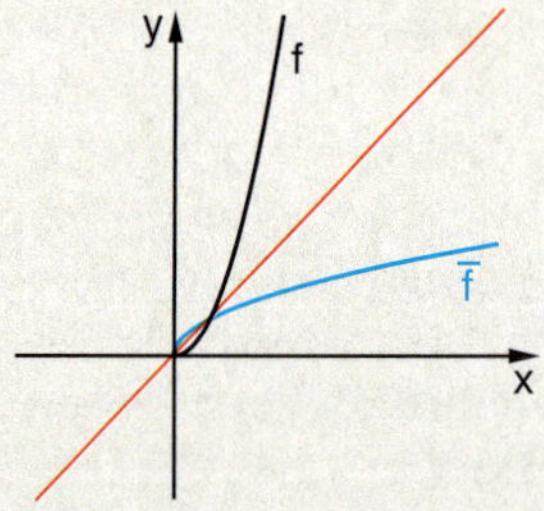

Schränkt man die Definitionsmenge der Funktion mit $f(x) = x^2$ auf die Zahlen $x \geq 0$ ein, dann ist die Umkehrung eindeutig.

$\bar{f}(x)$ existiert.

Existiert zu f die Umkehrfunktion $\bar{f}(x)$, dann gilt: $x \xrightarrow{f} f(x) \xrightarrow{\bar{f}} \bar{f}(f(x)) = x$.

Aufgaben

23 *Umkehrfunktion zu Potenzfunktionen*

a) Begründe: Wenn man die Definitionsmenge aller Potenzfunktionen auf x-Werte beschränkt, die größer als 0 sind, dann besitzen alle Potenzfunktionen eine Umkehrfunktion.

b) Bei allen folgenden Funktionen ist die Definitionsmenge beschränkt auf $\mathbb{R}^+$. Bestimme jeweils die Umkehrfunktion.

$f(x) = x^2$ $\quad g(x) = x^5$ $\quad h(x) = x^{\frac{1}{3}}$ $\quad k(x) = x^{\frac{4}{3}}$

24 Auch die Potenzfunktionen mit negativem Exponenten besitzen auf $\mathbb{R}^+$ eine Umkehrfunktion. Bestimme sie jeweils

$f(x) = x^{-2}$ $\quad g(x) = x^{-3}$ $\quad h(x) = \frac{1}{x}$ $\quad k(x) = \frac{1}{x^5}$

25 *Zinseszins*

Wie hoch muss der Zinssatz sein, damit ein Kapital von 4500 € in10 Jahren auf 6000 € wächst?

26 Der folgende Ansatz muss vervollständigt werden: Volumen $V = a^3$, Oberfläche $O = 6\,a^2$. Man muss nun die Oberflächenformel nach a auflösen, dann …

26 Wie kann man das Volumen V eines Würfels durch seine Oberfläche O ausdrücken? Gesucht ist also eine Funktion $V = V(O)$.

27 *Noch ein „Mini“-Forschungsauftrag*

a) $f(x) = x^{\frac{1}{2}}$, $g(x) = x^{\frac{1}{3}}$, $h(x) = x^{\frac{1}{4}}$, $k(x) = x^{\frac{1}{5}}$

b) $f(x) = x^{\frac{1}{4}}$, $g(x) = x^{\frac{2}{4}}$, $h(x) = x^{\frac{3}{4}}$, $k(x) = x^{\frac{4}{4}}$

Vergleiche jeweils die Graphen der Funktionen. Welche Punkte haben sie gemeinsam? Gib die Definitionsmenge jeder Funktion an.

Sage voraus, wie die Graphen der Funktion $m(x) = x^{\frac{1}{7}}$ und $n(x) = x^{\frac{5}{4}}$ aussehen. Überprüfe deine Vermutungen mit dem GTR.

CHECK UP

Quadratische Funktionen und Gleichungen – Potenzfunktionen

1 *Wissenswertes*
a) Beschreibe die Unterschiede zwischen dem Graphen einer linearen und einer quadratischen Funktion.
b) Erläutere den Unterschied zwischen der Funktionsgleichung einer linearen und einer quadratischen Funktion.
c) Wie kannst du entschieden, ob eine quadratische Funktion ein Minimum oder ein Maximum besitzt?

2 Welche der Funktionen ist eine quadratische Funktion? Begründe, indem du die Gleichung in die Form $f(x) = ax^2 + bx + c$ überführst oder den Graphen zeichnest.
a) $f(x) = 2x(x-6)$ b) $f(x) = 4 - \frac{1}{x^2}$ c) $f(x) = (x-2)^2 + 5$
d) $f(x) = 2 - 4x$ e) $f(x) = (x-1)(x-1)$ f) $f(x) = x^{\frac{1}{2}}$

3 Welche der Funktionen hat ein Maximum, welche ein Minimum? Begründe ohne GTR. Ermittle dann näherungsweise die Koordinaten des jeweiligen Scheitelpunktes.
a) $f(x) = x^2 - 3x + 5$ b) $f(x) = 2 - 3x - x^2$ c) $f(x) = -3(x-1)(x+1)$

4 Zeichne den Graphen der Funktion und bestimme näherungsweise die Koordinaten des Scheitelpunktes.
a) $f(x) = x^2 - x - 9$ b) $f(x) = -(x-2)(x+6)$ c) $-0{,}5(x+4)^2$

5 Beschreibe, wie man die exakten Koordinaten des Scheitelpunktes einer Parabel mit der Funktionsgleichung $f(x) = (x-a)(x-b)$ bestimmen kann.

6 Vergleiche den Graphen der Funktion g mit dem Graphen von $f(x) = x^2$. Durch welche geometrischen „Manipulationen" entsteht der Graph von g aus dem Graphen von $f(x) = x^2$?
a) $g(x) = (x-3)^2 - 4$ b) $g(x) = 3(x-4)^2 - 1$ c) $g(x) = -(x-2)^2$
d) $g(x) = -7(x+5)^2 - 2$ e) $g(x) = 0{,}5x^2 + 3$ f) $g(x) = -(x+3)^2$

7 Bestimme die jeweilige Funktionsgleichung. Überprüfe zunächst den Streckfaktor.

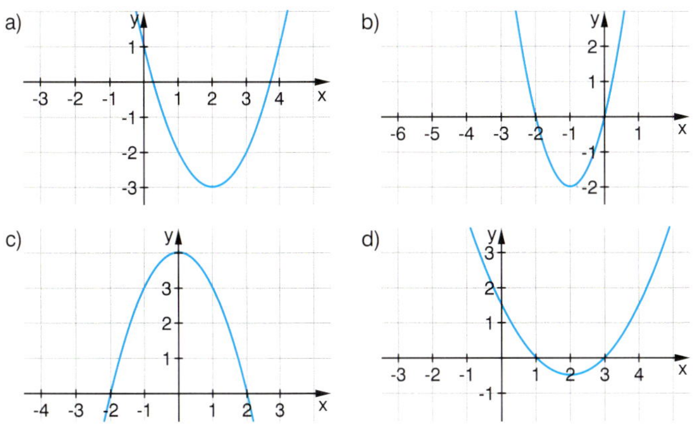

8 Welche charakteristischen Eigenschaften des Graphen der folgenden Funktion kann man aus der Funktionsgleichung direkt ablesen?
a) $f(x) = -(x-3)(x+4)$ b) $f(x) = x^2 - 2x$ c) $f(x) = 2(x-3)^2 + 4$
Eine der Funktionsgleichungen muss man zuerst umformen.

Quadratische Funktionen und Parabeln

allgemeine Form $f(x) = ax^2 + bx + c$
Beispiel: $f(x) = 0{,}5x^2 - x - 1{,}5$

x	f(x)
−2	2,5
−1	0
0	−1,5
1	−2
2	−1,5
3	0
4	2,5

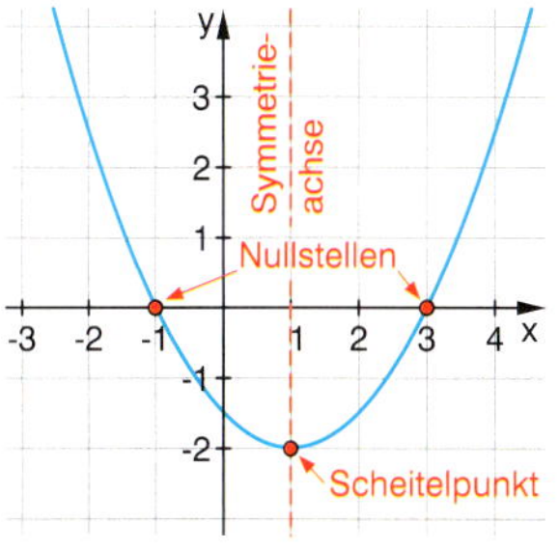

Parameter verändern Graphen

$g(x) = a \cdot f(x-d) + e$

Streckung/Stauchung mit dem Faktor a. Für $a < 0$ zusätzlich gespiegelt an x-Achse.

Verschiebung um d in der Horizontalen

Verschiebung um e in der Vertikalen

Beispiel:
$f(x) = 2(x-1)^2 + 2$
$a = 2$
$d = -1$
$e = 2$

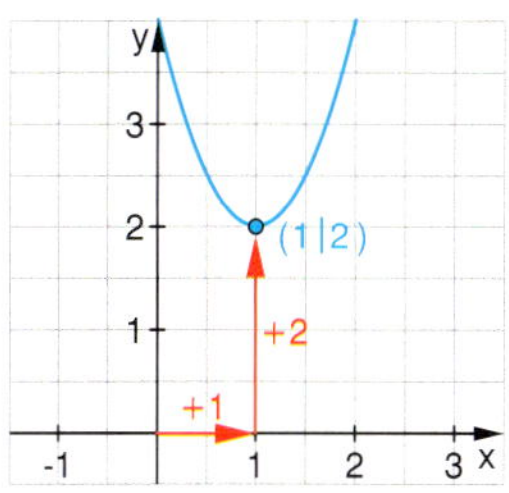

Der Graph entsteht aus der Normalparabel:
$f(x) = x^2 \rightarrow 2x^2$ (Streckung Faktor 2) $\rightarrow 2(x-1)^2$ (Verschiebung um eine Einheit nach rechts) $\rightarrow 2(x-1)^2 + 2$ (Verschiebung um zwei Einheiten nach oben)

Der Scheitelpunkt der Parabel ist $S(1|2)$.

Darstellungen quadratischer Funktionen

- *Scheitelpunktform* $f(x) = a(x-d)^2 + e$
  Scheitelpunkt $S(d|e)$,
  gestaucht/gestreckt mit Faktor a.
- *Nullstellenform* $f(x) = a(x-x_1)(x-x_2)$
  Nullstellen bei x_1 und x_2,
  gestaucht/gestreckt mit Faktor a
- *allgemeine Form* $f(x) = ax^2 + bx + c$
  gestaucht/gestreckt mit Faktor a.

CHECK UP

Quadratische Gleichungen lösen

- **numerisch**

  $x^2 - 2x - 1 = 0$

  Die Lösungen entsprechen den Nullstellen der zugehörigen quadratischen Funktion.

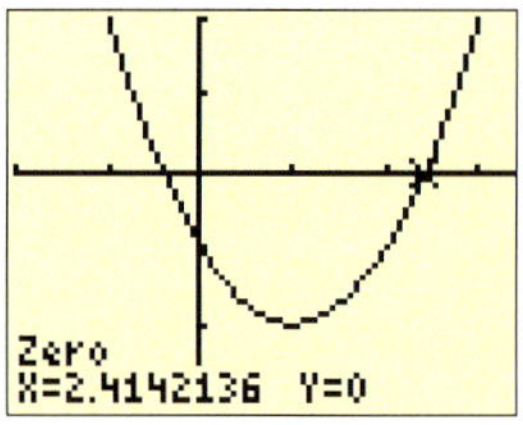

  Man erhält nur Näherungslösungen.

- **Wurzel ziehen**

  $5x^2 = 40 \quad | :5$

  $x^2 = 8 \qquad L = \{-\sqrt{8};\ \sqrt{8}\}$

- **Ausklammern**

  $6x - 4x^2 = 0$ — Ausklammern

  $x(6 - 4x) = 0$ — „Produkt = 0"-Gesetz

  $x = 0$ oder $6 - 4x = 0$

  $x_1 = 0 \quad x_2 = \frac{3}{2} \qquad L = \left\{0;\ \frac{3}{2}\right\}$

- **pq-Formel** $(x^2 + px + q = 0)$

  $L = \left\{-\frac{p}{2} + \sqrt{\frac{p^2}{4} - q};\ -\frac{p}{2} - \sqrt{\frac{p^2}{4} - q}\right\}$

- $ax^2 + bx + c = 0$: Dividiere durch a und wende dann die pq-Formel an.

Anzahl der Lösungen

Quadratische Gleichungen können zwei, eine oder keine Lösung haben. Dies kann man an der Diskriminante erkennen.

Diskriminante $D = \frac{p^2}{4} - q$

$D < 0$: keine Lösung,
$D = 0$: eine Lösung.
$D > 0$: zwei Lösungen.

Modellieren mit quadratischen Funktionen

Mit den folgenden Angaben ist eine Parabel eindeutig bestimmbar:
- Scheitelpunkt und ein weiterer Punkt,
- Nullstellen und ein weiterer Punkt,
- drei Punkte, die nicht auf einer Geraden liegen.

Quadratische Regression

Liegen mehrere Wertepaare in etwa auf einer Parabel, dann macht es Sinn, eine gut angepasste Parabel zu diesen Punkten zu bestimmen.

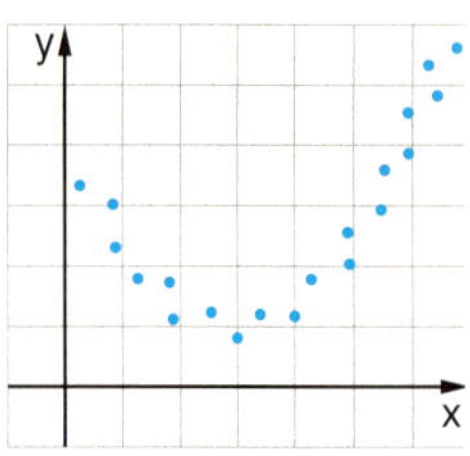

9 Löse die Gleichung mit einem möglichst einfachen Verfahren.
a) $x^2 - 16 = 0$ b) $(x - 4)^2 = 0$ c) $x(x - 3) = 0$
d) $x^2 - 4x = 0$ e) $-2(x - 3)(x + 4) = 0$ f) $x^2 + 2x = 10x$

10 Löse mit der pq-Formel.
Beachte: Bringe die Gleichung zunächst in die Form $x^2 + px + q = 0$.
a) $x^2 - 7x - 8 = 0$ b) $2x^2 + 4x + 2 = 0$ c) $4x^2 + 4x - 5 = 0$

11 Bestimme die Nullstellen der Funktion und überprüfe deine Rechnung mit dem GTR.
a) $f(x) = 2x^2 - 8x - 8$ b) $f(x) = 3x^2 - 2x + 6$
c) $f(x) = 4x^2 - 4x + 1$

12 Erstelle einen *„Steckbrief"* einer quadratischen Funktion.
Steckbrief: Nullstellen, Scheitelpunkt, Symmetrieachse, nach oben oder unten geöffnet usw.
a) $f(x) = x^2 - 3x - 10$ b) $g(x) = -2x^2 - 8x - 6$
c) $h(x) = x^2 - 4x + 10$
Tipp: Die Nullstellen können hilfreich sein.

13 Gib die Diskriminante an und bestimme die Anzahl der Lösungen.
a) $x^2 + 2x + 1 = 0$ b) $x^2 - 6x + 10 = 0$ c) $x^2 - 4x - 2 = 0$

14 *Die Flugbahn eines Fußballs beim Freistoß*
Die Flugbahn des Balles ist gegeben durch $f(x) = -0{,}007x^2 + 0{,}34x$.

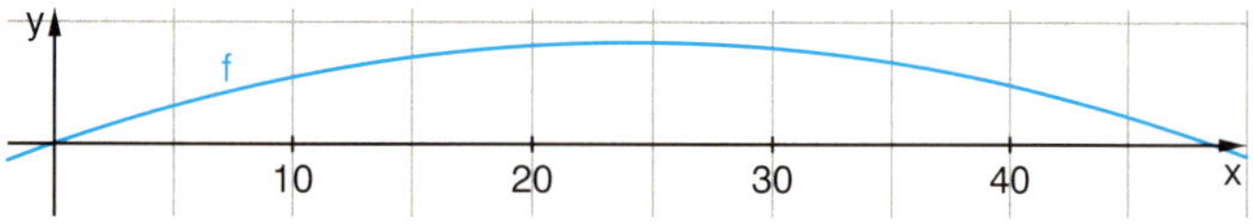

Bestimme die Weite des Fluges. Welche maximale Höhe erreicht der Ball? In welcher Höhe befindet er sich 9,50 m vom Abschusspunkt entfernt?

15 *Parabel gesucht*
a) Gegeben ist die quadratische Funktion $f(x) = a(x - 3)^2 + 4$. Bestimme den Streckfaktor a mithilfe der Information, dass der Punkt $P(5|2)$ auf dem Graphen der Funktion liegt.
b) Bestimme die quadratischen Funktionen; gegeben sind jeweils:

(1) Scheitelpunkt	(2) Nullstellen	(3) drei Punkte
$S(-2\|2)$;	$x_1 = 2$; $x_2 = 8$	$P(-2\|-4)$; $Q(4\|4)$;
Punkt $P(8\|4)$	Punkt $P(4\|6)$	$R(0\|-3)$

16 Mithilfe von Messgeräten wurden die folgenden Daten für den Flug eines Hammers beim Hammerwerfen aufgezeichnet:

x (m)	0	10	20	30	40	50	60	70
h(x) (m)	0	5,1	9,3	10,5	11	8,7	5,4	0

a) Übertrage die Werte aus der Tabelle in den GTR und berechne ein quadratisches Modell.
b) Zum Vergleich: Wähle drei Punkte aus und berechne „per Hand" die Gleichung der Parabel durch diese drei Punkte. Begründe, warum das Ergebnis nicht mit dem aus Aufgabenteil a) übereinstimmen muss.

17 *Sekante und Tangenten*

a) Bestimme die Schnittpunkte der Geraden $y = x$ mit der Parabel $y = x^2 - 2$.

b) Stelle die Gleichungen der beiden Tangenten an die Parabel in den Schnittpunkten auf.

c) Bestimme den Schnittpunkt der beiden Tangenten.

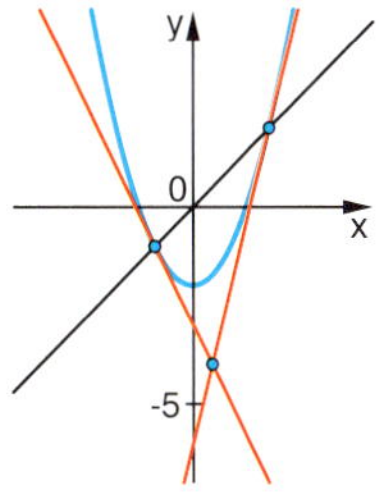

18 *Parabel als Ortskurve*

a) Konstruiere die Parabel mit der Leitgeraden $y = -4$ und dem Brennpunkt $F(0|4)$.

b) Bestimme die Gleichung der Parabel aus Aufgabenteil a).

c) Wie lautet die Gleichung der Leitgeraden h für die Parabel $y = \frac{1}{2}x^2$?

19 a) Bestimme für die folgenden Parabeln jeweils eine passende Funktionsgleichung.

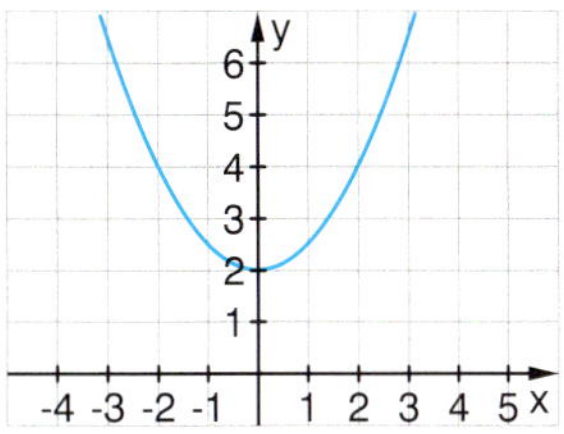

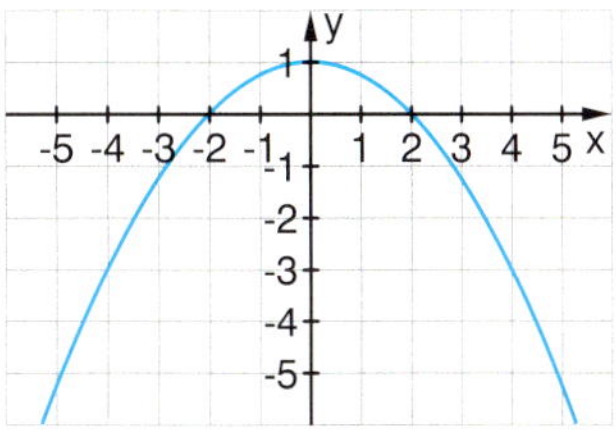

b) Bestimme für die Parabeln aus a) jeweils Brennpunkt und Leitgerade.

20 *Ungewöhnliche Potenzen – was bedeuten sie?*

a) Schreibe ohne negative Exponenten: 2^{-1}; $0{,}5^{-2}$; 10^{-6}; 3^{-3}

b) Schreibe mit Wurzeln: $3^{\frac{1}{4}}$; $0{,}5^{\frac{1}{2}}$; $6^{0,1}$; $4^{\frac{3}{2}}$; $10^{\frac{2}{3}}$

c) Was ist 1000^0 $(1\,000\,000^0)$?

d) Begründe mit Intervallschachtelungen, dass $5^{\sqrt{3}}$ existiert.

e) Für welche Exponenten r ist a^r für $a \geq 0$ definiert?

21 Erstelle einen Steckbrief für die Funktion und skizziere den Graphen.

a) $f(x) = \frac{1}{x}$ b) $f(x) = \frac{1}{(x-3)} + 2$ c) $f(x) = \frac{2}{x}$

d) $f(x) = \frac{1}{x^2}$ e) $f(x) = x^3$

22 Vergleiche den Graphen der Funktion $g(x)$ mit dem Graphen von $f(x)$. Durch welche geometrischen „Manipulationen" entsteht der Graph von g aus dem Graphem von $f(x)$? Skizziere die Graphen von f und g.

a) $f(x) = x^3$; $g(x) = (x-2)^3 + 1$ b) $f(x) = \frac{1}{x}$; $g(x) = -\frac{2}{x}$

c) $f(x) = \frac{1}{x^2}$; $g(x) = \frac{1}{x^2} - 2$ d) $f(x) = x^2$; $g(x) = 0{,}5(x+3)^2$

23 Bestimme die Umkehrfunktion.

a) $f(x) = x^2$ b) $f(x) = \frac{1}{x}$ c) $f(x) = x^5$

Der Definitionsbereich D der Funktionen f ist $\mathbb{R}^+$.

24 Erläutere, warum jede monoton wachsende Funktion eindeutig umkehrbar ist.

CHECK UP

Tangente an die Parabel

Die Tangente in $P(x_P|y_P)$ an die Normalparabel $y = x^2$ hat die Steigung $\mathbf{m = 2x_P}$, den y-Achsenabschnitt $\mathbf{-y_P}$ und die Gleichung

$\mathbf{t: y = 2x_p \cdot x - y_p}$

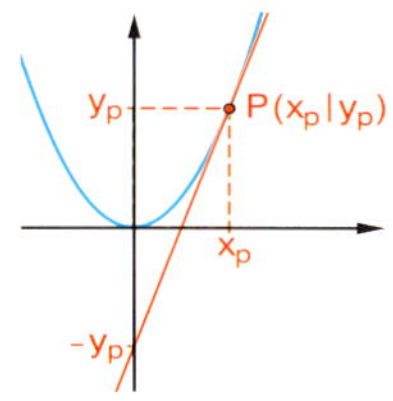

Parabel als Ortskurve

Alle Punkte, die von einem Punkt F (Brennpunkt) und einer Geraden h (**Leitgerade**) gleichen Abstand haben, bilden eine Parabel.

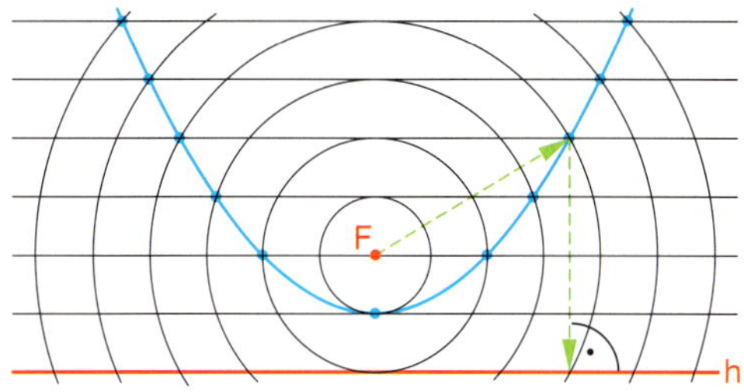

Der Graph der Parabel $y = ax^2$ hat den Brennpunkt $F\left(0\middle|\frac{1}{4a}\right)$

Potenzfunktionen $f(x) = x^r$

Exponent kann jede reelle Zahl sein.

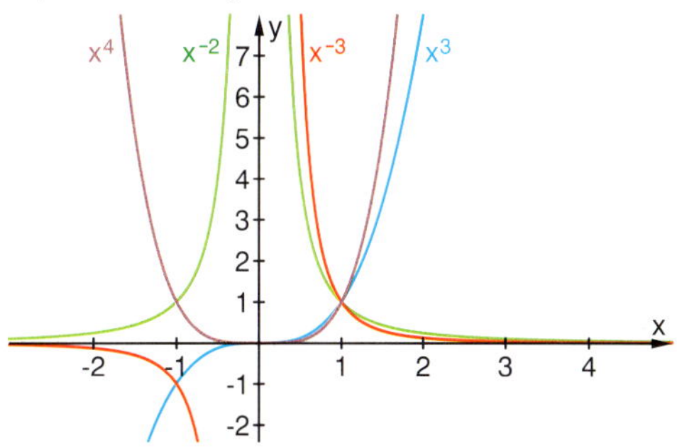

Wichtige Kennzeichen: Symmetrie und Asymptoten

Umkehrfunktion

$f(x) = x^2$, eindeutig umkehrbar, wenn $D = \mathbb{R}^+$

Umkehrfunktion:

$\bar{f}(x) = x^{\frac{1}{2}} = \sqrt{x}$

$x \xrightarrow{f} x^2 \xrightarrow{\bar{f}} (x^2)^{\frac{1}{2}} = x$

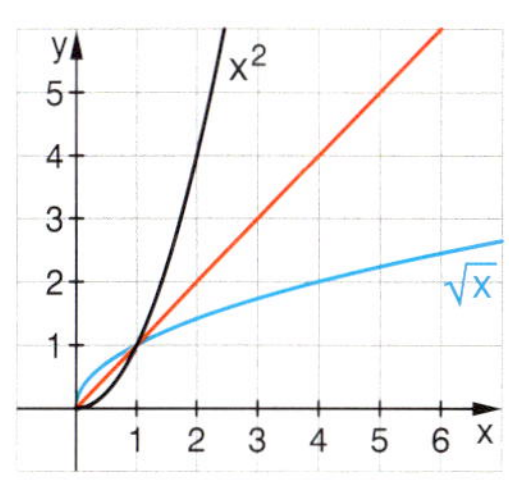

2 Exponential- und Logarithmusfunktionen

2.1 Exponentielles Wachstum und Abnahme

Was dich erwartet

„In den vergangenen 20 Jahren schrumpfte der Gletscher jährlich im Mittel um 15 Meter."

„Die Bevölkerung ist seit 1960 jährlich um ca. 2 % gewachsen."

Das Medikament Xpropol wird nach intravenöser Verabreichung stündlich mit einer Rate von 8 % abgebaut.

Bei quadratischen Funktionen wird die Differenz „benachbarter" Funktionswerte gleichmäßig größer.

Funktionen beschreiben sehr häufig „dynamische" Prozesse, d. h. wenn sich eine der Variablen ändert, dann ändern sich auch andere beteiligte Variablen. So schrumpft z. B. die Länge des Gletschers in einem der obigen Beispiele in einer Spanne von einem Jahr durchschnittlich um 15 m. Häufig versucht man, den Zusammenhang zwischen den Variablen mithilfe des Änderungsverhaltens der Funktion zu beschreiben.
Neben dem Änderungsverhalten von uns bereits bekannten Funktionen steht in diesem Kapitel das exponentielle Wachstum im Mittelpunkt, mit dem man viele Situationen aus der realen Welt modellieren kann, wie z. B. das Wachstum von Bakterienkolonien oder die Abnahme der Konzentration eines Medikamentes im Blut.

Aufgaben

1 *Wasserstände während eines Hochwassers*
In den Grafiken ist der Wasserstand eines Flusses während verschiedener Zeitabschnitte dargestellt.

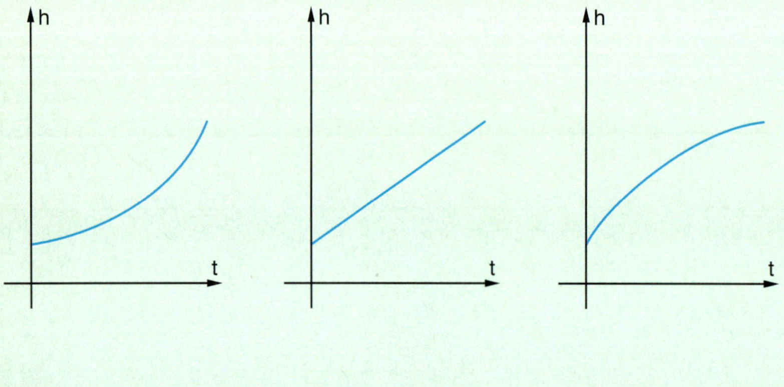

a) Beschreibe mit Worten, wie sich der Wasserstand in jedem der dargestellten Zeitabschnitte ändert.
b) Woran erkennt man am Graphen, ob die Zunahme größer wird, gleich bleibt oder geringer wird?
c) Skizziere je einen Graphen einer Funktion, die mit zunehmendem (abnehmendem, gleich bleibendem) Gefälle fällt.

Aufgaben

2 *Änderungsverhalten von Funktionen*

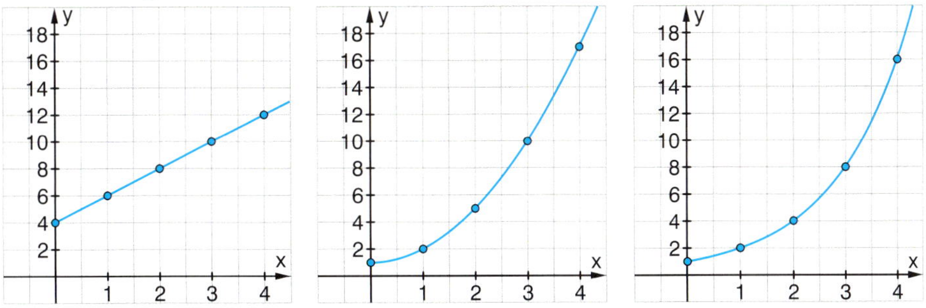

a) Erstelle zu jedem der Graphen eine Tabelle für x = 0, 1, 2, 3, 4.
b) Beschreibe das Änderungsverhalten der Funktionen möglichst genau. Vergleiche.
c) Finde zu jedem der Graphen die Funktionsvorschrift.

3 *Mathematisches Modell des Wachstums von Bakterien*

Angenommen, eine Bakterienpopulation (Bakterienkultur) verdoppelt sich innerhalb von einer Stunde durch Zellteilung. Geht man von anfänglich zehn Bakterien aus, so kann man die Entwicklung der Anzahl der Bakterien berechnen.
a) Übertrage die Tabelle in dein Heft und ergänze.

Zeit (h)	0	1	2	3	4	5	6	7
Anzahl	10	20	40	■	■	■	■	■

b) Berechne die Anzahl der Bakterien nach 12 (24) Stunden.
c) Mit welcher Formel kann man die Anzahl der Bakterien nach n Stunden berechnen?
Tipp: Klammere aus jeder Anzahl in der Tabelle 10 aus.
d) Berechne die Anzahl der Bakterien nach 12 (24) Stunden, wenn anfänglich 50 Bakterien vorhanden sind. Wie lautet die Formel, nach der man rechnen kann?
e) *Modellkritik:* Wie viele Bakterien werden es nach einer Woche sein? Hältst du das Ergebnis für realistisch? Begründe deine Meinung.

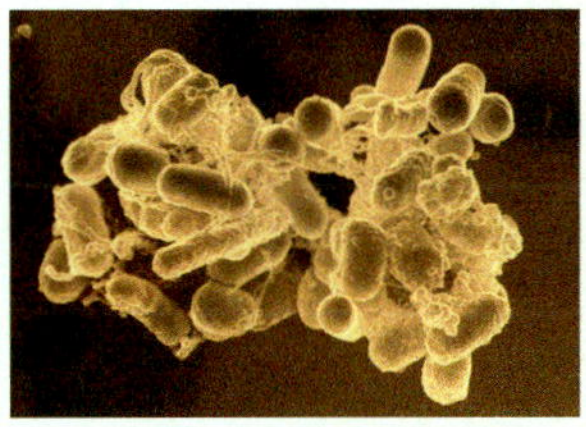

Bakterien sind einzellige Lebewesen, die fast überall auf der Erde vorkommen. Die meisten Bakterien sind für Menschen unschädlich, einige sind sogar nützlich, wie z. B. die Bakterien im Joghurt. Bakterien vermehren sich durch Zellteilung. Haben sich alle Bakterien einer Bakterienpopulation geteilt, dann hat sich die Anzahl der Bakterien verdoppelt.

4 *Modellieren*

Ein Gedankenexperiment: Angenommen, du wirfst 80 Münzen auf einen Tisch. Dann sortierst du alle Münzen aus, die mit „Zahl" nach oben liegen. Die übrigen wirfst du erneut auf den Tisch, sortierst wieder aus usw.
a) Wie ändert sich die Zahl der Münzen, die von Wurf zu Wurf übrig bleiben? Erstelle eine entsprechende Tabelle.
b) Nach welcher Formel könnte man die ungefähre Anzahl der Münzen nach n Würfen berechnen?
c) Was erwartest du, wenn du das Gedankenexperiment in Wirklichkeit durchführst?

5 *Zinsen und Zinseszins*

Eine Geschäftsfrau erhält von ihrer Hausbank ein Darlehen von 50 000 €. Sie vereinbart, dass sie in den ersten 6 Jahren keine Zahlungen an die Bank leistet und danach mit der Tilgung beginnt. Das Darlehen wird mit 5 % verzinst. Die Zinsen werden am Jahresende zum Darlehen addiert.
a) Berechne den Darlehensstand nach 6 Jahren.
b) Finde eine Formel zur Berechnung des Darlehensstands nach n Jahren.

Basiswissen

Viele Vorgänge in der Realität können mithilfe des **exponentiellen Wachstums** modelliert werden.

t bzw. x nimmt um 1 zu.

Exponentielles Wachstum

Eine Bakterienkultur mit anfänglich 50 Bakterien verdoppelt sich stündlich.

+1 +1 +1 +1 +1

Zeit	0	1	2	3	4	5
Anzahl	50	100	200	400	800	1600

·2 ·2 ·2 ·2 ·2

Die Population nach t Stunden kann man mithilfe des folgenden Terms berechnen:

$$50 \cdot \underbrace{2 \cdot 2 \ldots \cdot 2}_{t\text{-mal}} = 50 \cdot 2^t$$

Exponentielles Wachstum:

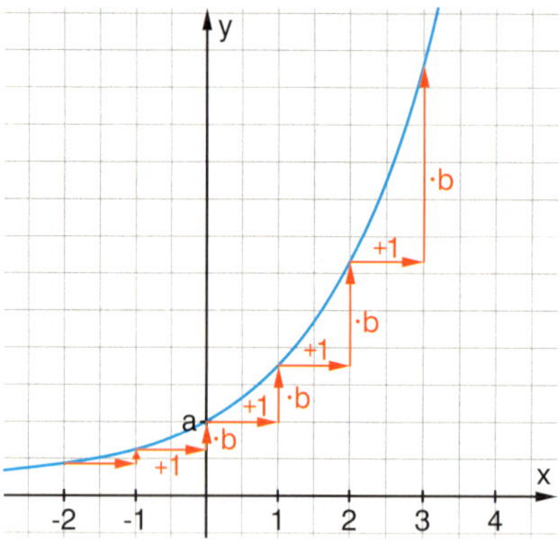

Eine Funktion **wächst** mit dem **Faktor b**.

+1 +1 +1 +1 +1

x	0	1	2	3	4	5
y	a	a b	$a\,b^2$	$a\,b^3$	$a\,b^4$	$a\,b^5$

·b ·b ·b ·b ·b

Den jeweiligen y-Wert kann man mithilfe des folgenden Terms berechnen:

$$a \cdot \underbrace{b \cdot b \cdot b \ldots \cdot b}_{x\text{-mal}} = a \cdot b^x$$

Der Term $a \cdot b^x$ beschreibt exponentielles Wachstum mit dem **Wachstumsfaktor b.**

Funktionsgleichung für exponentielles Wachstum:

$y = a \cdot b^x$

Beispiele

A *Modellieren von Bevölkerungswachstum*

Im Jahre 2000 betrug die Bevölkerungszahl von Indien ca. 995 000 000. Berechne die Bevölkerungszahl auf Millionen gerundet für die Jahre 2025 und 2050.

Lösung:

Angenommen, das Bevölkerungswachstum bleibt konstant.

Populationen von Menschen wachsen recht langsam. Für Indien z. B. beträgt das Bevölkerungswachstum pro Dekade (10 Jahre) ca. 18 %.

- Berechnung des Wachstumsfaktors b:
  100 % + 18 % = 118 % oder 1,18
- Formel zur Berechnung der Population nach n Dekaden:
  $995\,000\,000 \cdot 1{,}18^n$

Bis zum Jahr 2025 sind 2,5 Dekaden verstrichen.
$n = 2{,}5$
$995\,000\,000 \cdot 1{,}18^{2,5}$
$= 1{,}505$ Milliarden

Bis zum Jahr 2050 sind 5 Dekaden verstrichen.
$n = 5$
$995\,000\,000 \cdot 1{,}18^5$
$= 2{,}276$ Milliarden

Beispiele

B Koffein wird im Blut mit einer Rate von 15 % pro Stunde abgebaut. Berechne auf ein zehntel Milligramm genau, wie viel Koffein von anfangs 40 Milligramm nach einer (sechs) Stunden noch im Blut vorhanden ist.

Lösung:
- Berechnung des „Wachstumsfaktors" b:
  Der Faktor b ist kleiner als 1, da das Koffein abgebaut wird, d. h. die Koffeinmenge im Blut nimmt ab.
  100 % − 15 % = 85 % oder 0,85
- Formel zur Berechnung der Koffeinmenge: $40 \cdot 0{,}85^x$

Koffeinmenge nach einer Stunde:
$40\text{ mg} \cdot 0{,}85^1 = 34{,}0\text{ mg}$

Koffeinmenge nach sechs Stunden:
$40\text{ mg} \cdot 0{,}85^6 \approx 15{,}1\text{ mg}$

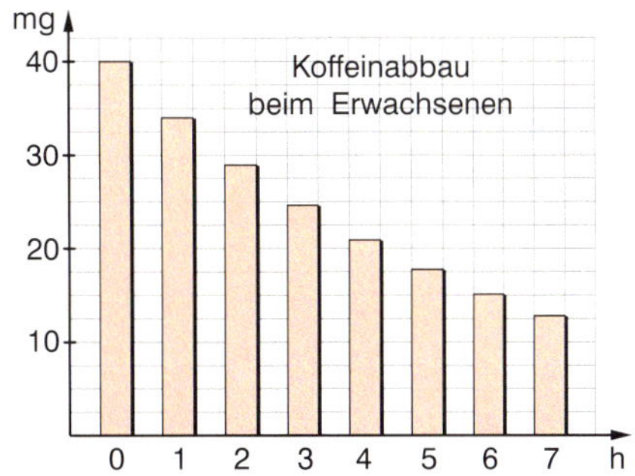

Übungen

6 Ermittle jeweils den Wachstumsfaktor b.
a) 7 % Wachstum b) 0,9 % Wachstum c) 5 % Abnahme
d) 7,5 % Abnahme e) 250 % Wachstum f) 0,5 % Abnahme

7 Welches prozentuale Wachstum bzw. welche prozentuale Abnahme beschreibt jeder der Terme?
a) $1{,}03^x$ b) $1{,}8^x$ c) $0{,}95^x$ d) $2{,}5^x$ e) $5 \cdot 1{,}3^x$
f) $0{,}5^x$ g) $0{,}995^x$ h) $90 \cdot 1{,}025^x$ i) $300 \cdot 0{,}8^x$

6 0,995 1,009 3,5 0,925 1,07 0,95

7 80 % −5 % −50 % 30 % 3 % 150 % −20 % 2,5 % −0,5 %

8 In den Tropen leiden Menschen und Tiere unter Moskitos. Biologen schlugen vor, eine große Zahl von sterilen männlichen Moskitos freizusetzen. Paaren diese sich mit fruchtbaren weiblichen Moskitos, so erzeugen sie keine Nachkommen. Die Wissenschaftler behaupten, dass sie die Zahl der Moskitos um 2 % pro Monat reduzieren können. Wie lange würde es in etwa dauern, bis die Anzahl der Moskitos halbiert ist?

Lösen durch Ausprobieren

9 Eine Bakterienkolonie mit anfänglich 80 Bakterien verdreifacht sich stündlich. Berechne die Anzahl der Bakterien nach
a) 3 h b) 4 h 30 min c) 2 h 15 Minuten d) 6 h

10 Escherichia-coli-Bakterien verdoppeln sich alle 20 Minuten.
a) Informiere dich über E.-coli-Bakterien. Wo kommen sie vor, sind sie für Menschen schädlich, … ?
b) Berechne die Anzahl der E.-coli-Bakterien nach drei (fünf, zehn) Stunden, wenn anfangs fünf Millionen Bakterien in einer Lösung vorhanden sind.

Biologie: Wachstum von Bakterienkulturen

Wie kann man Bakterien zählen?

Bakterien kann man nicht mit dem bloßen Auge beobachten und zählen. Bakterien absorbieren und streuen Licht. Je mehr Bakterien sich in einer Lösung befinden, umso mehr Licht wird absorbiert. Die Absorption entspricht der Konzentration der Bakterien in der Lösung.
Die „optische" Dichte wird mit einem Fotometer gemessen. Biologen können von der „optischen" Dichte auf die Anzahl der Bakterien in der Lösung schließen.

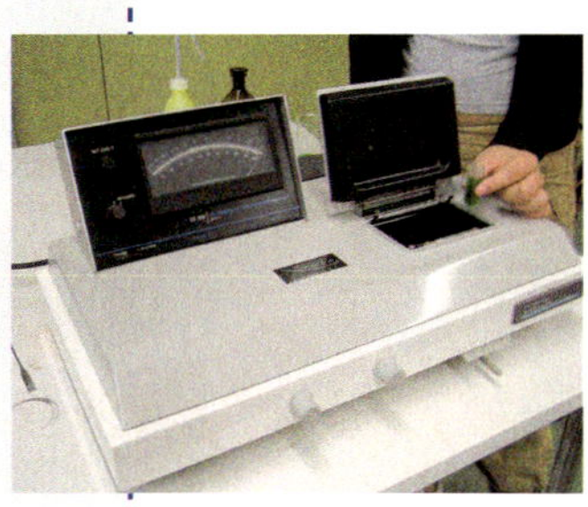

Übungen

11 Die Anzahl der Bakterien nach t Stunden wird mit der Formel $150 \cdot 1{,}5^t$ berechnet.
a) Wie viele Bakterien sind zum Zeitpunkt t = 0 vorhanden? Um wie viel Prozent wächst die Population innerhalb einer Stunde?
b) Welche Zahlen darf man für t einsetzen? Hier einige zur Auswahl: nur natürliche Zahlen, auch negative Zahlen, Dezimalzahlen. Begründe deine Antworten.
c) *Modellkritik:* Berechne die Anzahl der Bakterien nach einem Tag (einer Woche). Was hältst du von diesen Ergebnissen?

Gesundheit, Chemie

12 *Abbau eines Vitamins im Blut*
Ein Patient nimmt ein Vitaminpräparat ein. Die maximale Menge des Vitamins im Blut beträgt 350 mg. Das betreffende Vitamin wird mit einer Rate von 18 % stündlich aus dem Blut ausgeschieden. Berechne die Menge des Vitamins im Blut zwei (acht) Stunden, nachdem das Maximum erreicht wurde. Runde die Ergebnisse auf Milligramm.

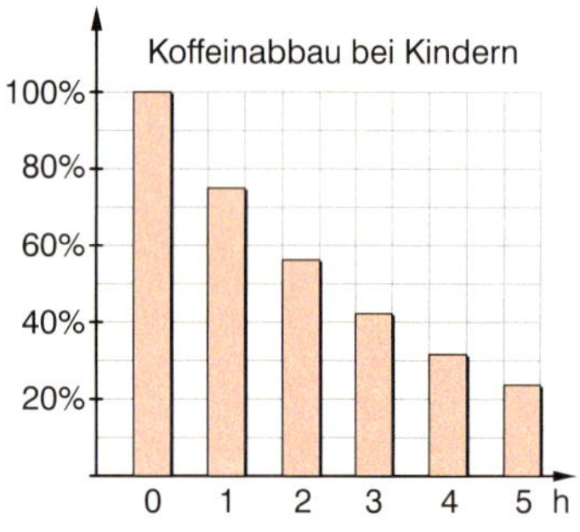

13 Die Abnahme von Koffein im Blut eines Kindes ist in dem Säulendiagramm dargestellt.
a) Stellt das Diagramm eine exponentielle Abnahme dar?
b) Schätze, wie groß die stündliche Abnahme des Koffeins ist. Vergleiche mit Beispiel B.

14 Durch die Einnahme zweier Tabletten befinden sich 650 mg eines Wirkstoffes in der Blutbahn. Nach 15 Minuten sind 5 % des Mittels ausgeschieden. Wie viel mg des Wirkstoffes sind nach zwei (vier, sechs) Stunden im Blut?

Demografie

15 *Bevölkerungswachstum*
Übertrage die Tabelle in dein Heft und ergänze.

Mehr Daten findest du im Internet.

Land	Population 2004 in Mio.	Jährliches proz. Wachstum	Population im Jahr		
			2010	2025	2050
Frankreich	60	0,2	■	■	■
Deutschland	80	−0,1	■	■	■
Russland	144	−0,3	■	■	■
Madagaskar	15	3,0	■	■	■

16 Im Folgenden sind Terme angegeben, mit denen die Bevölkerung eines Staates (einer Stadt) nach t Jahren berechnet wird. Ermittle jeweils die Population zum Zeitpunkt t = 0 und das jährliche prozentuale Wachstum. Die Angaben sind jeweils in Millionen.
a) $5 \cdot 1{,}04^t$ b) $90 \cdot 0{,}995^t$ c) $220 \cdot 1{,}025^t$ d) $990 \cdot 1{,}015^t$

17 Eine Bevölkerung von 5 Millionen wächst jährlich um 4 %.
a) Schätze ohne zu rechnen, wie lange es in etwa dauert, bis sich die Bevölkerung verdoppelt hat.
b) Mit welcher Formel kann man das Wachstum modellieren? Überprüfe durch Ausprobieren, ob deine Schätzung zutreffend ist.
c) Benötigst du zum Beantworten der Fragen a) oder b) die Angabe über die Größe der Bevölkerung? Begründe.

18 *Zum Nachdenken*
Wie groß ist die Wachstumsrate pro Dekade (10 Jahre), wenn die Wachstumsrate pro Jahr 1 % beträgt? Schätze zuerst und rechne dann.

19 Eine Investition von 15 000 € verzinst sich jährlich mit 3,8 %. Welcher Betrag steht nach 10 Jahren auf dem Konto? Ermittle zunächst den Wachstumsfaktor.

Übungen

20 *Etwas zum Diskutieren*

a) Mit dem Term $50 \cdot 2^t$ wird das Wachstum von Bakterien modelliert, mit dem Term $6\,000\,000 \cdot 1{,}035^t$ das Wachstum der Bevölkerung von Ruanda. Bestimme jeweils die Definitionsmenge.

Tipp: Die Frage erscheint einfacher, als sie ist.

b) Worin drückt sich in der Formel für das Bevölkerungswachstum von Ruanda die jährliche Wachstumsrate aus? Wie groß ist sie?

c) Welche Annahmen macht man, wenn man mithilfe des exponentiellen Wachstums Vorhersagen über die Bevölkerungsentwicklung macht?

d) Wie unterscheidet sich der Wachstumsfaktor bei einer 4%igen Zunahme von dem bei einer 4%igen Abnahme?

e) Interpretiere die Bedeutung der Ergebnisse, wenn man für t in den Term aus Aufgabe a) negative Werte einsetzt (z. B. –1 oder –2)?

21 *Muster in Daten*

Entscheide, welche der Tabellen zu linearem, quadratischem oder exponentiellem Zusammenhang zwischen x und y gehören.

a)

x	y
0	3
1	9
2	27
3	81
4	243

b)

x	y
0	5
1	7
2	10
3	14
4	19

c)

x	y
0	3
1	6
2	9
3	12
4	15

d)

x	y
0	64
1	32
2	16
3	8
4	4

Zeichne zu jeder Tabelle ein Schaubild.

22 *Physik*

Ein Filter eines Fotoapparates lässt 90% des Lichtes durch.

a) Ein zweiter gleichartiger Filter wird hinzugefügt. Wie viel Prozent des einfallenden Lichtes lassen die beiden Filter zusammen durch?

b) Nach welcher Formel kann man berechnen, wie viel Licht n Filter durchlassen?

c) Wie viel Licht lassen 3, 4, 5 oder 6 Filter durch? Tabelliere deine Ergebnisse.

23 *Weltraumfahrt*

Die Saturn-5-Rakete war die Trägerrakete in der bemannten Fahrt zum Mond. Die erste Stufe der Rakete verbrauchte alle 15 Sekunden in etwa 8% des vorhandenen Treibstoffes. Beim Start waren 600 000 Gallonen in den Tanks.

Schätze, wie viel Treibstoff zwei Minuten nach dem Start noch in den Tanks war. Runde das Ergebnis auf 1 000 Gallonen genau.

Übrigens, wie viel Litern entspricht eine Gallone?

24 In welchem Zeitraum kann man die Bevölkerungsentwicklung mit einem exponentiellen Modell darstellen?

1965	1970	1975	1980	1985	1990	1995	2000
21,131	24,500	28,400	32,925	38,170	43,400	48,860	54,200

25 *Verdopplungszeit*

Häufig ist es informativer zu wissen, wie lange es dauert, bis sich eine Bevölkerung verdoppelt hat (Verdopplungszeit). Für exponentielles Wachstum kann man durch Ausprobieren recht einfach die Verdopplungszeit zu einem gegebenen prozentualen Wachstum von p% ermitteln. Ergänze die Tabelle.

prozentuales Wachstum p%	1%	2%	3%	5%	10%	20%	25%
Verdopplungszeit D in Jahren	■	■	■	■	7,3	■	■

Wie gut passt die Faustregel Verdopplungszeit D = 72/p?

Aufgaben

26 *Exponentielles Wachstum, eine explosionsartige Zunahme*

Modelliert man das Wachstum von Populationen mithilfe des exponentiellen Wachstums, so sieht man recht schnell, dass dieses Modell sicher nur einen Ausschnitt der Realität beschreibt. Exponentielles Wachstum beschreibt ein Wachstum, das „explosionsartig“ zunimmt.

a)

Jahre	0	25	50	75	100
Anzahl in Millionen	12	24	48	96	192

Ermittle den Wachstumsfaktor b, der zu der Tabelle passt.

b) Berechne jeweils den absoluten Zuwachs innerhalb von 25 Jahren. Was fällt dir auf?

Abkühlung und Erwärmung: das Newton'sche Gesetz

27 *Abkühlen eines Körpers*

Eine Alltagserfahrung besagt: Körper, die wärmer als ihre Umgebung sind, kühlen sich ab, Körper, die kälter sind, erwärmen sich. Der berühmte Physiker Isaac Newton entdeckte die Gesetzmäßigkeit, nach der sich Körper erwärmen oder abkühlen. In der heutigen Sprache würde man formulieren:

Erwärmt sich ein Körper, so ändert sich die Temperaturdifferenz D pro Zeiteinheit ebenfalls um einen konstanten Prozentsatz.

Newton'sches Gesetz der Abkühlung

Die Differenz D zwischen der Temperatur T eines Körpers und der Umgebungstemperatur U nimmt pro Zeiteinheit (z. B. eine Minute) stets um denselben Prozentsatz p % ab. Dabei ist p eine Konstante, die u. a. auch von dem Körper, der sich abkühlt, abhängt.

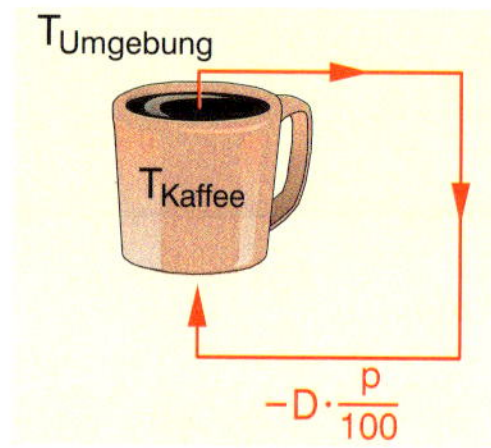

a) Kaffee in einer Tasse kühlt sich ab. Die Differenz D zwischen der Kaffeetemperatur T und der Umgebungstemperatur U nimmt pro Minute um 20 % ab. Ergänze die Tabelle.

Zeit t In Minuten	Umgebungs-temperatur U	Kaffee-temperatur T	Temperatur-differenz D
0	20 °C	70 °C	50 °C ⟩ · 0,8
1	20 °C	60 °C	40 °C ⟩ · 0,8
2	20 °C	52 °C	
3	20 °C		
…	…		
n	20 °C		50 · ■

b) Wie warm ist der Kaffee nach 10 Minuten?

c) Zeichne mit den Daten aus der Tabelle ein (t, T)-Diagramm.

d) Überprüfe experimentell, wie sich heißes Wasser abkühlt. Führe den Versuch durch, protokolliere die Ergebnisse und werte sie aus.

28 Mathematiker und Banker sind Genauigkeitsfanatiker.

a) Die durchschnittliche Verzinsung beträgt 4 %, oder? Rechne.

Verzinsungsplan für eine festverzinsliche Anlage:
1. Jahr 1 %   2. Jahr 2 %   3. Jahr 3 %   4. Jahr 4 %
5. Jahr 5 %   6. Jahr 6 %   7. Jahr 7 %

Geometrisches Mittel: $\sqrt{a \cdot b}$

Arithmetisches Mittel: $\frac{a+b}{2}$

b) Mittelwerte unterscheiden sich. Begründe mit den Ergebnissen aus Aufgabe a), dass das geometrische Mittel und das arithmetische Mittel in der Regel nicht gleich sind.

2.2 Entdeckungen am Graphen der Exponentialfunktion

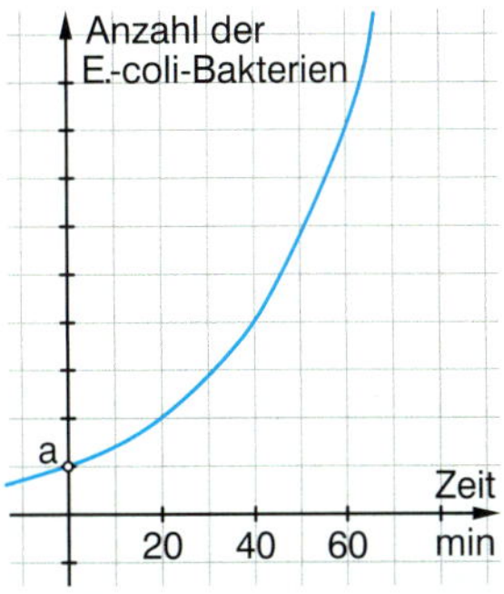

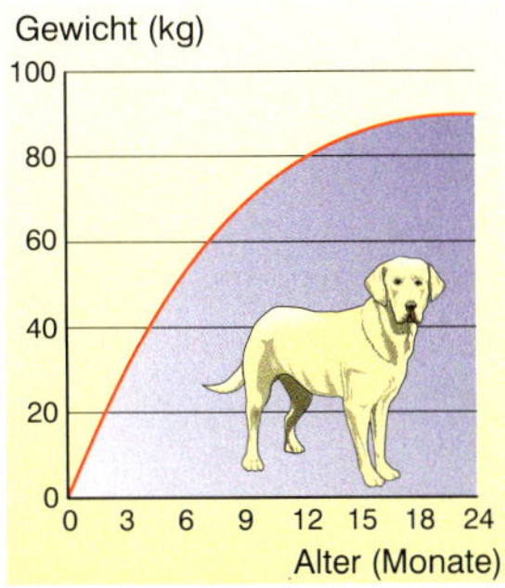

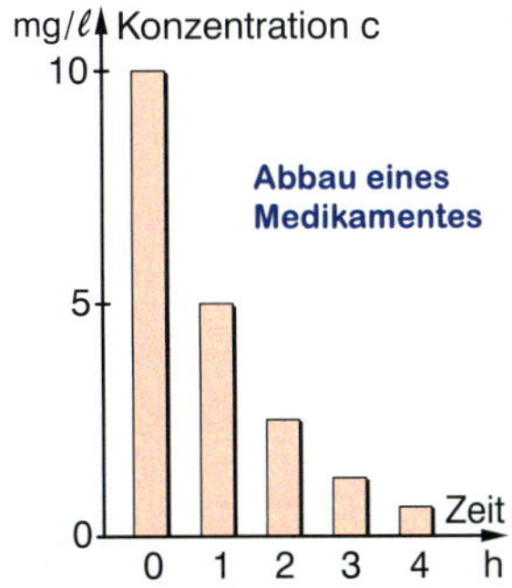

Was dich erwartet

Mit Exponentialfunktionen kann man viele Situationen mathematisch modellieren. Daher ist ein sicherer Umgang mit ihnen hilfreich, wie z. B. das Berechnen von Funktionswerten oder das schnelle Skizzieren von Graphen. Darüber hinaus haben Exponentialfunktionen und deren Graphen interessante Eigenschaften, die es wert sind, genauer untersucht zu werden. Mit diesen Kenntnissen kann man Exponentialfunktionen in verschiedenen Situationen noch kompetenter einsetzen.

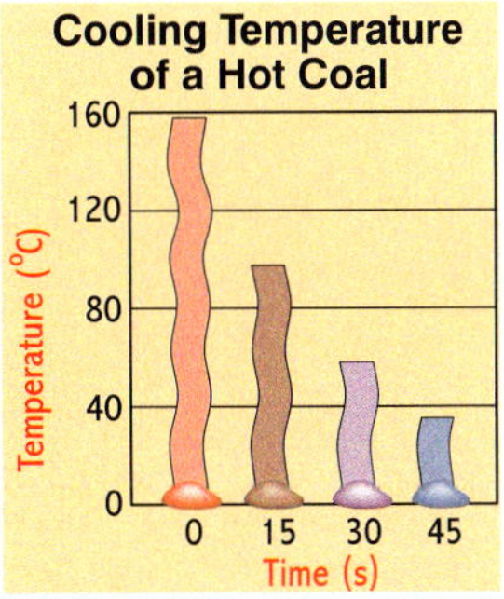

Aufgaben

1 Beschreibe die Tabelle und den Graphen der Funktion $f(x) = 1{,}5^x$ möglichst genau.

x	$f(x) = 1{,}5^x$
−3	$1{,}5^{-3} \approx 0{,}296$
−2	$1{,}5^{-2} \approx 0{,}444$
−1	$1{,}5^{-1} \approx 0{,}667$
0	$1{,}5^{0} \approx 1{,}000$
1	$1{,}5^{1} \approx 1{,}500$
$\sqrt{2}$	$1{,}5^{\sqrt{2}} \approx 1{,}774$
2	$1{,}5^{2} \approx 2{,}250$

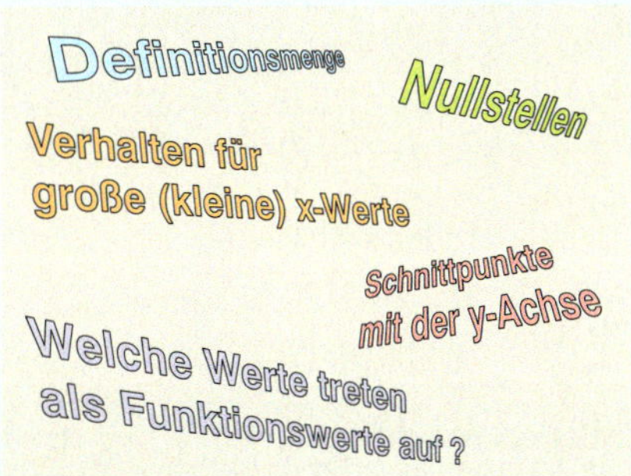

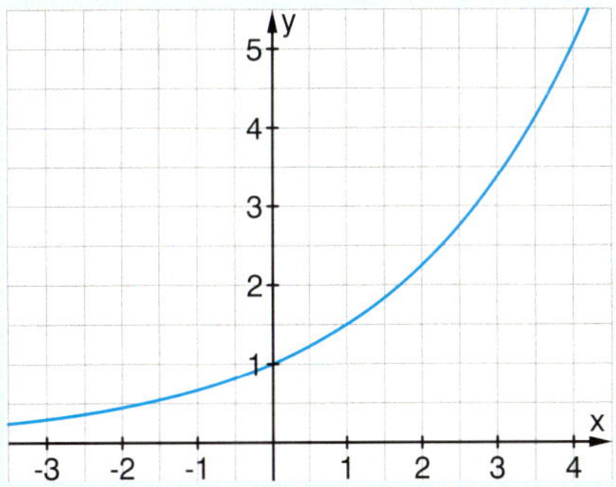

2 *Funktionenlabor I*

Welche Rolle spielt die Basis b bei einer Exponentialfunktion?

a) Zeichne die Graphen der Funktionen $f_1(x) = 1{,}5^x$; $f_2(x) = 2^x$; $f_3(x) = 3^x$ in ein Schaubild für $-4 \le x \le 4$.

GTR

b) Für welche x-Werte gilt:

- $f_1(x) = f_2(x) = f_3(x)$
- $f_1(x) < f_2(x) < f_3(x)$
- $f_1(x) > f_2(x) > f_3(x)$?

Exponent
↓
$f(x) = \mathbf{b}^x$
↑
Basis

c) Wie hängt das Steigungsverhalten einer Exponentialfunktion von der Basis ab? Vergleiche die Graphen der Funktionen.

Aufgaben

3 *Funktionenlabor II – Erkennst du ein Muster?*
Vergleiche jeweils die Tabellen und die Graphen der Funktionen. Was stellst du fest?

GTR

a) $f_1(x) = 2^x$
$f_2(x) = \left(\frac{1}{2}\right)^x$

b) $f_1(x) = \left(\frac{3}{2}\right)^x$
$f_2(x) = \left(\frac{2}{3}\right)^x$

c) $f_1(x) = 0{,}75^x$
$f_2(x) = \left(\frac{4}{3}\right)^x$

4 *Vergleiche verschiedene Funktionstypen*
Zeichne mit dem GTR die Graphen der Funktionen $f(x) = x^2$ und $g(x) = 2^x$ in ein Schaubild für $-3 \leq x \leq 3$.
- In welcher Hinsicht ähneln sich die beiden Graphen, worin unterscheiden sie sich?
- Ermittle mit dem Schaubild die Schnittpunkte der beiden Graphen.

Basiswissen

Es gibt zwei typische Verhaltensweisen von Exponentialfunktionen:
- exponentielle Abnahme
- exponentielle Zunahme

Asymptote:
Eine Gerade, der sich der Graph einer Funktion beliebig gut nähert, die er aber nicht erreicht.

Wertemenge einer Funktion:
Menge aller auftretenden Funktionswerte.

Exponentialfunktion $f(x) = b^x$ $(b > 0,\ b \neq 1)$

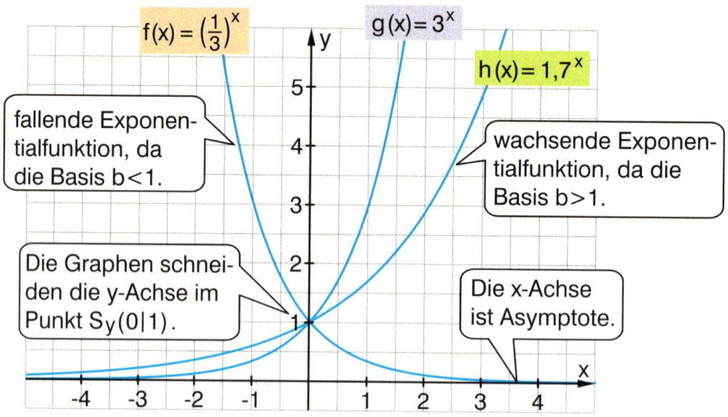

Die Graphen nähern sich der x-Achse, erreichen sie aber nie.
⇒ **Die x-Achse ist die Asymptote.**
Wertemenge W der Funktionen: $W = \{y \mid y > 0\}$

b < 1: exponentielle Abnahme,
je kleiner b, desto stärker die Abnahme.

b > 1: exponentielle Zunahme,
je größer b, desto größer die Zunahme.

Die Graphen der Funktionen $f(x) = b^x$ und $g(x) = \left(\frac{1}{b}\right)^x$ sind symmetrisch zueinander bezüglich der y-Achse.

Beispiele

A Entscheide, welche der angegebenen Funktionen eine exponentiell fallende und welche eine exponentiell wachsende Funktion darstellen.

$f(x) = \left(\frac{3}{5}\right)^x$ $g(x) = 4^x$ $h(x) = 1{,}05^x$ $i(x) = 0{,}96^x$ $k(x) = \left(\frac{3}{2}\right)^x$

Lösung: exponentiell fallend (Basis b < 1): Funktionen f(x), i(x)
exponentiell wachsend (Basis b > 1): Funktionen g(x), h(x), k(x)

Beispiele

B Bestimme für jede der Funktionen den Schnittpunkt mit der y-Achse, die Asymptote und die Wertemenge.

a) $f(x) = 1{,}2^x$ b) $g(x) = 2 \cdot 0{,}6^x$ c) $h(x) = 2^x + 3$

Lösung:

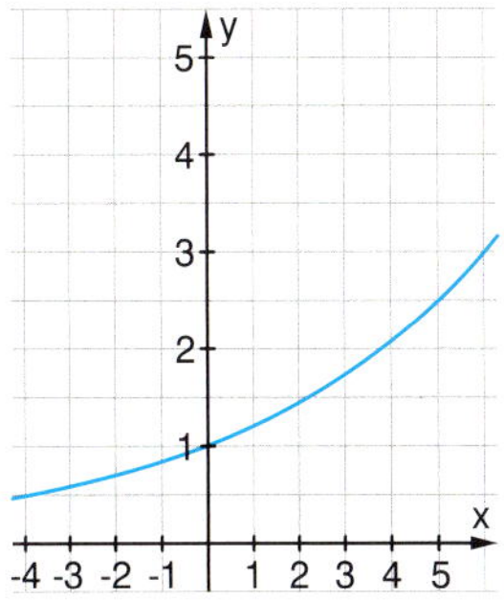

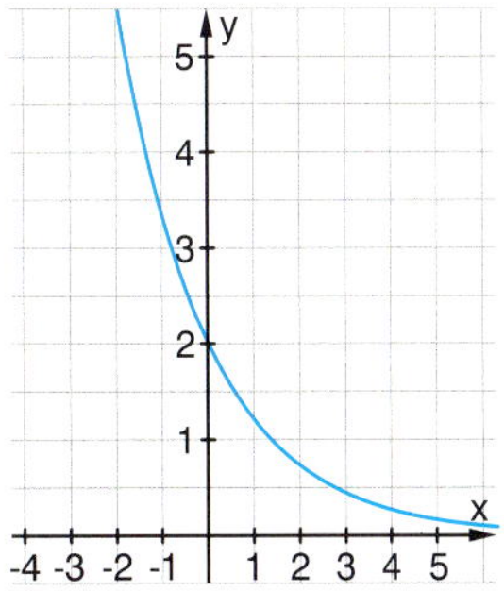

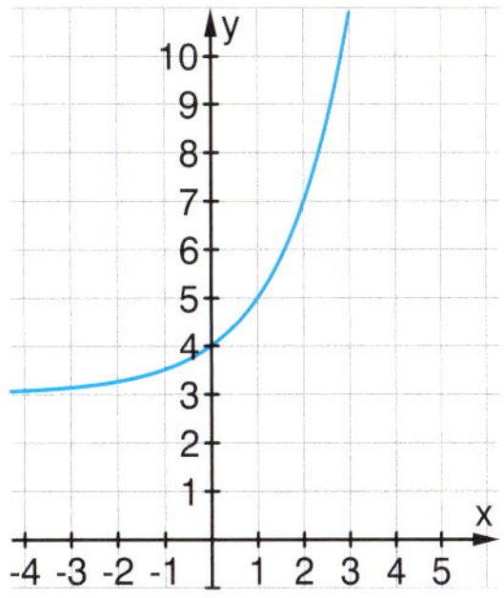

a) $f(0) = 1{,}2^0 = 1$
$S_y(0|1)$
x-Achse
$y > 0$

b) $g(0) = 2 \cdot 0{,}6^0 = 2$
$S_y(0|2)$
x-Achse
$y > 0$

c) $h(0) = 2^0 + 3 = 4$
$S_y(0|4)$
$y = 3$
$y > 3$

Schnittpunkt mit y-Achse
Asymptote
Wertemenge

C Begründe: Zum Definitionsbereich von Exponentialfunktionen gehören auch irrationale Zahlen.

Lösung: $f(x) = 3^x$ $f(\sqrt{2}) = 3^{\sqrt{2}}$

Mit einer Intervallschachtelung für $\sqrt{2}$ kann man eine Intervallschachtelung für $3^{\sqrt{2}}$ angeben.

Übungen

5 In dem Schaubild sind die Graphen der drei angegebenen Funktionen dargestellt.

$f(x) = 2^x$ $g(x) = 1{,}6^x$ $h(x) = 2{,}5^x$

a) Entscheide, welche Funktion zu welchem Graphen gehört.

b) Wo liegt der Graph der Funktion $k(x) = 1{,}8^x$ in Bezug zu den drei Graphen?

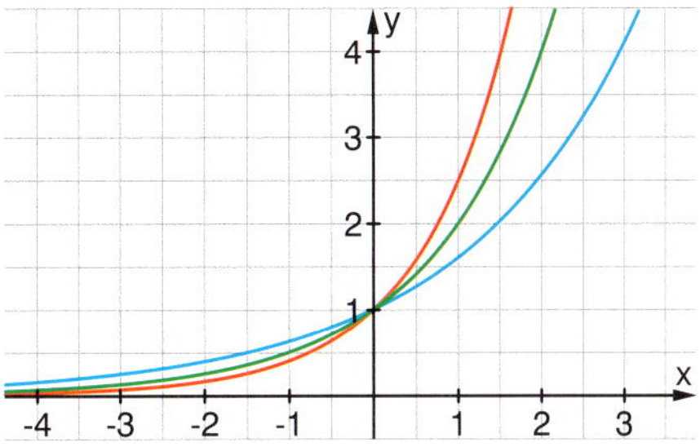

6 Welche der Funktionen wächst, welche fällt exponentiell? Bestimme jeweils den Schnittpunkt des Graphen mit der y-Achse.

a) $f(x) = \left(\frac{3}{2}\right)^x$ b) $g(x) = \left(\frac{1}{2}\right)^x$ c) $h(x) = 1{,}05^x$ d) $k(x) = 3\left(\frac{1}{2}\right)^x$

7 Laut Definition muss bei einer Exponentialfunktion $f(x) = b^x$ die Basis $b > 0$ und $b \neq 1$ sein. Warum ist diese Vereinbarung sinnvoll?

Zeichne die Graphen der Funktionen $f(x) = 1^x$ und $g(x) = (-2)^x$. Was stellst du fest?

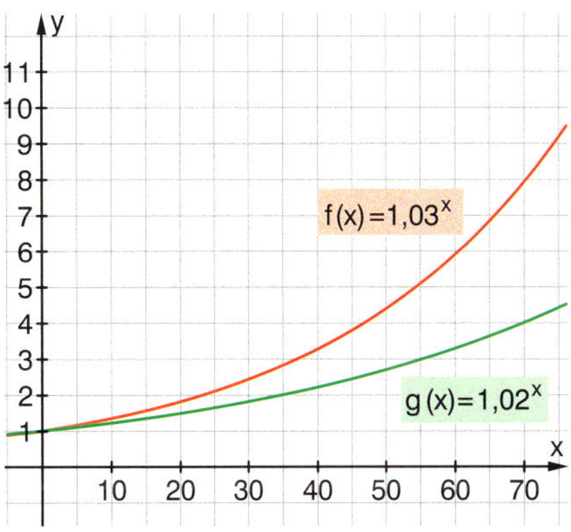

8 *Senkung der Wachstumsrate um einen Prozentpunkt – macht das etwas aus?*

Entwicklungsländer zeichnen sich in der Regel durch ein relativ hohes Bevölkerungswachstum (jährlicher Zuwachs von ca. 3 %) aus. Bringt es etwas, wenn es gelingt, die Wachstumsrate um einen Prozentpunkt zu senken?

Vergleiche die Bevölkerungsentwicklung in den ersten 10 Jahren und nach 50 Jahren. Gehe von einer Anfangsbevölkerung von 1 000 000 aus.

Übungen

9 Überzeuge dich selbst mithilfe des GTR.

9 Welche Funktion gehört zu welchem Graphen?

$f(x) = \left(\frac{5}{2}\right)^x$ $\quad g(x) = 2 \cdot 3^x$

$h(x) = 2\left(\frac{1}{3}\right)^x$ $\quad k(x) = \left(\frac{1}{2}\right)^x$

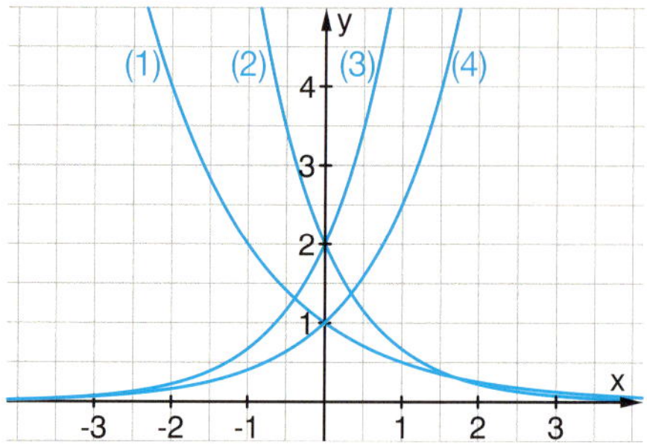

10 Welche der Funktionen ist eine Exponentialfunktion, eine lineare Funktion, eine quadratische Funktion, eine antiproportionale Funktion?

$f(x) = 2^x$ $\quad g(x) = x^2$ $\quad h(x) = 2x$ $\quad k(x) = \frac{2}{x}$

$m(x) = 3x - 1$ $\quad n(x) = 3^x$ $\quad p(x) = (x-2)(x-3)$

Skizziere jeweils den Graphen. Welche Informationen, die du aus der Funktionsgleichung ablesen kannst, sind dabei hilfreich?

11 *Untersuchung von Funktionen*

GTR

$f(x) = 2^x$ $\quad g(x) = 3 \cdot 2^x$ $\quad h(x) = 0{,}5 \cdot 2^x$ $\quad k(x) = -0{,}5 \cdot 2^x$

a) Ergänze die Tabelle für $-3 \leq x \leq 3$, Schrittweite 1.

x	f(x)	g(x)	h(x)	k(x)
-3	$2^{-3} = \frac{1}{8}$	$3 \cdot 2^{-3} = \frac{3}{8}$	$0{,}5 \cdot 2^{-3} = \frac{1}{16}$	$-0{,}5 \cdot 2^{-3} = -\frac{1}{16}$
-2	$2^{-2} =$	■	■	■
-1	■	■	■	■

b) Zeichne mit der Wertetabelle oder dem GTR die Graphen.

c) Durch welche „Transformationen" gehen die Graphen der Funktionen g(x), h(x) und k(x) aus dem Graphen der Funktion f(x) hervor?

12 *Funktionenlabor III – „Graphentransformationen"*

GTR

Veränderungen der Funktionsgleichung haben Auswirkungen auf den Graphen. Entsprechende Zusammenhänge sind euch bekannt. Ihr könnt diese wiederentdecken.

a) Wie erhält man jeweils den Graphen der Funktionen $f_1(x)$, $f_2(x)$, $f_3(x)$ aus dem Graphen von f(x)? Überlege zunächst. Überprüfe deine Vermutung.

Verschiebung, Streckung, Spiegelung.

I)
$f(x) = 2^x$
$f_1(x) = 2^x + 1$
$f_2(x) = 2^x + 3$
$f_3(x) = 2^x - 4$

II)
$f(x) = 2^x$
$f_1(x) = 3 \cdot 2^x$
$f_2(x) = -3 \cdot 2^x$
$f_3(x) = -0{,}5 \cdot 2^x$

III)
$f(x) = 2^x$
$f_1(x) = 3 \cdot 2^x + 1$
$f_2(x) = -3 \cdot 2^x - 4$
$f_3(x) = -0{,}5 \cdot 2^x + 4$

b) Ermittle für jede der Funktionen den Schnittpunkt mit der y-Achse, die Asymptote und die Wertemenge. Begründe deine Antworten mithilfe der jeweiligen Transformation des Graphen der Funktion $f(x) = 2^x$.

13 Welche der drei Funktionen könnte den Abbau eines Medikamentes im Blut modellieren? Begründe. Vielleicht hilft dir die Skizze des jeweiligen Graphen.

(1) $f(t) = 20 \cdot 1{,}2^t$
(2) $g(t) = 20 \cdot 0{,}9^t$
(3) $h(t) = 15 \cdot 0{,}9^t + 5$

Basiswissen

Bei Exponentialfunktionen kann man wie bei quadratischen und linearen Funktionen bereits aus der Funktionsgleichung viele Informationen über den zugehörigen Graphen ablesen.

Graphentransformation

Wie unterscheidet sich der Graph der jeweiligen Funktion von dem Graphen der Funktion $f(x) = b^x$ ($b > 0$, b°1)?

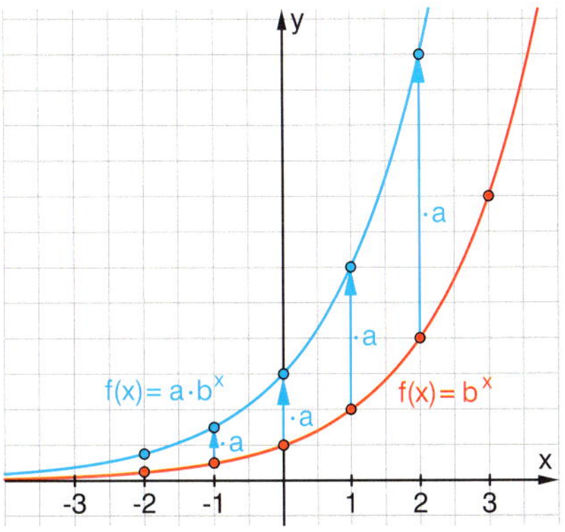

$\mathbf{f(x) = a \cdot b^x}$

$a > 0$: Der Graph wird in Richtung der y-Achse gestreckt/gestaucht.

$a < 0$: Der Graph wird zusätzlich noch an der x-Achse gespiegelt.

- **Schnittpunkt mit der y-Achse:** $S_y(0|a)$
- **Asymptote:** $y = 0$ (die x-Achse)

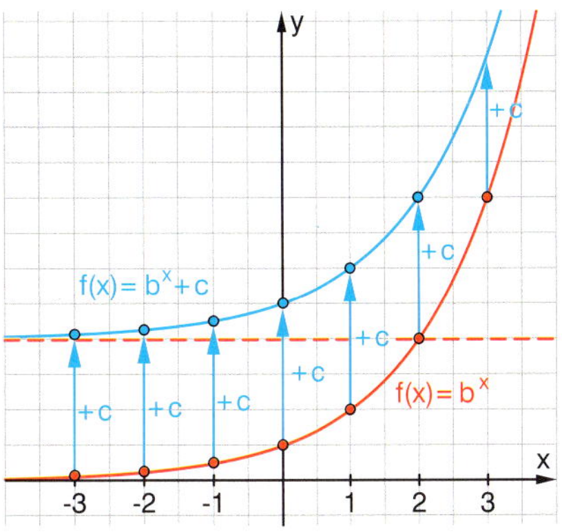

$\mathbf{f(x) = b^x + c}$

Der Graph wird um $|c|$ verschoben und zwar

nach oben für $c > 0$,

nach unten für $c < 0$.

- **Schnittpunkt mit der y-Achse:** $S_y(0|1 + c)$
- **Asymptote:** $y = c$

Eigenschaften der Funktion

$\mathbf{f(x) = a \cdot b^x + c}$

- **Schnittpunkt mit der y-Achse:** $S_y(0|a+c)$
- **Asymptote:** $y = c$
- exponentiell wachsend für
  - $b > 1$, $a > 0$
  - $0 < b < 1$, $a < 0$
- exponentiell fallend für
  - $0 < b < 1$, $a > 0$
  - $b > 1$, $a < 0$

Beispiele

D Skizziere den Graphen der Funktion $f(x) = 4 \cdot 1{,}6^x + 2$.

Lösung:

Die Funktion ist wachsend ($a > 0$, $b > 1$).

Die Transformationen sind:

- Streckung mit dem Faktor 4

  $S_y(0|1) \rightarrow S_y(0|4)$
- Verschiebung um 2

  $S_y(0|4) \rightarrow S_y(0|6)$

Die Asymptote ist $y = 2$.

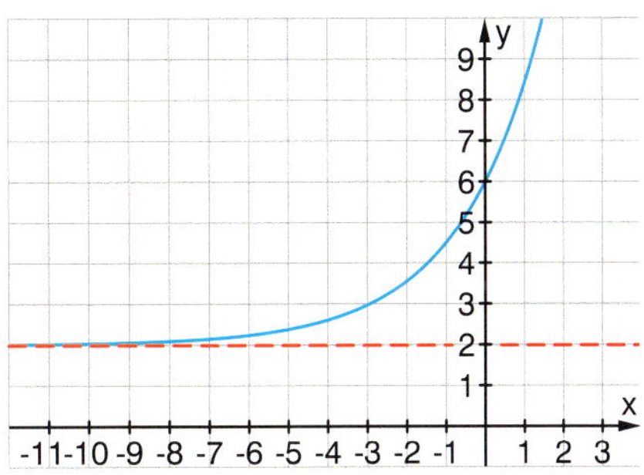

Übungen

14 Überlege zunächst, welche Eigenschaften die jeweilige Funktion hat: wachsend oder fallend, Schnittpunkt mit der y-Achse, Asymptote, ...

14 Skizziere die Graphen derfolgenden Exponentialfunktionen.

a) $f(x) = 1{,}2^x$ b) $f(x) = 1{,}2^x + 3$ c) $f(x) = 2 \cdot 1{,}2^x + 3$
d) $f(x) = -1{,}2^x$ e) $f(x) = -3 \cdot 1{,}2^x$ f) $f(x) = -3 \cdot 1{,}2^x + 8$

15 Beschreibe, wie jede Transformation von $f(x) = b^x$ die Wertemenge, den Schnittpunkt mit der y-Achse, die Asymptote und das Steigungsverhalten beeinflusst.

a) Eine Streckung mit dem Streckfaktor $a > 1$ $(0 < a < 1)$ in Richtung der y-Achse.
b) Eine Verschiebung in Richtung der y-Achse um c.
c) Eine Spiegelung an der x-Achse $(a = -1)$.
d) Eine Streckung in Richtung der y-Achse mit Spiegelung an der x-Achse $(a < -1)$.

16 Von einer exponentiell wachsenden Funktion ist angegeben die Asymptote, der Schnittpunkt mit der y-Achse und der Wachstumsfaktor b.
Bestimme jeweils die Funktionsgleichung und überprüfe dein Ergebnis mit dem GTR.

Asymptote	S_y	b
y = 0	(0|6)	1,2
y = 5	(0|2)	0,8
y = 20	(0|70)	0,9
y = –10	(0|5)	0,8

17 Ein kaltes Getränk erwärmt sich. Die Zunahme der Temperatur ist in der Grafik skizziert. Nach Newton kann auch die Temperaturzunahme mithilfe einer Exponentialfunktion modelliert werden (siehe auch Seite 54).

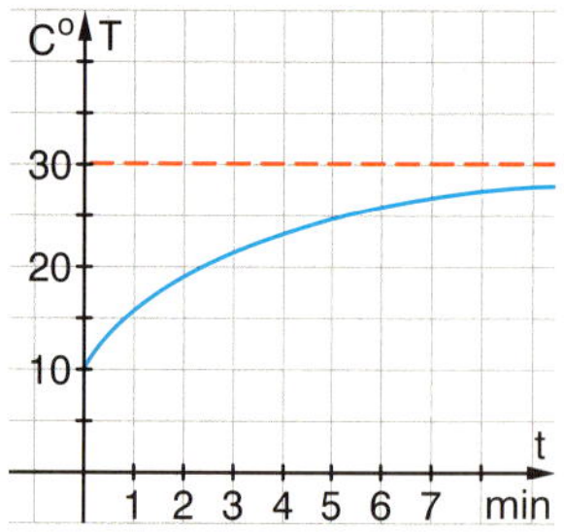

a) Interpretiere die Skizze (Ausgangstemperatur, Umgebungstemperatur, ...).
b) Mit welcher Exponentialfunktion lässt sich die Skizze modellieren?
Tipp: Probiere verschiedene Basen b aus.

Aufgaben

Forschungsaufträge

18 Es gibt zwei Möglichkeiten.

19 Du kannst g(x) ohne „Minus" im Exponenten schreiben.

18 *Eine „Summe" im Exponenten*

a) Zeichne die Graphen der Funktionen $f(x) = 2^x$ und $g(x) = 2^{x-1}$ in ein Schaubild.
b) Durch welche Transformation geht der Graph von g aus dem von f hervor?
c) Wie geht der Graph von $g(x) = b^{x-d}$ aus dem Graphen von $f(x) = b^x$ hervor?

19 *Ein „Minus" vor dem x im Exponenten*

a) Zeichne die Graphen der Funktionen $f(x) = 1{,}5^x$ und $g(x) = 1{,}5^{-x}$ in ein Schaubild.
b) Vergleiche die beiden Graphen. Was stellst du fest?
c) Was hat die Funktion $f(x) = b^x$ mit $g(x) = b^{-x}$ zu tun?

20 *Ein Faktor vor dem x im Exponenten*

Was man mithilfe des Exponenten so alles machen kann.

a) Untersuche die Graphen von $f(x) = 2^x$ und $g(x) = 2^{2x}$.
Erstelle je eine Tabelle für $-3 \le x \le 3$ und zeichne die Graphen.
GTR
Erkennst du einen Zusammenhang?
b) Auf welche Eigenschaft der Funktion $f(x) = 2^{rx}$ hat der Faktor r Einfluss?

$f(x) = 2^{2x} = (2^2)^x = 4^x$

Aufgaben

21 *Kann man die Funktion $f(x) = 3^x$ durch die Funktion $g(x) = 2^{rx}$ darstellen, wenn man für r die passende Zahl einsetzt?*

- Zeichne den Graphen der Funktion $f(x) = 3^x$
- Zeichne für verschiedene Werte von r den Graphen der Funktion $g(x) = 2^{rx}$.
- Versuche durch Ausprobieren einen Wert für r zu finden, so dass der Graph von $g(x)$ mit dem Graphen von $f(x)$ übereinstimmt.

GTR

Etwas zum Nachdenken: Kann man Werte für r finden, so dass die Funktion $g(x) = 2^{rx}$ exponentiell fällt?

Wenn man eine Exponentialfunktion kennt, dann kennt man alle

Mit der Wahl der Basis b legt man für die Exponentialfunktion $\mathbf{f(x) = b^x}$ das Wachstumsverhalten der Funktion fest.
Bei der Funktion $\mathbf{g(x) = 2^{rx}}$ hängt das Wachstumsverhalten der Funktion von der Zahl ab, die man für r einsetzt.

r	Wachstum im Vergleich zu $f(x) = 2^x$
$r > 1$	stärkeres Wachstum
$0 < r < 1$	schwächeres Wachstum
$r < 0$	exponentiell fallend

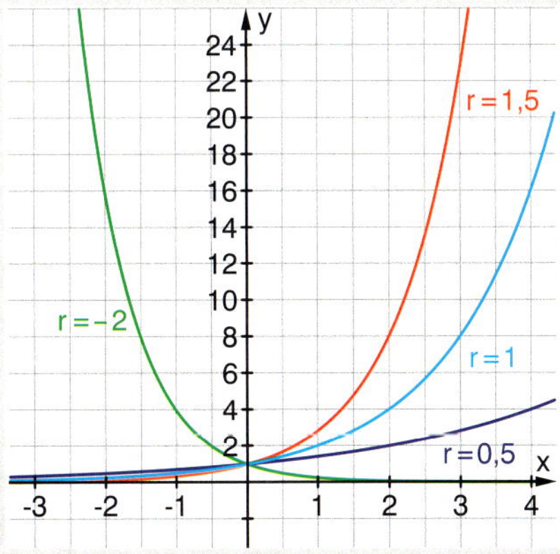

Man kann jede Funktion $f(x) = b^x$ z. B. durch die Funktion $g(x) = 2^{rx}$ darstellen. Man muss nur r passend wählen.

22 *Zinseszins*

Das Wachstum eines Kapitals, das verzinst wird, kann mit einer Exponentialfunktion modelliert werden:

Zinseszinsformel: $K(t) = K\left(1 + \frac{p}{100n}\right)^{nt}$
- K ist das investierte Kapital.
- p ist die jährliche Verzinsung (p % ist der Zinssatz).
- n ist die Anzahl der Verzinsungen pro Jahr.
  (Häufig werden Darlehen alle drei Monate verzinst, d. h. n = 4.)

a) Bei jährlicher Verzinsung lautet die Zinsformel $K(t) = K\left(1 + \frac{p}{100}\right)^t$

Erläutere, wie man auf die Zinseszinsformel in dem Kasten kommt.

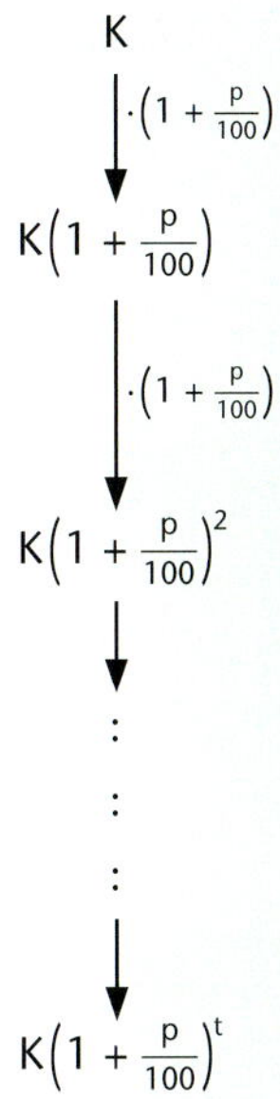

b) Das Startkapital beträgt 1000,– €. Berechne das Kapital nach zehn Jahren bei einem Jahreszinssatz von 4 % bei jährlicher, vierteljährlicher, monatlicher, täglicher Verzinsung.

Verzinsung	t	n	Kapital nach 10 Jahren: $K(10) = 1000\left(1 + \frac{4}{100n}\right)^{10n}$
jährlich	10	1	■
vierteljährlich	10	4	$K(10) = 1000\left(1 + \frac{4}{4 \cdot 100}\right)^{4 \cdot 10} =$ ■
monatlich	10	■	■
täglich	10	■	■

c) Welchen Einfluss hat die Anzahl der Verzinsungen pro Jahr auf das Kapital nach zehn Jahren?

2.3 Anwendungen von Exponentialfunktionen

Was dich erwartet

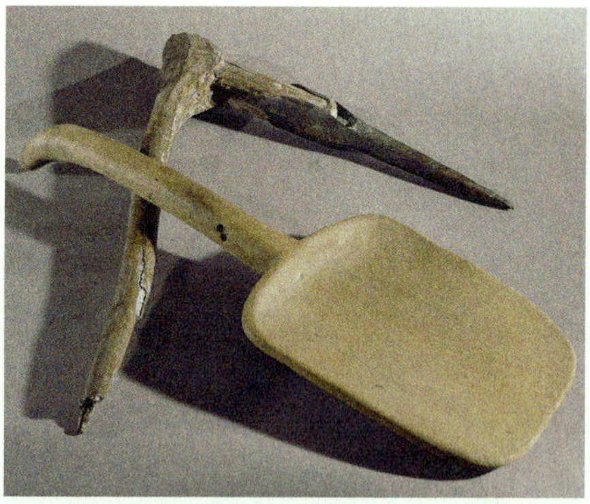

Wie viel Geld muss ich bei einem Zinssatz von 5 % investieren, um nach zehn Jahren über 20 000,– € verfügen zu können? Wie alt ist ein hölzerner Griff eines Beils, das bei Ausgrabungen entdeckt wird? Ein verabreichtes Medikament wird im Blut abgebaut. Wie kann man die prozentuale Abnahme pro Stunde dieses Medikamentes ermitteln und wie viel von dem Medikament ist nach acht Stunden noch im Blut vorhanden? Dies sind nur vier von sehr vielen Problemen, die man mithilfe von Exponentialfunktionen bearbeiten und lösen kann.

Die Altersbestimmung mit der C14-Methode

Zur Bestimmung des Alters von organischen Objekten (Holz, Pflanzen, Knochen usw.) verwenden Archäologen zumeist die C14-Methode.
C14 (Kohlenstoff 14) ist eine radioaktive Form des Kohlenstoffes. Physiker sagen: C14 ist ein radioaktives Isotop. C14 zerfällt mit einer **Halbwertszeit** von 5 700 Jahren. Das bedeutet, dass innerhalb von 5 700 Jahren die Hälfte des vorhandenen C14 in nichtradioaktiven Kohlenstoff umgewandelt wird. Ein „totes" Stück Holz nimmt kein C14 mehr auf. Das im Holz vorhandene C14 wird durch den radioaktiven Zerfall abgebaut. Enthält das Holz nur noch halb so viel C14 wie ein entsprechendes „lebendes" Stück Holz, so kann man daraus schließen, dass das gefundene Holzstück ca. 5 700 Jahre alt ist.

Halbwertszeit: Zeit, in der die Hälft einer Substanz abgebaut wird.

Aufgaben

1 *Altersbestimmung*

Archäologie

Mit der C14-Methode kann man das Alter von Fossilien bestimmen. Die Halbwertszeit von C14 beträgt 5 700 Jahre. Bei einer Ausgrabung wird ein Fossil gefunden, das nur noch 10 % der ursprünglichen C14-Menge enthält.

a) Ergänze die folgende Tabelle. Schätze, wie alt das Fossil in etwa ist.

Anzahl der Halbwertsperioden	0	1	2	3	4	5	6	7
Jahre	0	5 700	11 400	■	■	■	■	■
Anteil des verbleibenden C14	1	$0{,}5^1$	$0{,}5^2$	■	■	■	■	■

b) Mit welcher Funktion kann man den Anteil des verbleibenden C14 nach n Halbwertsperioden berechnen?

c) Genauer kann man das Alter der Fossilie mit einem Graphen bestimmen. Zeichne ein Schaubild der Funktion aus Aufgabe b) und bestimme das Alter möglichst genau.

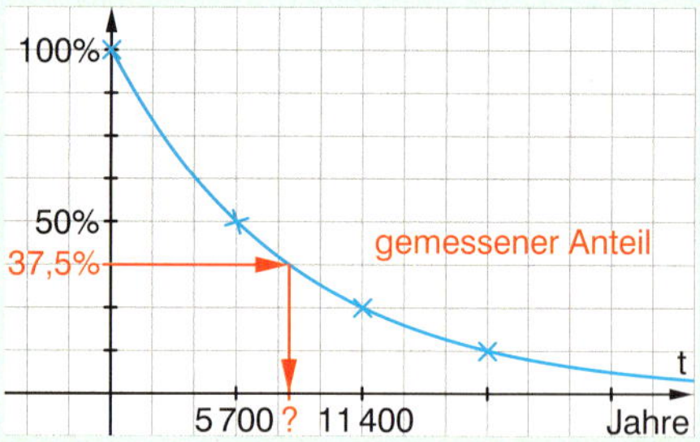

c) Das Schaubild kannst du leicht mithilfe der Tabelle oder eines GTR zeichnen.

Aufgaben

2 *Aus der Medizin*

Bei einer medizinischen Untersuchung spritzt ein Arzt 0,3 mg eines Farbstoffes in die Bauchspeicheldrüse ein. Eine gesunde Bauchspeicheldrüse baut in drei Minuten 18 % des Kontrastmittels ab, d. h. in der Bauchspeicheldrüse sind nach drei Minuten noch 0,3 mg · 0,82 = 0,246 mg des Farbstoffes.

a) Den Abbau des Farbstoffes kann man mithilfe einer Exponentialfunktion modellieren: **t** (Zeit in Minuten) → **m (t) = a · b**^{t} (verbleibende Menge in Milligramm)

Zeit t in min	0	1	2	3	4
$m(t) = a \cdot b^t$	$a \cdot b^0$	$a \cdot b^1$	$a \cdot b^2$	$a \cdot b^3$	$a \cdot b^4$
Menge in mg	0,3	■	■	0,246	■

Bestimme mithilfe der Tabelle a und b. Um wie viel Prozent wird der Farbstoff pro Minute abgebaut?

b) Wie viel Farbstoff ist nach zehn Minuten noch vorhanden?

Basiswissen

Exponentialfunktionen sind sehr wichtig, da man mit ihnen Situationen in vielen Anwendungsgebieten wie z. B. Biologie, Paläontologie, Soziologie, Physik, Psychologie und Wirtschaftswissenschaften modellieren kann.

Modellieren mit der Exponentialfunktion $f(t) = a \cdot b^t$

Ein Experiment
In einem Laborexperiment wird das Wachstum einer Fliegenpopulation untersucht.
Erste Ergebnisse sind in der Tabelle dargestellt.
Mit wie vielen Fliegen ist in drei Wochen zu rechnen?

Tag	Anzahl der Fliegen
3	45
8	135

Zwei Wertepaare reichen

$f(3) = 45$
$f(8) = 135$

(1) $a \cdot b^3 = 45$
(2) $a \cdot b^8 = 135$

(2) dividiert durch (1) liefert $b^5 = \frac{135}{45}$

Wachstumsfaktor b = $\sqrt[5]{\frac{135}{45}} \approx 1{,}246$, d. h.
tägliches **prozentuales Wachstum:** 24,6 %.
Um a zu finden, setzt man z. B. in die erste Gleichung den errechneten Wert für b ein:

$a \cdot 1{,}246^3 = 45$

Anfangswert **a** = $\frac{45}{1{,}246^3} = 23{,}263$

Modell $f(t) = 23{,}263 \cdot 1{,}246^t$

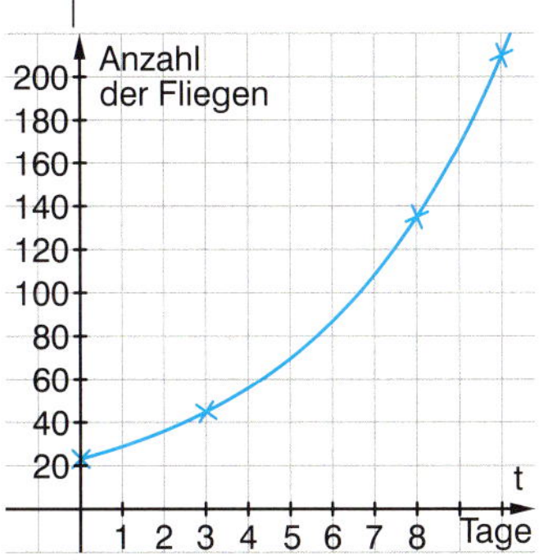

$f(21) = 23{,}263 \cdot 1{,}246^{21} \approx 2358$

Nach drei Wochen kann man bereits mit ca. 2 358 Fliegen rechnen.

Entwickeln eines exponentiellen Modells mithilfe eines Gleichungssystems:
b: Wachstumsfaktor
a: Anfangswert

Beispiele

A *Abbau eines Medikamentes im Körper – „Passt" das Modell?*

Bei einem medizinischen Test wurde ein Medikament mit einer Spritze verabreicht. Nach fünf Stunden betrug die Konzentration im Blut 4,2 mg/l, nach acht Stunden 2,9 mg/l. Ein Wissenschaftler berechnet ein exponentielles Modell für die Konzentration c(t) im Blut in Abhängigkeit von der Zeit t.

Modell:
$c(t) = 7{,}96 \cdot 0{,}88^t$

a) Beurteile das Modell.

b) Schätze, wie hoch die Konzentration des Medikamentes direkt nach Verabreichung der Spritze war.

Lösung:

a) $c(5) = 7{,}96 \cdot 0{,}88^5 = 4{,}20$
$c(8) = 7{,}96 \cdot 0{,}88^8 = 2{,}86$

Das Modell passt gut.

b) „Anfangswert" der Konzentration
$c(0) = 7{,}96 \cdot 0{,}88^0 = 7{,}96$

Direkt nach Verabreichung der Spritze betrug die Konzentration etwa 7,96 mg/l. Dies war gleichzeitig die höchste Konzentration.

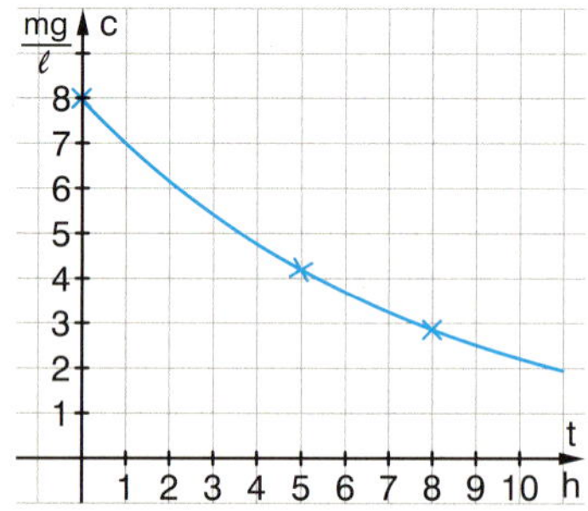

B *Demografische Entwicklung*

Das bevölkerungsreichste Land der Welt ist China. Im Jahre 1995 lebten in China 1,198 Milliarden Menschen, im Jahre 2000 waren es 1,260 Milliarden. Angenommen, die Bevölkerungsentwicklung in China lässt sich mit einem exponentiellen Modell beschreiben. Wie viele Menschen werden es im Jahre 2050 sein?

Wachstumsfaktor: b = 1,01014
prozentuales Wachstum: 1,014 %

Lösung: Erste „Zählung" nach 0 Jahren (1995) $f(0) = 1{,}198$ Milliarden
Zweite „Zählung" nach 5 Jahren (2000) $f(5) = 1{,}260$ Milliarden

$a \cdot b^0 = 1{,}198 \Rightarrow a = 1{,}198$
$a \cdot b^5 = 1{,}260$
$\Rightarrow b^5 = \frac{1{,}260}{1{,}198} \Rightarrow b = 1{,}01014$

exponentielles Modell: $f(t) = 1{,}198 \cdot 1{,}01014^t$

Vorhersage für das Jahr 2050: $f(55) = 1{,}198 \cdot 1{,}01014^{55} = 2{,}088$

In China werden bei einem angenommenen jährlichen Wachstum von 1,014 % im Jahre 2050 ca. 2,088 Milliarden Menschen leben.

Übungen

3 In Beispiel A wurde das Modell, das der Wissenschaftler benutzt, angegeben. Hast du eine Idee, wie er auf dieses Modell gekommen sein könnte? Rechne selbst. Kommentiere dabei jeden Schritt der Rechnung, indem du beschreibst, was du tust.

4 Ein exponentielles Modell soll entwickelt werden. Gegeben sind die Punkte P und Q.

a) P(0 | 2), Q(1 | 6)
b) P(2 | 6,8), Q(5 | 9,3)
c) P(4 | 30), Q(12 | 5)
d) P(8 | 4,3), Q(10 | 4,3)

Zu einem der Punktepaare kann man kein exponentielles Modell finden.

Erkundige dich bei einem Experten, ob die Annahme über den Wertverlust eines PKWs mit der Realität übereinstimmt.

5 *Wertverlust eines Autos*

Wenn man davon ausgeht, dass der Verkaufswert eines PKWs jährlich um den gleichen Prozentsatz sinkt, dann kann man den Wert eines Autos mithilfe eines exponentiellen Modells darstellen. Nach vier Jahren ist der PKW noch 15 000 € wert, nach sechs Jahren noch 11 600 €. Wie teuer war der PKW bei der Anschaffung?

6 Eine Firma verpflichtet sich gegenüber einem Kunden in 10 Jahren einen Betrag von 560 000 € zu zahlen. Wie viel Geld sollte die Firma auf einem Bankkonto bei einer jährlichen Verzinsung von 6,2 % jetzt anlegen, um die betreffende Summe in 10 Jahren auszahlen zu können?

Übungen

7 Bei einer Untersuchung in einem Labor betrug die Anzahl der Insekten nach zwei Wochen 140 und nach vier Wochen 350. Nimm an, dass sich das Wachstum der Insektenpopulation mit einer Exponentialfunktion modellieren lässt.

a) Schätze, ohne zu rechnen, wie groß die Anzahl der Insekten zu Beginn der Untersuchung war.
b) Berechne die Anzahl der Insekten zu Beginn des Experimentes mit einem exponentiellen Modell.
c) Sage die Anzahl der Insekten nach sechs Wochen voraus.
d) *Modellkritik:* Warum sind die Zahlen, die du in Aufgabe b) und c) ermittelst, nur Schätzungen?

8 *Halbwertszeit – Verdopplungszeit*
Bei exponentiellem Wachstum und Zerfall werden oft Informationen über die **Verdopplungszeit** und die **Halbwertszeit** gegeben. Die betreffende Zeit gibt an, wie lange es dauert, bis sich eine „Menge" verdoppelt bzw. halbiert hat.
Radium ist radioaktiv. Es zerfällt in andere, zum Teil nichtradioaktive Substanzen mit einer Halbwertszeit von 1620 Jahren.
a) Übertrage die Tabelle und ergänze.

Anzahl der „Halbwertszeiten"	0	1	2	3
Anzahl t der Jahre	0	1620	■	■
Menge m(t) des Radiums nach t Jahren	30 g	■	■	■

b) Angenommen, zu Beginn sind 30 g Radium vorhanden. Mit welcher Funktion kann man die Menge des Radiums berechnen, das nach t Jahren noch vorhanden ist?
c) Wie viel Gramm Radium sind nach 400 Jahren noch übrig?

Marie Curie (1867 – 1934)
Sie gewann zwei Nobelpreise, den einen zusammen mit ihrem Mann Pierre und Henri Becquerel für die Entdeckung der Radioaktivität, den anderen für ihre Arbeit mit Radium.

9 *Zunahme des Gewichtes nach der Geburt*
Bei vielen Säugetieren nimmt das Gewicht nach der Geburt sehr schnell zu. Bei Katzen dauert es im Mittel 10 Tage, bis sich das Geburtsgewicht verdoppelt hat.
a) Berechne mit einem exponentiellen (linearen) Modell das Gewicht eines Katzenbabys 3 (5, 20, 150) Tage nach der Geburt.

Zeit (in Tagen)	0	10	3	5	20	150
Gewicht in g	150	300	■	■	■	■

b) Beurteile die gefundenen Ergebnisse. Was hältst du von der Annahme, dass das Gewicht von jungen Katzen exponentiell (linear) wächst?

Wachstum wird häufig beschrieben, indem man den Anfangswert a ermittelt und den Wachstumsfaktor b berechnet. Man rechnet dann mit der Wachstumsformel $m(t) = a \cdot b^t$.

10 *„Das Opfer wurde im Kühlhaus gefunden. Der herbeigerufene Polizeiarzt stellte bei einer Kühlhaustemperatur von 5 °C eine Körpertemperatur von 28,2 °C fest. Eine Stunde später betrug die Temperatur 24,8 °C."*

Etwas für zukünftige Gerichtsmediziner

a) Nach dem Newton'schen Gesetz kann die Temperatur T eines abkühlenden Körpers mit der Formel $T(t) = 5 + 32 \cdot b^t$ (t: Zeit in h) berechnet werden. Skizziere den Verlauf des Graphen. Ermittle dazu T(0) und die Asymptote.
b) Zu welchem Zeitpunkt t nach Eintritt des Todes der Körper gefunden wurde, ist unbekannt. Der Arzt kann den Abkühlungsfaktor b berechnen. Kommentiere die Rechnung.

(1) $T(t) = 32 \cdot b^t + 5 = 28{,}2 \Rightarrow b^t = \frac{23{,}2}{32}$
(2) $T(t+1) = 32 \cdot b^{t+1} + 5 = 24{,}8 \Rightarrow b^{t+1} = \frac{19{,}8}{32}$
Dividiere (2) durch (1): $b = \frac{19{,}8}{23{,}2} \approx 0{,}853$

c) Wie lange war das Opfer bereits tot, als es gefunden wurde? Ermittle dazu, wie lange es gedauert hat, bis der Körper des Opfers von 37 °C auf 28,2 °C abgekühlt war.

Lösen durch Ausprobieren

Übungen

11 *Ermitteln der Verdopplungszeit*

Im Jahre 2001 betrug die Bevölkerungszahl von Nigeria 127 Millionen, das jährliche prozentuale Wachstum 2 %. Informativer und auch eindrucksvoller als das jährliche prozentuale Wachstum ist die Zeit, in der sich die Bevölkerung verdoppelt.

a) Man könnte vermuten, dass sich bei einem jährlichen Wachstum von 2 % die Bevölkerungszahl in 50 Jahren verdoppelt. Berechne mit einem exponentiellen Modell die Größe der Population nach 50 Jahren. Woher kommt der scheinbare Widerspruch?

b) Ermittle mit dem Schaubild die Verdopplungszeit. Überprüfe das Ergebnis mit dem Taschenrechner.

c) Finde durch Ausprobieren mit dem entsprechenden exponentiellen Modell heraus, in welcher Zeit sich die Population verdoppelt, wenn die Bevölkerung jährlich nur um 1,5 % wächst.

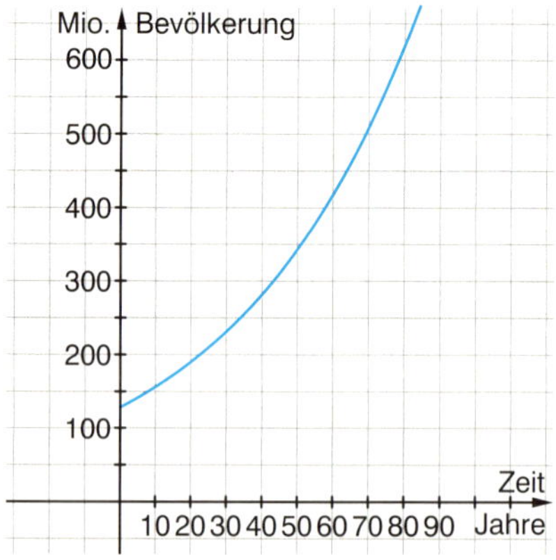

Informiere dich im Internet über das aktuelle Bevölkerungswachstum von Nigeria.

Berechne zunächst mithilfe der Daten ein exponentielles Modell. Aus dem Wachstumsfaktor kannst du das prozentuale Wachstum ablesen.

12 *Jährlicher Wertzuwachs*

Ein Sammler kauft Anfang 1998 eine wertvolle Statue für 80 000 €. Im Januar 2004 kann er sie für 105 000 € verkaufen. Man sagt, die Investition von 80 000 € hat sich verzinst.

a) Berechne den jährlichen Zinssatz, bei dem aus 80 000 € innerhalb von sechs Jahren 105 000 € werden.

b) Wie groß ist die jährliche Verzinsung, wenn ein Haus, dessen Kaufpreis 180 000 € betrug, nach zehn Jahren für 250 000 € verkauft wird?

Mathematik und Medizin

Bei vielen Arzneimitteln entscheidet die Höhe der aufgenommenen Dosis über die Nützlichkeit oder Schädlichkeit. Zu kleine Dosen entfalten oft keine Wirkung, zu hohe Dosen sind schädlich und führen zu Vergiftungen. Wichtig ist in jedem Fall die Konzentration des Medikaments am Wirkungsort.
Der zeitliche Verlauf der **Konzentration c(t)** eines Medikamentes z. B. im Blut des Patienten ist in dem Schaubild dargestellt.
Pharmakologen verwenden zum Modellieren der Konzentration eines Medikamentes z. B. im Blut häufig Exponentialfunktionen.

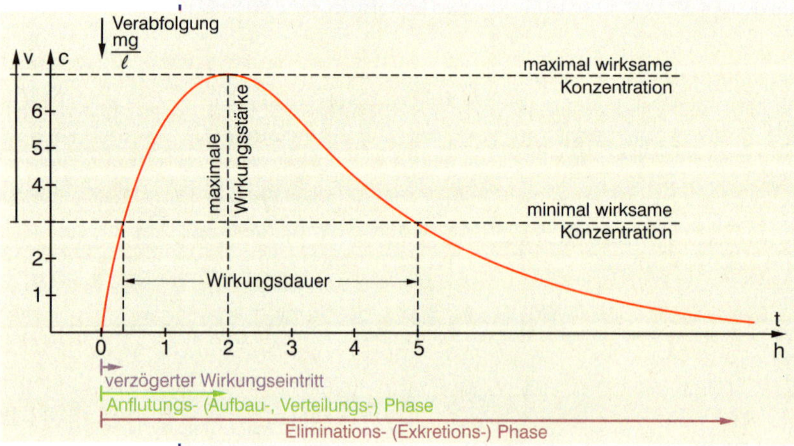

Aufbau der Konzentration (Anflutung): Schneller Aufbau der Konzentration durch eine Injektion, langsamerer Aufbau durch Tabletten oder durch eine Infusion.

Aufgaben

13 *Interpretation des Schaubildes zum zeitlichen Verlauf der Konzentration eines Medikamentes.* Das Schaubild auf Seite 66 stammt aus einem Buch über Pharmakologie und Toxikologie.

a) Für den Arzt ist es wichtig, das „Wirkungsfenster" des Medikamentes zu kennen. Zu welchem Zeitpunkt tritt die Wirkung des Medikamentes ein, zu welchem Zeitpunkt endet sie? Wie hoch ist die maximale Konzentration?

b) Welchen Teil der Kurve kann man nach deiner Ansicht mit einer Exponentialfunktion modellieren? Entnimm Daten aus dem Graphen und berechne ein Modell für den entsprechenden Teil der Kurve.

14 *Abbau eines Medikamentes*

a) Die Konzentration eines Medikamentes im Blut beträgt 10 mg/l, die „Halbwertszeit" drei Stunden. Nach wie vielen Stunden muss eine neue Dosis des Medikamentes verabreicht werden, wenn die Konzentration mindestens 1,5 mg/l betragen muss, damit das Medikament wirkt?

b) Erkläre, wieso es so wichtig ist, dass man bei der Einnahme eines Antibiotikums darauf achtet, dass man das Medikament in ganz bestimmten Zeitabständen einnimmt.

14
- Berechne ein exponentielles Modell.
- Zeichne den zugehörigen Graphen.
- Ermittle mit dem Graphen oder durch Ausprobieren, wann die Konzentration unter 1,5 mg/l gesunken ist.

15 *Verabreichung eines Medikamentes mittels Infusion*

Ein einfaches Modell:

– Invasion
Ein Organismus nimmt ein verabreichtes Medikament auf. Bei einem Medikament, das durch eine Infusion verabreicht wird, wird stets pro Zeiteinheit die gleiche Menge zugeführt.

– Evasion
Ein Organismus scheidet ein verabreichtes Medikament nach und nach aus. Mediziner nennen diesen Prozess „Evasion". Die Evasion verläuft umso schneller, je höher die Konzentration des Medikamentes im Organismus ist.

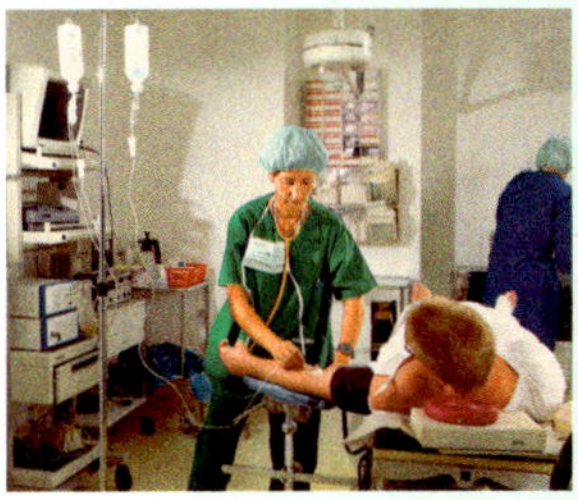

Invasion und Evasion verlaufen gleichzeitig. Da zunächst eine geringe Konzentration des Medikamentes vorhanden ist, wird auch nur wenig ausgeschieden. Durch die Infusion steigt die Konzentration des Medikamentes und damit die Menge, die ausgeschieden wird. Schließlich wird ein Zeitpunkt erreicht, an dem Invasion und Evasion ungefähr gleich sind.

a) Wie könnte ein Zeit-Konzentrations-Schaubild aussehen? Skizziere den Graphen und begründe dessen Verlauf mithilfe des Modells.

b) *Ein mathematisches Modell der Infusion*

Die Konzentration eines bestimmten Medikamentes im Blut kann mit der Funktion
$c(t) = 11 - 11 \cdot 0{,}8^t$
modelliert werden. Dabei wird die Zeit t in Stunden angegeben.

c(t) wird zumeist in mg/l angegeben.

Erstelle für die Konzentration c(t) eine Tabelle für $0 \leq t \leq 12$, Schrittweite 1 und zeichne den zugehörigen Graphen. Passt das mathematische Modell zu den medizinischen Annahmen?

c) Welche Konzentration kann nach dem Modell maximal erreicht werden?

d) Nach welcher Zeit setzt die Wirkung des Medikamentes ein, wenn das Wirkungsfenster bei c(t) = 6 mg/l beginnt?

16 *„Selbstreinigungsmodell"*

Ein Wissenschaftler behauptet: „Wenn wir davon ausgehen, dass jährlich 40 t Düngemittel in einen See gespült und dass stets 50 % der im Wasser gelösten Düngemittel abgebaut werden, dann steigt die Düngemittelkonzentration nur bis zu einer gewissen Grenze."

GTR

a) Passt das Modell $m(t) = 40 - 40 \cdot 0{,}5^t$ zu den Annahmen?

b) Was hältst du von den Annahmen des Wissenschaftlers? Begründe.

Exponentielle Regression mit dem GTR oder mit Tabellenkalkukation

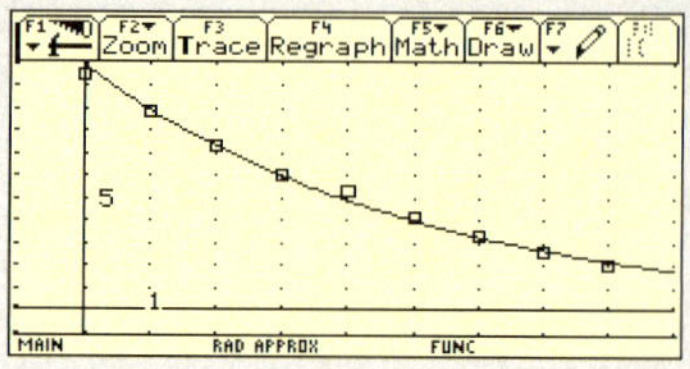

Der GTR passt die Exponentialfunktion

$f(x) = a \cdot e^{rx}$

an die Daten an.

Die **Basis** ist die **Euler'sche Zahl** $e \approx 2{,}718$, a ist der **Anfangswert** f(0), die **Steilheit** der Kurve kann über den Parameter r angepasst werden.

Die **Euler'sche Zahl e** spielt in der Mathematik eine ähnlich wichtige Rolle wie die Zahl π.

Aufgaben

17 Es ist eine alltägliche Beobachtung, dass ein Ball, der aus einer bestimmten Höhe auf den Boden fällt, wiederholt hochspringt, jedes Mal jedoch etwas weniger hoch als beim vorhergehenden Aufspringen.

Kannst du dir das Phänomen erklären?

a) Experiment:

Arbeitet in Gruppen mit verschiedenen Bällen

Auftrag: Untersucht, mit welcher Funktion sich die Abnahme der Höhe nach jedem Auftreffen auf dem Boden modellieren lässt.

Experiment: Lasst den Ball aus verschiedenen Höhen fallen. Messt die Höhe, die der Ball nach 1-, 2-, 3- ...maligem Auftreffen auf den Boden erreicht. Tragt die Werte in eine Tabelle ein.

Auswertung (mit dem GTR):
- Zeichnet mithilfe der betreffenden Tabelle ein Streudiagramm.
- Zeichnet in das Streudiagramm eine exponentielle Regressionskurve ein.
- Vergleicht die Ergebnisse für verschiedene Abwurfhöhen für jeweils den gleichen Ball.

GTR

b) Auswertung von Fremddaten:
Solltet ihr nicht über die nötige Ausrüstung zur Durchführung des Experimentes verfügen, so könnt ihr das vorliegende Bildprotokoll auswerten.

Auswertung (mit dem GTR):
Erstellt mithilfe des Bildmaterials eine Wertetabelle.

Hochspringen	0	1	2	3	■	■
Höhe (cm)	■	■	■	■	■	■

Geht dann vor wie in Aufgabe a) beschrieben.

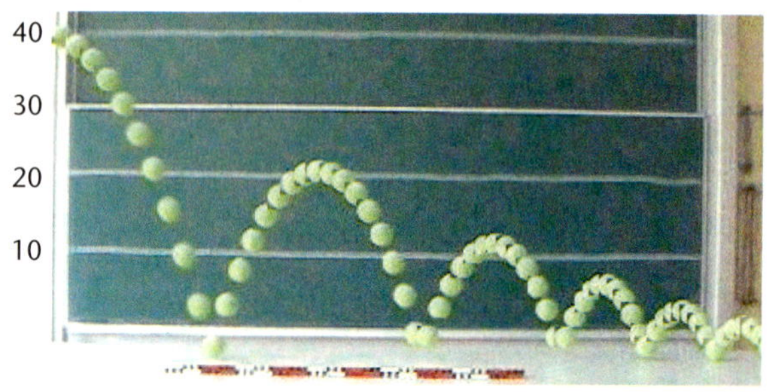

Jahr	Mio.
(19)00	1550
10	1750
20	1860
30	2070
40	2300
50	2555

Jahr	Mio.
(19)60	3040
70	3708
80	4454
90	5285
100 (2000)	6085

18 *Modellieren der Entwicklung der Weltbevölkerung*

a) Erstelle mit dem GTR oder einer Tabellenkalkulation ein Streudiagramm der Weltbevölkerung von 1900 bis 2000 (Quelle: US Bureau of Census; siehe Internet).

b) Modelliere die Daten mit einem exponentiellen Modell.

c) Sage mit dem Modell die Weltbevölkerung für das Jahr 2010 und 2050 vorher.

Vergleiche mit der Prognose des US Bureau of Census und des deutschen Statistischen Bundesamtes. Welche Schlussfolgerung ziehst du aus deiner Beobachtung?

2.4 Exponenten gesucht – die Logarithmusfunktion

Was dich erwartet

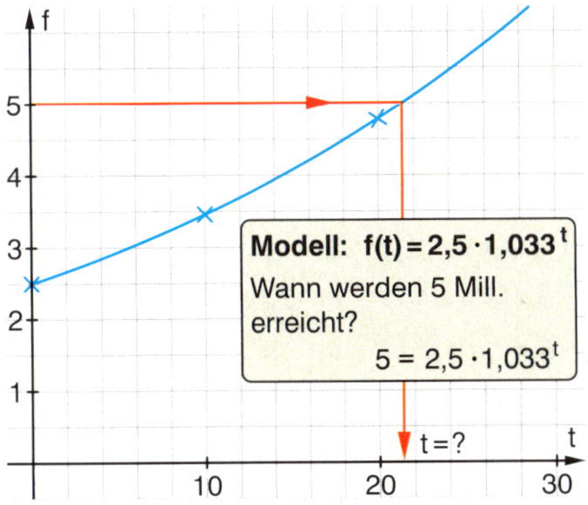

Muskat, Oman Jan. 2000
Die Bevölkerung des Sultanats Oman beträgt 2,5 Millionen, das jährliche Wachstum 3,3 %.
Bald wird die Bevölkerung die 5-Millionen-Grenze überschritten haben!

Lösungen von Exponentialgleichungen kann man mit Logarithmen exakt angeben und mit dem Taschenrechner (näherungsweise) bestimmen.

Erdbeben	Stärke auf der Richterskala
Kobe, Japan 17. Januar 1995	7,3
Rambervilliers (F) 22. Februar 2003	5,4
Albstadt (D) 22. März 2003	4

Mithilfe von Logarithmusfunktionen werden Maßeinheiten definiert, wie z. B. die Richterskala zum Messen und Vergleichen von Erdbebenstärken.

Erdbeben in Kobe, Japan 1995

Aufgaben

1 *Bestimme Exponenten näherungsweise*

x	−3	−2	−1	0	1	2	3
y	$\frac{1}{1000}$	$\frac{1}{100}$	$\frac{1}{10}$	1	10	100	1000

a) Wie hängen die x- und die y-Werte in der Tabelle zusammen?
b) Benutze die Tabelle um die folgenden Exponentialgleichungen zu lösen.

$10^x = 1000$ $\qquad 10^x = \frac{1}{10}$ $\qquad 10^x = 1$ $\qquad 10^x = \frac{1}{1000}$

c) Löse die Gleichung $10^x = 5$ mithilfe der nebenstehenden Tabelle für die Funktion $y = 10^x$ näherungsweise.
Bestimme die Lösung auf zwei Stellen hinter dem Komma genau.
d) Bestimme einen Näherungswert für die Lösung der Gleichung $10^x = 20$ auf Hundertstel genau.

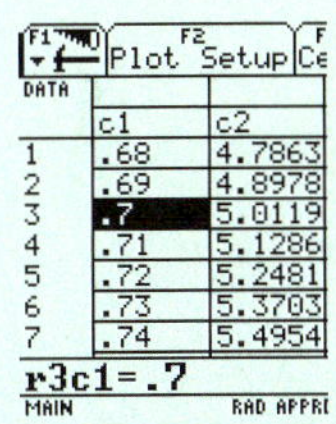

2 *Umkehrfunktion*
Der Graph der Exponentialfunktion $f(x) = 10^x$ ist in dem Schaubild dargestellt.
a) Besitzt die Funktion eine Umkehrfunktion?
b) Wie kann man den Graphen der Umkehrfunktion zeichnen? Löse die Aufgabe sowohl mit einer Tabelle der Funktion $f(x) = 10^x$ als auch mithilfe des Graphen der Funktion.
Übertrage den Graphen von f in dein Heft und ergänze den Graphen der Umkehrfunktion.

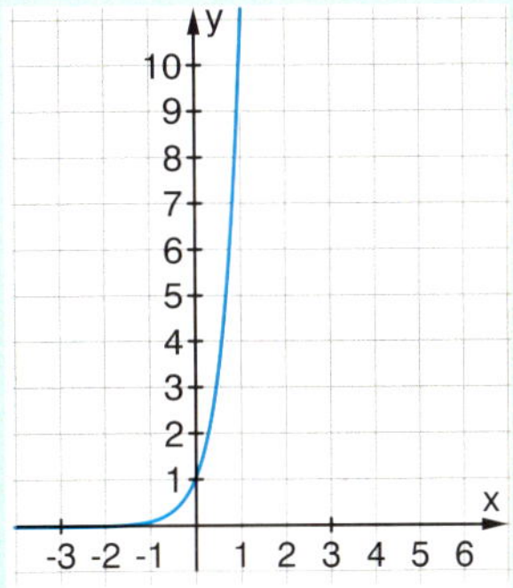

Aufgaben

3 Heuschrecken sind in vielen Teilen der Erde der Schrecken der Landwirte. Sie treten bei günstigen Wetterbedingungen in großen Schwärmen auf und fressen ganze Landstriche kahl. Angenommen, eine Heuschreckenpopulation wächst täglich um 12%. Finde heraus, wie lange es dauert, bis aus 100 Heuschrecken 50 000 geworden sind.

a) Entwickle ein exponentielles Wachstumsmodell. Bestimme zunächst den Wachstumsfaktor b.

b) Stelle das Wachstum der Heuschrecken in einem Schaubild dar.

c) Um herauszufinden, wie lange es dauert, bis die Population von 100 auf 50 000 gewachsen ist, muss man die Gleichung $50\,000 = 100 \cdot b^t$ lösen. (GTR)
Finde die Lösung mit dem Schaubild oder einer Tabelle.

Basiswissen

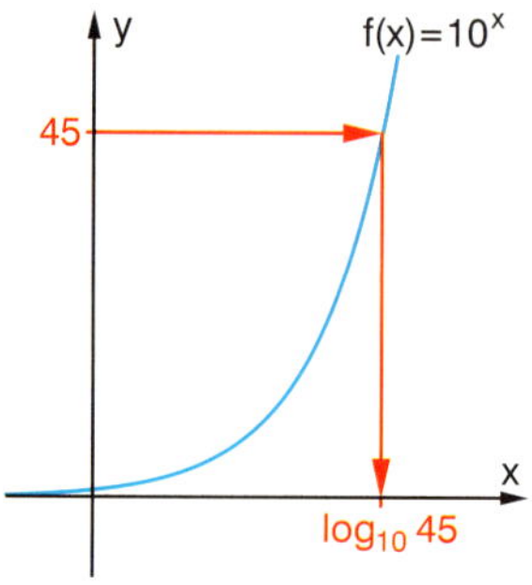

Logarithmen

Wenn a sich einfach als eine Potenz von b darstellen lässt, dann ist die Gleichung $b^x = a$ leicht lösbar.

$10^x = 100$ Schreibe 100 als Zehnerpotenz
$10^x = 10^2$
$x = 2$ $L = \{2\}$

Wenn a sich nicht einfach als Potenz von b darstellen lässt, dann kann man die Lösung der Gleichung $b^x = a$ mithilfe von Logarithmen schreiben:

$10^x = 45$
$x = \log_{10} 45$
$L = \{\log_{10} 45\}$

$\log_b a$: sprich **Logarithmus a zur Basis b**
$\log_b a$ ist die Zahl, mit der man b potenzieren muss, um a zu erhalten.

Äquivalente exponentielle und logarithmische Gleichung

Exponent

$$1\,000 = 10^3 \Leftrightarrow \log_{10} 1\,000 = 3$$

Basis

Für jede positive Basis b mit $b \neq 1$ gilt:
Die Gleichungen $\mathbf{b^x = y}$ und $\mathbf{x = \log_b y}$ sind äquivalent.

Beispiele

A Löse die Gleichungen.

a) $2^x = 64$ b) $10^x = 0{,}0000001$ c) $3^x = \sqrt{3}$

Lösung:
Man schreibt zunächst die rechten Seiten der Gleichungen als Potenz der jeweiligen Basis.

a) $2^x = 64 = 2^6$
$x = 6$

b) $10^x = 0{,}0000001 = 10^{-7}$
$x = -7$

c) $3^x = \sqrt{3} = 3^{\frac{1}{2}}$
$x = \frac{1}{2}$

B a) Schreibe $6^3 = 216$ in logarithmischer Form.
b) Schreibe $\log_5 625 = 4$ in exponentieller Form.

Lösung:
a) $6^3 = 216 \Leftrightarrow \log_6 216 = 3$ 3 ist der Exponent und 6 die Basis.
b) $\log_5 625 = 4 \Leftrightarrow 5^4 = 625$ 4 ist der Exponent und 5 die Basis.

C Löse die Gleichung $10^x = 62$ mit einem Taschenrechner auf drei Nachkommastellen genau.

Lösung:

$10^x = 62$ in logarithmischer Form

$x = \log_{10} 62$ (TR)

$x \approx 1{,}792$

Beispiele

Mit dem TR kann man Logarithmen zur Basis 10 berechnen.

log 62 =

Training zum Umgang mit Logarithmen

Übungen

4 Schreibe jede Exponentialgleichung in logarithmischer Form.

a $3^4 = 81$ b) $4^2 = 16$ c) $2^{-3} = \frac{1}{8}$ d) $10^0 = 1$

e) $25^{\frac{1}{2}} = 5$ f) $\left(\frac{1}{6}\right)^{-2} = 36$ g) $32^{\frac{1}{5}} = 2$ h) $2^5 = 32$

5 Schreibe jede Logarithmusgleichung in exponentieller Form.

a) $\log_3 9 = 2$ b) $\log_5 625 = 4$ c) $\log_6 216 = 3$ d) $\log_2 \frac{1}{16} = -4$

e) $\log_5 0{,}2 = -1$ f) $\log_2 \sqrt[3]{2} = \frac{1}{3}$ g) $\log_7 49 = 2$ h) $\log_{0,5} 8 = -3$

6 Die folgenden Logarithmen sind rationale Zahlen. Rechne.

a) $\log_2 16$ b) $\log_5 625$ c) $\log_3 1$ d) $\log_{10} 10$ e) $\log_3 9$

f) $\log_{10} 10\,000$ g) $\log_{10} 0{,}001$ h) $\log_2 0{,}5$ i) $\log_2 \sqrt{2}$ j) $\log_2 0{,}25$

7 Nicht alle der folgenden Gleichungen sind korrekt. Begründe.

a) $\log_2 1\,024 = 10$ b) $\log_5 125 = 2$ c) $\log_{\frac{1}{3}} \frac{1}{27} = -3$

d) $\log_{0,6} 0{,}216 = 2$ e) $\log_{10} 10 = 1$ f) $\log_{10} 0{,}0001 = -4$

8 In manchen Fällen kann man die Lösungen von Exponentialgleichungen leicht auch ohne Taschenrechner berechnen, in anderen nicht.

a) $2^x = 32$ b) $3^x = 3$ c) $3^x = 5$ d) $5^x = 125$ e) $1{,}5^x = 1$

f) $2^x = 10$ g) $4^x = \frac{1}{4}$ h) $5^x = 30$ i) $2^x = \frac{1}{8}$ j) $4^x = 8$

9 *Intervallschachtelung oder wie man einen beliebig guten Schätzwert für Logarithmen ermitteln kann*

Wie bei den Wurzeln kann man bei den Logarithmen einen gesuchten Wert immer genauer „einschachteln".

Intervallschachtelung

$3 < \log_2 10 < 4$
$3{,}3 < \log_2 10 < 3{,}4$
$3{,}32 < \log_2 10 < 3{,}33$
$3{,}321 < \log_2 10 < 3{,}322$

a) Begründe, dass in dem Kasten eine Intervallschachtelung für $\log_2 10$ dargestellt ist. Informiere dich über die Eigenschaften einer Intervallschachtelung.

b) Gib eine Intervallschachtelung für $\log_5 30$ an.

c) Berechne mit dem Taschenrechner einen Näherungswert für $\log_8 50$ und $\log_3 500$.

10 *„Etwas Theorie"*

a) Warum gibt es keine Logarithmen von 0 und von negativen Zahlen?

b) Potenzen mit positiven Basen ergeben stets eine reelle Zahl, die größer als 0 ist. Welche Ergebnisse erwartest du beim Berechnen von Logarithmen?

c) Logarithmen können negativ sein. Gib ein Beispiel an.

Begründe mithilfe des Graphen einer Exponentialfunktion, dass die Wertemenge von $\log_b x$ die Menge aller reellen Zahlen ist.

Übungen

$2^x = 6$
exakte Lösung: $\log_2 6$
Näherungslösung: 2,6
Probe: $2^{2,6} \approx 6{,}06$

11 *Exponentialgleichungen*
a) Welche Exponentialgleichungen werden hier grafisch gelöst?
b) Gib die jeweilige Lösung exakt mithilfe von Logarithmen an und ermittle einen Näherungswert auf eine Stelle hinter dem Komma genau. Du findest den Näherungswert durch Ausprobieren.
c) Überprüfe deine Näherungsergebnisse mit einer Probe.

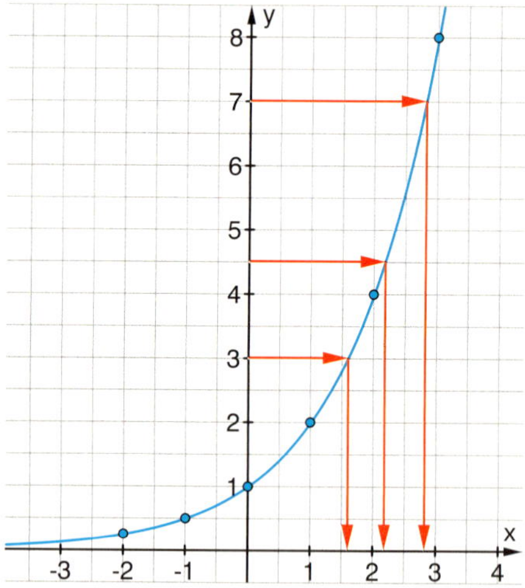

Verwende das Schaubild aus Aufgabe 11.

12 *Lösbarkeit der Gleichung $2^x = c$*
a) Für welche Werte von c ist die Gleichung $2^x = c$ lösbar?
b) Verallgemeinere: Für welche Werte von c ist die Gleichung $a^x = c$ lösbar? Begründe.

Basiswissen

Die Logarithmusfunktion – Umkehrfunktion der Exponentialfunktion

Die Funktion $f(x) = 10^x$ besitzt eine Umkehrfunktion.
Berechnung der Umkehrfunktion: $y = 10^x$ — Vertausche x mit y.
$x = 10^y$ — Schreibe in logarithmischer Form.
$\log_{10} x = y$

$y = f(x) = \log_{10} x$

Tabelle und Graph im Vergleich:

x	10x
−3	$\frac{1}{1000}$
−2	$\frac{1}{100}$
−1	$\frac{1}{10}$
0	1
1	10
2	100
3	1 000

x	$\log_{10} x$
$\frac{1}{1000}$	−3
$\frac{1}{100}$	−2
$\frac{1}{10}$	−1
1	0
10	1
100	2
1 000	3

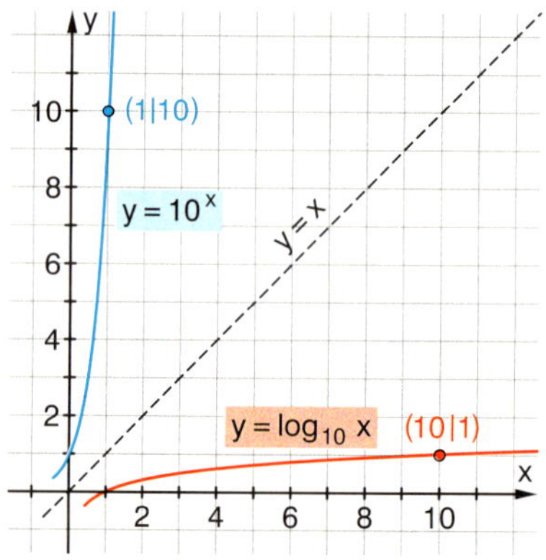

Definitionsmenge und Wertemenge im Vergleich:

Funktion	Definitionsmenge	Wertemenge
$f(x) = 10^x$	alle reellen Zahlen	alle positiven reellen Zahlen
$f(x) = \log_{10} x$	alle positiven reellen Zahlen	alle reellen Zahlen

Die **Logarithmusfunktion** $\mathbf{g(x) = \log_b x}$ ($b \neq 1$ und $b > 0$) ist die Umkehrfunktion der **Exponentialfunktion** $\mathbf{f(x) = b^x}$.

Beispiele

D Begründe, warum jede Exponentialfunktion $f(x) = a^x$ eine Umkehrfunktion besitzt.
Lösung:
Exponentialfunktionen sind entweder monoton wachsend oder fallend.

Beispiele

E Zeichne den Graphen der Logarithmusfunktion $f(x) = \log_2 x$. Ermittle grafisch $\log_2 5$ und $\log_2 10$ und überprüfe die Ergebnisse.

Lösung: $f(x) = \log_2 x$ ist die Umkehrfunktion zu $g(x) = 2^x$.

Man erstellt eine Tabelle zur Funktion $g(x) = 2^x$ und erhält die Tabelle zu $f(x) = \log_2 x$ durch Vertauschen der Spalten.

x	$g(x) = 2^x$
−3	$\frac{1}{8} = 0{,}125$
−2	$\frac{1}{4} = 0{,}25$
−1	$\frac{1}{2} = 0{,}5$
0	1
1	2
2	4
3	8
4	16

x	$f(x) = \log_2 x$
$\frac{1}{8}$	−3
$\frac{1}{4}$	−2
$\frac{1}{2}$	−1
1	0
2	1
4	2
8	3
16	4

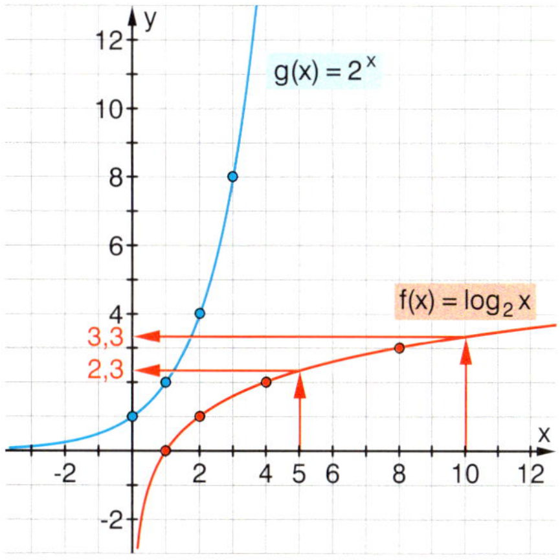

$\log_2 5 \approx 2{,}3$ *Probe:* $2^{2,3} \approx 4{,}92$

$\log_2 10 \approx 3{,}3$ $2^{3,3} \approx 9{,}85$

Übungen

13 Zeichne den Graphen der Funktion $f(x) = \log_3 x$ und ermittle $\log_3 8$ ($\log_3 4$, $\log_3 0{,}5$) grafisch.

14 *Etwas zur Theorie*

Begründe, warum die Funktion $g(x) = 2^x$ eine Umkehrfunktion besitzt.

15 *Logarithmen von negativen Zahlen*

a) Berechne $\log_{10}(-4)$ mit dem Taschenrechner. Was stellst du fest?

b) Begründe, warum der Logarithmus aus einer negativen Zahl nicht definiert ist.

16 *Wachstum von Logarithmusfunktionen*

Der Graph der Funktion $f(x) = \log_2 x$ steigt mit wachsenden x-Werten immer weniger.

a) Werden die Funktionswerte der Funktion jemals größer als 10?

b) Kannst du eine Zahl x finden, so dass der Funktionswert größer als 11 ist? Vergleiche mit dem Ergebnis aus Aufgabe a).

c) Begründe, warum die Funktionswerte größer werden als jede Zahl, die du dir ausdenkst. Mathematiker sagen: Die Logarithmusfunktion ist nicht beschränkt.

d) Können die Erkenntnisse, die du in den Aufgaben a), b) und c) für die Funktion $f(x) = \log_2 x$ gewonnen hast, auf alle Logarithmusfunktionen übertragen werden? Begründe deine Entscheidung.

17 *Vergleich von Logarithmusfunktionen*

Was haben die Graphen der Logarithmusfunktionen $f(x) = \log_2 x$, $g(x) = \log_3 x$ und $h(x) = \log_{10} x$ gemeinsam und in was unterscheiden sie sich (z. B. gemeinsame Punkte, Asymptoten, Definitionsmenge, Wertemenge, Steigungsverhalten)? Überlege zunächst und überprüfe dann deine Vermutungen, indem du die Graphen der Funktionen zeichnest.

18 *Zehnerlogarithmus*

Der Zehnerlogarithmus wird verwendet, um Maßeinheiten zu definieren, wie z. B. die für die Lautstärke (Dezibel, kurz: dB).

Wie muss sich bei der Funktion $f(x) = \log_{10} x$ der x-Wert ändern, damit der Funktionswert um 1 größer wird?

Übungen

19 *Wie vergleicht man Lautstärken?*

Mithilfe der Tabelle kann man ablesen, welche Lautstärke in dB der jeweiligen Intensität in Watt/m² entspricht.

Bei einer Anhörung von Experten sprachen diese von einer Erhöhung der Lärmbelästigung durch eine Straße von „nur" 20 dB. Um wie viel höher ist die Intensität des Lärmes?

Intensität in W/m²	Lautstärke in dB
10^{-7}	50
10^{-6}	60
10^{-5}	70
10^{-4}	80
10^{-3}	90
10^{-2} (Rockband)	100
10^{-1}	110
1	120

20 *Luftdruck*

Sicher hast du bereits den Druck auf den Ohren erlebt, wenn man schnell einen steilen Berg hinabfährt oder wenn man in einem Flugzeug im Landeanflug ist.

a) Informiere dich darüber, wie dieser Druck zustande kommt.

b) Der Luftdruck ist von der Höhe abhängig und vom Druck an der Erdoberfläche. Aus dem gemessenen Luftdruck in einer bestimmten Höhe kann man die Höhe, in der man sich befindet, näherungsweise bestimmen. Ergänze die Tabelle.

$h(p) = -18{,}4 \cdot \log_{10} \frac{p}{p_0}$,

p: gemessener Druck

p_0: Druck an der Erdoberfläche

h: Höhe in km

Rechenbeispiel:
- Gemessener Druck: 80 % des Drucks an der Erdoberfläche $p = 0{,}8p_0$
- $h = -18{,}4 \cdot \log_{10} \frac{0{,}8p_0}{p_0} = -18{,}4 \cdot \log_{10} 0{,}8 \approx 1{,}783$

p	p_0	$0{,}8\,p_0$	$0{,}6\,p_0$	$0{,}5\,p_0$	$0{,}4\,p_0$	$0{,}2\,p_0$	$0{,}1\,p_0$	$0{,}01\,p_0$
h (km)	0	1,783	4,082	■	■	■	■	■

c) In einem Flugzeug wird ein Außenluftdruck gemessen, der nur 25 % des Luftdrucks am Boden beträgt. Berechne die Flughöhe.

21 *Logarithmische Skalen*

In einem Artikel beschäftigte sich die New York Times mit den Risiken eines Einschlags eines Asteroiden auf der Erde. Die Stärke des Einschlags ist dabei in Megatonnen TNT (herkömmlicher Sprengstoff) angegeben.

Ein Asteroideneinschlag, der eine Energie von 50 Megatonnen TNT freisetzt, ereignet sich in etwa alle 1 000 Jahre.

Zum Vergleich: Die stärkste je gezündete Wasserstoffbombe (Bikini-Atoll, 01.03.1954) hatte eine Sprengkraft von 15 Megatonnen TNT.

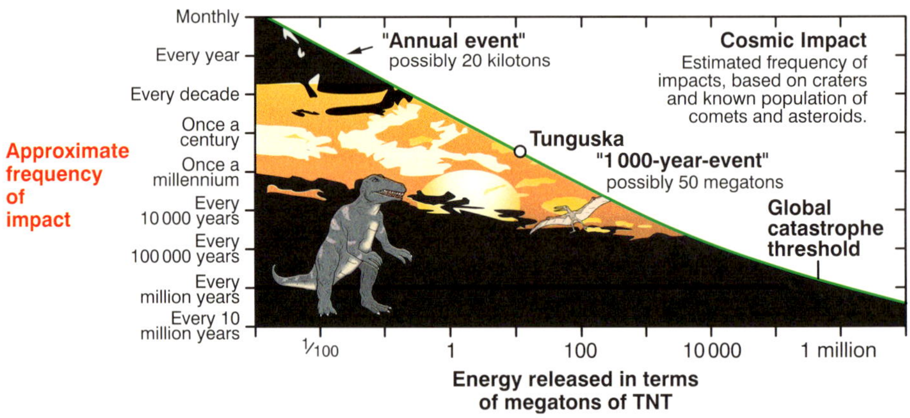

a) Schaue dir die horizontale Achse genau an. Was bedeuten die einzelnen Teilstriche?

b) Wie häufig trifft ein Asteroid die Erde, der beim Einschlag eine Energie von 1 (100, 1 000, 50 000) Megatonne(n) TNT freisetzt?

c) Normalerweise unterscheiden sich die Markierungen auf den Achsen um denselben Betrag. Was kann man hier über die Markierungen auf den Achsen sagen?

d) Zum Nachdenken: Warum wurden die Achsen in der obigen Weise angelegt? Wie würde sich das Schaubild ändern, wenn die y-Achse in herkömmlicher Weise skaliert wäre?

Übungen

22 *Halblogarithmisches Papier*

Jede positive Zahl lässt sich eindeutig als Potenz von 10 darstellen. D. h. jeder positiven Zahl wird der entsprechende Exponent zugeordnet und umgekehrt:

$2 \rightarrow \log_{10} 2 = 0{,}3$
$5 \rightarrow \log_{10} 5 = 0{,}7$
$10 \rightarrow \log_{10} 10 = 1$
$20 \rightarrow \log_{10} 20 =$ ▪
$50 \rightarrow \log_{10} 50 =$ ▪

a) Kopiere das Koordinatenkreuz und vervollständige die Beschriftung der y-Achse.

b) Erstelle eine Tabelle zu $f(x) = 5^x$ für $0 \leq x \leq 7$, Schrittweite 1, und zeichne die Wertepaare auf dem halblogarithmischen Papier ein. Was beobachtest du?

c) Trage auch den Graphen der Funktion $g(x) = 10^x$ auf dem halblogarithmischen Papier ein.

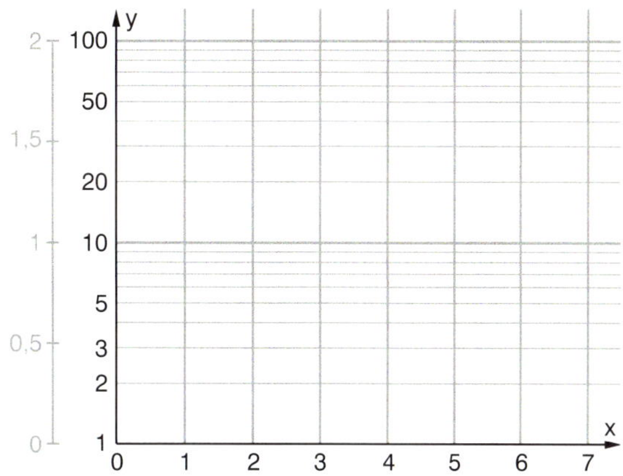

Aufgaben

Projekt: Erdbeben

Samstag, September 2003, 18:15 Uhr

Schweres Erdbeben erschüttert Gebiet zwischen Russland und Mongolei
(AFP) Ein schweres Erdbeben hat am Samstag die Grenzregion zwischen Russland und der Mongolei erschüttert. In der sibirischen Region Altai im Südosten von Russland sei ein Beben von der Stärke 7,6 auf der Richter-Skala gemessen worden, teilte das Observatorium in Straßbourg mit. Es handele sich um das stärkste Beben in dem Gebiet seit rund zwei Jahren. Wie die Nachrichtenagentur ITAR-TASS unter Berufung auf das russische Katastrophenschutzministerium meldete, gab es in der betroffenen Region Sibiriens keine Opfer und keine größeren Sachschäden.

23 Welche Informationen enthält der Text? Welche Informationen sind für dich nicht sehr aufschlussreich? Gibt es Informationen in diesem Text, deren Ursprung du nicht verstehst?

Erdbeben

Erdbeben sind dramatische Ereignisse, die die Aufmerksamkeit der Medien anziehen. Die Nachrichten informieren dabei sowohl über die Anzahl der Toten und Verletzten, über das Ausmaß der Zerstörung und die geschätzten wirtschaftlichen Folgen als auch über erdbebenspezifische Aspekte wie z. B. über die Lage des Epizentrums und die Stärke des Erbebens auf der Richter-Skala.

Epizentrum:
Punkt auf der Erdoberfläche direkt über dem Ort, an dem das Erdbeben seinen Ausgang genommen hat.

Richter-Skala:
Maß für die Stärke eines Erdbebens. Das stärkste Erdbeben hatte die Stärke 9 auf der Richter-Skala.

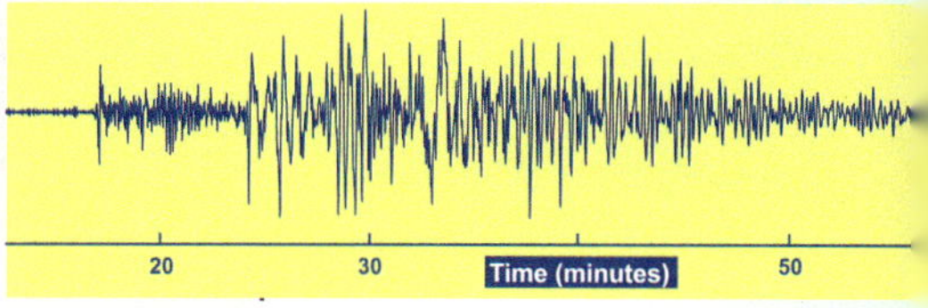

Vergleich der Stärken von Erbeben

Richter-Skala

Erdbeben können sehr unterschiedlich stark sein. Sie reichen von einer kaum wahrnehmbaren Erschütterung der Erde bis zu Stärken, bei denen Häuser einstürzen und Straßen zerstört werden. Der amerikanische Wissenschaftler Charles Richter hat ein Maßsystem vorgeschlagen, mit dem man die Stärke S eines Erdbebens messen kann.

$$S = \log_{10} \frac{I}{I_0}$$

I: Intensität, die mit dem Seismographen gemessen wird.

I_0: minimale gerade noch wahrnehmbare Intensität. Mit dieser Intensität werden die gemessenen Intensitäten verglichen.

Für die Stärke eines Erdbebens haben Menschen kein „Gefühl“. Am Ausmaß der Schäden kann man vermuten, wie stark das Beben war. Mit der Richter-Skala kann man die Stärke von Beben vergleichen.

Aufgaben

$I = \log 1000 I_0$

$S = \log_{10} \frac{1000 I_0}{I_0}$

$= \log_{10} 1000 = 3$

24 Ein Erdbeben hat laut Seismographen eine Intensität I, die 1000- (10000-, 100000-, 1000000-)mal stärker ist als I_0.

a) Berechne die Stärke S des Erdbebens auf der Richter-Skala.

b) Um wie viel stärker ist ein Erdbeben der Stärke 7 im Vergleich zu einem Erdbeben der Stärke 6 auf der Richter-Skala?

c) Berechne I als Vielfaches von I_0 für Erdbebenstärken 7,6 (8,3 und 9) auf der Richter-Skala.

$S = 7{,}6 = \log_{10} \frac{I}{I_0}$

$\frac{I}{I_0} = 10^S = 10^{7{,}6} \approx 40000000$

$I \approx 40000000\, I_0$

p-Wellen 6 km/s

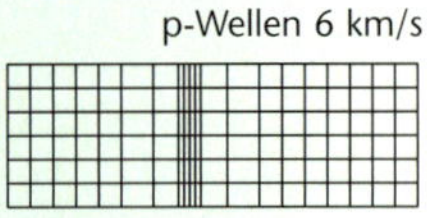

s-Wellen 3,5 km/s

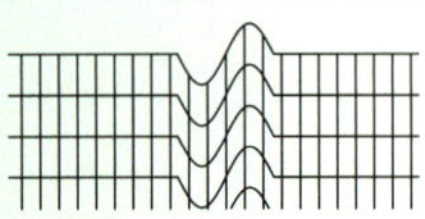

Wo liegt das Epizentrum eines Erbebens?

Vom Epizentrum eines Bebens breiten sich Wellen kreisförmig aus. Es gibt verschiedene Arten von Wellen, die sich mit verschiedenen Geschwindigkeiten ausbreiten. Für die Ermittlung der Entfernung des Epizentrums eines Erdbebens von der Messstation sind so genannte p-Wellen und s-Wellen interessant. Beide breiten sich mit verschiedenen Geschwindigkeiten aus. Aus der Zeitdifferenz, mit der sie bei der Messstation eintreffen, kann man die Entfernung des Epizentrums von der Messstation berechnen.

25 Wie lange benötigt eine p-Welle (s-Welle) vom Epizentrum eines Erdbebens bis zu einer 100 km (200 km, 300 km, 400 km) entfernten Messstation? Wie groß sind die jeweiligen Zeitdifferenzen zwischen dem Eintreffen der p-Welle und der s-Welle?

x in km	$t_d(x)$ in s
100	11,9
200	
300	
400	

26 *Entfernung zum Epizentrum*

a) Mit der Tabelle aus Aufgabe 25 kann man eine Formel zur Berechnung der Entfernung x vom Epizentrum aus der Zeitdifferenz t_d finden. Wie lautet die Formel? Berechne mit ihr die Entfernung des Epizentrums für eine Zeitdifferenz von 2,7 s.

b) Die Zeitdifferenz zwischen dem Eintreffen der s- und p-Wellen kann man auch mithilfe der Algebra ermitteln.

Kommentiere die Rechnung, indem du sie einem anderen erklärst. (Was stellen die einzelnen Größen dar? Was wird wie berechnet?)

Berechne die Entfernung x für eine Zeitdifferenz von 2,7 s.

Rechnung zu b):

$t_s = x/v_s$

$t_p = x/v_p$

$t_d = t_s - t_p$

$= x/v_s - x/v_p$

$= x(1/v_s - 1/v_p)$

Aufgaben

27 *Wo liegt das Epizentrum?*
Mithilfe einer Karte und den Ergebnissen der Entfernungsberechnung kann man die Lage des Epizentrums finden.
Die Daten stammen aus dem Internet von einem Beben in Kalifornien von vier Messstationen TRO, LVA2, FRD und RDM. www.geology.sdsu.edu/ ...

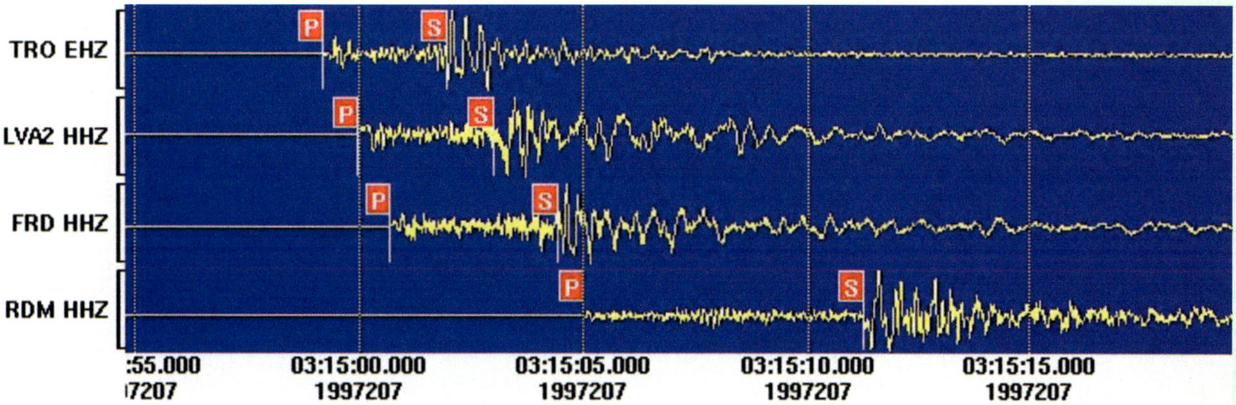

a) Übertrage die Tabelle in dein Heft und ergänze.

Station	P-Zeit	S-Zeit	Differenz	Entfernung
TRO	3:14:59,2	3:15:01,9		
LVA2	3:14:59,9	3:15:02,9		
FRD	3:15:00,7	3:15:04,4		
RDM	3:15:05,0	3:15:11,2		

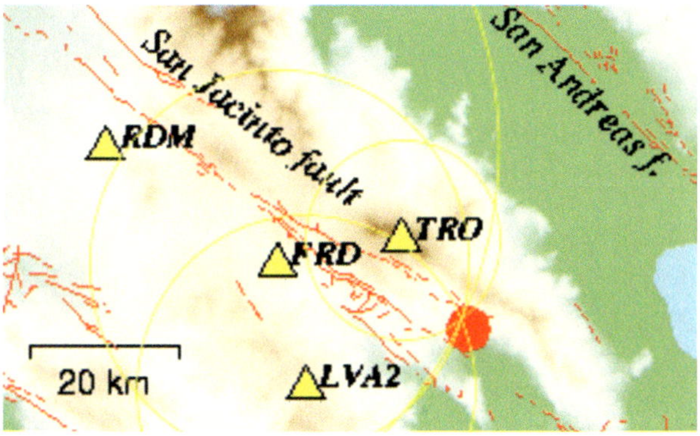

b) Kopiere die Karte.
Wie kann man mithilfe der Entfernungen des Epizentrums von den vier Messstationen den Ort des Epizentrums bestimmen? Beschreibe das Verfahren.

Projekt:
Ausstellung

28 Plant und realisiert eine Ausstellung zum Thema „Erdbeben“.
- Wie entstehen Erdbeben?
- Wo befinden sich Erdbebenzonen?
- Wo und wann gab es die schwersten Erdbeben (mit Bildern)?
- Wie misst man Erdbebenstärke und wie bestimmt man das Epizentrum?
- Gibt es Erdbeben in Deutschland?

usw.
Überlegt, wie man mit dem Nomogramm die Stärke eines Erdbebens aus der Entfernung zum Epizentrum und dem Ausschlag des Seismographen bestimmen kann.

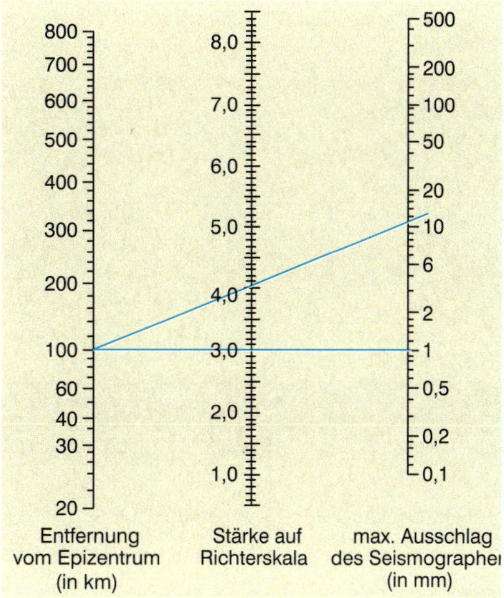

2.5 Rechnen mit Logarithmen

Was dich erwartet

Offene Fragen:

Warum gibt es auf dem Taschenrechner zwar eine Taste für den Logarithmus zur Basis 10 (LOG) und eine für den Logarithmus zur Basis e (LN), aber keine Taste für andere Logarithmen, z. B. den zur Basis 2?

Es gibt Formeln zum Lösen von quadratischen Gleichungen (die abc-Formel und die pq-Formel). Gibt es auch eine Formel zum Lösen von Exponentialgleichungen?

Was macht der Computer eigentlich, wenn er zu Daten eine bestmögliche Exponentialfunktion ermittelt?

Gibt es Regeln zum Rechnen mit Logarithmen, wie es Regeln zum Rechnen mit Wurzeln gibt?

Du kannst am Ende des Abschnittes nachprüfen, ob du die offenen Fragen beantworten kannst.

Aufgaben

Es gibt mehrere Möglichkeiten, Rechenregeln für Logarithmen zu entdecken:
- Intelligentes Probieren,
- Vergleichen von Logarithmusfunktionen mit dem GTR,
- Darstellen von Gleichungen in exponentieller und in logarithmischer Form.

1 *Entdecken von Eigenschaften der Logarithmen*

Zum Bearbeiten der folgenden Aufgaben benötigt man lediglich die folgende Tabelle.

x	2	4	8	16	32	64	128
$y = \log_2 x$	1	2	3	4	5	6	7

Der Term $\log_2(2\cdot 4)$ kann geschrieben werden als $\log_2 8$. Benutze dies und die Tabelle, um folgende Aufgaben zu lösen.

a) Wie hängt der Wert des Terms $\log_2(u\cdot v)$ von $\log_2 u$ und $\log_2 v$ ab?
Vergleiche (ohne Taschenrechner):
- $\log_2(2\cdot 4)$ mit $\log_2 2$ und $\log_2 4$
- $\log_2(2\cdot 8)$ mit $\log_2 2$ und $\log_2 8$
- $\log_2(4\cdot 8)$ mit $\log_2 4$ und $\log_2 8$
- $\log_2(8\cdot 16)$ mit $\log_2 8$ und $\log_2 16$

Wahrscheinlich hast du bereits eine Vermutung für eine Rechenregel: $\log_2(u\cdot v) = ?$
Überprüfe deine Vermutung an weiteren Beispielen.

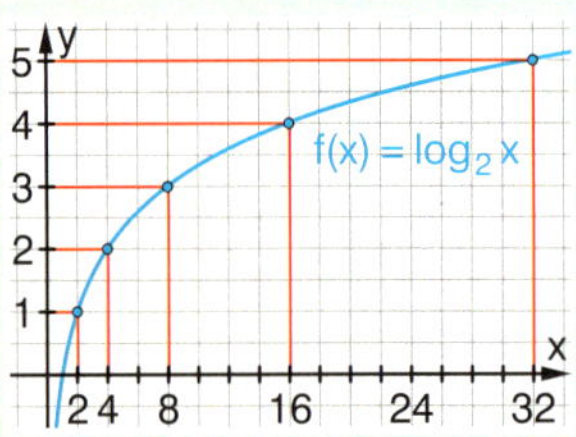

b) Verfahre genauso wie in Teilaufgabe a) mit $\log_2\left(\frac{u}{v}\right)$.
Vergleiche (ohne Taschenrechner):
- $\log_2\left(\frac{32}{4}\right)$ mit $\log_2 32$ und $\log_2 4$
- $\log_2\left(\frac{64}{32}\right)$ mit $\log_2 64$ und $\log_2 32$
- $\log_2\left(\frac{128}{16}\right)$ mit $\log_2 128$ und $\log_2 16$
- $\log_2\left(\frac{8}{64}\right)$ mit $\log_2 8$ und $\log_2 64$

Wahrscheinlich hast du bereits eine Vermutung für eine Rechenregel: $\log_2\left(\frac{u}{v}\right) = ?$
Überprüfe deine Vermutung an weiteren Beispielen.

Aufgaben

2 *Finde die Funktionsgleichung*

a) Durch welche Transformation kann man die Funktionen $g(x) = \log_{10}(x \cdot 10)$ und $h(x) = \log_{10}(x \cdot 100)$ aus der Funktion $f(x) = \log_{10} x$ erhalten?

b) Durch welche Transformation kann man die Funktion $k(x) = \log_{10}(x^2)$ aus der Funktion $f(x) = \log_{10} x$ erhalten, wenn $x > 0$?

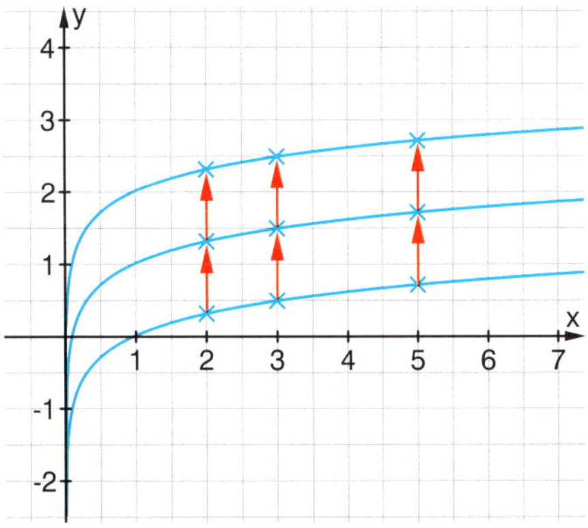

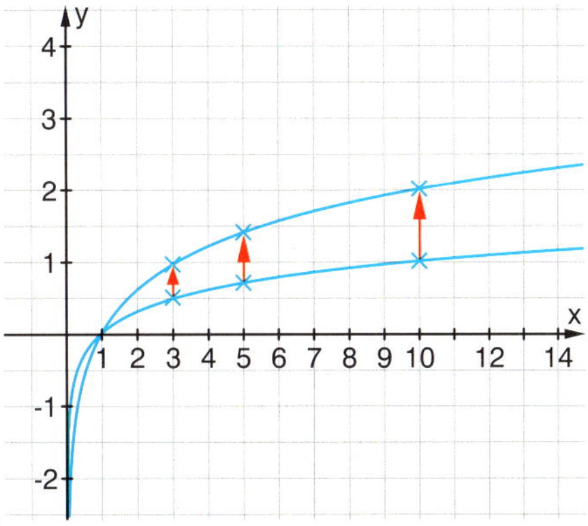

Wähle aus den folgenden *Transformationen* aus:

- Verschiebung in Richtung der y-Achse: $f(x) = g(x) + c$
- Verschiebung in Richtung der x-Achse: $f(x) = g(x - b)$
- Streckung/Stauchung in Richtung der y-Achse $f(x) = a \cdot g(x)$
- Spiegelung an der x-Achse: $f(x) = -g(x)$

Hilfreich ist es, wenn man die Wertetabellen vergleicht; z. B.:

x	$f(x) = \log_{10} x$	$g(x) = \log_{10}(10x)$	$h(x) = \log_{10}(100x)$	$k(x) = \log_{10}(x^2)$
1	0	1	2	0
10	1	■	■	■
1 000	■	■	■	■
1 000 000	■	■	■	■

3 *Entdeckungen mit dem grafischen Taschenrechner*

Mit dem grafischen Taschenrechner kann man visuell entdecken, ob die Logarithmusfunktion bestimmte Eigenschaften besitzt oder nicht.

a) Überprüfe durch Zeichnen der entsprechenden Graphen, ob die Gleichungen richtig oder falsch sind.

1) $\log_{10}(x + 3) = \log_{10} x + \log_{10} 3$
2) $\log_{10}(x \cdot 3) = \log_{10} x + \log_{10} 3$
3) $\log_{10}(x^2) = (\log_{10} x)^2$
4) $\log_{10}(x^2) = 2\log_{10} x$

b) Vermute und überprüfe mit dem GTR: $\log_{10}\frac{x}{5} = ?$

Basiswissen

Rechenregeln für Logarithmen

$b > 0,\ b \neq 1,\ u > 0,\ v > 0$, r beliebig

- Produktregel $\log_b(u \cdot v) = \log_b u + \log_b v$
- Quotientenregel $\log_b\left(\frac{u}{v}\right) = \log_b u - \log_b v$
- Potenzregel $\log_b(u^r) = r \cdot \log_b u$

Beispiele

Man verwendet als Faktor eine Zahl, deren Logarithmus zur Basis 10 leicht zu berechnen ist.

A Mit dem TR erhält man als Näherungswert $\log_{10} 4 \approx 0{,}602$. Berechne mit der Produkt-, Quotienten- und Potenzregel die folgenden Logarithmen ohne Taschenrechner.

a) $\log_{10} 4\,000$ b) $\log_{10} 0{,}04$ c) $\log_{10} 64$

Lösung:

$\log_{10} 4\,000 = \log_{10}(4 \cdot 1\,000)$
$= \log_{10} 4 + \log_{10} 1\,000$
$\approx 0{,}602 + 3 = 3{,}602$

$\log_{10} 0{,}04 = \log_{10} \frac{4}{100}$
$= \log_{10} 4 - \log_{10} 100$
$\approx 0{,}602 - 2 = -1{,}398$

$\log_{10} 64 = \log_{10} 4^3$
$= 3 \cdot \log_{10} 4$
$\approx 3 \cdot 0{,}602 = 1{,}806$

B Die Umkehrung der Rechenregel. Rechne ohne Taschenrechner.

a) $\log_3 20{,}25 + \log_3 4$ b) $\log_2 48 - \log_2 24$

Lösung:

a) $\log_3 20{,}25 + \log_3 4$
$= \log_3(20{,}25 \cdot 4)$
$= \log_3 81 = \log_3 3^4 = 4$

b) $\log_2 48 - \log_2 24 = \log_2 \frac{48}{24}$
$= \log_2 2 = 1$

Übungen

4 Gegeben ist $\log_2 10 \approx 3{,}32$.
a) Erläutere, wie man einen Näherungswert für $\log_2 80$ und $\log_2 2{,}5$ berechnen kann.
b) Begründe, warum man mit den Rechenregeln für Logarithmen keinen Näherungswert für $\log_2 9$ ermitteln kann.

5 Gegeben ist $\log_5 7 \approx 1{,}21$. Berechne Näherungswerte für die folgenden Logarithmen.
a) $\log_5 49$ b) $\log_5 35$ c) $\log_5 \frac{5}{7}$ d) $\log_5 7^4$ e) $\log_5 875$

x	$\log_2 x$
1	0
2	1
3	1,58
5	2,32
7	2,81
11	3,46
13	3,70

6 *Wozu Logarithmentafeln von Primzahlen gut sind*
a) Bestimme mithilfe der Tabelle der Logarithmen von Primzahlen möglichst viele weitere Logarithmen zur Basis 2.
b) Welche Vorteile bieten Logarithmentafeln von Primzahlen?

7 Schreibe mit einem Logarithmus und vereinfache.
a) $\log_4 8 + \log_4 2$ b) $\log_3 45 - \log_3 5$ c) $\log_2 96 - \log_2 3$
d) $\log_6 12 + \log_6 3$ e) $\log_{10} 250 + \log_{10} 4$ f) $\log_5 40 - \log_5 8$
g) $\log_5 250 + \log_5 4 - \log_5 8$ h) $\log_2 24 - \log_2 12 - \log_2 2$ i) $\log_5 20 - \log_5 500$

8 Überprüfe, welche der Aussagen richtig sind.
a) $\log_4 64 = 3$ b) $\log_3 6 = 1 + \log_3 2$ c) $\log_5 50 - \log_5 10 = 1$
d) $3 \cdot \log_6 2 = 2^3$ e) $\log_{10} 3\,000 = 3 \cdot \log_{10} 3$ f) $\log_4 5 + \log_4 5 = \log_5 10$
Korrigiere die falschen Aussagen.

9 *Etwas zur Theorie*
Bei den Rechenregeln für Logarithmen stehen eine Reihe von Einschränkungen:

$b > 0,\ b \neq 1,\ u > 0,\ v > 0$, r beliebig

Erläutere mithilfe von Beispielen, wieso diese Einschränkungen notwendig sind.

10 Einschränkende Bedingungen gibt es bei vielen Termen. Gib die einschränkenden Bedingungen für die folgenden Terme an.
a) $\sqrt{u}$ b) $\sqrt{u \cdot v}$ c) $\frac{1}{d}$ d) $\frac{1}{d-4}$ e) $\frac{1}{u \cdot v}$
f) $\frac{1}{\sqrt{u}}$ g) $\sqrt{u} + 2$ h) $a^{\frac{1}{3}}$ i) a^2 j) $\frac{1}{u^2 + v^2}$

Übungen

11 *Beweise zu den Rechenregeln für Logarithmen*

Die Beweisidee:
Zu jeder Gleichung in exponentieller Form kann man die entsprechende Gleichung in logarithmischer Form angeben.

$34 = 10^r$	$\log_{10} 34 = r$
$50 = 10^s$	$\log_{10} 50 = s$
$34 \cdot 50 = 10^r \cdot 10^s = 10^{r+s}$	$\log_{10}(35 \cdot 50) = r + s$ *r und s ersetzen*
	$= \log_{10} 34 + \log_{10} 50$

a) Verallgemeinere:

$u = b^r$ $\log_{10} u = r$

$v = b^s$ ………… Setze fort.

b) Beweise wie in Teilaufgabe a) die *Quotientenregel* für Logarithmen:

$\log_b \frac{u}{v} = \log_b u - \log_b v$

c) Beweise die Potenzregel für Logarithmen, indem du die fehlenden Terme ergänzt.

$u = b^r$ $\log_b u = r$

$u^t = (b^r)^t = b^{r \cdot t}$ $\log_b u^t = $ ■

Logarithmen wurden 1614 durch den schottischen Mathematiker John Napier (1550–1617) eingeführt. Über Jahrhunderte waren die Logarithmen ein wichtiges Hilfsmittel beim Rechnen. Durch Logarithmieren konnte man die Multiplikation und die Division von Zahlen in eine Addition bzw. Subtraktion verwandeln, die per Hand leichter auszuführen waren.

x	$\log_{10} x$
1	0
2	0,301
3	0,477
4	0,602
5	0,699
6	0,778
7	0,845
8	0,903

$2 \cdot 4 \xrightarrow{\log} \log_{10}(2 \cdot 4) = \log_{10} 2 + \log_{10} 4$
$= 0{,}301 + 0{,}602$
$8 \xleftarrow{\log^{-1}} = 0{,}903$

Dank der Verwendung von Logarithmen konnte der berühmte Physiker Kepler (1571–1630) seine Berechnungen zu den Planetenbewegungen anstellen.
Fast 200 Jahre später schreibt der Mathematiker Laplace: „Indem die Logarithmen die Rechenarbeit verkürzen, verdoppeln sie die Lebensjahre der Astronomen."

John Napier

12 *Rechne wie Napier und Kepler*
Ergänze die Logarithmentabelle bis x = 18, Schrittweite 1, und berechne die Produkte und Quotienten durch Addition und Subtraktion der Logarithmen.

a) $6 \cdot 3$ b) $16:4$ c) $12:3$ d) $2 \cdot 6$

13 Der Mathematiker Henry Briggs (1561–1630) fand heraus, dass man mit dem Logarithmus zur Basis 10 Logarithmentabellen leicht aufstellen kann.

x	1	2	3	4	5	6	7	8	9
$\log_{10} x$	0	0,301	0,477	0,602	0,699	0,778	0,845	0,903	0,954

a) Berechne ohne TR mithilfe der Tabelle $\log_{10} 10$, $\log_{10} 20$, …$\log_{10} 90$.
b) Von welchen Zahlen kann man ebenfalls leicht den Logarithmus zur Basis 10 berechnen? Versuche $\log_{10} 5\,000\,000$ ohne Taschenrechner zu berechnen.
c) Logarithmen von kleinen Zahlen: Berechne ohne Taschenrechner nur mit der Tabelle $\log_{10} 0{,}2$ $\left(\log_{10} 0{,}004;\ \log_{10} \frac{8}{1\,000\,000}\right)$.

Übungen

Löse die Exponentialgleichungen algebraisch, indem du die Gleichung logarithmierst.

14 Unter günstigen Lebensbedingungen vermehren sich Fruchtfliegen um erstaunliche 28 % pro Tag. In einem Labor wird eine Population von 25 Fruchtfliegen zur Vermehrung in ein Terrarium gegeben.
a) Wie viele Fruchtfliegen sind es nach einer Woche?
b) Wie lange dauert es, bis sich die Zahl der Fliegen verhundertfacht hat?

15 *Lösen von einfachen* ***Exponentialgleichungen*** *durch Logarithmieren*

Und so wird's gemacht:

$5^x = 46$	– auf beiden Seiten logarithmieren (mit dem Logarithmus zur Basis 10)
$\log_{10} 5^x = \log_{10} 46$	– Potenzregel für Logarithmen anwenden
$x \log_{10} 5 = \log_{10} 46$	
$x = \frac{\log_{10} 46}{\log_{10} 5} \approx 2{,}379$	

Löse die Gleichungen:
a) $3^x = 18$ b) $3^x = -10$ c) $3^x = 0{,}2$ d) $\left(\frac{1}{5}\right)^x = 12$
e) $7{,}8^x = 21$ f) $100^x = 11$ g) $16^x = 0$ h) $(-2)^x = 8$
Einige der Gleichungen lassen sich nicht lösen. Warum?

16 *Berechnen von Logarithmen*

Warum man mit dem Logarithmus zur Basis 10 alle Logarithmen berechnen kann und dafür nur *eine* Taste auf dem Taschenrechner benötigt.

a) Lies in Kapitel 2.4 nach, welche Gleichung die Lösung $x = \log_5 20$ besitzt. Löse die Gleichung mit dem Logarithmus zur Basis 10.
Begründe: $\log_5 20 = \frac{\log_{10} 20}{\log_{10} 5}$.
b) Berechne wie in Aufgabe a): $\log_2 10$ ($\log_5 100$, $\log_{0,5} 7$, $\log_6 3$, $\log_9 250$).
c) Begründe: $\log_b a = \frac{\log_{10} a}{\log_{10} b}$.

17 *Psychologie – Wie beeinflusst die Zeit das Erinnerungsvermögen?*
Psychologen entwickeln ein mathematisches Gedächtnismodell. Schüler bearbeiten in Chemie zu verschiedenen Zeitpunkten äquivalente Tests, ohne dass der Stoff wiederholt wurde.

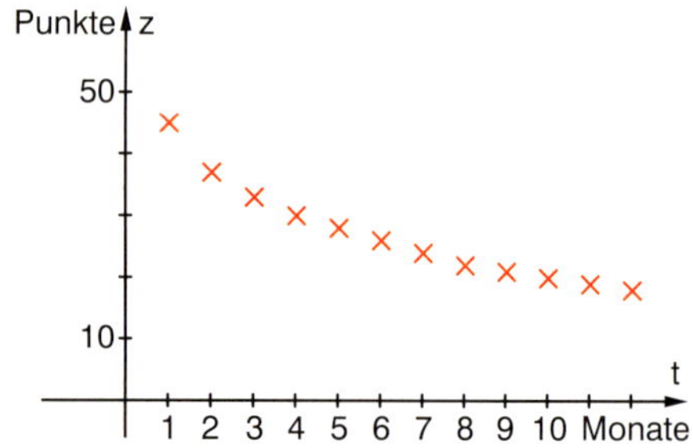

Die durchschnittlich erzielte Punktzahl z(t), wird mit der Funktion $z(t) = 45 - 25\log(t + 1)$ modelliert.
a) Überprüfe, ob das Modell „passt".
b) Nach wie vielen Monaten wurden nach der Modellrechnung durchschnittlich 25 Punkte erzielt?

Aufgaben

18 *Eine bemerkenswerte Eigenschaft der Exponentialfunktion $f(x) = a \cdot b^x$*

Vergleiche die Graphen der Funktionen $f(x) = 100 \cdot 0{,}5^x$ und $g(x) = \log_{10}(100 \cdot 0{,}5^x)$.

a) Ergänze die Tabelle für $-4 \le x \le 6$, Schrittweite 1. Die Funktion f(x) ist eine Exponentialfunktion. Um welchen Typ handelt es sich bei der Funktion g(x)?

b) Zeichne die Graphen der beiden Funktionen in je ein Schaubild. Bestimme aus dem Graphen von g(x) den y-Achsenabschnitt und die Steigung der Funktion g(x).

c) Mithilfe der Regeln zum Rechnen mit Logarithmen kann man den Funktionsterm von g(x) so schreiben, dass man die Steigung der Geraden und den y-Achsenabschnitt rechnerisch bestimmen kann.

$g(x) = \log_{10}(100 \cdot 0{,}5^x) = \log_{10} 100 + x \log_{10} 0{,}5 = 2 - 0{,}3\,x$

Vergleiche die rechnerischen Ergebnisse mit den Ergebnissen aus b).

d) Zeige mithilfe der Rechenregeln für Logarithmen, dass die Funktion $g(x) = \log_{10}(a \cdot b^x)$ eine lineare Funktion ist.

x	f(x)	g(x) = $\log_{10}(f(x))$
−3		
−2		
−1	200	2,3
0	100	2
1	50	
2		

logarithmieren

Durch **Logarithmieren** der Funktionswerte erhält man aus einer **Exponentialfunktion** eine **lineare Funktion.**

$a \cdot b^x \xrightarrow{\text{logarithmieren}} x \log_{10} b + \log_{10} a$

Wichtig: Andere Funktionen besitzen diese Eigenschaft nicht.

19 *Etwas zum Überlegen*

a) Zeige, dass durch Logarithmieren der Funktionswerte aus einer Potenzfunktion keine lineare Funktion wird. Untersuche zum Nachweis der Behauptung die Funktionen $f(x) = x^2$ und $g(x) = \log_{10}(x^2)$. Verfahre dazu wie in der Aufgabe 18 a) und b).

b) Erstelle eine Tabelle zur Funktion $f(x) = x^2$, $0 \le x \le 100$, Schrittweite 10. Logarithmiere **beide** Seiten der Tabelle. Übertrage die Wertepaare dieser Tabelle in ein Schaubild. Was stellst du fest? Kannst du deine Beobachtung erklären?

20 *Exponentielle Regression – Ausgleichskurven finden wie die Profis*

Beobachtet wird die Konzentration eines Medikamentes im Blut nach intravenöser Verabreichung in mg/l.

Beobachtung

Zeit t in h	Konzentration c gemessen	$\log_{10}(c)$ berechnet
1	10,040	1,002
3	3,270	0,515
5	1,068	0,029
10	0,068	−1,167
15	0,004	−2,398

Auswertung →

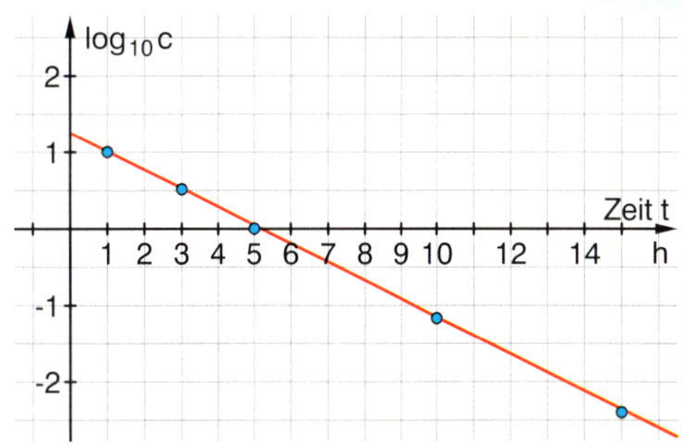

Lineare Regression: Ausgleichsgerade $y = -0{,}24\,x + 1{,}24$

Die Grafik mit den logarithmierten Funktionswerten kann man mit einer linearen Funktion modellieren. Daher kann man die Konzentration c(t) mithilfe einer Exponentialfunktion $c(t) = a \cdot b^t$ modellieren.

a) Bestimme a und b mithilfe der Ausgleichsgeraden $y = -0{,}24\,x + 1{,}24$.

$-0{,}24 = \log_{10} b \rightarrow b = ?$ (siehe Aufgabe 18)

$1{,}24 = \log_{10} a \rightarrow a = ?$

b) Überprüfe rechnerisch, ob das exponentielle Modell $c(t) = a \cdot b^t$ mit den Daten aus Aufgabe a) in etwa die Tabelle der Messwerte beschreibt.

CHECK UP

Exponential- und Logarithmusfunktionen

Exponentielles Wachstum:
Wachstum um einen konstanten Prozentsatz p%

x	0	1	2	3	4	5
y	a					

$\cdot\left(1+\frac{p}{100}\right)$ … … … $\cdot\left(1+\frac{p}{100}\right)$

Der Wachstumsfaktor ist: $1+\frac{p}{100}$

Funktion: $y(x)=a\left(1+\frac{p}{100}\right)^x$

Exponentialfunktion $f(x)=b^x$:

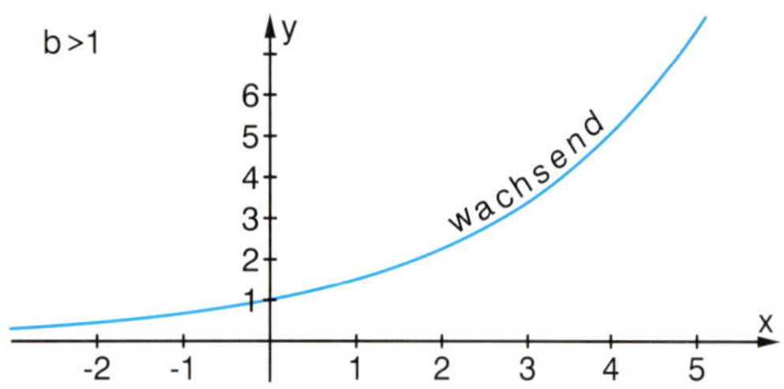

- $f(x) > 0$
- Schnittpunkt mit der y-Achse: P(0|1)
- Die x-Achse ist die Asymptote.

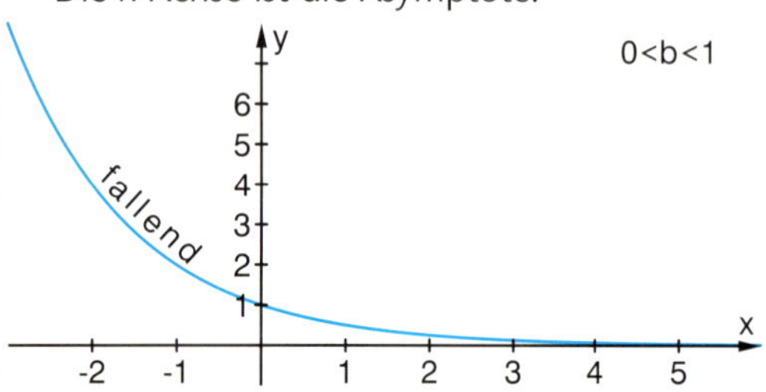

Kurventransformationen:
$f(x)=a\cdot b^x+c$

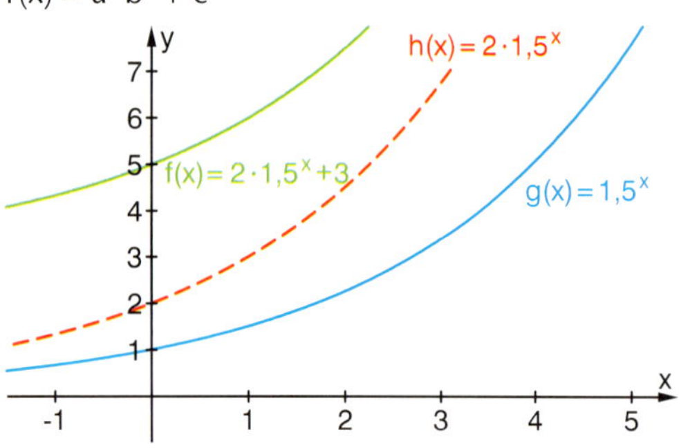

1 Anlässlich der Geburt des ersten Kindes legt Familie Jung bei einer Bank einen Betrag von 2500,– € bei einer jährlichen Verzinsung von 3,2% an.
a) Wie entwickelt sich der Kontostand in den ersten fünf Jahren?
b) Berechne mit der Formel für exponentielles Wachstum den Kontostand nach 18 Jahren.

2 Täglich hört man in der Presse von der Teuerungsrate. Sie besagt, um wie viel das Leben innerhalb eines Jahres teurer geworden ist, d.h. das Geld wurde weniger wert. Man spricht auch von der Inflationsrate. Angenommen, die Inflationsrate beträgt 2%.
a) Wie lange dauert es, bis 2000,– € nur noch die Kaufkraft von 1000,– € haben?
b) Benötigt man zur Berechnung der „Halbwertszeit" des Geldes eine konkrete Summe wie in Aufgabe a)?
c) Unter welcher Annahme ist die Rechnung sinnvoll?

3 Um welche Art von Wachstum handelt es sich (lineares, exponentielles, quadratisches)?

a)

x	y
0	4
1	12
2	36
3	108
4	324

b)

x	y
0	3
1	3,5
2	4
3	4,5
4	5

c)

x	y
0	2
1	3
2	6
3	11
4	18

d)

x	y
0	27
1	9
2	3
3	1
4	$\frac{1}{3}$

4 Welche der Funktionen stellt eine exponentiell abnehmende, welche eine exponentiell wachsende Funktion dar?
a) $f(x)=4000\cdot 1{,}02^x$ b) $f(x)=500\cdot 0{,}5^x$ c) $f(x)=200\cdot 0{,}95^x$
d) $f(x)=25\cdot\left(\frac{2}{5}\right)^x$ e) $f(x)=25\cdot\left(\frac{5}{2}\right)^x$ f) $f(x)=\frac{1}{3}\cdot 1{,}02^x$

5 *Modellieren mit der Exponentialfunktion*
Die Bevölkerung eines Landes wächst jährlich um 3,4%.
a) Stelle den Verlauf der Bevölkerungsentwicklung mit einer „Anfangspopulation" von 8 Millionen für die nächsten 50 Jahre grafisch dar.
b) Ermittle mit dieser Grafik, wie lange es dauert, bis sich die Bevölkerung verdoppelt hat.

6 Die Halbwertszeit von Radium 88 beträgt 1600 Jahre. Wie lange dauert es, bis 10 g zerfallen sind zu 1,25 g?
Erstelle zunächst eine entsprechende Funktionsgleichung.

7 Skizziere den Verlauf der folgenden Funktionen:
a) $f(x)=0{,}7^x$ b) $f(x)=3\cdot 0{,}7^x$
c) $f(x)=3\cdot 0{,}7^x+5$

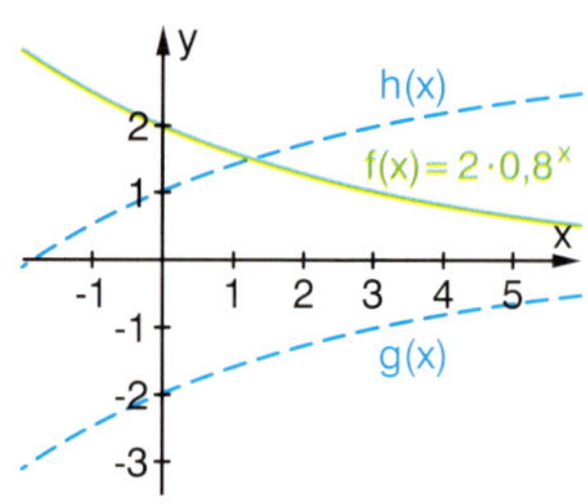

8 Bestimme die Funktionsgleichungen g(x) und h(x) für die Graphen im Schaubild rechts.

9 *Abbau eines Medikamentes*
Durch Verabreichung einer Infusion befinden sich 28 mg eines Medikamentes im Blut eines Patienten. Stündlich werden 18 % abgebaut. Stelle den Abbau des Medikamentes in den nächsten acht Stunden grafisch dar. Wie lange dauert es, bis das Medikament auf 10 mg abgebaut ist?

10 *Anpassen einer Exponentialfunktion*
a) Lies aus dem nebenstehenden Graphen ab: Asymptote, Schnittpunkt mit der y-Achse. Welche Parameter der Funktion $f(x) = a \cdot b^x + c$ kann man bestimmen?
b) Verwende die beiden Punkte P(0|10) und Q(5|4) auf dem Graphen der Funktion zur Berechnung der Funktion $f(x) = a \cdot b^x$.
c) Mit den beiden Punkten aus Aufgabe b) und dem GTR kann man die Funktionsgleichung auch durch Regression ermitteln. Rechne und vergleiche mit b).

11 Schreibe in äquivalenter exponentieller Form.
a) $\log_5 125 = 3$ b) $\log_2 1024 = 10$ c) $\log_{10} 10\,000 = 4$

12 Schreibe in äquivalenter logarithmischer Form.
a) $3^1 = 3$ b) $2^{-3} = \frac{1}{8}$ c) $10^2 = 100$ d) $10^{-6} = 0{,}000001$

13 Bestimme r ohne Taschenrechner.
a) $r = \log_8 64$ b) $\log_r 125 = 3$ c) $\log_{10} r = 3$ d) $\log_2 r = -4$
Leichter geht es, wenn man die Gleichungen in exponentieller Form schreibt.

14 Berechne die Logarithmen mit dem Taschenrechner.
a) $\log_5 10$ b) $\log_2 50$ c) $\log_5 7$ d) $\log_{12} 1$ e) $\log_{20} 1000$
Mache selbst die Probe. (Tipp: Potenzieren)

15 Löse die folgenden Gleichungen.
a) $10^x = 30$ b) $5^x = 50$ c) $30 \cdot 1{,}06^x = 60$ d) $50 \cdot 0{,}8^x + 20 = 30$

16 *Rechnen mit Logarithmen*
Du kannst ohne Taschenrechner die folgenden Logarithmen berechnen, wenn du weißt, dass $\log_{10} 3 = 0{,}4771$ ist. Wende passende Rechenregeln an.
a) $\log_{10} 30$ b) $\log_{10} 3\,000\,000$ c) $\log_{10} 0{,}003$ d) $\log_{10} 3^5$

17 *Die Richter-Skala*
Die Stärke eines Erdbebens wird mit einer logarithmischen Skala zur Basis 10 angegeben. Erdbeben der Stärke 4 lassen gelegentlich auch bei uns die Tassen im Schrank klirren. Welche Stärke laut Richter-Skala hat ein Erdbeben mit einer 1 000-fachen Intensität (ungefähre Stärke des Erdbebens im Jahre 1995 in Kobe, Japan)?

18 Bestimme zu jedem der beiden Graphen die passende Funktionsgleichung $f(x) = \log_b x$. Finde jeweils den Wert für b.

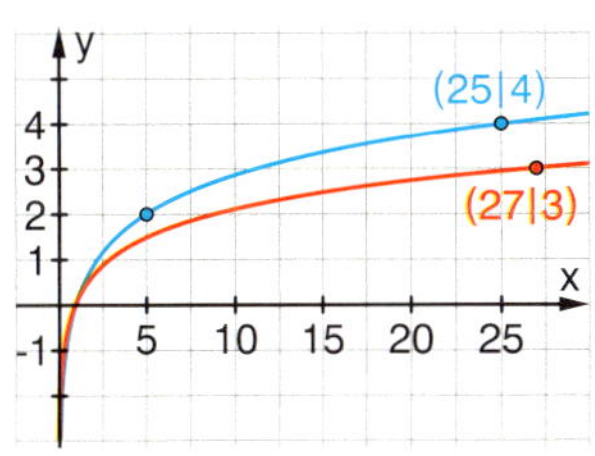

CHECK UP

Anpassung einer Exponentialfunktion an Daten:

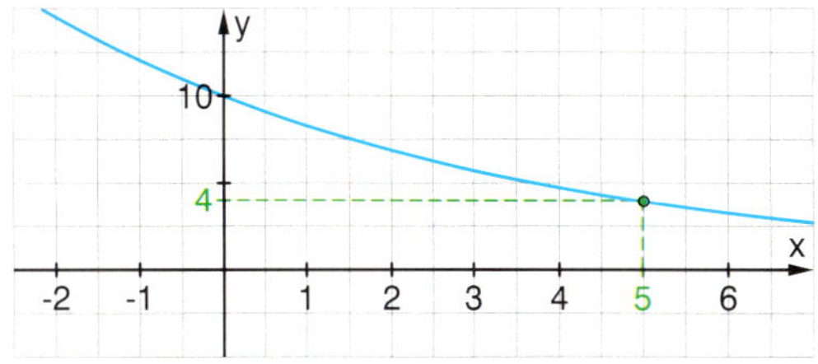

- Durch Ablesen von Eigenschaften der Funktion aus dem Graphen
- Durch Berechnung mit zwei Punkten auf dem Graphen
- Durch exponentielle Regression

$\log_b a$:
Äquivalente exponentielle und logarithmische Gleichungen:
$2^5 = 32$ $\log_2 32 = 5$

Gleichungslösen:
$a = b^x$ $81 = 3^x$
$x = \log_b a$ $x = \log_3 81 = 4$

Berechnen mit dem Taschenrechner: $\log_b a = \frac{\log_{10} a}{\log_{10} b}$

$\log_3 81 = \frac{\log_{10} 81}{\log_{10} 3} = 4$

Rechenregeln:
- $\log_b (u \cdot v) = \log_b u + \log_b v$
- $\log_b \left(\frac{u}{v}\right) = \log_b u - \log_b v$
- $\log_b (a^r) = r \cdot \log_b a$

Anwendung:
Lösen von Exponentialgleichungen
$a = b^x \Rightarrow \log_{10} a = x \cdot \log_{10} b$
$x = \frac{\log_{10} a}{\log_{10} b}$

Die Logarithmusfunktion als Umkehrfunktion der Exponentialfunktion:

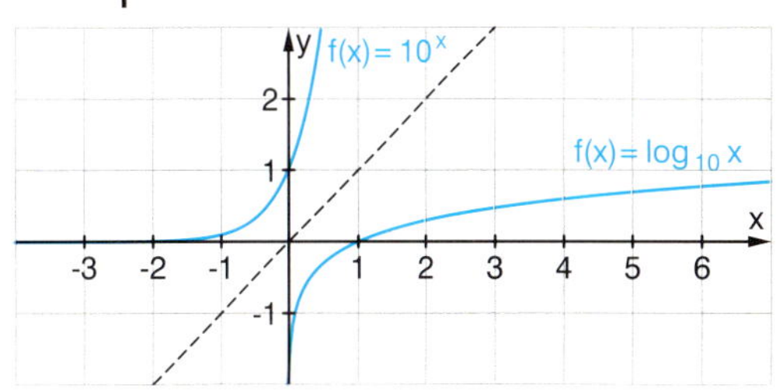

3 Trigonometrie

3.1 Sinusfunktionen und ihre Graphen

Was dich erwartet

Aus dem Alltag sind sie dir vertraut: Die grafischen Darstellungen von periodischen Vorgängen, insbesondere von Schwingungen. Sie erscheinen auf den Monitoren im Tonstudio, bei der Darstellung von Ebbe und Flut und bei der Aufzeichnung von Wechselspannungen am Oszilloskop im Physiksaal.

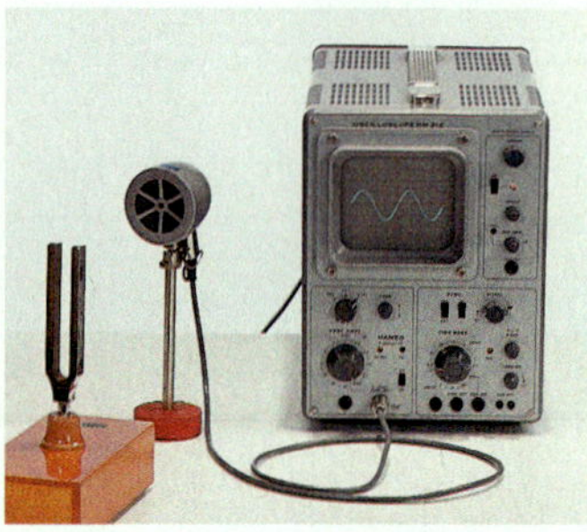

Die den Schwingungen zugrunde liegenden Gesetzmäßigkeiten lassen sich oft in Gleichungen festhalten, in denen Sinusfunktionen vorkommen. Mit den Graphen von Sinusfunktionen werden wir uns in diesem Abschnitt ausführlicher befassen.

Aufgaben

1 *Die Sinusfunktionen für beliebige Winkel*

Im vergangenen Schuljahr (Kapitel 8, Seite 205) haben wir die Sinuswerte an der trigonometrischen Scheibe schnell ablesen können. Für die Winkel zwischen 0° und 90° genügte dabei der Ausschnitt des ersten Quadranten. Mithilfe der vollen trigonometrischen Scheibe kann man die Erweiterung des Definitionsbereichs der Sinusfunktion auf beliebige Winkel zwischen 0° und 360° verstehen. Erkläre damit die in der Tabelle eingetragenen Werte und fülle die Tabelle in deinem Heft vollständig aus.

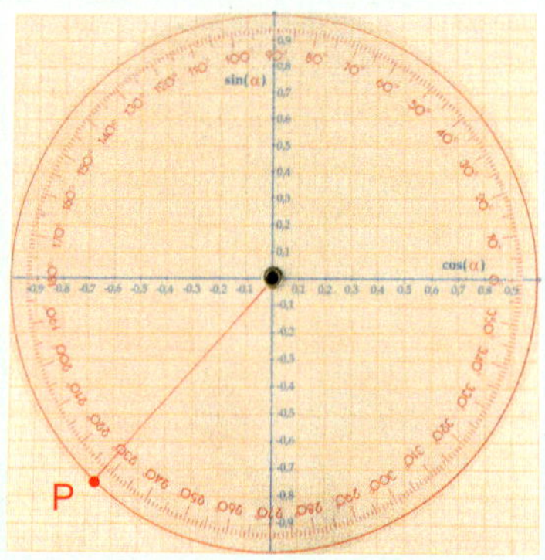

α	0°	30°	45°	60°	90°	120°	135°	150°	180°	210°	225°	240°	270°	300°	315°	330°	360°
sin(α)	0	0,5	0,707	0,866	1	■	■	0,5	■	■	−0,707	■	−1	−0,866	■	■	0

Skizziere mithilfe der Tabelle den Graphen der Sinusfunktion im Definitionsbereich von 0° bis 360° in deinem Heft.

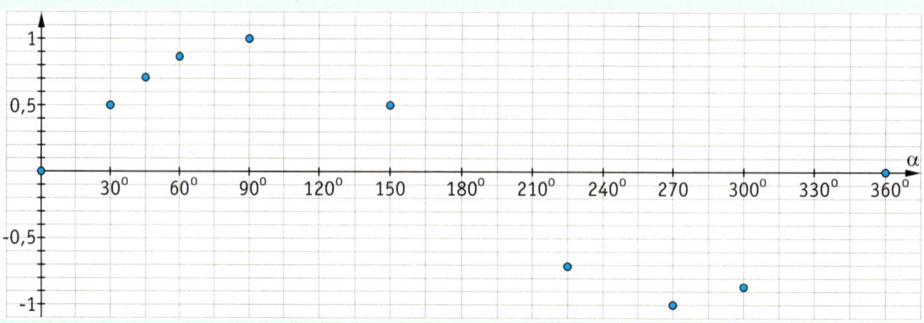

Aufgaben

2 *Winkelmaß und Bogenmaß*

Der Taschenrechner spielt verrückt: Siehe die Anzeige oben rechts. Wie kann das passieren?

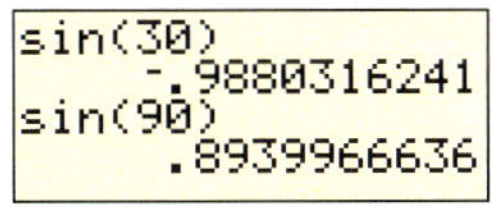

Das Rätsel ist schnell gelöst. Der Taschenrechner ist auf den Modus **Bogenmaß** eingestellt. Wenn man auf **Grad** umstellt, rechnet der Taschenrechner wie gewohnt.

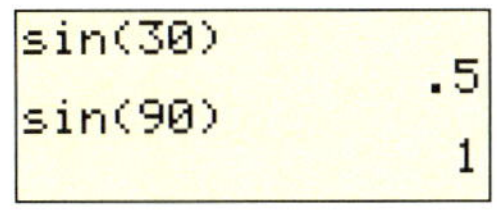

Information aus einer Anleitung zum Taschenrechner:

> **Winkel im Bogenmaß**
> Dem Winkel α in Grad entspricht die Länge des zugehörigen Bogens am Einheitskreis.
>
> Umrechnungsformel:
> Winkel im Bogenmaß = Winkel im Gradmaß · $\frac{\pi}{180°}$

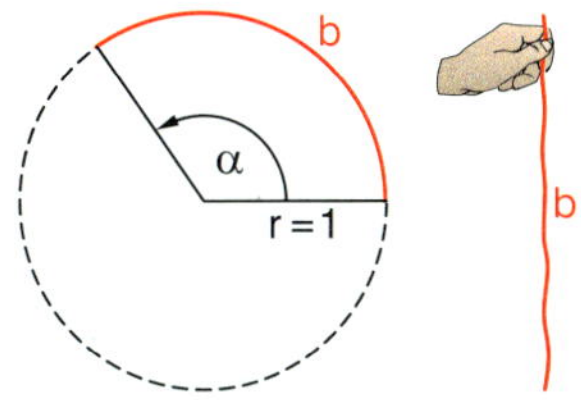

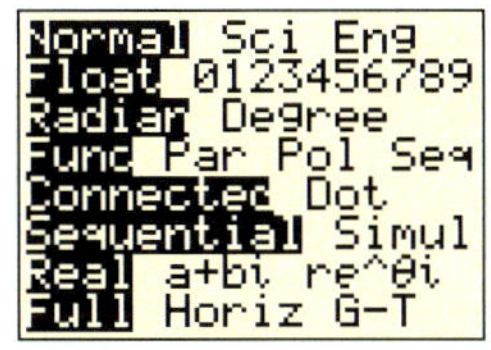

Informiere dich auch in deiner Formelsammlung über „Bogenmaß“.

Was muss man im Bogenmaß jeweils eingeben, um die Sinuswerte 0,5 (0,8660; 1) zu erhalten? Probiere mit deinem Taschenrechner aus und begründe.

3 *Schatten einer Kreisbewegung*

Auf einer Kreisscheibe ist am Rand ein Korken fest angebracht. Die Kreisscheibe dreht sich gleichmäßig (eine Umdrehung in 10 Sekunden). Mit einem parallelen Lichtbündel wird die Bewegung des Korkens auf eine senkrechte Wand projiziert.

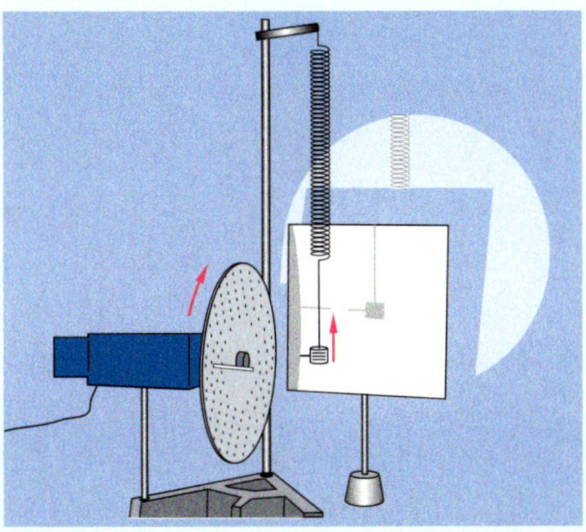

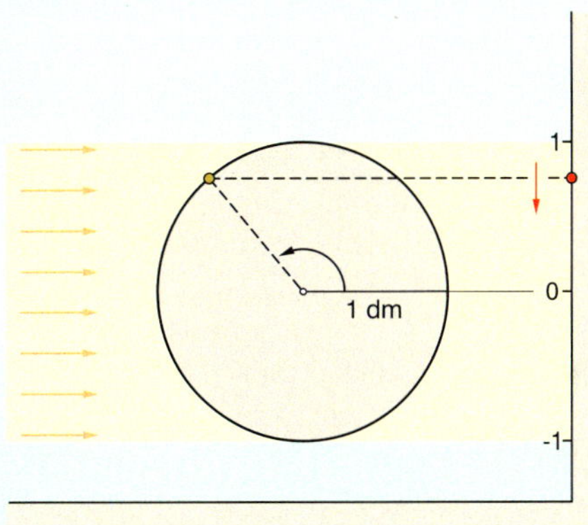

a) Wie bewegt sich der Schatten auf der Wand? Beschreibe möglichst genau.

b) Die Bewegung des Korkschattens soll als Graph im Koordinatensystem beschrieben werden. Auf der x-Achse ist die Zeit aufgetragen, auf der y-Achse der Abstand des Korkens von der „Mittellage 0“. Zwei Graphen stehen zur Auswahl.

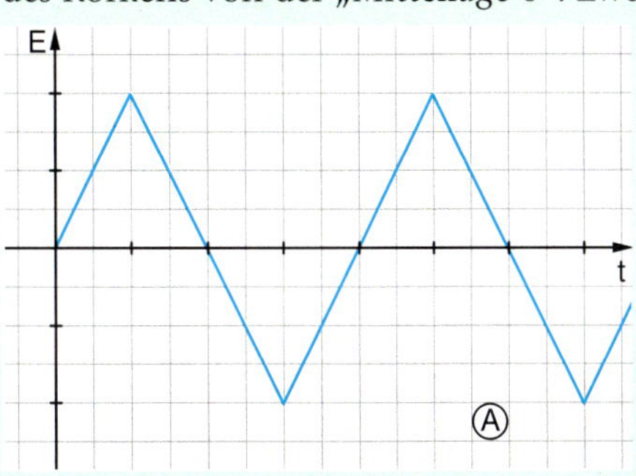

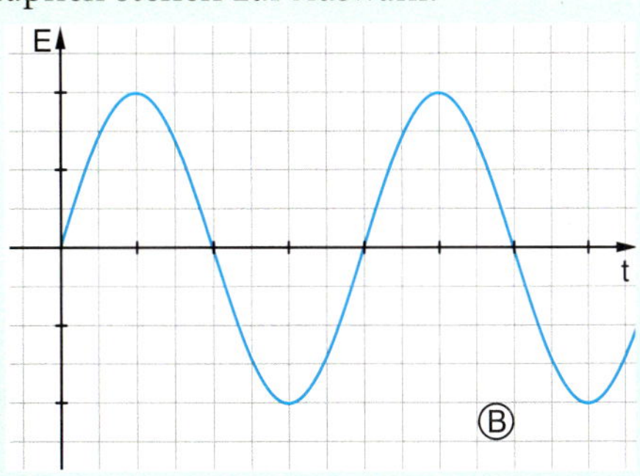

Beschreibe Gemeinsamkeiten und Unterschiede der beiden Graphen möglichst genau.

Welcher Graph gehört zu der Schattenbewegung? Begründe deine Auswahl.

Basiswissen

Mithilfe des Einheitskreises kann die Sinusfunktion für beliebige Winkel definiert werden.

Einheitskreis: Kreis mit Radius 1 und Mittelpunkt im Ursprung des Koordinatensystems

Die Sinusfunktion im Bereich $0° \le \alpha \le 360°$

Der Punkt P bewegt sich auf dem Einheitskreis entgegen dem Uhrzeigersinn. Die Lage des Punktes auf dem Kreis kann einmal durch den Winkel α, zum anderen durch die Koordinaten $P(u|v)$ angegeben werden. Er startet bei $\alpha = 0°$ bzw. $P(1|0)$.
Im ersten Quadranten entspricht die Ordinate v dem Sinus von α. Dies übernehmen wir bei der weiteren Bewegung des Punktes P über Winkel von 90° hinaus.
Beim einmaligen Durchlaufen des Einheitskreises lässt sich der Graph der Sinusfunktion für $0° \le \alpha \le 360°$ konstruieren.

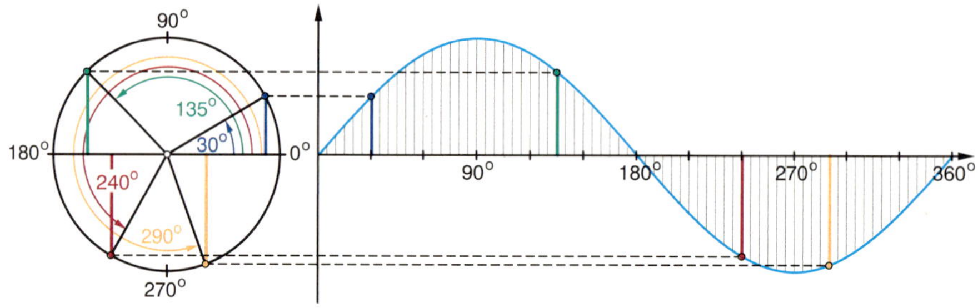

Die Sinusfunktion für beliebige Winkel

Man kann den Einheitskreis in Richtung positiver und negativer Winkel beliebig oft durchlaufen. Wir erweitern deshalb die Sinusfunktion über den Bereich $0° \le \alpha \le 360°$ hinaus in beiden Richtungen und setzen auch den Graphen nach beiden Seiten beliebig weit fort.

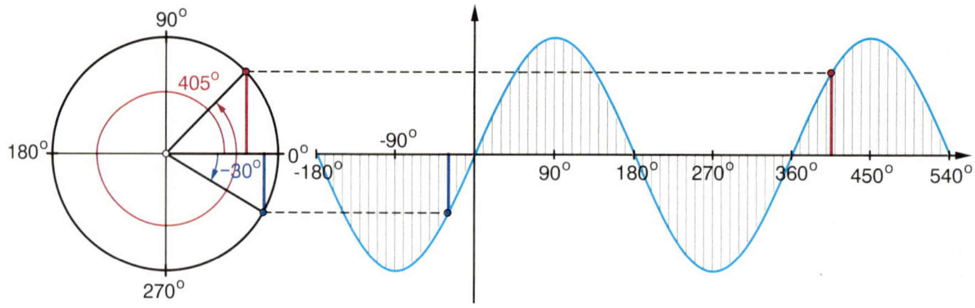

Beispiele

A Der Taschenrechner gibt an: $\sin(30°) = 0{,}5$. Welche weiteren Winkel haben diesen Sinuswert?

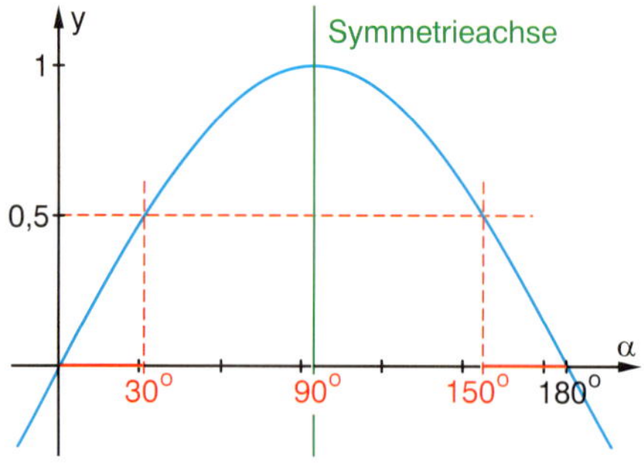

Nach jeweils 360° wiederholen sich die Sinuswerte, also haben z. B. die Winkel 390°, 750° oder −330° den Sinuswert 0,5. Das sind aber noch nicht alle Winkel.
Am Graphen sieht man, dass jeder Sinusbogen symmetrisch zu einer Achse durch den Hochpunkt ist. Daher haben auch z. B. die Winkel 150°, 510° oder −210° den Sinuswert 0,5.

Übungen

4 Welches Vorzeichen haben die Sinuswerte zu den folgenden Winkeln? Begründe mithilfe des Graphen im Basiswissen auf der vorhergehenden Seite.
72°   319°   125°   200°   271°   −135°   −87°   615°   −365°

5 Es ist $\sin(54°) \approx 0{,}809$. Bestimme fünf weitere Winkel, die den gleichen Sinuswert haben.

6 Bestimme alle Lösungen der Gleichung für α zwischen 0° und 360°.
a) $\sin(\alpha) = 0$ b) $\sin(\alpha) = -0{,}5$ c) $\sin(\alpha) = -0{,}827$ d) $\sin(\alpha) = -0{,}835$

7 Bestimme alle Lösungen der Gleichung für α zwischen −180° und 180°.
a) $\sin(\alpha) = 0{,}811$ b) $\sin(\alpha) = -1{,}347$ c) $\sin(\alpha) = 0{,}395$

8 Fasse die Winkel mit den gleichen Sinuswerten zusammen. Es gibt insgesamt nur drei verschiedene Werte.
15°   45°   −15°   315°   390°   405°   −675°   1035°   −330°   −345°   345°

9 *Schätzen mithilfe von Graphen*
Dorothee soll die Gleichung $\sin(\alpha) = 0{,}2$ lösen, hat aber gerade keinen Taschenrechner zur Hand. Sie erinnert sich jedoch an den Graphen und antwortet: „Das ist knapp unter 30° und dann alle 360° wieder". Welche Lösungen hat sie vergessen?

10 Der Graph der Funktion $x \to \sin(x)$ bildet eine endlose Kurve, die verschiedene Symmetrien aufweist. Welche Symmetrien erkennst du? Versuche, sie mit den Symmetrien am Einheitskreis zu erklären.

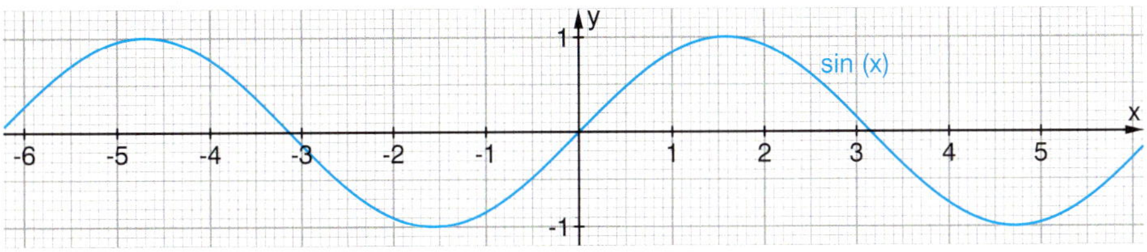

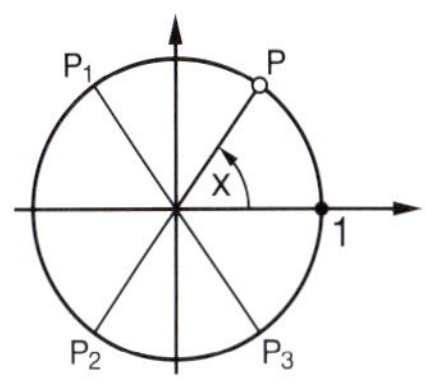

Basiswissen

Bei der Sinusfunktion werden Winkelgrößen reelle Zahlen zugeordnet. Wenn man die Winkel im Bogenmaß angibt, so erhält man auch hier wie bei den linearen und quadratischen Funktionen eine Funktion mit der Definitionsmenge ℝ.

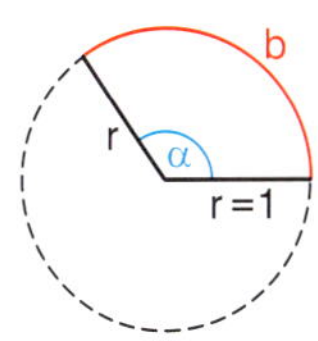

Bogenmaß
Ein Winkel α kann im Einheitskreis durch die Länge des Bogens x gemessen werden. Mit der Verhältnisgleichung $\frac{x}{2\pi} = \frac{\alpha}{360°}$ kann man Winkel vom Gradmaß ins Bogenmaß umrechnen und umgekehrt.

Graph der Sinusfunktion mit Winkeln im Bogenmaß

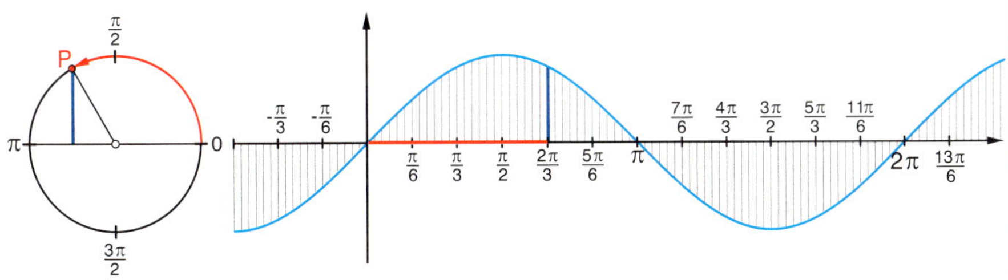

Beispiele

Funktionen, bei denen sich die Funktionswerte in festen Abständen wiederholen, heißen **„periodische Funktionen"**. Der kürzeste dieser Abstände heißt **„Periodenlänge"**.

B Begründe, dass die Sinusfunktion $x \rightarrow \sin(x)$ eine periodische Funktion ist, und gib die Periodenlänge an.

Lösung: Am Einheitskreis ist der Punkt $P(u|v)$ nach einer Drehung um 2π wieder in der gleichen Lage angekommen. Es gilt deshalb $\sin(x + 2\pi) = \sin(x)$. Dies gilt auch bei einer Drehung um 4π, 6π, 8π usw. 2π ist der kürzeste Abstand dieser Wiederholung, deshalb ist die Periodenlänge 2π.

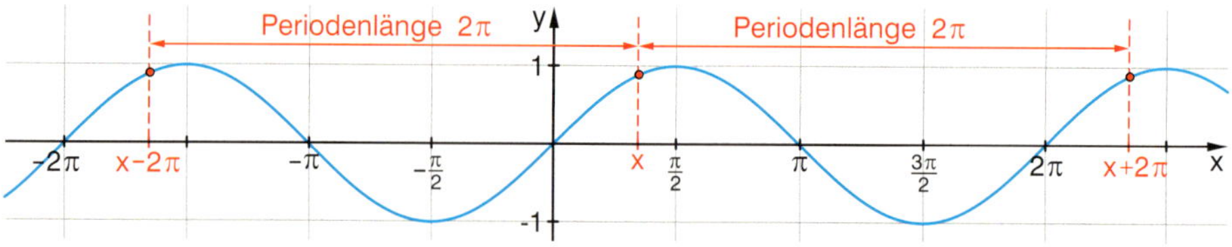

Übungen

11 Gib die Winkel im Bogenmaß auf drei Dezimalen gerundet an.

a) 150° b) −80° c) −240° d) 320° e) −450° f) 5°

12 Übertrage die folgende Tabelle in dein Heft und fülle sie vollständig aus.

x	$\frac{\pi}{6}$	$\frac{\pi}{4}$	$\frac{\pi}{3}$	$\frac{\pi}{2}$	$\frac{2\pi}{3}$	π	$\frac{4\pi}{3}$	$\frac{3\pi}{2}$	$\frac{5\pi}{3}$	2π	3π
sin(x)	■	■	$\frac{\sqrt{3}}{2}$	■	■	■	■	■	■	■	■

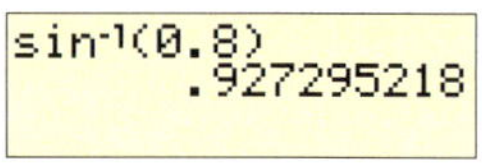

13 Frida löst die Gleichung $\sin(x) = 0{,}8$ mit der nebenstehenden Taschenrechnereingabe. Ist dies eine Lösung der Gleichung? Gibt es noch andere Lösungen?

14 *Funktionensteckbrief*

Erstelle zur Sinusfunktion einen Steckbrief, der möglichst viele Eigenschaften auflistet.

15 Begründe, dass $\sin(-x) = -\sin(x)$.

16 Bestimme jeweils alle Lösungen der Gleichung im Intervall $[0; \pi]$.

a) $\sin x = 0{,}4$ b) $\sin x = -0{,}2$ c) $\sin x = 1$

17 Bestimme jeweils alle Lösungen der Gleichung $\sin(x) = 0{,}7$ im Intervall $A = [0; \pi]$, $B = [0; 2\pi]$ und $C = [-\pi; \pi]$

18 Das Riesenrad dreht sich gleichmäßig, in vier Minuten macht es eine volle Umdrehung. In einem „Höhengraphen" ist die jeweilige Höhe h der Gondel (über dem Boden) zu verschiedenen Zeitpunkten t aufgetragen.

a) Zeichne den Graphen in dein Heft und trage auf den Achsen die t- und h-Werte für die gekennzeichneten Punkte ein.

b) Der Verlauf des Graphen gleicht dem Graphen der Sinusfunktion. Begründe das.

c) Worin unterscheidet sich der Graph von dem bisher bekannten Sinusgraphen? Wie könnte die Funktionsgleichung für diesen Graphen aussehen? Probiere mit dem GTR.

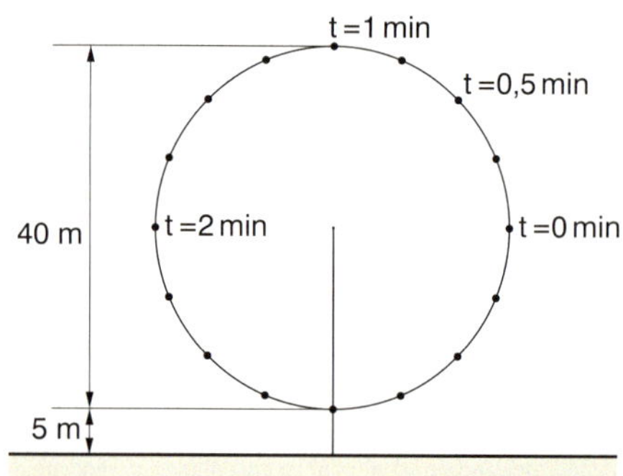

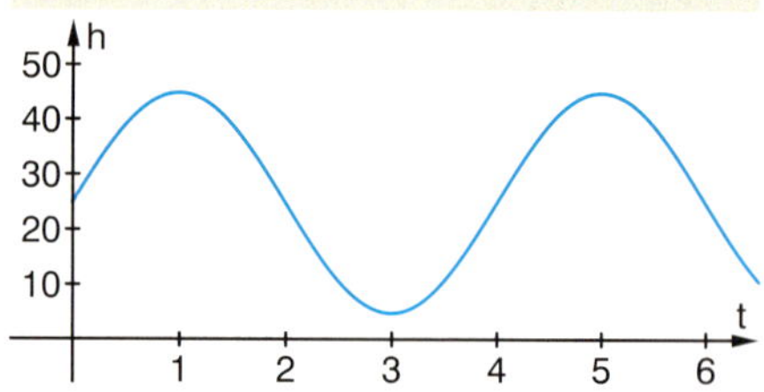

Stimmgabel

Musiker benutzen oft eine Stimmgabel, um ihre Instrumente genau zu stimmen. Die Stimmgabel kann so hergestellt werden, dass sie einen gewünschten Ton erzeugt (je größer die Gabel, umso tiefer ist der Ton).

Versuch: Eine berußte Glasplatte wird auf den OH-Projektor gelegt. Dann wird eine Stimmgabel angeschlagen und vorsichtig mit der Spitze des einen Schenkels auf die Glasplatte aufgesetzt und darauf ein Stück entlanggezogen. Die sinusförmige Schwingung der Gabel wird sichtbar.

Die Standardstimmgabel ist so gebaut, dass sie einen A-Ton mit einer Frequenz von 440 Hz erzeugt, d. h. die Gabel führt in der Sekunde 440 Schwingungen durch. In dem Bild ist diese Schwingung gegenüber der uns schon bekannten normalen Sinusschwingung aufgetragen.

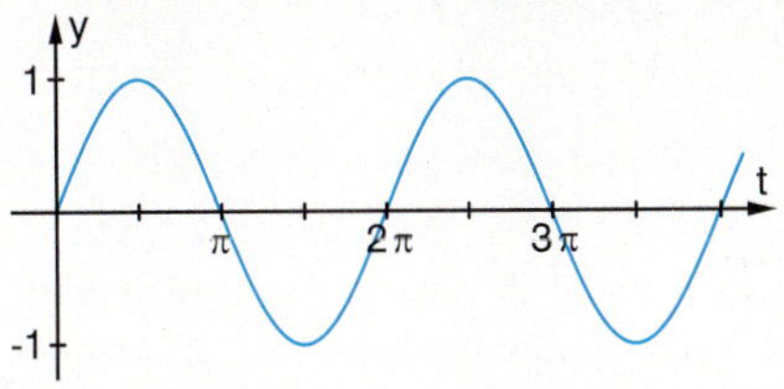

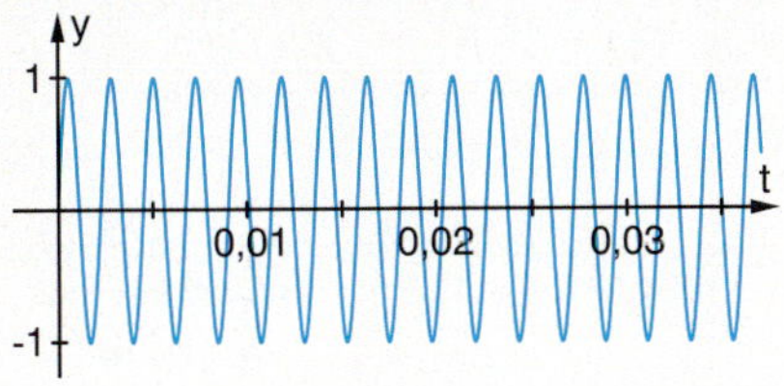

Der Ton

Der einfachste Ton, den das Ohr kennt, ist ein Ton von sinusförmigem Schwingungsverlauf, der so genannte Sinuston.

Die Frequenz

Die Frequenz (f) gibt die Anzahl der Schwingungen pro Sekunde an und bestimmt die Tonhöhe eines Klangs, je höher die Frequenz desto höher der Ton. Die Einheit ist Hertz.

19 *„Ziehharmonika"*

Zeichne die Graphen von

$y = \sin(x)$, $y = \sin(2x)$,
$y = \sin(3x)$, $y = \sin(5x)$,
$y = \sin(0{,}5x)$, $y = \sin(0{,}2x)$

und vergleiche sie untereinander und jeweils mit dem Graphen von $y = \sin(x)$.

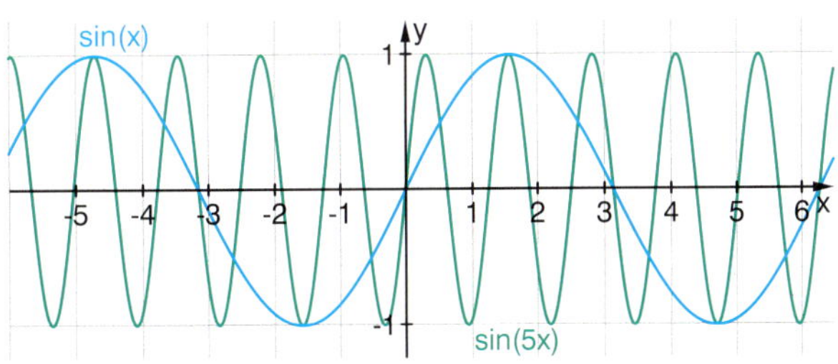

Was beobachtest du? Formuliere einen kurzen Text, der die Wirkung des Parameters b auf den Graphen der Funktion $y = \sin(bx)$ beschreibt.

Übungen

Funktionenlabor 1:
Verwende im Funktionenlabor einen Funktionenplotter (CD zu Band 7 oder Internet) oder deinen GTR

20 *Funktionenlabor 2 „Was passiert, wenn?"*

Untersuche den Einfluss der Parameter a, c und d auf den Graphen der Funktion $y = a \cdot \sin(x - c) + d$. Schreibe einen möglichst übersichtlichen Bericht über deine Beobachtungen. Finde passende Bezeichnungen für die Bedeutung der einzelnen Parameter.
Vergleiche auch mit den Auswirkungen der entsprechenden Parameter bei den quadratischen Funktionen $y = a(x - c)^2 + d$.

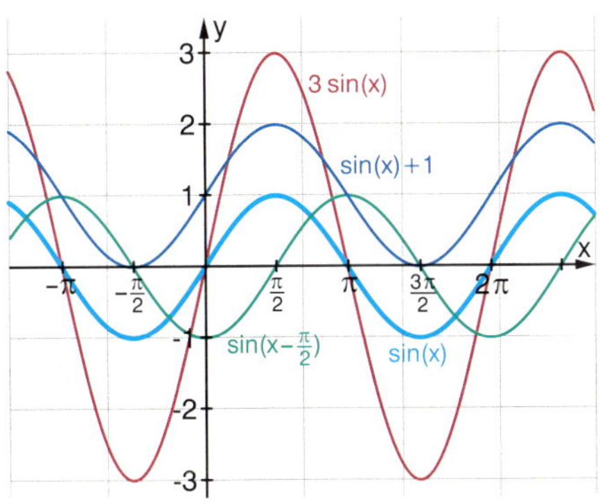

Strategie

Zwei Parameter „festhalten", für den anderen verschiedene Werte einsetzen („variieren") und die Auswirkungen auf den Graphen am GTR beobachten. Vermutungen („Hypothesen") durch gezielte weitere Experimente überprüfen.

Basiswissen

Wie bei den linearen oder quadratischen Funktionen kann man auch bei den Sinusfunktionen bereits aus der Gleichung viele Informationen über die Lage und Form des zugehörigen Graphen erhalten.

a ist die Amplitude. Die Amplitude ist der maximale Ausschlag der „Schwingung" nach oben oder nach unten.

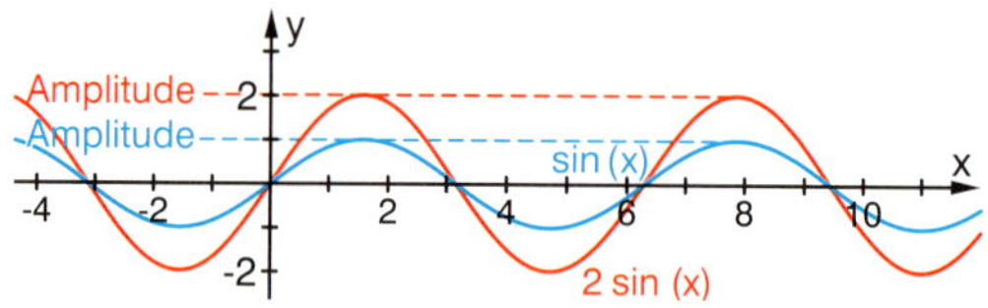

$f(x) = a \cdot \sin(x) \quad (a > 0)$
Der Parameter a streckt oder staucht den Graphen in y-Richtung. Damit wird die **Amplitude** der Sinusschwingung verändert.

Die Periodenlänge beträgt $\frac{2\pi}{b}$. Die Frequenz gibt die Anzahl der Perioden pro Einheit an. Sie beträgt $\frac{b}{2\pi}$.

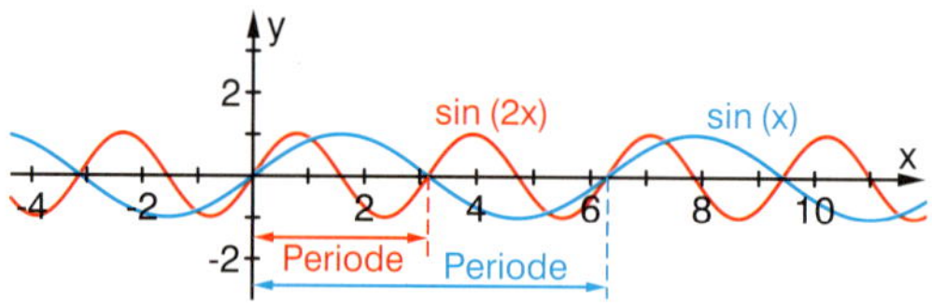

$f(x) = \sin(b \cdot x)$
Der Parameter b streckt oder staucht den Graphen in x-Richtung. Dadurch wird die **Periodenlänge** bzw. die **Frequenz** der Sinusschwingung verändert. Je größer b, desto kleiner die Periodenlänge und desto größer die Frequenz.

Die Phase bestimmt die Verschiebung des normalen Sinusgraphen auf der x-Achse.

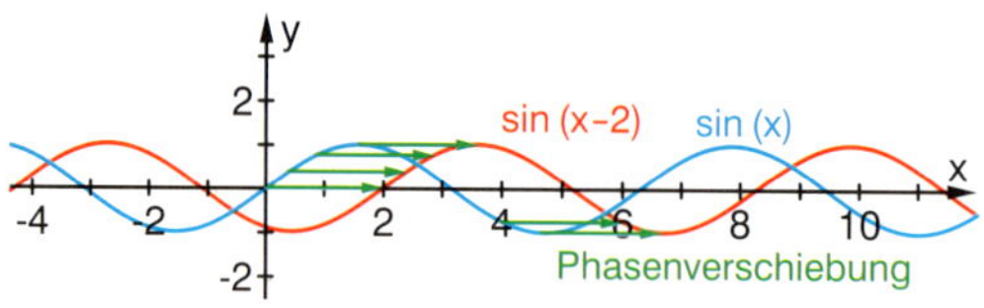

$f(x) = \sin(x - c)$
Der Parameter c verschiebt den Graphen in x-Richtung. Damit wird die **Phase** der Sinusschwingung verändert.

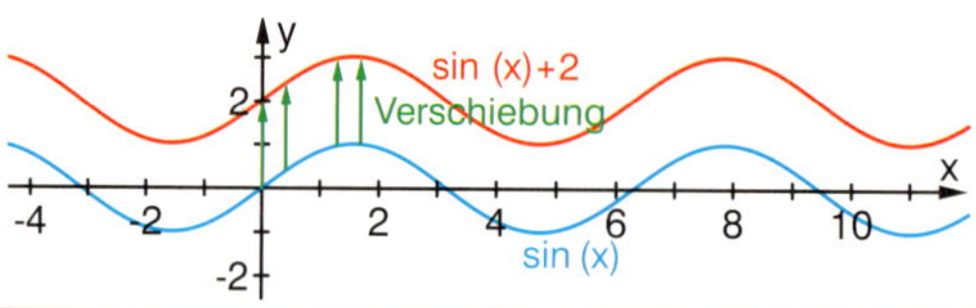

$f(x) = \sin(x) + d$
Der Parameter d verschiebt den Graphen in y-Richtung. Die Amplitude wird nicht verändert.

Beispiele

C Lies aus der Gleichung so viele Informationen wie möglich ab:

$f(x) = 2\sin\left(x - \frac{\pi}{6}\right) + 0{,}5$

Amplitude 2
Periodenlänge 2π
Frequenz $\frac{1}{2\pi}$
Phasenverschiebung $\frac{\pi}{6}$

Lösung: Der Graph der Sinusfunktion ist um den Faktor 2 in y-Richtung gestreckt und um 0,5 nach oben verschoben.
Die Funktionswerte liegen zwischen −1,5 und 2,5. Der Graph ist um $\frac{\pi}{6}$ nach rechts verschoben.

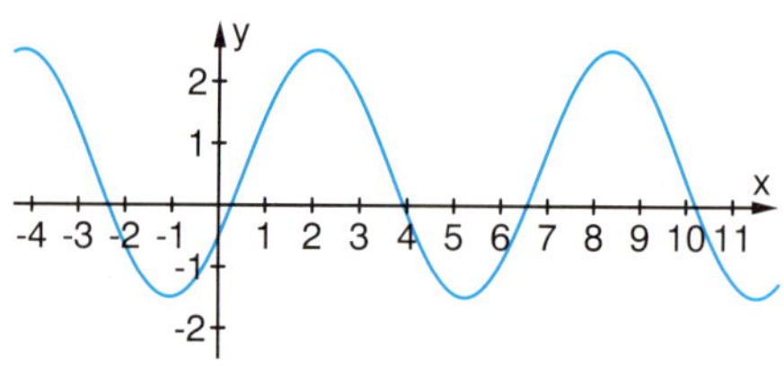

D Bestimme die Gleichung einer Sinusfunktion, deren Graph durch (0|0) verläuft, deren y-Werte zwischen −2 und 2 schwanken, und die ihre Nullstellen bei 0, $\frac{\pi}{3}$, $\frac{2\pi}{3}$, π, … hat.

Lösung:
Der Graph ist in y-Richtung um den Faktor 2 gestreckt. Die Nullstellen liegen dreimal so dicht beieinander wie bei der Standard-Sinus-Funktion.
Es gibt zwei Möglichkeiten:
$y = 2\sin(3x)$ oder $y = -2\sin(3x)$.

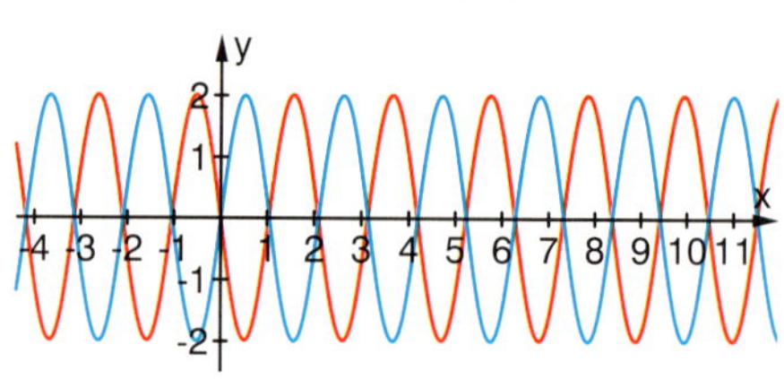

Der zweite Graph entsteht aus dem ersten durch Spiegelung an der x-Achse.

Übungen

Bei den Aufgaben auf dieser Seite solltest du den GTR nur zur Überprüfung deiner Ergebnisse einsetzen.

21 Skizziere in einem Koordinatensystem die Graphen zusammen mit $y = \sin(x)$:
a) $y = 3\sin(x)$ b) $y = \sin(3x)$ c) $y = \sin(x) + 3$ d) $y = \sin(x - 3)$

22 Bestimme zu folgenden Graphen eine Funktionsgleichung. Gibt es verschiedene Möglichkeiten? (Fenstereinstellung: $x_{min} = 0$, $x_{max} = 4\pi$, $y_{min} = -2$, $y_{max} = 2$)

a) 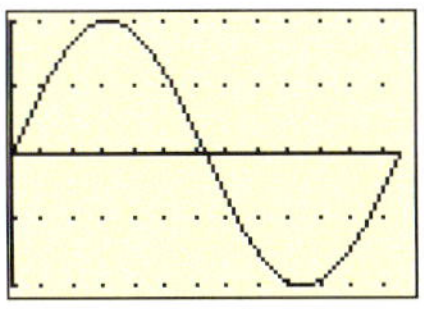

b) 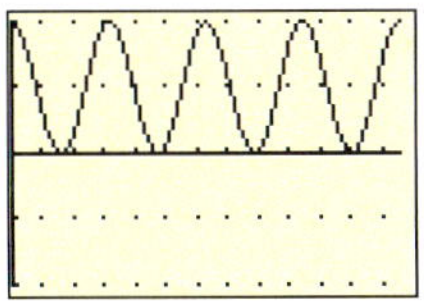

c) 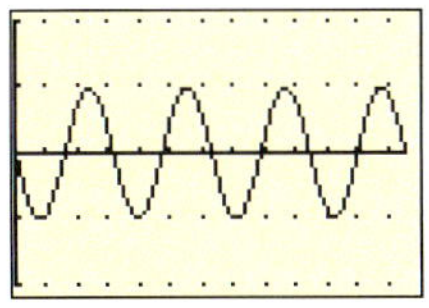

23 Schreibe je eine Funktionsgleichung zu den folgenden Graphen.

a) 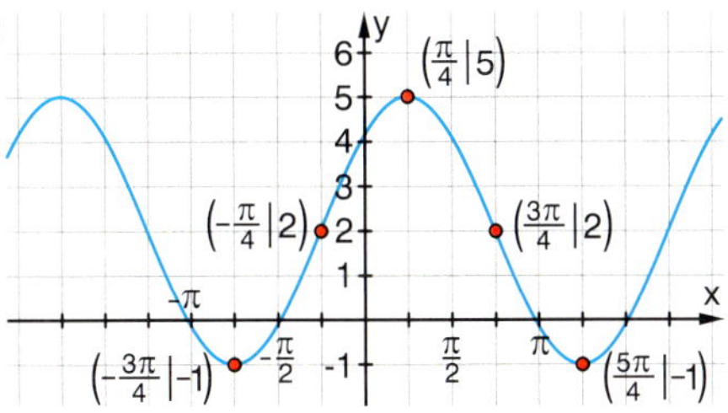

b) 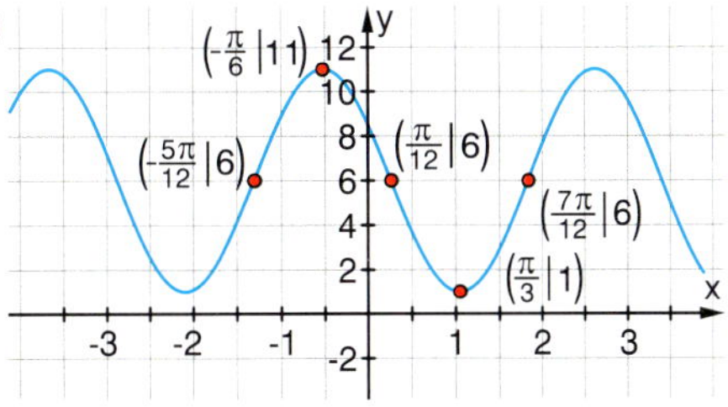

24 *Steckbriefe trigonometrischer Funktionen*
Zeichne die Graphen. Gib auch jeweils eine Funktionsgleichung an.

Graph durch $(\frac{\pi}{4}|0)$, y-Werte zwischen -3 und 3, erste Nullstelle rechts von $\frac{\pi}{4}$ liegt bei $\frac{\pi}{2}$, positive y-Werte zwischen $\frac{\pi}{4}$ und $\frac{\pi}{2}$.

Graph durch $(0|0)$, y-Werte zwischen 0 und 4, erste positive Nullstelle bei 2π.

Periode $\frac{\pi}{3}$, y-Werte zwischen $-1{,}5$ und $1{,}5$, Maximum auf der y-Achse.

Periode 3π, erste negative Nullstelle bei $-\frac{\pi}{6}$, y-Werte zwischen 1 und 3.

25 Zeichne mit dem GTR den Graphen der Funktion $y = \cos(x)$ im Intervall $[-3\pi; 3\pi]$. Begründe, dass man die Kosinusfunktion durch eine geeignete Verschiebung der Sinusfunktion darstellen kann.

26 Welche der folgenden Aussagen sind wahr? Begründe.
a) Die Amplitude a einer Sinusschwingung kann mit der Formel berechnet werden: $a = \frac{\text{maximaler Wert} - \text{minimaler Wert}}{2}$
b) Die Frequenz einer Sinusschwingung ist proportional zur Periodenlänge.
c) Die Phase einer Sinusschwingung verändert die Frequenz.
d) Die Veränderung der Amplitude der Sinusfunktion hat keinen Einfluss auf die Lage der Achsenschnittpunkte.

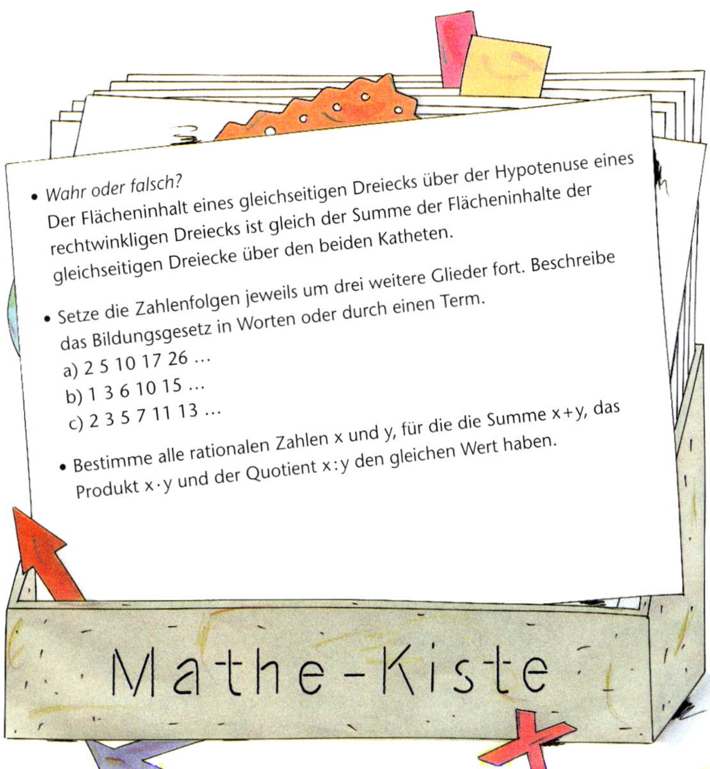

Projekt

Mit dem GTR Bewegungen untersuchen

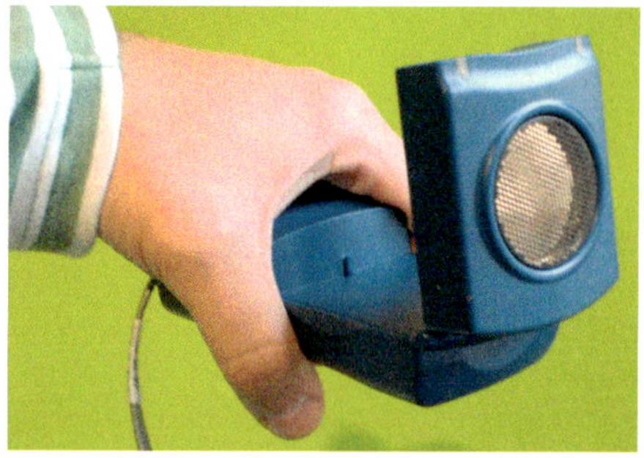

Mithilfe eines Ultraschallsensors, der an den GTR angeschlossen wird, kannst du den Abstand zu einer Wand oder dem Boden messen. Das funktioniert so: Der Sensor sendet ein Signal, welches von der Wand reflektiert und vom Sensor wieder empfangen wird. Aus der Zeitdifferenz zwischen Aussendung und Empfang des Signals berechnet der angeschlossene Taschenrechner die Entfernung zwischen Wand und Sensor. Wichtig dabei: Um die Distanz korrekt zu bestimmen, muss der Sensor stets senkrecht zur Wand oder zum Hindernis ausgerichtet sein. In unserem Experiment sendete der Sensor das Signal 15 Sekunden lang aus. Der Abstand (Distanz d in Metern) wird dann auf dem Taschenrechner (x-Achse: Zeit, y-Achse: Distanz) dargestellt.

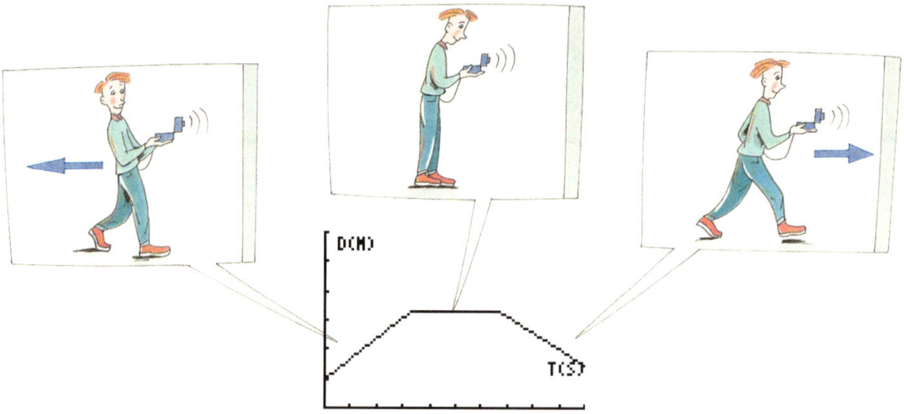

Immer schön im Kreis herum – Die Kreisbewegung führt zu Sinuskurven

Jonas richtet den Sensor auf die Wand und bewegt ihn dann mit gleichbleibender Geschwindigkeit entlang des am Boden liegenden Rings. Dabei achtet er darauf, dass der Sensor immer zur Wand zeigt.

a) Welche der folgenden Graphen zeigt anschließend der GTR? Begründe.

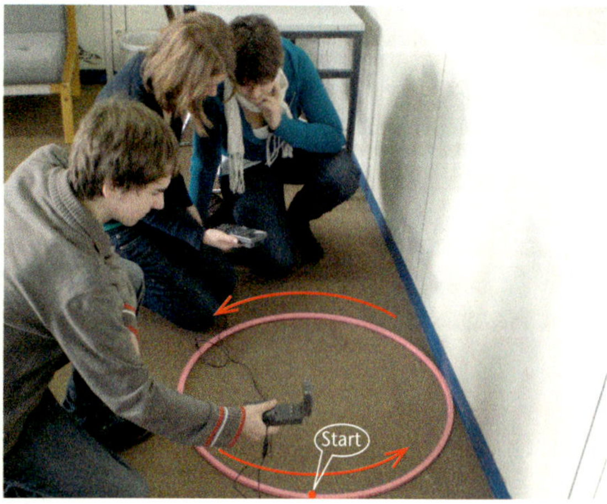

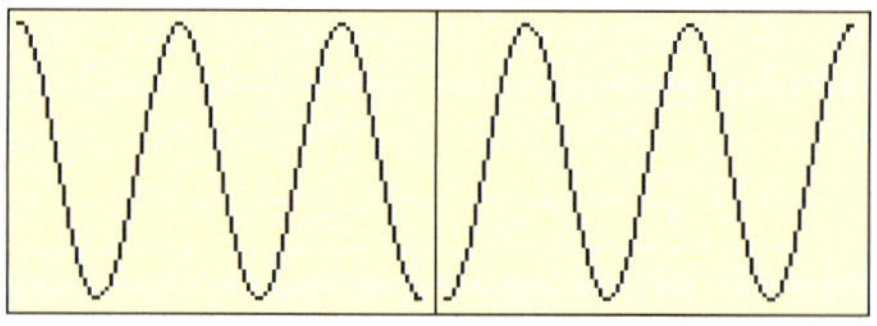

(1) (2)

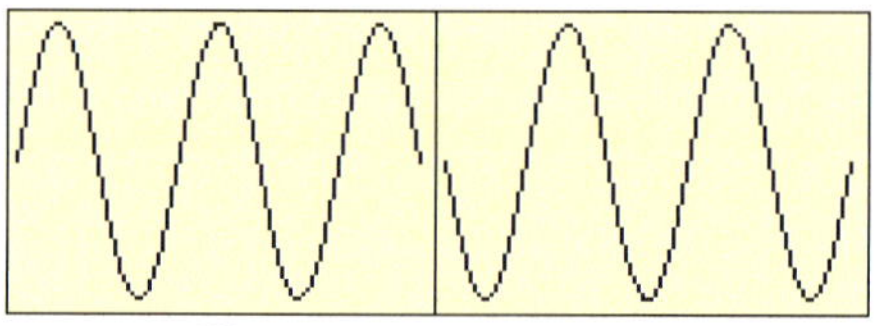

(3) (4)

b) Zum Nachdenken: Wie lassen sich mit dem gleichen Experiment auch die anderen Graphen erzeugen?

c) Du weißt schon, dass man die Sinuskurven dadurch verändern kann, dass man in der Funktionsgleichung $f(x) = a \cdot \sin(bx - c) + d$ unterschiedliche Zahlen für a, b, c und d wählt. Informiere dich nochmals über den Einfluss dieser vier Parameter auf den Graphen und gib die passenden Parameter für die nebenstehenden Kurven an.

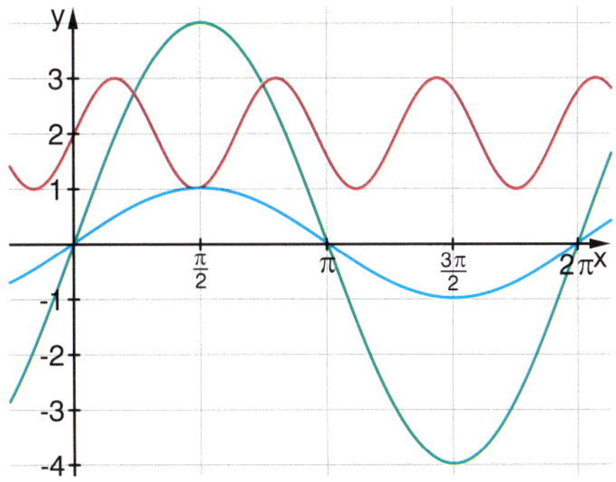

Drei unterschiedliche Sinuskurven durch Variation von a, b, c und d.

Amplitude a
Frequenz b
Phasenverschiebung c
Verschiebung in Richtung y-Achse d

Weitere Forschungsaufträge zum Experiment:

Größer oder kleiner?
Welchen Einfluss auf den Graphen der Sinusfunktion hat es, wenn der Sensor auf einem Kreis geführt wird, der kleiner oder größer als der Ring ist? Welcher Parameter wird damit verändert?

Eine Frage der Geschwindigkeit
Was geschieht mit dem Graphen, wenn der Sensor schneller oder langsamer um den Ring geführt wird? Welcher Parameter wird dann verändert?

Eine Frage der Distanz
Wie wirken sich verschieden große Abstände zur Wand in den Bewegungsgraphen aus? Durch welchen Parameter lässt sich diese Veränderung beschreiben?

d) Fasst eure Ergebnisse zusammen und schreibt einen Bericht, in dem ihr erklärt, was in dem Experiment mit dem Ultraschallsensor jeweils verändert werden muss, um a, b, c und d zu verändern?.

Erstaunlich gute Übereinstimmung
Mit ruhiger Hand und ein wenig Übung erhält man sehr aussagekräftige Graphen:

Bewegungsgraph

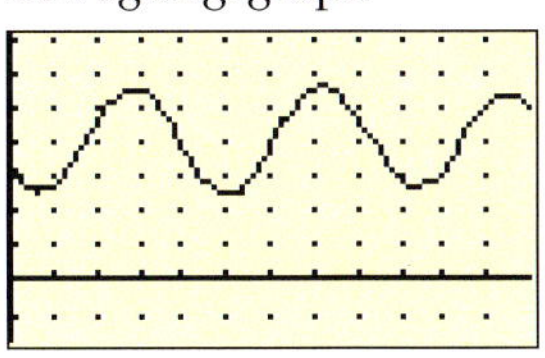

… zusammen mit passender Funktion

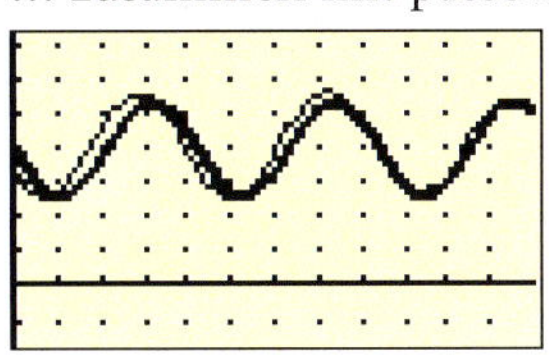

Die passende Funktion haben wir verraten (x in Sekunden, y in Metern).

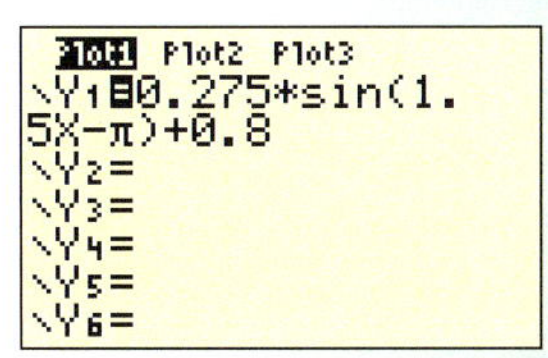

e) Welche der folgenden Informationen liefern der Graph und die Funktion über das Experiment?

- Zahl der Umläufe
- Größe des Kreises
- Abstand von der Wand
- Startpunkt
- Drehrichtung
- Geschwindigkeit
- Zeitdauer der Aufnahme

3.2 Modellieren periodischer Vorgänge

Was dich erwartet

Es gibt viele Vorgänge, die nach einer bestimmten Zeitspanne immer wieder in der gleichen Art ablaufen. Dabei kann es sich um ganz kurze Vorgänge wie den Takt bei einem Computer oder längere wie den Herzschlag oder gar den Ablauf der Jahreszeiten handeln.

Langzeitphoto der Mitternachtssonne in Norwegen

Solche Vorgänge lassen sich durch Graphen modellieren, mit denen wesentliche Eigenschaften erfasst und erläutert werden können. Viele der periodischen Vorgänge können durch Sinusfunktionen modelliert werden, häufig lässt sich dabei auch die passende Funktionsgleichung finden.

Aufgaben

1 *Das Elektrokardiogramm – EKG*

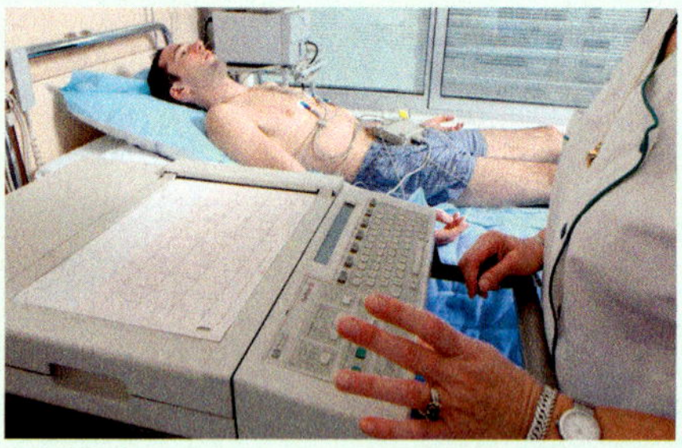

Ähnlich wie bei Nervenzellen entstehen auch in Herzmuskelzellen elektrische Impulse. Diese Impulse steuern den Herzschlag. Die Erregung beginnt im Sinusknoten, einem ca. 2 mm großen Bereich im rechten Vorhof des Herzens, und wird von dort aus weitergeleitet. Der Sinusknoten wird auch als Schrittmacher bezeichnet, da er das Herz mit einer bestimmten Frequenz antreibt. Die elektrischen Impulse werden mithilfe von Elektroden an bestimmten Stellen der Haut aufgenommen und können mit einem hochempfindlichen Messgerät aufgezeichnet werden. Es entsteht eine Kurve mit typischen Zacken. Veränderungen der Zacken hinsichtlich Zeitdauer, Höhe des Ausschlags und Form weisen auf mögliche Krankheiten wie z. B. Herzinfarkt oder Herzrhythmusstörungen hin.

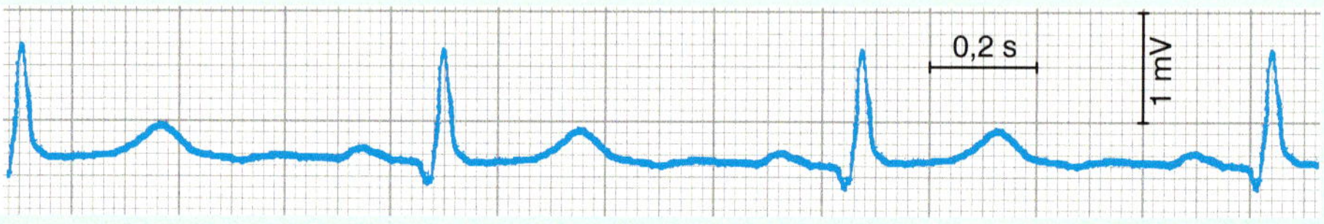

Die Grafik zeigt einen Ausschnitt eines EKGs. Man hat die auffallenden und charakteristischen Spannungshöhen (bzw. -tiefen) des EKGs mit Buchstaben bezeichnet.

Beschreibe die Kurve möglichst genau. Vergleiche dabei auch mit einer normalen Sinusschwingung.
Warum wiederholt sich der Ablauf immer wieder? Wie lange dauert einer der immer wiederkehrenden Abschnitte?
Mit welcher „Frequenz" schlägt das Herz dieses Patienten?
Wie würden sich wohl Herzrhythmusstörungen im EKG auswirken?

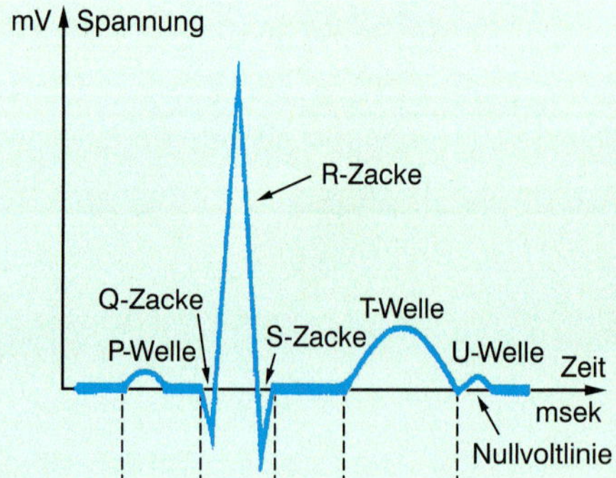

Recherchiere im Internet. Hier findest du weitere Graphen und Informationen unter dem Suchwort EKG.

2 Bestimmt hast du schon beobachtet, dass sich die Zeiten für den Sonnenauf- und -untergang im Laufe eines Jahres verschieben. Damit ändert sich natürlich auch die Tageslänge. In vielen Kalendern kannst du die Zeiten finden. In der Tabelle sind die Zeiten für das Jahr 2003 in Deutschland (Kassel) angegeben.

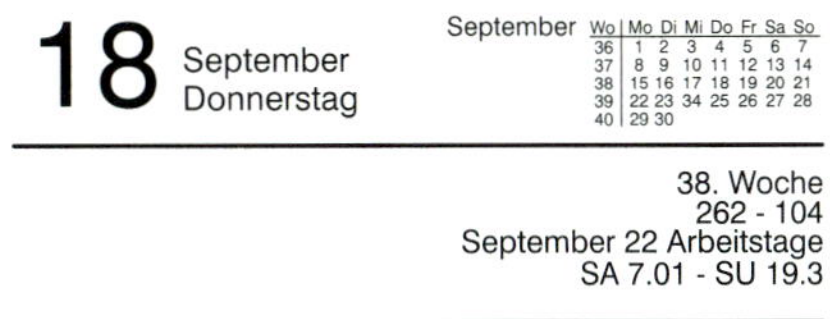

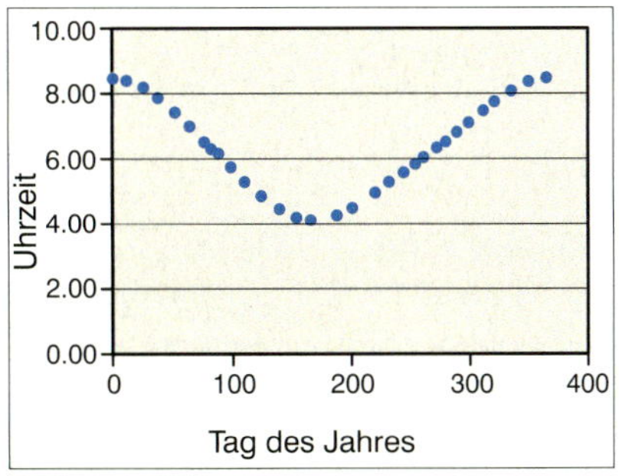

a) Der Graph stellt die Sonnenaufgangszeiten dar. Erkläre, was auf den Achsen dargestellt ist. Warum sind die Punkte nicht durch eine Linie verbunden?

b) Ein Astronom hat die Funktionsgleichung $a(t) = 2{,}19 \cdot \cos\left(\frac{2\pi}{365{,}25} t\right) + 6{,}27$ angegeben. Zeichne den Graphen mit deinem GTR oder Funktionenplotter. Prüfe, wie gut die Übereinstimmung mit den Daten aus der Tabelle ist. Erkläre, wie du die Gleichung in etwa mithilfe des Graphen finden kannst. (Genauere Informationen über das Aufstellen der Gleichung und die Abweichungsfehler findest du im Internet unter dem Suchwort „Zeitgleichung“.)

c) Modelliere entsprechend die Daten für den Sonnenuntergang und die Tageslänge.

Datum	Sonnenaufgang	Sonnenuntergang
1.1.	8:27	16:24
12.1.	8:23	16:38
26.1.	8:09	17:01
7.2.	7:51	17:22
21.2.	7:25	17:47
5.3.	6:59	18:09
17.3.	6:33	18:29
23.3.	6:19	18:39
29.3.	6:09	18:49
8.4.	5:43	19:06
20.4.	5:17	19:26
4.5.	4:50	19:49
20.5.	4:25	20:13
3.6.	4:10	20:30
15.6.	4:05	20:40
7.7.	4:14	20:39
20.7.	4:29	20:27
8.8.	4:56	19:58
20.8.	5:15	19:35
1.9.	5:34	19:09
11.9.	5:50	18:47
18.9.	6:01	18:31
29.9.	6:18	18:06
7.10.	6:31	17:47
17.10.	6:48	17:26
27.10.	7:05	17:06
8.11.	7:26	16:44
19.11.	7:44	16:30
2.12.	8:05	16:17
16.12.	8:21	16:14
31.12.	8:27	16:23

3 *Die Sinusfunktion und das Fahrradventil*

Wie verändert sich die Höhe h des Ventils am Hinterrad in Abhängigkeit von dem zurückgelegten Weg x?

a) Finde einen passenden Funktionsgraphen zu $h = h(x)$.

Du kannst die Bewegung des Rades durch das Abrollen einer CD auf einem Lineal nachspielen. Das Ventil wird durch einen roten Punkt auf dem Rand der CD markiert; zu den zurückgelegten Wegstrecken x wird die jeweils erreichte Höhe h(x) gemessen. Das Übertragen der Messwerte in ein Streudiagramm führt dann zum Funktionsgraphen

Über die Wertetabelle zum Graphen

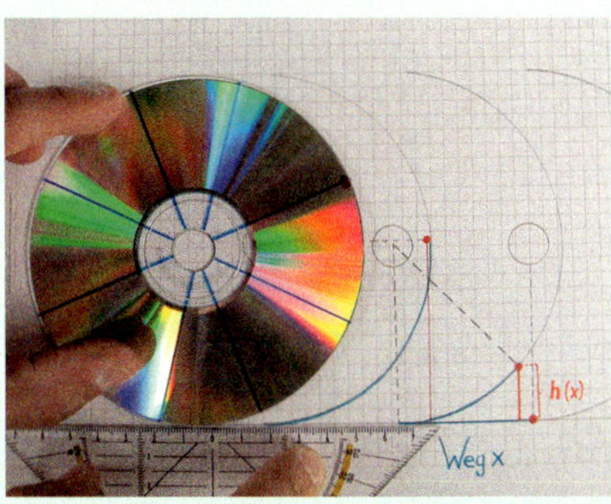

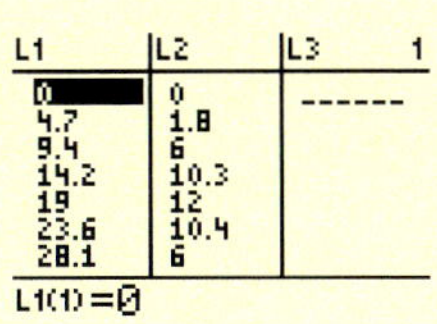

Wertetabelle auf dem GTR zu den ersten Messwerten

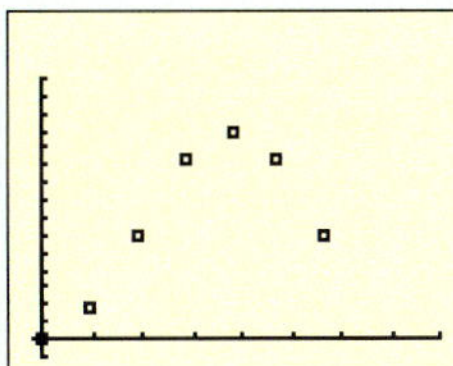

Streudiagramm zur Tabelle auf dem GTR

b) Vergleiche deinen Graphen mit dem Graphen zu $h(x) = r \cdot \sin\left(\frac{x}{r} - \frac{\pi}{2}\right) + r$ ($r = 6$ cm für die CD).

Basiswissen

Viele Vorgänge in der Natur oder in der Technik verlaufen **periodisch**. Häufig lassen sie sich durch Sinusfunktionen beschreiben.

Das Problem
Du befindest dich in der Gondel A des Riesenrades, das sich gerade zu drehen beginnt. Es dreht sich gleichmäßig und benötigt 2 Minuten für eine Umdrehung.

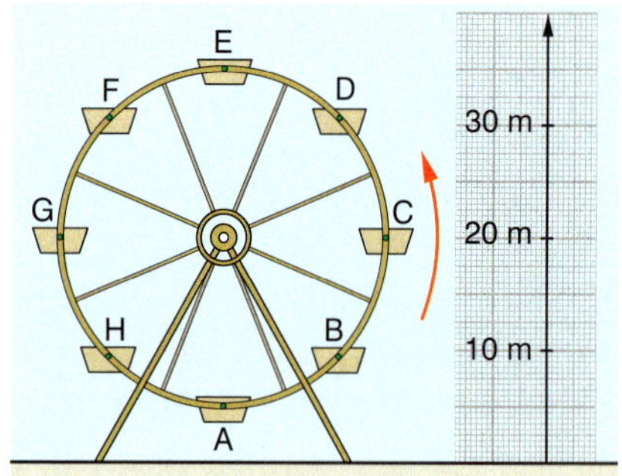

Modellierung
Die Höhe h der Gondel über dem Boden soll in Abhängigkeit von der Zeit t beschrieben werden.

1. Schritt: Erstelle eine Tabelle (Messwerte).

t in s	0	10	20	30	40	50	60	70	80	90	100	110	120	130	140	150
h in m	5	7	12,5	20	27,5	33	35	33	27,5	20	12,5	7	5	7	12,5	20

2. Schritt:
Übertrage die Tabelle in ein Streudiagramm im Koordinatensystem (GTR).

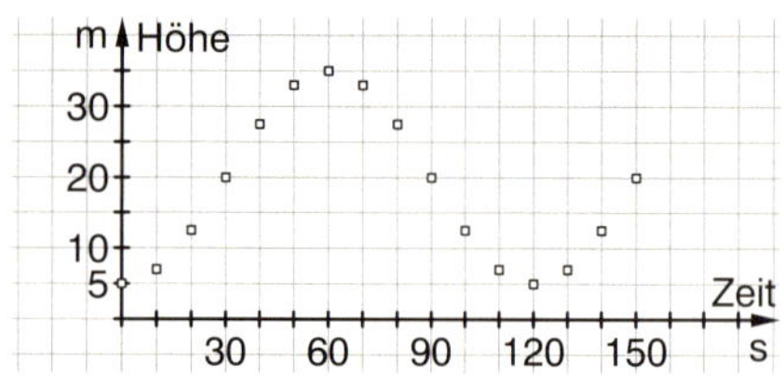

3. Schritt:
Wähle ein passendes mathematisches Modell.

Das Diagramm legt eine Modelierung mit einer Sinusfunktion nahe:
$h(t) = a \cdot \sin(bt - c) + d$

4. Schritt:
Finde die Amplitude a.

$a = \frac{\text{Maximum} - \text{Minimum}}{2} = \frac{35 - 5}{2} = 15$

5. Schritt:
Finde b, die Frequenz.

Das Riesenrad macht eine volle Umdrehung 2π in 120 s.
Es dreht sich in 1 s um $\frac{2\pi}{120}$. Also $b = \frac{2\pi}{120}$.

6. Schritt:
Finde c, die horizontale Verschiebung.

Die Sinuskurve ist um $\frac{\pi}{2}$ verschoben:
$c = \frac{\pi}{2}$

7. Schritt:
Finde d, die vertikale Verschiebung.

$d = \frac{\text{Maximum} + \text{Minimum}}{2} = \frac{35 + 5}{2} = 20$

8. Schritt:
Einsetzen der Werte in die Gleichung.

$h(t) = 15 \cdot \sin\left(\frac{2\pi}{120} \cdot t - \frac{\pi}{2}\right) + 20$

Modellüberprüfung
Einzeichnen des Funktionsgraphen in das Streudiagramm.

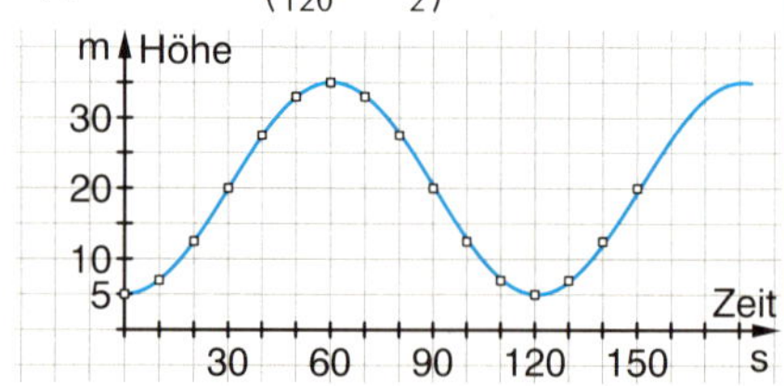

Die Sinuskurve lässt sich als Ausgleichskurve zu dem Streudiagramm auch mit dem GTR ermitteln (trigonometrische Regression).

Bei vielen Problemen wird die Situation durch eine Ausgangstabelle beschrieben. Beim Riesenrad könnte die Modellierung auch ohne die beiden ersten Schritte (Tabelle und Streudiagramm) direkt mit den Daten des Riesenrades erfolgen.

Übungen

4 Das London Eye ist eines der größten Riesenräder auf der Welt. Es liegt direkt an der Themse und ist schon von weitem sichtbar. Im März 2000 wurde es erstmals für die Besucher freigegeben.

Maximale Höhe: 135 m
Durchmesser des Rades: 120 m
Dauer einer Umdrehung: 30 min
Gewicht: 1600 t
Kabinen: 32
Sitzplätze pro Kabine: 25
Sichtweite: bis 40 km

Gib eine Funktionsgleichung an, die die Höhe einer Gondel über dem Boden in Abhängigkeit von der Zeit beschreibt und zeichne den Graphen. Wie hängt der Graph von der gewählten Startposition der Gondel ab?

Ebbe und Flut ...

Im Sechs-Stunden-Rhythmus zeigt die Nordsee ihre zwei Gesichter, das periodische Steigen (Flut) und Fallen (Ebbe) des Wasserspiegels. Der Wasserstand schwankt zwischen Hochwasser und Niedrigwasser, die Differenz wird als Tidenhub, das arithmetische Mittel als Mittelwasser bezeichnet. Hauptursache der Gezeiten ist die Anziehungskraft des Mondes. In ähnlicher Weise wirkt die Anziehungskraft der Sonne; sie ist aber wegen der großen Entfernung nur halb so groß.
Bei Voll- und Neumond addieren sich die Wirkungen von Sonne und Mond (Springflut), bei Halbmond heben sie sich z. T. auf (Nippflut). Infolge der verschiedenen Meerestiefen, der Verteilung von Wasser und Land, der Erdrotation und der Trägheit des Wassers treten zahlreiche Abweichungen auf.

5 Johannes hat während seines Urlaubs an der Küste über einen Tag lang den Wasserstand abgelesen. Er hat folgende Werte registriert:

Uhrzeit	8	9	10	12	13	15	16	17	19	21
Pegel in m	3,7	2,7	1,6	0,8	0,8	2,1	3,1	3,6	4,3	3,0

a) Übertrage die Messwerte in ein Diagramm. Versuche eine „Ausgleichskurve" durch die Punkte zu zeichnen.
b) Bestimme die Gleichung einer Sinusfunktion, die die Ausgleichskurve möglichst gut beschreibt. Berechne mithilfe der Funktion die Pegelstände zu den vollen Stunden, zu denen Johannes nicht gemessen hat. Erkläre mögliche Gründe für die Abweichungen der Messwerte von der Kurve.

Für GTR-Experten:
Schau nach, ob sich auf deinem GTR der Befehl SinReg zu finden ist. Mit diesem kannst du ähnlich wie bei der linearen Regression (Ausgleichsgerade) eine sinusförmige Ausgleichskurve finden. Informiere dich im Handbuch deines Rechners.

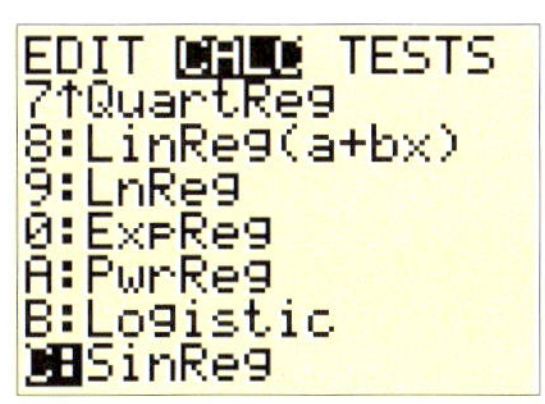

6 *Mittlere Lufttemperatur in Lillehammer*
Die unten stehende Tabelle zeigt die durchschnittlichen Monatstemperaturen in °Celsius in einem Jahr in der Olympiastadt Lillehammer. Erstelle mit dem GTR ein Streudiagramm zur Tabelle und finde eine passende Funktionsgleichung. Zeichne zur Probe den Graphen in das Streudiagramm.

Jan	Feb	Mär	Apr	Mai	Jun	Jul	Aug	Sep	Okt	Nov	Dez
−5,7	−3,7	1,7	8,0	14,7	19,8	21,8	19,6	14,2	7,0	0,6	−2,9

Projekt

Sinuskurven selbst herstellen

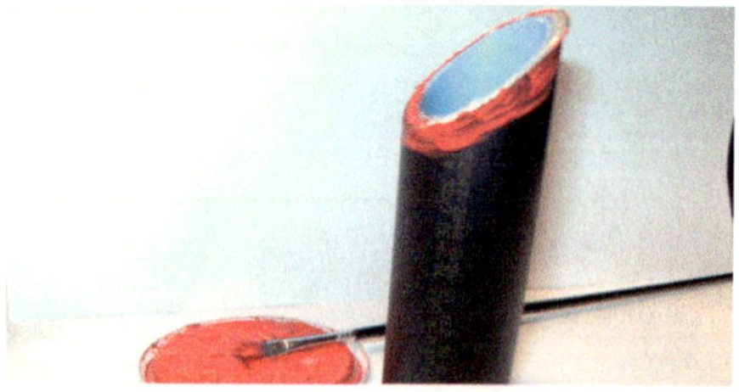

Aus Kunststoffrohren lassen sich Sinuskurven ganz ohne rechnen erstellen.

Material	Hinweise
Kunststoffrohre mit verschiedenen Durchmessern	Typische Rohrstärken sind 16 mm, 32 mm und 50 mm. Reststücke gibt es bestimmt bei Sanitärbetrieben oder beim Hausmeister.
Gehrungssäge	Damit können die Rohre sehr exakt unter verschiedenen Winkeln schräg abgeschnitten werden (siehe Foto).
Pinsel und Fingermalfarbe	zum Einpinseln der Rohre

Durchführung

Bestreiche den Zylinder entlang des schrägen Randes mit Fingermalfarbe. Lege den eingefärbten Zylinder auf ein Blatt Papier und rolle ihn mehrfach ab – fertig!

Forschungsaufträge

Was verraten unterschiedliche Rollkurven über die abgeschnittenen Zylinder?
Auf dem Bild seht ihr drei Sinuskurven, die durch das Abrollen unterschiedlicher Rohrstücke entstanden sind. Beschreibt die Unterschiede.

Untersucht den Einfluss von Rohrdurchmesser und Winkel, in dem die Rohre abgeschnitten wurden, auf den Kurvenverlauf. Fasst eure Ergebnisse zusammen und stellt sie vor.

$f(x) = a \cdot \sin(bx - c) + d$

Kurve gegeben – Funktion gesucht
Welche Sinuskurve ist durch das Abrollen deines Zylinders entstanden? Überlege zuerst, wie du möglichst geschickt ein passendes Koordinatensystem über deine Sinuskurve legen kannst. Bestimme nun eine ausreichende Zahl von Wertepaaren. Bei der Bestimmung der passenden Funktion lohnt sich auch der Einsatz des GTR – ein Beispiel:

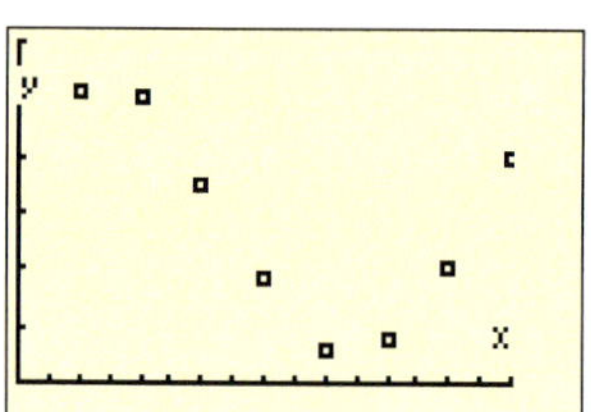

Dateneingabe

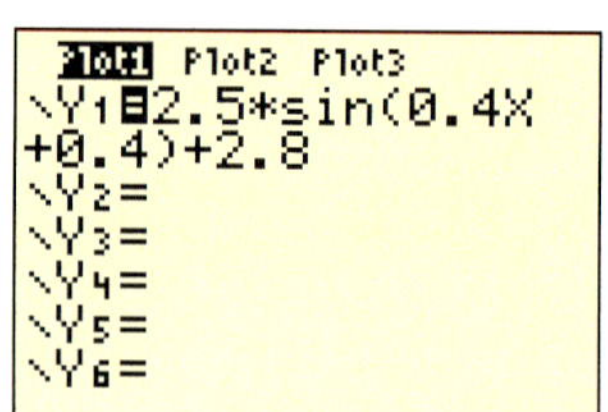

Eingabe der Funktionsgleichung

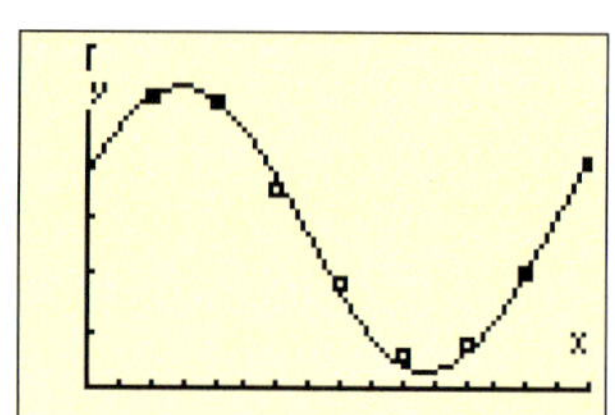

passt!

Projekte

Spaceshuttle-Labor

Vielleicht hast du schon einmal die Bilder aus dem Weltraumkontrollzentrum in Houston/Texas gesehen, in denen die Bahnen (Orbits) eines Spaceshuttle auf 2D-Weltkarten auf den Monitoren aufgezeichnet wurden. Diese gleichen einer Sinusbewegung. In diesem Projekt kannst du das Entstehen dieser Bahnen selbst nachvollziehen.

Problem

Du hast den Auftrag, die erste Umlaufbahn für das nächste Spaceshuttle zu planen. Das Shuttle startet vom Kennedy-Space-Center in Florida. Die Bahn soll direkt nach dem Start nicht über Land führen, außerdem zwischen den Breiten 50° N und 50° S und über einem Großkreis der Erde verlaufen.

Material

Du brauchst einen Globus, einen Faden, Tesafilmstreifen und eine Weltkarte.

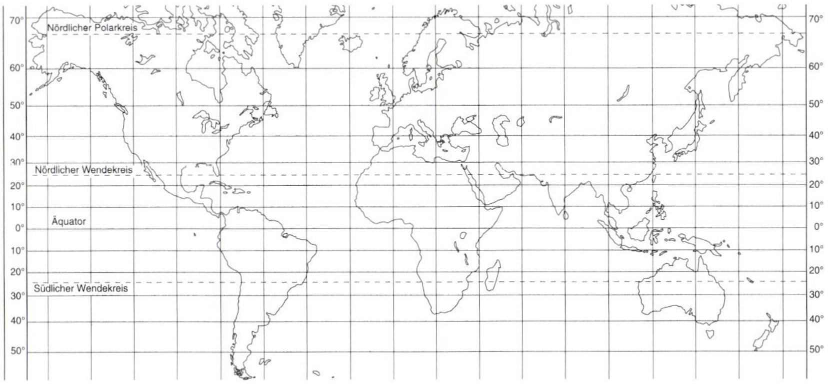

Vorlagen für Weltkarten gibt es in der Erdkundesammlung. Du kannst auch eine vergrößerte Kopie dieser Karte herstellen.

Arbeit in Gruppen

1. Benutzt den Faden und Tesafilm, um euren „Orbit" (die Spur der Umlaufbahn auf dem Globus) abzustecken. Es ist hilfreich, den Faden mit Tesafilmstreifen auf dem Globus zu befestigen. 2. Notiert ca. 20 Punkte des Orbits als geordnete Paare (Längenkreis/Breitenkreis) und beschreibt damit die Bahn. 3. Übertragt die Paare als Punkte auf die Weltkarte und verbindet sie durch eine passende Ausgleichskurve. Beschreibt den Verlauf der Kurve. Erklärt, wie diese Kurve aus der Kreisbahn auf dem Globus entsteht.
4. Übertragt die Daten in eine Tabelle auf einem GTR und stellt die Punkte in einem Streudiagramm dar.
5. Bestimmt die Gleichung einer passenden Funktion und zeichnet den Graphen als Ausgleichskurve durch die Punkte des Streudiagramms. Ist dies eine gute Modellierung?

Präsentation

Präsentiert eure Ergebnisse und vergleicht die in den verschiedenen Gruppen gefundenen Umlaufbahnen.

3.3 Kurven in Parameterdarstellung mit trigonometrischen Funktionen

Was dich erwartet

Parameterdarstellungen von Kurven haben wir bereits bei den linearen und quadratischen Funktionen kennengelernt. Mithilfe der trigonometrischen Funktionen lassen sich nun viele andere interessante Kurven erzeugen, die sowohl in der Natur vorkommen als auch in physikalischen oder technischen Anwendungen eine Rolle spielen. Mit den bisher erworbenen Kenntnissen in der Geometrie und vor allem der Trigonometrie lässt sich das Zustandekommen von Kreisen, Ellipsen, Spiralen und anderer Parameterkurven verstehen und mit dem grafischen Taschenrechner veranschaulichen.

Aufgaben

Parameterdarstellung des Einheitskreises

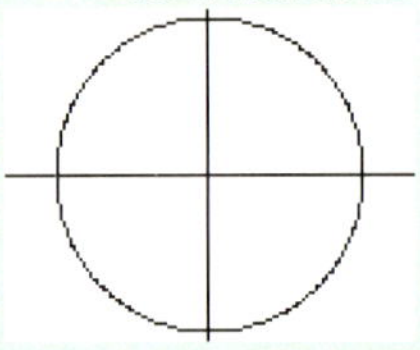

$x(t) = \cos(t)$
$y(t) = \sin(t)$
$0 \leq t \leq 2\pi$

Achte bei der Kreisdarstellung auf gleiche Maßstäbe auf x- und y-Achse! („**ZoomSqr**")

1 *Kreise auf dem GTR*

a) Informiere dich im Handbuch deines grafischen Taschenrechners über die Möglichkeit der Parameterdarstellung von Kurven. Zeichne dann auf deinem GTR einen Einheitskreis.

b) Welcher Kreis gehört zu welchen Parametergleichungen?

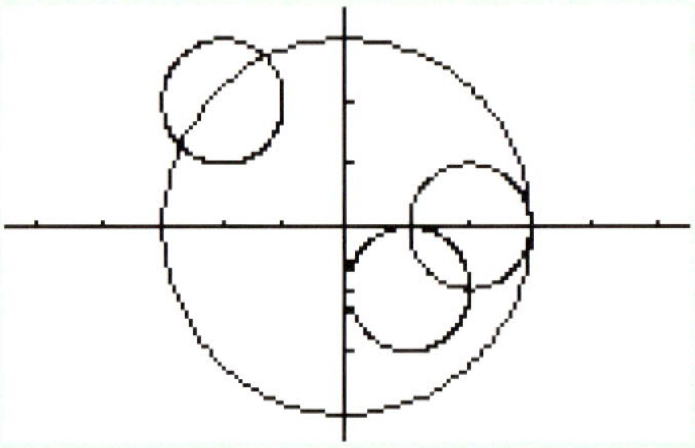

I $x(t) = \cos(t) + 2$, $y(t) = \sin(t)$	II $x(t) = 3\cos(t)$, $y(t) = 3\sin(t)$
III $x(t) = \cos(t) + 1$, $y(t) = \sin(t) - 1$	IV $x(t) = \cos(t) - 2$, $y(t) = \sin(t) + 2$

Probiere mit dem GTR und begründe.

c) Zeichne die folgenden Bilder mit deinem GTR. Entwirf auch eigene Kreisbilder.

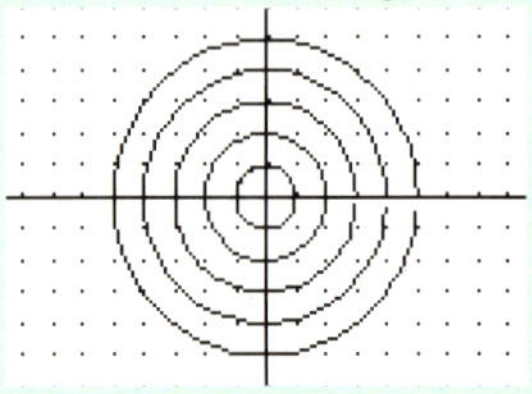

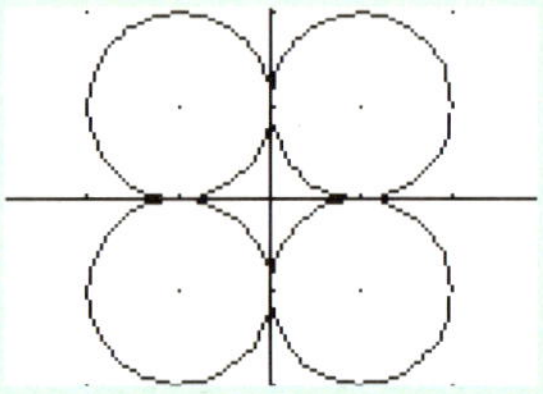

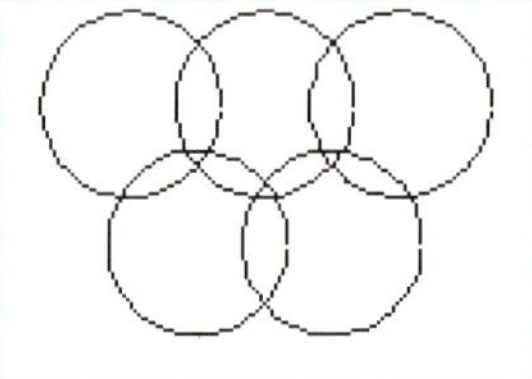

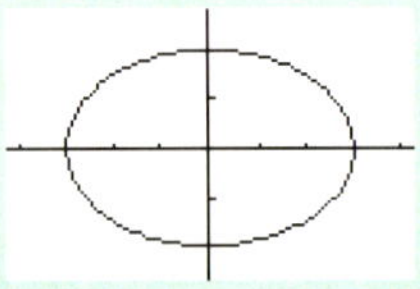

2 *Der Kreis verformt sich*

$x(t) = 3 \cdot \cos(t)$
$y(t) = 2 \cdot \sin(t)$
$0 \leq t \leq 2\pi$

a) Welche Kurve wird durch die nebenstehenden Parametergleichungen beschrieben? Versuche eine Voraussage und überprüfe dann am GTR.

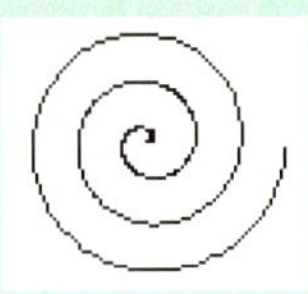

b) Wie verändert sich die Kurve, wenn du die Faktoren 3 und 2 in den Parametergleichungen vertauschst? Probiere auch mit anderen Faktoren a und b.

c) Was passiert, wenn du für die Faktoren a und b einen Funktionsterm f(t) einsetzt (z. B. $x(t) = 0{,}2t \cdot \cos(t)$; $y(t) = 0{,}2t \cdot \sin(t)$)? Experimentiere mit verschiedenen Funktionstermen und einer erweiterten Definitionsmenge für t (z. B. $0 \leq t \leq 6\pi$). Kannst du deine Beobachtungen erklären?

Basiswissen

Mithilfe der trigonometrischen Funktionen lassen sich Kreise, Ellipsen und Spiralen durch Parametergleichungen beschreiben und auf dem grafischen Taschenrechner darstellen.

Kreise	**Ellipsen**	**Spiralen**
$x(t) = r \cdot \cos(t)$	$x(t) = a \cdot \cos(t)$	$x(t) = (k \cdot t) \cdot \cos(t)$
$y(t) = r \cdot \sin(t)$	$y(t) = b \cdot \sin(t)$	$y(t) = (k \cdot t) \cdot \sin(t)$
$0 \le t \le 2\pi$	$0 \le t \le 2\pi$	$0 \le t \le 6\pi$
	$a \neq b$	

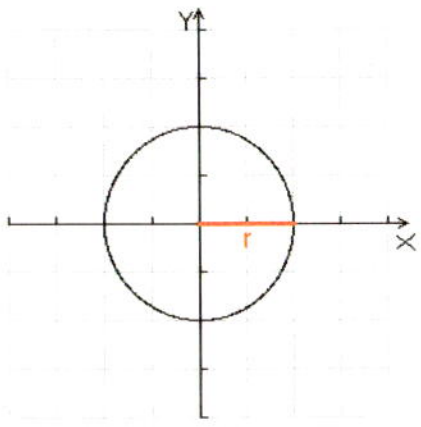

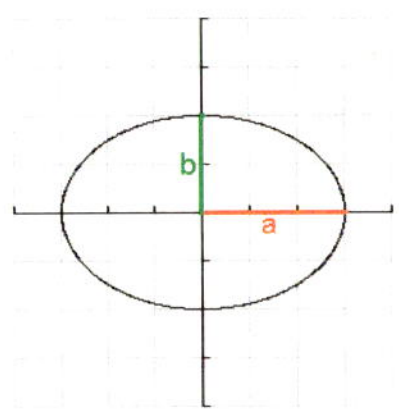

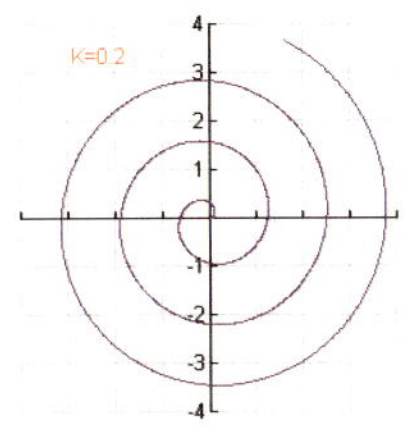

Um die Kurven in der geometrisch „wahren" Form auf dem Bildschirm zu zeichnen, muss ein quadratisches Gitter unterlegt sein. Dabei müssen beide Achsen im gleichen Maßstab skaliert sein. Bei vielen Taschencomputern kann man dies mit einer eigenen Option (z. B. „ZoomSqr") einstellen.

Beispiele

A Welche Kurve wird durch die folgende Parameterdarstellung erzeugt?

$x(t) = 3 \cdot \cos(t) - 1, \;\; y(t) = 3 \cdot \sin(t) + 2, \;\; 0 \le t \le \pi$

Lösung:

Es handelt sich offenbar um einen Kreis mit dem Radius $r = 3$. Die Addition von -1 bzw. 2 bewirkt eine Verschiebung des Mittelpunktes in $M(-1\,|\,2)$. Da der Parameter t nur von 0 bis π läuft, wird nur der obere Halbkreis gezeichnet.

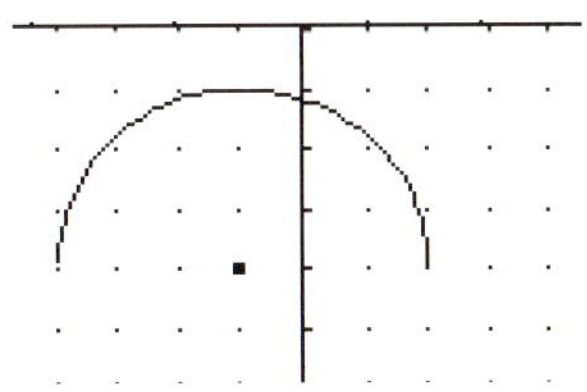

Nachdenken und Zeichnen

B Wie lässt sich die bekannte Kreisgleichung $x^2 + y^2 = r^2$ aus den Parametergleichungen des Kreises gewinnen?

Lösung:

Man kann t aus den Parametergleichungen eliminieren:

$x^2 + y^2 = (r \cdot \cos(t))^2 + (r \cdot \sin(t))^2 = r^2 \cdot (\sin^2(t) + \cos^2(t)) = r^2 \cdot 1 \Rightarrow x^2 + y^2 = r^2$

C *Ein Muster in Kirchenfenstern*

Der „Vierpass" ist ein beliebtes Muster im gotischen Maßwerk.

In der Planskizze ist die zugrunde liegende Konstruktion zu sehen: Einem großen Kreis sind symmetrisch vier kleine einander berührende Kreise einbeschrieben, deren Mittelpunkte auf den Ecken des Einheitsquadrates liegen.

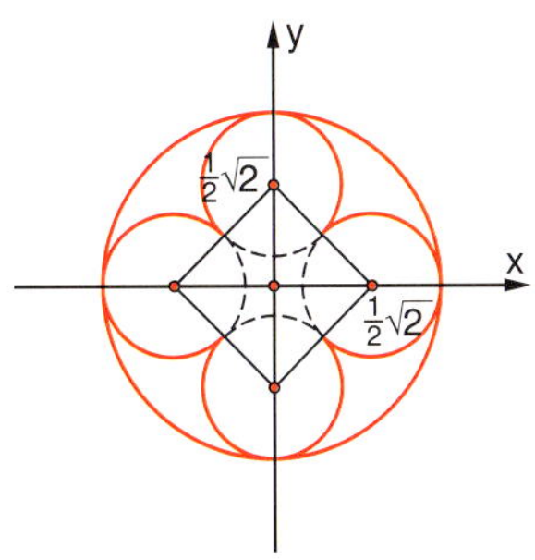

Mit fünf Parametergleichungen können wir die Kreise auf dem GTR zeichnen:

$xt1 = .5 \cdot (\sqrt{2} + 1) \cdot \cos(t)$
$yt1 = .5 \cdot (\sqrt{2} + 1) \cdot \sin(t)$
$xt2 = .5 \cdot \cos(t) + \left\{\frac{\sqrt{2}}{2} \;\; 0 \;\; \frac{-\sqrt{2}}{2} \;\; 0\right\}$
$yt2 = .5 \cdot \sin(t) + \left\{0 \;\; \frac{\sqrt{2}}{2} \;\; 0 \;\; \frac{-\sqrt{2}}{2}\right\}$
xt3=
yt3=

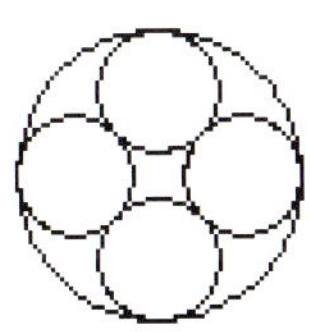

Übungen

3 Übersetze die folgenden Kreisgleichungen in Parameterform und zeichne mit dem GTR.

a) $x^2 + y^2 = 16$ b) $(x-2)^2 + (y+1)^2 = 4$ c) $\frac{x^2}{9} + \frac{y^2}{9} = 1$

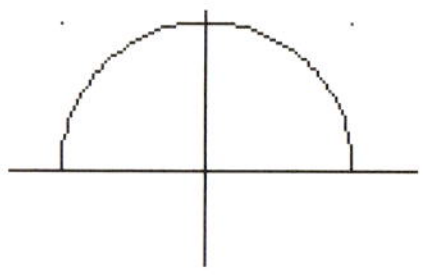

4 a) Der Graph der Funktion $y = \sqrt{16-x^2}$ ist ein Halbkreis (Warum?). Zeichne diesen Halbkreis mithilfe einer Parameterdarstellung (es gibt verschiedene Möglichkeiten).
b) Wie kannst du mithilfe der Parameterdarstellung einen Viertelkreis (Dreiviertelkreis) zeichnen?

5 Erkläre die in Beispiel C gewählten Radien und Mittelpunktskoordinaten in den Parametergleichungen für den Vierpass im Kreis.

Entwirf eigene Muster deiner Wahl mithilfe der Parameterdarstellung.

6 *Kreatives mit dem GTR:* Zeichne die folgenden Muster auf dem GTR.

a) 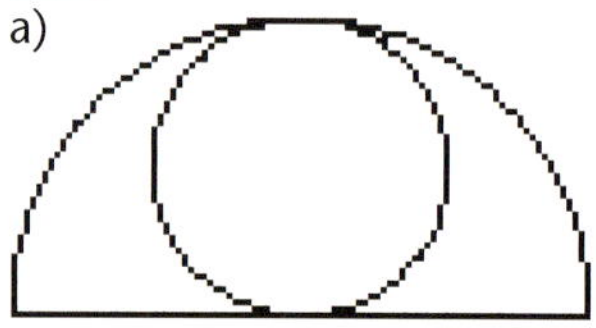
b) 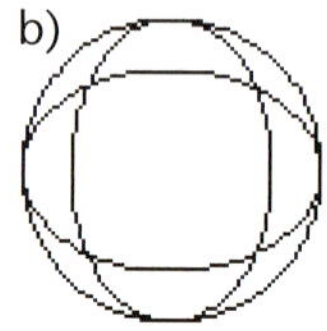
c) 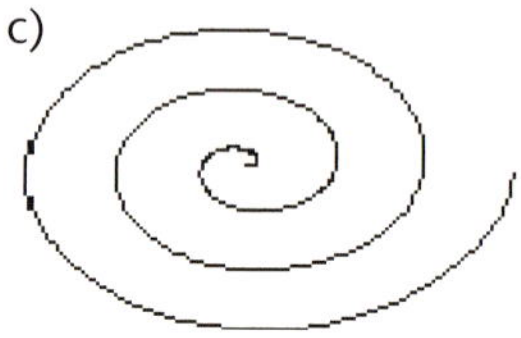

7 *„Kreisbewegungen"*
Die Parameterdarstellung hat gegenüber der üblichen Funktionsdarstellung $y = f(x)$ den Vorteil, dass man mit ihrer Hilfe die Bewegung gut darstellen kann. Die folgende Bildsequenz zeigt drei Stufen eines solchen Bewegungsbildes:

```
✓xt1=3·cos(t)
✓yt1=3·sin(t)
✓xt2=2·cos(t)
✓yt2=2·sin(-t)
 xt3=
 yt3=
 xt4=
```

(1) 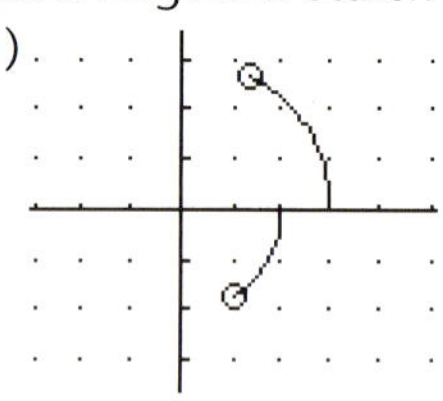
(2) 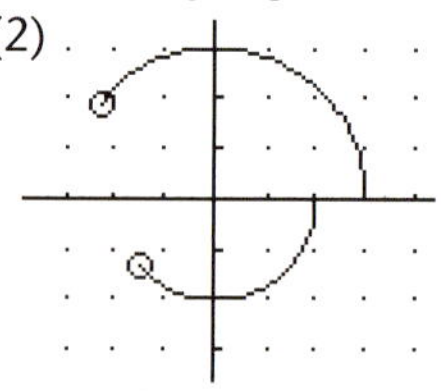
(3) 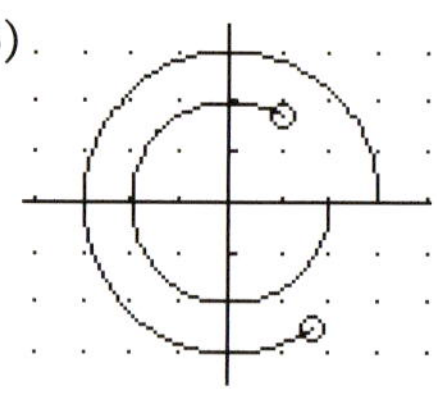

Schön ist es, wenn die beiden Graphen gleichzeitig aufgebaut werden. Dies geschieht mit der Einstellung „simultan" auf dem GTR.

a) Stelle die Bewegung auf deinem GTR dar. Du musst dazu die Parametergleichungen im Modus „Animate" oder „Path" darstellen (anstelle des Modus „Line").
b) Begründe mithilfe der Parametergleichungen, warum der äußere Kreis links herum und der innere rechts herum durchlaufen wird.
c) Überlege dir, wie du die „Geschwindigkeit" der Bewegung verändern kannst, und probiere es aus (es gibt mehrere Möglichkeiten).
d) Was passiert für $0 \le t \le 6\pi$ bei der Animation der rechts in Parameterdarstellung angegebenen Kreise? (Geschwindigkeit auf den Bahnen, Überholvorgänge u. Ä.) Versuche eine Vorhersage durch Nachdenken und probiere es dann aus.

✓$xt1=\cos(t)$
✓$yt1=\sin(t)$
✓$xt2=1.5\cdot\cos\left(2\cdot t-\frac{\pi}{2}\right)$
✓$yt2=1.5\cdot\sin\left(2\cdot t-\frac{\pi}{2}\right)$

8 *Vielecke statt Kreise*

```
tmin=0.
tmax=6.28318530718
tstep=1.04719755196
xmin=-2.56666666667
xmax=2.56666666667
xscl=1.
ymin=-1.1
ymax=1.1
yscl=1.
```

a) Was ist hier passiert? Es wurden die Parametergleichungen $x(t) = \cos(t)$ und $y(t) = \sin(t)$ eingegeben, auf dem Display erscheint ein regelmäßiges Sechseck. Kannst du das erklären?
b) Wenn du die Erklärung gefunden hast, kannst du auch andere regelmäßige Vielecke (Vierecke, Achtecke, Zehnecke, ...) zeichnen. Probiere es aus.

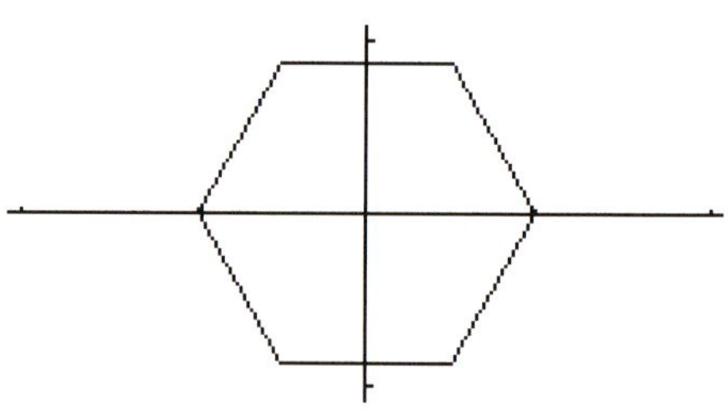

Übungen

9 Was passiert, wenn du bei Aufgabe 8 a) für den Parameter t die folgenden Werte einstellst: tmin = 0, tmax = 20 und tstep = 1.0? Versuche eine Vorhersage und überprüfe mit dem Taschencomputer.

10 *Analytische Darstellung von Ellipsen*
Du kennst jetzt die Parameterdarstellung einer Ellipse. Wie beim Kreis kann man die Ellipse auch durch eine Gleichung zwischen den x- und y-Koordinaten beschreiben.
a) Zeige, dass die Ellipse mit der Parameterdarstellung $x(t) = 2\cos(t)$; $y(t) = 3\sin(t)$ $(0 \le t \le 2\pi)$ auch durch die Gleichung $\frac{x^2}{4} + \frac{y^2}{9} = 1$ beschrieben wird.
b) Forme die folgenden Ellipsengleichungen jeweils in die andere Darstellung um:

$x(t) = 2{,}25\cos(t)$
$y(t) = 1{,}21\sin(t)$ $\qquad \frac{x^2}{2} + \frac{y^2}{4} = 1 \qquad 4x^2 + 9y^2 = 36 \qquad \frac{x^2}{a^2} + \frac{y^2}{b^2} = 1$

c) Eine Ellipse ist durch die beiden „Halbachsen" a und b gekennzeichnet, sie verläuft zwischen den konzentrischen (Scheitel-)Kreisen mit den Radien a und b. Zeichne die in a) und b) angegebenen Ellipsen und die entsprechenden Kreise mit dem GTR.

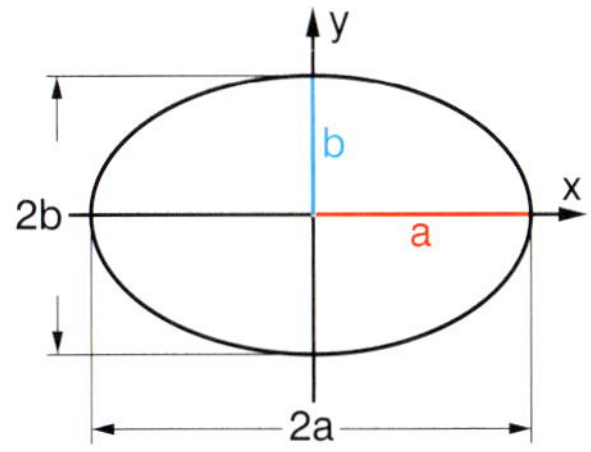

10a Eliminiere t mit dem Ansatz:
$\cos(t) = \frac{x}{2} \Rightarrow \cos^2(t) = \frac{x^2}{4}$
$\sin(t) = \frac{y}{3} \Rightarrow \sin^2(t) = \frac{y^2}{9}$

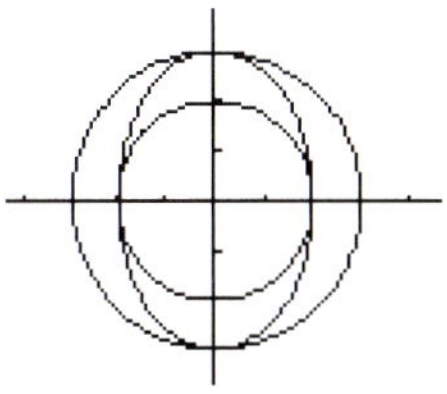

Konstruktion von Ellipsen

Ellipsen waren ebenso wie Kreise, Parabeln und Hyperbeln schon bei den Griechen vor 2000 Jahren Gegenstand mathematischer Untersuchungen. Da ihnen aber weder das Koordinatensystem noch der Funktionsbegriff zur Verfügung standen, führten sie ihre Entdeckungen und Untersuchungen mit rein geometrischen Werkzeugen und Verfahren durch. Im Laufe der Jahrhunderte wurden sowohl in der Theorie als auch bei Anwendungen eine Reihe verschiedener Konstruktionsmethoden entwickelt, zwei davon werden hier beschrieben.

„Gärtnerkonstruktion"

Ellipsen können definiert werden als geometrischer Ort aller Punkte, deren Summe der Abstände von zwei festen Punkten (den „Brennpunkten" F_1 und F_2) konstant ist. Dies führt zu einer praktischen Konstruktionsmethode:

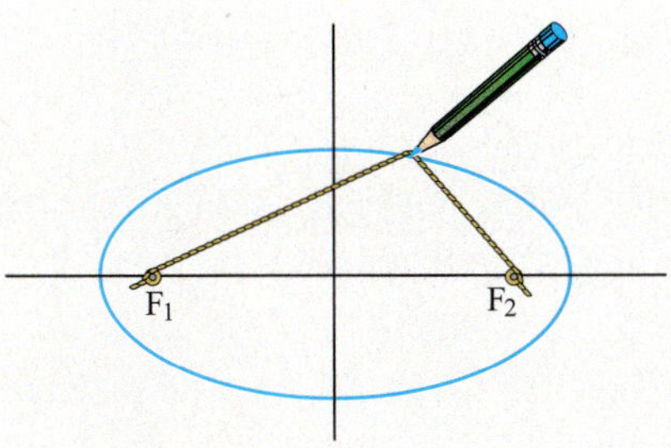

Eine Schnur fester Länge wird in den Punkten F_1 und F_2 mit Pin-Nadeln befestigt. Der Bleistift wird dann an dem zu einem Dreieck gestrafften Seil entlanggeführt.
Dieses Verfahren erlaubt die Konstruktion von Ellipsen im freien Gelände, z. B. für die Anlage eines elliptischen Blumenbeetes.

„Zweikreismethode"

Die Ellipsenpunkte liegen zwischen den beiden Kreisen mit den Radien a und b der Halbachsen der Ellipse.

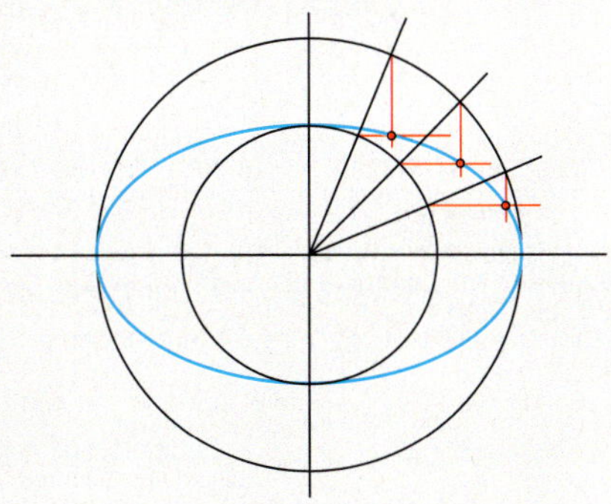

Vom Mittelpunkt werden Strahlen gezeichnet, die die beiden konzentrischen Kreise in zwei Punkten schneiden. Mit diesen Eckpunkten wird ein rechtwinkliges Dreieck konstruiert, der dritte Punkt liegt dann auf der Ellipse.
Mit dieser Konstruktion wird deutlich, dass die Ellipse durch die „Stauchung" des äußeren Kreises entsteht.

Ellipse als Kegelschnitt

Übungen

Besonders anregend ist eine Exkursion ins Gelände.

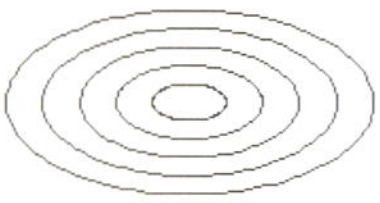

11 Führe die im Exkurs angegebenen Konstruktionen selbst durch.
Welcher Zusammenhang besteht bei der Gärtnerkonstruktion zwischen der Länge des Seils und der Halbachse a?

12 a) Überlege dir, wie man für Ellipsen und Spiralen einen „Mittelpunkt" definieren könnte.
b) Gib die Parameterdarstellung einer Ellipse (Spirale) mit dem „Mittelpunkt" M(3|4) an und zeichne mit dem Taschencomputer.
c) Zeichne fünf „konzentrische" Ellipsen. Gelten hierfür ähnliche Eigenschaften wie für fünf konzentrische Kreise? Begründe deine Entscheidung.

Parameterkurven am Oszillographen

Vielleicht hast du schon einmal im Physikunterricht Bilder auf dem Oszilloskop (Oszillographen) gesehen. Dies ist ein elektronisches Messgerät, mit dem der zeitliche Verlauf elektrischer Spannungen auf einem Bildschirm sichtbar gemacht werden kann. Dies geschieht dadurch, dass ein Elektronenstrahl erzeugt wird, die frei beweglichen Elektronen zwei senkrecht zueinander stehende Plattenpaare durchlaufen und dann an der Aufprallstelle die Leuchtschicht des Bildschirms anregen. Wenn wir auf beide Platten sich periodisch ändernde (Sinus-) Spannungen anlegen, so lassen sich entsprechende Kurven auf dem Bildschirm des Oszillographen darstellen.
Wie bei unseren Parametergleichungen hängt die Form der Kurven von den Amplituden, den Frequenzen und den Phasen der Sinusschwingungen ab. Wenn man das Entstehen dieser Kurven versteht, so lassen sich damit aus den Kurven wiederum Rückschlüsse auf die Parameter der Schwingungen ziehen.

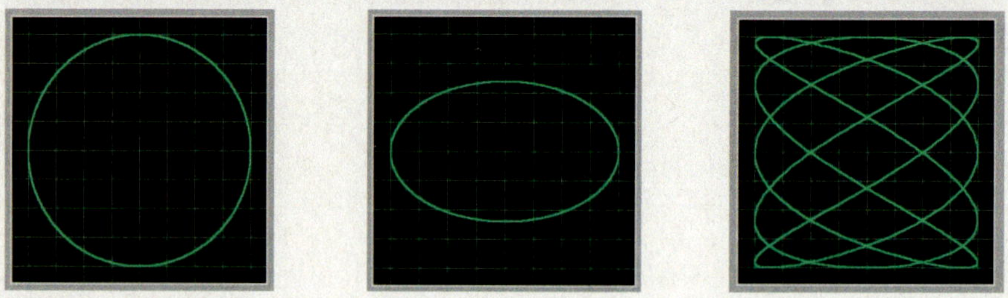

Jules Antoine Lissajous war ein französischer Physiker (1822–1880). Er befasste sich mit der visuellen Darstellung von Schwingungen, für die er ein Verfahren der optischen Darstellung mithilfe zweier Spiegel entwickelte, und mit der optischen Telegrafie.

13 *Lissajous-Figuren*
Wenn man in der Parameterdarstellung für x(t) und y(t) trigonometrische Funktionen mit unterschiedlicher Frequenz eingibt, so entstehen interessante Kurven, die so genannten Lissajous-Figuren.
Welche Kurve gehört zu welcher Parameterdarstellung? Versuche eine Vorhersage und überprüfe dann mit dem Taschencomputer ($0 \le t \le 2\pi$). Beschreibe die Kurven.

a) $x(t) = \cos(t)$, $y(t) = \sin(2t)$

b) $x(t) = \cos(2t)$, $y(t) = \sin(t)$

c) $x(t) = \sin(2t)$, $y(t) = \cos(t)$

d) $x = \cos(t)$, $y = \sin(3t)$

(1) 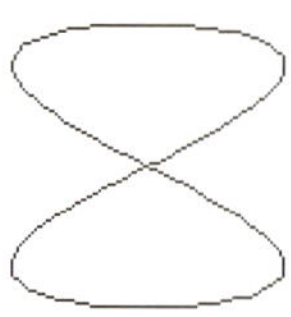

(2) 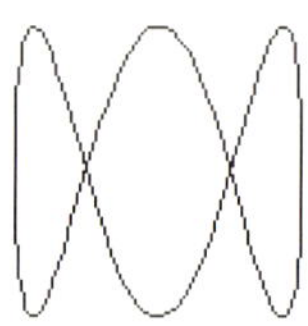

(3) 

(4) 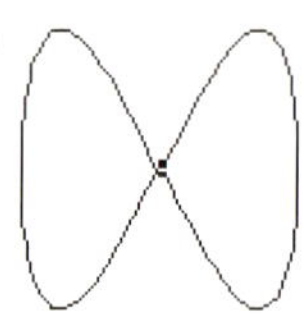

14 Wie könnten die Kurven zu den Parameterdarstellungen aussehen?
a) $x(t) = \cos(t)$, $y(t) = \sin(4t)$ b) $x(t) = \cos(t)$, $y(t) = \sin(5t)$

Aufgaben

15 *Experimentieren im Lissajous-Labor*
Untersuche die Kurven mit der Parameterdarstellung
$x(t) = \sin(u \cdot t) \quad y(t) = \cos(v \cdot t)$
mit verschiedenen Zahlen u und v. Protokolliere deine Beobachtungen und schreibe einen zusammenfassenden „Laborbericht".

u = 2	v = 1 und v = 3
u = 3	v = 2 und v = 4
u = 4	v = 3 und v = 5
u = 5	v = 3 und v = 6
...	...

Was passiert, wenn das Verhältnis u:v irrational ist (z. B. u = 2 und v = $\sqrt{2}$)?

Der schnellste Weg von A nach B – ein Zykloidenbogen

Im mathematischen Museum in Gießen kann man ein Experiment durchführen, dessen überraschendes Ergebnis Staunen hervorruft. Drei Bahnen verbinden einen höher gelegenen mit einem tiefer gelegenen Punkt. Die mittlere Bahn verläuft gradlinig, die beiden äußeren in einer Kurve, die am Anfang steil abfällt und dann flach ausläuft. Man kann nun gleichzeitig zwei Kugeln auf der geraden und auf einer der deutlich längeren kurvenförmigen Bahnen herunterlaufen lassen. Welche Kugel kommt früher unten an? Man erwartet selbstverständlich die Kugel auf der geraden Bahn als Sieger, denn schließlich ist die Gerade die kürzeste Verbindung zwischen zwei Punkten. Entgegen der Erwartung ist die Kugel auf der gekrümmten Bahn der deutliche Sieger.

Ein weiteres verblüffendes Ergebnis liefert ein Wettrennen auf den beiden gleichen gekrümmten Bahnen. Wenn man beide Kugeln an verschiedenen Höhen der Bahnen startet, so kommen sie gleichzeitig ins Ziel. Man kann das Experiment mit anderen Starthöhen wiederholen, wieder kommen die Kugeln gleichzeitig an. Sind die Beobachtungen auf die spezielle Kurve der gekrümmten Bahn zurückzuführen? Gibt es eine Bahnkurve, die man als „schnellste Verbindung" zwischen zwei Punkten bezeichnen könnte?
Dies ist in der Geschichte der Mathematik eine stark diskutierte Frage gewesen. Vermutlich war es GALILEI, der als Erster versuchte, das Problem zu lösen. Er hielt den Kreisbogen für die optimale Kurve. Doch er irrte. Im Jahr 1696 hat JOHANN BERNOULLI das Problem gelöst: Die gesuchte „Brachystochrone" (brachistos: am kürzesten, chronos: Zeit) ist ein **Zykloidenbogen.**
Die Zykloide hat eine weitere erstaunliche Eigenschaft, sie ist „tautachron" (tautos = gleich). Dies beschreibt die Beobachtung im zweiten Experiment.

16 *Der selbst gebaute „Zykloidenzirkel"*
a) Schneide eine stabile kreisförmige Pappscheibe (Bierdeckel) aus. Stecke durch ein Loch möglichst dicht am Rand die Spitze eines Bleistifts. Rolle die Scheibe auf einem Lineal ab. Der Bleistift zeichnet dabei eine Zykloide. Beschreibe die Kurve. Suche eventuell Hilfe bei einem Experten oder im Internet.
b) Was passiert, wenn die Spitze des Bleistifts in einem Loch ansetzt, das im Innern des Kreises liegt? Vergleiche die Kurve mit der in a).

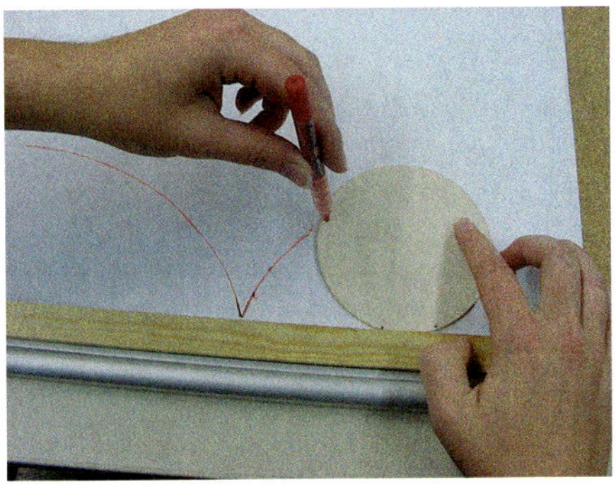

Eine **Zykloide** entsteht als Bahnkurve eines Kreispunktes beim Abrollen des Kreises auf einer Geraden.

Das Ventil des rollenden Fahrradreifens bewegt sich auf einer Zykloidenbahn.

Aufgaben

17 *Die Parameterdarstellung der Zykloide*

Die Zykloide hat die nebenstehenden Parametergleichungen.
r ist der Radius des Kreises und t der so genannte „Wälzwinkel".

$x(t) = r \cdot t - r \cdot \sin(t)$
$y(t) = r - r \cdot \cos(t)$

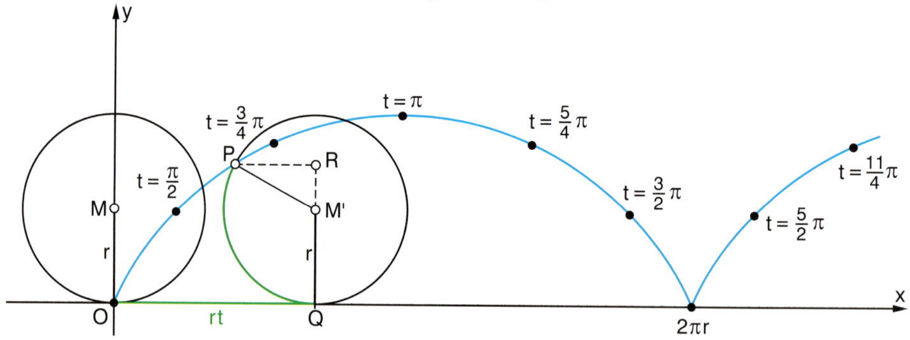

Beim Start befindet sich der Punkt P im Koordinatenursprung, der Wälzwinkel ist 0.

a) Zeichne Zykloiden mit r = 1, 2, 3 auf deinem GTR. Gib jeweils die Periode und die Lage der Maxima der Kurve an.

b) Die besondere Herausforderung: Leite die Parametergleichungen mithilfe der obigen Skizze her.
($x_P = \overline{OQ} - \overline{RP}$; $y_P = \overline{QM'} + \overline{M'R}$)

18 *Im Zoo der Kurven*

Welche Kurve gehört zu welcher Parametergleichung? Vermute und überprüfe am Taschencomputer. Wie viele Treffer hast du erreicht?

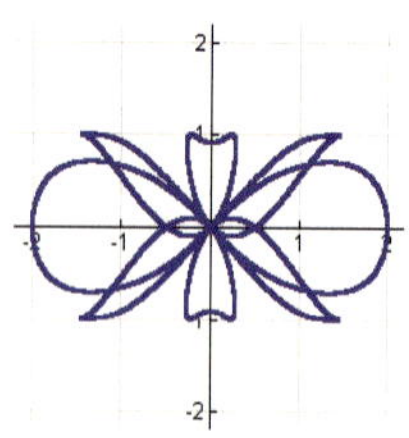

Blüte 1

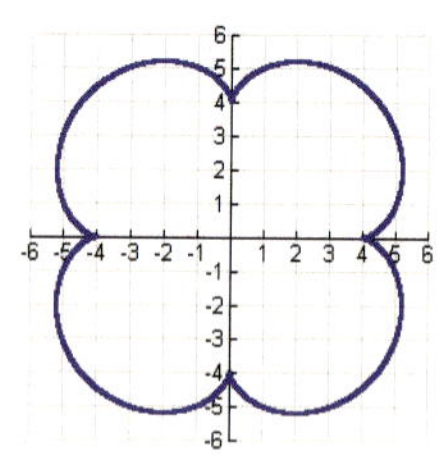

Blüte 2

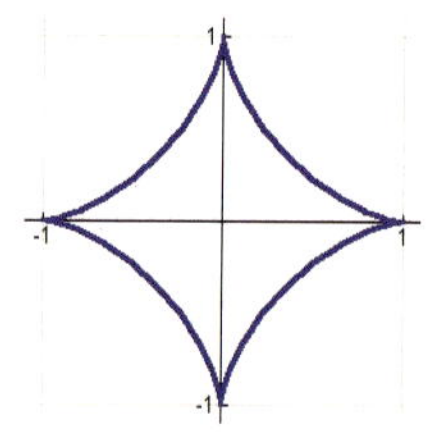

Astroide

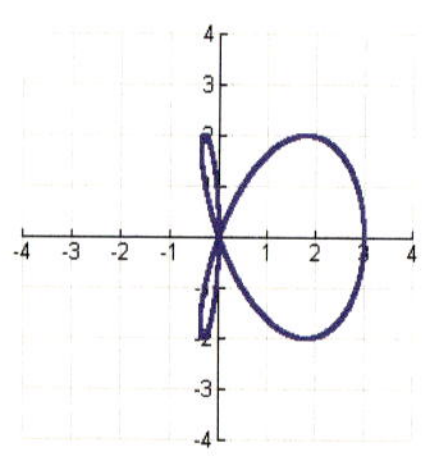

Fisch

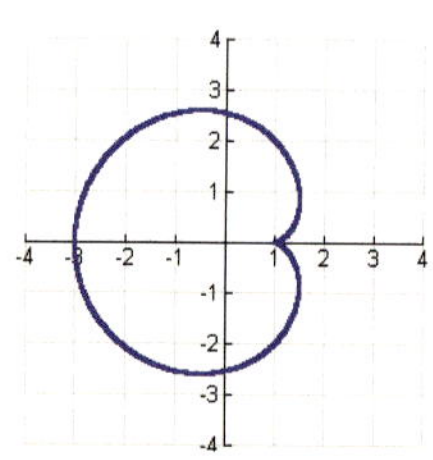

Herz

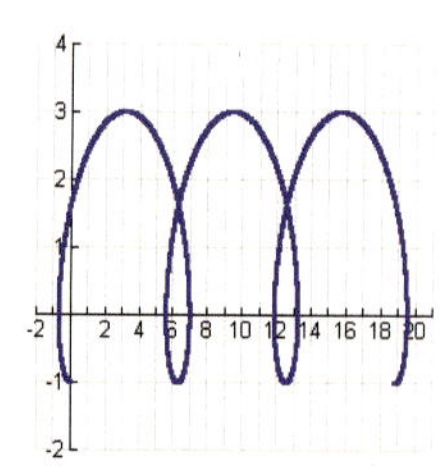

Rollkurve

Parametergleichungen:

Ⓐ $x(t) = (\cos(t))^3$
$y(t) = (\sin(t))^3$

Ⓑ $x(t) = \sin(5t) - \sin(3t)$
$y(t) = \sin(\cos(7t) + \cos(t))$

Ⓒ $x(t) = \frac{3}{2} \cdot \cos(t) \cdot (\cos(t) + 1)$
$y(t) = 2\sin(2t)$

Ⓓ $x(t) = 5\cos(t) - \cos(5t)$
$y(t) = 5\sin(t) - \sin(5t)$

Ⓔ $x(t) = t - 2\sin(t)$
$y(t) = 1 - 2\cos(t)$

Ⓕ $x(t) = 2\cos(t) - \cos(2t)$
$y(t) = 2\sin(t) - \sin(2t)$

CHECK UP

1 *Zur Übung*
a) Rechne um ins Bogenmaß. Gib das Bogenmaß als Bruchteil von π an. $\alpha = 90°$ (45°, 10°, 1°, 360°, 720°, 450°)
b) Rechne um ins Gradmaß: $x = \pi$, $\frac{1}{3}\pi$, $\frac{2}{3}\pi$, $\frac{1}{5}\pi$, 3π

2 Zeichne mit dem GTR den Graphen der Funktion $f(x) = \sin(x)$ auf dem Intervall $[0, 4\pi]$
a) Bestimme x-Werte in diesem Intervall, welche die gleichen Funktionswerte wie $x = \frac{\pi}{6}$ haben.
b) Welche x-Werte haben die betragsgleichen Funktionswerte wie $x = \frac{\pi}{6}$, nur mit umgekehrtem Vorzeichen?

3 Erläutere die Fachbegriffe Amplitude und Periode am Graphen der Sinusfunktion.

4 Ein Satellit wird von einem Space Shuttle auf eine Erdumlaufbahn gebracht. Seine Bahn verläuft über den Äquator. Die Entfernung des Satelliten zum Äquator kann durch eine Sinuskurve gut modelliert werden.
Ermittle aus dem Diagramm die maximale Entfernung des Satelliten vom Äquator und die Zeit, die er für eine Erdumrundung benötigt.

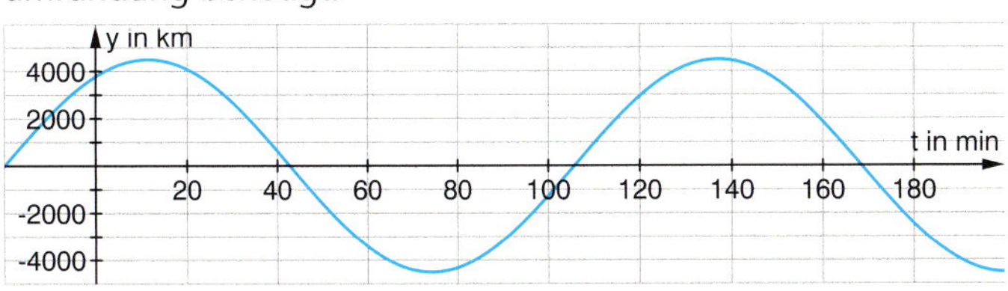

5 *Parameter verändern Graphen.*
$f(x) = a \cdot \sin(bx - c) + d$
a) Welchen Einfluss hat der Parameter b auf den Graphen der Sinusfunktion? Überprüfe deine Antwort mit Hilfe des GTR.
b) Wie kann man die Amplitude einer Sinusfunktion verändern?

6 Erstelle einen Steckbrief (Amplitude, Periode, Verschiebung in Richtung der y- Achse, Phasenverschiebung) für die Funktion.
a) $f(x) = 2\sin(4x)$ b) $f(x) = \sin\left(x - \frac{\pi}{2}\right)$

Gib die Funktionsgleichung an.

a)
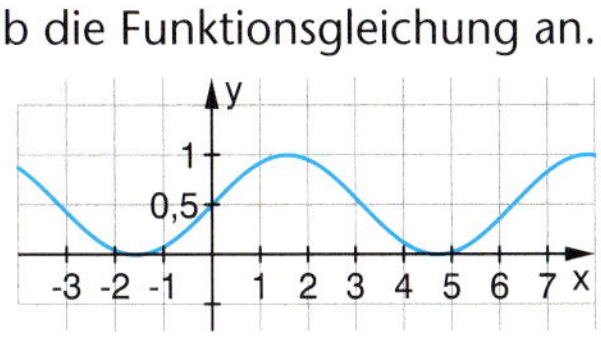

b)
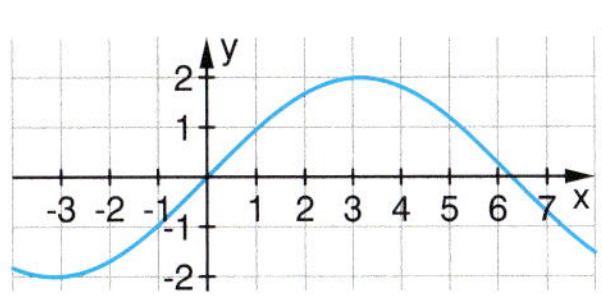

Du kannst die Periode aus dem Diagramm ablesen

7 In der Musik spielen die Lautstärke und die Tonhöhe eine große Rolle.
Welchen Parametern in der Sinusfunktion entsprechen sie?

8 Ändere die Parameterdarstellung des Kreises mit dem Radius 2 LE so ab, dass
a) ein Kreis mit Radius r = 5 LE,
b) eine Ellipse entsteht.

$x(t) = 2\sin t$
$y(t) = 2\cos t$

Trigonometrie

Graph der Sinusfunktion
$\alpha \rightarrow \sin(\alpha)$ mithilfe des Einheitskreises

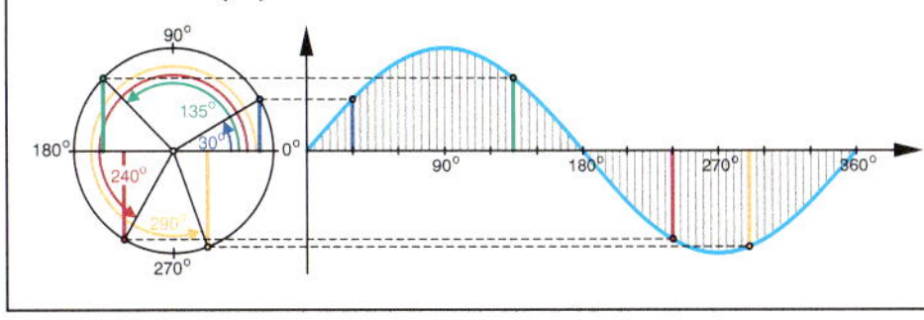

Bogenmaß:

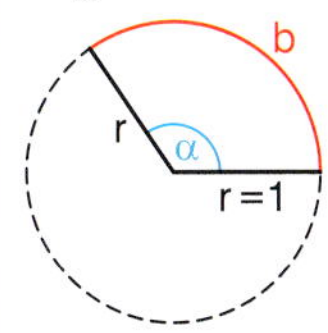

Umrechnungsformel:
Winkel im Bogenmaß = Winkel im Gradmaß $\cdot \frac{\pi}{180°}$

Gradmaß	360°	180°	90°	30°
Bogenmaß	2π	π	$\frac{\pi}{2}$	$\frac{\pi}{6}$

Graph der Sinusfunktion
$x \rightarrow \sin(x)$ (x im Bogenmaß)

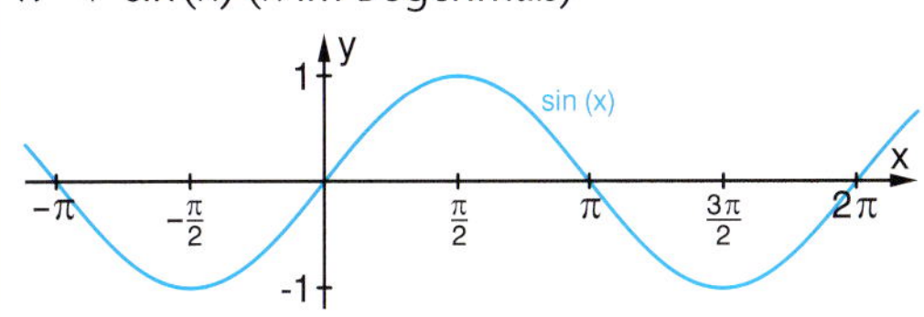

Transformationen der Sinusfunktion

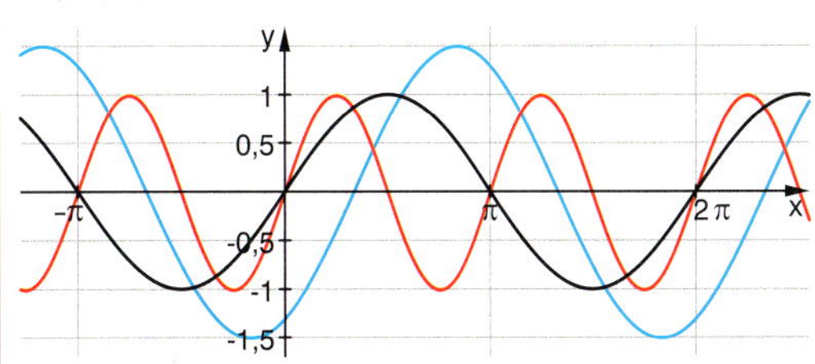

$f(x) = \sin(x)$
$g(x) = \sin(2x)$ Periodenlänge halbiert
$h(x) = 1{,}5 \cdot \sin\left(x - \frac{\pi}{3}\right)$
Mit Faktor 1,5 in y-Richtung gestreckt, nach rechts um $\frac{\pi}{3}$ verschoben.

Kurven in Parameterform
$x(t) = 2\sin t$
$y(t) = 2\cos t$

$0 \leq t \leq 2\pi$

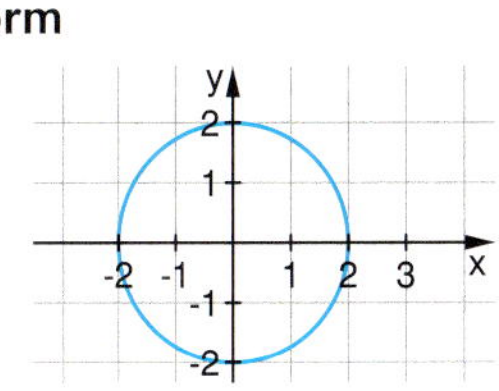

4 Stochastik

4.1 Zählen und Wahrscheinlichkeit

Was dich erwartet

In vielen Situationen in unserem täglichen Leben spielt der Zufall eine Rolle. Wird es morgen bei der Gartenparty gewittern? Kommen alle Gäste, die sich angemeldet haben? Kann ich damit rechnen, dass ich, wenn ich in den nächsten 40 Jahren jede Woche im Lotto spiele, zumindest einmal „sechs Richtige" habe? Bei der Beantwortung dieser Fragen spielt die Wahrscheinlichkeit, mit der das betreffende Ereignis eintritt, die wichtigste Rolle.

Die Theorie der Wahrscheinlichkeitsrechnung geht „wahrscheinlich" auf einen Briefwechsel zwischen den französischen Mathematikern Pascal und Fermat zurück, die sich mit Würfelspielen und den Wahrscheinlichkeiten, mit denen bestimmte Ereignisse dabei auftreten, beschäftigten. Heutzutage hat die Wahrscheinlichkeitsrechnung darüber hinaus viele Anwendungen, u. a. Versicherungsrechnen, Wetter- und Wahlvorhersagen. Viele Fragen der Wahrscheinlichkeitsrechnung kann man durch Zählen beantworten. Ein schönes Beispiel:

> *In einer 10. Klasse mit 16 Mädchen und 12 Jungen wird ein Festausschuss mit vier Mitgliedern zur Gestaltung des Abschlussfestes gewählt.*
> *– Wie viele verschiedene Ausschüsse sind denkbar?*
> *– Wie viele davon bestehen nur aus Mädchen?*
> *– Wie groß ist die Wahrscheinlichkeit, dass zufällig nur Jungen im Ausschuss sind?*

Zählen ist nicht einfach. Oder kannst du die Fragen aus dem Beispiel sofort beantworten? Zum Glück gibt es einige Zählprinzipien, die das Zählen erleichtern.

Aufgaben

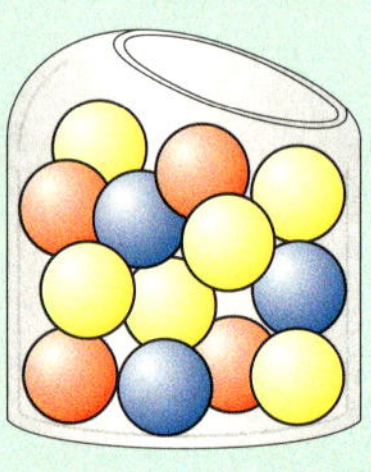

1 *Wie kann man Wahrscheinlichkeiten bestimmen?*

a) Eine Urne enthält drei blaue, vier rote und sechs gelbe Kugeln. Eine Kugel wird zufällig gezogen. Wie groß ist die Wahrscheinlichkeit, dass die Kugel rot (nicht gelb) ist?

b) Christoph hat vier verschiedene Sweatshirts und fünf verschiedene Kappen. Auf wie viele Arten kann er ein Sweatshirt mit einer Kappe „kombinieren"? Christoph ist in Eile. Er nimmt, ohne richtig hinzuschauen, ein Sweatshirt und eine Kappe. Wie groß ist die Wahrscheinlichkeit, dass er zufällig sein Lieblingsshirt und seine Lieblingskappe erwischt hat?

Aufgaben

2 Für ein Beach-Volleyball-Team benötigt Lisa drei Mitspielerinnen. Um keine ihrer fünf Freundinnen zu beleidigen, lost Lisa aus.
a) Wie viele verschiedene Mannschaften können ausgelost werden? Vielleicht hilft dir Lisas Spickzettel? Was hat Lisa gemacht? Überprüfe, ob der Spickzettel vollständig ist.

Petra, Ebba, Barbara
Ebba, Barbara, Natalie
Natalie, Ebba, Petra
Jaana, Natalie, Ebba
Barbara, Petra, Natalie
Ebba, Jaana, Barbara
Natalie, Petra, Jaana
Barbara, Jaana, Natalie

b) Wie groß ist die Wahrscheinlichkeit, dass in die Mannschaft zufällig Ebba, Natalie und Barbara gelost werden?

3 *Lohnt sich das Glücksspiel?*

Spielplan: Einsatz 5,– €
Gespielt wird gegen die Spielbank.
Der Spieler wirft fünf Münzen.
Er gewinnt, wenn genau zwei der Münzen mit „Zahl" nach oben liegen.
Gewinnauszahlung: 20,– €

a) Handelt es sich deiner Meinung nach um ein faires Spiel? Überlege zunächst, was man unter einem fairen Spiel verstehen könnte.
b) Mit welcher Wahrscheinlichkeit gewinnt der Spieler? Überlege und begründe deine Antwort.
c) Spielt das Spiel mit den fünf Münzen in Gruppen insgesamt mindestens 100-mal. Wie häufig liegen genau zwei Münzen mit der Zahl nach oben? Vergleiche mit dem Ergebnis aus Aufgabe b).
d) Der berühmte Mathematiker Pascal hätte vielleicht gesagt: „Angenommen du hast fünf verschiedene Münzen (1 €, 2 €, 5 ct, 2 ct, 1 ct). Schreibe alle Ergebnisse auf, die es beim Werfen der fünf Münzen geben kann. Bei wie vielen davon liegt genau zweimal die Zahl oben? Jetzt kannst du die Wahrscheinlichkeit berechnen, mit der man gewinnt."

4 *Auf der Rennbahn*
Beim Pferderennen kann man verschiedene Wetttipps abgegeben. Man kann z. B. auf den Sieger wetten oder eine so genannte Dreierwette abgeben. Bei der Dreierwette tippt man darauf, welches Pferd siegt, welches Zweiter und welches Dritter wird. An einem Rennen nehmen acht Pferde teil.

Ata Kama — Legato
Bartun — Manelli
Donnerhuf — Masbos
Evening News — Romulus

a) Frau Lindemann ist das erste Mal bei einem Pferderennen und kennt keines der Pferde. Sie setzt auf irgendein Pferd. Mit welcher Wahrscheinlichkeit setzt sie zufällig auf den späteren Sieger „Donnerhuf" aus dem Gestüt „Graf Falken"?
b) Herr Lindemann gibt eine Dreierwette ab. Wie viele verschiedene Tipps sind denkbar? Mit welcher Wahrscheinlichkeit gibt Herr Lindemann, der kein Pferdeexperte ist, den richtigen Tipp ab?
c) Was wird eine Zweierwette sein? Wie viele verschiedene Zweierwetten gibt es bei diesem Rennen?

Dreierwette

Rang	Pferd
1	
2	
3	

Zur Berechnung der Anzahl der Einlaufwetten benötigt man eine Strategie. Ausprobieren hilft nicht wirklich.

Basiswissen

Begriffe zur Wiederholung:

Zufallsversuch: Versuch mit mehreren Ergebnissen.

Ereignis: eine Menge von Ergebnissen.

Wahrscheinlichkeit: eine Zahl zwischen 0 und 1, die angibt, wie wahrscheinlich ein Ereignis eintritt.

Unter gewissen Bedingungen kann man die Wahrscheinlichkeit, mit der ein Ereignis eintritt, berechnen:

Theoretische Wahrscheinlichkeit

Sind alle Ergebnisse eines Zufallsversuches gleichwahrscheinlich, dann kann man die Wahrscheinlichkeit p eines Ereignisses theoretisch ermitteln:

$$p(E) = \frac{\text{Anzahl der günstigen Ergebnisse}}{\text{Anzahl der möglichen Ergebnisse}}$$

$p(\text{grün}) = \frac{5}{12} = 41{,}7\%$

Um Anzahlen ermitteln zu können, muss man zählen. Häufig hilft beim Zählen ein Baumdiagramm.

Wie man richtig zählt

Sonderangebot:
Ein Hamburger und ein Getränk nach eigener Wahl: 2,50 €

Burger: Cheeseburger, Bigburger, Doubledecker, Veggieburger

Getränke: Cola, Fanta, Sprite

Grundlegendes Zählprinzip

Hat ein Zufallsversuch **m** verschiedene Ergebnisse und ein anderer Zufallsversuch **n** verschiedene Ergebnisse, so hat die Hintereinanderausführung dieser Versuche im Allgemeinen $\mathbf{m \cdot n}$ verschiedene Ergebnisse.

Man kann ein „Menü" auf verschiedene Arten zusammenstellen:

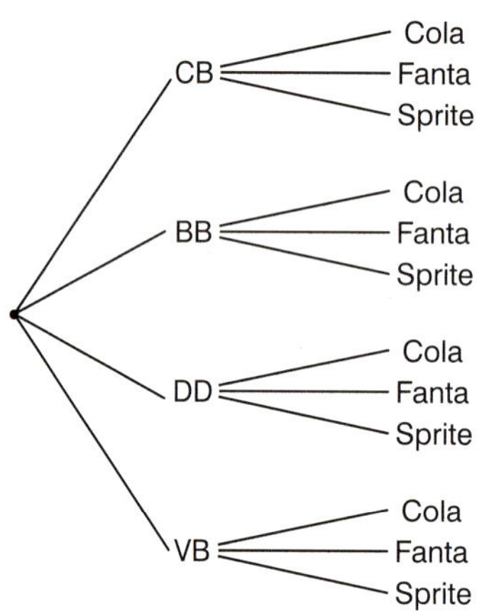

Das Baumdiagramm veranschaulicht das grundlegende Zählprinzip.

Es gibt $4 \cdot 3 = 12$ verschiedene Menüs.

Beispiele

A Carmen möchte den Zugang zu ihrem Computer mit einem fünfstelligen Passwort (vier Buchstaben gefolgt von einer Ziffer) sichern. Wie viele verschiedene Passwörter sind denkbar?

Lösung:

$26 \cdot 26 \cdot 26 \cdot 26 \cdot 10 = 4\,569\,760$

1. 2. 3. 4. Buchstabe — Ziffer

Es gibt für Carmen 4569760 verschiedene Passwörter.

Beispiele

B Das Zahlenschloss an einem Aktenkoffer hat drei Ringe mit jeweils den Ziffern von 0 bis 9.
a) Wie viele verschiedene Einstellungen gibt es?
b) Wie sicher ist so ein Schloss? Zur Beantwortung dieser Frage muss man die Wahrscheinlichkeit dafür berechnen, dass ein Dieb das Schloss mit dem ersten Versuch öffnet.
Lösung:
a) Es gibt $10 \cdot 10 \cdot 10 = 1000$ Einstellungen.
b) Die Wahrscheinlichkeit, dass ein Dieb das Schloss beim ersten Versuch öffnet, beträgt $\frac{1}{1000} = 0{,}001 = 0{,}1\,\%$.

Basiswissen

Es gibt verschiedene Zählprinzipien. Man muss erkennen, welches Zählprinzip passt. Hilfreich sind dabei häufig Urnenmodelle.

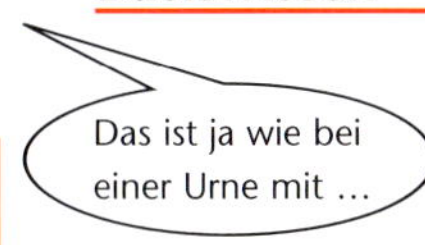

Sonderfälle beim Zählen: Auf die Reihenfolge kommt es an

(1) Wie viele verschiedene „Lieder" mit drei Noten kann man mit den Noten f, g, a, c, d schreiben?

Man erhält $5 \cdot 5 \cdot 5 = 125$ verschiedene Ziehungen d.h. 125 verschiedene Lieder mit drei Noten.

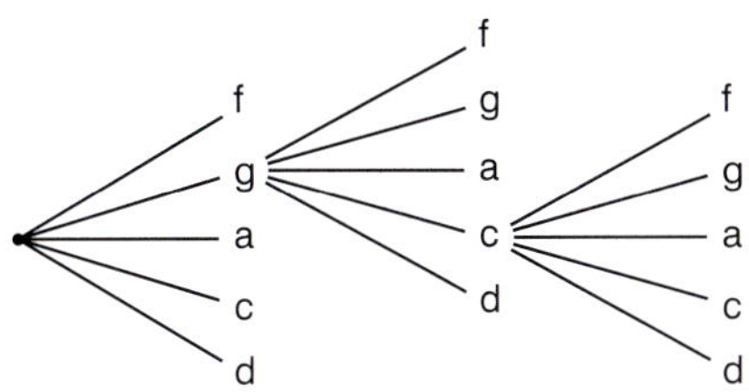

Modell: Urne mit fünf verschiedenen Kugeln. Jede Kugel steht für eine der fünf Noten.

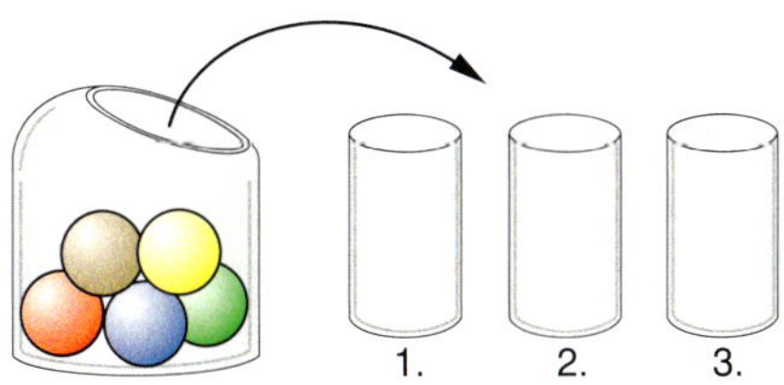

Dreimal **Ziehen mit Zurücklegen**

Ziehen mit Zurücklegen

(2) Mögliche Verteilung der Medaillen unter fünf Sprintern.

Man erhält $5 \cdot 4 \cdot 3 = 60$ verschiedene Ziehungen d.h. 60 mögliche Verteilungen der drei Medaillen.

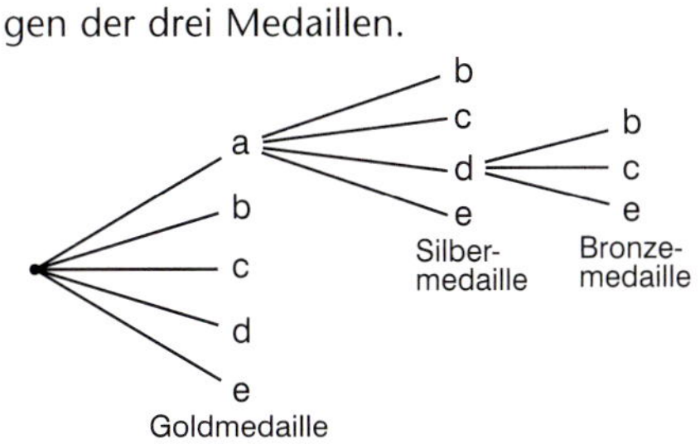

Modell: Urne mit fünf verschiedenen Kugeln. Jede Kugel steht für einen der fünf Sprinter.

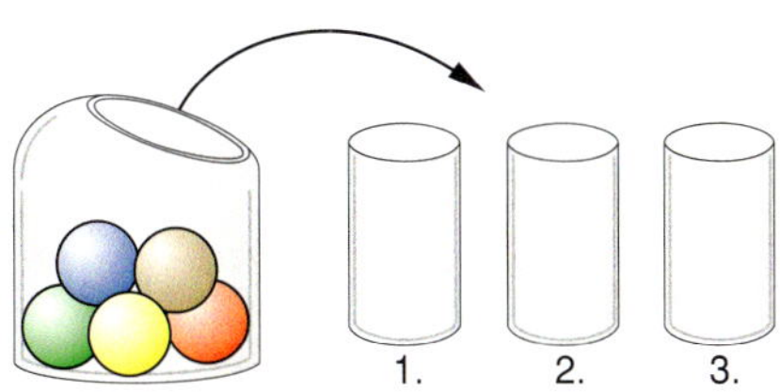

Dreimal **Ziehen ohne Zurücklegen**

Ziehen ohne Zurücklegen

Beispiele

C Bei einer Lotterie wird das Glücksrad viermal gedreht.
Wie viele verschiedene vierstellige Glückszahlen erhält man?
Lösung:
Modell: Urne mit fünf Kugeln; „viermal Ziehen mit Zurücklegen"
Es gibt $5 \cdot 5 \cdot 5 \cdot 5 = 625$ verschiedene Glückszahlen.
Mit dem Los mit der Nummer 3333 gewinnt man mit einer Wahrscheinlichkeit von $\frac{1}{625}$.

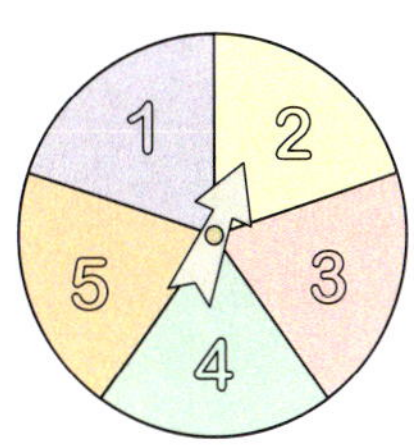

Beispiele

D *An der Kinokasse*

Auf wie viele verschiedene Weisen können sich Chris und seine drei Freunde Sebastian, Julian und Thomas an der Kinokasse hintereinander aufstellen? Wie groß ist die Wahrscheinlichkeit dafür, dass sie sich zufällig in alphabetischer Ordnung aufstellen?

Lösung:

Modell: Urne mit vier Kugeln (vier Freunde). Die Kugeln werden ohne Zurücklegen gezogen.

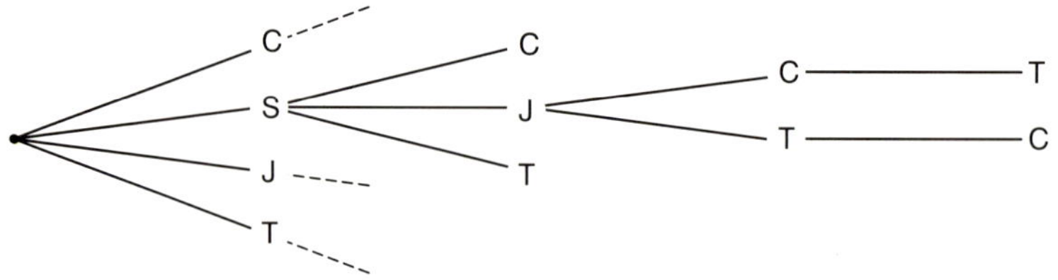

Es sind $4 \cdot 3 \cdot 2 \cdot 1 = 24$ verschiedene Reihenfolgen denkbar. Die Wahrscheinlichkeit dafür, dass sie sich zufällig alphabetisch geordnet anstellen, beträgt $\frac{1}{24}$.

Übungen

Entscheide bei jeder der folgenden Aufgaben zunächst, welches der beiden Urnenmodelle passt. Wenn dies nicht hilft, dann hilft vielleicht ein Baumdiagramm.

5 *Passwörter*

Als Passwörter können z. B. „Wörter" mit einer bestimmten Anzahl von Buchstaben verwendet werden.

a) Wie viele verschiedene Passwörter mit fünf Buchstaben gibt es?

b) Wie groß ist die Wahrscheinlichkeit, dass ein solches Passwort beim ersten Versuch eines „Hackers" richtig erraten wird?

c) Die Ratewahrscheinlichkeit in Aufgabe b) ist sehr klein. Warum werden Passwörter häufig dennoch recht schnell geknackt?

Sicherheit durch Passwörter

Je mehr Passwörter möglich sind, umso schwieriger findet man das Passwort durch Ausprobieren. Mit einem Computer kann man jedoch sehr schnell viele Passwörter ausprobieren.
Passwörter gibt es auch beim Online-Banking. Häufig wird die Anzahl der Versuche eingeschränkt (drei Versuche). Sind diese Versuche erfolglos, dann wird der Zugang zum Konto gesperrt.

Schlechte und gute Passwörter: Schlechte Passwörter sind Wörter aus gängigen Sprachen, Vor- und Nachnamen, Ortsnamen usw. Gute Passwörter erhält man, wenn man die Zeichen des Passwortes per Zufall auswählt, z. B. bvr.yd%f. Hacker versuchen mit anderen Strategien als durch Ausprobieren sich den Zugang z. B. zu Computern und Bankkonten zu verschaffen.

6 *Nochmals Passwörter*

Wie viele Passwörter aus fünf verschiedenen Buchstaben gibt es?

7 *Hausbesuche*

Ein Arzt will von sieben Patienten am Vormittag vier zu Hause besuchen.
Er legt fest, welchen er als ersten, zweiten, dritten und vierten besucht. Er lost die Reihenfolge der Besuche aus. Wie viele Reihenfolgen sind denkbar?

Übungen

8 *Automodelle*

Den neuen Sportwagen RLX gibt es mit drei verschiedenen Motorstärken, fünf verschiedenen Farben und vier verschiedenen Innenausstattungen.
Wie viele verschiedene Ausführungen des RLX gibt es insgesamt?

9 *Im Lager eines Schuhgeschäftes*

a) Ein Schuhgeschäft hat 30 verschiedene Schuhmodelle in jeweils drei verschiedenen Farben und fünf verschiedenen Größen auf Lager. Wie viele verschiedene Schuhpaare hat das Geschäft vorrätig?
b) Frage bei einem Schuhgeschäft nach, wie viele verschiedene Schuhmodelle das Geschäft führt und in wie vielen verschiedenen Größen in der Regel ein Männerschuh (Frauenschuh) vorrätig ist. Rechne die Anzahl der verschiedenen Schuhpaare aus.

10 *Prof. Mathe*

Denke dir mehrere verschiedene Aufgaben zum Zählen aus. Zwei der Aufgaben sollen zu „Ziehen mit Zurücklegen" passen, zwei zu „Ziehen ohne Zurücklegen". Trage deine Aufgaben vor und lasse sie lösen.

11 *Der Handlungsreisende*

Ein Handlungsreisender möchte zehn Kunden besuchen. Er legt die Reihenfolge fest, in der er die Kunden besuchen will. Wie viele verschiedene Reihenfolgen sind denkbar?

Problem des „Travelling Salesman": Wie findet man die Route mit dem kürzesten Weg? Man probiert alle möglichen Routen durch.

Basiswissen

Auf wie viele Arten kann man n Objekte anordnen?
Anzahl der Anordnungen oder auch **Anzahl der „Permutationen"**

Vanessa, Laura, Tobias und Alex spielen Minigolf. Sie losen die Reihenfolge, in der sie spielen, aus.
Wie viele Reihenfolgen gibt es?

Modell: Urne mit vier verschiedenen Kugeln.
Alle Kugeln werden **ohne Zurücklegen** gezogen.

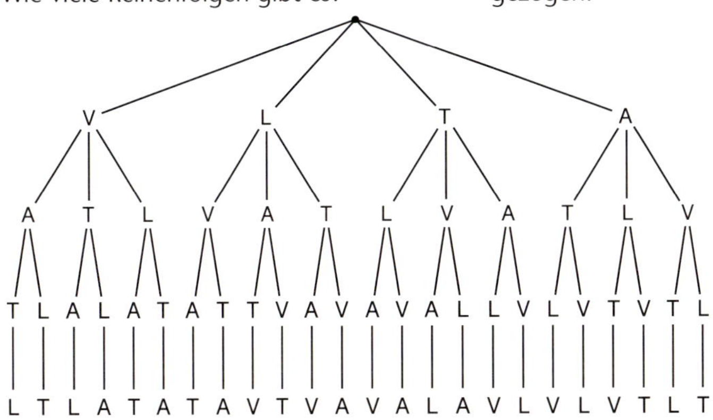

Es gibt $4 \cdot 3 \cdot 2 \cdot 1 =$
$4! = 24$ Reihenfolgen.

Schreibweise: n!
Mathematiker vereinbaren zur Abkürzung:
$n! = n \cdot (n-1) \cdot (n-2) \cdot \ldots \cdot 2 \cdot 1$
Sonderfall: $0! = 1$
Mathematiker schreiben n! und sagen „n-Fakultät".
Probiere die Fakultätstaste auf deinem Taschenrechner aus. n!

Beispiele

E Petra hat fünf Freundinnen zum Videoabend eingeladen. Ihre Freundinnen kommen eine nach der anderen. Wie viele verschiedene Reihenfolgen sind möglich?
Lösung:
Urnenmodell mit fünf Kugeln, alle Kugeln ohne Zurücklegen ziehen.
Es gibt $5! = 5 \cdot 4 \cdot 3 \cdot 2 \cdot 1 = 120$ Möglichkeiten.

Übungen

12 Bei einem Staffelmarathon laufen acht Schülerinnen und Schüler in einem Team. Wie viele verschiedene Reihenfolgen der Läuferinnen und Läufer gibt es?

13 *Aus der Musik*

a) Stefanie hat Musik-Leistungskurs gewählt. In ihrem Musikbuch liest sie über die 12-Ton-Musik: *„A. Schoenberg, ein Pionier der 12-Ton-Musik, benutzt 12 verschiedene Noten. Damit alle Noten gleichberechtigt sind, darf eine Note erst dann wiederholt werden, wenn alle 12 Noten aufgetreten sind."*

Wie viele „Lieder" mit 12 Tönen gibt es?

b) Lisa spielt Gitarre. Sie möchte ein kleines Lied mit zehn Noten aus den Stammtönen f, g, a, c, d komponieren. Wie viele verschiedene Lieder gibt es, wenn sie die Noten zufällig aus den Stammtönen auswählt?

14 Erfinde eine Aufgabe, so dass die zu berechnende Anzahl der Reihenfolgen 6! (10!) beträgt.

15 *Eine Formel für die Anzahl der Anordnungen (Permutationen)*

Auf wie viele Arten kann man 10 (20, 50, 100, n) unterscheidbare Objekte anordnen?

16 *Rechnen mit Fakultäten*

a) Begründe, warum $\frac{8!}{5!} = 8 \cdot 7 \cdot 6$ ist.

b) Schreibe mit Fakultäten $10 \cdot 9 \cdot 8 \cdot 7$ $(20 \cdot 19 \cdot \ldots \cdot 13)$.

c) Bei einem 10 000-m-Lauf nehmen 15 Läufer teil. Auf wie viele verschiedene Arten können die ersten sechs Plätze besetzt werden?
Schreibe das Ergebnis auch mit Fakultäten auf.

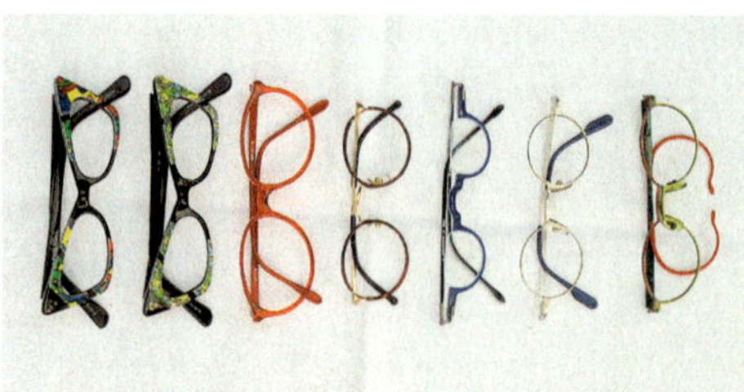

17 Frau Wiesel legt einer Kundin sieben verschiedene Brillengestelle vor.

a) Auf wie viele Arten kann sie die Brillengestelle nebeneinander legen?

b) Die Kundin probiert eine Brille nach der anderen an. Verwundert stellt sie fest, dass die Brillen von links nach rechts immer teurer werden.
Frau Wiesel sagt, dass dies Zufall sei. Was meinst du?

18 Hendrik, der fünfjährige Sohn der Hartmanns, hilft dem Vater. Er steckt je einen Geschäftsbrief in einen adressierten Umschlag.

a) Auf wie viele Arten kann er dies tun, wenn es sich um zehn verschiedene Briefe handelt?

b) Nur eine Anordnung ist komplett richtig. Wie groß ist die Wahrscheinlichkeit, dass Hendrik richtig geholfen hat?

19 Auf wie viele Arten können drei (fünf, sieben) verschiedene Vorspeisen auf einem Teller im Kreise arrangiert werden?
Für drei und fünf Vorspeisen kannst du das Ergebnis durch Ausprobieren finden.
Tipp: Die Anzahl ist nicht 3! = 6 bzw. 5! = 120.

Übungen

20 Vier Jungen und acht Mädchen stehen in einer Reihe hintereinander.
a) Wie viele Anordnungen gibt es?
b) Wie viele Anordnungen gibt es, wenn in der Reihe zuerst alle Mädchen stehen und dann alle Jungen?

21 *Achtung: Zwillinge oder „mehr"*
a) Auf wie viele Arten kann man neun Schülerinnen und Schüler nebeneinander anordnen?
b) Schaue die beiden Fotos genau an. Handelt es sich um dieselbe Aufnahme?

c) Wie viele Anordnungen von neun Schülerinnen und Schülern gibt es, wenn zwei der Schüler nicht unterscheidbar sind?
d) Wie viele Anordnungen gibt es, wenn unter den neun Schülerinnen und Schülern ein nicht unterscheidbarer Drilling ist?

22 *Glücksspirale*

Spiel A: Eine dreistellige Glückszahl mit den Ziffern 1 bis 9 wird gezogen. Keine Ziffer darf doppelt vorkommen.

3	5	1

Glückszahl

Spiel B: „3 aus 9"
In einer Urne liegen die Kugeln 1 bis 9.
Es werden drei Kugeln ohne Zurücklegen gezogen.

1	2	3
4	5	6
7	8	9

Lotto „3 aus 9"

Auswahl, bei der die Reihenfolge wichtig ist, und Auswahl, bei der die Reihenfolge nicht wichtig ist.

a) Ein Spieler spielt das Spiel A. Er tippt die Glückszahl 3 – 5 – 1.
Schreibe auf, wie die drei Ziffern gezogen werden können, damit seine Glückszahl gewinnt.
Du kannst mit deinen Kenntnissen sogar die Wahrscheinlichkeit berechnen, dass die Glückszahl 351 gezogen wird:
Tipp: Welches Urnenmodell und welches Zählprinzip passt?
Wie viele verschiedene Glückszahlen gibt es?
b) Ein Spieler spielt „3 aus 9". Er tippt 3 – 5 – 1. Er hat „drei Richtige".
Schreibe auf, wie die drei Gewinnzahlen gezogen werden können.
c) Erkläre, warum der Spieler bei Spiel A (Glückszahl) einen größeren Gewinn für die richtige Glückszahl erhält als bei Spiel B (3 aus 9) für „drei Richtige".

Basiswissen

Simon möchte zwei CDs kaufen. Fünf CDs, wir nennen sie der Einfachheit halber A, B, C, D und E, kommen in die engere Auswahl. Er hört zwei der CDs an. Hättest du gedacht, dass er dies auf $5 \cdot 4 = 20$ verschiedene Arten tun kann?

AB	AC	AD	AE	BC	BD	BE	CD	CE	DE
BA	CA	DA	EA	CB	DB	EB	DC	EC	ED

Will man nun herausfinden, auf wie viele Arten Simon zwei von den fünf CDs auswählen und kaufen kann, dann kommt es nicht auf die Reihenfolge an, in der er sie kauft. Es ist gleichgültig, ob er zuerst die CD „A" auswählt und dann die CD „B" oder umgekehrt.

Um herauszubekommen, auf wie viele Arten man zwei aus fünf CDs ohne Berücksichtigung der Reihenfolge auswählen kann, muss man $5 \cdot 4$ (die Anzahl mit Berücksichtigung der Reihenfolge) durch 2 dividieren.

Anzahl der Kombinationen
Ziehen ohne Zurücklegen und ohne Berücksichtigung der Reihenfolge

Frau Hartmann nimmt vier Mitglieder von der 20-köpfigen Bigband der Schule mit. Auf wie viele Arten geht dies?

Modell: Urne mit 20 Kugeln.
Jede Kugel steht für ein Bandmitglied.

Zählstrategie:
- Anzahl der Ziehungen von vier Kugeln unter Berücksichtigung der Reihenfolge: **$20 \cdot 19 \cdot 18 \cdot 17$**
- Anzahl der Anordnungen (Permutationen) der vier gezogenen Kugeln: 4!
- Anzahl der möglichen Vierergruppen: Es gibt 4! Reihenfolgen, in denen die Vierergruppe ausgewählt werden kann. Da die Reihenfolge aber keine Rolle spielt, muss man rechnen:

„4 aus 20"

$$\frac{20 \cdot 19 \cdot 18 \cdot 17}{4!} = 4845$$

Frau Hartmann hat 4845 verschiedene Möglichkeiten.

Beispiele

Bei der Auswahl spielt die Reihenfolge keine Rolle.

F *Eine schwere Entscheidung*
Sybille will von ihrem Geburtstagsgeld drei von ihren sechs Lieblings-CDs und zwei der acht Videokassetten mit ihren Lieblingsfilmen kaufen. Auf wie viele Arten geht dies?
Lösung:
Betrachte die CDs und die Videokassetten getrennt und wende auch das Zählprinzip von Seite 112 an.

Wähle zwei von acht Videos.

$$\frac{6 \cdot 5 \cdot 4}{3!} \cdot \frac{8 \cdot 7}{2!} = 560$$

Wähle drei von sechs CDs.

Sybille hat wirklich eine schwierige Entscheidung zu treffen. Sie hat 560 Wahlmöglichkeiten.

Übungen

23 Bei einem Kindergeburtstag lost Herr Piechota aus acht Kindern zwei Mannschaften mit je vier Kindern aus. Wie viele verschiedene Mannschaften sind möglich?

24 Ein Schüler bearbeitet einen Test, bei dem er von den gestellten 20 Fragen genau 15 beantworten soll. Auf wie viele Arten kann er die Auswahl treffen?

25 Dominik will mit seiner Digitalkamera mit Selbstauslöser verschiedene Fotos von seiner Familie machen (mit je einer Person, zwei Personen usw.) Die Reihenfolge der Personen auf dem Bild spielt keine Rolle.
Wie viele Bilder kann Dominik machen?

26 *Aus dem Fernsehen*
Bei dem deutschen Fernsehsender 9 LIVE kann man einen Geldpreis gewinnen, wenn man eine Quizfrage richtig beantwortet. Häufig stammen die Fragen aus der Geometrie. Am Fernsehschirm ist das nicht so einfach zu entscheiden.
a) Wie viele Möglichkeiten gibt es insgesamt, drei Punkte aus den acht gegebenen auszuwählen?
b) Der Moderator entfernt einen Punkt. Wie viele Möglichkeiten gibt es jetzt?
c) Der Moderator entfernt einen weiteren Punkt. Nun stehen nur noch sechs Punkte zur Auswahl. Der Moderator stellt fest: „Jetzt gilt es. Macht mit, die Gewinnchancen stehen 50 : 50, selbst wenn ihr nur ratet." Stimmt das?

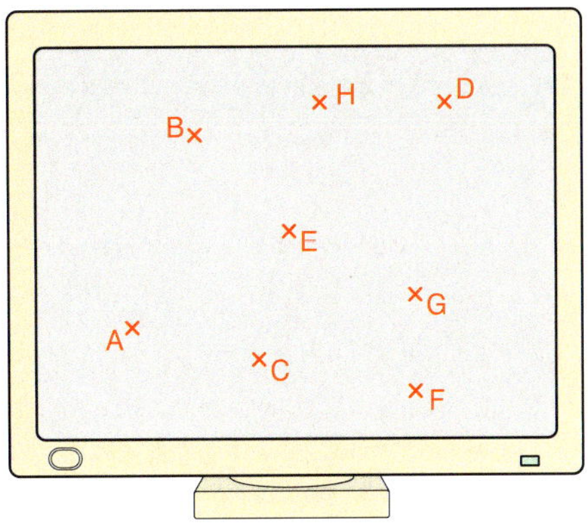

Welche drei Punkte liegen auf einer Geraden? Es gibt nur eine Lösung.

27 *Andere Länder – andere Sitten – gleiche Lotterie*
Glücksspiele sind bei vielen Menschen sehr beliebt, da man sich die Hoffnung machen kann, ohne Mühe mit „etwas" Glück viel Geld gewinnen zu können.
a) „Kleines Lotto": Auf Seite 117 wurde das Spiel „3 aus 9" vorgestellt. Berechne, auf wie viele Arten man drei Zahlen auf dem Spielfeld ankreuzen kann. Kannst du dir denken, warum es das Lotto „3 aus 9" in Wirklichkeit nicht gibt?
b) „Echtes Lotto": In Deutschland gibt es das Lottospiel „6 aus 49". Es werden sechs Kugeln von 49 gezogen. Auf wie viele Arten geht dies? Wie groß ist also die Wahrscheinlichkeit, mit einer Tippreihe einen „Sechser" (d. h. „sechs Richtige") zu erzielen?

c) Berechne die Wahrscheinlichkeit für den Hauptgewinn in verschiedenen Ländern.
Belgium Lotto „6 aus 42"
Australia 6 from 38 Pools
Iowa Freeplay „6 von 30"
Italia Superenlotto „6 aus 90"
India Sikkim Thunderball „5 von 42"
d) Vergleiche die Wahrscheinlichkeiten für einen Hauptgewinn in einer der Lotterien in Aufgabe c) mit den Wahrscheinlichkeiten in der Tabelle.

Ereignis	p
Tod durch Blitzschlag	1 : 1000000
Drillingsgeburt	1 : 7300
Hai-Angriff (Hawaii)	6 : 7000000

28 Ein Forscher untersucht die Fähigkeit von Menschen, die behaupten, sie können Gedanken lesen. Er wählt zufällig acht verschiedene ganze Zahlen zwischen 1 und 50 aus. Dann bittet er jeden der Teilnehmer, die ausgewählten Zahlen zu nennen. Wie groß ist die Wahrscheinlichkeit, alle Zahlen richtig zu erraten?

Übungen

29 Entscheide jeweils zunächst, ob die Reihenfolge berücksichtigt werden muss.
a) Auf wie viele Arten können fünf Karten aus einem Kartenspiel mit 52 Karten ausgegeben werden?
b) Auf wie viele Arten können in einer Klasse mit 28 Schülerinnen und Schülern der Klassensprecher und der Vertreter gewählt werden?
c) Die ersten acht von 120 Teilnehmern eines Wettbewerbes erhalten als Preise 800,– €, 700,– €, …, 100,– €. Auf wie viele Arten können die Geldpreise verteilt werden?
d) Bei einem Tennisturnier gibt es zwei Gruppen, die „blaue" und die „rote" Gruppe. Auf wie viele Arten können von den 16 Teilnehmerinnen acht in die blaue Gruppe gelost werden?

30 Man kann verschiedene Situationen, die typisch für das Zählen sind, übersichtlich in einer Tabelle darstellen.

	mit Zurücklegen	ohne Zurücklegen
mit Reihenfolge		
ohne Reihenfolge		

a) Mit drei der vier Felder in der Tabelle haben wir uns ausführlich beschäftigt. Gib für jedes dieser drei Felder ein Beispiel an und berechne die entsprechende Anzahl.
b) Finde auch ein Beispiel für das vierte Feld und ermittle die Anzahl.

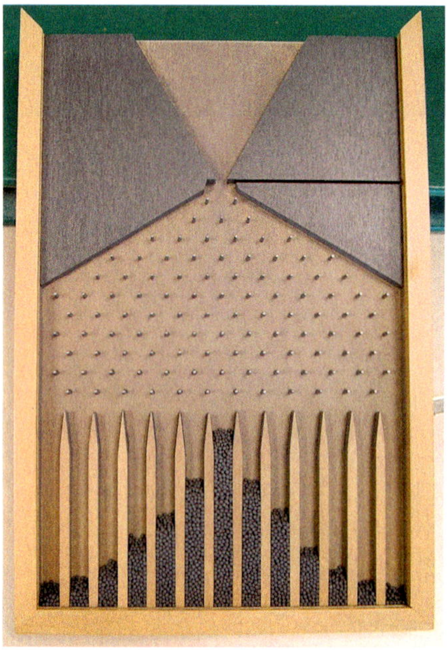

31 *Viele Wege führen nach Rom (Das Galton-Brett)*
a) Lässt man viele Kugeln durch die Reihen des Galton-Bretts fallen, so stellt man fest, dass unten in der Mitte viel mehr Kugeln ankommen als an den Rändern. Woran liegt dies?
b) Wir wollen das Galton-Brett genauer betrachten. Beantworte mit den Abbildungen unten die folgenden Fragen:
– Wie viele verschiedene Wege führen jeweils in eines der Fächer?
– Verfolge die verschiedenen Wege, die eine Kugel nehmen kann, um in ein bestimmtes Fach zu gelangen, genau. Was haben die Wege jeweils gemeinsam?

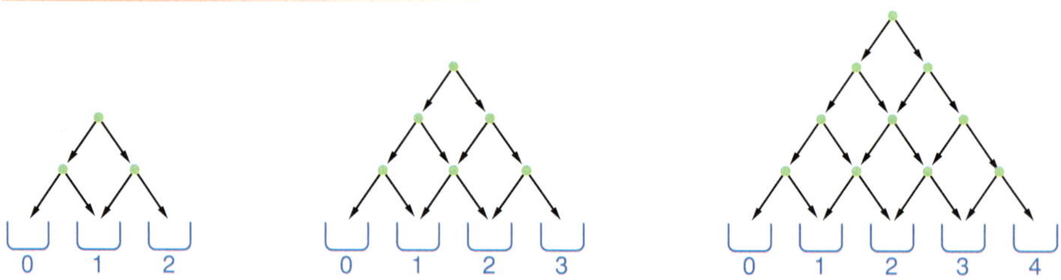

c) Angenommen, das Galton-Brett hat zehn horizontale Nagelreihen. Dann trifft eine Kugel auf insgesamt zehn Nägel und wird dort jeweils nach links oder rechts abgelenkt. Um in das Fach 3 zu gelangen, muss die Kugel insgesamt siebenmal nach links und dreimal nach rechts abgelenkt werden. Dies kann an drei von zehn Stellen geschehen.

Anzahl der Wege in das Fach 3 („3 aus 10"): $\frac{10 \cdot 9 \cdot 8}{3!} = 120$

Berechne die Anzahl der Wege für jedes der Fächer 0, …, 10 und zeichne ein „Anzahldiagramm". Vergleiche das Diagramm mit dem Foto.

c) In das Fach 0 (ganz links außen) gelangt eine Kugel, die 0-mal nach rechts (d. h. 10-mal nach links) abgelenkt wird, d. h. es gibt nur einen Weg in das Fach 0.

Aufgaben

Wahrscheinlichkeit und Zählen: Siehe Seite 119.

32 *Dreier beim Lotto*

Beim Lotto kommen „drei Richtige“ gar nicht selten vor. Man kann die Wahrscheinlichkeit für „drei Richtige“ berechnen:

$$P(3\text{ Richtige}) = \frac{\text{Anzahl („3 aus 6“)} \cdot \text{Anzahl („3 aus 43“)}}{\text{Anzahl („6 aus 49“)}}$$

a) Erläutere die Formel.

b) Rechne. Stimmt das Ergebnis mit der Erfahrung überein, dass „drei Richtige“ nicht sehr selten sind?

33 *Zufall oder nicht Zufall*

In einer Klasse mit 18 Schülerinnen und 8 Schülern werden für ein Projekt sechs ausgelost. In der Gruppe sind vier Jungen. Hat da einer gemogelt?

Die Wahrscheinlichkeitsrechnung kann diese Frage nicht abschließend beantworten. Selbstverständlich kann es sein, dass so viele Jungen zufällig in die Gruppe gelost wurden. Dennoch hat man den Verdacht, dass dies kein Zufall war. Kann die Wahrscheinlichkeitsrechnung diesen Verdacht erhärten?

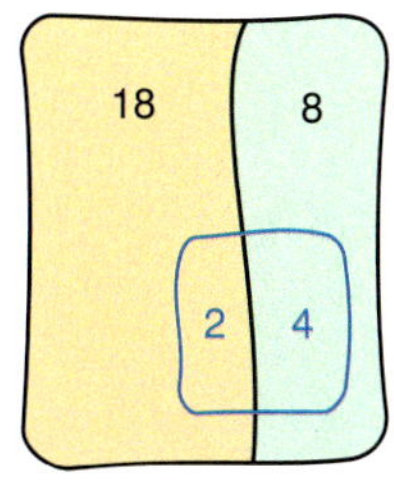

Strategie: Wir berechnen, wie groß die Wahrscheinlichkeit p ist, dass das Ereignis „4 Jungen und 2 Mädchen in der Sechsergruppe“ zufällig auftritt.

a) Auf wie viele Arten können aus einer Klasse mit insgesamt 26 Schülerinnen und Schülern sechs ausgewählt werden?

„6 aus 26“

b) Auf wie viele Arten können genau vier Jungen aus den acht Jungen und zwei Mädchen aus den 18 Mädchen ausgewählt werden?

„4 aus 8“
„2 aus18“

c) Die Wahrscheinlichkeit p erhält man als:

$$p = \frac{\text{Anzahl („4 aus 8“)} \cdot \text{Anzahl („2 aus 18“)}}{\text{Anzahl („6 aus 26“)}}$$

Die errechnete Wahrscheinlichkeit p liegt bei 4,7 %. Diese Wahrscheinlichkeit ist klein. Urteile jetzt selbst.

d) Hätten durch Auslosen zufällig sogar fünf Jungen und nur ein Mädchen in der Sechsergruppe sein können? Wie groß ist die Wahrscheinlichkeit, dass dieses Ereignis zufällig eintritt, im Vergleich zu der errechneten Wahrscheinlichkeit aus Aufgabe c)?

34 Eine Mitarbeiterin einer landwirtschaftlichen Versuchsanstalt testet zwei verschiedene Sorten A und B von Getreidesamen. Dazu teilt sie ein quadratisches Stück in 16 gleich große Quadrate. Sie wählt dann zufällig (z. B. durch Losen) acht der Quadrate aus, auf die sie den Samen A aussät.

a) Auf wie viele Arten kann sie die acht Quadrate auswählen?

b) Wie groß ist die Wahrscheinlichkeit, dass beim Losen zufällig eine Aufteilung der Fläche in der Abbildung rechts zustande kommt?

1	2	3	4
5	6	7	8
9	10	11	12
13	14	15	16

A	A	A	A
A	A	A	A
B	B	B	B
B	B	B	B

4.2 Binomialverteilung

Was dich erwartet

Bei Zufallsexperimenten ist der Ausgang ungewiss. Es können zwei oder mehr verschiedene Ergebnisse auftreten, wie z.B. beim Wurf mit einem Würfel, wo man die Augenzahl 1, 2, 3, 4, 5, oder 6 erzielen kann. Sehr oft kommt es bei Zufallsexperimenten aber nur darauf an, ob man gewinnt oder verliert, Kopf oder Zahl hat, eine Sechs würfelt oder nicht, ob beim Roulette eine gerade Zahl fällt oder nicht usw. Kurz, viele Zufallsexperimente kann man mit zwei Ergebnissen beschreiben: Erfolg oder Fehlschlag.

Viele mehrstufige Zufallsexperimente kann man modellieren als
- *eine Wiederholung desselben Zufallsexperimentes,*
- *bei dem es jeweils auf Erfolg oder Fehlschlag ankommt und*
- *bei dem die Erfolgswahrscheinlichkeit bei jeder Wiederholung gleich bleibt.*

Häufig interessiert man sich für die Wahrscheinlichkeit, mit der eine bestimmte Anzahl von Erfolgen, man sagt auch Treffer, erzielt wird.

Fünf Versuchswiederholungen
Treffer: Augenzahl Eins
Trefferwahrscheinlichkeit bei jeder Wiederholung: $\frac{1}{6}$
Anzahl der Treffer: 4

Die entsprechende Wahrscheinlichkeit kann man per Hand oder mit dem Taschenrechner berechnen, aus einer Tabelle ablesen oder mit Hilfe des Computers ermitteln.

Aufgaben

1 Aus einem Kartenspiel werden nacheinander drei Karten gezogen. Nach jeder Ziehung wird notiert, ob es sich um eine Kreuz-Karte handelt (T, wie Treffer) oder nicht (F, wie Fehlschlag). Dann wird die Karte zurückgelegt, gemischt und erneut gezogen.

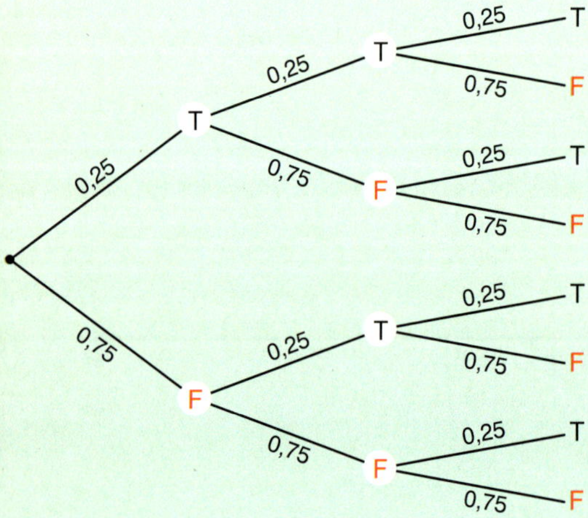

a) Mit einem Baumdiagramm kann man alle möglichen Ergebnisse übersichtlich darstellen. Übertrage das Baumdiagramm in dein Heft und vervollständige es.
b) Wie viele Pfade führen zu genau „2-mal Kreuz"?
c) Berechne die Wahrscheinlichkeit dafür, dass genau 2-mal Kreuz gezogen wird

> Tipp: Verwende die „Pfadregeln":
> 1. Die Wahrscheinlichkeit eines „Pfades" ist das Produkt der Wahrscheinlichkeiten längs des Pfades.
> 2. Führen mehrere Pfade zu demselben Ereignis, dann müssen die Wahrscheinlichkeiten der entsprechenden Pfade addiert werden.

d) Wie groß ist die Wahrscheinlichkeit, dass 3-mal,1-mal oder 0-mal Kreuz gezogen wird?

Das Galton-Brett

Mit dem Galton-Brett lassen sich charakteristische Eigenschaften von Zufallsexperimenten erkunden und veranschaulichen. Es besteht aus einer regelmäßigen Anordnung von meist runden Zapfen, durch die sich eine oben eingeworfene Kugel ihren Weg in eines der unten angebrachten Auffangfächer bahnt. Bei jedem Aufprall auf einen der Zapfen wird die Kugel zufällig entweder nach links oder nach rechts abgelenkt und trifft dann wieder auf einen Zapfen in der nächsten Reihe. Das Zufallswerkzeug ist nach dem britischen Naturforscher FRANCIS GALTON (1822–1911) benannt, er erfand es im Zusammenhang mit seinen Forschungen zur Vererbungslehre. In vielen Schulen gibt es solche Galton-Bretter in der Mathematiksammlung, mit ein wenig Geschick kann man sie auch selbst im Werkraum der Schule herstellen. Im Internet oder auch auf der eigens für *Mathematik – Neue Wege* entwickelten CD „Daten und Zufall" findest du elektronische Simulationen des Galton-Bretts, mit denen sich vielfältige Experimente ausführen lassen.

Spielerische Erforschung des Galton-Bretts

Projekt

Galton-Lotto

Als **Spielgerät** benötigst du ein Galton-Brett mit vier Reihen. Die Auffangkästchen sind von links nach rechts von 0 bis 4 durchnummeriert.
Dein **Tipp:** Voraussage der Nummer des Zielkästchens, in dem die Kugel landen wird. Du gewinnst nach dem nebenstehenden Gewinnplan, wenn die Kugel tatsächlich in dem von dir vorausgesagten Kästchen landet.

Gewinnplan:

Nummer	Gewinn
0	5
1	4
2	2
3	4
4	5

Auf welche Nummer würdest du setzen?

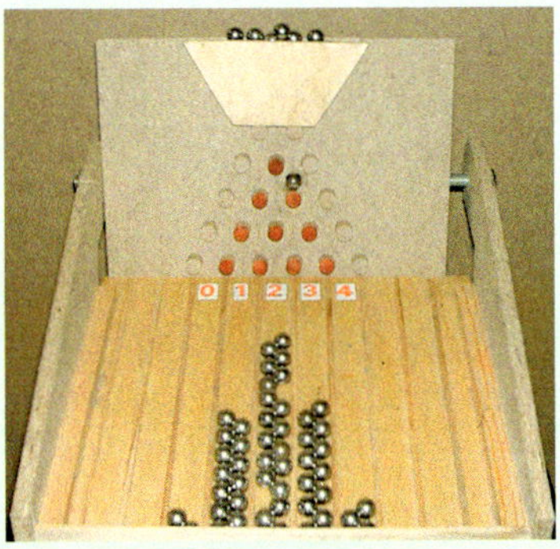

Selbst gebautes Galton-Brett

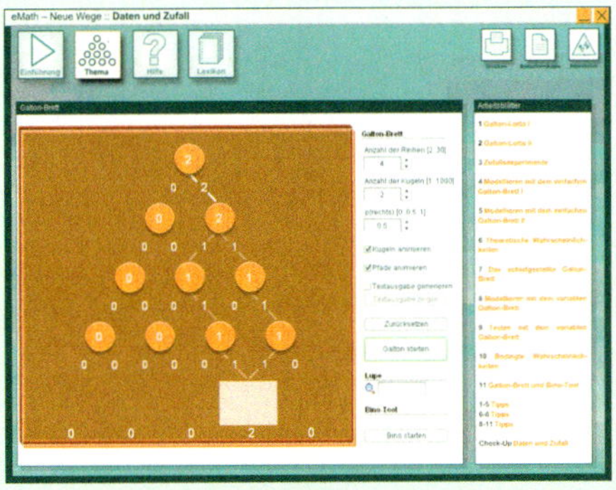
Elektronisches Galton-Brett von der CD „Daten und Zufall"

Spielen und Beobachten

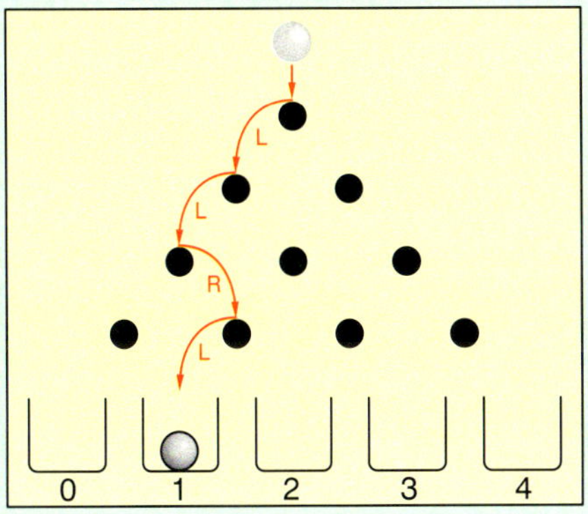

Spielplan zur Simulation

Mit dem nebenstehenden Spielplan kannst du das Spiel auch ohne Gerät simulieren. Wirf viermal hintereinander eine Münze und simuliere damit den Weg der Kugel.

Zahl: die Kugel wird nach links abgelenkt.
Wappen: die Kugel wird nach rechts abgelenkt.

Prokollieren und Begründen

Halte deine Erfahrungen in einem Protokoll fest. Begründe deine Strategie. Du kannst dies sowohl durch die Beobachtung vieler Experimente als auch durch theoretische Überlegungen tun.

Faires Spiel Gewinnverteilung

Bei einem fairen Lotteriespiel werden die Gewinne nach der Trefferwahrscheinlichkeit gestaffelt. Je geringer die Wahrscheinlichkeit, umso höher der Gewinn. Wie würdest du unter dieser Bedingung den Gewinn bei den einzelnen Kästchen festlegen?

Kästchen 0	Kästchen 1	Kästchen 2	Kästchen 3	Kästchen 4
■	■	■	■	■

Teile deine Begründung für diese Aufteilung möglichst überzeugend mit.

Experimentieren mit anderen Spielregeln

Erfinde selbst ein Lottospiel am Galton-Brett, indem du andere Tipps zulässt (z. B. die Voraussage eines Weges RLLL einer Kugel durch das Brett).
Du kannst dabei mit einer Kugel (eine Ziehung) oder auch mit mehreren Kugeln (z. B. sechs Ziehungen) arbeiten. Experimentiere auch mit diesem Spiel, halte die Beobachtungen fest und begründe deine Strategien.

Warum wird die Mitte bevorzugt?

Forschungsaufgabe

In unserem Spiel haben wir erfahren, dass wir den Weg einer Kugel und damit das Zielkästchen nicht sicher voraussagen können, es hängt alles vom Zufall ab. Dennoch ergibt sich beim Durchlauf vieler Kugeln immer ein in etwa gleiches Bild: In dem mittleren Kästchen liegen die meisten Kugeln, links und rechts davon nimmt die Kugelanzahl symmetrisch ab. Offensichtlich wird die Mitte bevorzugt.

Der Lauf einer Kugel kann durch viermaliges Werfen einer Münze simuliert werden. Welche Wurffolge ist deiner Meinung nach wahrscheinlicher: **ZZZZ** oder **ZWZW.** Überlege oder probiere es im Klassenexperiment aus.

Wie viele verschiedene Wege kann eine Kugel beim vierstufigen Galton-Brett durchlaufen? Versuche sie mithilfe des Baumdiagramms systematisch aufzuschreiben. (z. B. LLLL, LLLR, LLRL, …)

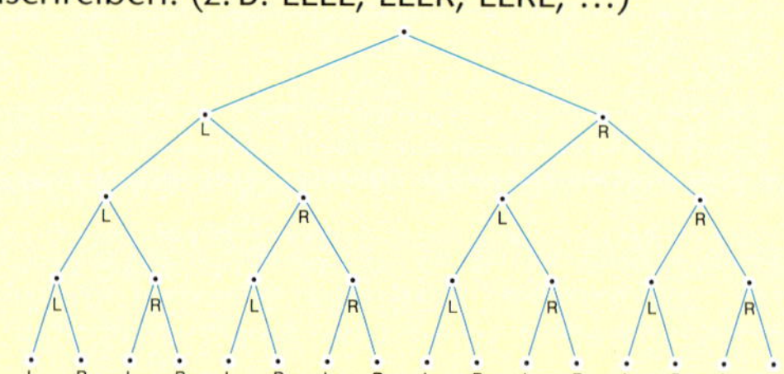

Schreibe alle Wege auf, die die Kugel in das Kästchen 0 (1, 2, 3 oder 4) führen. Was haben die Wege in ein bestimmtes Fach jeweils gemeinsam?

In einer Tabelle sind die Wahrscheinlichkeiten angegeben, mit denen eine Kugel in das jeweilige Kästchen fällt.

Fach	0	1	2	3	4
p	$\frac{1}{16}$	$\frac{4}{16}$	$\frac{6}{16}$	$\frac{4}{16}$	$\frac{1}{16}$

Kannst du dies erklären?

Bernoulli-Kette

Wird ein Zufallsversuch mehrfach wiederholt, dann nennt man diese Folge von Zufallsversuchen eine **Bernoulli-Kette,** wenn:

- Jeder Versuch zwei Ergebnisse hat: Treffer (T) oder Fehlschlag (F),
- die Versuchswiederholungen unabhängig sind, d .h. die Wahrscheinlichkeiten p für Treffer und q für Fehlschlag bleiben auf jeder „Stufe" gleich.

Die Anzahl n der Versuchswiederholungen, man spricht auch von der Anzahl der Stufen, nennt man **Länge der Bernoulli-Kette.**
Jedes **Ergebnis einer Bernoulli-Kette** besteht aus einer Folge von T und F (z. B. TTFT).

Baumdiagramm und Bernoulli-Kette

Jeder Pfad stellt ein Ergebnis dar

Trefferwahrscheinlichkeit: **p**
Wahrscheinlichkeit für Fehlschlag: **q = 1 – p**

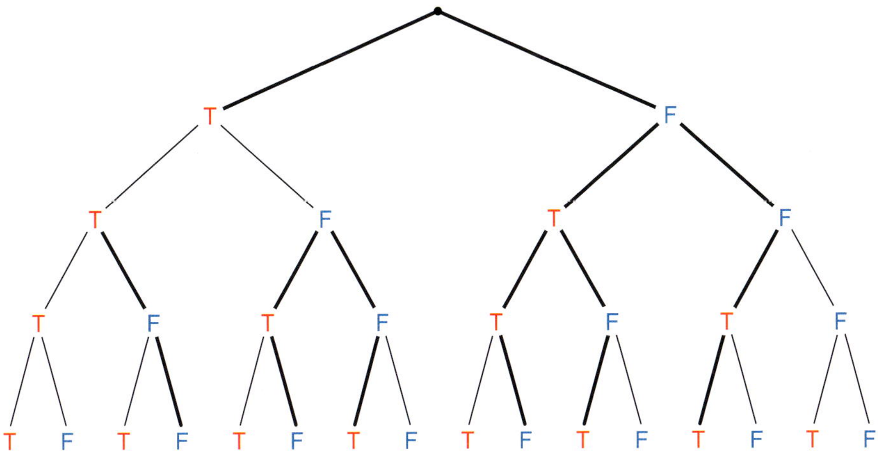

alle Ergebnisse				
genau 0 Treffer	genau 1 Treffer	genau 2 Treffer	genau 3 Treffer	genau 4 Treffer
FFFF	TFFFF FTFF FFTF FFFT	TTFF TFTF TFFT FTTF FTFT FFTT	TTTF TTFT TFTT FTTT	TTTT

Berechnung der Wahrscheinlichkeit für genau 2 Treffer

$p = 0{,}4 \qquad q = 1 - p = 0{,}6$

Die Wahrscheinlichkeit für jedes Ergebnis mit 2 Treffern ist $0{,}4^2 \cdot 0{,}6^2$.
Laut Tabelle gibt es 6 Ergebnisse mit genau zwei Treffern. Die entsprechenden 6 Pfade sind in dem Baumdiagramm hervorgehoben.

$$\mathbf{P(\text{genau zwei Treffer})} = 6 \cdot \underbrace{0{,}4^2 \cdot 0{,}6^2} = 0{,}13456$$

Anzahl der Pfade mit genau 2 Treffern: 6

Wahrscheinlichkeit für ein Ergebnis mit genau zwei Treffern und zwei Fehlschlägen

Basiswissen

JACOB BERNOULLI
(1655–1705)
Mathematiker

Bernoulli-Experiment:
4-maliges Drehen des Glücksrades
Treffer T: rot
Fehlschlag F: blau

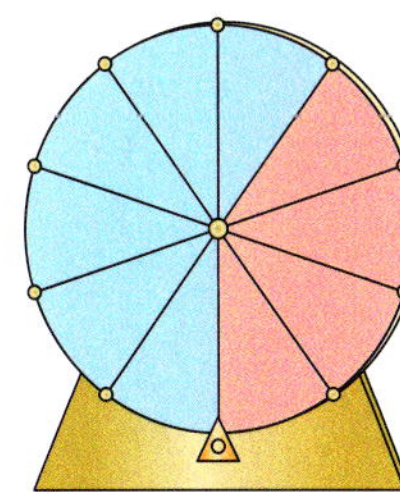

$p(T) = 0{,}4$
$p(F) = 0{,}6$

Wahrscheinlichkeit, eine bestimmte Anzahl von Treffer zu erzielen

Hinweis:
nCr ist die Anzahl der Pfade mit r Treffern bei n Stufen

Berechnung der Anzahl der Pfade mit dem GTR

Die Anzahl der Pfade mit einer bestimmten Anzahl von Treffern kann man im Baumdiagramm abzählen. Dies ist mühsam und bei größeren Zahlen nicht praktikabel. **Mit dem GTR** kann man die Anzahl der Pfade schnell ermitteln.

Beispiel: Länge der Bernoulli-Kette: 4
vier Treffer: 1 Weg;
drei Treffer: 4 Wege;
zwei Treffer: 6 Wege.

```
MATH NUM CPX PRB
1:rand
2:nPr
3:nCr
4:!
5:randInt(
6:randNorm(
7:randBin(
```

```
4 nCr 4
                1
4 nCr 3
                4
4 nCr 2
                6
```

Hilfe findest du in dem Handbuch zu deinem Rechner.

Beispiele

A Fünf Würfel werden geworfen. Wie groß ist die Wahrscheinlichkeit, dass dabei genau zweimal die Augenzahl „Sechs" auftritt?

Lösung: Statt mit fünf Würfeln gleichzeitig zu würfeln, kann man dieses Experiment ausführen, indem man mit einem Würfel fünfmal hintereinander würfelt und jeweils protokolliert, ob eine Sechs auftritt oder nicht:
Treffer: eine Sechs würfeln, $p = \frac{1}{6}$ $q = \frac{5}{6}$
Die Wahrscheinlichkeit, mit der jedes Ergebnis mit genau zwei Treffern (und drei Fehlschlägen) eintritt, beträgt $\left(\frac{1}{6}\right)^2 \cdot \left(\frac{5}{6}\right)^3 \approx 0{,}0161 = 1{,}61\,\%$

```
5 nCr 2
               10
```

Länge der Bernoulli-Kette: 5 (5 Versuchswiederholungen)
Anzahl der Pfade (der Ergebnisse) **mit genau 2 Treffern:** 10

$$P(\text{genau 2 Treffern}) = 10 \cdot \left(\tfrac{1}{6}\right)^2 \left(\tfrac{5}{6}\right)^3$$
$$= 10 \cdot 0{,}0161 = 0{,}161 = 16{,}1\,\%$$

Die gesuchte Wahrscheinlichkeit beträt 16,1 %.

B Bei einem Spiel werden sechs Münzen geworfen. Wie groß ist die Wahrscheinlichkeit, mindestens fünfmal Kopf zu erzielen?
Lösung: Treffer: Kopf, Fehlschlag: Zahl $\Rightarrow$ $p = \frac{1}{2}$ und $q = \frac{1}{2}$
$P(X \geq 5) = P(X = 5) + P(X = 6)$

```
6 nCr 5
                6
```

Berechnung von P(X = 5):
Anzahl der Pfade mit genau 5 Treffern: 6
P(5 Treffer) $= 6 \cdot \left(\frac{1}{2}\right)^5 \cdot \left(\frac{1}{2}\right)^1 \approx 6 \cdot 0{,}0156 = 0{,}0938 = 9{,}38\,\%$

Berechnung von P(X = 6):
Anzahl der Pfade mit 6 Treffern: 1
P(6 Treffer) $= 1 \cdot \left(\frac{1}{2}\right)^6 = 0{,}0156 =$ **1,56 %**

P(mindestens 5 Treffer) $= P(X \geq 5) = 9{,}38\,\% + 1{,}56\,\% = 10{,}94\,\%$
Die gesuchte Wahrscheinlichkeit beträgt 10,94 %.

Übungen

2 Bei welchem der folgenden Zufallsexperimente handelt es sich um eine Bernoulli-Kette, bei welchem nicht? Begründe.
a) Ein Würfel wird 7-mal gewürfelt. Treffer ist die 3.
b) Vier Karten werden ohne Zurücklegen aus einem Kartenspiel gezogen. Treffer ist ein Ass zu ziehen.
c) Aus einer Urne mit roten und schwarzen Kugeln wird nacheinander viermal eine Kugel mit Zurücklegen gezogen. Treffer ist, wenn man eine rote Kugel zieht.

Übungen

3 Gib vier charakteristische Merkmale einer Bernoulli-Kette an.

4 Die Wahrscheinlichkeit für einen Treffer ist bei jedem Versuch 25 % und alle Versuche sind unabhängig. Berechne die Wahrscheinlichkeit für
a) einen Fehlschlag bei einem Versuch,
b) zwei Treffer bei zwei Versuchen,
c) drei Treffer bei sechs Versuchen.
d) Finde ein Zufallsexperiment, dass sich mit einer Bernoulli-Kette mit $p = 0{,}25$ modellieren lässt

5 Anna muss bei einem Multiple-Choice-Test 20 Fragen beantworten. Es ist jeweils genau eine Antwort von vier vorgegebenen richtig. Anna setzt ihre 20 Kreuze bei jeder Frage zufällig. Wie groß ist die Wahrscheinlichkeit, dass sie keine Frage (5 Fragen, 8 Fragen) richtig beantwortet hat?

6 *Kniffel mit Münzen*
a) Wie groß ist die Wahrscheinlichkeit, mit 5 Münzen genau 5-mal Kopf (4-mal Kopf, 3-mal Kopf usw.) zu erzielen? Stelle deine Ergebnisse in einer Tabelle dar.
b) Roman bietet folgende Wette an: „Wenn beim nächsten Wurf mit fünf Münzen genau 4-mal Kopf kommt, dann bekommst du 8 € von mir, wenn nicht, dann gibst du mir 2 €." Nimmst du die Wette an? Begründe.

Tipp: Denke an den Erwartungswert

Zählen ohne zu Zählen

Zählen ist eine im Alltag häufig vorkommende Tätigkeit. Dies ist solange einfach, wie die zu bestimmenden Anzahlen klein bleiben. Schwierig wird es bei größeren Anzahlen. So kann man z. B. bei einem Bernoulli-Experiment die Anzahl der Pfade mit einer bestimmten Trefferzahl zumeist nicht durch Abzählen ermitteln, da sie sehr groß ist.
Die Kombinatorik beschäftigt sich mit solchen Fragen und stellt Formeln für bestimmte Situationen bereit (siehe Lernabschnitt 3.2).

Ein bisschen Kombinatorik

Beispiel: Eine Bernoulli-Kette der Länge 12
Frage: Wie viele Pfade der „Länge" 12 mit genau 8 Treffern gibt es?

Mögliche passende Ergebnisse: T – F – T – F – T – T – F – T – T – T – T – F oder
T – F – T – F – T – T – F – T – F – T – T – T oder
T – T – T – F – T – T – F – T – F – T – F – T oder...

An genau acht von 12 Stellen innerhalb eines Pfades muss „T" stehen.
Dies ist eine für das Abzählen typische Situation:

Modell: Aus einer Urne mit den Kugeln 1 bis 12 werden 8 Kugeln ohne Zurücklegen und ohne Beachtung der Reihenfolge gezogen. Die Nummern auf den gezogenen Kugeln bestimmen die Position der T. Die Anzahl der Pfade entspricht also der Anzahl der möglichen Ziehungen „8 aus 12".

Ziehen ohne Zurücklegen und ohne Reihenfolge

„8 aus 12"
mit dem GTR:

```
12 nCr 8
         495
```

Zum Berechnen der betreffenden Anzahl gibt es eine mathematische Formel, den **Binomialkoeffizienten**, den man mithilfe des Taschenrechners auswerten kann.

Wir schreiben $\binom{12}{8}$ und sagen „12 über 8". $\binom{n}{r}$ steht also für die Anzahl der Pfade der Länge n mit genau r Treffern.
Für das Beispiel erhalten wir mit dem GTR 495 verschiedene Pfade.

Übungen

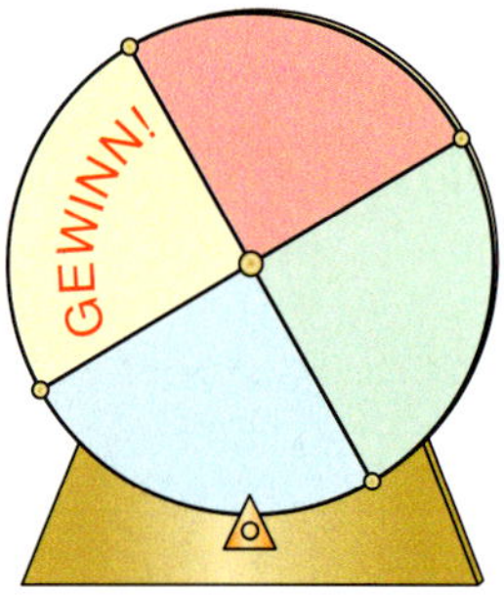

7 Das Glücksrad wird 8-mal gedreht. Wie groß ist die Wahrscheinlichkeit, dass man
a) genau 2-mal gewinnt b) genau 6-mal gewinnt?

8 Klaus ist Basketballspieler. Sein Trainer Tom führt eine ausführliche Statistik der vergangenen Spiele. Diese zeigt, dass Klaus bei einem Freiwurf mit einer Wahrscheinlichkeit von 75 % trifft.
a) Wie konnte Tom die Treffwahrscheinlichkeit mit Hilfe der Statistik ermitteln?
b) Der Trainer will berechnen, mit welcher Wahrscheinlichkeit Klaus bei genau $\frac{3}{4}$ von 8 (12) Freiwürfen trifft. Er nimmt an, dass Klaus bei jedem Wurf mit der gleichen Wahrscheinlichkeit von 75 % trifft. Was hältst du von dieser Annahme?
c) Berechne die in b) gesuchten Wahrscheinlichkeiten unter der Voraussetzung, dass die Annahme des Trainers richtig ist..

Zum Nachdenken:
Sollten die Spender „familienweise" kommen, dann handelt es sich nicht um eine Bernoulli-Kette.

9 Zum Blutspenden kommen 10 Personen. Die Blutgruppe 0 haben in Deutschland ca. 40 % aller Bürger.
a) Wie viele der 10 Spender werden in etwa die Blutgruppe 0 haben?
Begründe deine Vermutung.
b) Wie groß ist die Wahrscheinlichkeit, dass alle (6, 4, 2) Spender die Blutgruppe 0 haben?

10 Angenommen, du würfelst mit einem Würfel 30-mal.
a) Mit wie vielen Sechsen rechnest du? Begründe deine Vermutung.
b) Wieso handelt es sich bei dem Versuch (30-maliges Würfeln) um eine Bernoulli-Kette? Was ist in diesem Fall „Treffer", was die „Trefferwahrscheinlichkeit" und was die „Versuchslänge"?
c) Berechne die Wahrscheinlichkeit, genau 4, 5 oder 6 Sechsen zu würfeln.

11 Eine Illustrierte veröffentlicht im Internet verschiedene Wissenstests, u. a. auch einen Test des Schulwissens in Mathematik. Dieser Test enthält 10 Fragen mit je vier Auswahlantworten, von denen jeweils genau eine richtig ist.

Beispiel für eine Frage:
Wer wurde von einem römischen Soldaten erschlagen, als er sagte:
„Störe meine Kreise nicht!"

☐ A) Euklid ☐ B) Pythagoras ☐ C) Archimedes ☐ D) Galilei

Selinas kleiner Bruder kreuzt alle 10 Fragen rein zufällig an.
Wie groß ist die Wahrscheinlichkeit, dass er zufällig
- bei allen 10 Fragen,
- bei genau 5 Fragen,
- bei keiner Frage,
- bei weniger als 2 Fragen das Kreuz an die richtige Stelle setzt?

Trefferzahl k	P(X = k)
0	■
1	■
...	...

12 Für eine Region, in der ein Urlauber seine Ferien verbringen möchte, sei bekannt, dass nur noch jede vierte Ferienwohnung frei ist. Unser Urlauber wählt aus einer Adressenliste zufällig fünf Angebote aus.
a) Berechne die Wahrscheinlichkeit für 5, 4, 3, 2, 1, 0 Absagen und stelle die Ergebnisse in einer Tabelle dar (Treffer: Absage).
b) Berechne mit der Tabelle die Wahrscheinlichkeit dafür, dass mindestens eine der fünf Ferienwohnungen noch frei ist.

Basiswissen

Binomialverteilung – Wahrscheinlichkeitsverteilung bei Bernoulli-Ketten

Steckbrief konkret

- 10 Versuche,
- Trefferwahrscheinlichkeit p = 0,4
- Trefferzahl von 0 bis 10
- Wahrscheinlichkeit z. B. für 3 Treffer:

$$P(X = 3) = \binom{10}{3} \cdot 0{,}4^3 \cdot 0{,}6^7$$

Steckbrief allgemein

- n Versuche,
- Trefferwahrscheinlichkeit p
- Trefferzahl von 0 bis 10
- Wahrscheinlichkeit für k Treffer:

$$P(X = k) = \binom{n}{k} \cdot p^k \cdot (1 - p)^{n-k}$$

Trefferzahl k	P(X = k)
0	0,006
1	0,040
2	0,121
3	0,215
4	0,251
5	0,201
6	0,111
7	0,042
8	0,011
9	0,002
10	0,0001

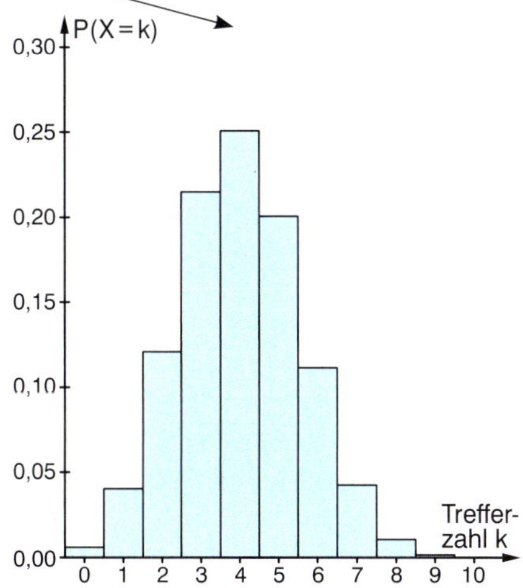

Die Tabelle stellt die Verteilung der Wahrscheinlichkeiten dar. In dem Häufigkeitsdiagramm ist diese Wahrscheinlichkeitsverteilung graphisch dargestellt.

So geht es mit dem GTR:

```
binompdf(10,0.4,3)
           .214990848
```

```
binompdf(n,p,k)
```

Mit dem GTR kann man auch schnell eine Tabelle der Wahrscheinlichkeitsverteilung erstellen und ein Häufigkeitsdiagramm zeichnen.

Beispiele

C Mit einem Tetraeder wird 8-mal nacheinander gewürfelt.
„Treffer" ist die Augenzahl vier.
a) Erstelle eine Tabelle für die Wahrscheinlichkeit von 0, 1, 2, … 8 Treffern.
b) Ermittle mit der Tabelle die Wahrscheinlichkeit für mehr als fünf Vieren.

Lösung:

a) Modellierung mit der Binomialverteilung:
- Bernoulli-Kette der Länge 8
  Treffer: Augenzahl 4
  konstante Trefferwahrscheinlichkeit: $p = \frac{1}{4}$
  $P(X = k) = \binom{8}{k}\left(\frac{1}{4}\right)^k \cdot \left(\frac{3}{4}\right)^{8-k}$

b) $P(X > 5) = P(X = 6) + P(X = 7) + P(X = 8)$
$\approx 0{,}0038 + 0{,}0004 + 0 = 0{,}0042 = 0{,}42\,\%$
Die Wahrscheinlichkeit, bei acht Würfen mit dem Tetraeder mehr als fünf Vieren zu erzielen, ist mit 0,42 % recht gering.

k	P(X = k)
0	0,1001
1	0,2670
2	0,3115
3	0,2076
4	0,0865
5	0,0231
6	0,0038
7	0,0004
8	0,000015

```
binompdf(8,0.25,6)
```

Übungen

13 *Entdeckungen an der Binomialverteilung 1*
a) Erstelle für n = 10 und p = 0,4 eine Tabelle der Wahrscheinlichkeitsverteilung. Vergewissere dich, dass die Trefferzahl 4 die größte Wahrscheinlichkeit hat.
b) Welche Trefferzahl hat die größte Wahrscheinlichkeit für n = 10 und p = 0,1 (0,2, 0,5, 0,7)? Gib eine entsprechende Regel für Binomialverteilungen an und überprüfe sie.

Übungen

k	P(X = k)
0	0,0198
1	0,0952
2	0,2056
3	0,263
4	…
…	…

14 *Wahrscheinlichkeiten beim Roulette*
Ein Spieler setzt beim Roulette stets auf die Zahlen von 1 bis 12. Er gewinnt mit einer Wahrscheinlichkeit von $\frac{12}{37}$. Die nebenstehende Tabelle gibt die Wahrscheinlichkeit für 0, 1, … 10 Gewinne bei 10 Spielen an.
a) Begründe, warum es richtig ist, hier die Binomialverteilung zu verwenden.
b) Ergänze die fehlenden Werte und stelle die Daten in einem Diagramm dar.
c) Kommt es häufig vor, dass in einer 10er Serie mehr als 6-mal gewonnen wird?

15 *Entdeckungen an der Binomialverteilung 2*
In Aufgabe 13 wurde die Trefferwahrscheinlichkeit bei gleicher Anzahl von Versuchswiederholungen verändert. Hier wird die Versuchszahl n bei gleicher Trefferwahrscheinlichkeit verändert.

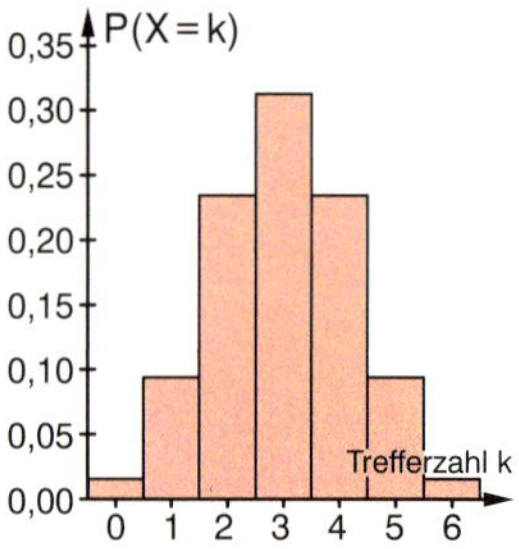

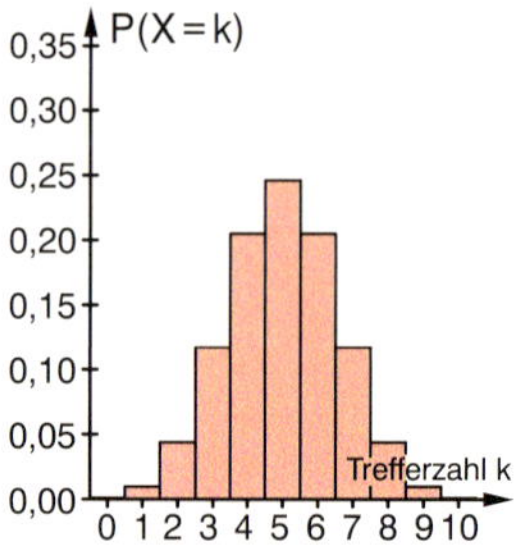

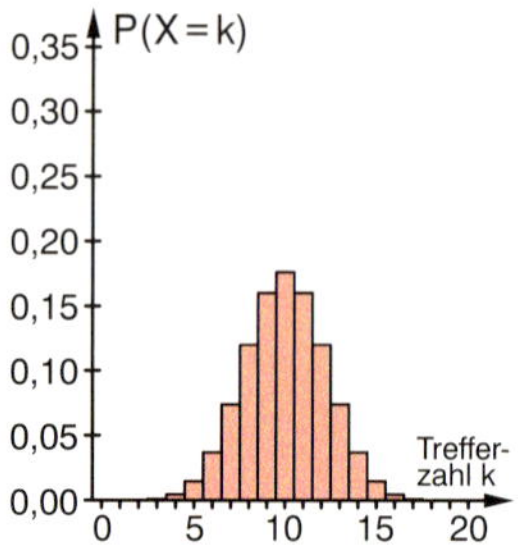

- Wie verändert sich das Diagramm mit wachsender Versuchszahl?
- Welche Trefferzahl hat die höchste Wahrscheinlichkeit?
  Formuliere eine Regel und überprüfe sie.

16 Der Erwartungswert bei einer Binomialverteilung oder:
Mit wie vielen Treffern ist zu rechnen?
Ein Dartspieler trifft mit einer Wahrscheinlichkeit von $\frac{1}{3}$ das Bull's Eye.
a) Mit wie vielen Treffern kann er bei 6 Würfen rechnen? Begründe.
b) Berechne den Erwartungswert für die Trefferzahl, indem du die Tabelle ergänzt.
Vergleiche mit deiner Vermutung.

Treffer ins Bull's Eye

Trefferzahl k	Wahrscheinlichkeit P(X = k)	k · P(X = k)
0	■	■
1	■	■
2	■	■
3	■	■
4	■	■
5	■	■
6	■	■
Summe	■	■

Basiswissen

Der Erwartungswert für die Trefferzahl bei einer Bernouilli-Kette ist ein Wert, bei dem sich bei häufiger Versuchswiederholung das arithmetische Mittel der Trefferzahlen einpendelt (Häufigkeitsinterpretation des Erwartungswertes).

Der Erwartungswert für die Trefferzahl bei der Binomialverteilung:

Bei einer Bernoulli-Kette der Länge n und der Trefferwahrscheinlichkeit p ist der Erwartungswert für die Anzahl der Treffer **$E(X) = n \cdot p$**

Ist E(X) eine natürliche Zahl, dann hat diese Trefferzahl die höchste Wahrscheinlichkeit von allen Trefferzahlen.

Übungen

17 Die Fluggesellschaft *Easyplane* gibt die Wahrscheinlichkeit, dass ein Passagier, der einen Flug gebucht hat, diesen nicht antritt, mit 5 % an.
Easyplane verkauft in der Hauptsaison 240 Tickets für einen Flug.
a) Berechne den Erwartungswert für die Zahl der Passagiere, die diesen Flug nicht antreten.
b) *Easyplane* hat 240 Tickets verkauft, obwohl das Flugzeug nur 228 Sitzplätze hat. Was meinst du, ist die Gesellschaft „auf der sicheren Seite"?

18 Die Wahrscheinlichkeit, dass man beim Lotto Sechs Richtige hat, beträgt ungefähr 1 : 14 Millionen.
a) Angenommen, es werden 70 Millionen Tippreihen getippt. Mit wie vielen Hauptgewinnern ist zu rechnen?
b) Etwas zum Überlegen: Wie kannst du abschätzen, wie viele Tippreihen in Deutschland an einem Wochenende getippt wurden?

Beobachte über mehrere Wochen in der Zeitung, wie viele Gewinner beim Lotto 6 Richtige haben.

19 Angenommen, aus jedem Ei in einem Gelege von 6 Eiern einer Amsel wächst mit einer Wahrscheinlichkeit von 60 % ein Vogel heran, bis er flügge wird.
a) Mit welcher Wahrscheinlichkeit kommen aus dem Gelege 0, 1, 2, 3, 4, 5, 6 „erwachsene" Vögel? Stelle die Ergebnisse in einer Tabelle zusammen und zeichne ein Diagramm der Wahrscheinlichkeitsverteilung. Interpretiere die Ergebnisse.
b) Oft möchte man z. B. wissen, wie groß die Wahrscheinlichkeit ist, dass höchstens bzw. mindestes eine bestimmte Anzahl von Vögeln überleben.
Mit den Ergebnissen aus Aufgabe a) kannst du die Tabelle vervollständigen.

Vereinfachtes Modell! Die Überlebenswahrscheinlichkeit hängt in der Regel von vielen Faktoren ab.

Anzahl	6	5	4	3	2	1	0
höchstens	1	■	■	■	■	0,0409	0,0041
mindestens	■	■	■	■	■	0,996	1

Kumulierte Wahrscheinlichkeiten

Häufig interessiert man sich nicht dafür, wie groß die Wahrscheinlichkeit für genau 3, 5 oder k Treffer ist, sondern dafür, mindestens oder höchstens eine bestimmte Anzahl von Treffern oder Fehlschlägen zu erzielen.

Beispiel: Wie groß ist die Wahrscheinlichkeit, beim 10-maligen Münzwurf höchstens 3-mal „Kopf" zu erzielen?
Lösung:
Treffer: „Kopf", $p(T) = 0{,}5$
Man berechnet $P(X \leq 3)$.
$P(X \leq 3) = P(X = 0) + P(X = 1) + P(X = 2) + P(X = 3)$

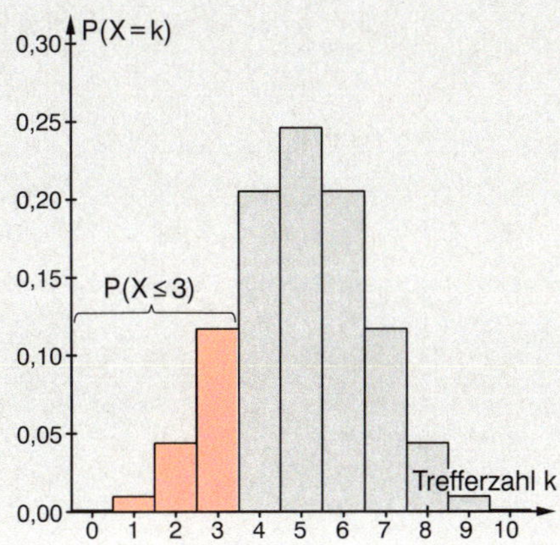

Die Summe dieser Wahrscheinlichkeiten nennt man kumulierte Wahrscheinlichkeit.

Kumulierte Wahrscheinlichkeiten für die Binomialverteilung mit dem GTR:
binomcdf (10, 0.5, 3) = 0,1719
n p von 0 bis 3

Übungen

20 In den USA sind Lügendetektortests sehr beliebt. Diese sind in der Regel fehlerbehaftet, d. h. mit einer gewissen Wahrscheinlichkeit wird z. B. eine Person als Lügner diagnostiziert, obwohl sie die Wahrheit sagt.
Angenommen, die Wahrscheinlichkeit für eine „Fehldiagnose" beträgt 20 %.
a) Mit wie vielen Fehldiagnosen muss man bei 20 Tests rechnen?
b) Wie groß ist die Wahrscheinlichkeit, dass mehr als 6 der 20 Personen falsch getestet werden?

21 *Binomialverteilungen beim n-fachen Münzwurf (p = 0,5)*

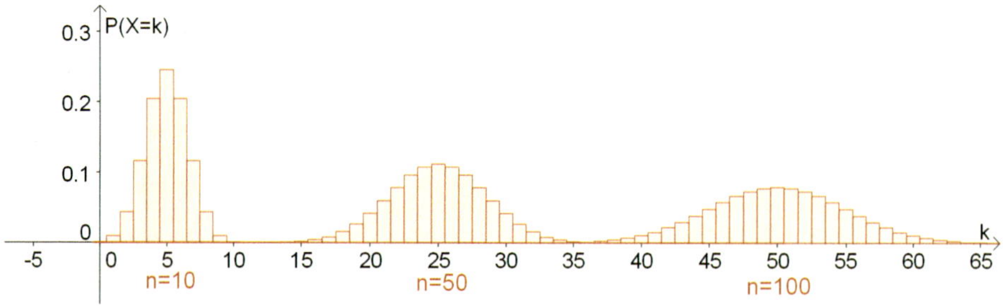

Wie verändern sich die Form, der Erwartungswert und die „Streuung" der Zufallsgröße X, wenn sich die Zahl n der Münzwürfe verändert?

Die Standardabweichung σ(X), ein Maß für die Streuung

Führt man einen Zufallsversuch durch, so kann man oft vorhersagen, mit welchem Ergebnis man in etwa rechnen kann. Wirft man z. B. eine Münze zehnmal, so rechnet man damit, dass in etwa fünfmal „Kopf" oben liegt. Natürlich ist es nicht sicher, dass man genau fünfmal „Kopf" erzielt, die Anzahl „Kopf" „streut" zwischen 0 und 10, d. h. man könnte 0-mal „Kopf" oder sogar zehnmal „Kopf" werfen. Wie wahrscheinlich bestimmte Abweichungen auftreten, kann man mit der Wahrscheinlichkeitsverteilung ermitteln.

Sir Francis Galton (1822–1911)

Der berühmte Biologe Francis Galton führte die **Standardabweichung** um 1860 als ein Maß für die Streuung der Werte einer Zufallsvariablen um ihren Erwartungswert ein.

Die **Standardabweichung** σ(X) ist die Wurzel aus der mittleren quadratischen Abweichung der Zufallsgröße X von ihrem Erwartungswert E(X).

Berechnung: $E(X) = n \cdot p = 10 \cdot \frac{1}{2} = 5$. Auf lange Sicht erhält man beim zehnfachen Münzwurf im Mittel fünfmal „Kopf".

k	0	1	2	3	4	5	6	7	8	9	10
$P(X = k)$	0,001	0,010	0,044	0,117	0,205	0,246	0,205	0,117	0,044	0,010	0,001
$(E(X) - k)^2$	25	16	9	4	1	0	1	4	9	16	25
$P(X = k) \cdot (E(X) - k)^2$	0,025	0,160	0,396	0,468	0,205	0	0,205	0,468	0,396	0,160	0,025

$$\sigma(X) = \sqrt{0{,}025 + 0{,}16 + 0{,}396 + 0{,}468 + 0{,}205 + 0{,}205 + \ldots 0{,}025}$$
$$= \sqrt{2{,}508} = 1{,}58$$

Bei der Binomialverteilung gibt es eine einfache Formel zur Berechnung der Standardabweichung: $\sigma(X) = \sqrt{n \cdot p(1 - p)} = \sqrt{10 \cdot \frac{1}{2}\left(1 - \frac{1}{2}\right)} = 1{,}58$

Vorteile der Standardabweichung: Es wird jedes mögliche Ergebnis und sowohl positive als auch negative Abweichungen berücksichtigt.
Nachteile der Standardabweichung: Sie ist nicht leicht zu verstehen. Große Abweichungen werden durch das Quadrieren übermäßig berücksichtigt.

Übungen

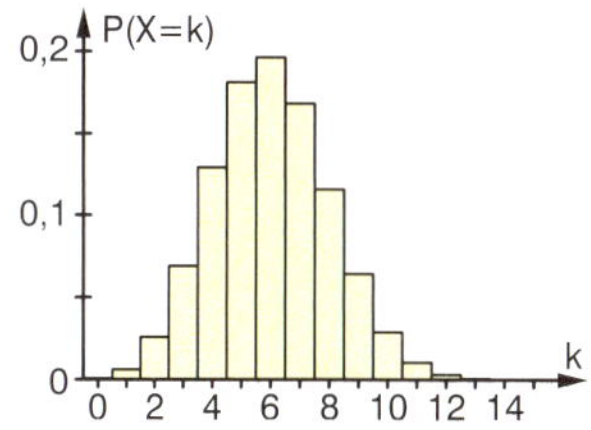

22 Berechne für eine Bernoulli-Kette mit n = 18 und $p = \frac{1}{3}$
a) den Erwartungswert E(X) und die Standardabweichung σ(X),
b) die Wahrscheinlichkeit, dass die Trefferzahl um höchstens 2 · σ(X) vom Erwartungswert abweicht.
Tipp: Benutze den GTR zur Berechnung von kumulierten Wahrscheinlichkeiten, z.B. binomcdf(18, 1/3, 10) – binomcdf(18, 1/3, 2).

23 Die Wahrscheinlichkeitsverteilung für die Binomialverteilung mit n = 20 (Anzahl der Versuche) ist für verschiedene Trefferwahrscheinlichkeiten p in den folgenden Diagrammen dargestellt.

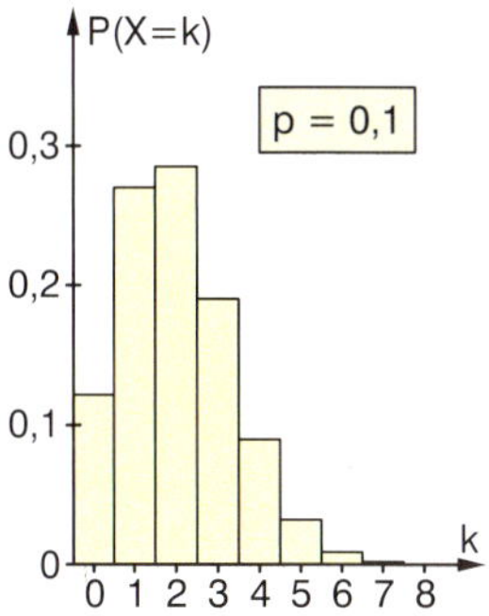

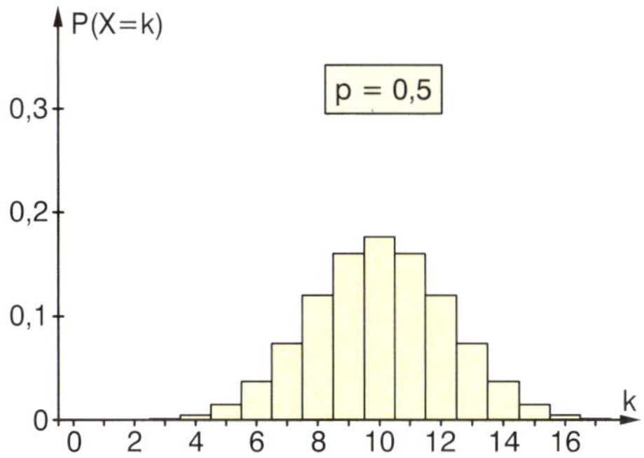

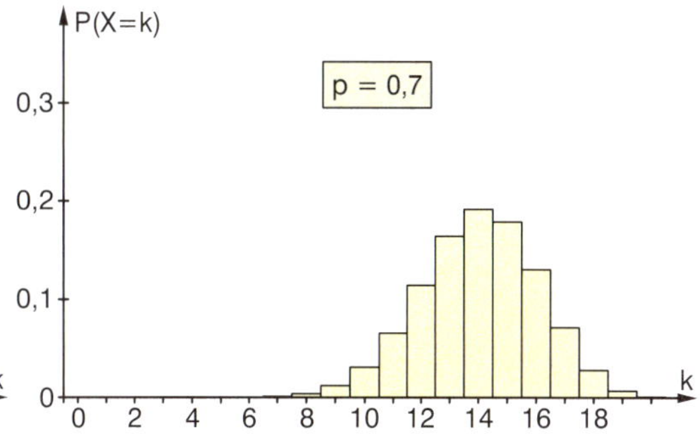

Wie verändern sich der Erwartungswert, die Standardabweichung und die Form der Verteilung, wenn p bei unverändertem n größer wird?

24 *Eine interessante Entdeckung*
a) Statistiker interessierten sich dafür, wie groß beim n-fachen Münzwurf die Wahrscheinlichkeit ist, dass die Trefferzahl vom Erwartungswert um höchstens eine Standardabweichung abweicht. Sie erstellten die Tabelle und machten dabei eine interessante Beobachtung. Was könnten ihnen aufgefallen sein?
b) Angenommen, du würdest mit einem Würfel 720-mal würfeln.
Mit wie vielen Sechsen könntest du rechnen (Erwartungswert), und was wäre die Standardabweichung σ(X)?
c) Wie groß ist die Wahrscheinlichkeit, dass die Anzahl der Sechsen um höchstens eine Standardabweichung von dem Erwartungswert abweicht? Verallgemeinere die Vermutung aus Teil a).

Wahrscheinlichkeit, dass die Trefferzahl höchstens um σ(X) vom Erwartungswert abweicht

n	E(X)	σ(X)	Trefferzahl	P(...)
16	8	2	6 bis 10	
100	50	5	45 bis 55	
400	200	10	190 bis 210	
1600	800	20	780 bis 820	
6400	3200	40	3160 bis 3240	

Bedeutung der Standardabweichung – die σ-Regel

Ist bei einer Binomialverteilung σ(X) > 3, dann kann man mit der Tabelle abschätzen, wie wahrscheinlich bestimmte Abweichungen vom Erwartungswert nicht übertroffen werden.

Wahrscheinlichkeit, dass die Trefferzahl höchstens um maximal einen bestimmten Wert vom Erwartungswert abweicht

Maximale Abweichung	Wahrscheinlichkeit
σ(X)	0,68
2 · σ(X)	0,955
3 · σ(X)	0,997

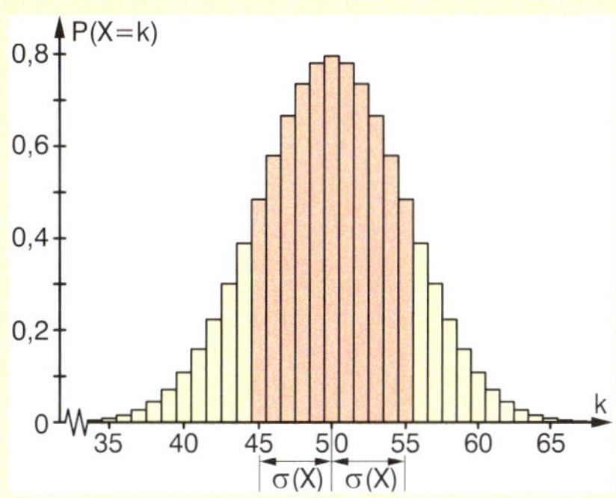

Übungen

25 a) Eine Münze wird 100-mal geworfen, und die Anzahl „Kopf“ wird gezählt. Berechne Erwartungswert und Standardabweichung dieses Zufallsversuches.
b) Begründe, warum mit einer 95,5 %-igen Wahrscheinlichkeit die Anzahl „Kopf“ zwischen 40 und 60 liegt.
c) Angenommen, bei 100 Würfen „fällt“ nur 34-mal „Kopf“. Das Versuchsergebnis weicht somit von dem Erwartungswert um mehr als 15 ab. Berechne die Wahrscheinlichkeit, dass dies zufällig eintritt, mithilfe der Tabelle auf Seite 133 unten.

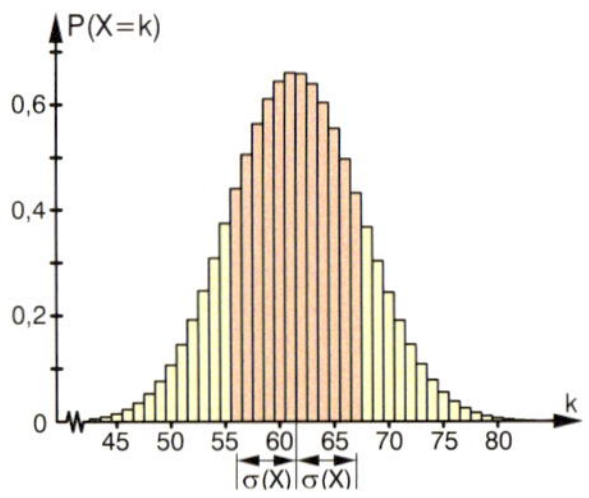

26 Die Blutgruppe 0 tritt in Deutschland mit einer Häufigkeit von 41 % auf. Nimm an, dass die Verteilung der Blutgruppen nicht von der Region abhängig ist.
a) Berechne den Erwartungswert und die Standardabweichung für die Zahl der Personen mit der Blutgruppe 0, wenn 150 Blutspender zum Blutspendetermin kommen.
b) In welches zum Erwartungswert symmetrische Intervall fällt die Zahl der Blutspender mit Blutgruppe 0 mit 95,5 %iger Wahrscheinlichkeit?

Aufgaben

27 a) Der Trainer von Biathletin Sonja stellt fest, dass sie im Wettkampf eine Treffsicherheit von 60 % hat. Wie könnte er zu dieser Annahme gelangt sein?
b) Bei der deutschen Meisterschaft trifft Sonja beim Sprint von 10 Schüssen 9-mal. Sonja sagt: „Das Training hat sich ausgezahlt“. Ihre härteste Konkurrentin meint: „Glück gehabt.“ Was meinst du?
c) Angenommen, Sonjas Schiessleistung hat sich nicht verbessert. Mit wie vielen Treffern bei 10 Schüssen müsste man rechnen?
d) **Modell:** Hat sich Sonjas Schießleistung nicht verbessert, dann kann man ihr Schießen mit dem 10-maligen Drehen eines Glücksrades mit 4 roten und 6 weißen Feldern modellieren. Natürlich kann sie zufällig 9 oder mehr Treffer bei 10 Schüssen erzielen. Berechne mit der Binomialverteilung $P(X \geq 9)$.

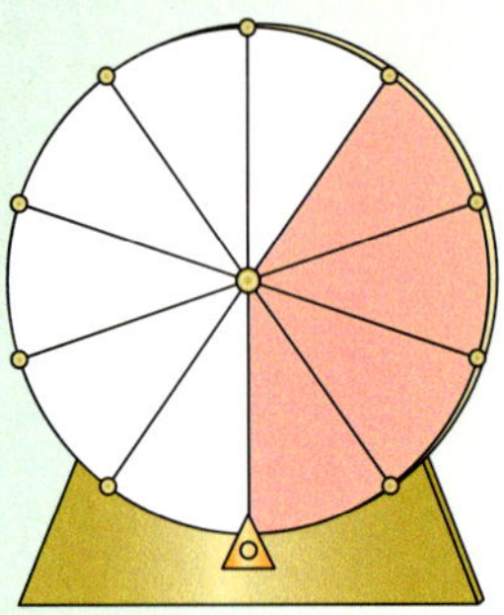

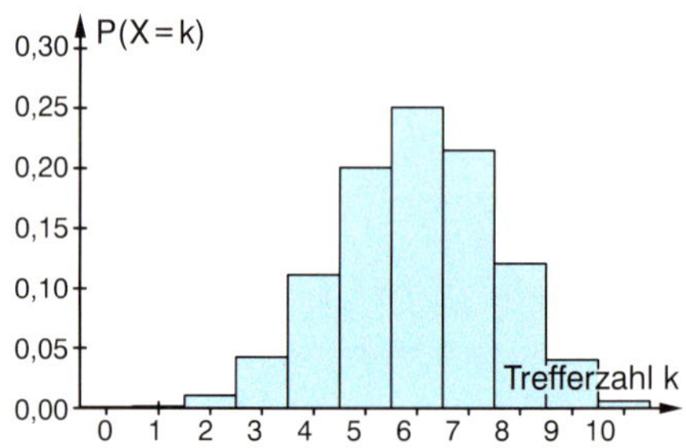

e) **Beurteilen:** Die in Teil d) berechnete Wahrscheinlichkeit dafür, dass bei nicht verbesserter Schießleistung Sonja zufällig so gut war, ist recht klein. Würdest du eher Sonja Recht geben oder doch ihrer Gegnerin? Begründe.

28 Dr. Schubert verschreibt ein Medikament, das in ca. 3 % der Fälle zu unangenehmen Nebenwirkungen führt.
a) Wie groß ist die Wahrscheinlichkeit, dass es bei keinem seiner 100 Patienten (weniger als 3 von 100, mehr als 6 von Hundert), denen er das Medikament verschreibt, zu Nebenwirkungen kommt?
b) Es sei k die Anzahl der Patienten mit Nebenwirkungen. Nach welcher Formel kann man die Wahrscheinlichkeit $P(X = k)$ berechnen? Erstelle eine Tabelle und ein Diagramm für die Wahrscheinlichkeiten, dass k Patienten Nebenwirkungen zeigen.

29 Eine Familie hat sieben Kinder. Davon sind 6 Mädchen. Beurteile mit statistischen Mitteln, ob 6 oder gar 7 Mädchen unter sieben Kinder für Statistiker ein „bemerkenswertes“ Ereignis ist. Begründe.
Rechne in dieser Aufgabe mit der Binomialverteilung. Was musst du voraussetzen, damit dies gerechtfertigt ist? Was ist in diesem Fall die Trefferwahrscheinlichkeit, was die Länge der Bernoulli-Kette?

Statistisch bemerkenswert:
Ereignisse, die mit geringer Wahrscheinlichkeit eintreten.

30 Überbuchen

Aufgaben

Warum überbuchen Airlines?
(Focus online 17.12.07)

Wie viel No-Shows es weltweit gibt, ist nicht bekannt. Aber es müssen viele Millionen sein, denn allein bei der Lufthansa erschienen 2006 rund 4,7 Millionen Passagiere nicht auf ihren gebuchten Flügen, das sind circa 8,2 Prozent aller gebuchten Gäste und entspricht 12 700 leeren Jumbos.

Würden Airlines wie die LH also nicht überbuchen, entstünde ihnen ein riesiger wirtschaftlicher Schaden. „Wir garantieren ein hohes Maß an Flexibilität, aber können nicht riskieren, dass der Flieger halb leer 'rausgeht", erklärt Lufthansa-Sprecher Andreas Bartels.

Und Asger Schubert vom Board of *Airline Representatives in Germany* (BARIG) ergänzt: „Überbuchungen sind ein Instrument, die Auslastung trotz sogenannter No-Shows optimal zu steuern. Würden die Airlines nicht systematisch überbuchen, wären die Flugtarife um einiges höher."

a) Erläutere die wichtigsten Fakten des Artikels mit deinen eigenen Worten. Passen die Daten zusammen?

b) Für einen Airbus A 319 (Mittelstrecke) mit 132 Sitzplätzen verkauft eine Fluggesellschaft 142 Tickets. Sie überbucht also die Maschine. Für jeden Passagier, der deshalb nicht an Bord genommen werden kann, zahlt die Fluggesellschaft 400 € Entschädigung.

Ein stark vereinfachtes Rechnungsmodell

Erläutere und ergänze die folgende Tabelle.
Berechne
- die Wahrscheinlichkeit, dass mindestens ein Fluggast nicht mitgenommen werden kann,
- den Erwartungswert der Entschädigungssumme.

Treffer: no show (Passagier kommt nicht) **p(T)** = 0,08 (8 %)
Länge der Bernoulli-Kette n = 142 (10 Tickets mehr als Plätze)

Anzahl k der *no shows*	p	Anzahl der Überbuchungen	Entschädigung V	V · p
0	0	10	10 · 400 = 4000	0
1	0,0001	9	3600	0,36
2	0,0005	8	3200	1,6
3	0,0022	7	2800	6,16
4	0,0067	6	2400	16,08
5	0,0161	5	2000	32,2
...	...	...	...	...

Vergleiche den Erwartungswert der Entschädigungssumme mit den Einnahmen, die dadurch entstehen, dass 10 Tickets mehr verkauft werden (gehe von einem Durchschnittspreis von 400 € für ein Ticket aus).

CHECK UP

Stochastik

Laplace-Wahrscheinlichkeit
Es gibt Zufallsexperimente, bei denen man ohne Ausprobieren die Wahrscheinlichkeit ermitteln kann, mit der ein Ergebnis eintritt.
Man kann dies immer dann, wenn alle Ergebnisse *gleich wahrscheinlich* sind.

Wüfeln:

Ergebnismenge:
$\{1, 2, 3, 4, 5, 6\}$

Alle sechs Ergebnisse sind gleich wahrscheinlich.

Damit ist $p(1) = \frac{1}{6}$, $p(2) = \frac{1}{6}$, …

Ein **Ereignis** ist die Zusammenfassung bestimmter Ergebnisse.
Ereignis: Augenzahl ist durch 3 teilbar: $\{3, 6\}$
Bestimmen der Wahrscheinlichkeit für das Eintreten eines Ereignisses.

durch Zählen: $p = \frac{\text{Anzahl der günstigen Ergebnisse}}{\text{Anzahl der möglichen Ergebnisse}} = \frac{2}{6}$

oder mit der Summenregel: $p = \frac{1}{6} + \frac{1}{6} = \frac{2}{6}$

Grundlegendes Zählprinzip:
Werden zwei Zufallsversuche mit m bzw. n möglichen Ergebnissen durchgeführt, so hat die Hintereinanderausführung der beiden Versuche $m \cdot n$ verschiedene Ergebnisse.

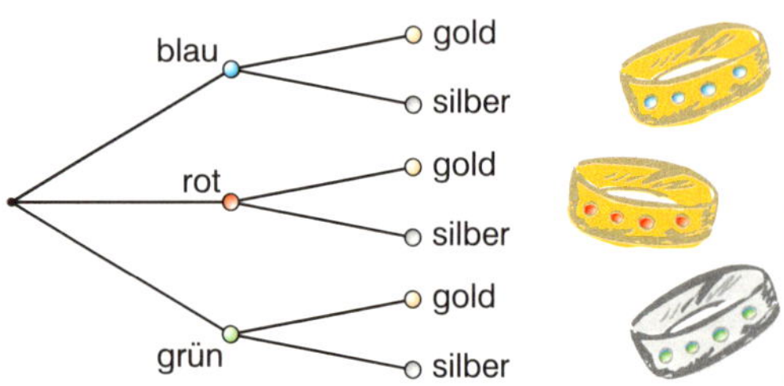

$3 \cdot 2 = 6$ verschiedene Ringe

Zählprinzipien:
Anzahl der Möglichkeiten bei 4 Ziehungen aus 10 Kugeln von 0 bis 9

	mit Zurücklegen	ohne Zurücklegen
mit Reihenfolge	10^4	$10 \cdot 9 \cdot 8 \cdot 7$
ohne Reihenfolge		$\frac{10 \cdot 9 \cdot 8 \cdot 7}{4!}$

1 Ein Glücksrad hat 60 gleich große Felder, die von 1 bis 60 nummeriert sind. Den Superpreis gewinnt man mit der Zahl 55, einen Hauptgewinn mit Zahlen, die durch 10 teilbar sind.
a) Wie groß ist die Wahrscheinlichkeit, den Superpreis (einen Hauptgewinn) zu gewinnen?
b) Wie häufig erzielt man einen Hauptgewinn, wenn man 100-mal spielt?

2 Bei einem Test sind zu jeder Frage fünf mögliche Antworten gegeben, von denen jeweils nur eine richtig ist.
a) Wie groß ist die Wahrscheinlichkeit, dass man durch Raten die richtige Antwort ankreuzt?
b) Der Test enthält 10 Fragen. Mithilfe einer Simulation soll die Wahrscheinlichkeit geschätzt werden, durch Raten mehr als 3 Fragen korrekt zu beantworten. Welche der folgenden Simulationen modellieren das Problem richtig? Begründe.

Ⓐ Glücksrad 10-mal drehen. Die Frage ist richtig beantwortet, wenn die Zufallszahl 0 oder 1 ist.

Ⓑ Münze 10-mal werfen. Die Frage ist richtig beantwortet, wenn das Ergebnis Wappen ist.

Ⓒ Man legt in eine Urne 10 Lose mit den Nummern 0, 1, 2, 3 und 4. Dann zieht man 10-mal mit Zurücklegen. Jedes Mal, wenn die Zahl 4 erscheint, ist die Frage richtig beantwortet.

3 Wie viele verschiedene Worte mit
a) drei Buchstaben,
b) mit einem Konsonanten, gefolgt von einem Vokal und einem weiteren Konsonanten, kann man bilden?

4 Künstler lassen gelegentlich dasselbe Bild mit verschiedenen Farben drucken. Angenommen der Künstler wählt für jedes Bild drei Farben von einer Farbpalette mit acht verschiedenen Farben aus. Wie viele verschiedene Bilder gibt es?

5 In einer Eisdiele gibt es Eis mit 20 verschiedenen Geschmacksrichtungen. Wie viele verschiedene Eisbecher mit vier verschiedenen Eiskugeln gibt es? Würdest du ein anderes Ergebnis erhalten, wenn die Eiskugeln in einer großen Waffel übereinander liegen?

6 Eine Tanzgruppe besteht aus 15 Tänzerinnen und 10 Tänzern. Auf wie viele Arten können für eine Produktion
a) 12 Tänzerinnen und Tänzer,
b) 8 Tänzerinnen und 4 Tänzer ausgewählt werden?

7 Erstelle mit dem GTR eine Tabelle der Binomialverteilung mit $n = 8$ und $p = 0{,}6$. Das zugehörige Diagramm findest du auf der nächsten Seite.

8 *Verkehrssicherheit.* Angenommen, 30 % der Autofahrer benutzen während der Fahrt das Handy ohne Freisprechanlage und gefährden so sich und andere. Wie groß ist die Wahrscheinlichkeit, dass von zehn zufällig ausgewählten Autofahrern mehr als die Hälfte das Handy während der Fahrt benutzt?

9 *Gesundheit.* Alisa liest in der Zeitung, dass während einer Grippeepedemie 40 % der Bevölkerung erkranken. Sie rechnet für ihre 6-köpfige Familie mithilfe der Binomialverteilung aus, dass die Wahrscheinlichkeit, dass 5 oder gar alle Familiemitglieder erkranken, mit 4,1 % ziemlich niedrig ist. Durfte Alisa die Binomialverteilung anwenden?

10 a) Ein Hersteller gibt an, dass ein Medikament bei 10 % der Patienten Übelkeit hervorruft. Wie könnte der Hersteller dies herausgefunden haben?
b) 20 Patienten nehmen das Medikament ein. Mit wie vielen Patienten, die über Übelkeit nach der Einnahme klagen, ist zu rechnen?
c) Berechne die Wahrscheinlichkeit, dass genau 2 (0, mehr als 4) Patienten über Übelkeit klagen.
d) Bei einem klinischen Versuch wird bei 7 von 20 Patienten Übelkeit beobachtet. Dies könnte darauf hindeuten, dass die Angabe des Herstellers nicht stimmt. Begründe. Warum liefert die Beobachtung keinen sicheren Beweis?

11 Erstelle einen Steckbrief mit den Kenngrößen für die Binomialverteilung. Die Anzahl der Versuche ist 400, die Trefferwahrscheinlichkeit $p = 2{,}5\,\%$.

12 Ein Möbelhaus rechnet mit 850 Interessenten, davon sind in der Regel 62 % Frauen. Bestimme das Intervall (symmetrisch zum Erwartungswert), in dem mit 68 %iger Wahrscheinlichkeit die Zahl der weiblichen Kunden liegt.

13 Mit einem Würfel soll 100-mal gewürfelt werden.
a) Mit wie vielen Sechsen kann man rechnen?
b) Berechne die Standardabweichung.
c) Mache eine Prognose: In welches zum Erwartungswert symmetrische Intervall fällt die Anzahl der Sechsen mit einer Wahrscheinlichkeit von 95,5 %?

14 In der Mensa des Schiller-Gymnasiums essen täglich ungefähr 150 Schülerinnen und Schüler. Davon wählen in der Regel 30 % das vegetarische Essen.
Ein Caterer liefert 55 Portionen von dem vegetarischen Essen.
a) Kann es dennoch zu einem Engpass beim vegetarischen Essen kommen? Begründe.
b) Berechne den Erwartungswert und die Standardabweichung für die Anzahl der vegetarischen Essen. Mache eine Prognose: Mit welcher Wahrscheinlichkeit treten Abweichungen von mehr als 5 Essen von dem Erwartungswert auf?
c) Welche Schlüsse kann der Caterer aus der Berechnung in Teil b) ziehen? Was muss er noch bedenken?

CHECK UP

Bernoulli-Kette
Zufallsversuch mit n-Stufen Ergebnis auf jeder Stufe: Treffer (T) oder Fehlschlag (F).
Trefferwahrscheinlichkeit p auf jeder Stufe gleich.
Wahrscheinlichkeit für einen Fehlschlag ist $q = 1 - p$.
Binomialverteilung: Wahrscheinlichkeiten bei Bernoulli-Ketten
n Versuche, k Treffer

$$P(X = k) = \binom{n}{k} p^k (q)^{n-k}$$

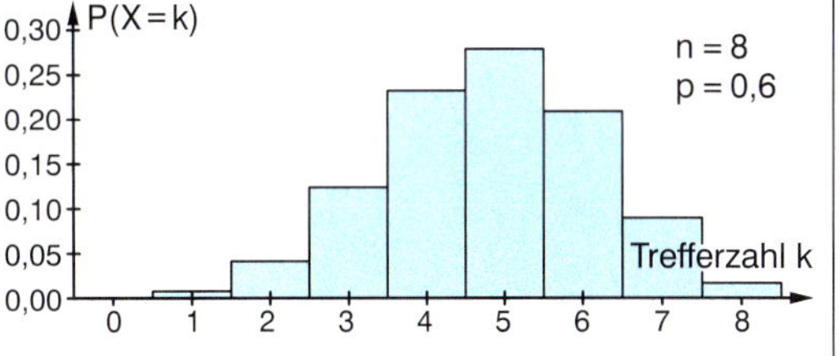

Berechnen mit dem GTR
- binompdf(n,p,k): $P(X = k)$
- binomcdf(n,p,k): Wahrscheinlichkeit für 0 bis k Treffer (kumulierte W.)

Binomialverteilung – Kenngrößen
Anzahl der Versuche: n, Trefferzahl p,
Erwartungswert $E(X) = np$,
Standardabweichung $\sigma(X) = \sqrt{np(1-p)}$

σ-Regel
Wahrscheinlichkeit, dass die Trefferzahl höchstens um einen bestimmten Wert vom Erwartungswert abweicht

Maximale Abweichung	Wahrscheinlichkeit
$\sigma(X)$	0,68
$2 \cdot \sigma(X)$	0,955
$3 \cdot \sigma(X)$	0,997

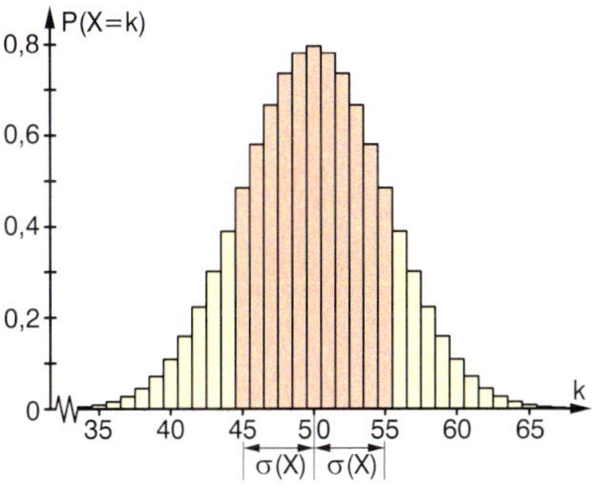

5 Funktionen und Änderungsraten

5.1 Änderungsraten – grafisch erfasst

Was dich erwartet

Mit Funktionen und Graphen lassen sich viele Situationen und Vorgänge beschreiben bzw. modellieren. Bei der Interpretation der Graphen spielt oft das Änderungsverhalten eine bedeutende Rolle. Dies wird durch die „Änderungsrate" erfasst. Auch sie lässt sich als Funktion grafisch darstellen.

Flugzeug im Landeanflug

Flughöhe als Funktion der Zeit

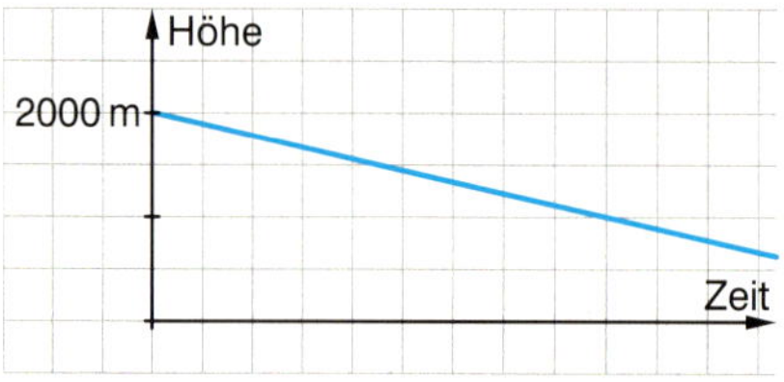

Das Flugzeug nähert sich im Sinkflug dem Flughafen. In dem Diagramm sinkt das Flugzeug gleichmäßig von seiner normalen Flughöhe in Richtung Boden.

Sinkgeschwindigkeit als Funktion der Zeit

Wie schnell das Flugzeug sinkt, kann der Pilot an der „Sinkgeschwindigkeit" ablesen. Diese ist in unserem Beispiel konstant.

Konstante Änderungsraten, wie man sie bei Geraden erhält, sind nicht sehr spannend und uns auch bereits bekannt. Was ist, wenn sich die Änderungsrate ändert?

Modell des Wachstums von Bakterien

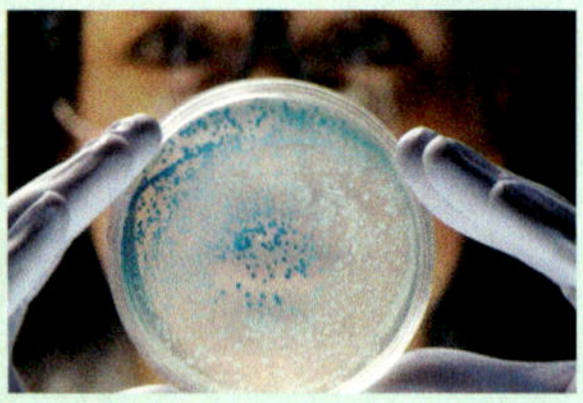

Bakterienbestand als Funktion der Zeit

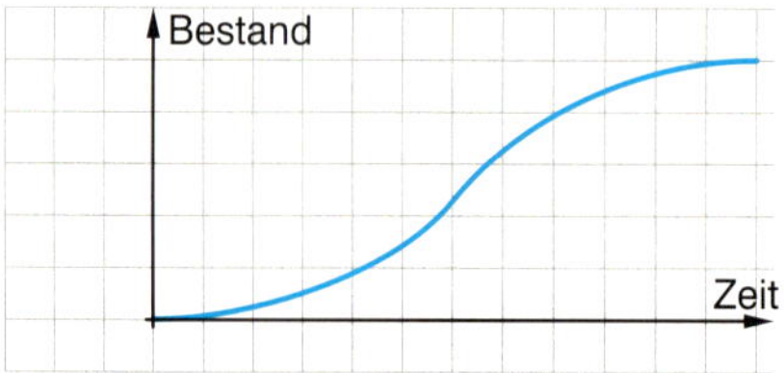

Nach langsamem Beginn wächst der Bestand zunächst immer schneller, ab einem bestimmten Zeitpunkt wird das Wachstum wieder langsamer und sinkt schließlich auf nahezu Null.

Wachstumsrate als Funktion der Zeit

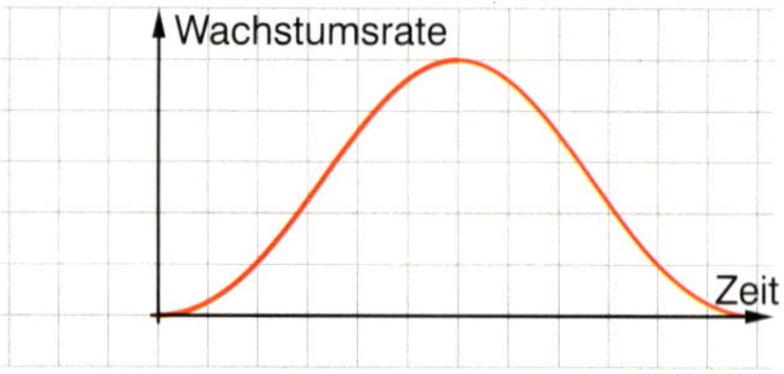

Die Wachstumsrate ändert sich mit der Zeit. Es gibt einen Zeitpunkt, an dem die Änderungsrate maximal ist.

Stellt man Änderungsraten als Funktion dar, so kann man das Änderungsverhalten auf einen Blick erfassen. Dies geschieht zunächst qualitativ. In den nächsten Lernabschnitten wird dies mit passenden Begriffen und Verfahren numerisch präzisiert.

Aufgaben

1 *Füllvorgänge und Graphen*

Im Science-Center in Paris findet sich ein Experiment, in dem Gefäßformen durch ihre „Füllgraphen" charakterisiert werden. In die Gefäße fließt mit gleichmäßigem Zufluss eine Flüssigkeit ein. Mit der Zeit ändert sich die Füllhöhe in dem jeweiligen Gefäß, dies kann man am Steigen des Flüssigkeitsspiegels gut beobachten.

I II III IV V VI

Der Flüssigkeitsspiegel für jedes Gefäß wird jeweils im Sekundenabstand festgehalten und aufgezeichnet. So entstehen wie bei einer „Stroboskopaufnahme" die sechs Bilder in den Spalten A bis F.

A B C D E F

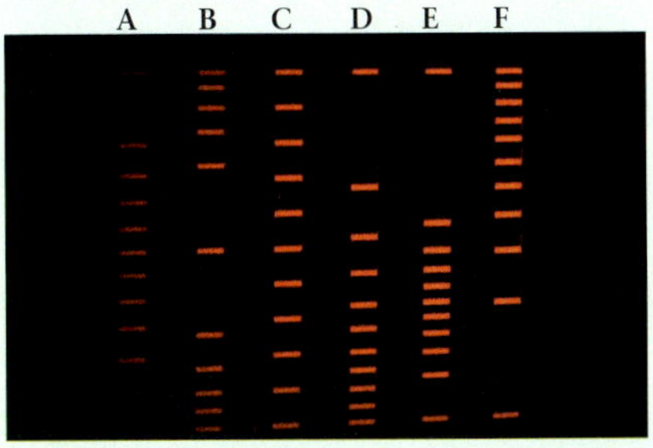

Hier ist der Füllvorgang für jedes Gefäß in einem Graphen zur Zuordnung Zeit (t) → Füllhöhe (h) dargestellt (Füllgraph).

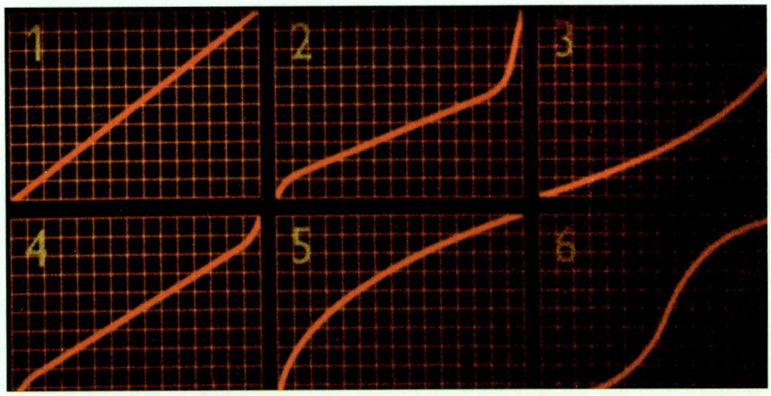

a) Ordne den Gefäßen im obigen Bild jeweils die passende Stroboskopaufnahme und den passenden Füllgraphen zu. Begründe deine Entscheidungen.

b) Die Blumenvase wird mit gleichmäßigem Zulauf mit Wasser gefüllt.

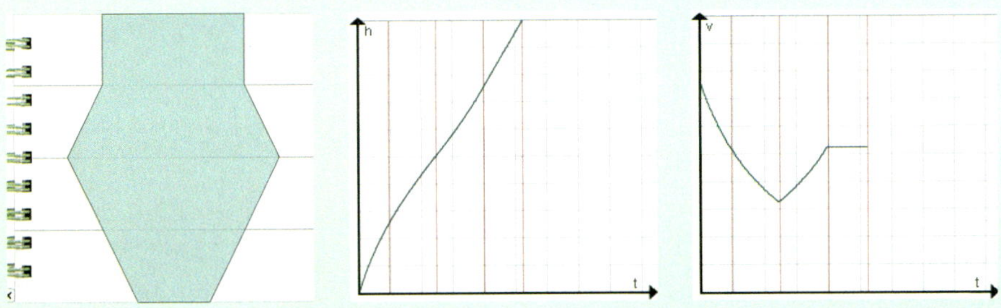

Blumenvase Füllgraph t → h Geschwindigkeitsgraph t → v

In Band 7 wurden solche Füllgraphen bereits eingeführt. Eine interaktive Software zum Training solcher Aufgaben ist auf der CD „Funktionen und Graphen" zu finden.

Die nebenstehende Beschreibung des Füllgraphen mit Hilfe der „Steiggeschwindigkeit" findet sich im „Geschwindigkeitsgraphen" der Zuordnung
Zeit (t) → Geschwindigkeit (v) wieder.
Lege deinem Nachbarn deine eigene Aufgabe vor, z. B. ein Gefäß, zu dem er den Füllgraphen und den Geschwindigkeitsgraphen zeichnen soll oder einen Geschwindigkeitsgraphen, zu dem ein passendes Gefäß gezeichnet werden muss.

> Anfangs steigt der Wasserspiegel recht schnell an. Die Steiggeschwindigkeit wird in den ersten beiden Zeitabschnitten zunächst immer geringer, dann nimmt sie im dritten Abschnitt wieder zu. Im letzten Abschnitt wächst die Höhe mit gleich bleibender Geschwindigkeit.

Basiswissen

Änderungsrate

Viele Situationen und Vorgänge werden durch Funktionsgraphen beschrieben. Aus dem Graphen lässt sich zu jeder Stelle x der zugehörige y-Wert ablesen. Oft ist es von besonderem Interesse, wie sich die Funktionswerte in bestimmten Abschnitten verändern. Dies wird durch die Änderungsrate erfasst.

Die **Änderungsrate** an einer bestimmten Stelle hängt eng mit der „Steilheit" des Graphen an dieser Stelle zusammen.

Je steiler der Graph ansteigt oder abfällt, desto stärker ändert sich der Funktionswert an dieser Stelle.

Anders als bei einer Geraden, die überall gleichmäßig ansteigt oder abfällt, ändert sich die Steigung einer Kurve offenbar von Punkt zu Punkt.

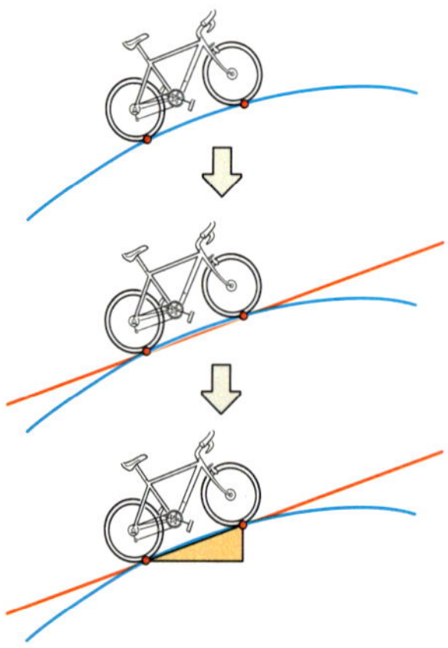

Die Gerade durch die Berührungspunkte kann man als **Sekante** der Kurve bezeichnen. An Stelle des Radfahrers kann man auch ein Lineal benutzen.

Das Bild verrät, wie man die Steigung an einem bestimmten Kurvenpunkt schätzen kann: Der Radfahrer fährt auf der Kurve entlang. Wenn er sich mit seinen Pedalen über dem bestimmten Kurvenpunkt befindet, berühren die beiden Räder links und rechts davon die Kurve. Diese Berührungspunkte verbinden wir in Gedanken mit einer Geraden. Die Steigung dieser Geraden gibt einen guten Näherungswert für die Steigung der Kurve in dem Punkt. Damit kann der *Steigungsgraph* qualitativ skizziert werden. Er gibt Auskunft über die Änderungsrate an jeder Stelle.

Funktionsgraph

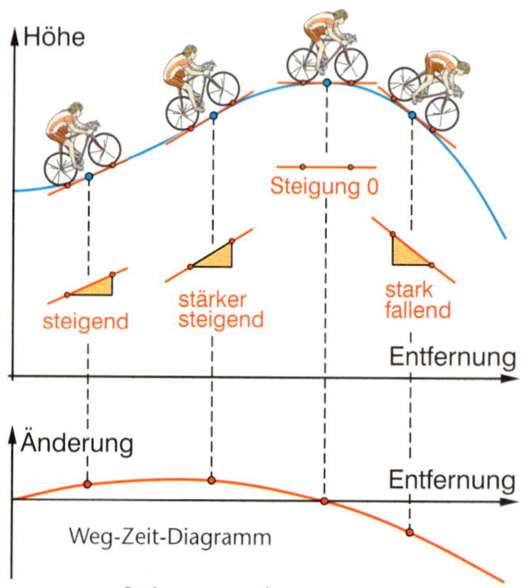

Steigungsgraph

Beispiel

Weg-Zeit-Diagramm: Jedem Zeitpunkt t wird der bis dahin zurückgelegte Weg s zugeordnet.

Die Änderungsrate ist in diesem Falle die Geschwindigkeit, der Steigungsgraph somit das Geschwindigkeits-Zeit-Diagramm.

A Der Graph zeigt das Weg-Zeit-Diagramm einer Autofahrt. Beschreibe die Fahrt mit eigenen Worten und zeichne den zugehörigen Steigungsgraphen.

Lösung:

Am Anfang wird die Geschwindigkeit erhöht, dann fährt das Auto eine Zeit lang mit etwa gleichbleibender Geschwindigkeit. Diese wird dann kurzfristig reduziert. Das Auto fährt nun wieder mit konstanter Geschwindigkeit. Offensichtlich wird nun eine Schnellstraße erreicht. Die Geschwindigkeit wird erhöht (es wird beschleunigt), dann wird mit konstant höherer Geschwindigkeit gefahren.

Weg-Zeit-Diagramm

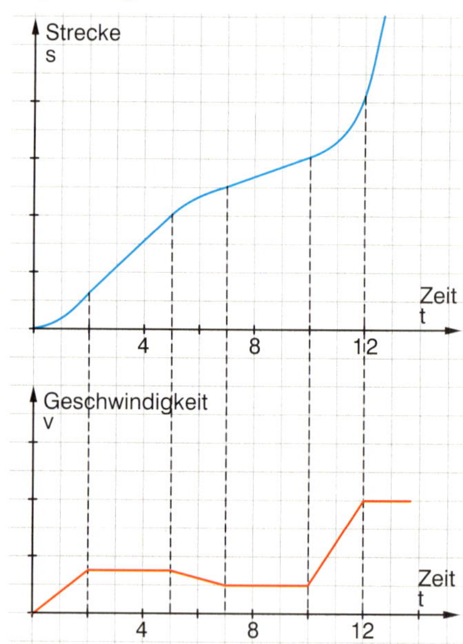

Geschwindigkeits-Zeit-Diagramm

Übungen

2 *Ebbe und Flut an der Nordsee*

Bei Hoch- und Niedrigwasser steigt oder fällt der Wasserspiegel langsam, in der Mitte zwischen diesen Ständen besonders schnell.

Im Graphen ist der Wasserstand an der Nordsee an einem Hochsommertag während einer Gezeitenperiode von 12,6 Stunden skizziert.

Welcher der folgenden Graphen gibt die Wasserstandsänderung während dieser Zeit am besten wieder? Begründe deine Auswahl.

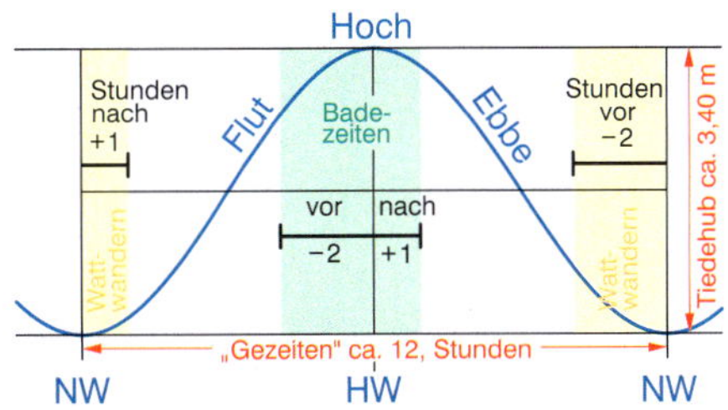

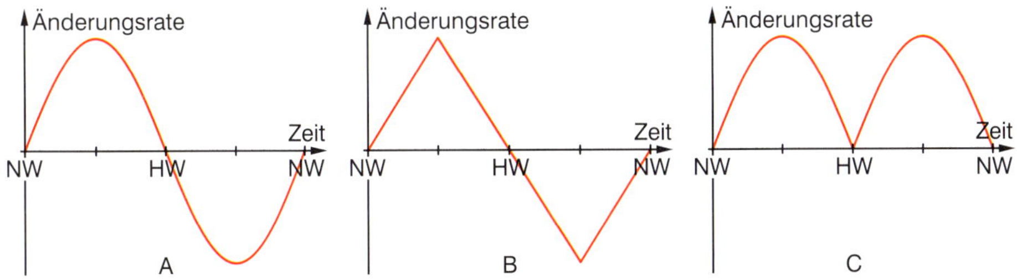

3 *Wasserstandsmeldungen*

Bei drohendem Hochwasser gewinnen die Wasserstandsmeldungen besondere Bedeutung. Dabei ist nicht nur der aktuelle Pegelstand (Höhe des Wasserstandes) von Interesse, sondern auch die aktuelle Wasserstandsänderung. Aus ihr und weiteren Erfahrungsdaten kann man häufig die Entwicklung des Hochwassers in den folgenden Stunden und Tagen prognostizieren.

Das Pfingstwochenende 1999 brachte der Stadt Kehlheim (Bayern) ein Jahrhundert-Hochwasser.

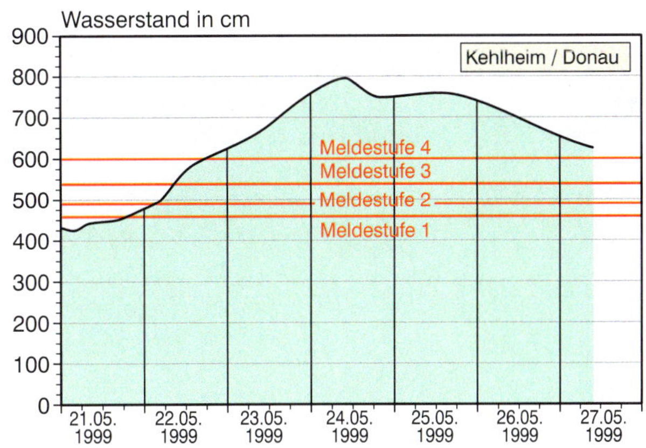

Beschreibe anhand des Diagramms die Entwicklung des Hochwassers in Kehlheim vom 21.5. bis zum 27.5.99. Zeichne zu dem Wasserstandsgraphen auch einen passenden Graphen zur Änderungsrate des Wasserstandes.

Samstag 22. Mai. Nachdem der Donau-Pegel rapide ansteigt, kommt erstmals der Krisenstab zusammen. …

4 *Fruchtfliegen*

Eine Fruchtfliegenpopulation entwickelt sich unter Laborbedingungen gemäß der nebenstehenden Grafik.

a) Beschreibe die Entwicklung mit eigenen Worten. Findest du eine Begründung für den Verlauf der Kurve?

b) Skizziere den Graphen der Änderungsrate des Bestandes.

Übungen

Automatische Niederschlagsmesser verwenden eine Kippwaage. Dabei füllt sich jeweils eine Schale mit Niederschlagswasser. Bei einem bestimmten Gewicht kippt sie nach unten und entleert sich. Aus der Anzahl der Kippbewegungen kann die Niederschlagsmenge berechnet werden.

5 *Regenmesser*

Muss ich heute gießen oder nicht? Diese Frage erübrigt sich mit einem Blick auf den Regenmesser. Er misst ganz genau die Niederschlagsmenge. Ein Teilstrich entspricht einem Liter Wasser pro m².

Für meteorologische Daten werden sensible Geräte benutzt, die eine kontinuierliche Aufzeichnung der Füllhöhe im Regenmesser über den gesamten Tag ermöglichen.

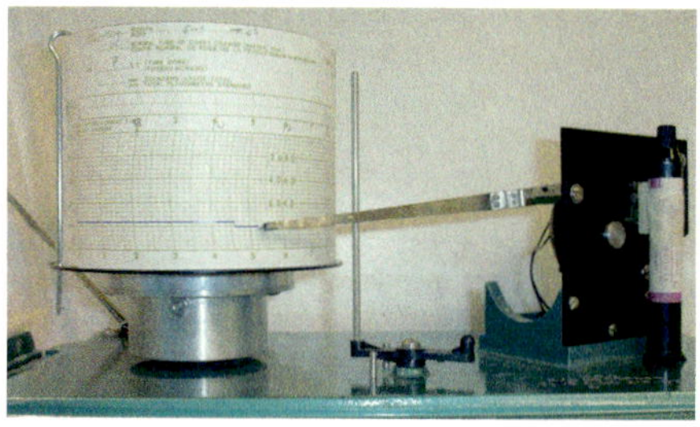

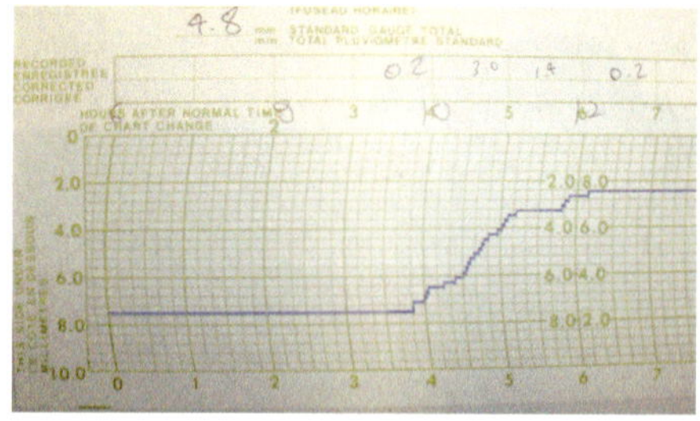

a) Welche Bedeutung hat die Steigung in dem aufgezeichneten Graphen?

b) Skizziere einen Niederschlagsgraphen und den zugehörigen Änderungsgraphen
- für einen wechselhaften Sommertag
- für einen stürmischen Gewittertag.

6 *Staatsschulden und Änderungsrate*

Der abgedruckte Zeitungsausschnitt ist am 23.2.2006 in der WAZ erschienen. Schaue dir die Aussage von Minister Steinbrück an: „Das Verschuldens-Tempo nimmt wieder ab“.

a) Nimm an, die Höhe der Schulden würde durch eine Funktion dargestellt. Skizziere einen möglichen Verlauf des Graphen, der zu der Aussage von Steinbrück passt.

b) Formuliere die Aussage von Steinbrück um, indem du darin den Begriff Änderungsrate verwendest.

Berlin. Der Mann hat den schwersten Job in der Regierung. Und den wichtigsten dazu. Finanzminister Peer Steinbrück (SPD) versucht nicht die Lage schönzureden, auch jetzt nicht, da sich einige dunkle Wolken verzogen haben. „Wir haben es mit weniger schlechten Zahlen zu tun“, kommentiert der Berliner Kassenwart die steigenden Steuereinnahmen. Und an anderer Stelle stellt er klar: „Das Verschuldens-Tempo nimmt wieder ab“. Heißt auch, die Schulden werden nicht abgebaut.

7 *Aussagen über Änderungen*

Na endlich! *Rückgang der Arbeitslosenzahlen beschleunigt sich.*	**Schulentwicklung** *Dramatischer Rückgang der Schülerzahl*	**Klimakatastrophe** *Die Durchschnittstemperaturen wachsen immer schneller.*	**Trendwende!** *Die Zunahme der Verkehrsunfälle konnte verringert werden.*

Welcher der folgenden Graphen könnte zu welcher Schlagzeile passen? Beschrifte auch die Achsen und gib eine grobe Skalierung an.

Ⓐ

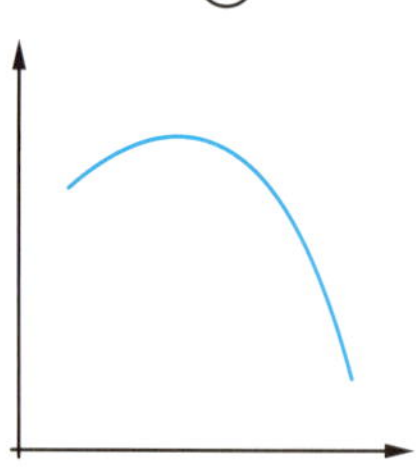

Ⓑ

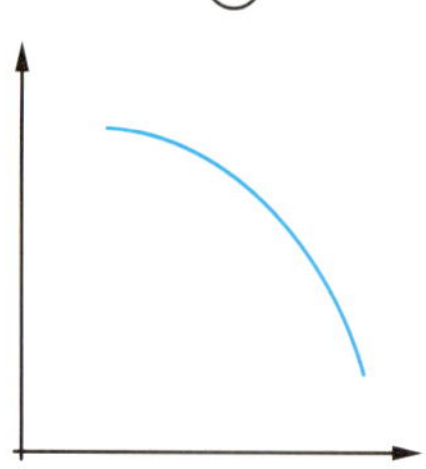

Ⓒ

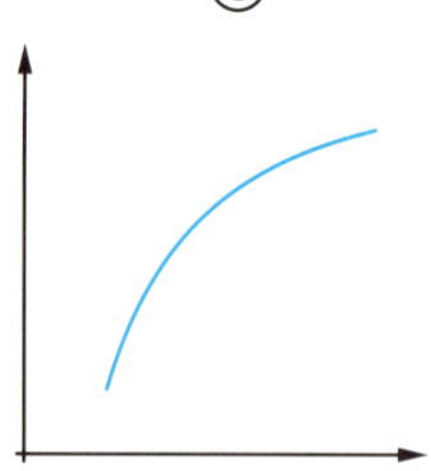

Ⓓ

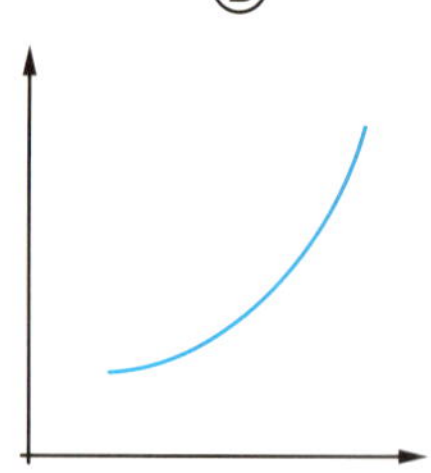

Übungen

positive Geschwindigkeit heißt: Steigen der Kapsel
negative Geschwindigkeit heißt: Fallen der Kapsel

8 *Höhenforschungsrakete – vom Steigungsgraphen zum Funktionsgraphen*
Eine Höhenforschungsrakete ist ein ballistischer Flugkörper, der aus einer antreibenden Feststoffrakete und einem aufgesetzten Nutzlastbehälter besteht. Als Nutzlast werden Kapseln mit Messinstrumenten für wissenschaftliche Forschungen in Höhen zwischen 45 km und über 1.200 km befördert. In vielen Fällen fallen die Kapseln nach ihrem Höheneinsatz zurück zur Erde, um dort zur Auswertung der Messungen geborgen zu werden. Das letzte Stück des Fallweges wird sanft durch Fallschirme gebremst.
Im Folgenden sind zwei Diagramme für den Höhenflug der Kapsel bis zur Rückkehr auf die Erde aufgezeichnet.

Steigungsgraph

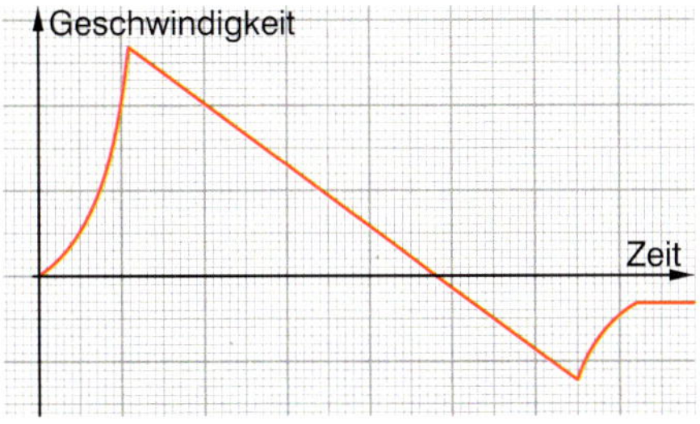

Geschwindigkeits-Zeit-Diagramm

Funktionsgraph

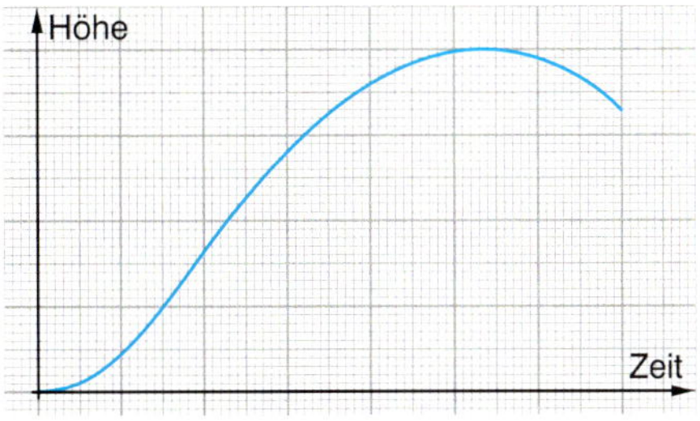

Höhe-Zeit-Diagramm

a) Beschreibe den Flug mithilfe des Geschwindigkeitsdiagramms.
In welchem Abschnitt brennt der Raketenantrieb?
Wann beginnt die Kapsel zu sinken?
Zu welchem Zeitpunkt öffnet sich der Fallschirm?
b) Der rechte Graph ist unvollständig. Vervollständige ihn bis zum Zeitpunkt der Landung. Wo finden sich die markanten Punkte des Geschwindigkeitsgraphen in dem Höhe-Zeit-Graphen wieder?

Vergessenskurve nach Ebbinghaus

Die **Vergessenskurve** veranschaulicht den Grad des Vergessens. Er gibt an, wie viel Prozent neu gelernter Inhalte mit der Zeit vergessen werden. Die Kurve wurde von dem deutschen Psychologen Hermann Ebbinghaus durch Selbstversuche entdeckt. Die Ergebnisse von Ebbinghaus besagen, dass wir 20 Minuten nach dem Lernen bereits etwa 40 % des Gelernten vergessen haben. Nach einer Stunde sind nur noch 45 %, nach einem Tag gar nur noch 34 % des Gelernten im Gedächtnis. Sechs Tage nach dem Lernen schrumpft das Erinnerungsvermögen auf nur noch 23 %; dauerhaft werden nur 15 % des Erlernten gespeichert. Das Vergessen ist natürlich auch abhängig von der Art des zu lernenden Stoffes, beispielsweise kann der Mensch sich meist besser an Wortpaare wie fremdsprachige Vokabeln als an zufällige, sinnlose Silben erinnern. Ebbinghaus experimentierte mit sinnlosen Silben wie „ZOF" oder „WUB", was sicher nicht einer echten Lernsituation entspricht. Insbesondere ist das Vergessen auch abhängig von der emotionalen Betroffenheit des Lernenden, so dass die Vergessenskurve dann einen anderen, viel flacheren Verlauf aufweisen kann.

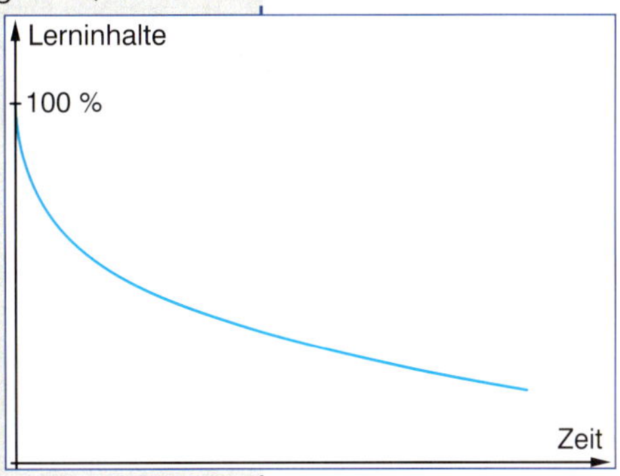

9 Zeichne und interpretiere den Graphen der Änderungsrate für die im Exkurs dargestellte Vergessenskurve. Welche Ratschläge für das Lernen könnte man daraus ableiten?

Übungen

Die Sprungkurve eines Snowboarders.

Steig- und Fallgeschwindigkeit ändern sich.

10 *Steigungsgraphen der bekannten Funktionen*

Viele Situationen lassen sich durch bekannte Funktionen recht gut modellieren, etwa durch Parabeln oder Hyperbeln. Oft gewinnt man über die Änderungsraten zusätzliche Informationen. Wir können uns mit den bisher erworbenen Strategien einen Überblick über die Steigungsgraphen der elementaren Funktionstypen verschaffen.

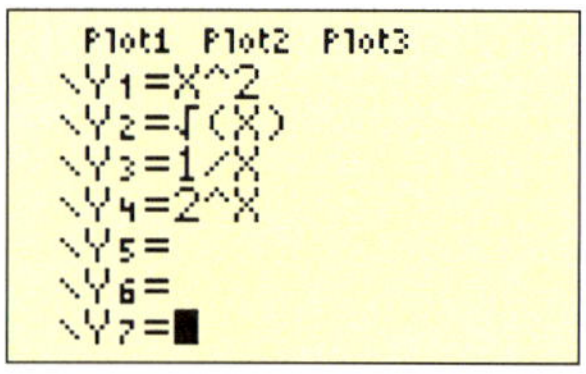

a) Schau dir mit dem GTR die Graphen der nebenstehenden Funktionen y_1 bis y_4 im Bereich $x_{min} = 0$; $x_{max} = 5$ an. Skizziere die Graphen auf vier Kärtchen.

b) Auf den Kärtchen A bis D wird jeweils das Steigungsverhalten der vier Funktionen verbal beschrieben. Auf den Kärtchen I bis IV sind die zugehörigen Steigungsgraphen skizziert. Alles ist ein bisschen durcheinander geraten.
Ordne jeweils die zwei passenden Kärtchen den Funktionen y_1, y_2, y_3 und y_4 zu.

A Am Anfang enorm große Steigung, diese wird dann schnell kleiner und kommt schnell der 0 nahe.

B Am Anfang sehr stark fallend, dann bleibt die Kurve fallend, allerdings immer weniger steil bis nahezu 0.

C Die Steigung wächst von 0 an gleichmäßig an.

D Zunächst schwach positive Steigung, diese wird dann aber rasch größer.

I

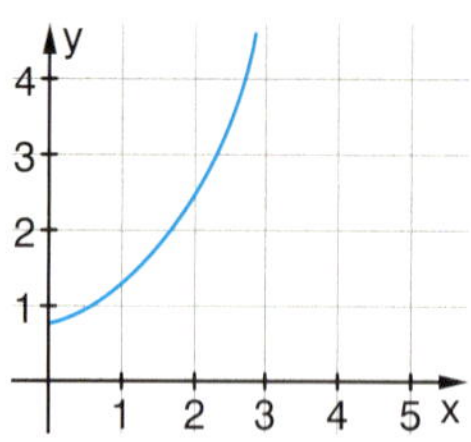

II

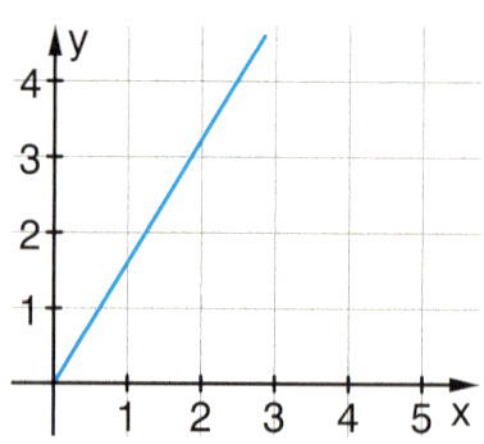

III

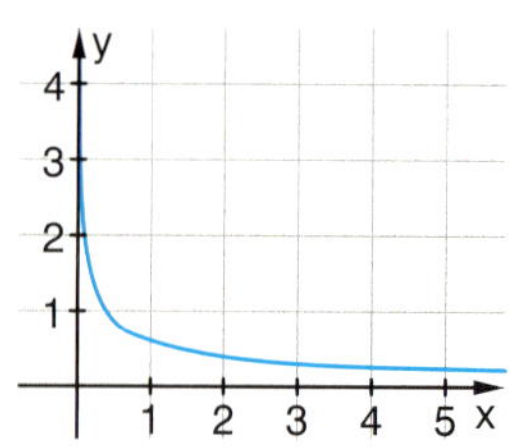

IV

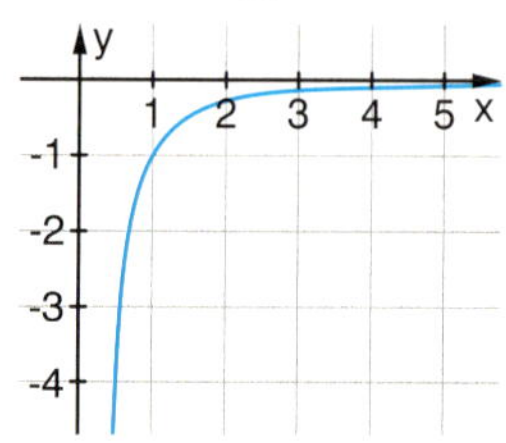

c) Skizziere die Steigungsgraphen für die linearen Funktionen. Was fällt dir auf?
$y_5(x) = 2x$, $y_6(x) = 3x$, $y_7(x) = -2x$ und $y_8(x) = 2x + 1$

11 *Änderungsraten in verschiedenen Sachzusammenhängen*

Je nach dem Zusammenhang, der im Funktionsgraphen beschrieben wird, hat die Änderungsrate eine bestimmte Bedeutung. In der folgenden Tabelle sind Beispiele aufgeführt. Ergänze die Lücken in der Tabelle und gib weitere Beispiele an.

Wir werden diese Tabelle in folgenden Lernabschnitten immer wieder aufgreifen und erweitern.

Funktionsgraph	Änderungsrate
Weg-Zeit-Graph einer Autofahrt	Geschwindigkeit zu einem Zeitpunkt
Höhenprofil einer Wanderstrecke	Anstieg des Weges an einer Stelle
Füllhöhe einer Flüssigkeit in einem Gefäß zu einem bestimmten Zeitpunkt	Steiggeschwindigkeit des Wasserspiegels zu diesem Zeitpunkt
Schuldenhöhe zu einem bestimmten Zeitpunkt	■
Pegelstand eines Flusses zu einem Zeitpunkt	■
Wasserstand im Regenmesser zu einem Zeitpunkt	■
■	Steiggeschwindigkeit beim Start eines Flugzeugs zu einem bestimmten Zeitpunkt
■	Bevölkerungswachstum zu einem bestimmten Zeitpunkt

Projekt

Graphen laufen

Im Mathematicum in Giessen kann man Besucher beobachten, die sich mit größter Konzentration auf einem vier Meter langen Streifen auf eine Wand zu und von ihr weg bewegen und dabei gebannt ihren Blick auf eine weiße Kurve auf einem Bildschirm richten. Beim Laufen entsteht eine weitere gelbe Kurve auf dem Bildschirm. Die schwierige Aufgabe besteht offenbar darin, so zu laufen, dass diese gelbe Kurve mit der vorgegebenen Kurve möglichst gut übereinstimmt. Was steckt dahinter? An der Wand ist ein Sensor angebracht, der in kurzen Zeitabständen den Abstand des Wanderers zur Mauer misst. Jedem Zeitpunkt t wird so der zugehörige Abstand d zugeordnet. Mit dem Lauf entwickelt sich dann der zugehörige Graph im Koordinatensystem.

www.mathematicum.de

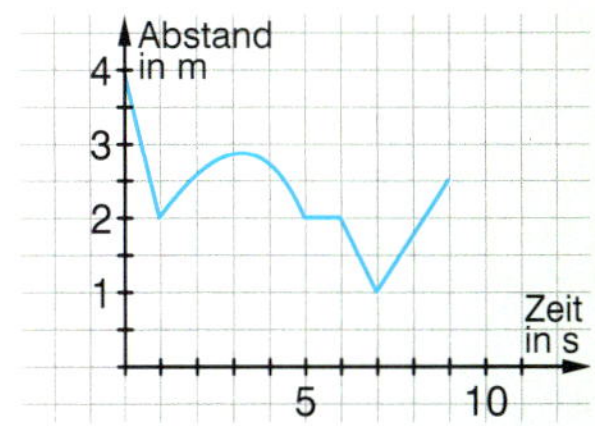

Birgit überlegt sich einen Laufplan für die weiße Kurve auf dem Bildschirm:

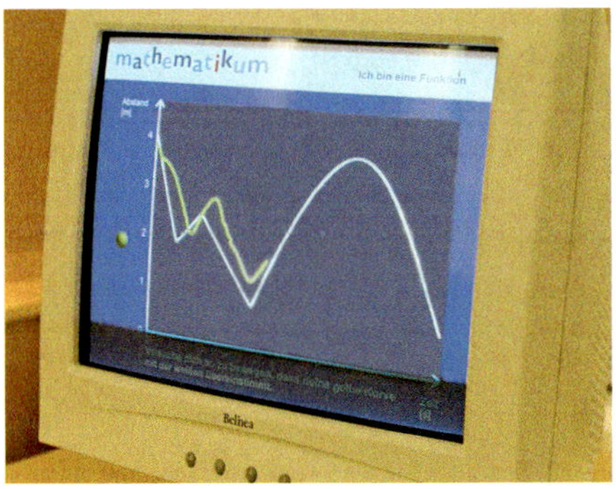

Zuerst muss ich etwa zwei Meter gleichmäßig auf die Wand zulaufen. Dann laufe ich plötzlich ein kleines Stück rückwärts, etwas langsamer als bei der Vorwärtsbewegung. Dann geht es wieder etwa zwei Meter vorwärts, gleichmäßiger Schritt und etwas langsamer als am Anfang.
Nun wieder ... rückwärts mit ...

Passt der Plan soweit zur Kurve? Vervollständige ihn. Skizziere auch ein passendes Geschwindigkeit-Zeit-Diagramm zu dem Lauf. Beachte, dass beim Vorwärtslaufen die Geschwindigkeit (Abstandsänderung) negativ ist.
Die gelbe Linie gibt an, wie Birgit wirklich gelaufen ist. Beschreibe die Abweichungen von der vorgegebenen Kurve. Findest du eine Erklärung dafür?

Woran erkennt man im Graphen
- Vorwärts- und Rückwärtsbewegungen?
- ob man sich schnell oder langsam bewegt?
- ob die Bewegung gleichmäßig ist?

Mathematische Exkursion

So richtig interessant wird es erst durch eigene Laufversuche. Wenn du Glück hast, könnt ihr einen Tag im Mathematicum in Giessen oder auf einer der Wanderausstellungen in eurer Region einlegen.

Mathematik auf dem Schulhof

Vielleicht gibt es an eurer Schule aber auch einen Ultraschallsender (sogenannte Ranger), den man an den grafikfähigen Taschenrechner anschließen kann. Damit kann das „Graphen laufen“ im Klassenraum oder auf dem Schulhof stattfinden.

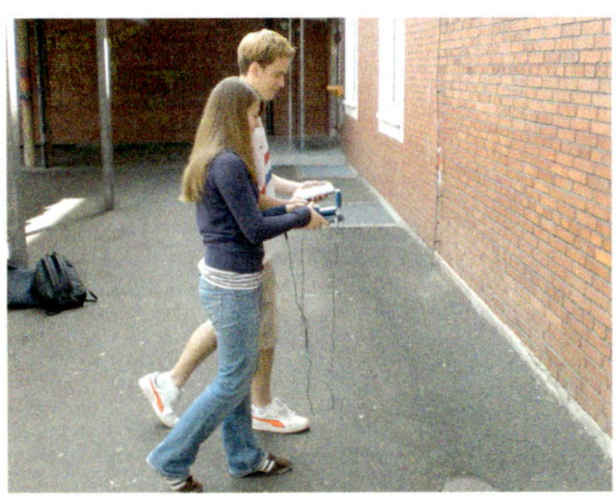

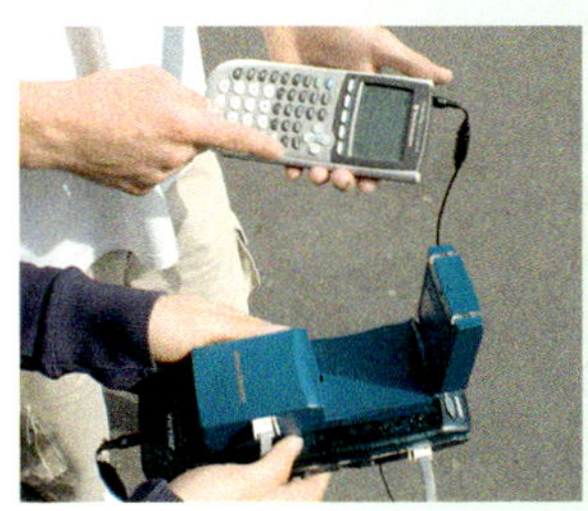

Ganz ohne Geräte lohnt sich aber auch das Gedankenexperiment, vielleicht in Anlehnung an die beliebte Spielform „Stille Post“.

Gedankenexperiment im Spiel

Ein Laufgraph wird an die Tafel gezeichnet, dann wird der Graph verdeckt. Ein Wissender läuft den Graphen für einen Unwissenden vor, dieser zeichnet dann den eigenen Graphen. Wie groß ist die Übereinstimmung mit dem Tafelbild?

Weitere Varianten oder auch Wettbewerbsformen fallen euch sicher ein.

5.2 Von der durchschnittlichen zur momentanen Änderungsrate

Was dich erwartet

„Kommt Zeit, kommt Rat", „Die Zeit heilt alle Wunden". Fast alles ändert sich mit der Zeit. Nicht immer ist der gerade vorliegende Zustand entscheidend, sondern häufig auch die Veränderungen. „Es wird mehr, es wird weniger, es wird besser, es wird schlechter" sind qualitative Aussagen über Änderungen, mit denen du dich bereits in dem vorhergehenden Lernabschnitt befasst hast. In diesem Lernabschnitt wirst du lernen, wie man Änderungsraten auch messen und berechnen kann. Aus dem Alltag sind uns numerische Angaben von Änderungsraten bekannt.

Die Geschwindigkeit wird uns vom Tachometer im Auto angezeigt.

Die Steigung auf steilen Straßen wird in Prozent auf Straßenschildern angegeben.

Die Änderungsraten können aus Messdaten oder geeigneten Funktionen gewonnen werden. Das Hauptziel ist die Beschreibung und Ermittlung der „momentanen" Änderungsrate. Der Weg dahin führt über die durchschnittliche Änderungsrate. Dabei wirst du dich auch in ersten Schritten mit dem gedanklich komplexen Problem des „Grenzwerts" auseinandersetzen.

Aufgaben

Ab 25 km/h Überschreitung der zulässigen Höchstgeschwindigkeit innerorts muss der Führerschein abgegeben werden.

1 *Eine Autofahrt durch ein Dorf*

Die Ortsdurchfahrt von Herrn Mayer ist in dem Weg-Zeit-Diagramm sorgfältig aufgezeichnet.

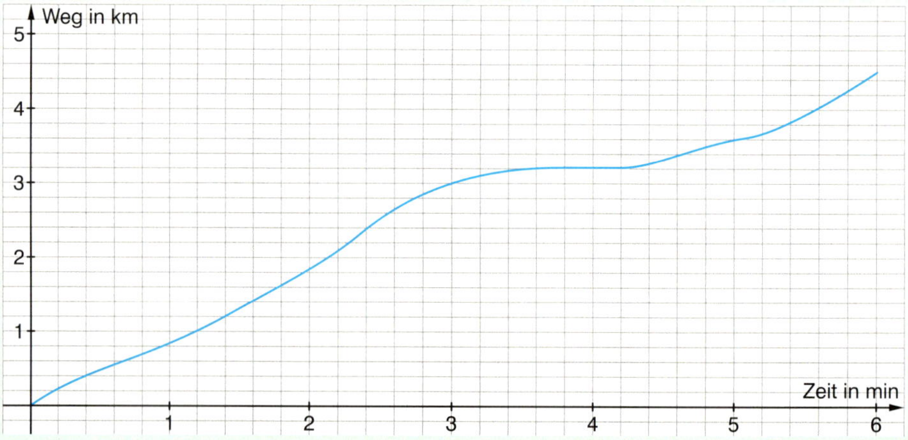

a) Beschreibe die Fahrt mit Worten.

b) Herr Mayer wurde bei der Ortsdurchfahrt „geblitzt". Muss er mit einer Anzeige wegen Geschwindigkeitsüberschreitung oder gar mit dem Führerscheinentzug rechnen? Er selbst meint, dass er nur 45 km/h gefahren ist. Wie kann er darauf gekommen sein? Wie entscheidest du? Begründe deine Entscheidungen.

Aufgaben

2 *Eine Mountainbike-Tour durch die Berge*

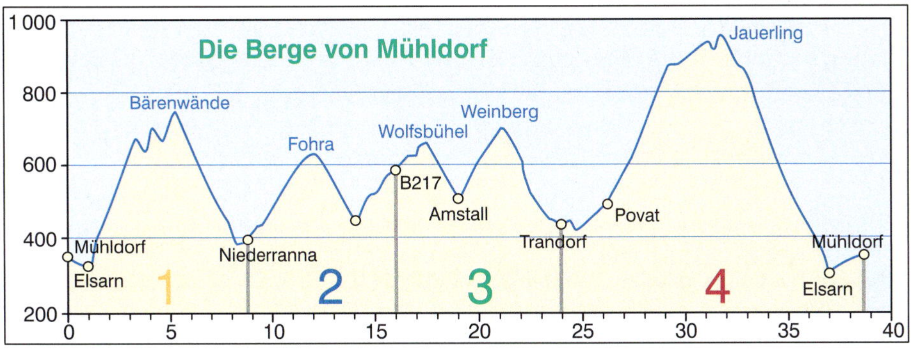

a) Das Höhenprofil der Tour ist für den Radsportler von großer Bedeutung. Welche wichtigen Informationen kann er aus dem Diagramm ablesen?
b) Wie groß ist die durchschnittliche Steigung der Aufstiege und Abfahrten?
c) An welcher Stelle ist in etwa der größte Anstieg, wo das größte Gefälle? Schätze die Prozentwerte.

3 *Der freie Fall*

Wie fallen Gegenstände? Mit welcher Geschwindigkeit schlagen sie auf dem Boden auf?
Galileo Galilei (1564–1642) untersuchte solche Fragen. Sein Schüler Vincenzio Viviani behauptete, dass er dazu auch Versuche am schiefen Turm von Pisa durchgeführt hat. Aber zu seiner Zeit waren die Uhren nicht genau genug, um aussagekräftige Ergebnisse zu erhalten. Das ist heute anders. Mithilfe von Stroboskopaufnahmen kann man Fallbewegungen veranschaulichen und berechnen.
Lässt man einen Stein vom schiefen Turm in Pisa fallen und macht im Abstand von einer halben Sekunde jeweils ein Bild, so geben A, B, …, G die entsprechenden Positionen des Steines an.

a) Die Höhe h hängt von der Zeit ab. Mithilfe der Tabelle erhalten wir ein Höhen-Zeit-Diagramm.

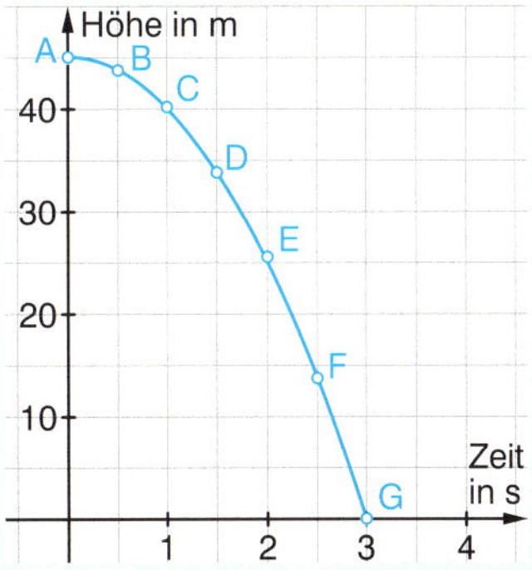

	A	B	C	D	E	F	G
Zeit t in s	0	0,5	1	1,5	2	2,5	3
Höhe h in m	45	43,8	40	33,8	25	13,8	0

Woran kann man erkennen, dass der Stein zunehmend schneller fällt? Wie müsste die Aufnahme aussehen, wenn er mit konstanter Geschwindigkeit fallen würde?

Durchschnittsgeschwindigkeit und deren Veranschaulichung
Für die 45 m Fallstrecke benötigt der Stein drei Sekunden. Seine Durchschnittsgeschwindigkeit beträgt $v = \frac{\text{Weg}}{\text{Zeit}} = \frac{45\text{ m}}{3\text{ s}} = 15\,\frac{\text{m}}{\text{s}}$.
Nehmen wir einmal an, der Stein würde durchweg mit dieser Geschwindigkeit fallen.

	H	I	J	K	L	M	N
Zeit t in s	0	0,5	1	1,5	2	2,5	3
Höhe h in m	45	37,5	30	22,5	15	7,5	0

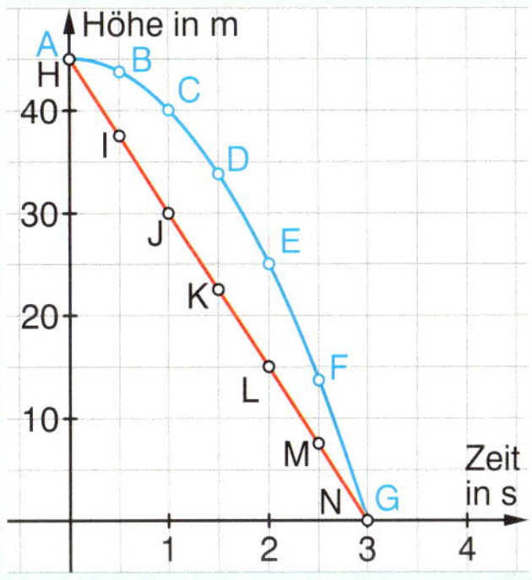

Gedankenexperiment
Höhen-Zeit-Diagramm bei konstanter Geschwindigkeit (rote Linie)

Aufgaben

Das Höhen-Zeit-Diagramm ist dann eine Gerade durch die Punkte $(0|45)$ und $(3|0)$. Die Steigung dieser Geraden entspricht der Durchschnittsgeschwindigkeit.
Mit dem realen Höhen-Zeit-Diagramm hat die Gerade nur den Startpunkt $(0|45)$ (Start in 45 m Höhe zum Zeitpunkt $t = 0$) und den Aufschlagpunkt $(3|0)$ gemeinsam. Der Stein landet nach drei Sekunden auf dem Boden.
Die wirkliche Geschwindigkeit des Steins ist anfänglich kleiner und ab einem bestimmten Zeitpunkt größer als die Durchschnittsgeschwindigkeit.

Die Steigung und damit die Geschwindigkeit ist negativ, da der Stein fällt. Uns interessiert hier zunächst nur der Betrag der Geschwindigkeit.

Durchschnittsgeschwindigkeiten in kleineren Zeitintervallen

Genauer kann man die Geschwindigkeit beim freien Fall beschreiben, wenn man die Durchschnittsgeschwindigkeiten in den einzelnen Messintervallen berechnet. Für das erste Intervall erhält man eine Durchschnittsgeschwindigkeit von 2,4 m/s:

$\frac{45\text{ m} - 43{,}8\text{ m}}{0{,}5\text{ s}} = 2{,}4\,\frac{\text{m}}{\text{s}}$

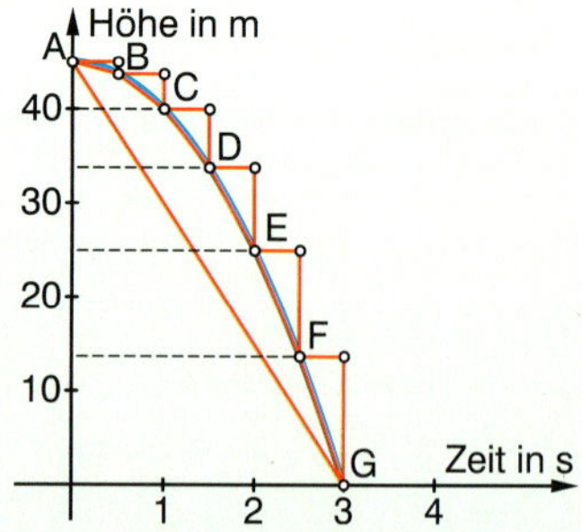

b) Berechne die Durchschnittsgeschwindigkeiten in den anderen Messintervallen.

Zeitintervall in s	[0; 0,5]	[0,5; 1]	[1; 1,5]	[1,5; 2]	[2; 2,5]	[2,5; 3]
Durchschnittsgeschw. in m/s	2,4					

Genauere Bestimmung der Aufprallgeschwindigkeit

$\frac{13{,}8\text{ m}}{0{,}5\text{ s}} = 27{,}6\,\frac{\text{m}}{\text{s}}$

Mit dem Ergebnis für die Durchschnittsgeschwindigkeit auf dem Zeitintervall [2,5; 3] erhält man einen Näherungswert von 27,6 m/s für die Aufprallgeschwindigkeit, d. h. der Geschwindigkeit zum Zeitpunkt $t = 3$ s.
Will man die Aufprallgeschwindigkeit genauer wissen, dann benötigt man weitere Messwerte, am besten ganz nahe bei dem Aufprallpunkt. Wir verschaffen uns diese nicht durch Messen, sondern durch eine Anleihe bei der Physik. Diese besagt, dass der freie Fall durch eine Funktion modelliert werden kann. Für den Fall aus 45 m Höhe ist hierfür die Funktion $h(t) = 45 - 5t^2$ geeignet.

c) Bestätige, dass $h(t) = 45 - 5t^2$ eine passende Funktion für die angegebenen Tabellenwerte ist. Bestimme mithilfe dieser Funktion die Geschwindigkeit zum Zeitpunkt des Aufpralls.

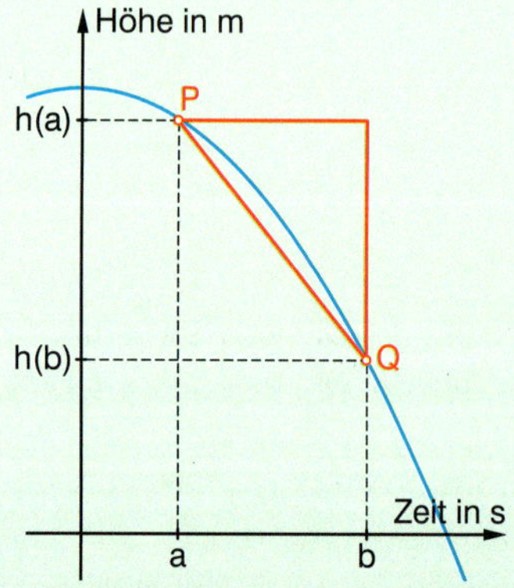

Die Durchschnittsgeschwindigkeit im Intervall [a; b] lässt sich nun mit der Formel $\frac{h(b) - h(a)}{b - a}$ berechnen.
Die Durchschnittsgeschwindigkeit entspricht der Steigung der Sekante durch die Punkte P und Q.

Sekante (griechisch): „die Schneidende"

Wir nähern uns der gesuchten Aufprallgeschwindigkeit, indem wir zunehmend kleiner werdende Intervalle vor dem Aufprallzeitpunkt untersuchen.

[a; b]	h(a)	h(b)	$\frac{h(b) - h(a)}{b - a}$
[2,9; 3]	$h(2{,}9) = 2{,}95$	$h(3) = 0$	$\frac{0 - 2{,}95}{3 - 2{,}9} = -29{,}5$
[2,99; 3]	$h(2{,}99) = 0{,}2995$	$h(3) = 0$	$\frac{0 - 0{,}2995}{3 - 2{,}99} = -29{,}95$
[2,999; 3]	$h(2{,}999) = 0{,}029995$	$h(3) = 0$	$\frac{0 - 0{,}029995}{3 - 2{,}999} = -29{,}995$

Weil der Stein fällt und wir mit der Formel $\frac{h(b) - h(a)}{b - a}$ rechnen, erhält man einen negativen Wert für die Geschwindigkeit.

Die Aufprallgeschwindigkeit beträgt ungefähr 30 m/s. Das entspricht 108 km/h.

Basiswissen

Änderungsverhalten einer Funktion

Man kann das Änderungsverhalten einer Funktion **auf einem Intervall** [a; b] beschreiben:

Intervall [a; b]

(1) mit der **Differenz**

$\Delta y = f(b) - f(a)$

Dies ist die Differenz der Funktionswerte am Ende und am Anfang des Intervalls.

Δ „delta“: griechisches „D“, steht für „Differenz“

Δy: „Differenz der y-Werte“

Geometrische Bedeutung:

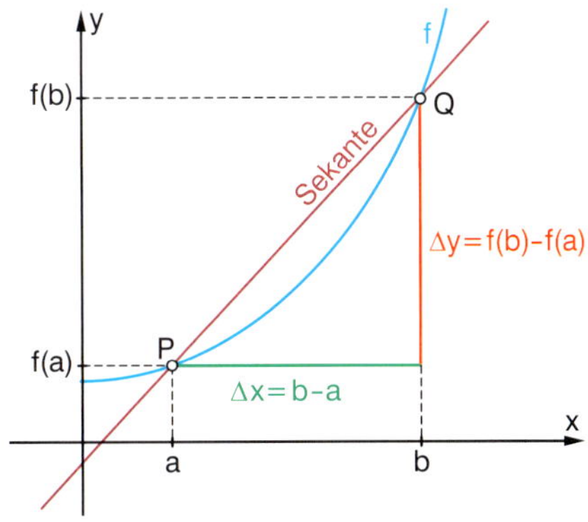

(2) mit dem **Differenzenquotienten**

$$\frac{\Delta y}{\Delta x} = \frac{f(b) - f(a)}{b - a}$$

Dies ist die **durchschnittliche Änderungsrate** der Funktion im Intervall [a; b].

Der Differenzenquotient gibt die Steigung der Geraden (Sekante) durch P(a|f(a)) und Q(b|f(b)) an. Die Steigung der Sekante ist die mittlere Steigung des Graphen auf dem Intervall [a; b].

Sekante: die Schneidende

Statt „durchschnittliche“ Änderungsrate/Steigung sagt man oft auch „mittlere“ Änderungsrate/Steigung.

Das Änderungsverhalten einer Funktion **an der Stelle a** kann man näherungsweise bestimmen.

Ermittlung eines Näherungswertes für die Änderungsrate an der Stelle a.
Man berechnet die durchschnittliche Steigung auf dem Intervall [a; a + h].

$$\frac{\Delta y}{\Delta x} = \frac{f(a + h) - f(a)}{h}$$

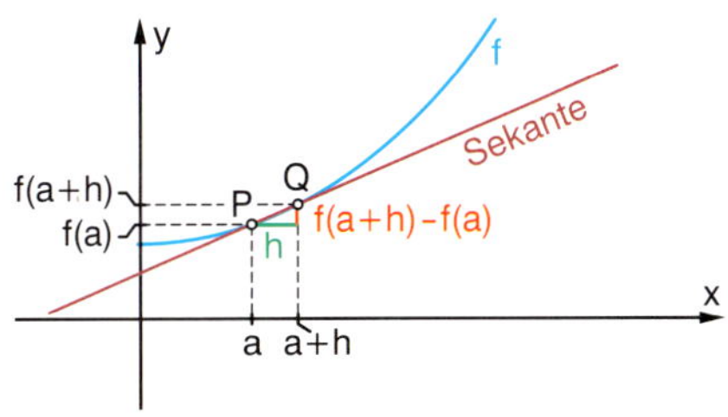

b = a + h ist gut fürs Rechnen.

Für h setzt man eine sehr kleine Zahl ein. Setzt man z. B. für h den Wert 0,001 ein, so erhält man die durchschnittliche Änderungsrate der Funktion auf dem sehr kleinen Intervall [a; a + 0,001]. Dies liefert einen guten Näherungswert für die Steigung des Graphen der Funktion an der Stelle a.

Beispiele

A Bestimme die Steigung des Graphen der Funktion $f(x) = 4 - x^2$ an der Stelle a = 1 mit dem Differenzenquotienten für „kleines“ h.

Lösung:

$\frac{f(1 + 0,01) - f(1)}{0,01} = \frac{2,9799 - 3}{0,01}$

$= \frac{-0,0201}{0,01} = -2,01$

Der Wert der Änderungsrate an der Stelle 1 ist ungefähr −2,01.
Ein besserer Näherungswert für die Änderungsrate an der Stelle a = 1 ist $\frac{f(1 + 0,00001) - f(1)}{0,00001} \approx -2,00001$.

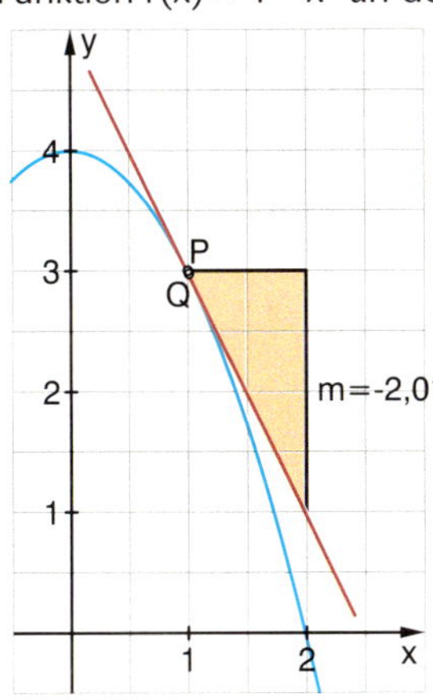

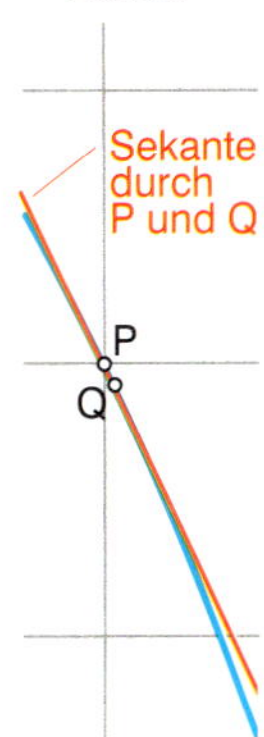

B Änderungsverhalten der Funktion $f(x) = \sqrt{x}$

a) Beschreibe das Änderungsverhalten auf dem Intervall [0; 4] und deute es geometrisch.
b) Berechne einen Näherungswert für die Änderungsrate der Funktion an der Stelle 2.

Lösung:

a) Differenz der Funktionswerte am Ende und am Anfang des Intervalls [0, 4]:
$\Delta y = \sqrt{4} - \sqrt{0} = 2 - 0 = 2$

Differenzenquotient in dem gegebenen Intervall:

$\frac{\Delta y}{\Delta x} = \frac{\sqrt{4} - \sqrt{0}}{4 - 0} = \frac{2}{4} = 0{,}5$

Dies ist die durchschnittliche Änderungsrate der Funktion im Intervall [0; 4].

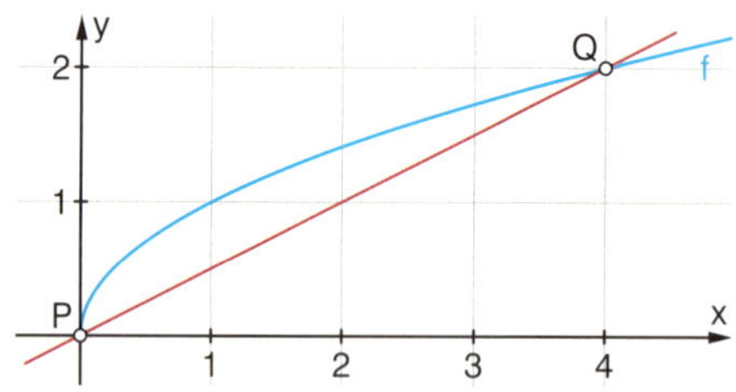

Der Differenzenquotient gibt die Steigung der Sekante durch die Punkte P(0|0) und Q(4|2) an.

b) Wir berechnen die durchschnittliche Änderungsrate auf dem Intervall [2; 2 + h].

$\frac{\Delta y}{\Delta x} = \frac{\sqrt{2+h} - \sqrt{2}}{h}$

Für h setzen wir eine sehr kleine Zahl z. B. 0,001 ein. Als Näherungswert für die Änderungsrate der Funktion an der Stelle 2 erhalten wir

$\frac{\sqrt{2{,}001} - \sqrt{2}}{0{,}001} \approx 0{,}354$

(auf dritte Dezimale gerundet).

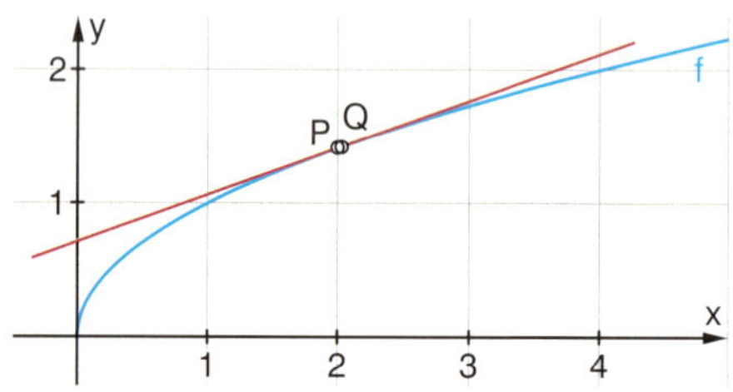

Die Punkte $P(2|\sqrt{2})$ und $Q(2{,}001|\sqrt{2{,}001})$ liegen sehr dicht beieinander, die Sekante durch P und Q sieht aus wie die „Tangente" in P.

Übungen

4 *Eine Radtour*

Zeit in h	Weg in km
0	0
1	8
2	26
3	36
4	37
5	52
6	69
7	85

Die Tabelle zeigt die zurückgelegte Strecke im Stundentakt.

a) Berechne die Durchschnittsgeschwindigkeiten der gesamten Tour und jeweils in den einzelnen Stundenintervallen.
b) Skizziere ein Weg-Zeit-Diagramm unter der Annahme, dass in den einzelnen Stundenetappen jeweils gleichmäßig mit der berechneten Durchschnittsgeschwindigkeit gefahren wurde.
c) Die Annahme bei b) ist unrealistisch. Erstelle ein realistisches Weg-Zeit-Diagramm und schreibe einen Bericht über die Tour.

Zum Nachdenken:

d) Gibt es in deinem Graphen Zeitpunkte, an denen die Geschwindigkeit größer ist als die größte berechnete Etappendurchschnittsgeschwindigkeit?
Benutze Werte auf kleinen Intervallen.

5 *Durchschnittliche Änderungsraten auf beliebigen Intervallen*

1

a) Finde allein mit Berechnungen heraus, ob der Graph von $f(x) = x^3 - 2x^2 - 11x + 12$ in den Intervallen [–3; 0], [0; 3] und [3; 6] eine positive oder negative durchschnittliche Steigung hat. Vergleiche mit einer Skizze auf dem GTR.
b) Beschreibe, welche Schwächen durchschnittliche Änderungsraten auf größeren Intervallen haben können.
c) Gib drei Intervalle an, bei denen die durchschnittliche Änderungsrate deiner Meinung nach aussagekräftig ist.

Übungen

6 *Hochwasserprognosen*

Für Prognosen bei einer aktuellen Hochwasserentwicklung spielen die Änderungsraten (z. B. Änderung des Pegelstandes pro Stunde) eine wichtige Rolle.

a) Berechne mithilfe des nebenstehenden Diagramms des Pegelstandes die mittleren Änderungsraten für die eingezeichneten Tagesintervalle [0; 24], [24; 48], …

b) Insbesondere am dritten Tag ist die mittlere Änderungsrate im 24-Stunden-Intervall nicht aussagekräftig. Wähle hier passende kleinere Intervalle und berechne dafür die mittleren Änderungsraten.

c) Zu welchem Zeitpunkt ist die Änderungsrate am größten? Gib einen Näherungswert dafür an.

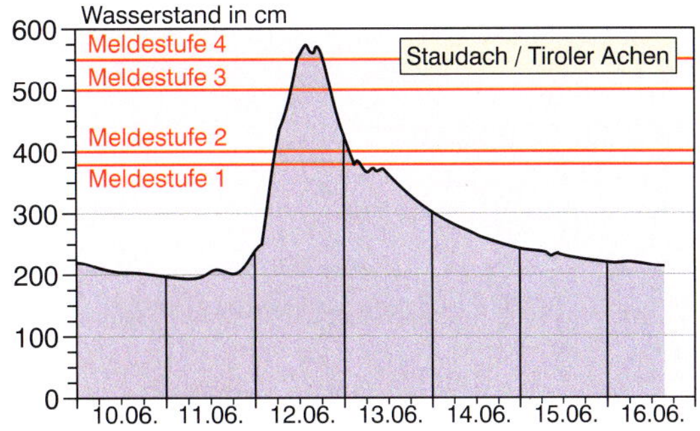

„Bemerkenswert ist, wie schnell der Wasserstand gestiegen ist (bis auf ca. 5,70 m), und noch in der Nacht am selben Tag ebenso schnell wieder gefallen ist."

7 *Rechnen am Graphen*

In welchen Intervallen lässt sich deiner Meinung nach der Kurvenverlauf durch eine durchschnittliche Änderungsrate angemessen charakterisieren? Gib solche Intervalle an und berechne dafür mit den Daten aus der Zeichnung die durchschnittlichen Änderungsraten.

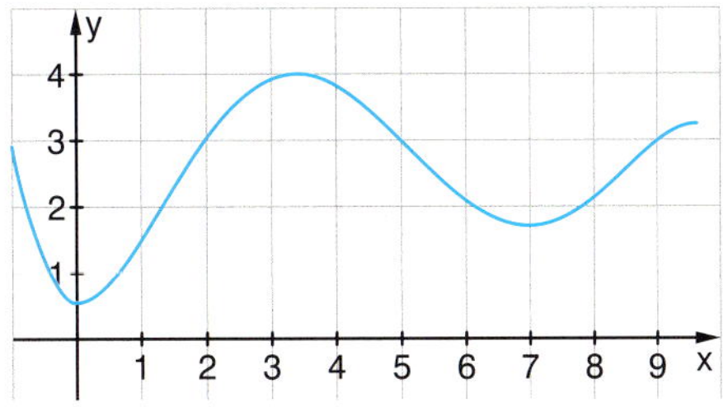

8 *Alles verstanden?*

Nimm Stellung zu folgenden Aussagen. Verdeutliche deine Meinung auch durch Beispiele mit Skizzen und Berechnungen.

(1) Wenn die durchschnittliche Änderungsrate einer Funktion f im Intervall [a; b] einen positiven Wert hat, dann ist der Graph von f im ganzen Intervall steigend.

(2) Bei einer linearen Funktion $f(x) = mx + c$ ist der Wert des Differenzenquotienten in jedem Intervall [a; b] gleich.

(3) Für die Funktion $f(x) = x^2$ wird der Differenzenquotient im Intervall [a; a + 0,1] berechnet. Mit größer werdendem a wird auch der Differenzenquotient größer.

(4) Je größer das Intervall [a; b], desto größer ist die Steigung der Sekante durch die Punkte $P(a|f(a))$ und $Q(b|f(b))$.

9 *Nachdenken und überprüfen*

Für die nebenstehenden Graphen seien Näherungswerte für die Steigungen an den Stellen a und b bekannt. Was kannst du jeweils über die mittleren Steigungen im Intervall [a; b] im Vergleich zu den Näherungswerten aussagen? Begründe.

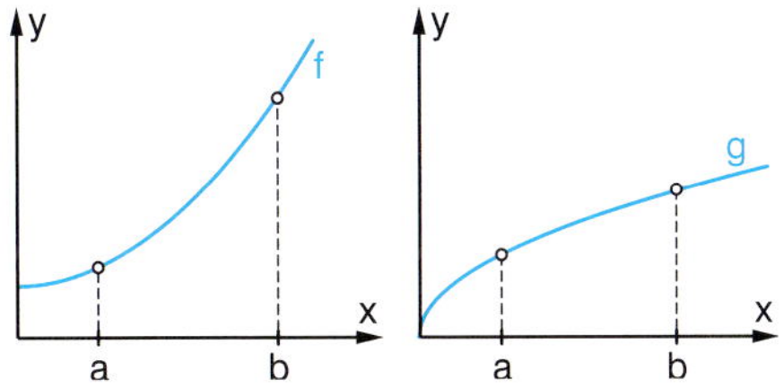

Überprüfe deine Aussage durch Nachrechnen an den Graphen zu $f(x) = x^2$ und $g(x) = \sqrt{x}$ im Intervall [1; 2].

Übungen

10 *Achterbahn*

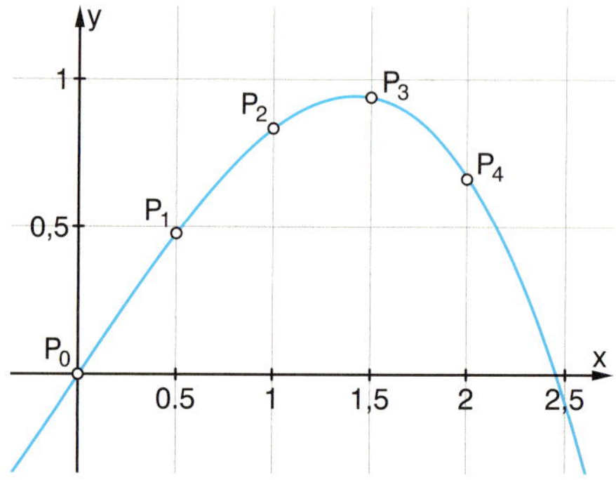

Das Bild zeigt einen kleinen Ausschnitt einer Achterbahn. Ein Teilstück einer solchen Achterbahn kann durch die Funktion $y = -\frac{1}{6}x^3 + x$ im Intervall [0; 2,5] beschrieben werden (x und y jeweils in 10m-Einheiten).

a) Wie steil ist es in den angegebenen Punkten?

b) An welcher Stelle liegt der höchste Punkt? Benutze zum Finden dieses Punktes auch die Steigung.

c) An welchen Stellen vermutest du das größte Gefälle und die größte Steigung? Berechne je einen Näherungswert für diese Steigungen.

11 *Schafft das Geländeauto den Berg?*

Die Messwerte für ein Bergprofil werden in einer Tabelle und im Koordinatensystem festgehalten.

x (km)	0	0.2	0.4	0.6	0.8	1.0
y (km)	0.008	0.04	0.09	0.15	0.2	0.23

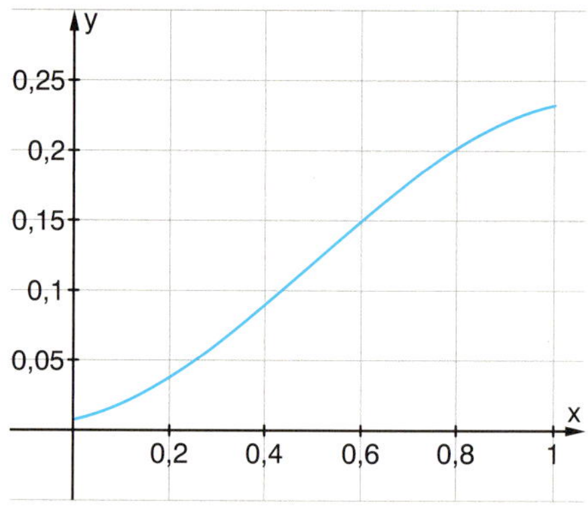

a) Kommt ein Fahrzeug mit der Steigfähigkeit von 30 % den Berg rauf? Dokumentiere, wie du zu deiner Entscheidung gekommen bist.
Bist du sicher?

b) Das Bergprofil wird durch die Funktion $f(x) = -0{,}3\,x^3 + 0{,}45\,x^2 + 0{,}075\,x + 0{,}0075$ im Intervall [0; 1] modelliert (x und y in km).
Überprüfe mit deinem GTR, ob das Funktionsmodell zu der Tabelle passt.

c) Wie fällt deine Entscheidung aus a) auf dieser Grundlage der Modellfunktion aus? Begründe.

12 *Klippenspringen*

Klippenspringen ist Turmspringen ohne Turm; die Klippen bilden die Absprungstelle ins Wasser. Diese Art des Wasserspringens wird auch in Wettkämpfen ausgeübt. In Acapulco ist das Klippenspringen eine berühmte Touristenattraktion. Die Springer stehen in einer Höhe von bis zu 28 Metern auf Felsen oder Klippen und erreichen beim Sprung eine Geschwindigkeit von bis zu 90 km/h, bevor sie ins Wasser eintauchen.

Der fallende Springer kann im Modell wie ein Stein im freien Fall angesehen werden. Die Höhe (in m) in Abhängigkeit von der Zeit (in s) kann dann durch die Funktion $h(t) = 28 - 5t^2$ modelliert werden. Überprüfe damit die obige Geschwindigkeitsangabe von 90 km/h.

Als Hilfe kannst du die Aufgabe 3 von Seite 147 heranziehen.
Beachte:
1 m/s = 3,6 km/h

Übungen

Die Forschungsaufträge auf dieser Seite beleuchten den Begriff *„Näherungswert für die Steigung einer Funktion f an einer Stelle a“* genauer.

13 *Forschungsauftrag 1:*
Bei Funktionsgraphen gibt es interessante Stellen. An diesen soll ein Näherungswert für die Steigung ermittelt werden.
a) Mit dem GTR kannst du überprüfen, ob der skizzierte Graph in der Abbildung dem Graphen der Funktion $f(x) = x^3 - 3x^2 + 3$ in etwa entspricht.
b) In der Abbildung sind einige Punkte des Graphen markiert. Warum könnten diese besonders interessant sein?

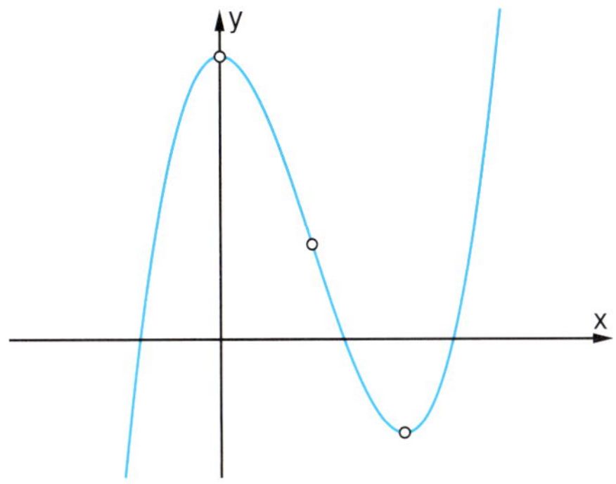

c) Ermittle mit dem GTR die x-Werte der markierten Stellen für die angegebene Funktion $f(x) = x^3 - 3x^2 + 3$. Bestimme einen Näherungswert für die Steigung der Funktion an diesen Stellen.

14 *Forschungsauftrag 2:*
Findet einen „guten“ Näherungswert für die Steigung einer Funktion an den Stellen $a = 1$ und $a = 2$.
Am besten arbeitet ihr arbeitsteilig in Vierergruppen, damit ihr in kurzer Zeit viel Erfahrung sammeln könnt. Vergleicht eure Beobachtungen. Bei einigen Beispielen kann man sogar vermuten, was der „bestmögliche“ Näherungswert ist.

$f(x) = x^4$
$f(x) = \sqrt{x}$
$f(x) = 2x - x^2$
$f(x) = 2^x$

Bestimme schnell einen „guten“ Näherungswert für die Steigung der Funktion f an der Stelle a.

Gut kann heißen: auf vier Stellen hinter dem Komma genau, das heißt die vierte Stelle ändert sich bei kleinerem h nicht mehr.

15 *Forschungsauftrag 3:*
Experimentiert mit h im Differenzenquotienten. Arbeitet in Gruppen, verwendet dabei jeweils eine der Funktionen aus Aufgabe 14.

A Beobachte, was geschieht, wenn man beim Berechnen eines „guten“ Näherungswertes für die Steigung einer Funktion an einer Stelle den Wert für h systematisch verkleinert.

$h = 0{,}1\ (0{,}01;\ 0{,}001;\ \ldots)$

B Spielt es eine Rolle, ob man bei der Bestimmung eines Näherungswertes für die Steigung einer Funktion an einer Stelle mit negativen Werten für h arbeitet, deren Betrag immer kleiner gewählt wird?
Vergleiche.

Führt eure Untersuchungen an verschiedenen Stellen a durch.

Tipp: Auswerten von Differenzenquotienten mithilfe des GTR

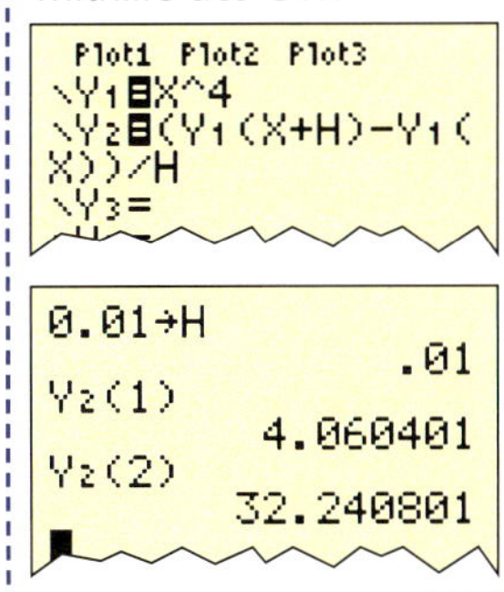

16 *Forschungauftrag 4:*
Bearbeite den Forschungsauftrag 3 „geometrisch“. Verwende dazu eine passende Anwendung der CD oder eine geeignete Software, die zu einer vorgegebenen Funktion f und einer Stelle a die Sekanten durch die Punkte P (a | f(a)) und Q (a + h | f (a + h)) zeichnet. Wähle h mithilfe eines Schiebereglers immer näher an 0.
a) Beschreibe was du beobachtest.
b) Kannst du ein „geometrisches“ Ergebnis des Prozesses angeben?

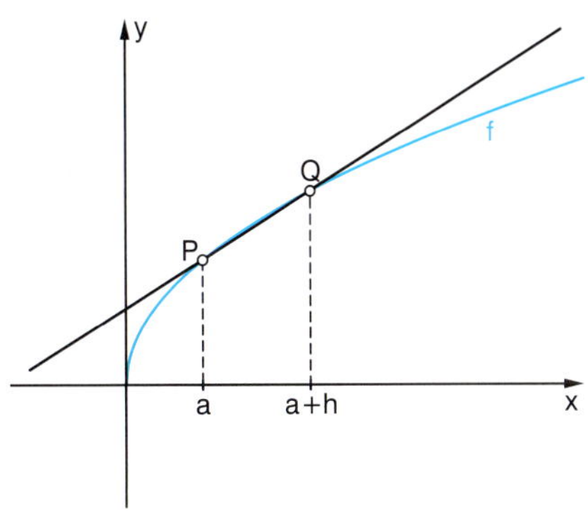

2

Basiswissen

Was geschieht mit den Werten für die Änderungsrate einer Funktion, wenn h gegen Null geht? Was bedeutet das für die zugehörigen Sekanten?

Der Grenzwert des Differenzenquotienten – der beste Wert für die Änderungsrate der Funktion f an der Stelle a.

$f(x) = x^3$, Differenzenquotient an der Stelle a = 1: $\frac{\Delta y}{\Delta x} = \frac{f(1+h) - f(1)}{h} = \frac{(1+h)^3 - 1^3}{h}$

h	Wert des Differenzenquotienten
0,01	3,0301
0,001	3,003 001
0,000 001	3,000 003
0,000 000 001	3,000 000 000

h	Wert des Differenzenquotienten
−0,01	2,9701
−0,001	2,997 001
−0,000 001	2,999 997
−0,000 000 001	3,000 000 000

negatives h bedeutet, dass man sich mit der Sekante von links nähert

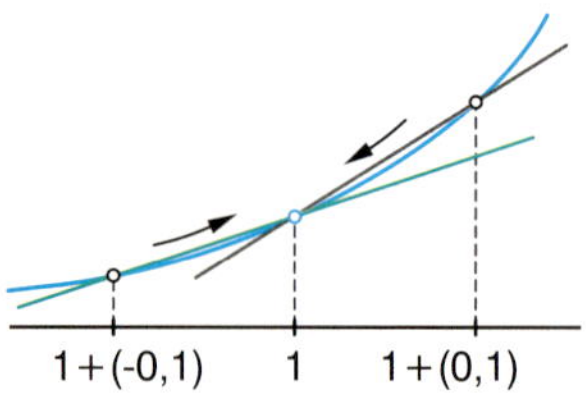

Offensichtlich nähert sich der Wert des Differenzenquotienten dem Wert 3, wenn sich h Null nähert. Dieser Wert gibt die momentane Änderungsrate der Funktion f an der Stelle 1 an.
Dabei spielt es keine Rolle, ob sich h von der „positiven" oder „negativen" Seite Null nähert.

Wir sagen: **Die momentane Änderungsrate der Funktion an der Stelle 1 ist 3.**

Geometrische Bedeutung
Der Differenzenquotient gibt die Steigung der Sekante durch die Punkte $P(1 \mid 1^3)$ und $Q(1+h \mid (1+h)^3)$ an. Die Steigung der Sekante ist die durchschnittliche Steigung des Graphen auf dem Intervall [1; 1 + h].

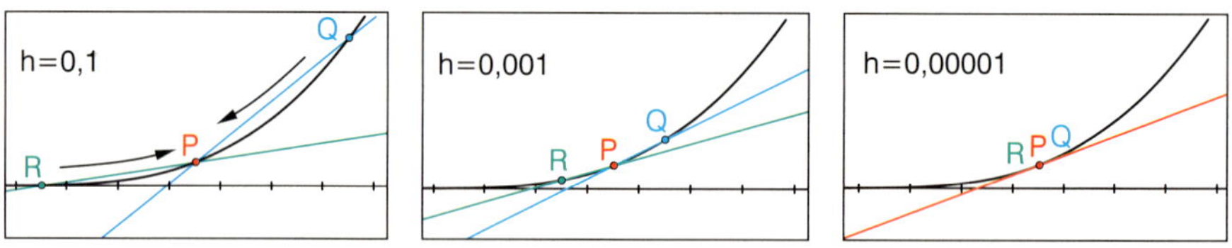

Für h gegen Null nähert sich die Sekante einer Geraden, die wir als Tangente im Punkte $(1 \mid 1^3)$ bezeichnen. Die Sekantensteigungen nähern sich dem Wert 3. Dieser Wert gibt die Steigung der Tangente in diesem Punkt an.

Wir sagen: **Die Steigung des Graphen im Punkt $(1 \mid 1^3)$ ist 3.**

Zusammenfassung:
- Wir haben untersucht, was passiert, wenn im Differenzenquotienten h gegen 0 geht.
- Wir haben beobachtet, dass der Differenzenquotient sich dem Wert 3 nähert.

„lim": Abkürzung für *limes* (lat.: Grenze).

Wir sagen: „Der Grenzwert des Differenzenquotienten $\frac{(1+h)^3 - 1^3}{h}$ für h gegen 0 von $f(x) = x^3$ an der Stelle a = 1 ist 3."

Wir schreiben: $\lim\limits_{h \to 0} \frac{(1+h)^3 - 1^3}{h} = 3$

Interessante Fragen im Zusammenhang mit dem „Grenzwertprozess" :
- Liefert der Grenzwertprozess immer ein Ergebnis?
- Ist das Ergebnis durch Ausprobieren exakt anzugeben?
- Kann man die Tangente auch ohne Grenzwert finden?

Erste Antworten findest du bereits in diesem Lernabschnitt ab Seite 157

Beispiele

C Finde den besten Näherungswert für die Steigung der Funktion $f(x) = 4 - x^2$ an der Stelle $a = 0{,}5$. Veranschauliche den entsprechenden Prozess mit einer geeigneten Software geometrisch. Verdeutliche, dass es keine Rolle spielt, ob sich h von der negativen oder positiven Seite an 0 nähert.

Lösung:

Differenzenquotient

$$\frac{\Delta y}{\Delta x} = \frac{f(0{,}5 + h) - f(0{,}5)}{h} = \frac{(4 - (0{,}5 + h)^2) - 3{,}75}{h}$$

h	Näherungswert der Steigung
0,1	−1,1
0,01	−1,01
0,001	−1,001
0,0001	−1,0001
0,00001	−1,00001

h	Näherungswert der Steigung
−0,1	−0,9
−0,01	−0,99
−0,001	−0,999
−0,0001	−0,9999
−0,00001	−0,99999

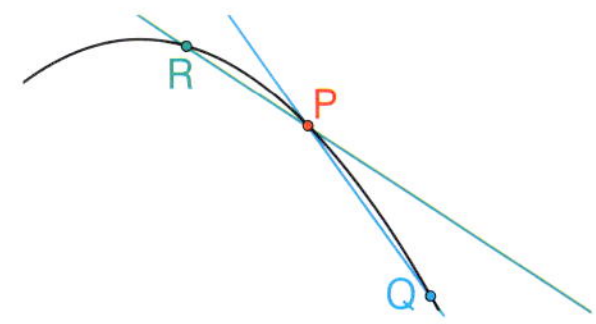

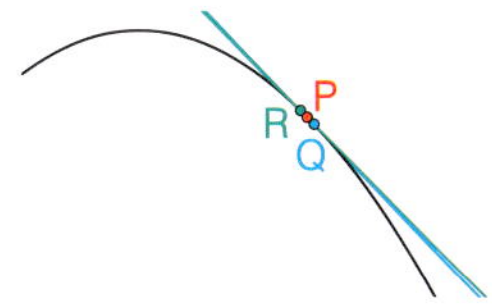

$$\lim_{h \to 0} \frac{(4 - (0{,}5 + h)^2) - 3{,}75}{h} = -1$$

Die Steigung der Funktion an der Stelle $a = 0{,}5$ beträgt -1.

Übungen

17 Bestimme die Steigung des Funktionsgraphen an der Stelle a durch systematisches Annähern von h an Null auf fünf Stellen nach dem Komma genau.
Zeichne zunächst mit dem GTR den Graphen der jeweiligen Funktion, damit du einen Überblick über seinen Verlauf erhältst.
Rechne dann und liste jeweils die einzelnen Näherungswerte auf.
a) $f(x) = x^2 - 2x + 1;\ a = 1$ b) $f(x) = x^3 + 2;\ a = 1$ c) $f(x) = \sqrt{x};\ a = 3$
d) $f(x) = 2^x;\ a = 0$ e) $f(x) = x^4 - 2x^3;\ a = 1$
Bei einigen Aufgaben kannst du den „besten" Näherungswert angeben.

18 Finde gute Näherungswerte für die Steigungen des Funktionsgraphen zu $f(x) = x^3$ an den Stellen $a = 1$ und $b = -1$. Was beobachtest du? Erkläre deine Ergebnisse mithilfe des Graphen von f.

19 Vergleiche für die Funktionen $f_1(x) = x^2$, $f_2(x) = x^3$ und $f_3(x) = x^4$ jeweils die momentanen Änderungsraten an den Stellen $a = \frac{1}{2}$ und $b = 1$.
Erläutere deine Beobachtungen an den Graphen der drei Funktionen.

20 *Fuchspopulation*
Die Anzahl von Füchsen in einem Revier schwankt periodisch in Abhängigkeit von dem Nahrungsangebot. Angenommen, man kann die Anzahl der Füchse modellieren mit der Funktion $f(t) = 300 + 200\sin(t)$. Dabei ist t die Zeit in Jahren.

a) Zeichne den Graphen der Funktion für die ersten 10 Jahre. Gib Zeitpunkte an, an denen die Population stark wächst (fällt) oder sich nur wenig ändert.

b) Die durchschnittliche Änderung der Population auf dem Intervall [1; t] kann man mit $d(t) = \frac{f(t) - f(1)}{t - 1}$ berechnen. Erstelle mit dem GTR eine Tabelle der durchschnittlichen Änderungsraten indem du t in Schritten von 0,01 Jahren von 0,9 bis 1,1 auflistest.

c) Wie groß ist die (momentane) Änderungsrate der Fuchspopulation für t = 1? Erläutere zunächst, warum der Rechner für d(1) eine Fehlermeldung ausgibt. Berechne dann einen guten Näherungswert für die Änderungsrate an der Stelle 1.

Achte beim Zeichnen des Graphen darauf, dass der Rechner auf Bogenmaß eingestellt ist.

Übungen

21 *Algebraisches Verfahren – „h-Methode".*
Häufig kann man die Formel für den Differenzenquotienten mithilfe der Algebra vereinfachen. Mit diesem vereinfachten Term kann man die Steigung der betreffenden Funktion an einer bestimmten Stelle oft auf einen Blick ablesen.

Steigung einer Funktion an einer Stelle schnell ermittelt mithilfe der Algebra

Aufgabe: Ermittle die Steigung von $f(x) = 4 - x^2$ an der Stelle $a = 2$.

So wird's gemacht:
- Berechne zunächst einen möglichst einfachen Term für die Sekantensteigung auf dem Intervall $[2; 2 + h]$.
- Bestimme mithilfe des gefundenen Terms den Grenzwert $\lim\limits_{h \to 0} \frac{(4 - (2 + h)^2) - 0}{h}$.

Lösung:
Differenzenquotient

$$\frac{\Delta y}{\Delta x} = \frac{f(2 + h) - f(2)}{h} = \frac{(4 - (2 + h)^2) - 0}{h}$$
$$= \frac{(4 - (4 + 4h + h^2))}{h} = \frac{-4h - h^2}{h}$$
$$= \frac{h(-4 - h)}{h} = -4 - h$$

(vereinfachter Differenzenquotient)

Lohn der Mühe: Man sieht sofort, was passiert, wenn sich h Null nähert.
Der gesuchte Grenzwert ist −4.

2

Ermittle die Steigung von f(x) an der Stelle a mithilfe der h-Methode.
a) $f(x) = x^2$; $a = 3$ b) $f(x) = x^2 + 4x$; $a = 2$ c) $f(x) = x^2$; $a = \sqrt{3}$
d) $f(x) = 3x^2$; $a = 1$ e) $f(x) = x^2 - 2x + 1$; $a = 1$ f) $f(x) = x^3$; $a = 1$
Vergleiche die gefundenen Grenzwerte jeweils mit dem Wert des Differenzenquotienten für ein kleines h (z. B. h = 0,000001).

22 *Wo die h-Methode versagt*
Finde bei den folgenden beiden Funktionen mit dem Differenzenquotienten für ein kleines h (h = 0,000001) einen guten Näherungswert für die Steigung an der Stelle a.

Achte bei b) darauf, dass der Rechner auf Bogenmaß eingestellt ist.

a) $f(x) = 3^x$; $a = 1$ b) $f(x) = \sin(x)$, $a = \frac{\pi}{4}$
Versuche auch hier den Grenzwert an der Stelle a mithilfe der h-Methode zu finden.
Warum funktioniert das hier nicht so wie in den Beispielen von Aufgabe 21?

23 *Funktion und Steigungsgraph 1*
Im Lernabschnitt 4.1 hast du Funktionen gezeichnet und deren Steigungsgraphen skizziert. Mit dem Näherungsverfahren für die Steigung in einem Punkt kann man den Steigungsgraphen genauer zeichnen.
a) Zeichne mit dem GTR den Graphen der Funktion $f(x) = \frac{1}{4}x^4 - x^3$ und übertrage ihn in dein Heft.
b) Ergänze die folgende Tabelle und skizziere damit den Steigungsgraphen.

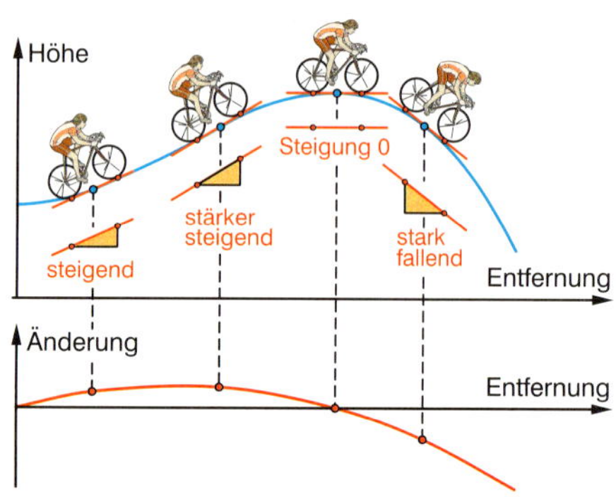

Stelle a	−2	−1	0	1	2	3
Näherungswert für die Steigung an der Stelle a	■	■	■	■	■	■

24 *Funktion und Steigungsgraph 2*

Achte beim Zeichnen des Graphen darauf, dass der Rechner auf Bogenmaß eingestellt ist.

a) Zeichne den Graphen von $f(x) = \sin(x)$ mit dem GTR auf dem Intervall [0; 7]. Übertrage den Graphen in dein Heft.
b) Erstelle eine Tabelle für die Steigungen an Punkten, die dir für den Verlauf der Steigung aussagekräftig erscheinen.
Skizziere den Steigungsgraphen.

Nachdenkliches zum Grenzwert

Vielleicht ist dir aufgefallen, dass die Formulierungen immer dann etwas vorsichtig geraten, wenn der „Grenzwert" ins Spiel kommt. Wo bleibt hier die gewohnte Präzision in der Mathematik? Mit dem Exkurs und den Aufgaben auf der nächsten Seite werden wir über erste Schritte zur Präzisierung nachdenken.

Was ist eigentlich ein Grenzwert?

Die Karikatur gibt einen ersten Hinweis auf die Probleme. Die Dezimalzahl 1,9999…999 ist ohne Zweifel kleiner als 2, solange wir eine endliche Anzahl von Neunen hinter dem Komma schreiben. Sobald wir aber in Gedanken den Prozess des Anhängens von Neunen „unendlich" fortsetzen, setzen wir das Ergebnis dieses unendlichen Prozesses – eben den Grenzwert – gleich der Zahl 2. $1,\overline{9} = 2$

Das ist vernünftig, aber mit unseren gewohnten Denkweisen nur schwer einzusehen. Eine Präzisierung dieser Festlegung erfordert viel Aufwand.
Genau so ist es mit dem Grenzwert des Differenzenquotienten. Auch hier hilft nur ein **Prozess**, den wir in Gedanken unendlich fortsetzen.

Algebraisch haben wir in dem Quotienten $\frac{f(a+h)-f(a)}{h}$ für die Zahl h betragsmäßig immer kleinere, näher an Null liegende Werte eingesetzt. Das Ergebnis (den Grenzwert) dieses Prozesses haben wir als momentane Änderungsrate von f an der Stelle a interpretiert. Wir konnten nicht einfach h = 0 einsetzen, denn der Quotient $\frac{f(a+0)-f(a)}{0} = \frac{0}{0}$ ist nicht definiert.

B6 | f_x =((1+A6)^2-1)/A6

	A	B	C
1			
2	0,1	2,1	
3	0,01	2,01	
4	0,001	2,001	
5	0,0001	2,0001	
6	0,00001	2,00001	
7			

Differenzenquotient für $f(x) = x^2$ im Intervall $[1; 1 + h]$

Geometrisch haben wir dies mit den Sekanten durch zwei Punkte P und Q der Kurve veranschaulicht, indem der zweite Punkt Q immer näher auf den ersten Punkt P zu rückt. Das Ergebnis des Prozesses wird dann als die Tangente im Punkt P des Graphen interpretiert. Auch hier konnten wir nicht einfach die Sekante durch einen Punkt P zeichnen, denn eine Sekante braucht immer zwei verschiedene Punkte.

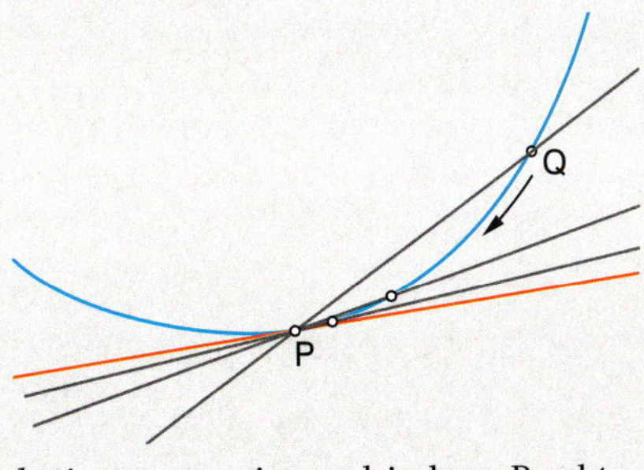

Ganz ohne Mathematik ist es ziemlich aussichtslos, einen Begriff wie die „Geschwindigkeit zu einem Zeitpunkt" oder die „Steigung an einer Stelle" präzise zu definieren obwohl beides in unserer Alltagsvorstellung und Anschauung klar und eindeutig zu existieren scheint.
Es ist aber auch nicht selbstverständlich, dass die unendlich gedachten Prozesse immer zu einem klar fassbaren Ergebnis führen, dass der Grenzwert also wirklich existiert. Dies können wir heute nur deshalb sicher entscheiden, weil die Mathematiker in einem Jahrhunderte dauernden Ringen den Grenzwertbegriff präzisieren konnten.

Aus einem von der Preußischen Akademie der Wissenschaften 1784 veröffentlichten Preisausschreiben:

… Die höhere Geometrie benutzt häufig unendlich große und unendlich kleine Größen; jedoch haben die alten Gelehrten das Unendliche sorgfältig vermieden, und einige berühmte Analysten unserer Zeit bekennen, dass die Wörter unendliche Größe widerspruchsvoll sind. Die Akademie verlangt also, … dass man einen sicheren und klaren Grundbegriff angebe, welcher das Unendliche ersetzen dürfte, ohne die Rechnung zu schwierig oder zu lang zu machen …

Aufgaben

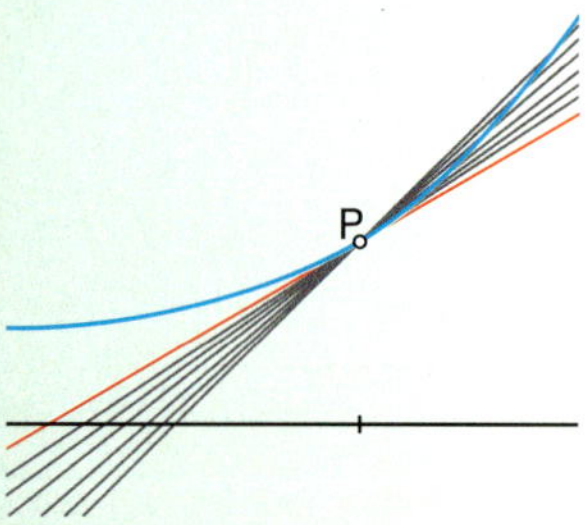

Tangente an Kurve

25 *Tangente an eine Kurve*

Wir haben die Tangente als Grenzlage der Sekanten gekennzeichnet. Das passt auch zur Vorstellung der Tangente an den Kreis, die uns ja bereits vertraut ist. Diese Grenzlage ist in beiden Fällen eine Gerade, die wir so nicht zeichnen können (Sekante durch einen Punkt!).

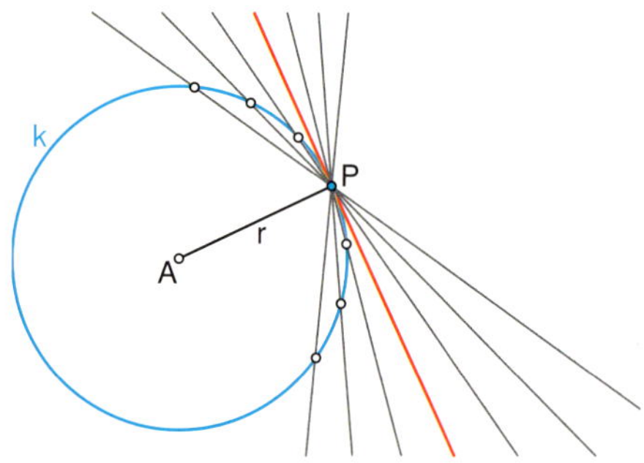

Tangente am Kreis

a) Die Tangente an einen Kreis kannst du bereits auf andere Weise konstruieren. Führe eine solche Konstruktion mit dem DGS oder per Hand aus und gib damit eine Definition für „Tangente am Kreis".

b) Warum lässt sich die Konstruktion der Tangente am Kreis nicht einfach auf die Tangente an eine Kurve übertragen? Welche Probleme siehst du?

c) Mit den Kenntnissen aus diesem Lernabschnitt können wir die Tangente an eine Kurve auf unserem grafikfähigen Taschenrechner zeichnen. Allerdings benötigen wir hierzu mehr als Geometrie, nämlich das Zusammenspiel von Funktion und Grenzwert des Differenzenquotienten.

Tangente an den Graphen von $f(x) = x^2$ im Punkt $P(2|4)$

1. Schritt: Bestimme den Grenzwert des Differenzenquotienten an der Stelle 2. Dies ist die Steigung m der Tangente.

2. Schritt: Bestimme die Gleichung der Geraden t durch P mit der Steigung m. Dies ist die Gleichung der Tangente.

3. Schritt: Gib die Gleichungen von f und t in den GTR ein und lasse die Graphen zeichnen.

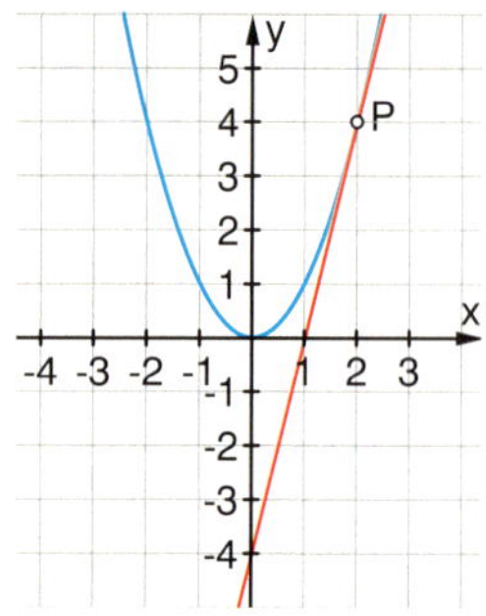

Im Anhang „Erinnern und Wiederholen" findest du die Erinnerung an die Bestimmung der Geradengleichung aus Steigung und Punkt.

d) Versuche nun mithilfe von c) eine Definition für „Tangente an den Graphen von f im Punkt P". Vergleiche mit der Definition der Kreistangente. Worin bestehen die Unterschiede, worin die Gemeinsamkeiten?

26 *Existenz des Grenzwerts*

Gibt es an jeder Stelle der Funktion einen Grenzwert? Oder anders gefragt: Gibt es in jedem Punkt eines Graphen eine Tangente?

a) Das Bild zeigt den Versuch, mithilfe der Annäherung durch Sekanten die Tangente an den Graphen von $f(x) = |4 - x^2|$ im Punkt $(2|f(2))$ zu zeichnen. Welche Schwierigkeiten ergeben sich dabei?

b) Gibt es an der Stelle 2 einen Grenzwert des Differenzenquotienten? Versuche Näherungen von links und von rechts.

Wie beantwortest du nun die Eingangsfragen der Aufgabe?

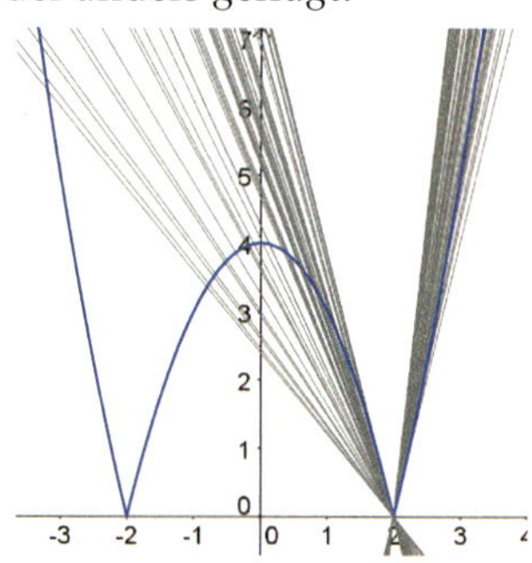

Näherung von rechts $\frac{f(2+0{,}01)-f(2)}{0{,}01}$

Näherung von links $\frac{f(2-0{,}01)-f(2)}{-0{,}01}$

27 *Der Taschenrechner spielt verrückt beim Grenzwert*

a) Bestimme mit dem Taschenrechner für $f(x) = x^2$ den Differenzenquotienten $\frac{f(1{,}5+h)-f(1{,}5)}{h}$ an der Stelle 1,5. Setze für h nacheinander die Werte 0,01; 0,001; …; 0,000 000 000 000 000 000 01 ein. Was beobachtest du?

b) Versuche das Gleiche an der Stelle $\sqrt{2}$.

c) Bestimme die Grenzwerte an den beiden Stellen mithilfe der „h-Methode".

Ein Informatik-Experte kann dir erklären, was hier passiert. Mit einem CAS-Rechner kannst du den Grenzwert mit dem Befehl **limit(** direkt berechnen.

5.3 Von der Sekantensteigungsfunktion zur Ableitungsfunktion

Was dich erwartet

Ein kurzer Rückblick erleichtert die Beschreibung des Neuen:

Im ersten Lernabschnitt haben wir die Bedeutung der Änderungsraten von Funktionen kennen gelernt. Wir haben Skizzen von Steigungsgraphen erstellt, mit denen die Änderungsraten längs des Kurvenverlaufs qualitativ auf einen Blick erfasst werden konnten.

Im zweiten Lernabschnitt ging es um die genauere numerische Erfassung von Änderungsraten. Dazu haben wir den Blick auf einzelne Punkte des Funktionsgraphen gelenkt. An jeder Stelle a des Definitionsbereiches liefert der Differenzenquotient $\frac{f(a+h)-f(a)}{h}$ *für kleines h einen guten Näherungswert für die Steigung des Graphen im Punkt* $P(a\,|\,f(a))$*. Mit dem Grenzwert für h gegen 0 haben wir dann den besten Näherungswert gefunden und diesen als momentane Änderungsrate an der Stelle a bezeichnet. Geometrisch ging es um den Grenzwert von Sekantensteigungen, die Tangentensteigung im Punkt P.*

In diesem Lernabschnitt richten wir unseren Blick wieder auf das Ganze. Wir wollen die Änderungsrate einer Funktion nicht nur an einer Stelle berechnen, sondern mit einem Blick auf einem ganzen Abschnitt (mathematisch: auf einem Intervall) erfassen. Dies kann numerisch und grafisch zunächst mithilfe der Sekantensteigungsfunktion geschehen. Hierzu benötigen wir allerdings den grafikfähigen Taschenrechner oder entsprechende Computer-Software. Mit den schon beschriebenen Grenzwertprozessen gelangen wir schließlich zur Ableitungsfunktion, die wir in einfachen Fällen auch durch einen algebraischen Funktionsterm erfassen können.

Aufgaben

1 In einem Skigebiet stehen Pistenraupen mit unterschiedlichen Steigfähigkeiten zur Verfügung: Pistenraupe A bewältigt Steigungen bis zu 95 %, Pistenraupe B bis zu 70 % und Pistenraupe C bis zu 50 %. Das Bergprofil zwischen der Aspitze und dem Bhorn kann mit der Funktion $f(x) = -0{,}07\,x^4 + 0{,}5\,x^2 + 0{,}2\,x + 1$ (x und y jeweils in 500 m) modelliert werden.

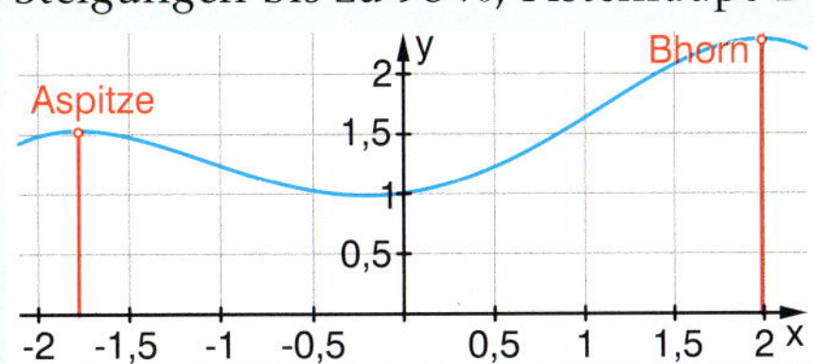

a) Schaffen alle Pistenraupen die Auffahrt zur Aspitze bzw. zum Bhorn? Wenn nicht, wie weit können sie jeweils hinauffahren?
b) An welchen Stellen vermutest du die größten Steigungen in beiden Richtungen? Versuche mithilfe guter Näherungswerte für die Steigungen diese Stellen zu finden. Kannst du die Fragen damit beantworten?
c) Mithilfe des GTR lässt sich das Probieren systematisch mit einer Tabelle gestalten. Finde mit den angegebenen Funktionsgleichungen heraus, was in der Tabelle dargestellt wird. Vervollständige die Tabelle für den Bereich von x = –2 bis x = 2 und beantworte damit die obigen Fragen.

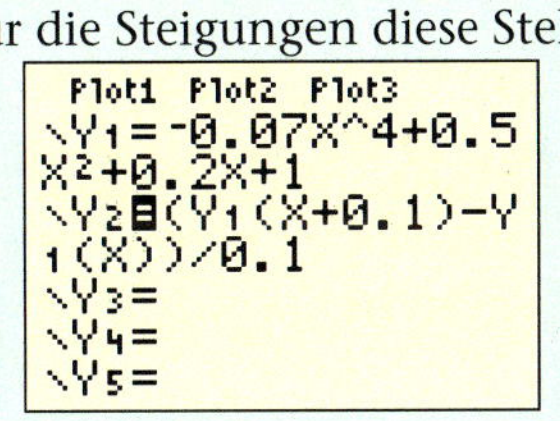

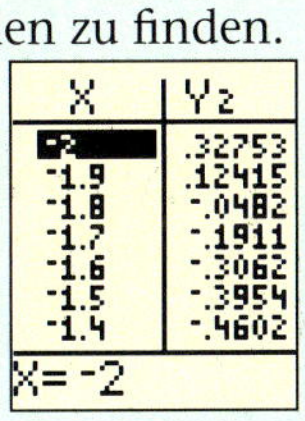

Die etwas unübersichtliche Darstellung auf dem Display des GTR hier deutlicher:
$y_1 = -0{,}07\,x^4 + 0{,}5\,x^2 + 0{,}2\,x + 1$
$y_2 = \frac{y_1(x+0{,}1) - y_1(x)}{0{,}1}$

Aufgaben

2 *Geschwindigkeitsgraphen bei Füllkurven*

Füllgraphen beschreiben die Höhe des Wasserspiegels im Gefäß in Abhängigkeit von der Zeit. Die Änderungsrate der Höhe wird im Geschwindigkeitsgraphen erfasst.

a) Welche der folgenden Graphen passen zum kegelförmigen Messbecher?

Füllgraphen $t \rightarrow h(t)$ — Geschwindigkeitsgraphen $t \rightarrow v(t)$

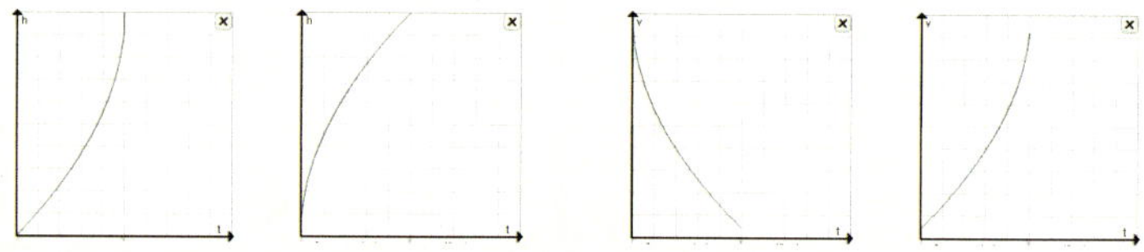

A B C D

Im Lernabschnitt 4.1 haben wir Füllkurven und ihre Geschwindigkeitsgraphen qualitativ untersucht. Mit den im Lernabschnitt 4.2 erworbenen Werkzeugen können wir dies nun mit numerischen Werten präzisieren.

t in s	h in cm
0	0
1	6,5
2	8,2
3	9,4
4	10,3
5	11,1
6	11,8

In einen kegelförmigen Messbecher mit oberem Radius 5 cm und Höhe 12 cm fließt gleichmäßig 50 cm³/s Flüssigkeit. Wir notieren im Sekundentakt die Höhe des erreichten Wasserstands in einer Tabelle.

b) Übertrage die Wertepaare aus der Tabelle ins Koordinatensystem und verbinde sie durch eine Kurve. Entspricht diese in etwa dem oben ausgewählten Füllgraphen?

Für den obigen Messbecher lässt sich die Funktion $t \rightarrow h(t)$ durch den Funktionsterm $f(x) = 6{,}5 \cdot \sqrt[3]{x}$ modellieren.

Mit dem Differenzenquotienten $\frac{f(a+0{,}1)-f(a)}{0{,}1}$ berechnen wir einen Näherungswert für die Änderungsrate zu jedem Zeitpunkt a.

Geometrische Veranschaulichung:

Wir lassen die zugehörige Sekante durch $P(a\,|\,f(a))$ und $Q(a+0{,}1\,|\,f(a+0{,}1))$ auf dem Graphen „wandern“. Die jeweils zugehörige Sekantensteigung m wird am Graphen angezeigt und in einer Tabelle notiert. Die Tabellenwerte werden als Punkte $R(a\,|\,m)$ im Koordinatensystem aufgezeichnet.

a	1	2	3	4	5	6
m	2,1	1,34	1,03	0,85	0,74	0,65

3
4

c) Beobachte den Verlauf der Sekanten und deren Steigungen.

Wir erhalten beim „Wandern“ auf dem Graphen eine Zuordnung

$x \rightarrow$ Näherungswert für die Steigung der Funktion an der Stelle x.

Diese Funktion nennen wir Sekantensteigungsfunktion

$x \rightarrow msek(x) = \frac{f(x+0{,}1)-f(x)}{0{,}1}$.

Wenn wir dies in den GTR eingeben, so wird der Steigungsgraph direkt für alle x aus dem gewählten Intervall [0; 6] gezeichnet.

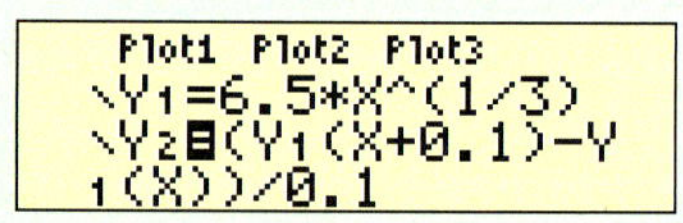

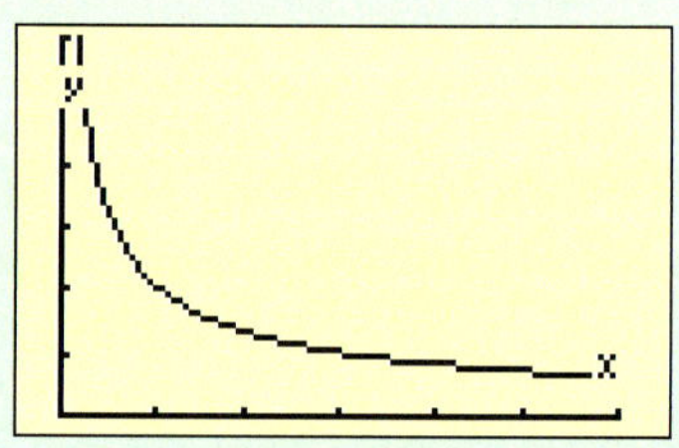

Wir haben hier für h = 0,1 gewählt. Für einen kleineren Wert von h (z. B. h = 0,001) liefert die Zuordnung noch bessere Näherungswerte.

Zeichne mit dem GTR oder der CD (Sekantensteigungsfunktion 2)

5

d) Zeichne msek(x) für die obige Füllfunktion.

Wähle nacheinander h = 0,1; 0,01 und 0,001. Wie verändern sich die Graphen?

Was vermutest du, wenn du h = 0,00000001 wählst?

Basiswissen

Die Sekantensteigungsfunktion

Die Funktion **msek (x)** = $\frac{f(x+h)-f(x)}{h}$ ordnet jedem x-Wert die Steigung der Sekante durch die Punkte P(x | f(x)) und Q(x + h | f(x + h)) zu.

Diese Funktion heißt

Sekantensteigungsfunktion.

Wenn man für h einen kleinen Wert wählt (z. B. h = 0,001), so stellt der Graph der Sekantensteigungsfunktion eine gute Näherung für den „Steigungsgraphen" der Funktion f(x) dar.

$f(x) = 0{,}5\,x^3 - 2\,x + 2$

Sekantensteigungsfunktion für h = 0,001:

msek (x) = $\frac{f(x+0{,}001)-f(x)}{0{,}001}$

x	f(x)	msek(x)
−2	2	3,997
1	3,5	−0,5015
0	2	−2
1	0,5	−0,4985
2	2	4,003

Näherungswerte für die Steigung von f an der Stelle x

Graph der Funktion f

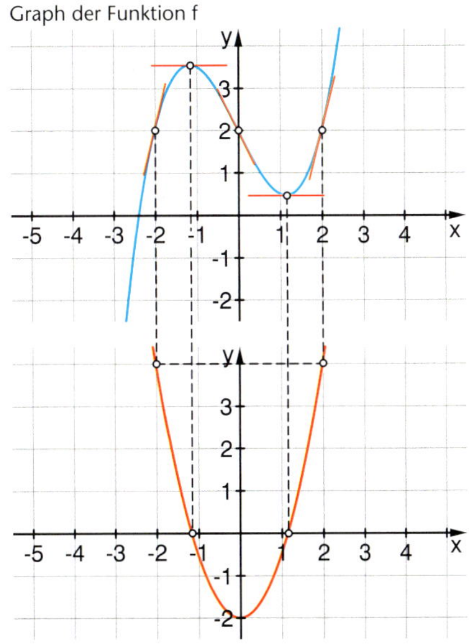

Graph der Sekantensteigungsfunktion

Der Graph der Sekantensteigungsfunktion gibt einen guten Überblick über das Steigungsverhalten der Funktion.

In dem Beispiel wird für h der Wert 0,001 verwendet. Welche Rolle das h spielt, wird später noch genauer untersucht.

Beispiele

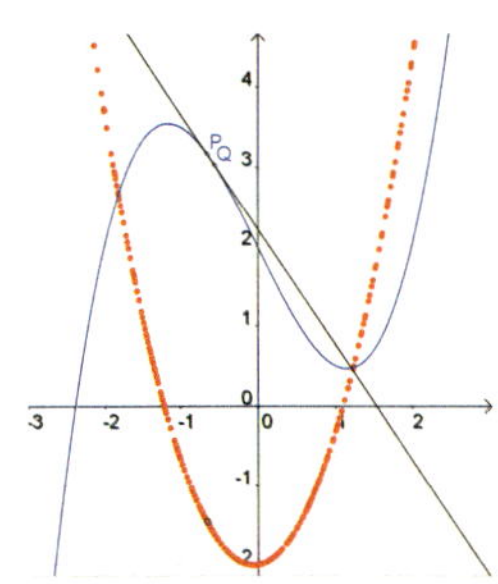

5

A Mit dem Graphen der Sekantensteigungsfunktion (mit kleinem h) kann man gut das Steigungsverhalten der Funktion im Basiswissen beschreiben. An welcher Stelle im Intervall [−1; 1] hat der Graph das größte Gefälle? Wie kannst du dies aus der Sekantensteigungsfunktion ablesen?
Lösung: An der Stelle x = 0 scheint die Funktion das größte Gefälle zu haben. Dort hat msek(x) seinen kleinsten (negativen) Funktionswert.

B Verschaffe dir einen Überblick über das Steigungsverhalten von $f(x) = x^3 - 5\,x^2 - 8\,x + 70$ auf dem Intervall [−3; 7] mithilfe der Sekantensteigungsfunktion (h = 0,001). Welche Bedeutung haben die Stellen a, an denen die Sekantensteigungsfunktion den Wert 0 hat, für die Funktion f?
Lösung: Die Sekantensteigungsfunktion msek(x) hat in den Intervallen von *−3 bis etwa −0,67* und von *etwa 4 bis 7* positive Werte, d. h. dort steigt die Funktion f. Dazwischen sind die Werte der Sekantensteigungsfunktion negativ, dort fällt die Funktion f.
Bei x = −0,67 und bei x = 4 ist msek(x) = 0, dort hat die Funktion f die Steigung 0. An diesen Stellen hat die Funktion f einen „Hochpunkt" bzw. einen „Tiefpunkt".

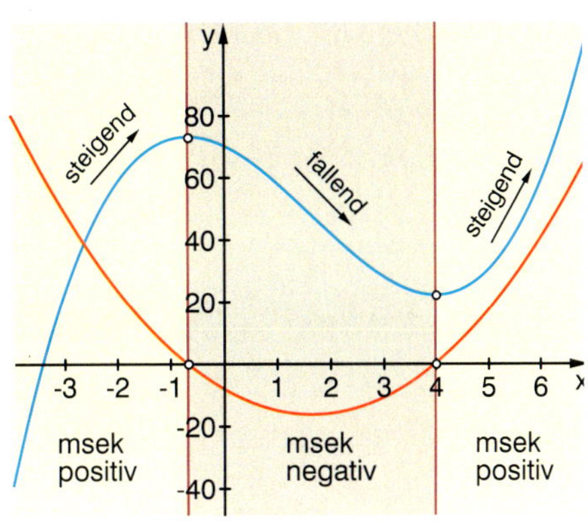

Übungen

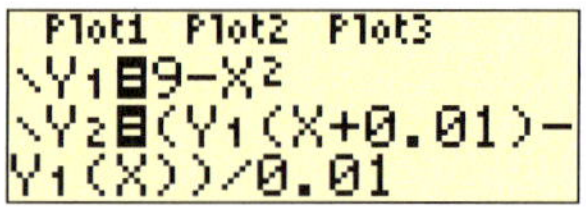

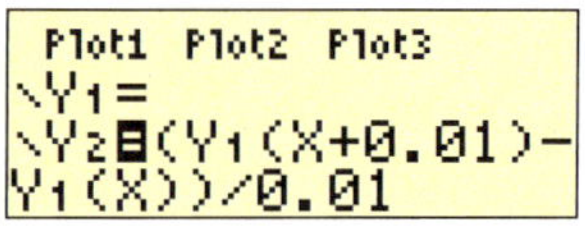

TIPP:
Bei den Funktionen y_1 handelt es sich um bekannte Standardfunktionen: Potenzfunktionen, Wurzelfunktionen, Exponentialfunktionen.

3 *Funktionen und ihre Sekantensteigungsfunktionen*

Zeichne mit dem GTR jeweils die Funktion und die zugehörige Sekantensteigungsfunktion msek(x) für h = 0,01.

a) $f(x) = x^2$ b) $f(x) = -x^2$ c) $f(x) = 3x^2$ d) $f(x) = x^2 - 4$
e) $f(x) = 9 - x^2$ f) $f(x) = 3x^2 + 1$ g) $f(x) = x^3$ h) $f(x) = x^3 - 8$

Beschreibe deine Beobachtungen. (Z. B. wie unterscheiden sich die Sekantensteigungsfunktionen der quadratischen und kubischen Funktionen? Welche Funktionen haben gleiche oder ähnliche Graphen der Sekantensteigungsfunktionen?) Welche Zusammenhänge erkennst du? Kannst du diese erklären?

4 *Sekantensteigungsfunktionen und die zugehörigen Funktionen*

Im Folgenden sind vier Sekantensteigungsfunktionen y_2 gezeichnet. Zu welcher Funktion y_1 gehören sie jeweils? Überprüfe deine Vermutungen mit dem GTR.

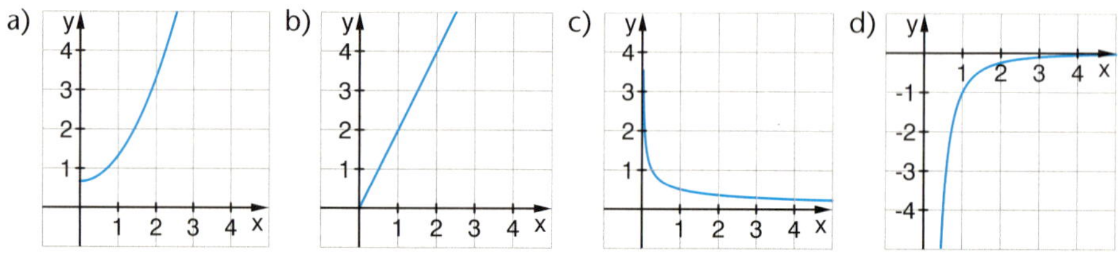

5 *Verwandte Kurven?*

In der Abbildung sind die Graphen zu den Funktionen $f(x) = \cos(x)$ und $g(x) = -\frac{4}{\pi^2} \cdot x^2 + 1$ im Intervall $\left[-\frac{\pi}{2}; \frac{\pi}{2}\right]$ gezeichnet.

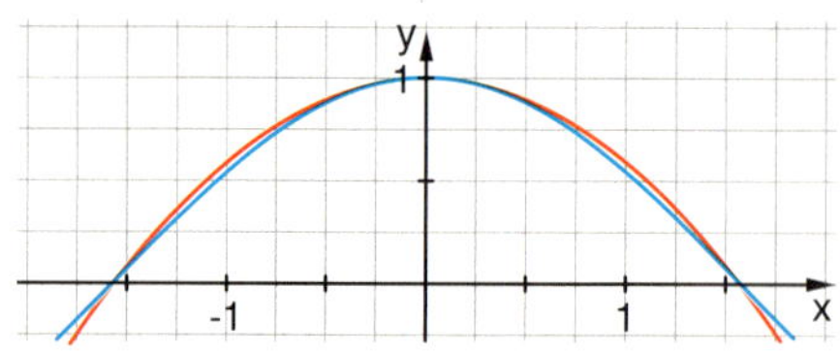

a) Welcher Graph gehört zu welcher Funktion? Begründe.

b) Was vermutest du über den Verlauf der zugehörigen Sekantensteigungsfunktionen? Überprüfe mit dem GTR (Winkel im Bogenmaß).

6 *Start beim Radrennen*

An festgelegten Markierungen werden die Zeiten eines startenden Rennradfahrers gemessen:

Zeit in s	1	1,5	2,6	3,5	4,3	5,4	6	7,1	8
Weg in m	1	2	5	10	20	30	40	60	80

a) Übertrage die Tabellenwerte in ein Weg-Zeit-Diagramm und beschreibe in etwa den Geschwindigkeitsverlauf. (Beachte: 1 m/s = 3,6 km/h)

b) Um genauere Aussagen über den Geschwindigkeitsverlauf machen zu können, modellieren zwei Gruppen den Start mit zwei verschiedenen Funktionen:
(1) $s(t) = 1{,}1\,t^2$ und (2) $s(t) = 0{,}17\,t^3$
Welches Modell erscheint dir sinnvoller?

c) Untersuche mithilfe der Sekantensteigungsfunktionen für h = 0,1 jeweils den Geschwindigkeitsverlauf und vergleiche diesen für beide Modelle.

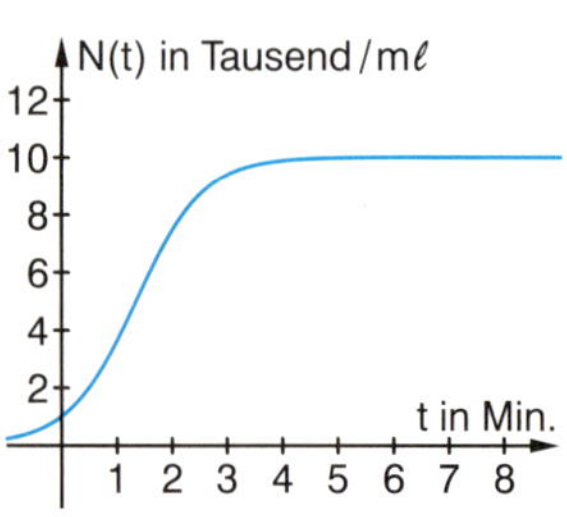

7 *Eine Bakterienkultur*

Das Wachstum von Bakterien in einer Petrischale kann durch eine Funktion der Zeit modelliert werden:
$N(t) = \frac{10}{1 + 9 \cdot 1{,}2^{-9t}}$

a) Beschreibe das Wachstumsverhalten.

b) Zeichne mit dem GTR den Graphen einer Sekantensteigungsfunktion und überprüfe deine Beschreibung damit.

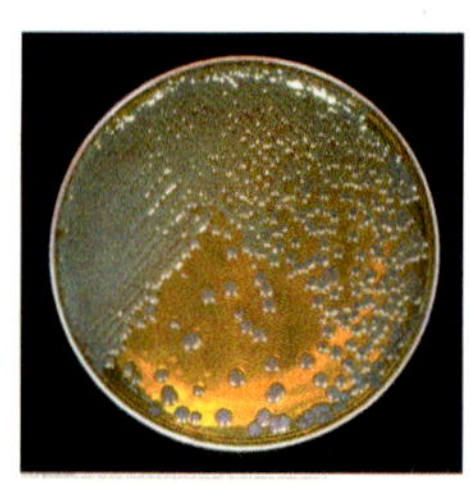

Übungen

Skalierung x in m

8 *Halfpipe und Skaterrampen*

a) Der Längsschnitt einer Halfpipe besteht an beiden Rändern aus Viertelkreisen. Begründe, dass die Funktion $Hp(x) = -\sqrt{16 - x^2}$ für x aus [0; 4] eine passende Modellierung für den rechten Rand ist. Beschreibe das Steigungsverhalten mithilfe einer Sekantensteigungsfunktion.

b) Als Alternative zu einer Halfpipe werden zwei verschiedene Rampen vorgeschlagen (x aus [0; 4]).

$Ra1(x) = \frac{1}{4}x^2 - 4$

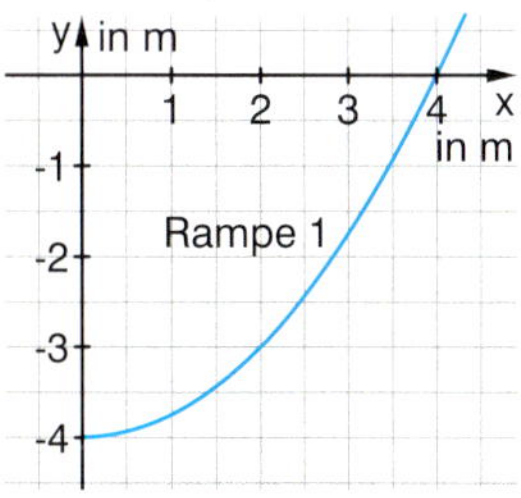

$Ra2(x) = \frac{1}{64}x^4 - 4$

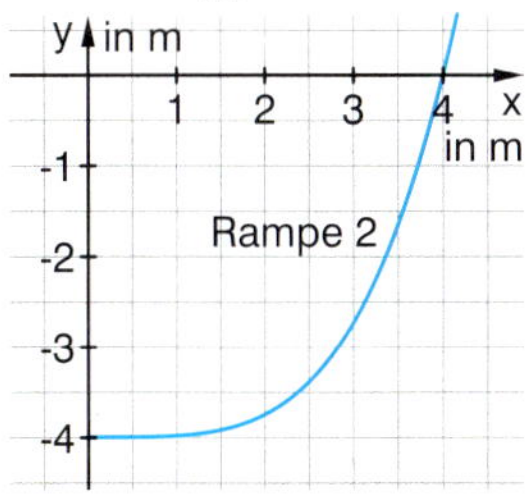

Skizziere zu den beiden Rampen eine Sekantensteigungsfunktion und beschreibe das unterschiedliche Steigungsverhalten. Vergleiche auch mit dem Steigungsverhalten der Halfpipe. Was ist hier das Besondere? Versuche das jeweilige Fahrgefühl des Skaters beim Herauf- und Hinunterfahren der Rampen zu beschreiben.

9 *Genaueres zur Sekantensteigungsfunktion*

Was geschieht mit den Sekantensteigungsfunktionen $msek(x) = \frac{f(x+h) - f(x)}{h}$, wenn man für h Werte wählt, die sich immer mehr der 0 nähern?

Dies untersuchen wir am Beispiel der Funktion $f(x) = 3x^2$.

Bei der Sekantensteigungsfunktion haben wir immer kleine Werte für h gewählt, um gute Näherungen für die Steigungen an jeder Stelle x zu bekommen.

Für unterschiedliche Werte von h erhält man verschiedene Sekantensteigungsfunktionen.

5

a) Übertrage die Tabelle in dein Heft und fülle sie aus. Wie hängen die Grenzwerte in der letzten Spalte jeweils von dem x-Wert in der ersten Spalte ab? Findest du dazu einen Funktionsterm?

	$msek_h(x)$			Grenzwert
x	h = 0,1	h = 0,001	h = 0,00001	für $h \to 0$
−3	■	■	■	■
−1	■	■	■	■
0	■	■	■	■
1	■	■	■	■
2	■	■	■	■
4	■	■	■	■

b) Zeichne mit der Software oder dem GTR die Sekantensteigungsfunktionen für verschiedene h, die immer näher an die Null rücken. Beschreibe deine Beobachtungen. Vergleiche mit deinen Ergebnissen aus der Tabelle in a).

c) Führe die gleichen Untersuchungen mit Tabelle und Graphen für die Funktion $g(x) = \frac{1}{3}x^3$ aus.

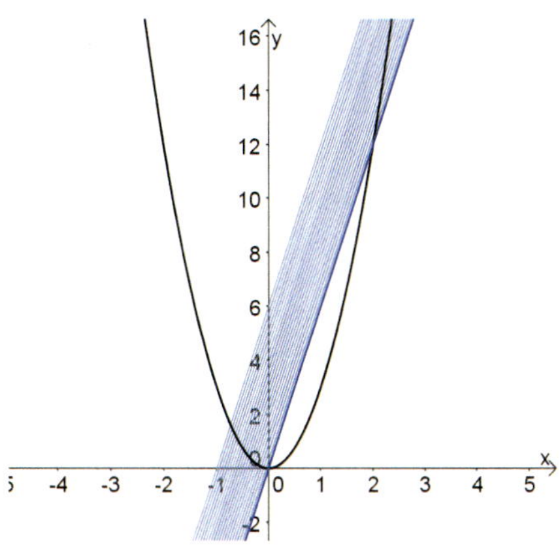

6

Sekantensteigungsfunktion 4

Basiswissen

Mit der Sekantensteigungsfunktion $msek(x) = \frac{f(x+h) - f(x)}{h}$ finden wir für jede Stelle x einen guten Näherungswert für die Steigung der Funktion an dieser Stelle. Je kleiner h, desto mehr nähert sich die jeweilige Sekantensteigung an die Tangentensteigung an.

Die Ableitungsfunktion f′(x) –
die beste Beschreibung des Steigungsverhaltens der Funktion f(x)

Falls an jeder Stelle x der Grenzwert $\lim\limits_{h \to 0} \frac{f(x+h) - f(x)}{h}$ existiert, so liefert uns dieser jeweils den besten Näherungswert für die Steigung der Funktion f an der Stelle x.

Die Funktion $f'(x) = \lim\limits_{h \to 0} \frac{f(x+h) - f(x)}{h}$ nennen wir Ableitungsfunktion zur Funktion f.

Sprechweise:
Die Ableitungsfunktion f′(x) wird auch kurz **Ableitung von f** genannt. Die Änderungsrate bzw. Momentansteigung an einer Stelle a kann nun mit f′(a) bezeichnet werden und wird kurz **Abeitung von f an der Stelle a** genannt.

$f(x) = x^2$

$msek(x) = \frac{(x+h)^2 - x^2}{h}$

x	msek(x) mit h = 0,01	msek(x) mit h = 0,001	f′(x) – Grenzwert msek(x) für h → 0
−3	−5,99	−5,999	−6
−2	−3,99	−3,999	−4
−1	−1,99	−1,999	−2
0	0,01	0,001	0
1	2,01	2,001	2
2	4,01	4,001	4
3	6,01	6,001	6

Änderungsrate an der Stelle x

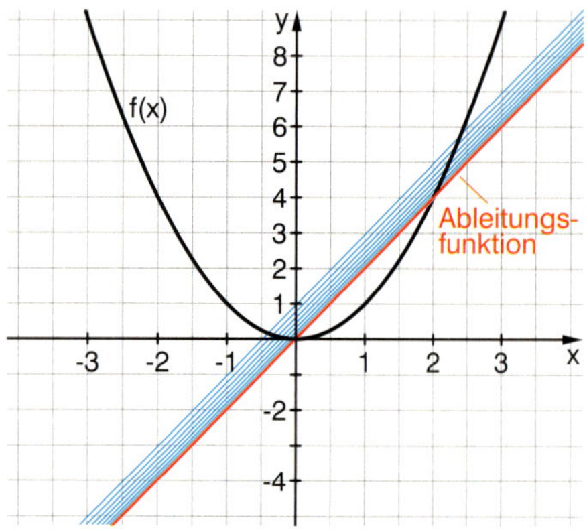

Der Steigungsgraph der Funktion $f(x) = x^2$ wird am besten durch die Ableitungsfunktion $f'(x) = 2x$ beschrieben.

Die Sekantensteigungsfunktionen nähern sich für kleiner werdendes h der Ableitungsfunktion $f'(x) = 2x$.

Beispiel

C Ermittle die Ableitungsfunktion f′(x) zur Funktion $f(x) = x^3$.

Lösung:

$msek(x) = \frac{(x+h)^3 - x^3}{h}$

6

Strategie:
Durch Anwendung von „Sekantensteigungsfunktion 4“ auf der CD kann man vermuten, dass der Graph der Ableitungsfunktion eine Parabel ist (Bild rechts).

Der Vergleich der Werte in der ersten und letzten Spalte der Tabelle führt dann zum Funktionsterm.

x	msek(x) mit h = 0,01	msek(x) mit h = 0,001	f′(x) – Grenzwert msek(x) für h → 0
−3	26,91	26,991	27
−2	11,94	11,994	12
−1	2,9701	2,997	3
0	0,0001	0,000 001	0
1	3,0301	3,003	3
2	12,06	12,006	12
3	27,09	27,009	27

Graphen der Sekantensteigungsfunktionen für h → 0

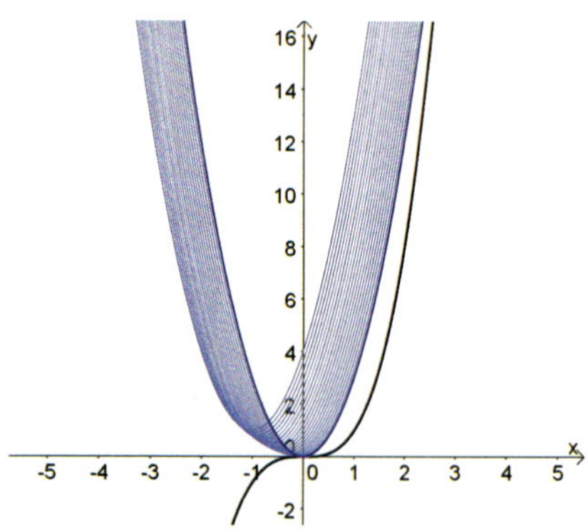

Der Steigungsgraph zur Funktion $f(x) = x^3$ wird am besten durch die Ableitungsfunktion $f'(x) = 3x^2$ beschrieben.

Die Sekantensteigungsfunktionen nähern sich für kleiner werdendes h der Ableitungsfunktion $f'(x) = 3x^2$.

Übungen

10 *Funktionen und ihre Ableitungsfunktionen*

Ermittle mithilfe geeigneter Tabellen und der Darstellung entsprechender Sekantensteigungsfunktionen jeweils die Ableitungsfunktion $f'(x)$.

a) $f(x) = 0{,}5x^2$ b) $f(x) = 9 - x^2$ c) $f(x) = x^2 + 2x + 1$

d) $f(x) = 6x^3$ e) $f(x) = x^3 - 2x$

11 *Sinus und Kosinus und ihre Ableitungsfunktionen*

„Sekantensteigungsfunktion 4" 6

Im nebenstehenden Bild ist der schwarze Graph der Sinusfunktion im Bereich von -2π bis 2π gezeichnet. Die blauen Graphen stellen die Schar von zugehörigen Sekantensteigungsfunktionen mit immer kleiner werdendem h dar.

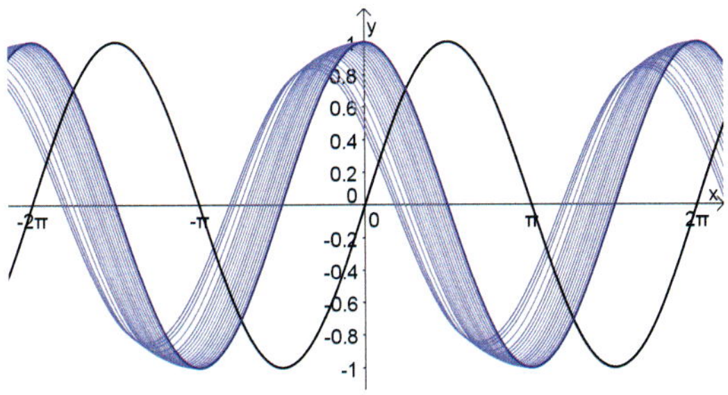

a) Welche Ableitungsfunktion hat deiner Vermutung nach die Sinusfunktion?

Überprüfe mit einer Tabelle wie in den Beispielen zum Basiswissen.

b) Finde auch eine Vermutung zur Ableitungsfunktion der Kosinusfunktion. Begründe deine Überlegungen mit Tabellen, Graphen oder sonstigen Überlegungen.

12 *Ein algebraisches Verfahren zur Berechnung der Ableitungsfunktion*

Die „h-Methode"

Wir haben im vorangegangenen Lernabschnitt erfahren, dass man in einigen Fällen den Differenzenquotienten mithilfe der Algebra vereinfachen kann. Dies lässt sich auch auf Sekantensteigungsfunktionen anwenden. Die Vereinfachung der Sekantensteigungsfunktion eignet sich oft zur Ermittlung der Ableitungsfunktion.

a) Informiere dich über die „h-Methode" in Lernabschnitt 4.2, Übung 18.

b) Ermittle die Ableitungsfunktion mithilfe der h-Methode.

$f_1(x) = x^2 + 4$ $f_2(x) = x^2 + 4x$

$f_3(x) = 3x^2$ $f_4(x) = x^2 - 2x + 1$

$f_5(x) = x^3$ $f_6(x) = 3^x$

$f(x) = 4 - x^2$

Sekantensteigungsfunktion

$$msek(x) = \frac{f(x+h) - f(x)}{h} = \frac{4 - (x+h)^2 - (4 - x^2)}{h}$$

$$= \frac{-x^2 - 2xh - h^2 + x^2}{h} = \frac{-2xh - h^2}{h}$$

$$= \frac{h(-2x - h)}{h}$$

$$= -2x - h$$

vereinfachter Funktionsterm

$$f'(x) = \lim_{h \to 0} -2x - h = -2x$$

Ableitungsfunktion

Tipp zu $f_5(x)$:
$(x+h)^3 = x^3 + 3x^2h + 3xh^2 + h^3$

Software

Schreibe jeweils ausführlich alle Lösungsschritte auf. Bestätige deine Ergebnisse mithilfe geeigneter Sekantensteigungsfunktionen.

Bei einer Funktion „zieht" die h-Methode nicht. Beschreibe die Schwierigkeiten.

13 *Lücken in der Ableitungsfunktion*

a) In der Formelsammlung wird die Ableitungsfunktion für $f(x) = |x|$ wie rechts angegeben. Begründe diese Darstellung. Warum ist $f'(0)$ nicht definiert?

b) Bestimme die Ableitungsfunktion von $f(x) = |4 - x^2|$.

$f(x) = |x|$

$$f'(x) = \begin{cases} -1 & \textit{für } x < 0 \\ 1 & \textit{für } x > 0 \end{cases}$$

„f ist an der Stelle 0 nicht differenzierbar."

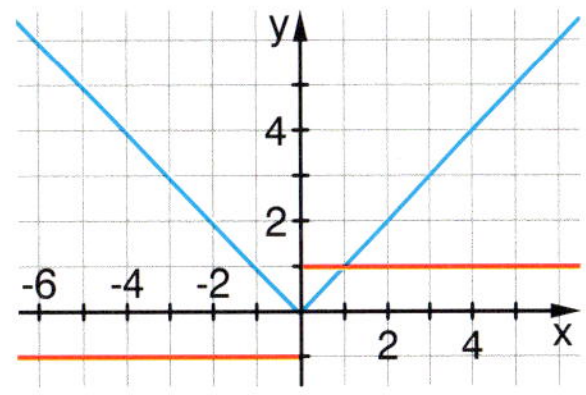

Wo liegen hier die Definitionslücken der Ableitung, d. h. an welchen Stellen ist die Funktion nicht differenzierbar?

Projekt

Tempo 30 in Wohngebieten

Wie viel mehr Sicherheit bringt „Tempo 30" gegenüber der üblichen Geschwindigkeitsbeschränkung von 50 km/h in geschlossenen Ortschaften?

Mit passenden Weg-Zeit-Funktionen und deren Steigungsfunktionen können wir die Situation modellieren und erste Antworten finden.

Entscheidend ist sicher der Anhalteweg, der nach dem Erkennen der Gefahr noch von dem Auto zurückgelegt wird.

Dieser hängt ab von der Ausgangsgeschwindigkeit v in km/h, der Reaktionszeit t_R und der vom Auto gegebenen Bremsverzögerung a in m/s^2. Nach dem Erkennen der Bremsnotwendigkeit (Zeitpunkt t = 0) fährt das Auto während der Schrecksekunde (Reaktionszeit $t_R = 1$ s) mit der vorhandenen Geschwindigkeit weiter. Dann tritt der Fahrer auf die Bremse und der Bremsweg beginnt.

Die Bremsverzögerung gibt den Wert an, wie stark ein Fahrzeug abgebremst wird.

Die Reaktionszeit t_R liegt in der Regel zwischen 1 und 1,3 Sekunden.

Die Bremsverzögerung a liegt zwischen 4 m/s^2 (schlechte Bremsen) und 8 m/s^2 (gute Bremsen)

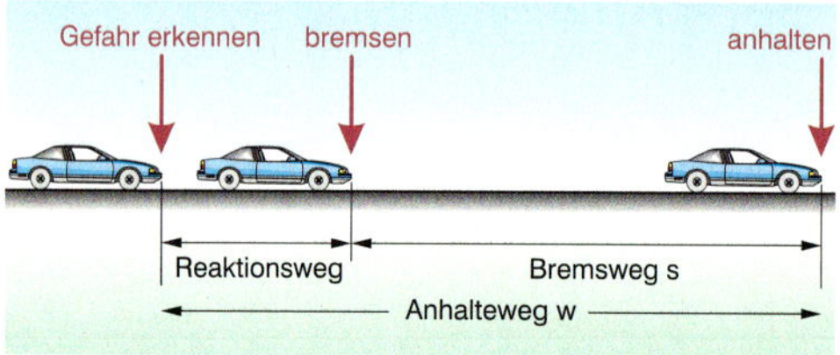

Die zugehörige Weg-Zeitfunktion besteht aus zwei Teilen:

$$s(t) = \begin{cases} \frac{v}{3,6} \cdot t; \ t \leq 1 \\ \frac{v}{3,6} \cdot t - \frac{a}{2}(t-1)^2; \ t > 1 \end{cases}$$

t in Sekunden, s(t) in Meter

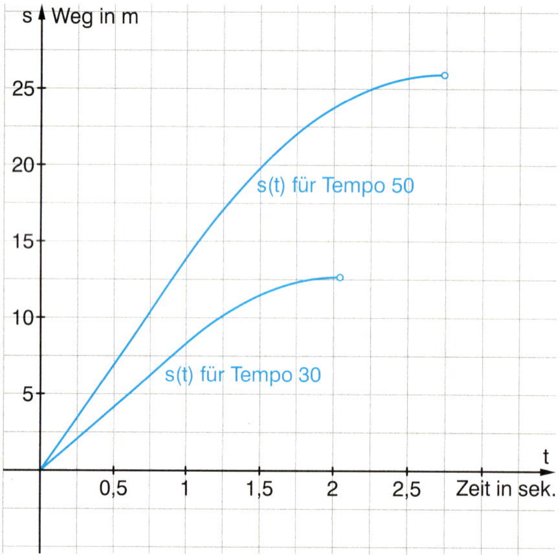

In dem Diagramm sind die Graphen der Funktionen s(t) für die Ausgangsgeschwindigkeiten bei „Tempo 30" (v = 30 km/h) und bei „Tempo 50" (v = 50 km/h) gezeichnet.
Die Bremsverzögerung a ist in beiden Fällen mit a = 8 m/s^2 angenommen.

A Zeichne die Graphen der beiden zugehörigen Sekantensteigungsfunktionen

$$msek(t) = \frac{s(t + 0.01) - s(t)}{0.01}.$$

Erläutere, dass man mit der Sekantensteigungsfunktion gute Näherungswerte für die noch vorhandene Geschwindigkeit v(t) (in m/s) zum Zeitpunkt t erhält. (1 m/s entspricht 3,6 km/h).

B Beantworte mithilfe des Diagramms und der Graphen der Sekantensteigungsfunktionen die folgenden Fragen:
Nach welcher Zeit kommt das Auto bei Tempo 50 nach dem Erkennen der Gefahr zum Stehen? Wie lang ist der dabei zurückgelegte Anhalteweg? Vergleiche mit den entsprechenden Daten bei Tempo 30.
Welche Geschwindigkeit hat das Auto bei Tempo 50 noch zu dem Zeitpunkt, bei dem es bei Tempo 30 gerade zum Stillstand gekommen wäre?
Was bedeuten deine Antworten für die oben gestellten Sicherheitsfragen?

C Spiele das gleiche Szenario für ein Auto mit schlechteren Bremsen (z. B. Bremsverzögerung a = 5 m/s^2) oder für eine Regelung Tempo 20 durch.
Verfasse einen kurzen Sachbericht mit geeigneten Informationen für die Tageszeitung.

CHECK UP

Funktionen und Änderungsraten

1 a) Welcher Graph gehört zu welcher Gefäßform? Begründe deine Entscheidung.
b) Zeichne zu jedem Gefäß den zugehörigen Graphen der Steiggeschwindigkeit.

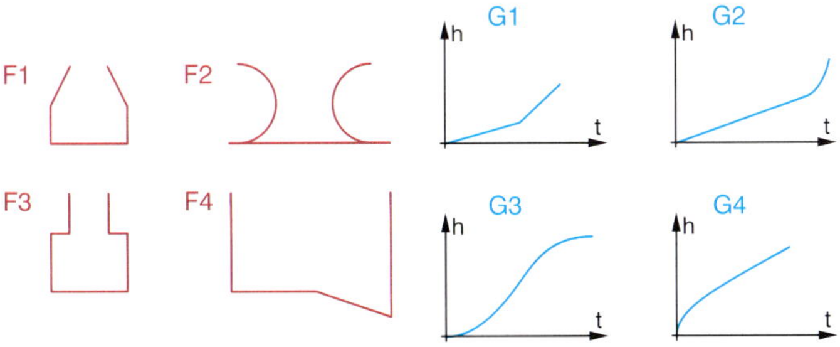

2 Zeichne die Graphen der Funktionen und skizziere jeweils den zugehörigen Steigungsgraphen.

$y_1(x) = x^2 + 1$

$y_2(x) = 9 - x^2$

$y_3(x) = \cos(x)$

3 Welcher der Graphen a, b oder c ist der passende Steigungsgraph zu dem links abgebildeten Funktionsgraphen? Begründe.

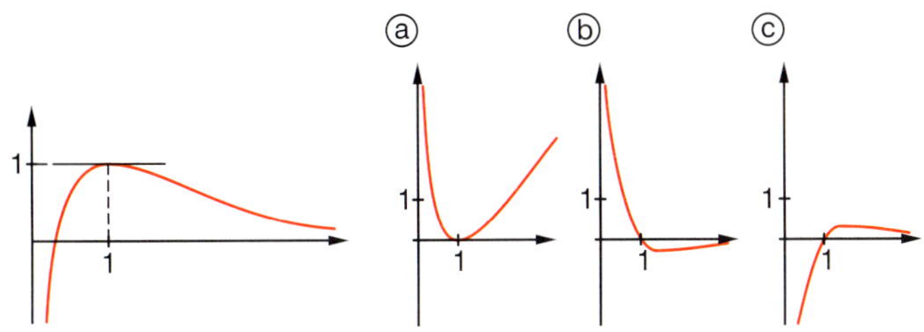

4 Eine Autofahrt ist im Weg-Zeitdiagramm festgehalten.
a) Skizziere den zugehörigen Geschwindigkeitsgraphen.
b) Beantworte die Fragen und begründe mithilfe der Graphen.
(I) Handelt es sich eher um eine Fahrt auf der Autobahn oder um eine Fahrt auf einer Bundesstraße mit Ortsdurchfahrten?
(II) Hat der Fahrer Pausen eingelegt?
(III) In welchen Zeitabschnitten war die Geschwindigkeit in etwa konstant?

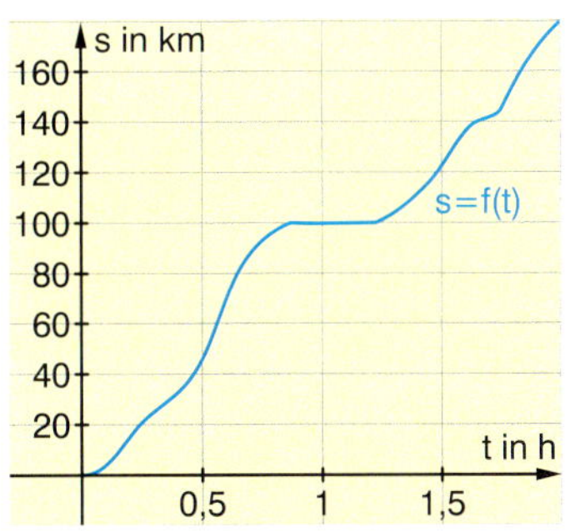

5 Das Intervall I gleitet längs der t-Achse nach rechts.
Wo vermutest du I in jedem der folgenden Fälle?
- Die mittlere Änderungsrate ist maximal.
- Die mittlere Änderungsrate ist minimal.
- Die mittlere Änderungsrate ist null.

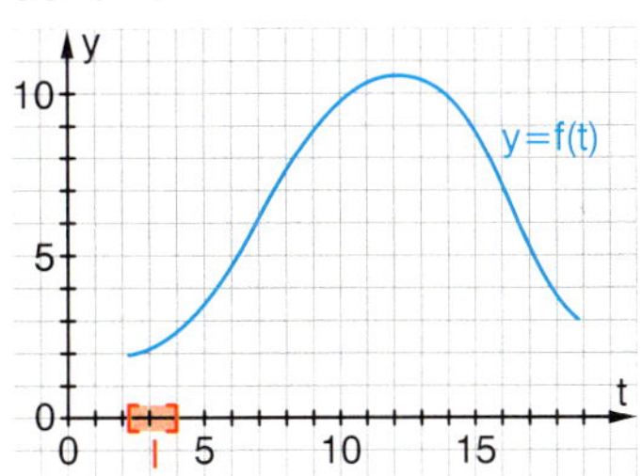

Steigungsgraph grafisch erfasst (qualitativ)

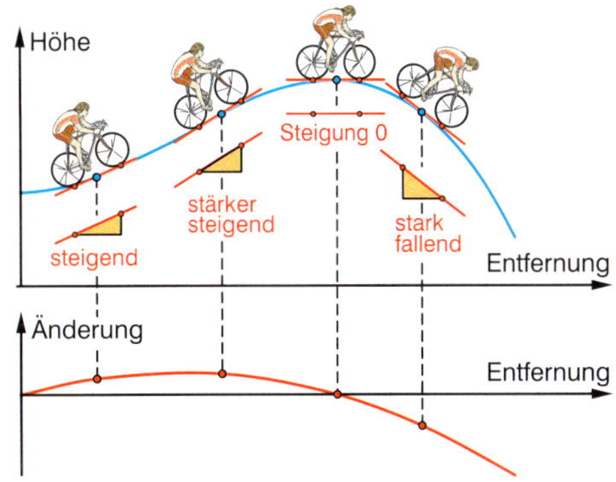

Durchschnittliche Änderungsrate/mittlere Steigung für die Funktion f im Intervall [a; b]

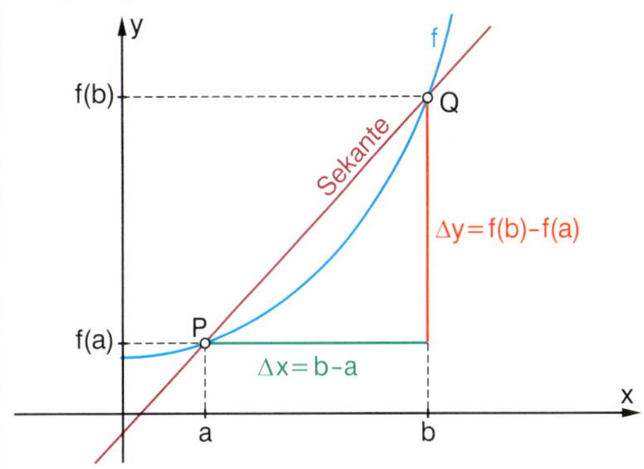

Differenzenquotient

$\frac{\Delta y}{\Delta x} = \frac{f(b) - f(a)}{b - a}$

Steigung der **Sekante PQ**

Näherungswert für die momentane Änderungsrate der Funktion f an der Stelle a

$\frac{\Delta y}{\Delta x} = \frac{f(a + h) - f(a)}{h}$ für kleines h (z. B. 0,001)

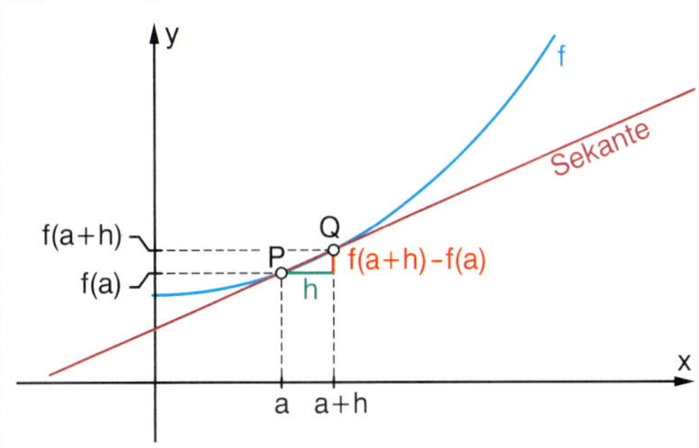

CHECK UP

Der Grenzwert des Differenzenquotienten

$\lim\limits_{h \to 0} \frac{f(a+h)-f(a)}{h}$

der beste Wert für die **momentane Änderungsrate** der Funktion f an der Stelle a.

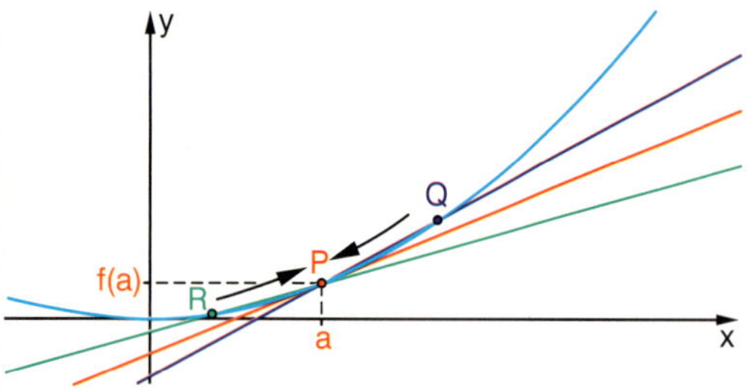

Steigung der Tangente im Punkt P(a | f(a))

Die Sekantensteigungsfunktion

$msek(x) = \frac{f(x+h)-f(x)}{h}$ für kleines h

ordnet jedem x-Wert die Steigung der Sekante durch die Punkte P(x | f(x)) und Q(x + h | f(x + h)) zu (Näherungswert für die Änderungsrate an der Stelle x).

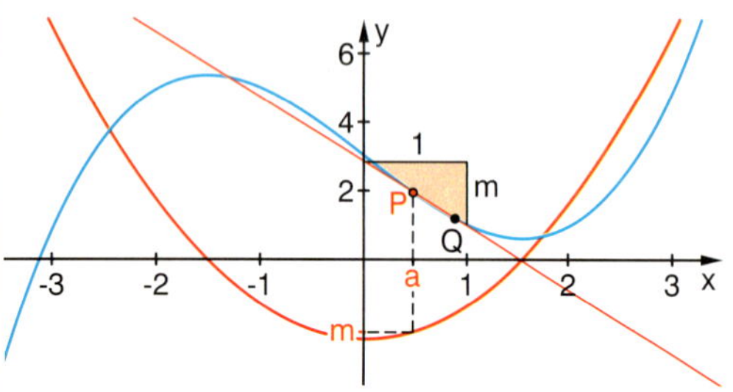

Die Ableitungsfunktion

$f'(x) = \lim\limits_{h \to 0} \frac{f(x+h)-f(x)}{h}$

ordnet jedem x-Wert die Steigung der Tangente im Punkt P(x | f(x)) zu (momentane Änderungsrate an der Stelle x).

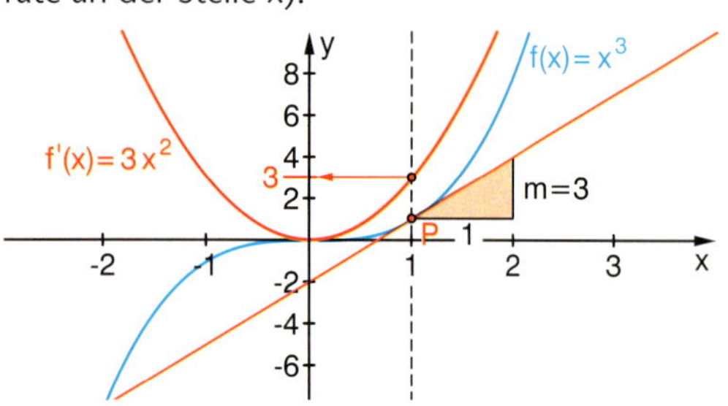

6 Gegeben sei die Funktion $f(x) = x^2 - 1$.

a) Skizziere den Graphen der Funktion.

b) Berechne die Durchschnittssteigung im Intervall [1; 2].

c) Gib die Steigung der Sekante durch die Punkte (2 | f(2)) und (3 | f(3)) an.

d) Bestimme einen Näherungswert für die Steigung des Graphen im Punkt (1 | f(1)).

e) Welcher der beiden Differenzenquotienten ist größer? Begründe.

$d_1 = \frac{f(1+0{,}1)-f(1)}{0{,}1}$ $\quad d_2 = \frac{f(1-0{,}1)-f(1)}{-0{,}1}$

7 Der freie Fall eines Steins aus 80 m Höhe wird durch die Funktionsgleichung $f(t) = 80 - 5t^2$ (t in s, f(t) in m) modelliert.

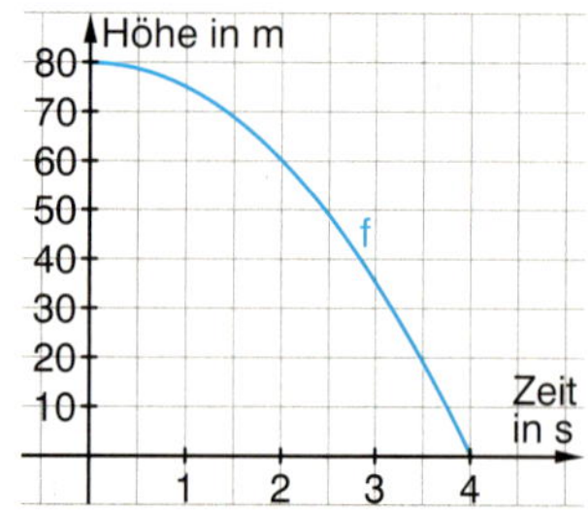

a) Nach welcher Zeit schlägt der Stein auf der Erde auf?

b) Bestimme die Durchschnittsgeschwindigkeit im Intervall [0, 4].

c) In welcher Höhe befindet sich der Stein nach 1 s, 2 s und 3 s? Bestimme jeweils die Momentangeschwindigkeit zu diesen Zeitpunkten.

d) Mit welcher Geschwindigkeit schlägt der Stein auf der Erdoberfläche auf?

8 a) Erläutere am Beispiel der Funktion $f(x) = 3x^2$ die folgenden Terme (Skizze, Berechnung).

- $\frac{f(3+h)-f(3)}{h}$
- $\lim\limits_{h \to 0} \frac{f(3+h)-f(3)}{h}$
- $y_1(x) = \frac{f(x+0{,}01)-f(x)}{0{,}01}$

b) Zu jedem der obigen Terme passt einer der folgenden Begriffe. Ordne richtig zu.

- Momentansteigung im Punkt (3 | f(3))
- Sekantensteigungsfunktion
- Durchschnittssteigung

9 a) Erläutere anhand des nebenstehenden Bildes den Satz: *Die Tangentensteigung ist der Grenzwert der Sekantensteigungen.*

b) Übertrage die Skizze in dein Heft und ergänze sie um Sekanten in Intervallen [a – h; a].

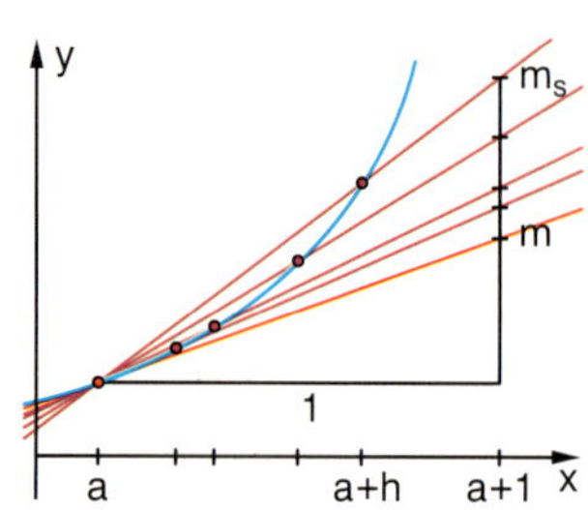

10 Ermittle die Ableitungsfunktion zu $f(x) = x^2 + 2$

a) mithilfe von Sekantensteigungsfunktionen.

b) algebraisch mithilfe der „h-Methode".

Stelle beide Lösungswege übersichtlich dar.

Sichern und Vernetzen – Vermischte Aufgaben

Training

1 Skizziere die Füllgraphen und die zugehörigen Geschwindigkeitsgraphen (Höhenänderung) zu den folgenden Gefäßen:

a)
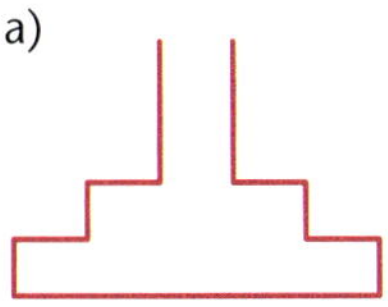

b)
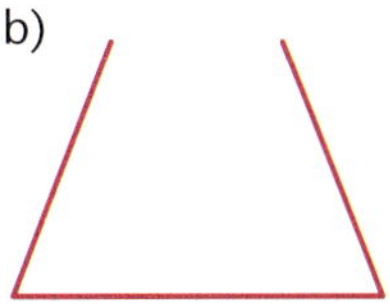

c)
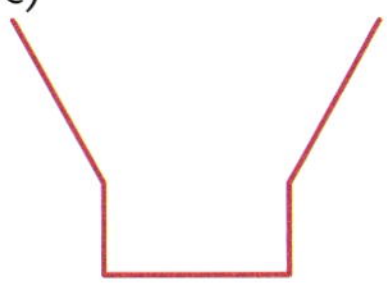

d)
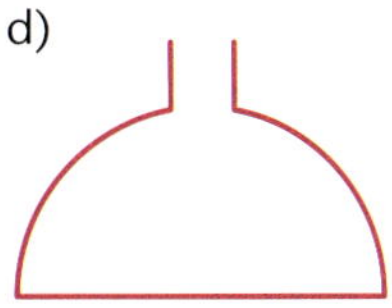

2 In der ersten Zeile sind die Graphen von vier Funktionen, in der zweiten Zeile die zugehörigen Steigungsgraphen gezeichnet. Ordne richtig zu.

a)
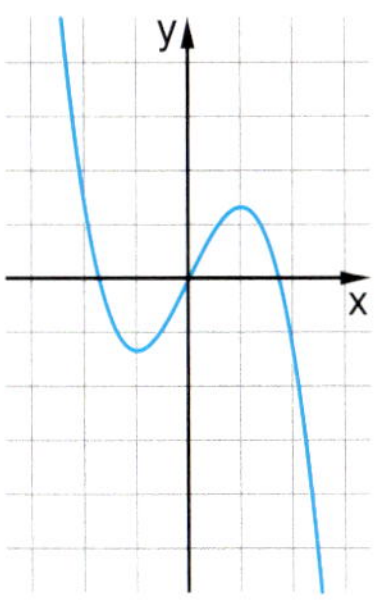

b)
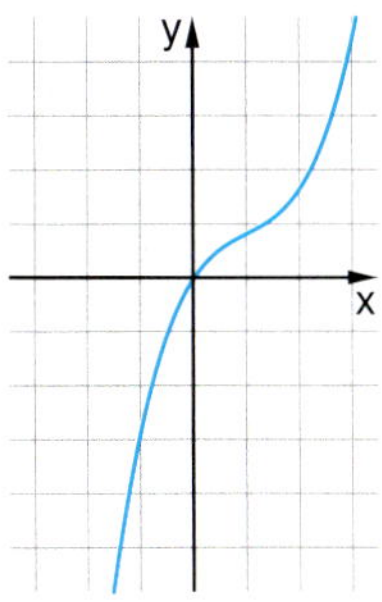

c)
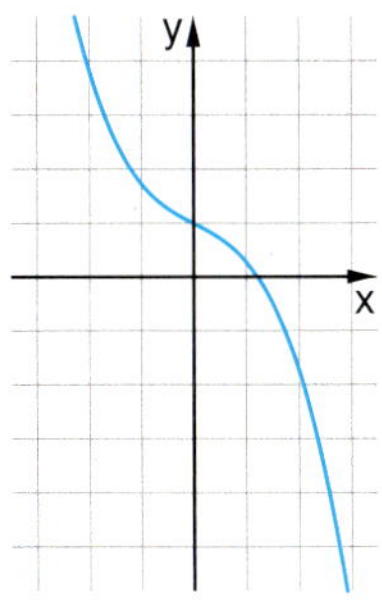

d)
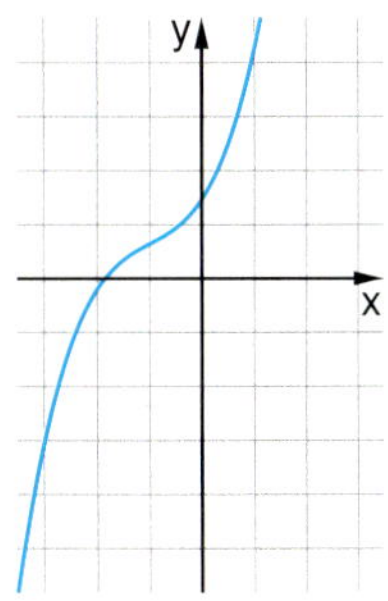

I)
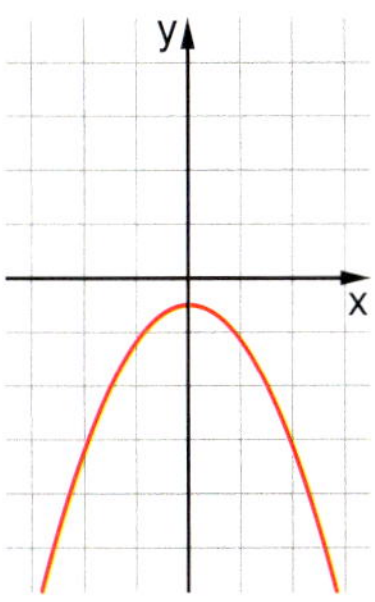

II)
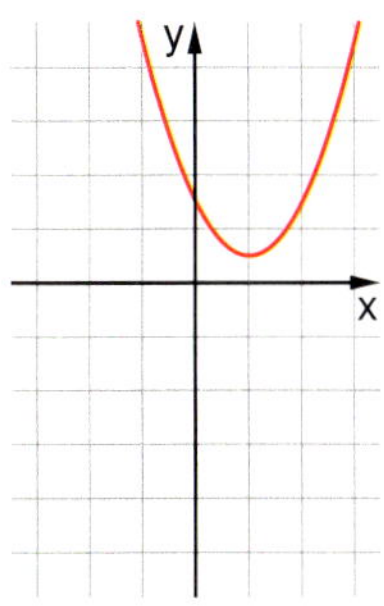

III)
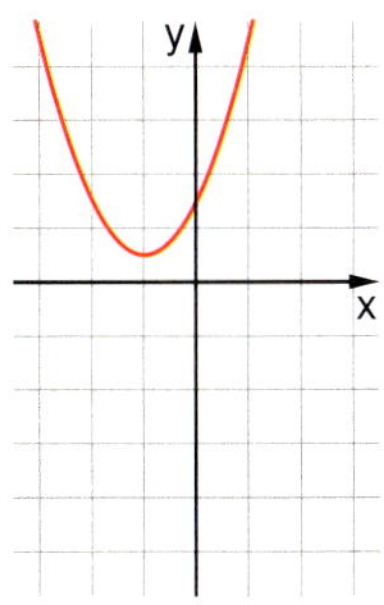

IV)
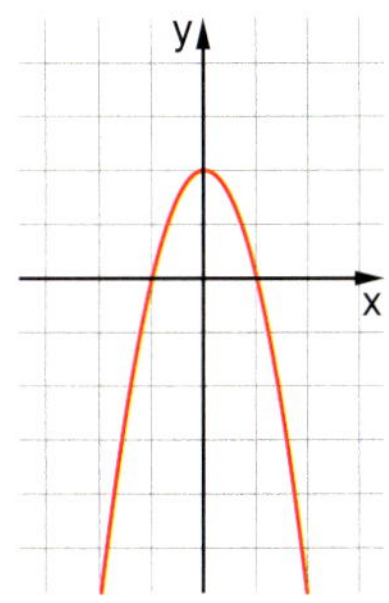

3 a) Berechne die durchschnittliche Änderungsrate von f in den angegebenen Intervallen. Veranschauliche diese in einer Skizze durch die zugehörigen Sekanten in den Graphen.

(A) $f(x) = 2x^2$; $[-2; 1]$ (B) $f(x) = -x^2 + 5$; $[-3; 2]$

(C) $f(x) = x^3 - 2$; $[-1; 3]$ (D) $f(x) = x^4 - 3$; $[-5; 5]$

b) Vergleiche die errechneten Werte jeweils mit guten Näherungswerten für die momentanen Änderungsraten an den Intervallgrenzen.

4 Der Wert von $\lim\limits_{h \to 0} \frac{\sqrt{4} + h - \sqrt{4}}{h}$ ist:

a) 4 b) 0 c) 0,25 d) -2 e) 1

5 Gegeben sei die Funktion $f(x) = 1{,}5x^2 + 3$.

a) Zeichne die Sekantensteigungsfunktion für $h = 0{,}0001$.

b) Zeige mithilfe der h-Methode: $\lim\limits_{h \to 0} \frac{f(x+h) - f(x)}{h} = 3x$.

Verstehen von Begriffen und Verfahren

6 a) Wie findet man einen guten Näherungswert für die Steigung eines Funktionsgraphen an der Stelle a?
b) Welcher Zusammenhang besteht zwischen dem Differenzenquotienten $\frac{f(b)-f(a)}{b-a}$ und der Sekante durch die Punkte $P(a|f(a))$ und $Q(b|f(b))$?
c) Welche der Begriffe passen zueinander?
Differenzenquotient, Tangentensteigung, Sekantensteigung, Grenzwert des Differenzenquotienten.
d) Worin unterscheidet sich die Sekantensteigungsfunktion von der Ableitungsfunktion?
e) Warum stimmt bei einer linearen Funktion die Ableitungsfunktion mit der Sekantensteigungsfunktion überein?
f) An welchen Stellen existiert bei der Funktion $f(x) = |x^2 - 1|$ kein Grenzwert des Differenzenquotienten?

7 Gegeben ist die Funktion $f(x) = x^2$.
Welche der Aussagen sind wahr? Begründe deine Entscheidung.
a) Die mittlere Steigung im Intervall [1; 2] ist größer als die mittlere Steigung im Intervall [2; 3]
b) Die Durchschnittssteigung im Intervall [0; 2] ist in etwa so groß wie die Momentansteigung im Punkt(1 | 1).
c) Die mittlere Steigung im Intervall [−2; 2] ist 0.
d) Die Momentansteigung im Punkt $(x|f(x))$ lässt sich mit dem Differenzenquotienten $\frac{f(x+h)-f(x)}{h}$ berechnen, indem man für $h = 0$ einsetzt.

8 a) Erläutere am Beispiel der Funktion $f(x) = 1{,}5\,x^2$ die Begriffe
Sekante, Sekantensteigung, Differenzenquotient, Tangente, Grenzwert des Differenzenquotienten.
b) Berechne msek(3) und f′(3).

9 Die nebenstehenden Graphen beschreiben die Bestandsentwicklung drei verschiedener Populationen A, B und C. Ordne den Bestandsgraphen die passenden Steigungsgraphen zu.

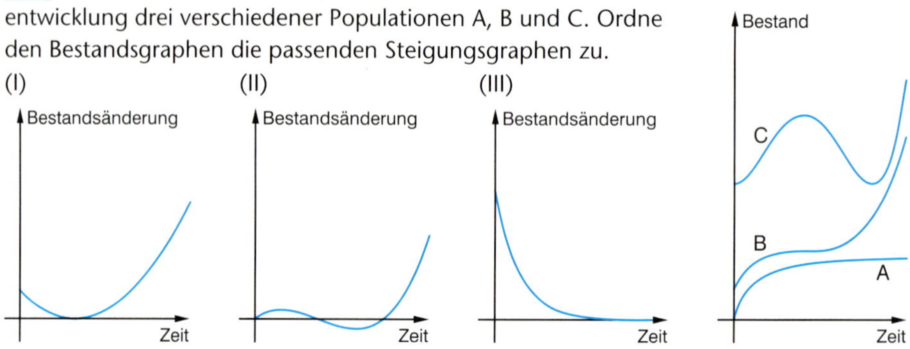

10 Übertrage den Graphen in dein Heft.
Zeichne in den Graphen ein:
a) Einen Punkt A, in dem der Funktionswert negativ und die Steigung positiv ist.
b) Ein Intervall [a; b], in dem die mittlere Steigung positiv (negativ) ist.
c) Den Punkt D, in dem die Steigung am kleinsten ist.
d) Einen Punkt E, in dem die Steigung 0 ist.
e) Ein Intervall [c; d], in dem der Differenzenquotient den Wert 0 hat.
f) Zwei Punkte F und G, in denen die Steigungen gleich sind.

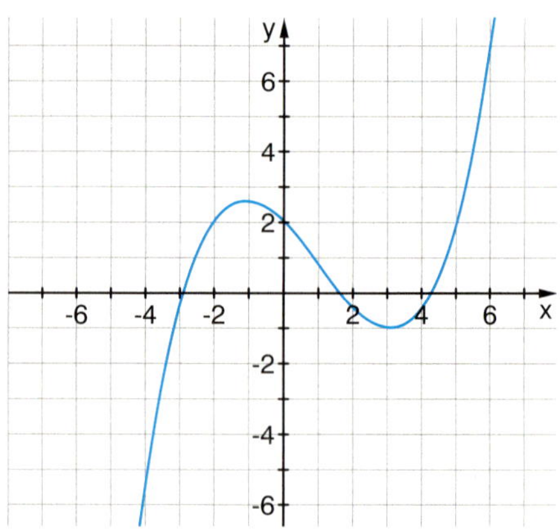

Anwenden und Modellieren

11 *Inliner gegen Regionalexpress*

Wie verläuft der Start eines Inlinerfahrers, wie der Start eines Zuges? Wann sind der Inlinerfahrer und der RE 24 113 gleich schnell? Wann ist der Zug schneller, wenn beide gleichzeitig starten? Wie schnell sind die beiden jeweils am Ende des Messintervalls?

An vorher festgelegten Markierungen werden Zeiten gestoppt. Es ergibt sich folgende Tabelle:

Weg in m	5	10	15	20	25	30	35
Zeit in s (Inliner)	1,6	2,7	3,7	4,5	5,2	5,9	6,8
Zeit in s (RE 24 113)	3,9	5,4	6,1	7	7,7	8,3	8,7

Es werden verschiedene Modelle vorgeschlagen:

$IN1(t) = 6 \cdot (t - 0{,}75)$
$IN2(t) = 0{,}75t^2 + 3$
$IN3(t) = t^2$ für $0 \le t \le 4$
$\quad 7t - 12$ für $t > 4$
$RE1(t) = 0{,}45t^2$
$RE2(t) = 0{,}06t^3$

Skizziere die Datensätze und die Modelle. Vergleiche die Modelle, beschreibe die jeweiligen Vor- und Nachteile. Welches passt deiner Meinung nach jeweils am besten? Beantworte die Ausgangsfragen für dein ausgewähltes Modell.

12 *Bremsen eines ICE*

Der Intercity-Express (ICE) fährt mit hohen Geschwindigkeiten bis zu 300 km/h. Bei normalen Bremsvorgängen braucht er recht lange, um von einer hohen Geschwindigkeit zum Stillstand zu kommen, der Bremsweg ist dann entsprechend lang. In der Tabelle ist ein solcher Bremsvorgang im 10-Sekunden-Takt festgehalten. Der Bremsvorgang beginnt zum Zeitpunkt t = 0, nach 2 Minuten und 20 Sekunden kommt der Zug zum Stillstand. Beschreibe den Bremsvorgang mit eigenen Worten. Lässt sich aus der Tabelle eine Funktion f(t) ermitteln, die den Bremsvorgang beschreibt?

Dauer des Bremsvorgangs in s	Zurückgelegter Weg in m
0	0
10	675
20	1300
30	1875
40	2400
50	2875
60	3300
70	3675
80	4000
90	4275
100	4500
110	4675
120	4800
130	4875
140	4900

Trage hierzu zunächst die Punkte (t | f(t)) in ein Koordinatensystem ein und versuche eine Funktion zu finden, deren Graph sich den Punkten möglichst gut anpasst. Beantworte nun mithilfe dieser Funktion f(t) und deinen Kenntnissen aus der Differenzialrechnung die folgenden Fragen:

a) Mit welcher Geschwindigkeit v(0) fährt der Zug zu Beginn des Bremsvorgangs? Welche Geschwindigkeit hat er nach der Hälfte der Bremszeit? Zu welchem Zeitpunkt ist die Geschwindigkeit noch gerade halb so groß wie die Anfangsgeschwindigkeit?
b) Wie groß sind die Geschwindigkeiten nach 1000, 2000, 3000 und 4000 m?
c) Welche Durchschnittsgeschwindigkeit hat der ICE für den gesamten Bremsvorgang? Gibt es einen Zeitpunkt t_m, an dem die Momentangeschwindigkeit genau so groß ist wie diese Durchschnittsgeschwindigkeit? Wie lässt sich dieser Zeitpunkt grafisch ermitteln?
d) Was lässt sich über die Änderung der Geschwindigkeit während des Bremsvorgangs aussagen?

Kommunizieren und Präsentieren

13 Interpretiere die beiden Begriffe „mittlere Steigung" und „Momentansteigung" jeweils an einem selbst gewählten mathematischen und außermathematischen Beispiel.

14 Erläutere mit eigenen Worten und Skizzen an einem passenden Beispiel:
Die Steigung eines Funktionsgraphen im Punkt $P(a|f(a))$ lässt sich als Grenzwert des Differenzenquotienten bestimmen. Verwende dabei auch die geometrischen Begriffe *Sekante* und *Tangente*.

15 Zeichne zu den beiden Weg-Zeit-Diagrammen die zugehörigen Geschwindigkeit-Zeit-Diagramme. Schreibe zu beiden Bewegungen eine passende Geschichte.

a)

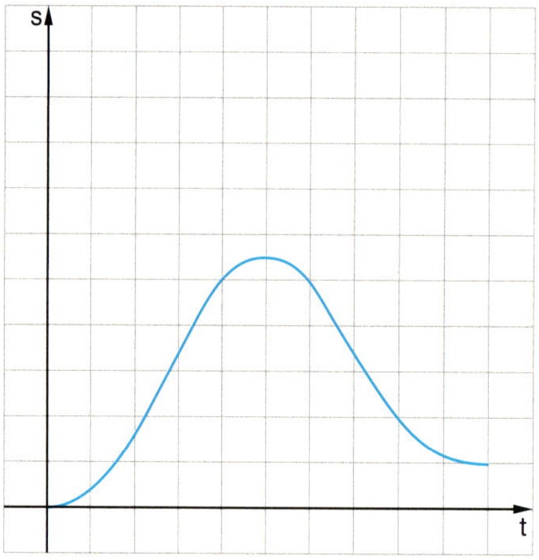

b)

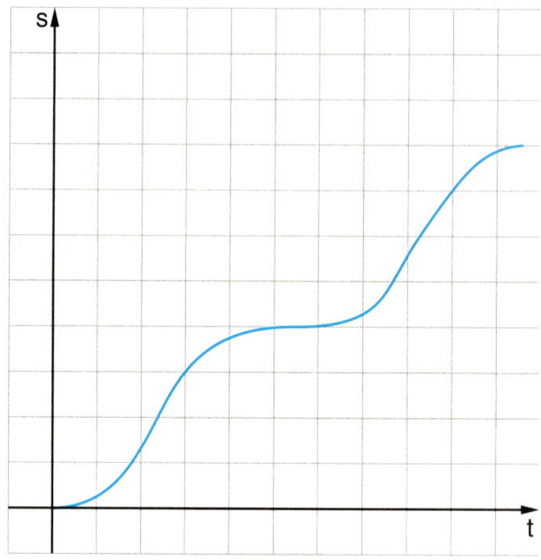

16 *Änderungsraten in verschiedenen Sachzusammenhängen*
Welche Bedeutung haben die Terme in den angegebenen Zusammenhängen? Fülle jeweils die Lücken in der Tabelle aus. Finde zu jeder Zeile eine geeignete Situation oder einen Vorgang und skizziere einen passenden Funktionsgraphen und den zugehörigen Steigungsgraphen.

x	f(x)	$\frac{f(x+h)-f(x)}{h}$	$\lim\limits_{h \to 0} \frac{f(x+h)-f(x)}{h}$
Höhe	Luftdruck in der Höhe	■	■
■	■	Durchschnittliche Wachstumsgeschwindigkeit einer Bakterienkultur	■
Zeit	■	■	Momentangeschwindigkeit
■	Füllhöhe einer Flüssigkeit in einem Gefäß zu einem bestimmten Zeitpunkt	■	■
zurückgelegter Weg	verbrauchte Benzinmenge	■	■
Entfernung von der Quelle des Flusses	Höhe des Wasserspiegels über NN	■	■

6 Funktionen und Ableitungen

6.1 Ableitungsregeln

Was dich erwartet

Im ersten Kapitel haben wir gelernt, wie man die Änderungsrate einer Funktion an einer Stelle a definieren und berechnen kann. Dies gelang durch die eingehende Untersuchung der Grenzwertprozesse beim Differenzenquotienten, die schließlich mit der Ableitungsfunktion griffig zusammengefasst werden konnten.

In diesem Lernabschnitt werden wir nun zeigen, wie man auf weniger aufwändigen Wegen zu den Ableitungen auch komplizierter Funktionen gelangen kann. So ist z.B. die Funktion $f(x) = x^3 + 3x^2 - 8x$ aus den einfachen Potenzfunktionen $f_1(x) = x^3$, $f_2(x) = x^2$ und $f_3(x) = x$ durch rechnerische Verknüpfung entstanden.

Wir werden wichtige Ableitungsregeln herleiten, mit deren Hilfe man aus den bekannten Ableitungen der einzelnen Grundfunktionen die Ableitung der zusammengesetzten Funktion berechnen kann. Je größer der Vorrat an bekannten Ableitungsfunktionen ist, umso mehr komplexe Funktionen lassen sich dann mithilfe dieser Regeln ableiten. Es lohnt sich also auch, diesen Vorrat an Grundfunktionen und deren Ableitungen zu erweitern.

Aufgaben

1 *Graphen einfacher Potenzfunktionen – eine nützliche Wiederholung*

a) Die Graphen verschiedener Potenzfunktionen sind dargestellt. Auf dem Rand stehen die Funktionsgleichungen. Welcher Graph gehört zu welcher Funktionsgleichung?

$y_1 = x$	$y_2 = x^2$
$y_3 = x^3$	$y_4 = x^4$
$y_5 = \frac{1}{x}$	$y_6 = \frac{1}{x^2}$
$y_7 = \sqrt{x}$	$y_8 = \frac{1}{\sqrt{x}}$

b) Schreibe jeweils einen kurzen Steckbrief zu den einzelnen Graphen. Gehe dabei auch auf das Steigungsverhalten der Graphen ein.

c) Vergleiche jeweils die Graphen zu den Potenzen mit natürlichen Exponenten, mit negativen Exponenten und mit gebrochenen Exponenten (Wurzelfunktionen).

$\sqrt{x} = x^{\frac{1}{2}}$

Aufgaben

2 *Ableitungen verschiedener Funktionen – Viele Wege führen zum Ziel*

Dass die Funktion $f(x) = x^2$ als Ableitung die Funktion $f'(x) = 2x$ besitzt, ist nichts Neues für dich. Erstaunlich ist, dass die Ableitung durch einen solch einfachen Funktionsterm gegeben ist. Wie sieht das für andere Funktionen aus?

GTR oder CD

a) Zum Einstieg – Informiere dich noch einmal in Kapitel 4 über die folgenden Methoden, die dich zur Ableitungsfunktion brachten:

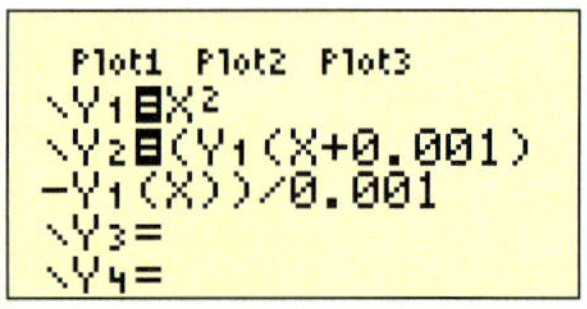

„Die **Sekantensteigungsfunktion** für kleines h“:
Aus dem Graphen kann der Funktionsterm vermutet werden (ggf. durch Plotten bestätigen).

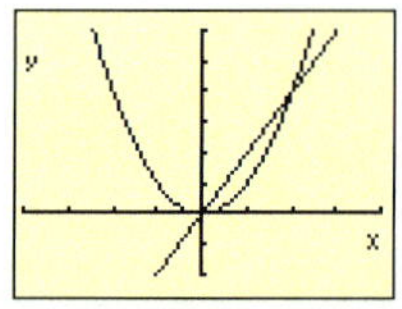

„Die **h-Methode**“: Der Term des Differenzenquotienten lässt sich manchmal so vereinfachen, dass man den Grenzwert direkt ablesen kann.

$$\lim_{h \to 0} \frac{(x+h)^2 - x^2}{h} = \ldots = 2x$$

Bei der Funktion $f_4(x) = \sin(x)$ führt die h-Methode nicht zum Ziel.

b) Ermittle mit einer der Methoden die Ableitungsfunktionen für die Funktionen $f_1(x) = x^4$, $f_2(x) = \frac{1}{x}$, $f_3(x) = \sqrt{x}$ und $f_4(x) = \sin(x)$.
Zeichne die Graphen der Funktionen und ihrer Ableitungen jeweils untereinander auf Karteikarten. Wähle dazu einen aussagekräftigen Bildausschnitt.

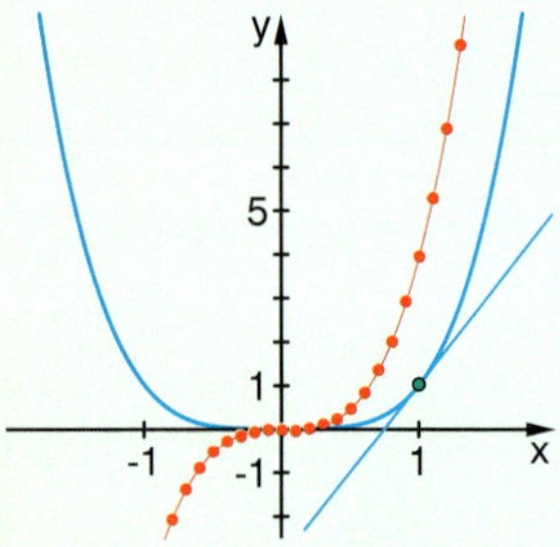

3 *Mustererkennung – Eine Regel für die Ableitungen der Potenzfunktionen*

f(x)	f′(x)
x^2	$2x$
x^3	$3x^2$
x^4	■
⋮	⋮
x^n	???

a) Erkennst du in der Tabelle bereits ein Muster? Hast du eine Vermutung, wie es weiter geht?
b) Formuliere einen Vorschlag für eine Regel. Überprüfe für $f(x) = x^4$ und $f(x) = x^5$ mit der Sekantensteigungsfunktion (GTR oder CD) und korrigiere ggf. die Regel.
c) Gilt die gefundene Regel auch für die Sonderfälle $f(x) = x^1$ und $f(x) = x^0$?

4 *„Rechnen“ mit Funktionen – Was passiert mit der Ableitung?*

Gruppenarbeit
Präsentiert eure Arbeit mit dem Rechner und stellt eure Ergebnisse auf einem Plakat dar.

In den Beispielen A, B und C wird jeweils eine Funktion g(x) mithilfe gegebener Funktionen neu „berechnet“.
a) Beschreibe, wie sich der Graph der neuen Funktion g aus dem gegebenen Graphen zu f (den Graphen zu f_1 und f_2) ergibt.

Probieren mit GTR oder CD

b) In welchem Zusammenhang stehen jeweils die Steigung der neuen Funktion und die Steigung der Ausgangsfunktion an der gleichen Stelle? Probiere an verschiedenen Stellen und formuliere deine Beobachtung als Regel.

A $f(x) = x^2$, $g(x) = x^2 + 2$

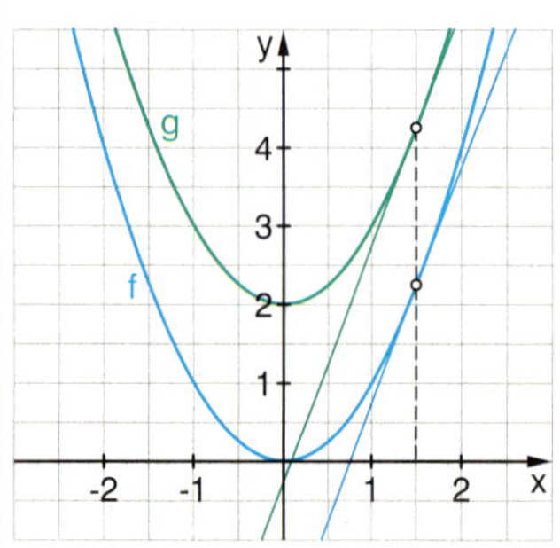

$g(x) = f(x) + b$

B $f(x) = x^2$, $g(x) = 2x^2$

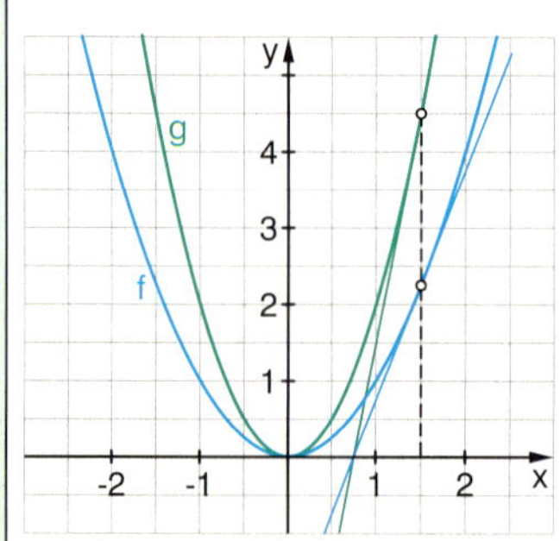

$g(x) = c \cdot f(x)$

C $f_1(x) = x^2$, $f_2(x) = -\frac{1}{2}x^3 + 2$
$g(x) = x^2 - \frac{1}{2}x^3 + 2$

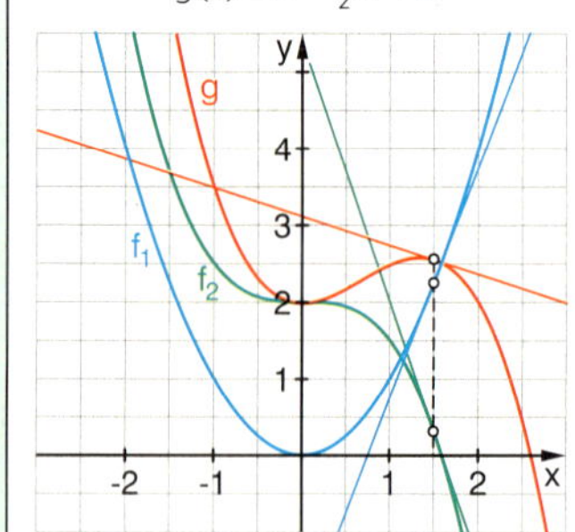

$g(x) = f_1(x) + f_2(x)$

Aufgaben

5 *Anschmiegen und einhüllen*
Unter allen Geraden, die durch den Punkt P verlaufen, gibt es eine, die sich am besten an den Graphen von f(x) anschmiegt. Es ist die Tangente im Punkt P.

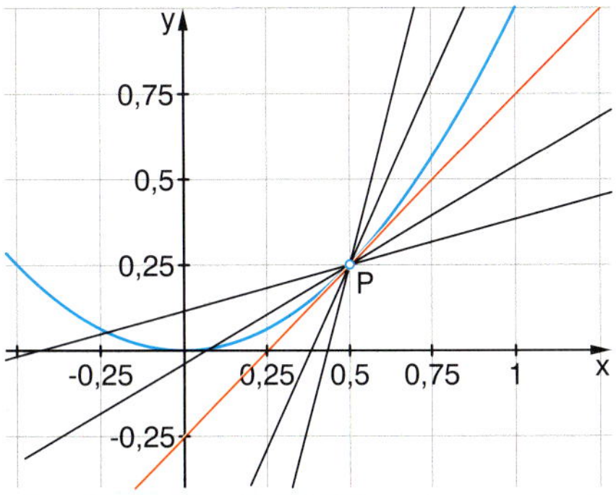

Bild 1

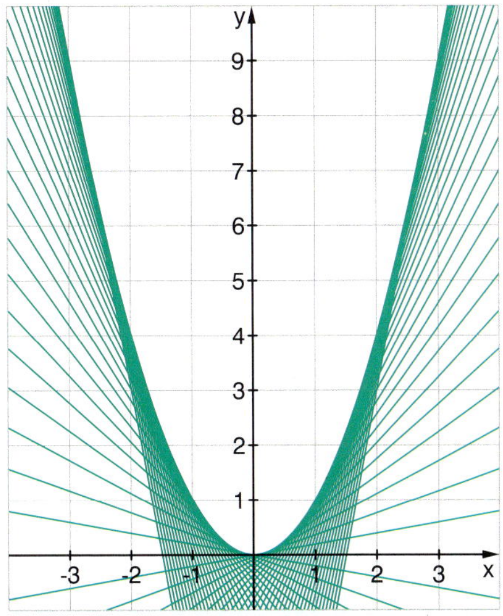

Bild 2

Das Bild 2 kannst du mit der CD selbst auf deinem Rechner erzeugen.

10

a) Was ist in den Bildern 1 und 2 dargestellt? Kannst du damit die obige Aussage über die Tangente erläutern und bestätigen?
b) Wie lautet die Gleichung der Tangente an den Funktionsgraphen im Punkt P? Bestimme die Gleichung der Tangente von $f(x) = x^2$ im Punkt $P(0{,}5\,|\,0{,}25)$.
c) Bestimme auf gleiche Weise die Gleichungen der Tangenten an den Stellen $x = -2$, $x = -1$, $x = 1$, $x = 3$ und $x = 2$.
Die Gleichungen der Tangenten an den Stellen $x = -3$ und $x = -\frac{1}{2}$ kannst du nun ohne weitere Rechnungen angeben, ebenso die der Tangente in $(0\,|\,0)$.
Skizziere alle berechneten Tangenten in einem Koordinatensystem.
d) Zeige, dass $y = 2ax - a^2$ die Gleichung der Tangente von $f(x) = x^2$ im Punkt $(a\,|\,f(a))$ ist. Skizziere damit viele Tangenten mit dem GTR oder einem Funktionenplotter. Vergleiche mit dem Bild 2.

zu b): Du kennst zwei Informationen über die Tangente, die Steigung und einen Punkt. Im Anhang „Erinnern und Wiederholen“ findest du weitere Informationen.

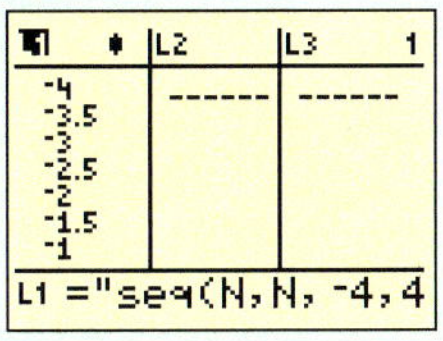

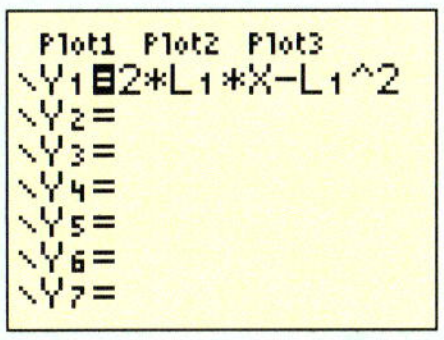

Fadenbilder und Hüllparabeln

Das obige Bild 2 wurde mit dem Computer erzeugt. Es lässt sich auch handwerklich als Fadenbild herstellen. Auch hier erscheint die Parabel als Hüllkurve der Tangenten.

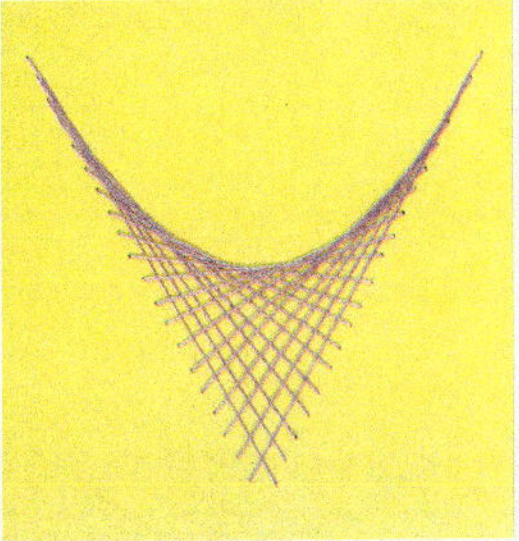

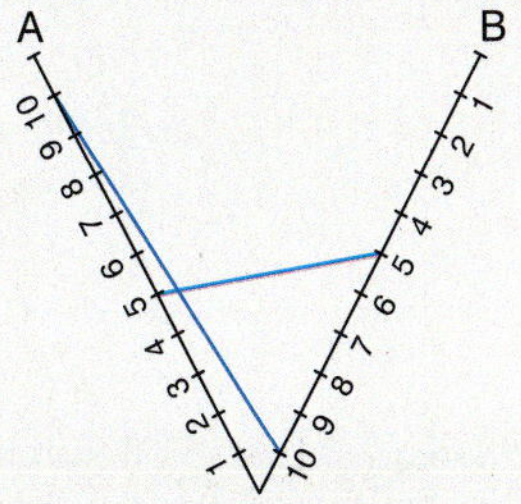

Künstlerische Variationen wie in dem rechten Bild können mit etwas Phantasie selbst hergestellt werden. Anregungen dazu findest du im Internet.

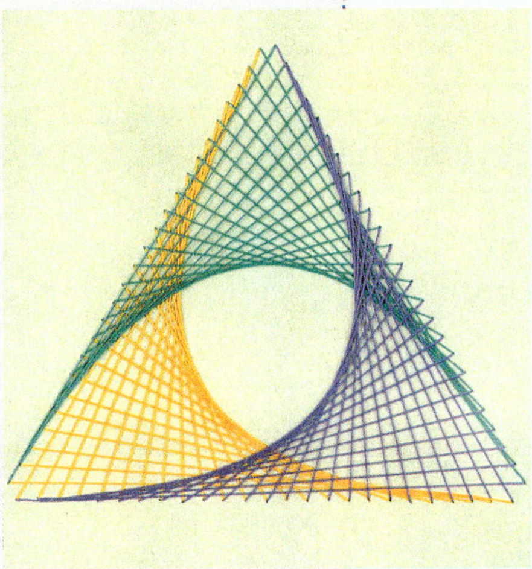
Parabeln im Dreieck

Basiswissen

Für das „Rechnen“ mit Funktionen und ihren Ableitungen dienen die folgenden Beispiele als Grundbausteine.

Wichtige Funktionen und deren Ableitungen im Überblick

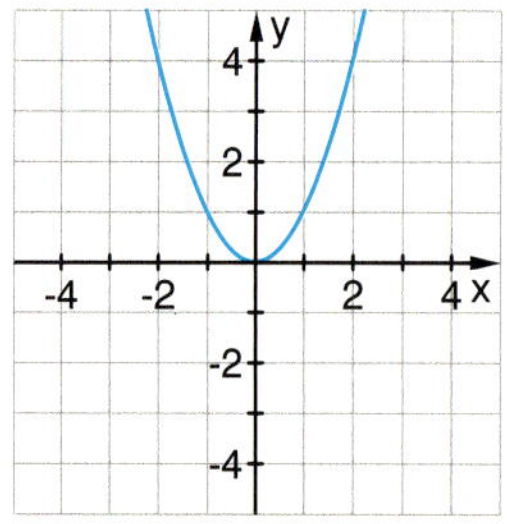

$f_1(x) = x^2$

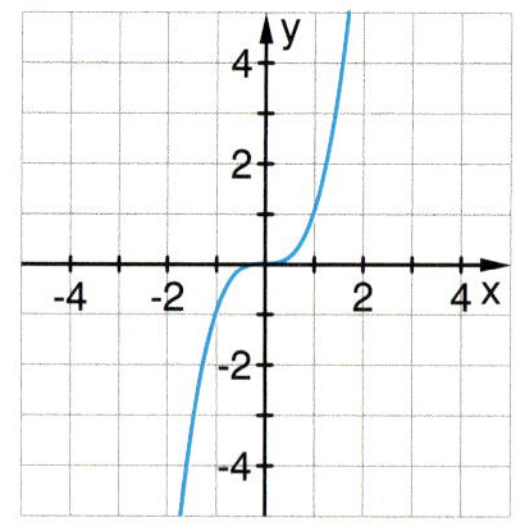

$f_2(x) = x^3$

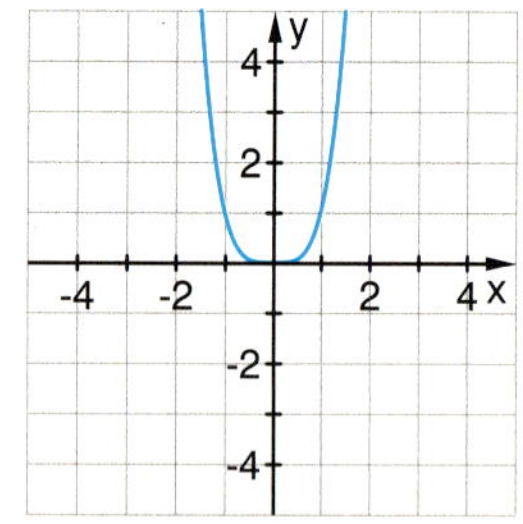

$f_3(x) = x^4$

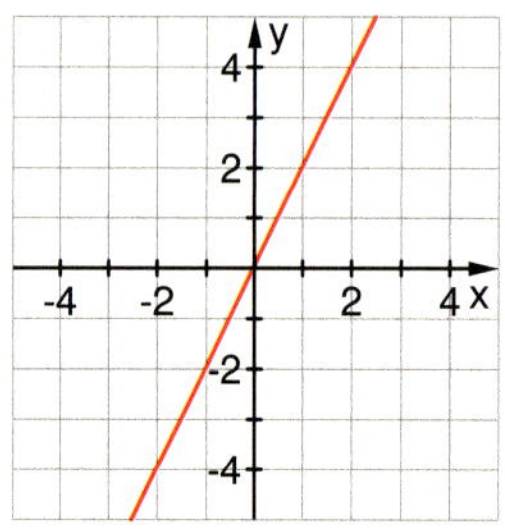

$f_1{}'(x) = 2x$

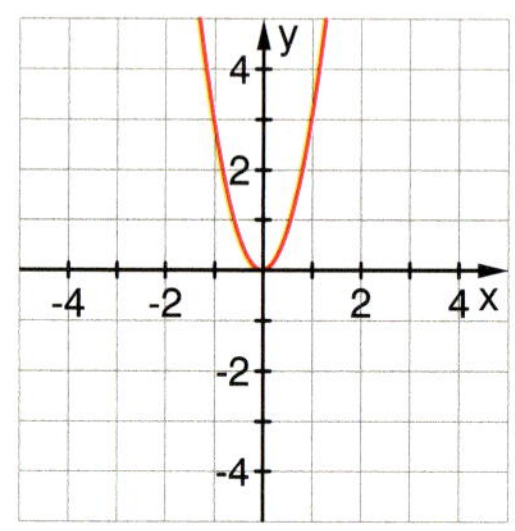

$f_2{}'(x) = 3x^2$

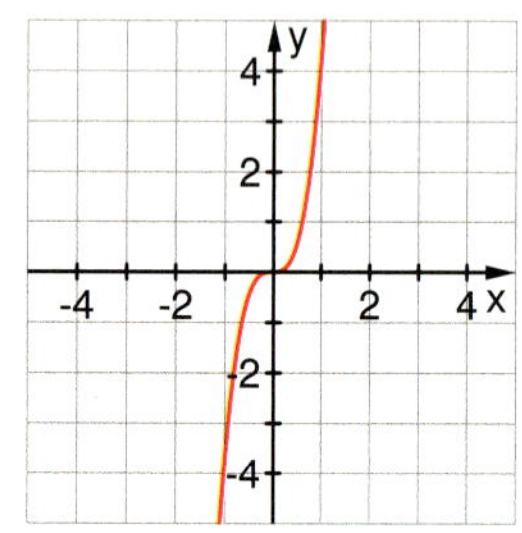

$f_3{}'(x) = 4x^3$

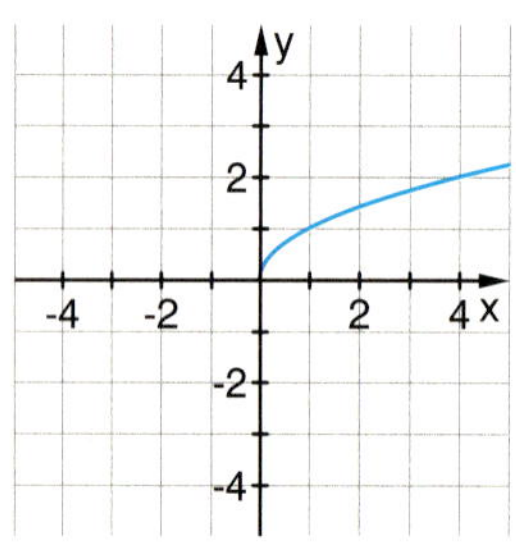

$f_4(x) = \sqrt{x}$

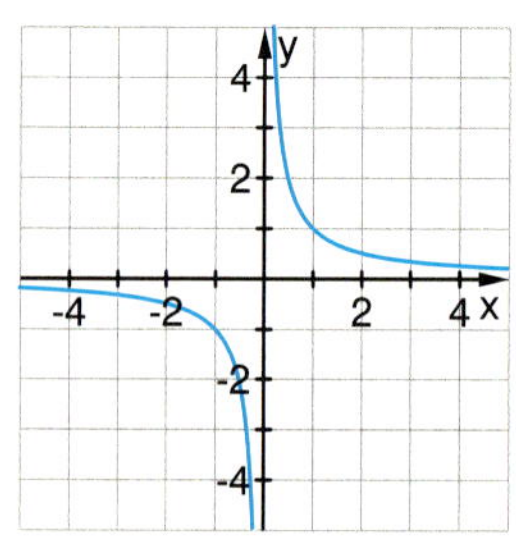

$f_5(x) = \frac{1}{x}$

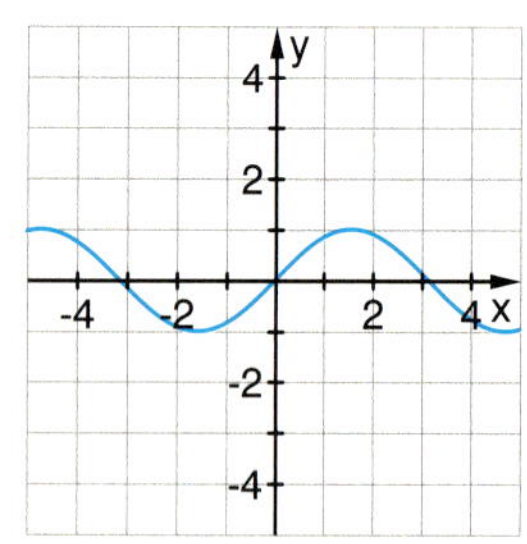

$f_6(x) = \sin(x)$

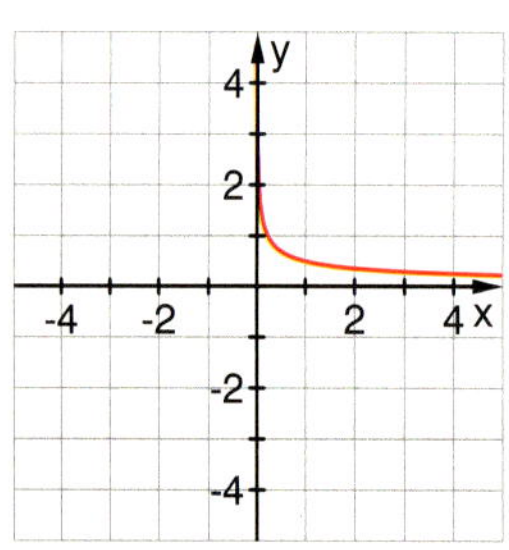

$f_4{}'(x) = \frac{1}{2\sqrt{x}}$

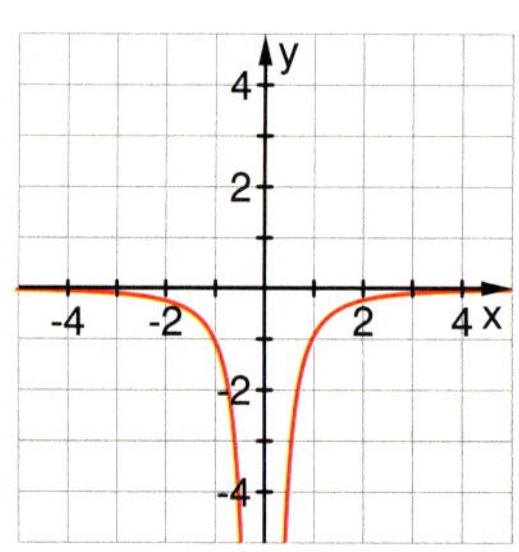

$f_5{}'(x) = -\frac{1}{x^2}$

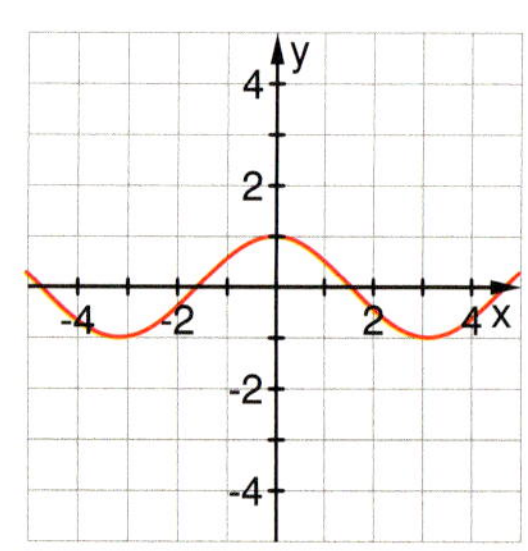

$f_6{}'(x) = \cos(x)$

Beispiele

A Welche Steigung haben die aufgeführten Funktionen f jeweils an der Stelle $x = 1$?

Lösung: Wir berechnen die Steigung jeweils durch Einsetzen von $x = 1$ in den Term der Ableitungsfunktion.

f(x)	x^2	x^3	x^4	$\sqrt{x}$	$\frac{1}{x}$	$\sin x$
f′(1)	$2 \cdot 1 = 2$	$3 \cdot 1^2 = 3$	$4 \cdot 1^3 = 4$	$\frac{1}{2\sqrt{1}} = \frac{1}{2}$	$-\frac{1}{1^2} = -1$	$\cos(1) \approx 0{,}54$

Beispiele

B Begründe die Ableitungsformel für $f(x) = \sqrt{x}$.

Begründung mit Sekantensteigungsfunktion

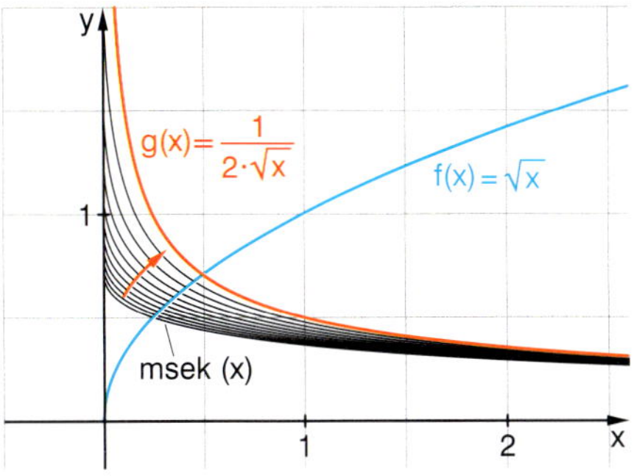

Die Sekantensteigungsfunktionen nähern sich für $h \to 0$ der Funktion $g(x) = \frac{1}{2\sqrt{x}}$.

Begründung mit h-Methode

$$\frac{f(x+h)-f(x)}{h} = \frac{\sqrt{x+h}-\sqrt{x}}{h}$$

$$= \frac{(\sqrt{x+h}-\sqrt{x})\cdot(\sqrt{x+h}+\sqrt{x})}{h\cdot(\sqrt{x+h}+\sqrt{x})}$$

$$= \frac{(x+h)-x}{h\cdot(\sqrt{x+h}+\sqrt{x})} = \frac{h}{h\cdot(\sqrt{x+h}+\sqrt{x})}$$

$$= \frac{1}{\sqrt{x+h}+\sqrt{x}}$$

Wenn sich h der 0 nähert, so nähert sich der Differenzenquotient der Ableitung

$$f'(x) = \lim_{h\to 0}\frac{1}{\sqrt{x+h}+\sqrt{x}} = \frac{1}{2\sqrt{x}}$$

C Verdeutliche, dass die Funktion $f(x) = \sqrt{x}$ an der Stelle $x = 0$ nicht differenzierbar ist.

Bild und Tabelle verdeutlichen, dass offensichtlich kein Grenzwert der Sekantensteigungen existiert.

Der Term der Ableitungsfunktion $\frac{1}{2\sqrt{x}}$ ist für $x = 0$ nicht definiert (Nenner 0).

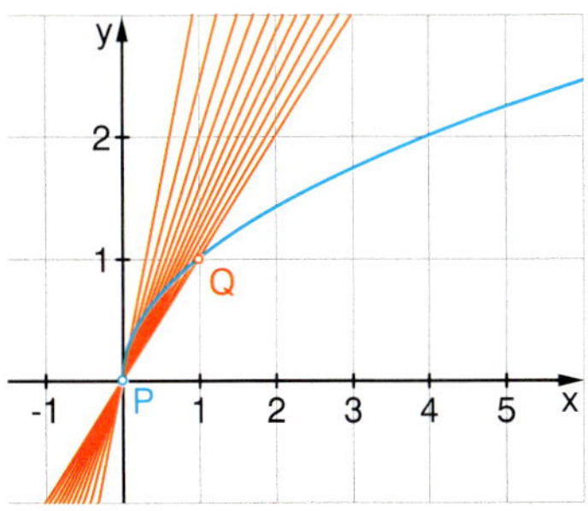

h	$\frac{f(0+h)-f(0)}{h}$
0,1	3,16227766
0,01	10
0,001	31,622776802
0,0001	100
0,00001	316,227766017
0,000001	1000
0,0000001	3162,27766016
0,00000001	10000

Übungen

6 a) Welche der im Basiswissen aufgeführten Funktionen haben an der Stelle a = 4 die größte (die kleinste) Steigung? Gib den Wert der Steigung an.
b) An welchen Stellen haben die Funktionen jeweils die Steigung 4?

7 Welche Steigungen hat der Graph der Sinusfunktion an den Nullstellen im Intervall $[0;\, 2\pi]$?
Gibt es noch Stellen mit steilerer Tangente an den Graphen?

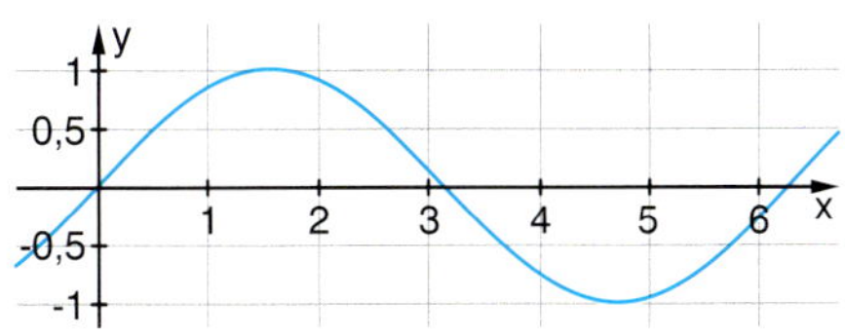

8 Einige der Funktionsgraphen im Basiswissen sind symmetrisch zur y-Achse.
a) Zeige, dass für diese Funktionen die Beziehung $f(x) = f(-x)$ gilt.
b) Welche Beziehung gilt für die Ableitungen dieser Funktionen an den Stellen x und $-x$? Überprüfe deine Vermutung durch Nachrechnen an einigen Stellen.
Findest du eine anschauliche Begründung?
c) Untersuche in gleicher Weise auch die Funktionen, deren Graphen punktsymmetrisch zum Koordinatenursprung sind.

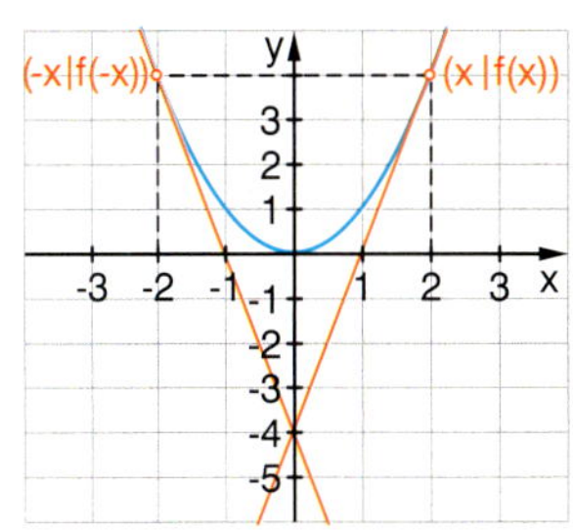

9 Oskar meint: *„Die Ableitung von sin(x) ist cos(x), dann ist die Ableitung von cos(x) wieder sin(x)".* Hat er recht?
Welche Ableitung der Kosinusfunktion vermutest du? Beschreibe, wie du zu deiner Vermutung gekommen bist.

10 Beweise die Formel für die Ableitung der Funktion $f(x)=\frac{1}{x}$ mithilfe der „h-Methode".

$$\lim_{h\to 0}\frac{\frac{1}{x+h}-\frac{1}{x}}{h} = \ldots = -\frac{1}{x^2}$$

Tipp
$$\frac{1}{x+h}-\frac{1}{x} = \frac{x-(x+h)}{(x+h)x}$$

Basiswissen

Für die einfachen Potenzfunktionen $f(x) = x^n$ mit $n = 1, 2, 3$ und 4 kennst du bereits die Ableitungen. Dabei erkennt man ein einfaches Muster, das sich auch bei den höheren Potenzen fortsetzt.

Potenzregel

Ableitungsregel für Potenzfunktionen
Für jede Potenzfunktion $f(x) = x^n$ mit natürlichem Exponenten n lässt sich die Ableitung leicht berechnen:

$$f(x) = x^n \qquad f'(x) = n \cdot x^{n-1}$$

Beispiele

D An welchen Stellen hat die Funktion $f(x) = x^3$ die Steigung 12?
Lösung: Die Ableitung von $f(x) = x^3$ ist $f'(x) = 3x^2$. Für die gesuchten Stellen muss gelten: $f'(x) = 12$, also müssen wir die quadratische Gleichung $3x^2 = 12$ lösen.
Wir finden die zwei Lösungen: $x_1 = -2$ und $x_2 = 2$.

E Susanne hat als Ableitungsfunktion für $f(x) = 2^x$ den Term $f'(x) = x \cdot 2^{x-1}$ gefunden. Das will so gar nicht zur gezeichneten Sekantensteigungsfunktion passen. Wo steckt der Fehler?

5

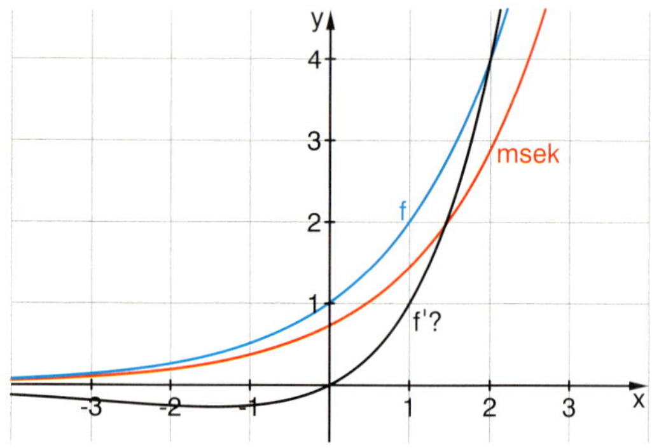

Lösung:
$f(x) = 2^x$ ist eine Exponentialfunktion, die Funktionsvariable x ist der Exponent. Bei einer Potenzfunktion ist der Exponent eine feste Zahl, die Funktionsvariable x ist die Basis. Für Exponentialfunktionen ist die obige Ableitungsregel (die Potenzregel) nicht gültig.

F Begründe die Ableitungsregel für Potenzfunktionen am Beispiel $f(x) = x^5$.

Lösung:

$\frac{f(x+h) - f(x)}{h} = \frac{(x+h)^5 - x^5}{h}$ — Ansatz mit dem Differenzenquotienten; Ausmultiplizieren von $(x + h)^5$

$= \frac{x^5 + 5x^4h + 10x^3h^2 + 10x^2h^3 + 5xh^4 + h^5 - x^5}{h}$ — x^5 und $-x^5$ heben sich auf

$= \frac{h(5x^4 + 10x^3h + 10x^2h^2 + 5xh^3 + h^4)}{h}$ — Im verbleibenden Zähler lässt sich h ausklammern.

$= 5x^4 + 10x^3h + 10x^2h^2 + 5xh^3 + h^4$ — Kürzen

$f'(x) = \lim_{h \to 0} (5x^4 + 10x^3h + 10x^2h^2 + 5xh^3 + h^4) = 5x^4$ — Beim Grenzübergang $h \to 0$ streben alle Summanden, in denen h als Faktor bleibt, gegen 0. Damit bleibt nur der erste Summand $5x^4$ übrig.

Übungen

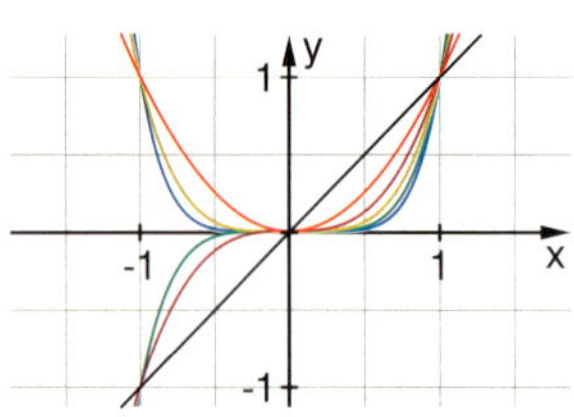

11 Bestimme für $f(x) = x^n$ ($n = 1, 2, 3, 4, 5, 6$)
a) jeweils die Ableitung an den Stellen $x = 2$ und $x = -2$.
b) jeweils die Stellen, an denen der Graph die Steigung 2 hat.

12 *Wie verändern sich die Ableitungen der Funktionen $f(x) = x^n$ mit wachsendem n?*
a) an der Stelle $a = 1$
b) an der Stelle $b = \frac{1}{2}$
Qualitativ kannst du dies bereits an den Funktionsgraphen erkennen, numerisch kannst du es mithilfe der Ableitung beschreiben.

Übungen

13 *Potenzfunktionen erraten*

- Ⓘ *Der Graph meiner Ableitung ist eine Gerade.*
- Ⓘⓘ *Meine Tangente im Punkt $P(3\,|\,f(3))$ hat die Steigung 108.*
- Ⓘⓘⓘ *Meine Ableitung an der Stelle -1 hat den Wert 5.*
- Ⓘⓥ *Von mir ist bekannt: $f(-1) = 1$ und $f'(1) = 20$.*

Zu jeder Karte gibt es viele verschiedene Lösungen.

14 a) Anschaulich kann man bereits an der „S-Form" der Graphen erkennen: *Die Graphen der Potenzfunktionen mit ungeraden Exponenten haben an keiner Stelle eine negative Steigung.* Begründe dies mithilfe der Funktionsterme der Ableitungen.
b) Formuliere eine ähnliche Aussage für die Graphen der Potenzfunktionen mit geraden Exponenten und begründe.

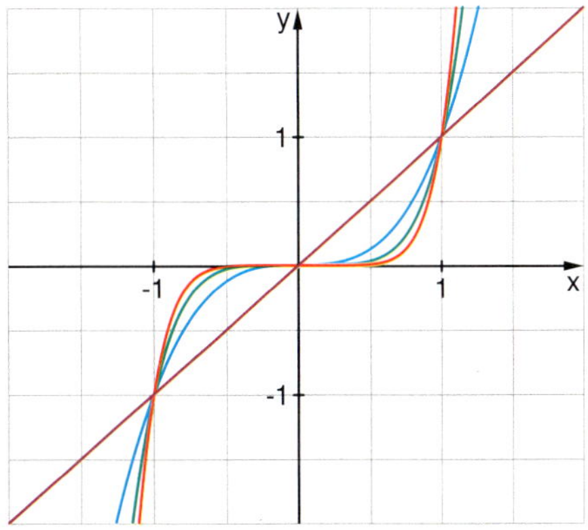

15 *Die Potenzregel auf dem Prüfstand – Spezialfälle*
Überprüfe ob die Potenzregel auch für $n = 1$ und $n = 0$ gilt. Zeichne die passenden Graphen der Funktionen und der zugehörigen Ableitungen.

16 *Kleine Anleitung zum Beweis der Potenzregel für beliebiges n*
a) Schau dir den Beweis für $n = 5$ im Beispiel F noch einmal genau an. Begründe, dass dabei der zweite Summand von $(x + h)^5 = x^5 + \mathbf{5x^4h} + 10x^3h^2 + 10x^2h^3 + 5xh^4 + h^5$ die entscheidende Rolle spielt.
b) Übertrage den Beweis aus Beispiel F auf $f(x) = x^6$. Zeige, dass auch hier der zweite Summand von $(x + h)^6 = x^6 + \mathbf{6x^5h} + 15x^4h^2 + 20x^3h^3 + 15x^2h^4 + 6xh^5 + h^6$ der Schlüssel zum Beweis ist.
c) In der Formelsammlung findest du den Binomischen Lehrsatz:

$$(a + b)^n = \binom{n}{0} a^n b^0 + \binom{n}{1} a^{n-1} b^1 + \ldots + \binom{n}{n-1} a^1 b^{n-1} + \binom{n}{n} a^0 b^n$$

Damit und den Überlegungen aus a) und b) sollte der Beweis der Potenzregel für beliebiges n gelingen.
Schreibe den Beweis möglichst übersichtlich auf.

Die Terme $\binom{n}{k}$ sind die sogenannten Binomialkoeffizienten. Du findest sie auch im Pascalschen Dreieck
$\binom{n}{0} = 1 \quad \binom{n}{1} = n$
(→ Formelsammlung, Internet)

17 *Gilt die Potenzregel auch für Potenzen mit negativen oder gebrochenen Exponenten?*
a) Prüfe dies für $f(x) = \frac{1}{x}$ und $f(x) = \sqrt{x}$, indem du die Funktionsterme als Potenzen schreibst.
b) Bilde die Ableitungen von $f(x) = x^{\frac{2}{3}}$ und $g(x) = x^{-3}$ nach der Potenzregel und vergleiche das Ergebnis mit einer Sekantensteigungsfunktion.

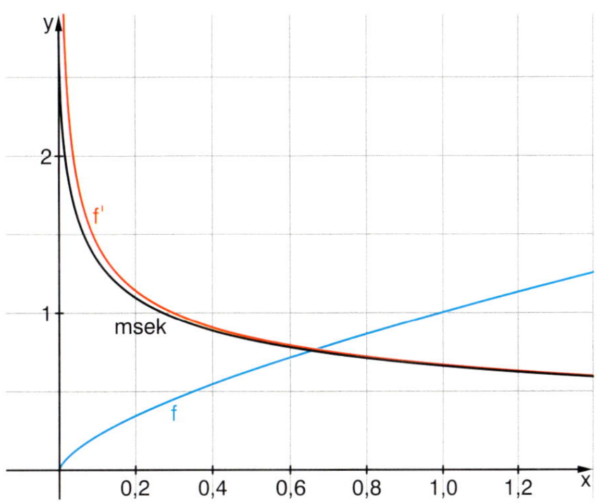

5

Basiswissen

Kennst du die Ableitungen bestimmter Funktionen, so kannst du mit den drei folgenden Regeln auch „Verwandte" dieser Funktionen schnell und sicher ableiten.

Wichtige Ableitungsregeln

	in Worten	*Formel und Beispiel*	*grafisch interpretiert*
	Ein **konstanter Summand** fällt beim Ableiten weg.	$f(x) = g(x) + c$ $f'(x) = g'(x)$ Bsp.: $f(x) = x^4 + 7$ $f'(x) = 4x^3$	Wird der Graph einer Funktion nach oben oder unten verschoben, so bleibt seine Steigung an jeder Stelle gleich.
„Faktorregel"	Ein **konstanter Faktor** bleibt beim Ableiten erhalten.	$f(x) = a \cdot g(x)$ $f'(x) = a \cdot g'(x)$ Bsp.: $f(x) = 3x^5$ $f'(x) = 3 \cdot 5x^4$ $= 15x^4$	Wird der Graph einer Funktion mit dem Faktor a gestreckt (gestaucht), so wird seine Steigung an jeder Stelle mit dem Faktor a multipliziert.
„Summenregel"	Eine **Summe** von zwei Funktionen hat als Ableitung die **Summe der beiden Ableitungen.**	$f(x) = g(x) + h(x)$ $f'(x) = g'(x) + h'(x)$ Bsp.: $f(x) = x^3 + x^2$ $f'(x) = 3x^2 + 2x$	Werden zwei Funktionen addiert, so addieren sich an jeder Stelle nicht nur die Funktionswerte, sondern auch die Steigungen.

Beispiele

G Leite die Funktionen ab und gib die benutzten Regeln an.

Lösung:

a) $f(x) = -2x^4$

$f'(x) = -2 \cdot 4 \cdot x^{4-1} = -8x^3$

Faktorregel und Potenzregel

b) $f(x) = -\frac{1}{2}x^8 + 4$

$f'(x) = -\frac{1}{2} \cdot 8 \cdot x^7 = -4x^7$

Konstanter Summand fällt beim Ableiten weg, Faktorregel und Potenzregel

c) $f(x) = \frac{3}{10}x^5 - x^3 + 2x$

$f'(x) = \frac{3}{10} \cdot 5 \cdot x^4 - 3x^2 - 2x^0$

$f'(x) = \frac{3}{2}x^4 - 3x^2 - 2$

Summenregel, bei jedem Summanden Faktorregel und Potenzregel

H Begründe: Mit der Summenregel ist auch die „Differenzregel" erfasst.

$$f(x) = g(x) - h(x)$$
$$f'(x) = g'(x) - h'(x)$$

Lösung: Die Differenz der beiden Funktionen g(x) und h(x) kann auch als Summe der beiden Funktionen g(x) und (–h(x)) aufgefasst werden.

$$f(x) = x^3 - x^2 = x^3 + (-x^2)$$
$$f'(x) = 3x^2 + (-2x) = 3x^2 - 2x$$

Beispiele

I Begründe die Faktorregel …

… algebraisch durch Umformung des Differenzenquotienten.

Lösung:

$\frac{f(x+h)-f(x)}{h} =$

$\frac{a \cdot g(x+h) - a \cdot g(x)}{h} =$

$\frac{a \cdot (g(x+h) - g(x))}{h} =$

$a \cdot \frac{g(x+h)-g(x)}{h}$

Wenn sich h der 0 nähert, so nähert sich der Differenzenquotient der Ableitung.

$f'(x) = a \cdot \lim\limits_{h \to 0} \frac{g(x+h)-g(x)}{h} = a \cdot g'(x)$

… anschaulich am Beispiel der Graphen von $g(x) = x^2$ und $f(x) = 4 \cdot g(x) = 4x^2$.

Lösung:

An der Stelle x = 1 sind in beide Graphen Steigungsdreiecke mit unterschiedlichem h eingezeichnet. Für die Steigung der entsprechenden Sekanten gilt in jedem Fall $\frac{f(x+h)-f(x)}{h} = 4 \cdot \frac{g(x+h)-g(x)}{h}$. Das gilt auch, wenn man h immer kleiner werden lässt. Die Sekantensteigungen nähern sich dabei immer besser der Tangentensteigung an. Diese beträgt bei f dann auch das Vierfache von der bei g. Das Gleiche lässt sich an jeder anderen Stelle x veranschaulichen.

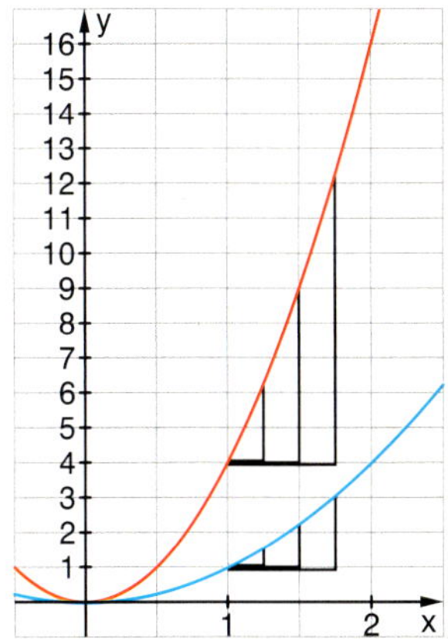

Übungen

18 Bestimme die Ableitung von $f(x) = 5x^3 + 3x^2 + 5$.
Welche Ableitungsregeln hast du dabei angewendet?

19 Leite die Funktionen ab. Vereinfache den Ableitungsterm wenn möglich.

a) $f(x) = x^6$ b) $f(x) = \frac{1}{5}x^5$ c) $f(x) = 7x$

d) $f(x) = x + 1$ e) $f(x) = -\frac{2}{3}x^4 + x + 2$ f) $f(x) = 7$

g) $f(x) = -x + 2x^5 - x^3$ h) $f(x) = 0{,}25x^4 - x^3 + x$ i) $f(x) = 0$

j) $f(x) = \frac{x}{2} + 2^2$ k) $f(x) = \sqrt{3} \cdot x + \sqrt{5}$ l) $f(x) = x^2 + \sqrt{x}$

Training

19 0,5; $\sqrt{3}$; 0;
x^4; $6x^5$; 7;
$x^3 - 3x^2 + 1$;
$\frac{8}{3}x^3 + 1$; $2x + \frac{1}{2 \cdot \sqrt{x}}$
$10x^4 - 3x^2 - 1$;
1; 0

20 Bestimme die Ableitungsfunktionen. In einigen Fällen musst du den Funktionsterm vor dem Ableiten geeignet umformen.

a) $f(x) = \frac{1}{x} + 5x$ b) $g(x) = x \cdot \left(x - \frac{1}{x}\right)$ c) $f(x) = (2x - 3)(x + 4)$

d) $f(x) = \sin(x) + 2x$ e) $f(x) = 4x^{n+1} + n$ f) $f(x) = \frac{1-x}{x}$

g) $f(x) = 2\sin(x) - 5x^2 + \frac{1}{x}$ h) $f(x) = \frac{2}{x} - 3\sqrt{x}$ i) $f(x) = (3x - 1)^2$

21 Hier sind einige Ableitungsfunktionen f′(x) gegeben. Zu welchen Funktionen f(x) gehören sie? Überprüfe deine Lösung jeweils durch Ableiten von f(x).

a) $f'(x) = 3x^2$ b) $f'(x) = -6x + 4$ c) $f'(x) = x^3$ d) $f'(x) = x^2 - \frac{1}{x^2}$

e) $f'(x) = 2x^2 - 2$ f) $f'(x) = \cos(x) + 1$ g) $f'(x) = -0{,}5x^2 + 2x + 4$

Es gibt zu jeder Ableitungsfunktion mehrere Lösungen.
Worin unterscheiden sie sich?

22 *Die Funktionsvariable muss nicht immer x heißen, ableiten kann man trotzdem!*

a) $f(a) = -a^4 + 7a - 6$ b) $g(m) = am^2 + bm$ c) $h(t) = 45 - 5t^2$ d) $s(t) = \frac{1}{2}at^2$

e) $v(t) = at$ f) $V(r) = \frac{4}{3}\pi r^3$ g) $A(r) = 4\pi r^2$

Welche der Funktionsterme kommen dir aus bestimmten Sachzusammenhängen bekannt vor? Welche Bedeutung hat in diesen Fällen jeweils die Ableitung?

23 *Wo ist der Fehler?*

a) $f(x) = 3x^4 - 2x^2 + 5$
$f'(x) = 12x^3 - 4x + 5$

b) $f(x) = 5^x$
$f'(x) = x \cdot 5^{x-1}$

c) $f(t) = 5x^2 - 10t$
$f'(t) = 10x$

d) $f(x) = \frac{x^2 + 4}{4x}$
$f'(x) = \frac{2x}{4} = \frac{1}{2}x$

Übungen

24 Zeichne den Graphen der Funktion $f(x) = x^2 - 4x$.
a) Bestimme die Steigung des Graphen in den Schnittpunkten mit den Koordinatenachsen.
b) Wo hat der Graph die Steigung 6 bzw. −2 bzw. 3?
c) Wo hat der Graph eine waagerechte Tangente?

25 a) An welchen Stellen haben die Graphen von $f(x) = x^2$ und $g(x) = x^3$ parallele Tangenten?
b) Wie groß ist jeweils die Steigung in den Schnittpunkten von f und g?

26 Begründe die Ableitungsregel mit dem konstanten Summanden mithilfe der Summenregel und der Potenzregel.

9

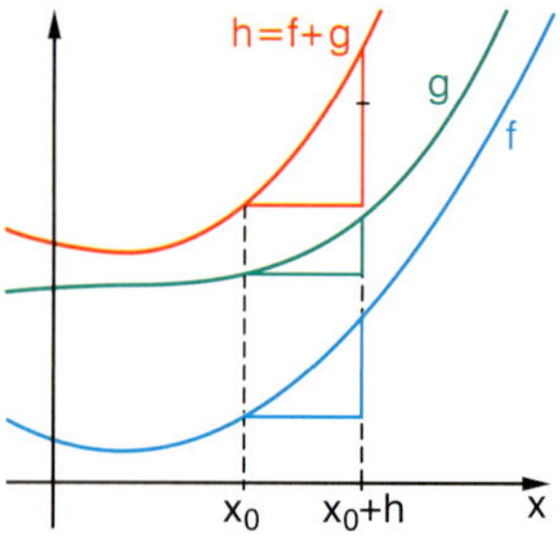

27 Begründe die Summenregel anschaulich und algebraisch durch Umformen des Differenzenquotienten. Orientiere dich dabei am Beispiel I.

28 Was hältst du von den folgenden Aussagen? Begründe.
a) Die Ableitung des Negativen einer Funktion ist gleich dem Negativen der Ableitung der Funktion.
b) Wenn wir den Graphen einer Funktion „strecken", indem wir jeden y-Wert mit 3 multiplizieren, so multiplizieren wir auch die Steigung an jeder Stelle mit 3.

29 *Ganzrationale Funktionen*
a) Begründe: Die quadratische Funktion $f(x) = 0{,}5x^2 + 4x - 2$ kann man als „ganzrationale Funktion zweiten Grades" bezeichnen. Wie notiert man die allgemeine Form einer solchen Funktion?
b) Gib ein Beispiel und die allgemeine Form für eine ganzrationale Funktion vierten Grades und eine ganzrationale Funktion fünften Grades an.
c) Wie sieht der Funktionsgraph einer ganzrationalen Funktion ersten Grades aus? Gibt es auch ganzrationale Funktionen nullten Grades?

Die Funktion $f(x) = 2x^3 + 3x^2 - x + 4$ wird als **ganzrationale Funktion dritten Grades** bezeichnet. Allgemein notiert man solche Funktionen in der Form $f(x) = ax^3 + bx^2 + cx + d$ ($a, b, c, d \in \mathbb{R}$ und $a \neq 0$).

Wie sieht der Funktionsgraph einer ganzrationalen Funktion 1. Grades aus?

Die höchste Potenz von x bestimmt den Grad.

Ganzrationale Funktion n-ten Grades

Mathematiker schreiben Definitionen und Sätze in ihrer eigenen Fachsprache auf. Dies führt zu allgemeinen Formulierungen die nicht immer leicht zu lesen sind. So wird die „ganzrationale Funktion" allgemein für den Grad n definiert:

Eine Funktion
$f(x) = a_n x^n + a_{n-1} x^{n-1} + a_{n-2} x^{n-2} + \ldots + a_2 x^2 + a_1 x + a_0$ ($n \in \mathbb{N}$, $a_i \in \mathbb{R}$, $a_n \neq 0$)
heißt **ganzrationale Funktion n-ten Grades**.
Die reellen Zahlen a_i werden **Koeffizienten** genannt.

Die Funktion oder der Funktionsterm werden auch als **Polynom vom Grad n** bezeichnet.

30 *Kurze Fragen zum Verstehen der allgemeinen Definition*
a) Warum verwendet man in der Definition für die Koeffizienten die Bezeichnungen a_i und nicht einfach die aufeinanderfolgenden Buchstaben des Alphabets?
b) Was bedeuten die drei Punkte (…) bei der Angabe des Funktionsterms? Schreibe den Nachfolgesummanden zu $a_{n-2}x^{n-2}$ und den Vorgängersummanden von $a_2 x^2$ auf.
c) Warum wird $a_n \neq 0$ gefordert? Dürfen ein oder mehrere a_i für $i < n$ Null sein?

31 Welche der Funktionen aus Übung 19 und 20 sind ganzrationale Funktionen? Gib gegebenenfalls den Grad des Polynoms an.

Übungen

32 *Von der Funktion zur Ableitung*

a) Bestimme zu den folgenden Funktionen jeweils die Ableitungsfunktion.

$f_1(x) = 2x^3 - 0{,}25x^2 + 4x - 3$ $\quad f_2(x) = 0{,}02x^4 - 3x^2 + 1$ $\quad f_3(x) = 0{,}02x^4 - 3x^2 - 4$

$f_4(x) = 0{,}01x^5 + 2x^3 - 4x^2$ $\quad f_5(x) = 0{,}01x^5 + 2x^3 - 4x$ $\quad f_6(x) = 3(x-2)^2 - 1$

b) Notiere jeweils die allgemeine Form der Ableitung einer ganzrationalen Funktion ersten, zweiten, dritten und vierten Grades.

c) Gib den Term für die Ableitung einer ganzrationalen Funktion n-ten Grades an.

33 *Von der Ableitung zur Funktion*

Von welcher ganzrationalen Funktion stammt die Ableitung?

Rechts im Bild siehst du die Graphen der Ableitungsfunktion (rot) und von drei Kandidaten.

Hier sind die Funktionsgleichungen:

$f_1(x) = 0{,}3x^2 - 2$ $\quad f_2(x) = 0{,}1x^3 - 2x$

$f_3(x) = 0{,}1x^3 - 2x + 1$ $\quad f_4(x) = -0{,}1x^3 + 2x$

Ist deine Entscheidung eindeutig?

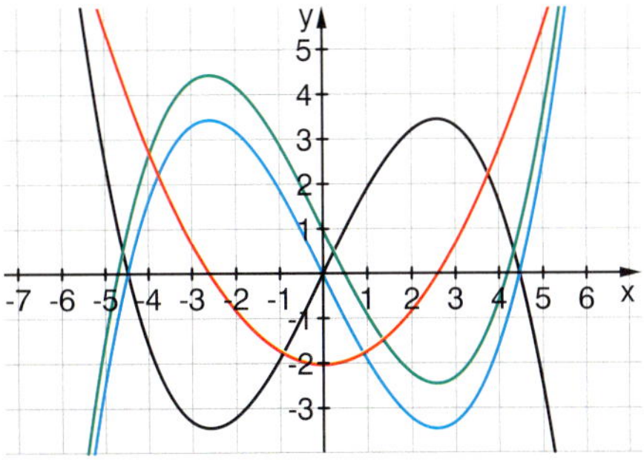

34 *Die ganzrationalen Funktionen bleiben unter sich*

a) Begründe: „Die Ableitung einer ganzrationalen Funktion dritten Grades ist eine ganzrationale Funktion zweiten Grades".

b) Formuliere und begründe die entsprechenden Aussagen für ganzrationale Funktionen ersten, zweiten, vierten und n-ten Grades.

35 *Höhere Ableitungen*

a) Bilde von der Funktion $f(x) = x^3 + x^2 + x + 1$ die ersten drei Ableitungen f', f'', f'''.

Zeichne mit dem GTR auch die Graphen der Funktion f und der Ableitungen. Was fällt dir auf?

b) Stimmt das? „Der Graph der zweiten Ableitung einer ganzrationalen Funktion vierten Grades ist eine Gerade".

Von der Ableitung einer Funktion lässt sich wieder die Ableitung bilden. Man nennt diese dann die **zweite Ableitung der Funktion f** und bezeichnet sie mit **$f''(x)$**. Sprechweise: *f zwei Strich von x.*
Entsprechend kann man von $f''(x)$ wieder eine Ableitung bilden. Diese heißt dann $f'''(x)$ usw.

Im nächsten Lernabschnitt wirst du mehr über die Bedeutung und die Anwendung der zweiten Ableitung erfahren.

36 *Ganzrationale Funktionen ableiten – ein Kinderspiel*

Begründe, warum man jede ganzrationale Funktion allein mithilfe der Potenzregel, der Faktorregel und der Summenregel ableiten kann.

37 *Nicht alle Ableitungsregeln sind so einfach*

Kann man auch ein Produkt oder einen Quotienten von Funktionen nach ähnlich einfachen Ableitungsregeln wie bei der Summe ableiten?

a) Eine einfache Ableitungsregel wäre:

$f(x) = u(x) \cdot v(x) \Rightarrow f'(x) = u'(x) \cdot v'(x)$

Zeige mit dem Beispiel $f(x) = x^4 = x^2 \cdot x^2$, dass diese Regel **falsch** ist.

b) Die Ableitung von $f(x) = \frac{u(x)}{v(x)}$ ist **nicht** $f'(x) = \frac{u'(x)}{v'(x)}$!

Finde auch dazu ein Gegenbeispiel ähnlich wie in Teil a) für das Produkt.

Für die Ableitung von Produkten und Quotienten gelten kompliziertere Regeln. Du wirst diese bei der Weiterführung der Differenzialrechnung herleiten. In der Formelsammlung kannst du dich schon mal informieren.

38 Auch ohne Kenntnis der Ableitungsregeln für Produkte und Quotienten von Funktionen lassen sich die folgenden Funktionen ableiten. Versuche selbst einen Weg zu finden und beschreibe ihn.

$f(x) = (x-1)(x+1)$; $\quad g(x) = x(x+2)^2$; $\quad h(x) = \frac{x^2 + x}{x}$; $x \neq 0$; $\quad k(x) = \sqrt{x} \cdot \sqrt{x}$; $x > 0$

Übungen

39 *Tangentengleichung*

Begründe: Die Gerade mit der Gleichung $y = 7x - 8$ ist Tangente an den Graphen von $f(x) = 2x^2 - x$ im Punkt $P(2|f(2))$.

Basiswissen

Die Tangente an den Graphen einer Funktion f im Punkt P ist die Gerade, die durch P verläuft und als Steigung den Wert der Ableitung an dieser Stelle hat. Ist die Ableitung von f bekannt, kann die Gleichung der Tangente im Punkt P bestimmt werden.

Tangentengleichung

Beispiel: $f(x) = \frac{1}{4}x^2 - 1;\quad P(4|3)$

Allgemein: $f(x);\quad P(a|f(a))$

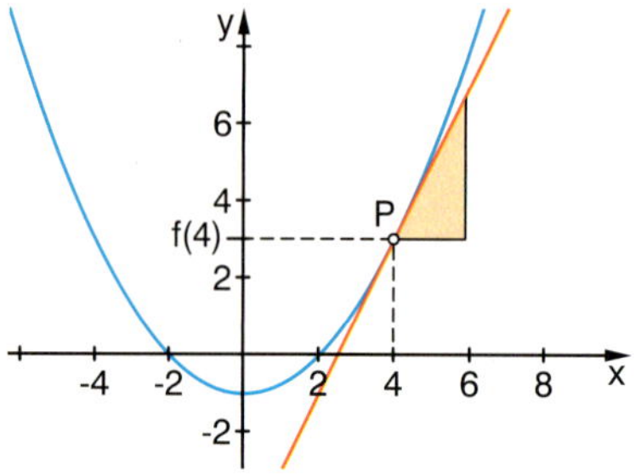

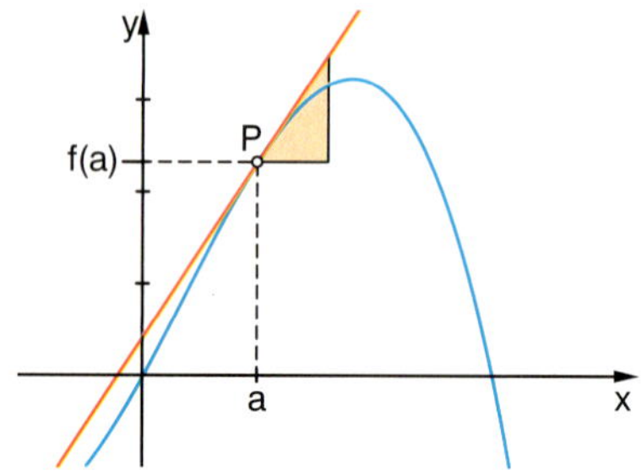

Ansatz: $y = m \cdot x + b$

Beispiel		Allgemein
$m = f'(4) = 2$	Steigung	$m = f'(a)$
$3 = 2 \cdot 4 + b \quad b = -5$	y-Achsenabschnitt	$f(a) = f'(a) \cdot a + b$ $b = f(a) - f'(a) \cdot a$
$y = 2x - 5$	Tangentengleichung	$y = f'(a) \cdot x + f(a) - f'(a) \cdot a$ $y = f'(a)(x - a) + f(a)$

Beispiele

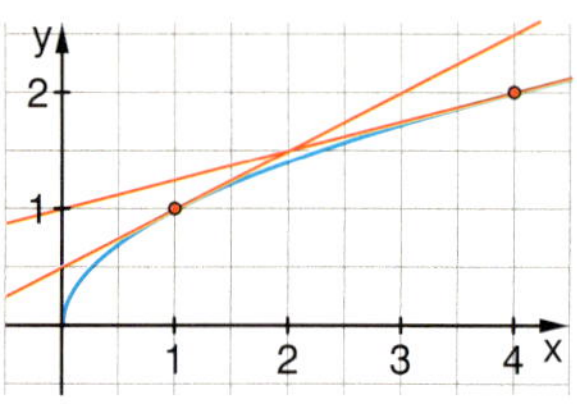

Bestimme die Gleichungen der Tangenten an den Graphen von $f(x) = \sqrt{x}$ in den Punkten $P(1|1)$ und $Q(4|2)$. Stelle Funktion und Tangenten grafisch dar.

Lösung: $f(x) = \sqrt{x} \quad \Rightarrow \quad f'(x) = \frac{1}{2\sqrt{x}}$

Tangente t_1 in $P(1|1)$: $y = mx + b;\quad m = f'(1) = 0{,}5$

$1 = 0{,}5 \cdot 1 + b \quad \Rightarrow \quad b = 0{,}5$

Gleichung von t_1: $y = 0{,}5x + 0{,}5$

Tangente t_2 in $Q(4|2)$: $y = f'(a) \cdot (x - a) + f(a);\quad a = 4;\quad f(a) = 2;\quad f'(a) = 0{,}25$

Gleichung von t_2: $y = 0{,}25 \cdot (x - 4) + 2 \qquad y = 0{,}25x + 1$

40 Bestimme jeweils die Gleichung der Tangente im Punkt $P(a|f(a))$. Zeichne den Graphen und die Tangente mit dem GTR.

a) $f(x) = 3x^2,\ a = 1$ b) $f(x) = x^3,\ a = 2$ c) $f(x) = \frac{1}{x},\ a = 3$
d) $f(x) = \sin(x),\ a = \pi$ e) $f(x) = x^2 + 5x,\ a = 2$ f) $f(x) = -3x^2 + 7x,\ a = 0$

41 *Sekanten und Tangenten*

Die Punkte A, B und C sind die Schnittpunkte des Graphen von $f(x) = x^2 - 2$ mit den Koordinatenachsen.

a) Zeige, dass es jeweils genau eine Tangente an den Graphen gibt, die parallel zur Sekante AB bzw. AC ist.

b) Zeichne die Tangenten mit dem GTR.

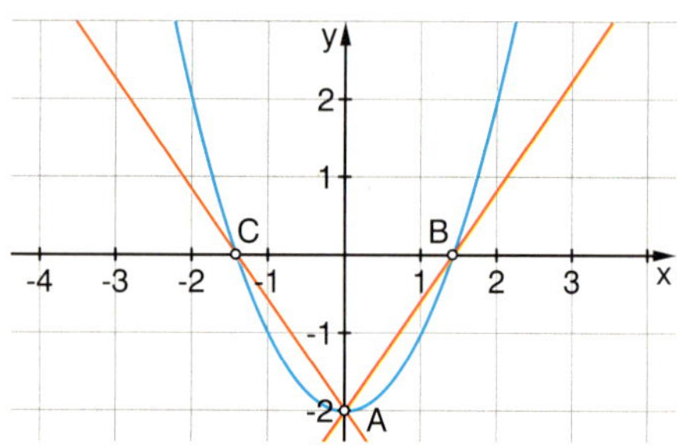

Übungen

42 *Tangentenscharen und Hüllkurve*

In den Bildern wurden die Tangentenscharen an die Graphen verschiedener Funktionen gezeichnet. Der Graph der Funktion selbst ist nicht dargestellt, er erscheint als Hüllkurve.

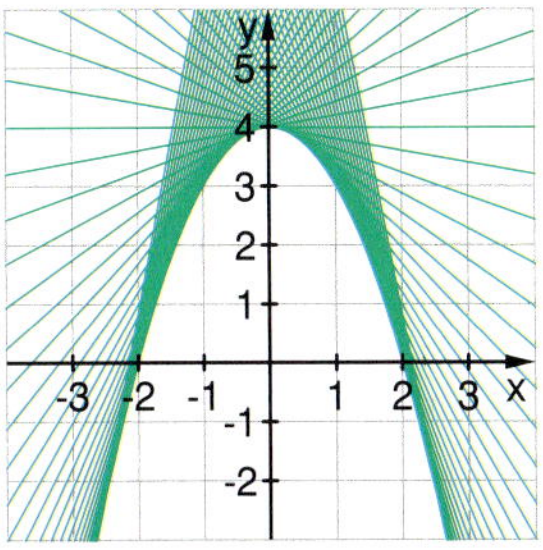

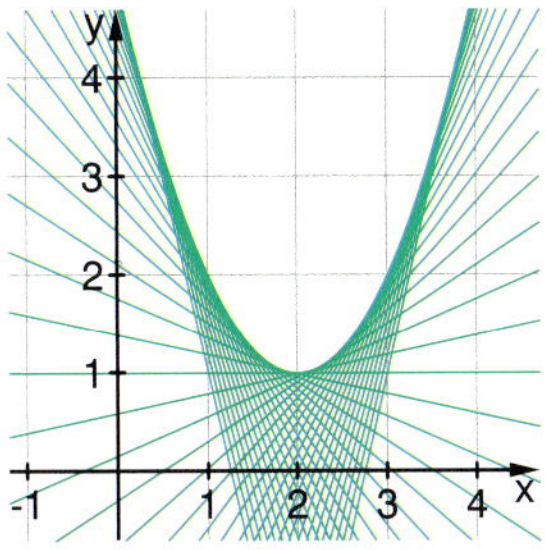

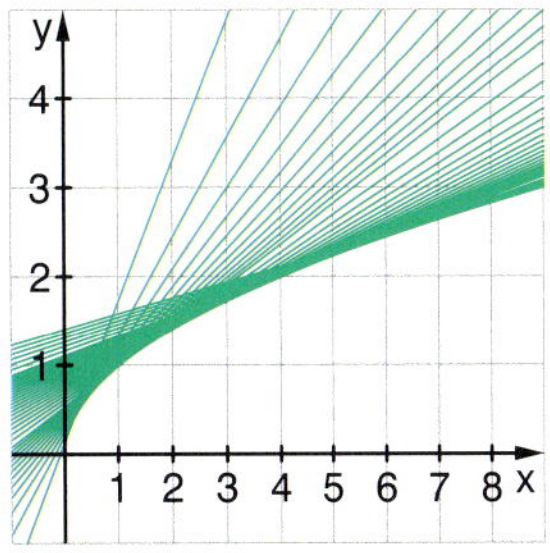

a) Gib jeweils die Funktionsterme f(x) an. Bestimme dann jeweils die Gleichung der Tangente im Punkt $P(1\,|\,f(1))$.

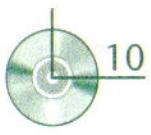

b) Zeichne mit dem Applet 10 auf der CD auch Tangentenscharen zu anderen Funktionen, z. B.

$f(x) = x^2$ | $f(x) = x^3$ | $f(x) = \sqrt{x}$ | $f(x) = \frac{1}{x}$ | $f(x) = \sin(x)$ | $f(x) = 2^x$

Bei welchen Funktionen wird die Hüllkurve besonders gut erkennbar?

43 *Berührpunkt gesucht*

a) Bestimme den Punkt $P(a\,|\,f(a))$ auf dem Graphen von $f(x) = x^2$, so dass die Tangente in P die x-Achse bei x = 1 schneidet.

b) Bestimme den Punkt $Q(b\,|\,f(b))$ auf dem Graphen von $g(x) = x^3$, so dass die Tangente in Q die x-Achse bei x = 4 schneidet.

43 Tipp zu a)
Tangentengleichung
$y = f'(a) \cdot (x - a) + f(a)$
$N(1\,|\,0)$ ist Punkt der Tangente
$0 = f'(a) \cdot (1 - a) + f(a)$

44 *Kurven unter dem Mikroskop 1 oder: Überall Tangenten!*

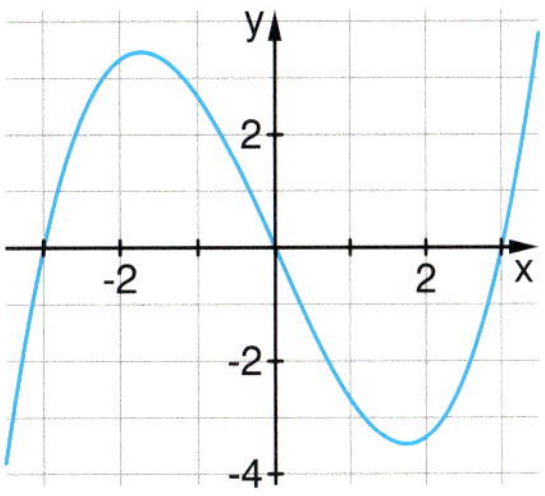

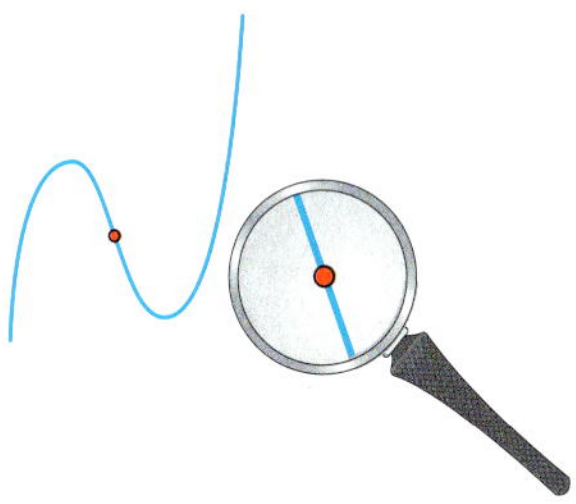

a) Zoome den Graphen von $f(x) = \frac{1}{3}x^3 - 3x$ mit dem GTR an verschiedenen Stellen. Wähle als Zoom-Zentrum verschiedene Punkte der Kurve und zoome dort jeweils mehrmals.
Beschreibe deine Beobachtungen.
Stelle eine Beziehung zu den Tangenten an den Graphen her.
Sieht man sie nach dem Zoomen oder nicht?

b) Erläutere mit deinen Beobachtungen aus a) die beiden folgenden Aussagen:

A „Die Tangente ist die beste lineare Näherung einer Kurve in einer Umgebung des Berührpunktes B".

B „Eine Kurve besteht aus unendlich vielen unendlich kleinen Geradenstücken".

45 *Kurven unter dem Mikroskop 2 oder: Gibt es überall Tangenten?*

Die Graphen von $f(x) = x^{10} + 1$ und $g(x) = \sqrt{x^2 - 2x + 1} + 1$ erscheinen im gekennzeichneten Punkt eher „eckig" als „rund". Zeichne mit dem GTR oder Funktionenplotter und zoome beide mehrmals um P als Zentrum. Vergleiche. Welche der Kurven besitzt deiner Meinung nach keine Tangente in dem Kurvenpunkt? Erläutere.

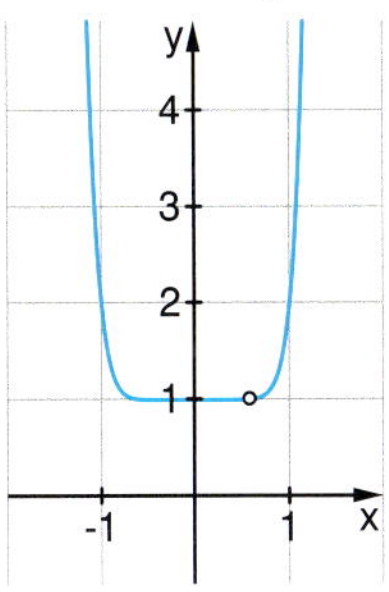

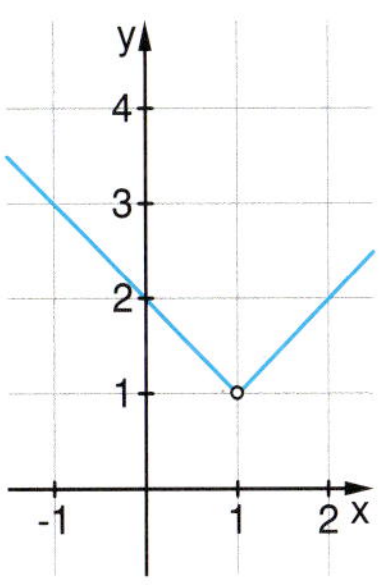

Aufgaben

Änderungsraten in der Geometrie

46 *Der Kreis wächst konzentrisch*

Wie verändert sich der Flächeninhalt eines Kreises, wenn der Radius um ein kleines Stück h vergrößert wird?

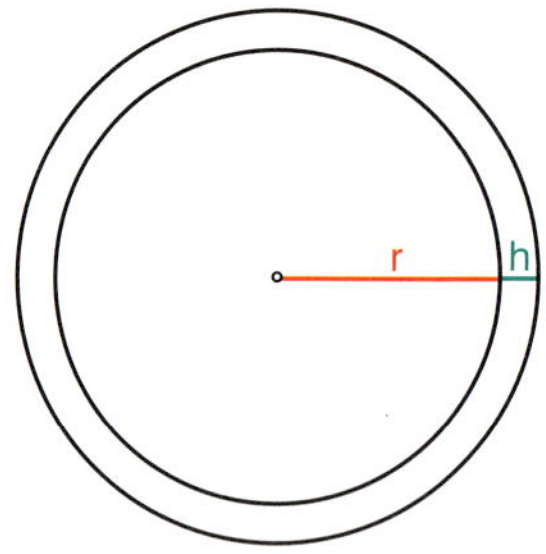

a) Versuche zunächst eine plausible geometrische Beschreibung des Änderungsverhaltens.

b) Sicher hast du gleich erkannt, dass das Änderungsverhalten von dem Radius selbst abhängig ist. Zum Beispiel bewirkt die Vergrößerung des Radius von 5 auf 5,1 eine größere Veränderung des Flächeninhalts als die von 3 auf 3,1.
Berechne in beiden Fällen die (durchschnittliche) Änderungsrate.

Welche geometrische Bedeutung hat der Ableitungsterm?

c) Die momentane Änderungsrate können wir bei einem vorgegebenen Radius r mit der Ableitung beschreiben.
Leite die Funktion $A(r) = \pi r^2$ ab. Was fällt dir auf? Kannst du den Ableitungsterm geometrisch deuten? Passt das zu deinen Vorüberlegungen aus a) und b)?

Volumen und Oberfläche einer Kugel:
$V(r) = \frac{4}{3}\pi r^3$
$O(r) = 4\pi r^2$

47 *Aufblasen einer Kugel*

Wie verändert sich das Volumen einer Kugel, wenn der Radius um ein kleines Stück h vergrößert wird? Beschreibe wie in Aufgabe 47 auch hier das Änderungsverhalten mithilfe der Ableitung. Was fällt dir auf? Gibt es Analogien zum Änderungsverhalten des Flächeninhalts beim Kreis?

Volumen und Oberfläche eines Zylinders:
$V(r, h) = \pi r^2 h$
$O(r, h) = 2G + M$
$= 2\pi r^2 + 2\pi r h$

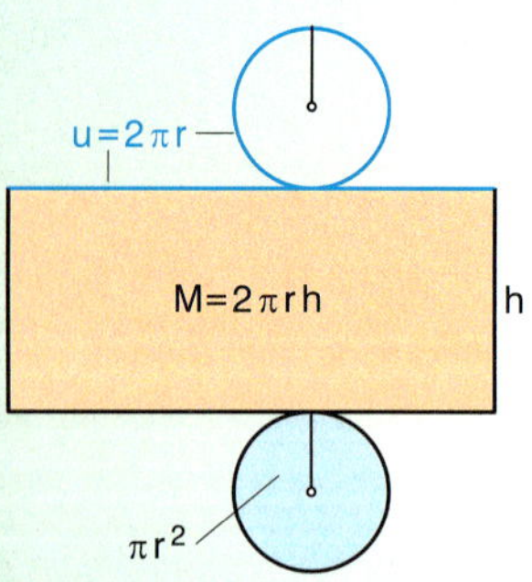

48 *Der Zylinder wächst in die Höhe und in die Breite*

Das Volumen eines Zylinders hängt von den beiden Variablen r (Radius) und h (Höhe) ab.
Entsprechend können wir das Änderungsverhalten des Volumens in zwei Richtungen betrachten: Einmal bei festem Radius mit Veränderung der Höhe, zum anderen bei fester Höhe mit Veränderung des Radius.

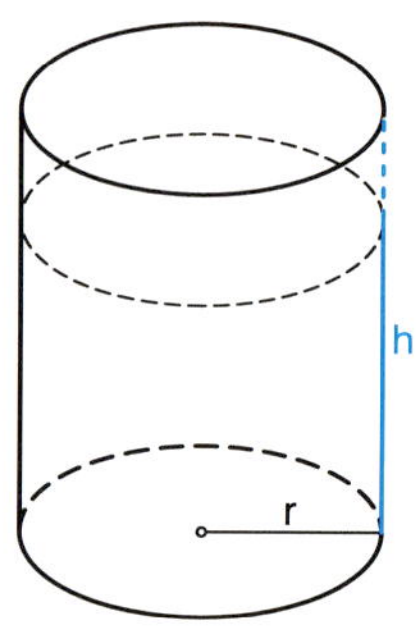

r konstant,
h verändert sich

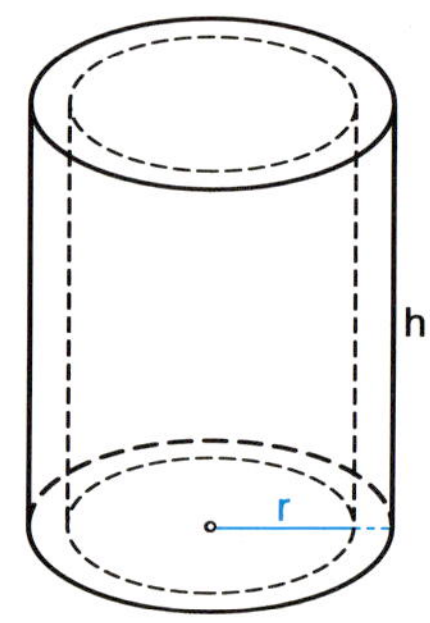

h konstant,
r verändert sich

Hier können wir die Änderungsraten des Zylindervolumens mit („partiellen“) Ableitungen beschreiben.
Wir bilden einmal die Ableitung V′(h) „nach der Höhe h“, d. h. wir betrachten den Radius r als konstanten Faktor und h als Variable.
Dann bilden wir die „Ableitung V′(r) nach dem Radius r“, d. h. wir betrachten h als konstanten Faktor und r als Variable.

Auf dem CAS-Rechner müssen wir angeben, nach welcher Variablen abgeleitet werden soll:

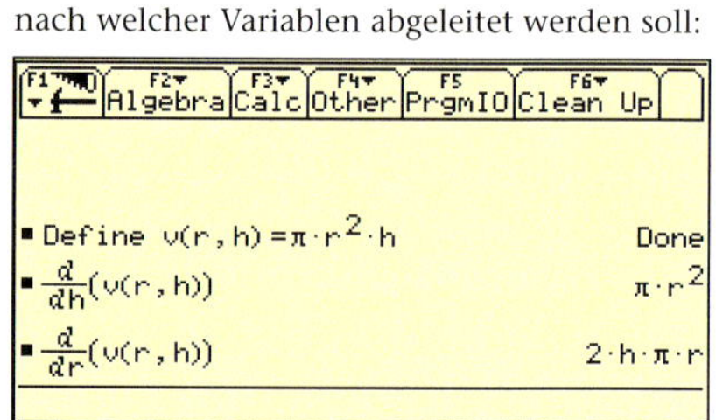

Was drückt der Ableitungsterm in beiden Fällen geometrisch aus? Vergleiche mit deinen Erkenntnissen aus den beiden vorigen Aufgaben.

Aufgaben

Tangentenkonstruktion an Funktionsgraphen
Mithilfe der Ableitung kannst du *rechnerisch* die Gleichungen von Tangenten an Funktionsgraphen bestimmen und diese dann auf dem Display des Rechners grafisch darstellen. Ursprünglich hast du die Tangente in der *Geometrie* kennengelernt. Sie ist die Gerade, die mit einem Kreis genau einen Punkt gemeinsam hat. Eine solche Tangente in einem Kreispunkt P kannst du auch einfach konstruieren.

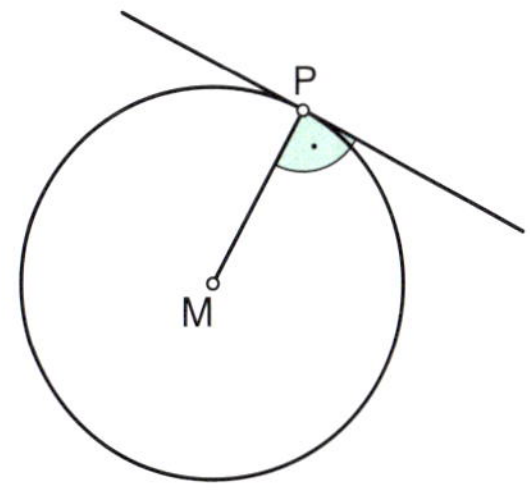

Konstruktion der Tangente in P an den Kreis: Senkrechte auf $\overline{MP}$ in P.

Kann man Tangenten an Funktionsgraphen auch geometrisch konstruieren?
Vorweg gesagt: Das geht nur bei sehr wenigen Funktionen, aber bei Parabeln klappt es. Mit der folgenden Aufgabe kannst du es selbst herausfinden.

49 *Tangentenkonstruktion an die Parabel*
a) Bestimme jeweils die Gleichung der Tangente der Normalparabel $y = x^2$ in den angegebenen Punkten und fülle die Tabelle aus. Was fällt dir auf? Versuche aus deinen Beobachtungen ein Konstruktionsverfahren zu gewinnen.
Überprüfe dein Verfahren, indem du damit eine Tangente an einen Punkt mit negativer x-Koordinate konstruierst und dies dann mit der rechnerisch ermittelten Tangente vergleichst.

x	f(x)	Tangentengleichung	Schnittstellen mit y-Achse	Nullstelle
1	■	$y = 2x - 1$	■	■
2	■	■	-4	■
4	■	■	■	2
5	■	■	■	■
10	■	■	■	■
20	■	■	■	■

b) Beschreibe nun allgemein, wie man eine Tangente an die Normalparabel ohne Rechnung geometrisch konstruieren kann (es gibt zwei Möglichkeiten).
c) Konstruiere die Tangenten an die Normalparabel in den Punkten $(\pm 1|1)$, $(\pm 2|4)$, $(\pm 3|9)$.
d) Gilt die Konstruktion auch für gestreckte Parabeln $y = a \cdot x^2$? Probiere es für verschiedene Werte von a aus.

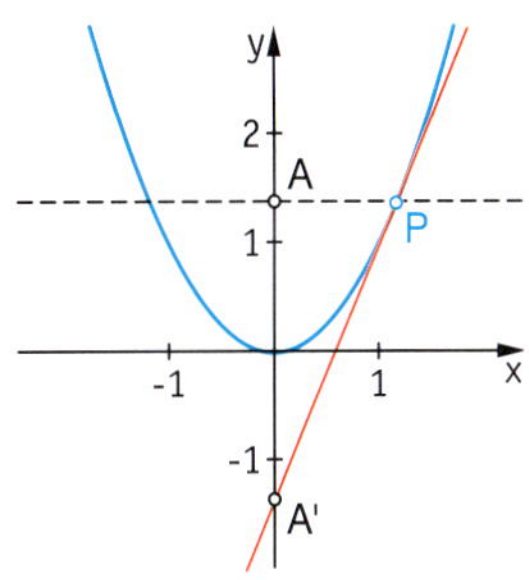

50 *Tangenten an die Parabel mit dem DGS*
Führe die Tangentenkonstruktion in einem Parabelpunkt P mit dem DGS aus.

... Name	Definition	Algebra
1 Funktion f		$f(x) = x^2$
2 Punkt P	Punkt auf f	P = (8.68, 75.37)
3 Gerade a	Gerade durch P parallel zu xAchse	a: y = 75.37
4 Punkt A	Schnittpunkt von yAchse, a	A = (0, 75.37)
5 Punkt A'	A gespiegelt an xAchse	A' = (0, -75.37)
6 Gerade Tangente	Gerade durch A', P	Tangente: -150.75x + 8.68y = -654.38

Ziehe an P. Wenn du die „Spur“ der Tangente aktivierst, werden sehr viele Tangenten auf einmal gezeichnet. Wie du vorher schon mit dem Applet oder dem GTR erlebt hast, erscheint die Parabel nun wieder als Hüllkurve der Tangenten.

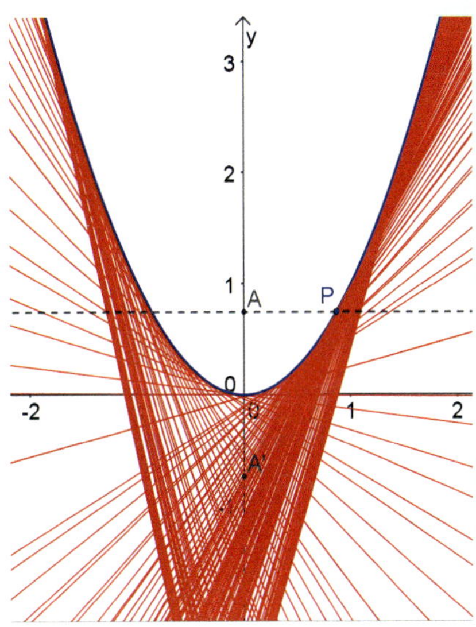

6.2 Zusammenhänge zwischen Funktion und Ableitung

Was dich erwartet

Funktionen beschreiben Abhängigkeiten zwischen zwei Größen, sowohl bei rein innermathematischen Zusammenhängen als auch in verschiedenen Anwendungsbereichen. Wertvolle Informationen über diese Zusammenhänge gewinnt man über die Darstellung in einer Tabelle oder im Funktionsgraphen. Vor allem am Verlauf des Graphen kann man schnell charakteristische Eigenschaften erkennen, z.B. wo dieser steigt oder fällt oder an welchen Stellen Hoch- bzw. Tiefpunkte erreicht werden. Interessanterweise spiegeln sich diese und weitere Eigenschaften sehr deutlich in den Ableitungen der Funktionen wider.

Um diese Zusammenhänge zwischen einer Funktion und ihren Ableitungen geht es in diesem Lernabschnitt.

Aufgaben

Fachbegriffe

Nullstelle

globales Maximum

globales Minimum

lokales Maximum (Hochpunkt)

lokales Minimum (Tiefpunkt)

Wendepunkt

f ist **streng monoton steigend** im Intervall I

f ist **streng monoton fallend** im Intervall I

f ist **streng monoton fallend** im Intervall I

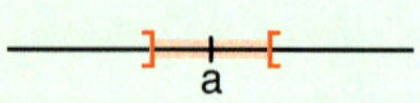

Umgebung der Stelle a

1 *Vokabular zum Beschreiben von Graphen – Zum Wiederholen und Erweitern*
Die Funktion f ist auf einem Intervall definiert. Im Graphen sind **besondere Punkte** und bestimmte **Eigenschaften** der Kurve in **Teilintervallen** angegeben.

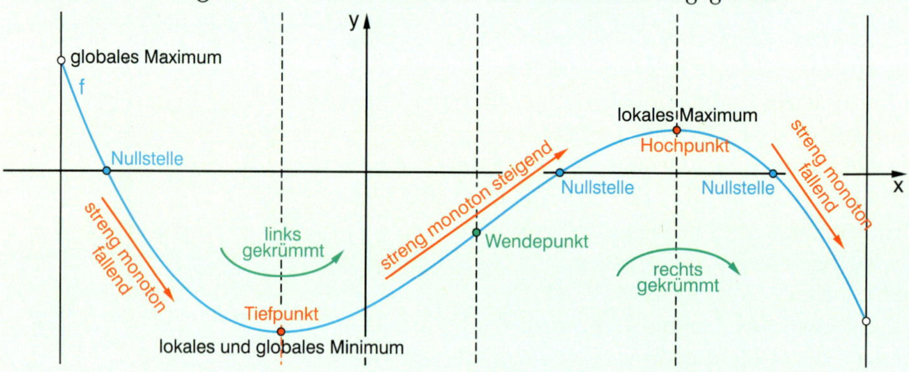

Ordne die folgenden Kennzeichnungen den Punkten und Fachbegriffen passend zu.

Für alle $x \neq a$ im Definitionsbereich von f gilt: $f(x) < f(a)$.	*Für alle $x \neq a$ in einer Umgebung der Stelle a ist $f(x) > f(a)$.*	*Der Graph wechselt von einer Linkskurve in eine Rechtskurve.*	*Für alle x_1, x_2 aus dem Intervall I gilt: mit $x_2 > x_1$ ist auch $f(x_2) > f(x_1)$.*
Für alle $x \neq a$ im Definitionsbereich von f gilt: $f(x) > f(a)$.	*Für alle $x \neq a$ in einer Umgebung der Stelle a ist $f(x) < f(a)$.*	*Für alle x_1, x_2 aus dem Intervall I gilt: mit $x_2 > x_1$ ist $f(x_2) < f(x_1)$.*	*$f(a) = 0$*

Durch die Zuordnungen entstehen Definitionen der Fachbegriffe. Schreibe diese auf Karteikarten.

Eine Funktion f heißt streng monoton steigend im Intervall I, wenn …	Eine Funktion f hat im Punkt $P(a \mid f(a))$ ein lokales Minimum, wenn …	Eine Funktion f hat im Intervall I ein absolutes Maximum, wenn …

Vergleicht eure Definitionen untereinander und mit denen in der Formelsammlung oder im Lexikon.

Aufgaben

2 *Entwicklungen und Veränderungen – grafisch dargestellt*

a) Welche Kurve passt zu den Aussagen?

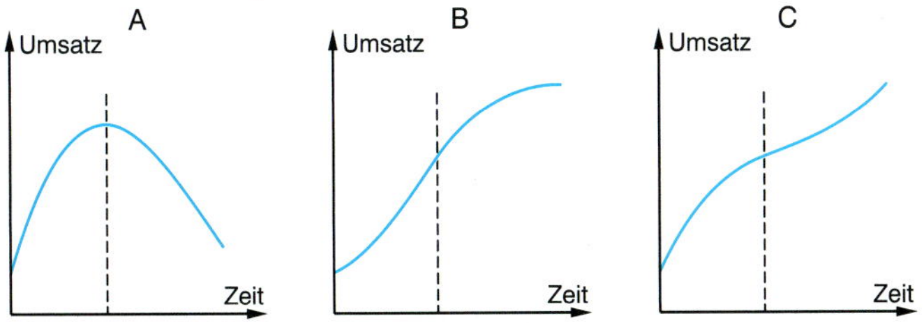

Auszug aus dem Jahresbericht einer Firma:

„Erfreulicherweise konnten wir den Umsatz über das ganze Jahr hinweg ständig steigern. Bedenklich ist allerdings, dass die Anfangsphase mit wachsender Zunahme dann durch eine Phase mit geringer werdender Zunahme abgelöst wurde.“

Begründe. Die Änderung der Tangentensteigung kann dabei nützlich sein.

b) Ändere den Jahresbericht so ab, dass er jeweils zu den beiden anderen Kurven passt.

3 *Kurven „erfahren“*

Rechts siehst du einen Ausschnitt aus dem Parcours eines Geschicklichkeitsfahrens mit dem Fahrrad von oben. Beschreibe die Fahrt, wenn du den Parcours von links nach rechts durchfährst. Was lässt sich über die Lenkradstellung auf verschiedenen Teilstrecken sagen? Wo ist der Parcours besonders schwierig, wo kann man am schnellsten fahren?

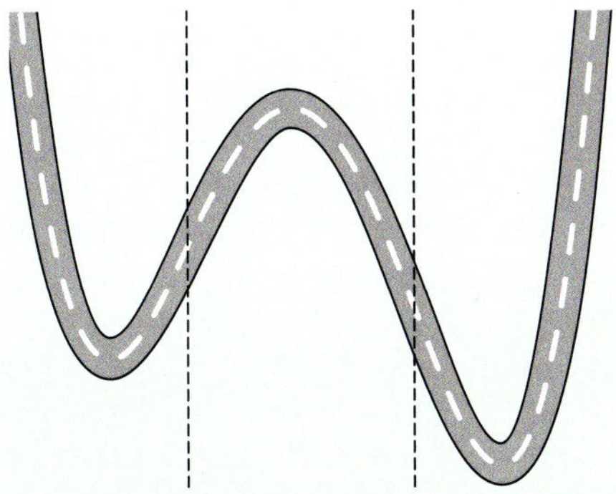

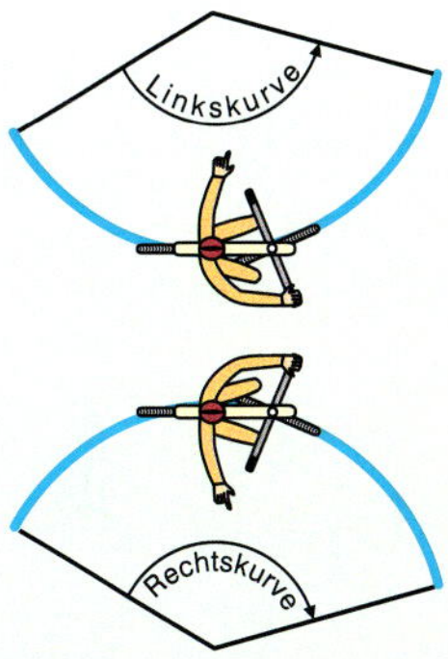

Der Parcoursausschnitt kann im Intervall [–2; 6,6] durch die Funktion $f(x) = \frac{1}{8}x^4 - \frac{9}{8}x^3 + \frac{7}{4}x^2 + 3x$ beschrieben werden.

Bestimme die zweite Ableitung und skizziere mit dem GTR die Graphen von f und f''. Erkennst du Zusammenhänge zwischen Lenkradstellung und der zweiten Ableitung in bestimmten Intervallen? Beschreibe.

Intervall	Lenkradstellung	f''(x)
[–2; 0,6[	■	> 0
■	rechts	■
■	■	■

4 *Hochwasser, Radtour und Verkaufszahlen*

In dem skizzierten Funktionsgraphen zu einer Funktion f sind besondere Punkte markiert.

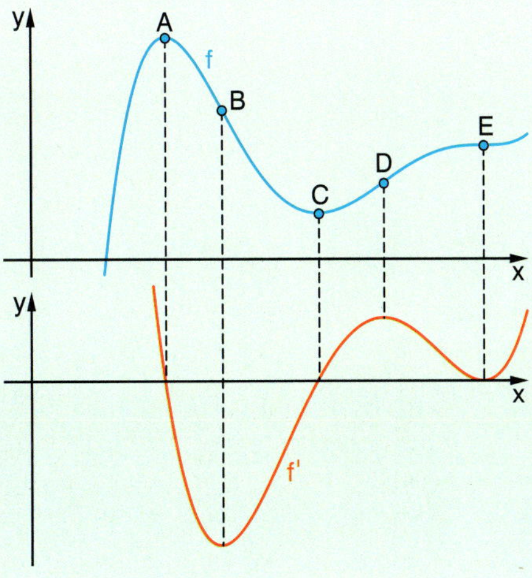

a) Beschreibe die Bedeutung dieser Punkte, wenn die Funktion
(1) den Pegelstand eines Flusses innerhalb einer Woche beschreibt,
(2) das Höhenprofil einer Radtour darstellt,
(3) die Verkaufszahlen eines Produkts innerhalb eines Jahres beschreibt.

b) Begründe, dass der untere Funktionsgraph die Ableitung von f darstellt. Beschreibe Zusammenhänge zwischen dem Kurvenverlauf von f und der Ableitungsfunktion (insbesondere an den besonderen Punkten).

Aufgaben

Forschungsaufgabe

5 *Zusammenhänge zwischen Funktion und Ableitungen*

Wählt mit einer Gruppe jeweils eine der nebenstehenden Funktionen aus.

A: $f(x) = 4x^3 - 16x$
B: $f(x) = x^3 - x^2 - 8x + 12$
C: $f(x) = x^3 - x^2 - 5x - 3$
D: $f(x) = 0{,}1x^3 - 0{,}3x^2 + 1{,}5x + 1{,}9$
E: $f(x) = 0{,}5x^3 + 1{,}5x^2 + 1{,}5x + 0{,}5$
F: $f(x) = 2x^3 - 8x + 10$
G: $f(x) = 2x^3 + 8x$

Arbeit in den Gruppen
a) bis d)

a) **Graphen auf dem GTR**
Zeichnet mit dem GTR den Graphen zu f(x) und die Graphen der zugehörigen Ableitungsfunktionen f'(x) und f''(x) in ein geeignetes Grafikfenster.

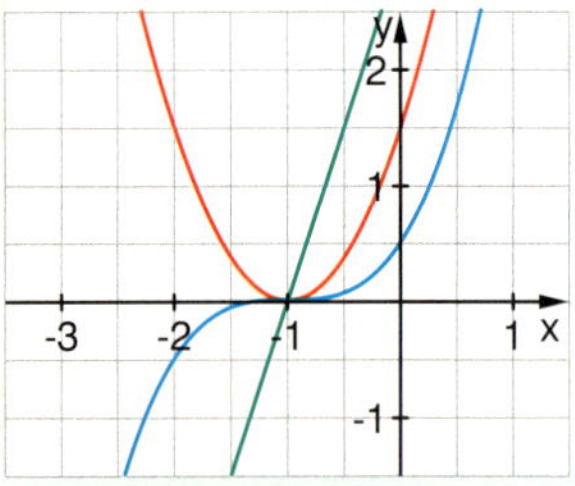

b) **Graphen auf Poster**
Übertragt die Graphen auf ein Poster (Graph von f in blau, f' in rot und f'' in grün).
Kennzeichnet möglichst genau die Koordinaten der „besonderen Punkte" der Graphen von f, f' und f'' (Nullstellen, Extrempunkte, Wendepunkte).

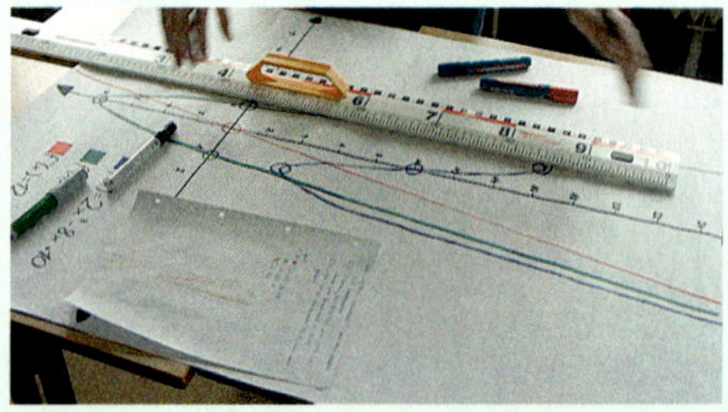

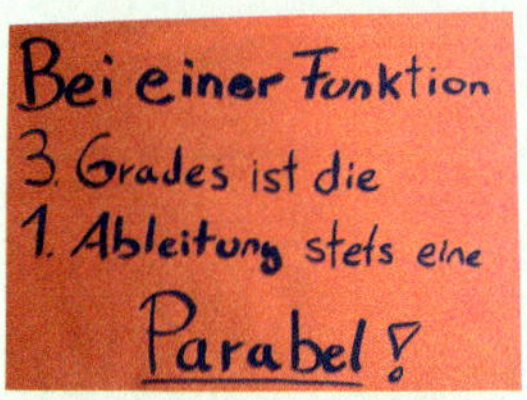

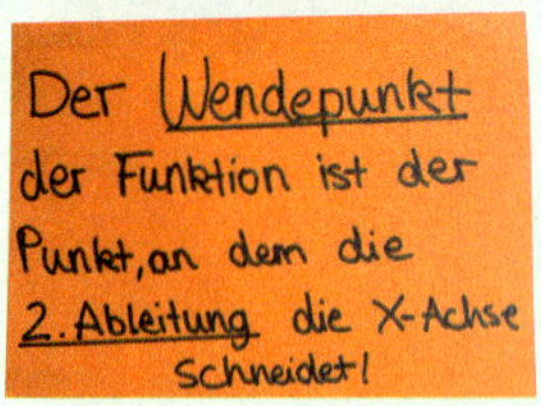

c) **Zusammenhänge erkennen, formulieren und begründen**
Erkennt ihr Zusammenhänge zwischen dem Graphen von f und den Graphen der Ableitungsfunktionen? Achtet hierbei vor allem auf die „besonderen Punkte".
Formuliert eure Erkenntnisse möglichst exakt als Sätze.
Überprüft eure Vermutungen auch an den Postern anderer Arbeitsgruppen.
Verändert oder präzisiert gegebenenfalls eure Aussagen.
Findet ihr eine plausible Begründung für den erkannten Zusammenhang?
Formuliert auch diese Begründung.

d) **Sammeln in einer Mindmap**
Schreibt die Aussagen, die euch nach Überprüfung immer noch wichtig und richtig erscheinen, auf DIN-A4-Zettel und heftet diese auf eine bereitgestellte Pinnwand.
Es entsteht eine ungeordnete Mindmap.

Arbeit im Plenum

e) **Ordnen und Sichern der Ergebnisse**
Vergleicht und diskutiert die gefundenen Aussagen im Plenum (vorher die Poster aufhängen). Versucht dann gemeinsam, die Mindmap zu ordnen.
Die allgemein anerkannten und begründeten Aussagen werden schließlich auf Karteikarten festgehalten.

Basiswissen

Die erste Ableitung gibt Auskunft über das Änderungsverhalten der Funktion f an der Stelle x. Geometrisch wird dies durch die Steigung der Tangente an den Graphen im Punkt $(x|f(x))$ erfasst. Die zweite Ableitung $f''(x)$ ist die Ableitung der ersten Ableitung, sie beschreibt also das Änderungsverhalten der Ableitung. Anschaulich ist dies die Änderungsrate der Tangentensteigung.

Geometrische Bedeutung der zweiten Ableitung

Die Änderungsrate $f''(x)$ der Tangentensteigung $f'(x)$ gibt eine Vorstellung davon, in welcher Weise der Graph von f „gekrümmt" ist.

Wenn $f''(x) > 0$, so nehmen die Tangentensteigungen zu.

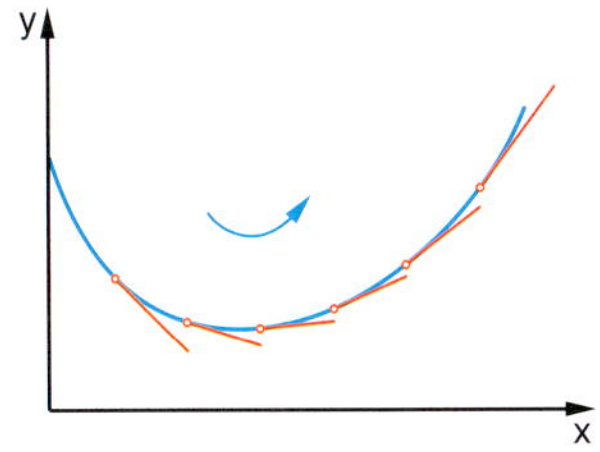

Die Tangenten drehen links herum.
Der Graph ist *linksgekrümmt*.

Wenn $f''(x) < 0$, so nehmen die Tangentensteigungen ab.

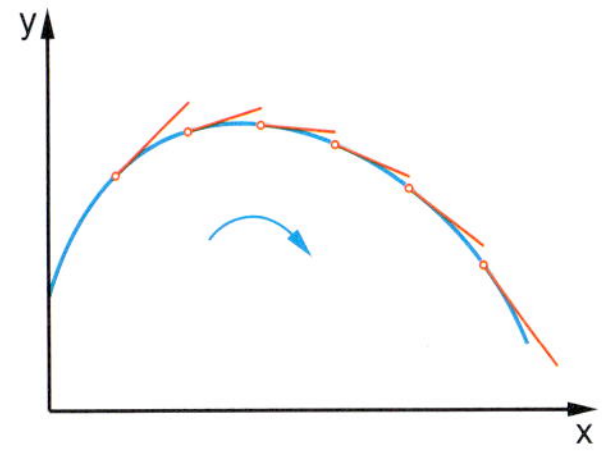

Die Tangenten drehen rechts herum.
Der Graph ist *rechtsgekrümmt*.

Ein **Wendepunkt** ist ein Punkt, in dem die Art der Krümmung wechselt.

Beispiele

A In welchen Intervallen ist der Graph der Funktion $f(x) = \frac{1}{6}x^3 - x^2$ linksgekrümmt, in welchen rechtsgekrümmt?

Lösung: $f'(x) = \frac{1}{2}x^2 - 2x \qquad f''(x) = x - 2$

In der grafischen Darstellung erkennt man, dass die zweite Ableitung für $x < 2$ negativ und für $x > 2$ positiv ist.
Also ist der Graph für $x < 2$ rechtsgekrümmt, für $x > 2$ linksgekrümmt, bei $x = 2$ ist der Wendepunkt, bei dem der Übergang von einer Rechts- zu einer Linkskurve stattfindet.
Algebraisch erkennt man dies direkt an dem Term von $f''(x)$.

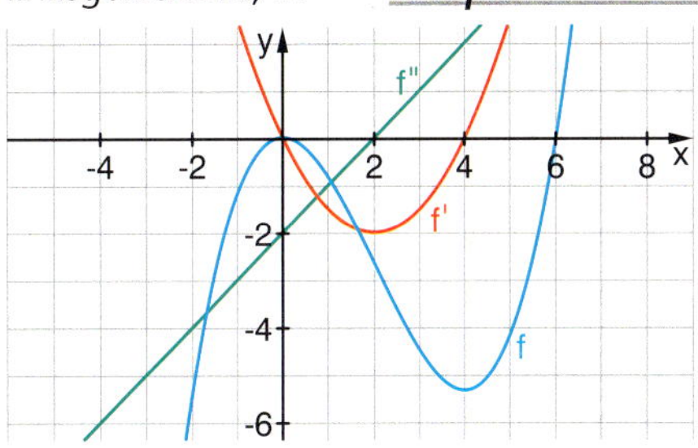

B Eine Möbelfirma stellt exklusive Designerstühle her. Die Produktionskosten K hängen von der an einem Tag produzierten Menge x ab. Sie werden im Produktionsbereich von 0 bis 300 Stück durch die Funktion $K(x) = x^3 - 3x^2 + 6x + 1$ modelliert (x gibt die Stückzahl in Hundert an, K(x) die Produktionskosten in Zehntausend Euro).
Beschreibe die Entwicklung der Produktionskosten mithilfe der Ableitungen.

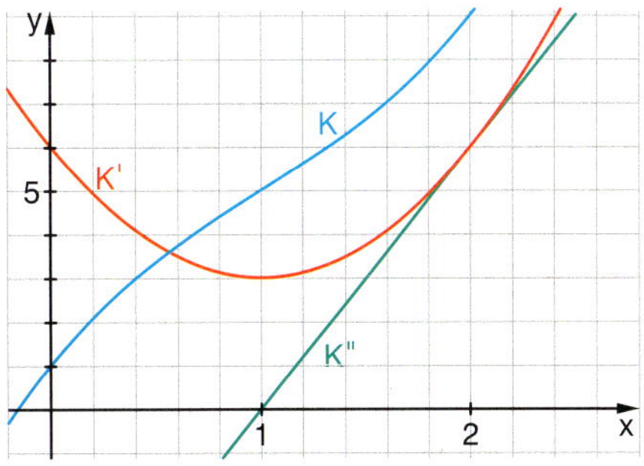

Lösung: Der **Graph von K** verrät, dass erwartungsgemäß die Produktionskosten durchweg ansteigen: Je mehr produziert wird, desto höher sind die Kosten.
Der Graph von K' bestätigt das monotone Wachstum, denn es gilt im gesamten Intervall $K'(x) > 0$. Die Zunahme der Produktionskosten wird aber zunächst kleiner. Ab 100 Stück $(x = 1)$ wächst sie wieder an. K' hat dort ein Minimum.
Der Graph von K'' zeigt das Schrumpfen der Zunahme der Produktionskosten, denn anfangs ist $K''(x) < 0$, d.h. negativ. Bei einer Produktion von 100 Stühlen liegt die geringste Zunahme der Produktionskosten $(K''(1) = 0)$ vor. Danach wächst die Zunahme der Produktionskosten wieder an $(K''(x) > 0)$.

Übungen

Schikane: Mehrere Kurven in kurzem Abstand

6 *Motorradrennen*

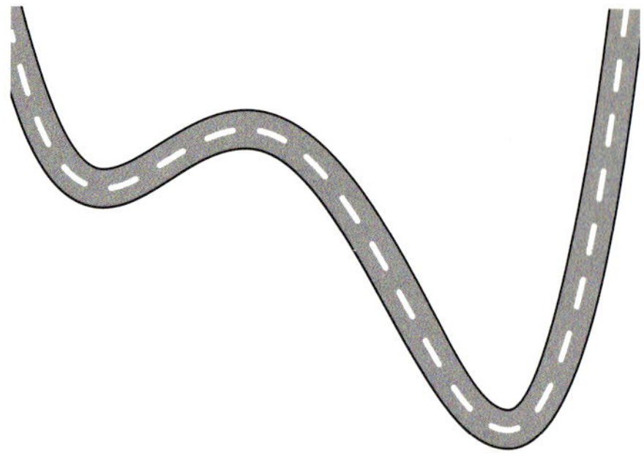

a) Der nebenstehende Funktionsgraph ist die Luftaufnahme einer Schikane eines Motorradrennkurses. Sie kann im Intervall [−3; 5] durch die Funktion

$f(x) = 0{,}125\,x^4 - 0{,}25\,x^3 - 1{,}5\,x^2$

modelliert werden.

Beschreibe das Fahrverhalten (Körperlage) der Fahrer, wenn die Strecke von links nach rechts durchfahren wird.

b) Geschickte Rennfahrer zeichnen sich dadurch aus, dass sie die richtige Stelle zum Wechsel der Kurvenlage finden. An diesen Stellen sitzen die Fahrer aufrecht. Wo liegen diese Stellen? Berechne sie mithilfe der oben angegebenen Funktion.

7 *Ableitungspuzzle*

Eine Skizze der ersten Ableitung kann helfen.

Ordne die zweiten Ableitungen ((A)-(D)) den Funktionen ((1)-(4)) zu.

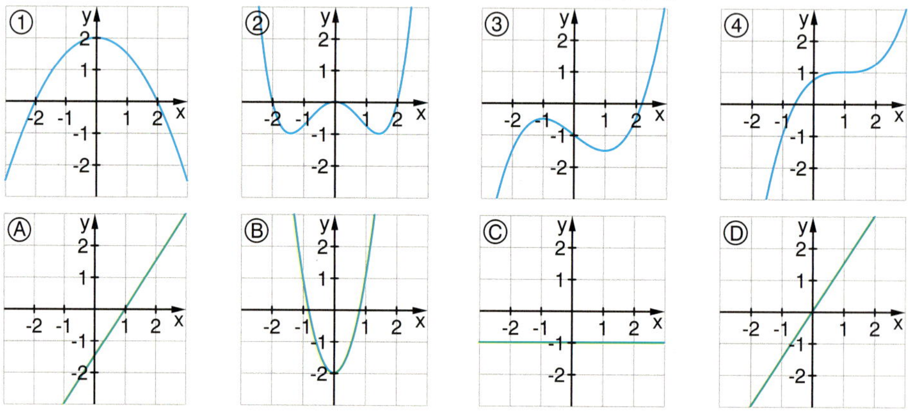

8 *Krümmungsverhalten bekannter Funktionen*

a) Beschreibe das Krümmungsverhalten von linearen Funktionen. Was sagt die zweite Ableitung?

b) Beschreibe das Krümmungsverhalten der Sinusfunktion $f(x) = \sin(x)$ und bestätige es durch eine Skizze der zweiten Ableitung.

c) Beschreibe das Krümmungsverhalten von $f(x) = \frac{1}{x}$ und bestätige es.

9 *Eine Gewinnbilanz*

Die Grafik zeigt die Entwicklung der Gewinne einer Firma seit 1998.

a) Beschreibe die Entwicklung mit Worten.

b) Der Chef möchte für 2009 gerne Subventionen haben und muss dazu möglichst eine „negative" Prognose angeben. Hast du eine Idee?

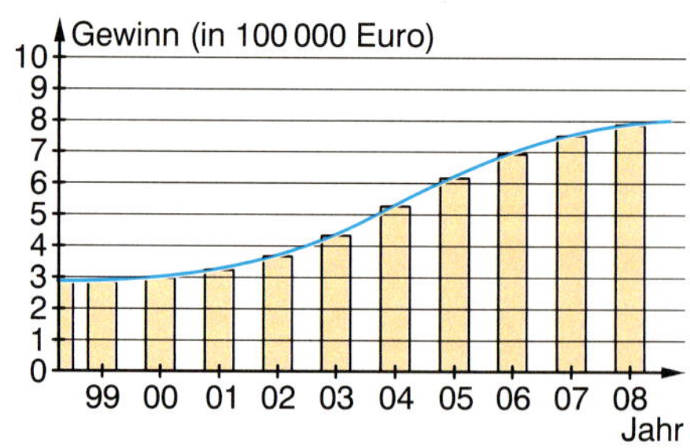

10 *Schlagzeilen zu Tierbeständen*

Der Bestand an Eisbären sinkt ständig weniger.	Das Wachstum des Bestandes an Polarfüchsen wird geringer.	Die Zahl der Berglöwen nimmt immer schneller ab.

Skizziere zu jeder Aussage eine angemessene Grafik und die dazugehörende erste und zweite Ableitung.

Basiswissen

Die Eigenschaften Monotonie und Krümmung und die besonderen Punkte (Hochpunkte, Tiefpunkte und Wendepunkte) einer Funktion spiegeln sich in ihren Ableitungen wider. Damit ist es möglich, diese Eigenschaften und die besonderen Punkte des Graphen der Funktion f aus den Ableitungen f′ und f″ abzulesen.

Alle hier aufgeführten Zusammenhänge und Aussagen setzen voraus, dass die Funktionen an jeder Stelle des betrachteten Definitionsbereiches differenzierbar sind.

Zusammenhang zwischen einer Funktion und ihren Ableitungen

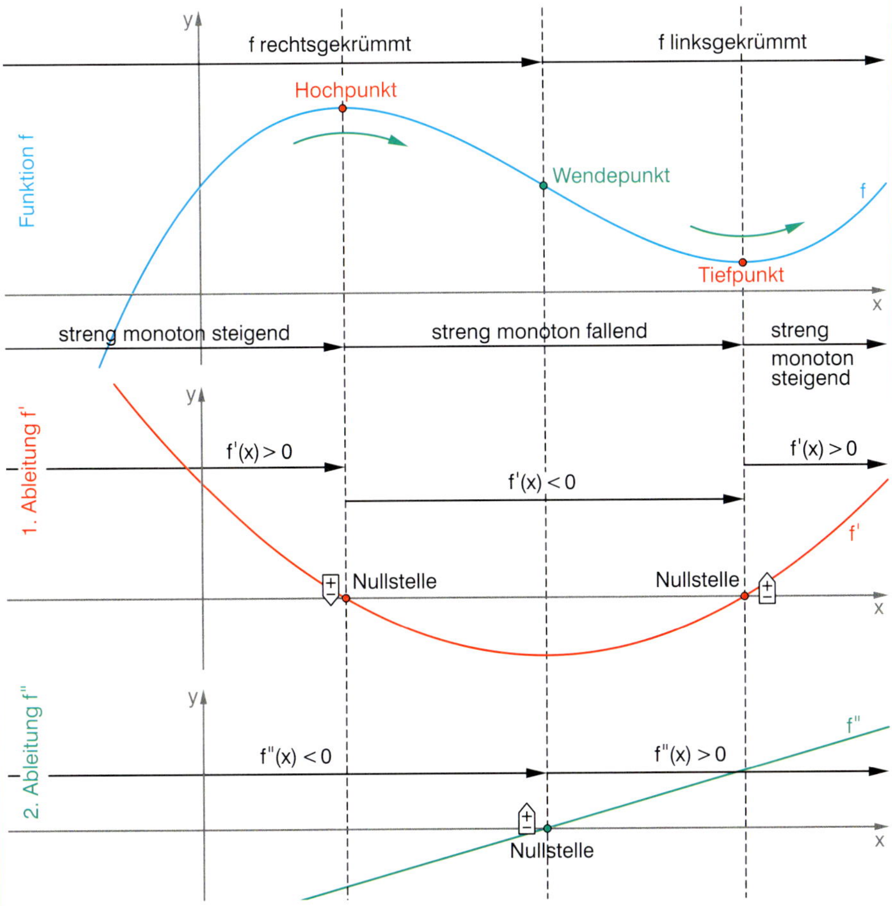

Das Vorzeichen von f′(x) gibt Auskunft über Steigen oder Fallen von f.

In Intervallen, in denen $f'(x) > 0$, ist f streng monoton steigend.
In Intervallen, in denen $f'(x) < 0$, ist f streng monoton fallend.

lokale Extrempunkte

Ein Vorzeichenwechsel von f′(x) kennzeichnet lokale Extrempunkte von f.

An der Stelle,
an der f′(x) das Vorzeichen von + nach – wechselt, liegt ein Hochpunkt von f vor.
an der f′(x) das Vorzeichen von – nach + wechselt, liegt ein Tiefpunkt von f vor.

An der Stelle, an der f einen lokalen Extrempunkt hat, ist $f'(x) = 0$.

Krümmung

Das Vorzeichen von f″(x) gibt Auskunft über das Krümmungsverhalten von f.

In Intervallen, in denen $f''(x) > 0$, ist f linksgekrümmt.
In Intervallen, in denen $f''(x) < 0$, ist f rechtsgekrümmt.

Wendepunkt

Ein Vorzeichenwechsel von f″(x) kennzeichnet Wendepunkte von f.

An der Stelle, an der f″(x) einen Vorzeichenwechsel hat, hat f einen Wendepunkt.
An der Stelle, an der f einen Wendepunkt hat, ist $f''(x) = 0$.

Beispiele

C *Eine Aufgabe aus einem internationalen Mathematiktest*

Welcher der folgenden Graphen hat die nachstehenden Eigenschaften?
$f'(0) > 0$ und $f'(1) < 0$ und $f''(x)$ ist immer negativ.

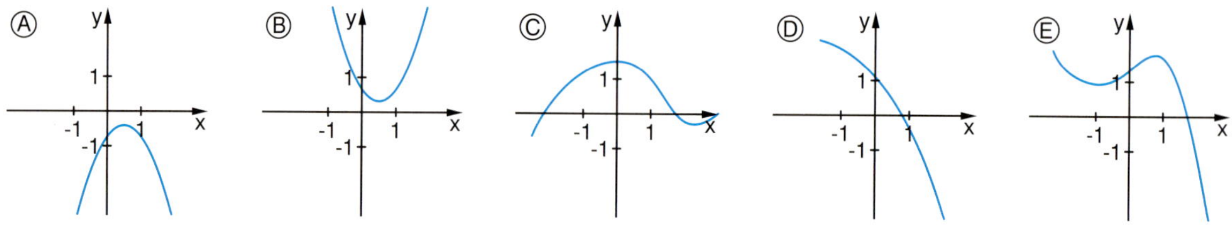

Lösung: **$f'(0) > 0$** besagt, dass der Graph von f an der Stelle 0 eine Tangente mit positiver Steigung hat. Dies wird nur von den Graphen A und E erfüllt.
$f'(1) < 0$ besagt, dass der Graph von f an der Stelle 1 eine Tangente mit negativer Steigung hat. Die Graphen von A und E erfüllen beide auch diese Bedingung.
$f''(x)$ ist immer negativ besagt, dass der Graph überall rechtsgekrümmt ist. Der Graph E erfüllt diese Bedingung nicht, er ist zunächst linksgekrümmt und dann rechtsgekrümmt. Der Graph A erfüllt die Bedingung. Da er gleichzeitig die ersten beiden Bedingungen erfüllt, ist er der gesuchte Graph.

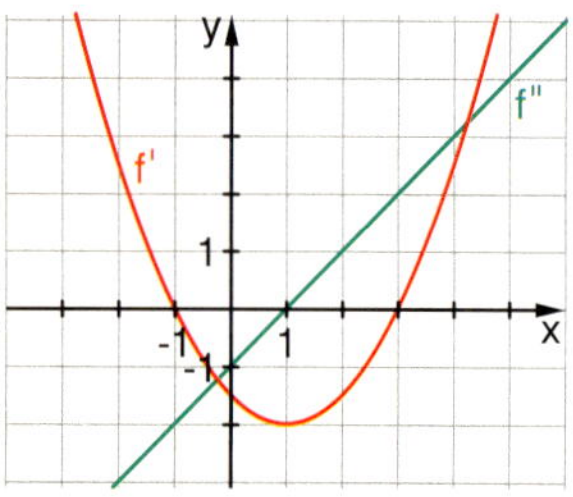

D *Von den Ableitungen zur Funktion*

Welche Aussagen liefern die abgebildeten Graphen der Ableitungen f' und f'' über den Graphen der zugehörigen Funktion f? Skizziere den Graphen von f.

Lösung:
Die erste Ableitung f' hat zwei Nullstellen: bei $x_1 = -1$ mit Vorzeichenwechsel von + nach – und bei $x_2 = 3$ mit Vorzeichenwechsel von – nach +.
f hat also an der Stelle –1 einen Hochpunkt, an der Stelle 3 einen Tiefpunkt.

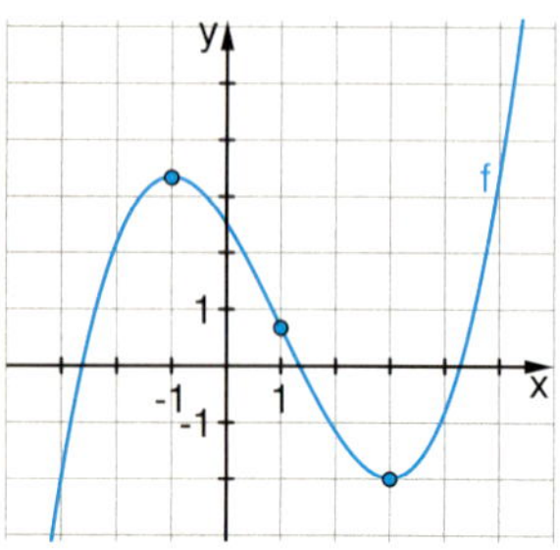

Für $x < -1$ und $x > 3$ ist $f'(x) > 0$, f ist dort streng monoton steigend.
Für $-1 < x < 3$ ist $f'(x) < 0$, f ist dort streng monoton fallend.
Die zweite Ableitung f'' hat an der Stelle $x_3 = 1$ einen Vorzeichenwechsel, f hat dort einen Wendepunkt.
Für $x < 1$ ist $f''(x) < 0$, der Graph ist hier rechtsgekrümmt,
für $x > 1$ ist $f''(x) > 0$, der Graph ist hier linksgekrümmt.

Über die genaue Lage des Graphen von f gewinnt man keine Information, er kann in Richtung der y-Achse beliebig verschoben werden.

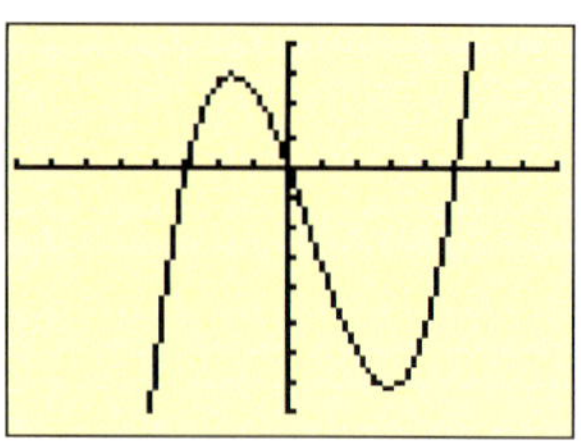

E *Rechnerische Bestimmung von besonderen Punkten*

Der Graph der Funktion $f(x) = x^3 - 2x^2 - 15x$ wurde mit dem GTR gezeichnet. Bestimme rechnerisch mithilfe der Funktionsgleichung die exakten Koordinaten der lokalen Extrempunkte und des Wendepunktes.

Lösung:
Extrempunkte kann es nur an den Stellen geben, an denen gilt: $f'(x) = 3x^2 - 4x - 15 = 0$.
Die Gleichung $3x^2 - 4x - 15 = 0$ hat die beiden Lösungen $x_1 = -\frac{5}{3}$ und $x_2 = 3$.
Einsetzen dieser Werte in die Funktionsgleichung liefert die zugehörigen y-Werte:
$f\left(-\frac{5}{3}\right) = \frac{400}{27} \approx 14{,}815$ und $f(3) = -36$.

Der Hochpunkt hat die Koordinaten $\left(-\frac{5}{3} \middle| \frac{400}{27}\right)$, der Tiefpunkt $(3 \mid -36)$.
Im Wendepunkt muss $f''(x) = 6x - 4 = 0$ sein. Dies ist bei $x_3 = \frac{2}{3}$ der Fall.
Die Berechnung des Funktionswertes an dieser Stelle liefert $f\left(\frac{2}{3}\right) \approx -10{,}593$.
Der Wendepunkt hat die Koordinaten $\left(\frac{2}{3} \middle| -\frac{286}{27}\right)$.

Übungen

11 Eine Funktion f erfüllt gleichzeitig folgende Bedingungen:
A: Die Punkte P(2|3), Q(4|5) und R(6|7) liegen auf dem Graphen.
B: $f'(6) = 0$ und $f'(2) = 0$.
C: $f''(x) > 0$ für $x < 4$, $f''(4) = 0$ und $f''(x) < 0$ für $x > 4$.
Skizziere einen möglichen Graphen von f.
Vergleiche mit den Skizzen anderer und begründe gegebenenfalls deine Wahl.

12 Welche der folgenden Graphen können jeweils zu einer Funktion f mit folgenden Eigenschaften gehören?

I $f'(a) = 0$ | **II** $f''(x) < 0$ für alle x | **III** $f'(a) < 0$ und $f''(x) > 0$ für alle x

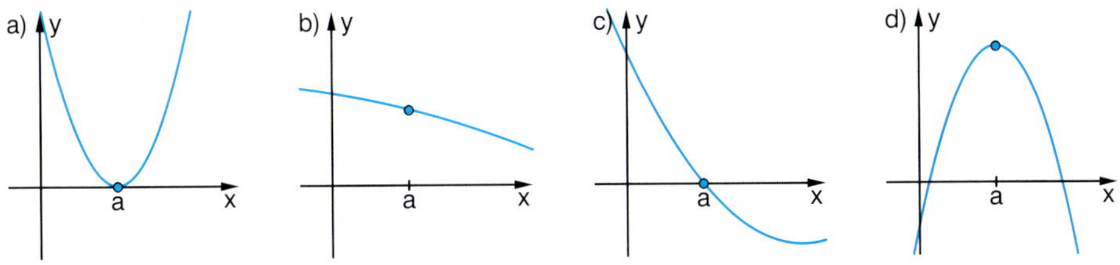

13 Im Folgenden sind vier Ableitungsfunktionen und vier Graphen der zugehörigen Funktionen gegeben. Ordne passend zu. Begründe deine Entscheidung.

$g'(x) = x(x-2)$ | $f'(x) = x - 2$ | $h'(x) = x^2 - 2x + 1$ | $k'(x) = 4 - x$

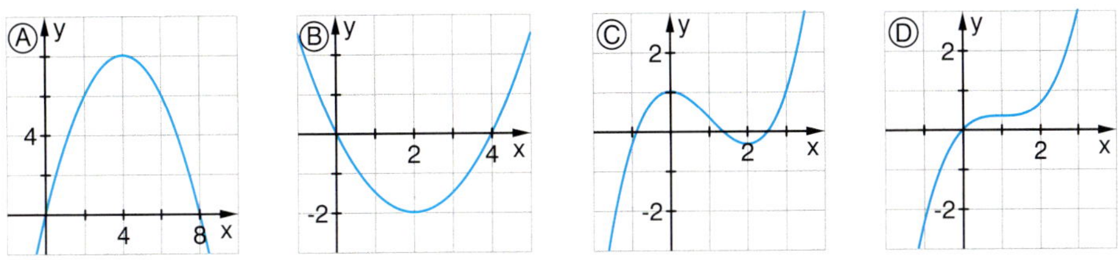

14 Skizziere in einem gemeinsamen Koordinatensystem jeweils einen Funktionsgraphen, so dass die folgenden Bedingungen im gewählten Bildausschnitt (Intervall) erfüllt sind.
a) Die erste und zweite Ableitung sind immer positiv.
b) Die erste Ableitung ist immer positiv, die zweite Ableitung immer negativ.
c) Die erste und zweite Ableitung sind immer negativ.
d) Die erste Ableitung ist immer negativ, und die zweite Ableitung hat an einer Stelle a einen Vorzeichenwechsel von – nach +.
e) Die erste Ableitung ist immer positiv, und die zweite Ableitung hat an einer Stelle a einen Vorzeichenwechsel von + nach –.

Denke dir selbst solche Bedingungen aus und tausche die Aufgaben mit deinem Tischnachbarn aus.

15 Welche der folgenden Funktionen erfüllt gleichzeitig die Bedingungen A, B und C?
A: Die Funktion hat ein lokales Minimum an der Stelle $x = 2$.
B: Die Funktion hat einen Wendepunkt an der Stelle $x = 0$.
C: Der Graph ist links vom Wendepunkt rechtsgekrümmt.
$f(x) = \frac{1}{3}x^3 - 4x$ $\quad g(x) = \frac{1}{3}x^3 - 2x^2 + 4x - \frac{1}{2}$ $\quad h(x) = -\frac{f(x)}{4}$
Entscheide zunächst nur durch Rechnen und überprüfe dann mithilfe der Graphen.

16 Bestimme rechnerisch mithilfe der Funktionsgleichung die exakten Koordinaten der lokalen Extrempunkte und der Wendepunkte.
a) $f(x) = \frac{1}{3}x^3 - 4x$ b) $f(x) = \frac{1}{4}x^3 - 3x^2 + 9x$
c) $f(x) = 0{,}5x^4 - 3x^2$ d) $f(x) = \frac{1}{4}x^4 - \frac{3}{2}x^3 + 2$

Mache die Probe mit dem Graphen auf dem GTR.

Übungen

In den folgenden Übungen geht es um die Zusammenhänge zwischen einer Funktion und ihren Ableitungen. Dabei wird auch das mathematische **Argumentieren** trainiert. Die beiden **Exkurse** geben eine Orientierungshilfe.

17 *Sattelpunkte*

a) Sind dir bei deinen bisherigen Kurvenuntersuchungen schon Funktionsgraphen mit Sattelpunkten begegnet? Gib Beispiele mit den Funktionsgleichungen an und skizziere die Graphen.

b) Welche der folgenden Funktionen weisen einen Sattelpunkt auf? An welcher Stelle liegt dieser jeweils?

$f(x) = (x-1)^3$ $\quad g(x) = x^2(x-2)$

$h(x) = x^3 + x$ $\quad k(x) = \frac{1}{2}x^4 - 3x^2 - 4x$

Ein Wendepunkt mit waagerechter Tangente wird als **„Sattelpunkt"** bezeichnet.

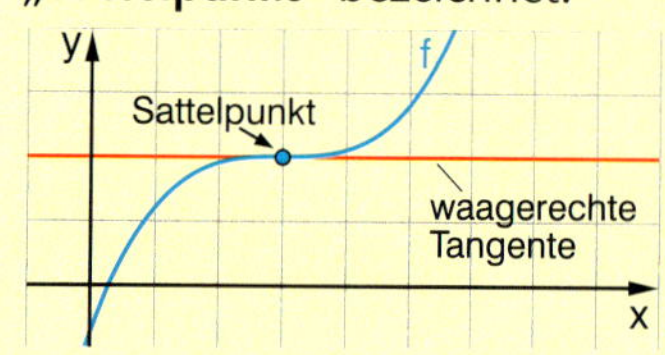

18 *Genauer hingeschaut*

Im Basiswissen auf Seite 193 steht der Satz:

„An der Stelle x_E, an der f einen lokalen Extremwert hat, ist $f'(x_E) = 0$."

a) Schreibe den Satz in der Wenn-dann-Form: *„Wenn f an der Stelle x_E … hat, dann gilt … ."*

b) Begründe mit einem Gegenbeispiel, dass die Umkehrung des Satzes aus a) *„Wenn $f'(x_E) = 0$, dann hat f an der Stelle x_E einen lokalen Extremwert"* nicht wahr ist.

c) Ist der folgende Satz wahr? *„Wenn die erste Ableitung an der Stelle a nicht Null ist ($f'(a) \neq 0$), dann kann f an der Stelle a keinen lokalen Extremwert haben."*

Du kannst sowohl mit der geometrischen Bedeutung der ersten Ableitung als auch mit dem anfangs zitierten Satz argumentieren.

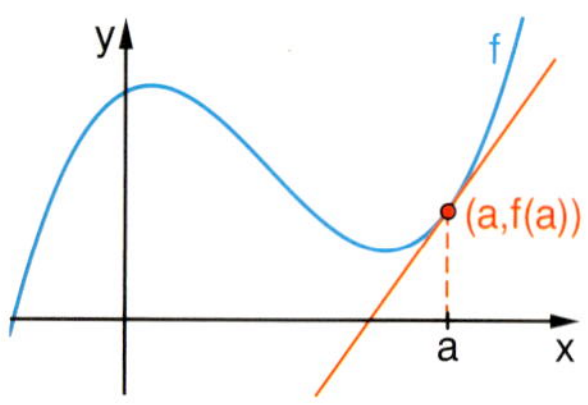

Logik Exkurs 1

Satz und Umkehrung

Sätze haben oft die Form: **Wenn A, dann B.**
In A wird die Voraussetzung formuliert, in B die Behauptung.
Die „Wenn-dann-Aussage" wird auch in der Form $A \Rightarrow B$ („Aus A folgt B") geschrieben.

Wenn X ein Deutscher ist, dann ist X ein Europäer.

Wenn die Zahl n ein Vielfaches von 2 ist, dann ist auch n·n ein Vielfaches von 2.

Beide Sätze sind wahr.

Wenn Voraussetzung A und Behauptung B vertauscht werden, dann erhält man die **Umkehrung des Satzes: Wenn B, dann A**
($A \Leftarrow B$ „Aus B folgt A")

Wenn X ein Europäer ist, dann ist X ein Deutscher.

Wenn die Zahl n·n ein Vielfaches von 2 ist, dann ist n ein Vielfaches von 2.

Wenn ein Satz wahr ist, so muss nicht auch dessen Umkehrung wahr sein.

Die Umkehrung des 1. Satzes ist falsch (auch ein Franzose ist ein Europäer). Die Umkehrung des 2. Satzes ist wahr.

Hinreichende und notwendige Bedingungen
Bei einem wahren Satz $A \Rightarrow B$ sagt man
A ist *hinreichende Bedingung* für B,
denn aus der Gültigkeit von A folgt die Gültigkeit von B.

Das Vorliegen eines lokalen Extremwertes an der Stelle a ist hinreichend dafür, dass $f'(a) = 0$.

B ist *notwendige Bedingung* für A, denn wenn B nicht gilt, kann auch A nicht wahr sein.

$f'(a)=0$ ist notwendige Bedingung dafür, dass an der Stelle a ein lokaler Extremwert vorliegen kann.

19 *Logiktraining – Sätze aus dem Alltag*

Formuliere zu jedem Satz den Umkehrsatz und überprüfe beide auf ihre Gültigkeit.

a) Wenn es regnet, dann wird die Straße nass.

b) Wenn jemand einen Führerschein hat, darf er Auto fahren.

c) Wenn X der Täter ist, dann war er am Tatort.

Finde selbst solche Alltagsbeispiele.

Übungen

In der Formulierung mathematischer Sätze ist nicht immer die Wenn-dann-Form zu erkennen. Für das Begründen und Beweisen ist es hilfreich, Voraussetzung und Behauptung klar getrennt zu formulieren.

20 *Logiktraining – Mathematische Sätze*
Nenne in den folgenden Sätzen jeweils die Voraussetzung und die Behauptung und formuliere die Sätze als „Wenn-dann-Satz". Sind die Sätze wahr? Formuliere auch die Umkehrungen. Sind diese wahr?
a) Ein Viereck mit vier gleichlangen Seiten ist ein Quadrat.
b) Wurzeln aus Primzahlen sind irrational.
c) In gleichseitigen Dreiecken ist jeder Winkel 60° groß.
d) Durch 4 teilbare Zahlen sind gerade.
e) Im rechtwinkligen Dreieck gilt: $a^2 + b^2 = c^2$.

Partnerarbeit

21 *Wenn-dann-Puzzle*
Erstelle folgende Karten und lege einen Satz (___ ⇒ ___). Dein Partner soll entscheiden, ob der Satz gilt oder nicht. Danach tauscht ihr die Rollen.

Ⓐ $f'(a) = 0$	Ⓔ f hat an der Stelle a einen lokalen Extremwert.	Ⓦ f hat an der Stelle a einen Wendepunkt.	Ⓒ $f'(a) = 0$ und $f''(a) = 0$
Ⓑ $f''(a) = 0$	Ⓥ f' hat an der Stelle a einen Vorzeichenwechsel.	Ⓢ f hat an der Stelle a einen Sattelpunkt.	Ⓓ f'' hat an der Stelle a einen Vorzeichenwechsel.

22 *Weitere hinreichende Bedingungen zum Auffinden von lokalen Extrempunkten und Wendepunkten*

Wenn an der Stelle x_1 gilt:
$f'(x_1) = 0$ und $f''(x_1) > 0$, / $f''(x_1) < 0$, dann hat f bei x_1 einen lokalen Tiefpunkt. / Hochpunkt.

An der Stelle, an der f' einen lokalen Extrempunkt hat, hat f einen Wendepunkt.

a) Bestätige die hier aufgeführten Sätze an den Beispielen
$f_1(x) = \frac{1}{4}(x^3 - 9x^2 + 15x + 25)$ und $f_2(x) = x^3 - 3x^2 + 5$.
b) Begründe mithilfe der Kriterien im Basiswissen auf Seite 193.

23 Formuliere jeweils die Umkehrung der Sätze in Aufgabe 22 und überprüfe, ob sie wahr ist.

24 a) Zeige, dass für die Funktion $f(x) = x^4 - 8x^3 + 24x^2 - 32x + 15$ die erste und die zweite Ableitung an der Stelle $x = 2$ eine Nullstelle haben.
b) Kannst du sicher sein, dass der Graph von f an der Stelle $x = 2$ einen Sattelpunkt hat? Zeichne den Graphen und argumentiere mit den Sätzen im Basiswissen.

25 *Ganz genau hingeschaut*
Nicht immer werden in einem Wenn-dann-Satz alle Voraussetzungen explizit ausgeführt. Manche werden in dem gegebenen Zusammenhang generell vorausgesetzt. Ohne die nebenstehende Voraussetzung wäre der folgende Satz nicht wahr (vgl. Basiswissen Seite 193): *Wenn die Funktion f an der Stelle a einen lokalen Extremwert hat, dann ist f'(a) = 0.*

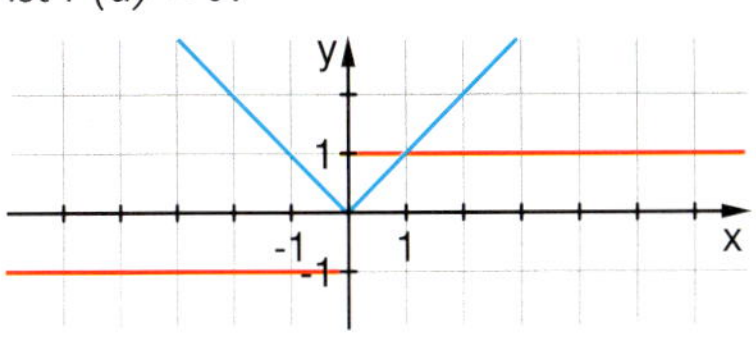

Erläutere, dass die Funktion $f(x) = |x|$ sonst als Gegenbeispiel den Satz widerlegen würde.

Bei den Sätzen in diesem Lernabschnitt wird immer vorausgesetzt, dass die betrachteten Funktionen an jeder Stelle ihres Definitionsbereichs differenzierbar sind.

Übungen

26 Die beiden Funktionen $f(x) = x$ und $g(x) = \frac{1}{x}$ haben beide für positive x keinen lokalen Extrempunkt. Hat $h(x) = f(x) + g(x)$ einen lokalen Extrempunkt? Bestimme gegebenenfalls seine Koordinaten.

Logik Exkurs 2

Begründen oder Widerlegen von Aussagen

Aussagen können wahr oder falsch sein.

Viele Aussagen sind **Allaussagen.**
Beispiel: *Für alle x aus dem Intervall I gilt: $f'(x) < 0$.*
Allaussagen können nicht durch ein zutreffendes Beispiel bewiesen werden.
Die Wahrheit der Behauptung muss durch logische Schlüsse aus den gegebenen Voraussetzungen gefolgert werden. Zum Widerlegen der Allaussage genügt allerdings ein einziges Gegenbeispiel.

Manche Sätze sind **Existenzaussagen.**
Beispiel: *Es gibt eine Stelle x im Intervall I, für die gilt: $f'(x)=0$.*
Zum Beweis einer Existenzaussage genügt die Angabe eines zutreffenden Beispiels. Dafür ist sie schwerer zu widerlegen. Man muss nämlich nachweisen, dass es wirklich kein $x \in I$ mit der geforderten Eigenschaft gibt.

Es können auch jeweils mehrere Antworten richtig sein.

27 Wähle jeweils die wahren Aussagen aus. Begründe mithilfe der Ableitungen.

a) $f(x) = x \cdot (x - 1)^2$ f hat an der Stelle 1

- **A** … ein lokales Minimum.
- **B** … eine Nullstelle.
- **C** … ein lokales Maximum.
- **D** …einen Wendepunkt.

b) $f(x) = (x - 1)^4$ f hat an der Stelle 1

- **A** … die Steigung 0.
- **B** … ein lokales Minimum.
- **C** … einen Wendepunkt.
- **D** … ein lokales Maximum.

c) $f(x) = \frac{1}{x}$ f ist im Intervall [1; 2]

- **A** … linksgekrümmt.
- **B** … rechtsgekrümmt.
- **C** … streng monoton fallend.
- **D** … streng monoton steigend.

d) $f(x) = \sqrt{x}$ f ist für alle $x > 0$

- **A** … streng monoton steigend.
- **B** … streng monoton fallend.
- **C** … linksgekrümmt.
- **D** … rechtsgekrümmt.

28 Welche der folgenden Aussagen sind wahr? Begründe deine Entscheidung.

A Wenn $f'(x) = 3x^2 - 4$, dann hat f genau zwei lokale Extrempunkte.
B Wenn $f'(x) = c$ für alle $x \in \mathbb{R}$, dann ist der Graph von f eine Gerade.
C Die lokalen Extrempunkte der Funktion $f(x) = \frac{1}{3}x^3 - 4x$ liegen auf einer Ursprungsgeraden.
D Die Hochpunkte der ganzrationalen Funktion $f(x) = -0{,}5x^4 + 4x^2 - 5$ liegen auf einer Geraden parallel zur x-Achse.

29 Der Term der ersten Ableitung $f'(x) = 4x^3 - 8x$ ist vorgegeben.

a) Leite daraus die charakteristischen Eigenschaften des Graphen von f ab.

Der Graph ist
… streng monoton wachsend in …
… streng monoton fallend in …
… linksgekrümmt in …
… rechtsgekrümmt in ….

Der Graph hat
… lokale Maxima an den Stellen …
… lokale Minima an den Stellen …
… Wendepunkte an den Stellen …

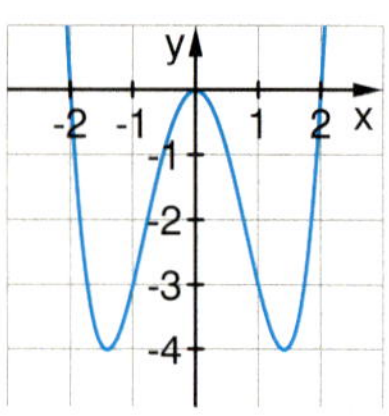

b) Passt der nebenstehende Funktionsgraph zu der gegebenen Ableitungsfunktion? Begründe.

Was die Ableitungen alles über die Funktion verraten

Übungen

30 Der Graph der Ableitungsfunktion f′ der Funktion f ist gegeben.

a) Begründe mithilfe des Graphen von f′:

(1) f hat genau einen Tiefpunkt und einen Hochpunkt.

(2) f hat genau einen Wendepunkt, dieser liegt an der Stelle $x_w = 1$.

(3) Die Tangente im Wendepunkt hat eine positive Steigung.

(4) f ist im Intervall [−2; 4] streng monoton wachsend.

b) Skizziere den Verlauf des Graphen von f. Es gilt f(0) = 0.

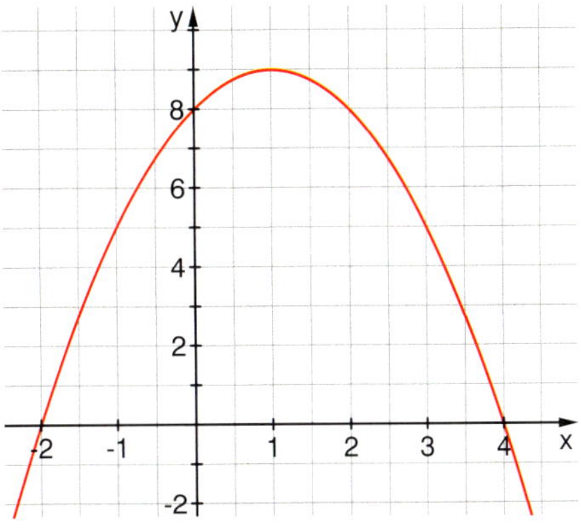

Scheitelpunkt S(1|9) f′(2) = 8

31 Der Graph der Ableitungsfunktion f′ der Funktion f ist gegeben.

a) Begründe mithilfe des Graphen von f′:

(1) f hat keine lokalen Extrema.

(2) f hat genau einen Wendepunkt, dieser liegt an der Stelle $x_w = 2$.

(3) Die Tangente im Wendepunkt hat eine positive Steigung.

(4) f ist im ganzen Definitionsbereich streng monoton wachsend.

b) Skizziere den Verlauf des Graphen von f. Es gilt f(0) = 0.

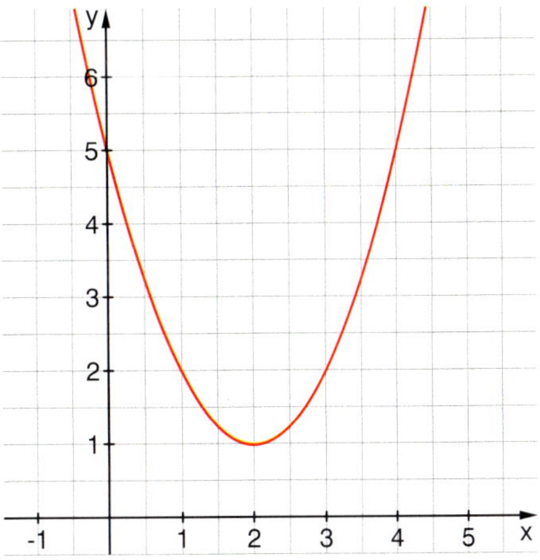

Scheitelpunkt S(2|1) f′(3) = 2

32 Der Graph der Ableitungsfunktion f′ der Funktion f ist gegeben.

a) Begründe mithilfe des Graphen von f′:

(1) f hat keinen lokalen Extrempunkt.

(2) f hat genau einen Wendepunkt, dieser ist ein Sattelpunkt.

(3) Die Tangente im Wendepunkt hat keine negative Steigung.

(4) f ist im ganzen Definitionsbereich streng monoton wachsend.

b) Skizziere den Verlauf des Graphen von f. Es gilt f(0) = 0.

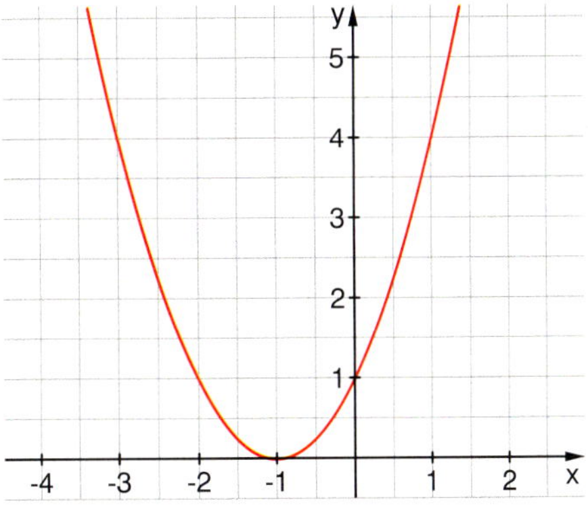

Scheitelpunkt S(−1|0) f′(0) = 1

33 Die Funktionsgleichung der zweiten Ableitung f″(x) = 2x + 2 ist gegeben.
Es gilt zusätzlich f′(−1) = 0 und f(0) = 0.

a) Begründe mithilfe der vorliegenden Informationen:

(1) f′ hat an der Stelle −1 einen Tiefpunkt.

(2) f hat genau einen Wendepunkt, dieser ist ein Sattelpunkt.

(3) Der Graph von f geht am Wendepunkt von einer Rechts- in eine Linkskrümmung über.

(4) f ist im ganzen Definitionsbereich monoton wachsend.

b) Skizziere einen möglichen Verlauf des Graphen von f.

Überlege, wie du Funktionsterme zu den gegebenen Ableitungstermen finden kannst. („Ableiten rückwärts“)

Übungen

Interpretation von Funktionen und ihren Ableitungen in Anwendungen

34 *Längenwachstum*

Das Wachstum von Jugendlichen erfolgt nicht gleichmäßig, sondern in Schüben und unterschiedlichen Phasen. In dem folgenden Graphen ist ein typischer Wachstumsverlauf eines Mädchens im Alter von 10 bis 16 Jahren dargestellt. Dabei wurden die Messwerte jeweils am Ende eines Lebensjahres in das Koordinatensystem übertragen und durch eine „glatte" Kurve verbunden. Die beiden Graphen darunter zeichnen jeweils die Geschwindigkeit und die Beschleunigung des Wachstums zu den verschiedenen Zeiten der Wachstumsphase auf.

Wachstumstabelle von Luisa

Alter in Jahren	Körpergröße in cm
10	136
11	139
12	144
13	153
14	159
15	163
16	164

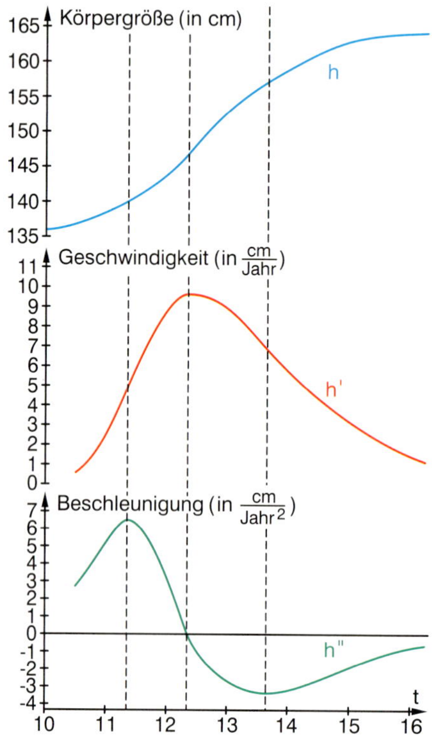

a) Beschreibe den Verlauf der Wachstumskurve h(t) in den verschiedenen Phasen. Benutze dabei auch die Informationen aus dem Geschwindigkeitsgraphen h′(t) und dem Beschleunigungsgraphen h″(t).

b) Beantworte mithilfe der drei Graphen:
- Zu welchem Zeitpunkt ist die Wachstumsgeschwindigkeit am größten? Wie zeigt sich dies jeweils in den Graphen von h und h″?
- Etwa ab 12,5 Jahren nimmt die Wachstumsgeschwindigkeit wieder ab. Wie äußert sich dies jeweils in den Graphen von h und h″?
- Welche Bedeutung hat die Nullstelle von h″ für die Wachstumskurve h ?
- Wie verläuft die Wachstumskurve nach dem 16. Lebensjahr weiter? Was bedeutet dies für die Fortsetzung der Graphen von h′ und h″ ?
- Welche Bedeutung haben die negativen Werte der Beschleunigung für die Wachstumskurve?

c) Kevin hat mithilfe des GTR herausgefunden, dass sich die Wachstumskurve h(t) in dem betrachteten Bereich in etwa durch eine ganzrationale Funktion $f(x) = -0{,}305\,x^3 + 11{,}66\,x^2 - 141\,x + 685$ beschreiben lässt. Bestätige dies für die oben angegebenen Tabellenwerte.

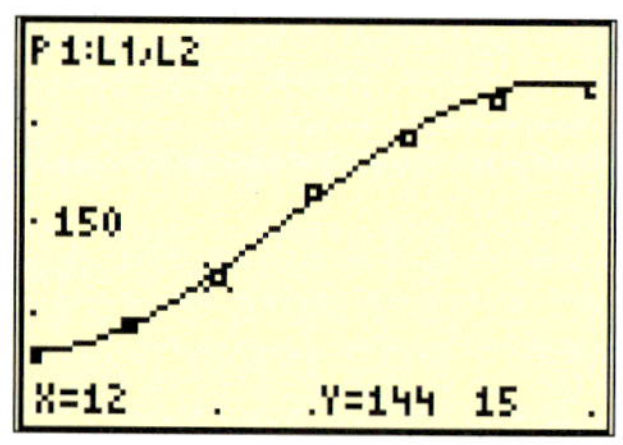

d) Beschreiben die Ableitungen der Funktion f auch die obigen Geschwindigkeits- und Beschleunigungsgraphen zutreffend? Überprüfe mit dem GTR.
Überlege, warum sich die Funktion f nicht zur Beschreibung des Längenwachstums im Zeitraum von 0 bis 20 Jahren eignet. Es gibt mehrere Gründe.

Übungen

35 *Auszug aus einem Hochwasserbericht*

Beobachtung des Pegelstandes über 26 Stunden (von 0.00 Uhr Dienstag bis 2.00 Uhr Mittwoch):

Anfangs fiel der Pegel noch leicht bis auf etwa 200 cm. Ab zwei Uhr begann er dann mit zunehmender Geschwindigkeit zu steigen. Die Steiggeschwindigkeit erreichte gegen 8.00 Uhr mit etwa 40 cm/h ihr Maximum. Danach stieg der Pegel zwar immer noch an, nun aber immer langsamer bis zum Höchststand kurz vor 16.00 Uhr. Danach sank der Pegel weiter ab, und zwar zunächst immer schneller, kurz vor 24.00 wurde die Sinkgeschwindigkeit dann wieder kleiner. Am Ende des Beobachtungszeitraumes fiel der Pegel immer noch, aber mit geringer Geschwindigkeit.

a) Skizziere eine Hochwasserkurve passend zu dem Bericht. Vergleiche deine Skizze mit denen anderer.

b) Die in dem Bericht festgehaltene Entwicklung des Pegelstandes eines Flusses bei Hochwasser kann in dem betrachteten Zeitabschnitt von 26 Stunden recht gut durch die ganzrationale Funktion vierten Grades $h(x) = 0{,}01\,x^4 - 0{,}635\,x^3 + 11{,}31\,x^2 - 39{,}27\,x + 226{,}1$ (x in Stunden, h in cm) modelliert werden.

Bestätige dies für die im Bericht angegebenen Daten. Bestimme mit der Modellfunktion zu den angegebenen Zeitpunkten jeweils den Pegelstand und die momentane Änderungsrate.

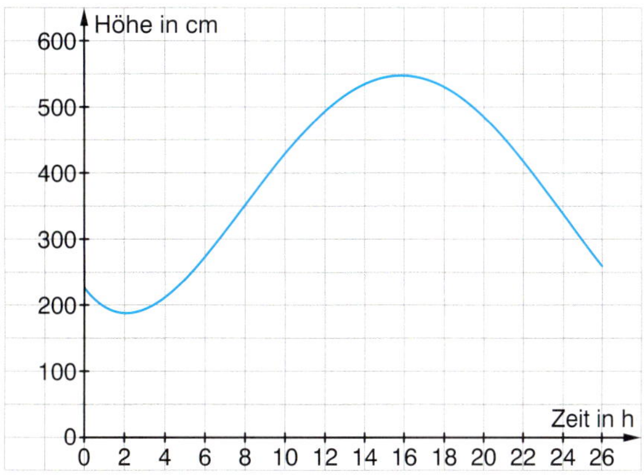

c) Begründe, dass die Funktion $h(x)$ den Pegelstand über das angegebene Zeitintervall hinaus nicht mehr gültig modellieren kann. Argumentiere auch mit der ersten Ableitung.

36 *Produktionskosten*

Die Firma Clip hat in einer Betriebsprüfung Produktionskosten zur Herstellung von Büroklammern in Abhängigkeit von der Tagesproduktion erfasst. Dabei wurden bis zu einer Produktion von 8 Millionen Stück folgende Beobachtungen festgehalten:

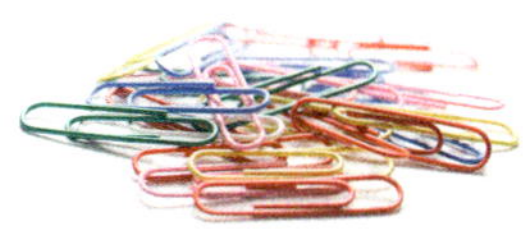

Wenn nichts produziert wird, fallen trotzdem Produktionskosten in einer bestimmten Höhe K_0 an.	Die Kosten nehmen mit der produzierten Stückzahl zu.	Die Zunahme der Kosten wird bis zu einer bestimmten Stückzahl x_1 ständig kleiner, ab dann nimmt sie wieder immer mehr zu.

a) Skizziere den Graphen einer Kostenfunktion $K(x)$, der die Beobachtungen gültig erfasst. Begründe deine Wahl auch mit den zugehörigen Graphen der „Kostenänderung“ und der „Änderung der Kostenänderung“.

b) Die Kostenfunktion wurde im Intervall [0; 8] modelliert. Dabei ergab sich folgende Funktionsgleichung: $K(x) = 2x^3 - 18x^2 + 60x + 32$ (Tagesproduktion x in Millionen Stück, Kosten $K(x)$ in Tausend €).

Passt diese Funktion zu den obigen Beobachtungen? Wie groß war demnach jeweils die momentane Änderungsrate bei den Stückzahlen 0 und 8 Millionen? Bei welcher Stückzahl ist die momentane Änderungsrate minimal, wie groß ist sie dort?

Aufgaben

Kurvenscharen

37 Begründe mithilfe der Ableitungen

Ⓐ Alle Graphen der Funktionen $f(x) = ax^2 + bx + c$ haben keinen Wendepunkt.

Ⓑ Jede ganzrationale Funktion dritten Grades hat genau einen Wendepunkt.

Ⓒ Eine ganzrationale Funktion vierten Grades hat höchstens zwei Wendepunkte.

Ⓓ Der Wendepunkt einer Funktion $f(x) = ax^3 + cx + d$ liegt stets auf der y-Achse.

38 *Eigenschaften einer Kurvenschar*

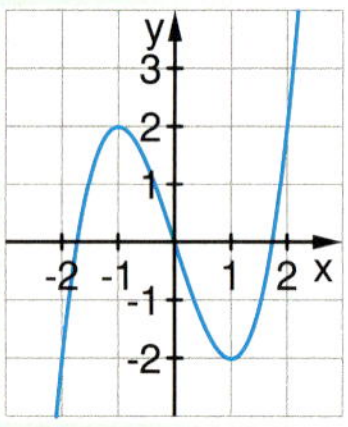

Der Graph für a = 1

Alle Kurven sind Graphen von Funktionen $f(x) = x^3 - 3ax$ mit $a > 0$.

a) Skizziere die Graphen für a = 1, 2, 4, 9.

b) Begründe die folgenden Aussagen:

(1) Der Graph von f hat einen Hochpunkt an der Stelle $x_1 = -\sqrt{a}$ und einen Tiefpunkt an der Stelle $x_2 = \sqrt{a}$.

(2) Der Graph von f hat im Punkt (0|0) die „negativste" Steigung.

(3) Für a = 4 hat der Graph von f im Intervall [–2; 2] eine Tangente mit der Steigung –8.

(4) Es gibt in der Kurvenschar keinen Graphen mit einem Sattelpunkt.

39 *Untersuchung einer Kurvenschar*

Der Graph der Funktion

$f_c(x) = -\frac{1}{3}x^3 + c^2x + 2$

hängt von der Wahl des Parameters c ab.

a) Die nebenstehende Abbildung zeigt die Graphen von f_c und f'_c im selben Koordinatensystem. Welche Werte hat hier der Parameter c?

b) Gibt es Eigenschaften, die für alle Funktionen der Schar gelten? Wie äußert sich dies jeweils in den ersten beiden Ableitungen?

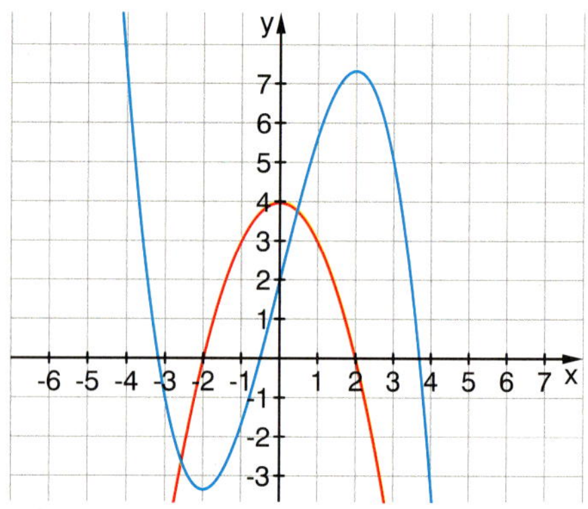

Bei diesen Aufgaben lohnt das Zusammenspiel von Grafiken am GTR/Computer und rechnerischen Untersuchungen mithilfe der Funktionsgleichungen.

c) Beschreibe, wie sich die Kurve verändert, wenn man ausgehend von c = 0 den Parameter c immer größer bzw. immer kleiner wählt.

40 *Wer's gerne etwas schwerer mag*

In dem nebenstehenden Bild sind viele Graphen der Kurvenschar zu

$f(x) = \frac{1}{3}x^3 - kx \quad (k \in \mathbb{R})$

gezeichnet.

Es sieht so aus, als lägen die Extrempunkte aller Kurven auf dem Graphen einer ganzrationalen Funktion dritten Grades (rote Kurve).

Versuche diese Funktion zu finden und die vermutete Eigenschaft nachzuweisen (die grüne Kurve ist ein erster Versuch).

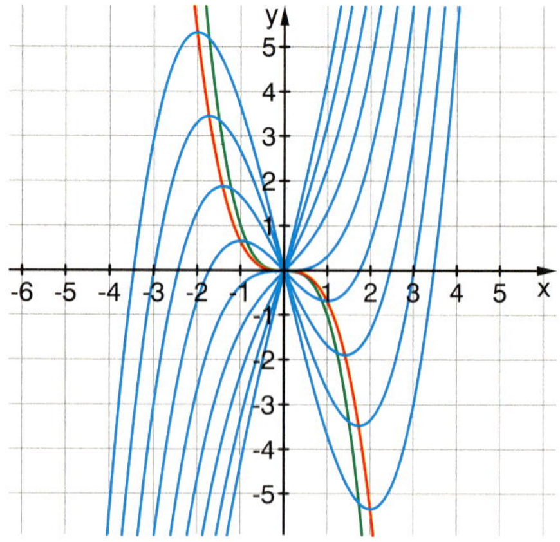

6.3 Ganzrationale Funktionen und ihre Graphen – Muster in der Vielfalt

Was dich erwartet

Im Rahmen dieses Kapitels wurden bisher die neuen Begriffe, Zusammenhänge und Verfahren der Differenzialrechnung an zahlreichen Beispielen ganzrationaler Funktionen entwickelt. In diesem Lernabschnitt wollen wir in die Vielfalt der Funktionsgraphen etwas Ordnung bringen und verschiedene, immer wiederkehrende Muster herausstellen. Bei dieser Klassifikation der ganzrationalen Funktionen können wir auch auf die Ableitungen zurückgreifen und manche Eigenschaften damit treffend beschreiben und begründen. Symmetrieeigenschaften, Nullstellen und das Verhalten der Graphen im Unendlichen liefern uns zusätzliche Hilfen beim Überblick.

Aufgaben

1 *Zum Wiederholen – Geraden und Parabeln*
Die Graphen ganzrationaler Funktionen ersten Grades ($f(x) = ax + b$) und zweiten Grades ($f(x) = ax^2 + bx + c$) sind Geraden und Parabeln.
a) Skizziere und beschreibe das unterschiedliche Aussehen der Graphen und erläutere Zusammenhänge mit den jeweiligen Koeffizienten a, b, c.
b) Welche Informationen über den Graphen kannst du aus der Scheitelpunktform einer quadratischen Funktion gewinnen?
c) Welche Eigenschaften der Parabeln kann man mithilfe der Ableitungen begründen?

Begriffe, die im Bericht auftreten sollten:

- Streckung/Stauchung
- Steigung
- Symmetrie
- y-Achsenabschnitt
- nach oben/unten offen
- Scheitelpunkt (Hochpunkt/Tiefpunkt)
- Nullstellen

$f(x) = a(x - x_s)^2 + y_s$
→ Formelsammlung

2 *Typen von Graphen ganzrationaler Funktionen dritten Grades*
a) Wie sehen Graphen von ganzrationalen Funktionen dritten Grades aus? Versuche, die vielen Beispiele aus den vorangegangenen Lernabschnitten nach unterscheidbaren Typen zu ordnen. Skizziere die charakteristischen Formen und beschreibe sie mit dem Vokabular für Graphen.
b) Hilfe bei der Typisierung kann die erste Ableitung leisten. Der Graph der Ableitung einer ganzrationalen Funktion dritten Grades $f(x) = ax^3 + bx^2 + cx + d$ $(a > 0)$ ist immer vom gleichen Typ, nämlich eine nach oben geöffnete Parabel. Bezüglich der Lage im Koordinatensystem kann man allerdings drei Fälle unterscheiden:

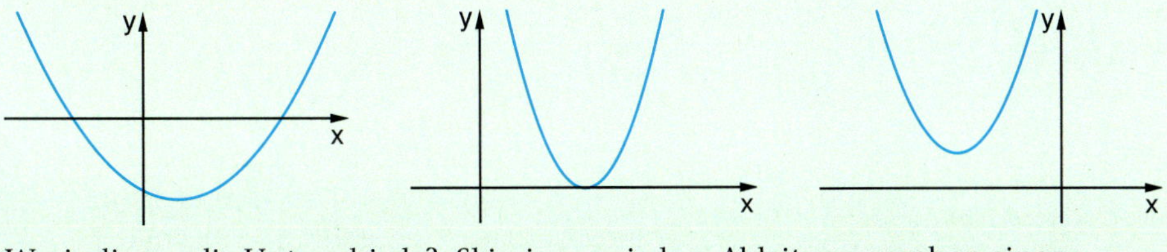

Worin liegen die Unterschiede? Skizziere zu jedem Ableitungsgraphen einen zugehörigen Graphen der Funktion f. Wie unterscheiden sich die drei Typen? Beschreibe und vergleiche mit deinen Ergebnissen aus dem Aufgabenteil a).
c) Was ändert sich an den drei Typen der Graphen von f, wenn in dem Funktionsterm $ax^3 + bx^2 + cx + d$ der Koeffizient $a < 0$ ist?

Aufgaben

3 *Graphen aus der Ferne betrachtet – wohin geht es auf dem Weg ins Unendliche?*
Die Graphen von vier ganzrationalen Funktionen dritten Grades f_1, f_2, f_3 und f_4 sind in drei immer größer werdenden Fenstern dargestellt (Zoom Out).
$f_1(x) = 0{,}2x^3$ $f_2(x) = 0{,}2x^3 + 2x - 3$ $f_3(x) = 0{,}2x^3 + x^2 - 2$ $f_4(x) = 0{,}2x^3 - x - 2$

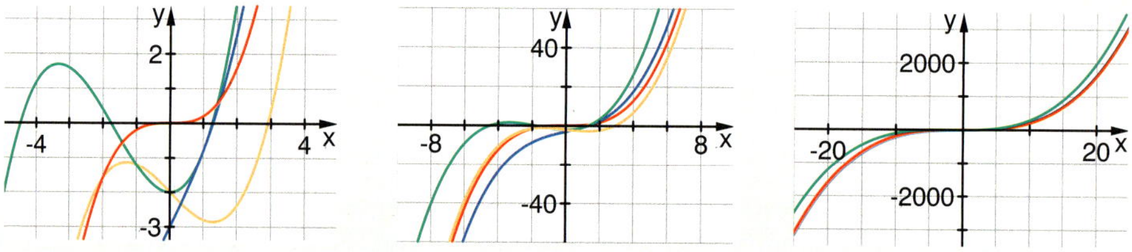

Zeichne die Bilder mit deinem GTR. Was kannst du beobachten? Beschreibe die Veränderungen. Welcher der Funktionsgraphen verändert sein Aussehen am wenigsten? Wie verändert sich das Aussehen der anderen?

4 *Funktionsgraphen spiegeln – was passiert?*

Geometrische Fachbegriffe:
Achsenspiegelung
Punktspiegelung

a) Berechne die Funktionsterme zu y_2, y_3 und y_4 und ordne die Graphen den Funktionen zu. Beschreibe, wie man geometrisch jeweils den Graphen von y_2, y_3 und y_4 aus dem Graphen von y_1 erzeugen kann.

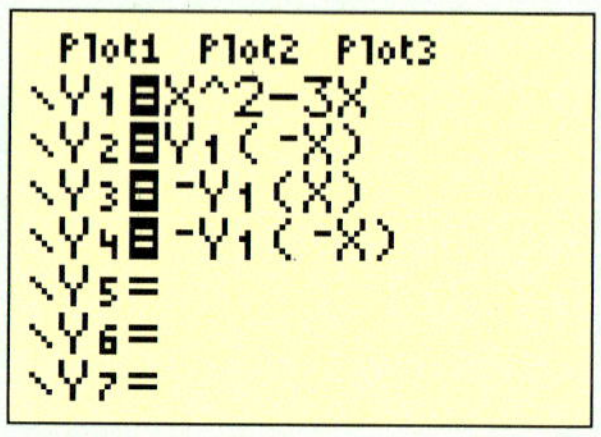

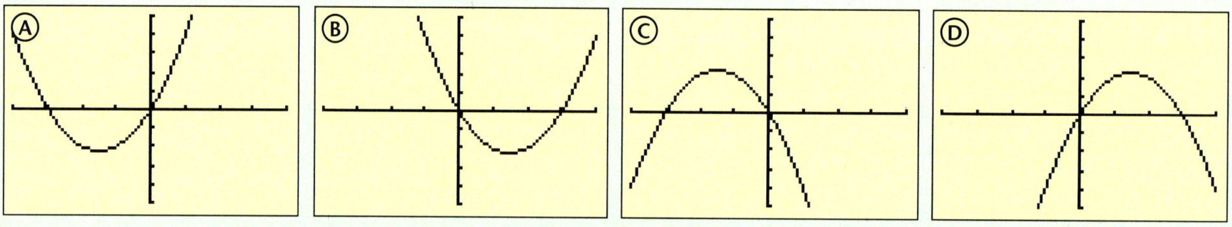

b) Gib in deinem Rechner für y_1 jeweils die verschiedenen Funktionsterme ein. Die anderen Funktionen y_2, y_3 und y_4 bleiben wie oben im Display angegeben.

$y_1 = x^3 - x^2$ $y_1 = x^3 - x$ $y_1 = x^4 - x^2 + 1$ $y_1 = x^4 - x^3 + x^2$

Hilfreich ist auch die Tabelle

X	Y1	Y2
1	0	0
2	6	-6
3	24	-24
4	60	-60
5	120	-120
6	210	-210
7	336	-336

X=1

Schau dir in jedem der Fälle die Graphen der vier Funktionen y_1 bis y_4 an. In einigen Fällen gibt es Überraschungen. Versuche diese mithilfe des Graphen und des Funktionsterms von y_1 zu erklären.

5 *Forschungsaufgabe: Nullstellen von ganzrationalen Funktionen dritten Grades*
Von quadratischen Funktionen wissen wir, dass sie höchstens zwei Nullstellen haben können und dass es Graphen mit keiner, mit einer und mit zwei Nullstellen gibt.
Wie sieht dies bei ganzrationalen Funktionen dritten Grades aus? Wie viele Nullstellen können höchstens auftreten?
Gibt es auch hier Beispiele mit keiner, einer, zwei oder mehr Nullstellen?
Stelle einen Untersuchungsbericht zusammen. Belege deine Ergebnisse mit Beispielen und versuche zu begründen.

Tipps:

Verschieben eines Graphen in y-Richtung liefert verschiedene Fälle.

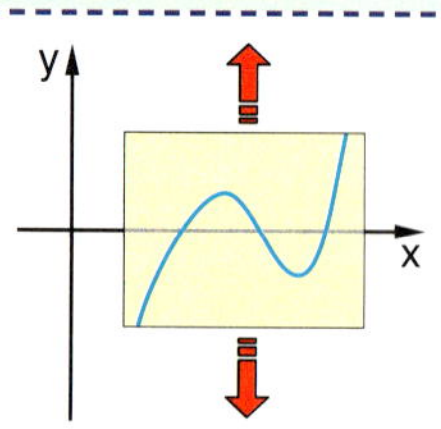

Bei manchen Funktionsgleichungen kann man sofort die Anzahl der Nullstellen erkennen.
$f(x) = (x - 1)(x + 2)(x + 5)$
$g(x) = (x - 1)^2(x + 1)$
$h(x) = (x + 2)^3$

Basiswissen

Die Graphen ganzrationaler Funktionen dritten Grades lassen sich in charakteristische Typen klassifizieren.

Typisierung von Graphen ganzrationaler Funktionen dritten Grades

$f(x) = ax^3 + bx^2 + cx + d \quad (a > 0)$

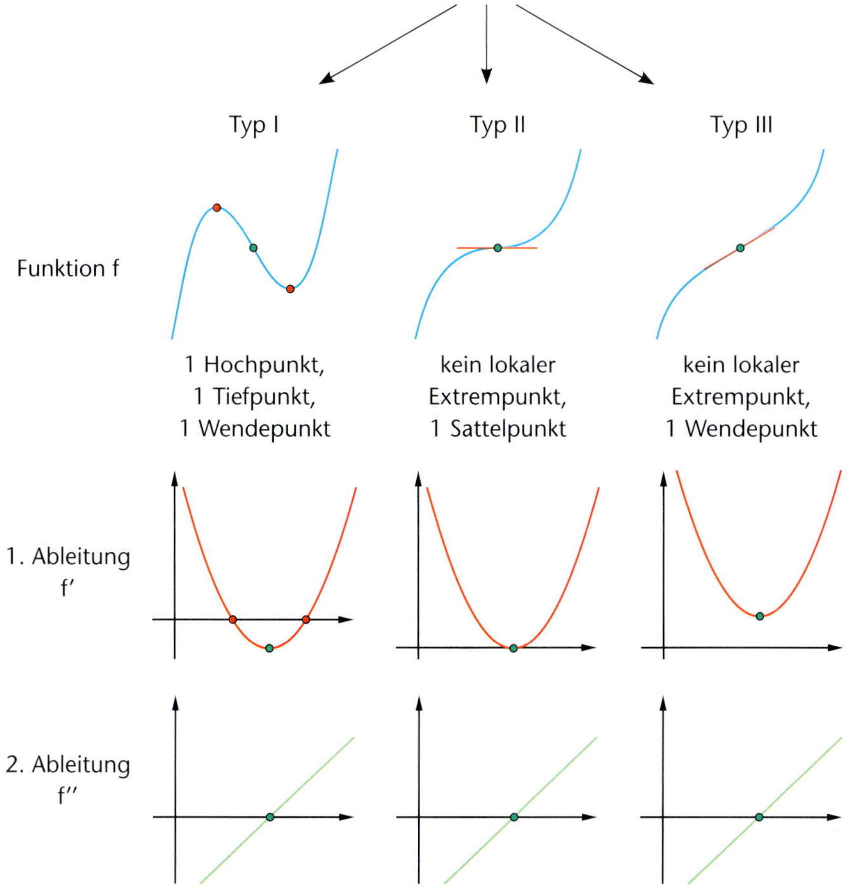

6 Erstelle die gleiche Übersicht wie im Basiswissen für ganzrationale Funktionen dritten Grades mit $a < 0$.
Was ändert sich an den Graphen und den Beschreibungen unter den Typen?

7 Die Beschreibungen unter den Graphentypen von f im Basiswissen können präzisiert werden.
a) Präzisiere wie im Beispiel auch für Typ II und Typ III.
b) Gib auch die präziseren Beschreibungen an, wenn $a < 0$.

Präzisierung der Graphen vom Typ I:
- 1 Hochpunkt, 1 Tiefpunkt
- 1 Wendepunkt
- Wendetangente mit negativer Steigung
- Übergang im Wendepunkt von Rechtskurve zu Linkskurve

Die Tangente im Wendepunkt wird als „**Wendetangente**“ bezeichnet.

8 a) Zeige, dass die folgenden drei Funktionen vom Typ I sind:
$f(x) = x^3 - 4x \qquad g(x) = (x-1)(x+2)^2 \qquad h(x) = -0{,}5(x-2)^2(x+1) + 4$
b) Bestätige für diese Funktionen die Aussage:
Die Wendestelle liegt genau in der Mitte zwischen den beiden Extremstellen.
c) Gilt die Aussage für jede ganzrationale Funktion 3. Grades vom Typ I ? Begründe.

Die Begründung in c) kann sowohl algebraisch mit den Termen der Ableitungen als auch geometrisch mit deren Graphen erfolgen.

Übungen

9 Lässt sich aus der zweiten Ableitung der Typ der ganzrationalen Funktion dritten Grades erkennen? Erläutere und begründe deine Aussagen mit Skizzen.

10 Was hältst du von den folgenden Überlegungen? Begründe deine Meinung.

Wenn der Scheitelpunkt einer Parabel auf der x-Achse liegt, hat sie genau eine Nullstelle. Dann müsste es doch auch ganzrationale Funktionen vom Grad 3 geben, die genau einen Extrempunkt haben, oder?

Eine Gerade kann auch parallel zur x-Achse verlaufen. Dann müsste es doch auch ganzrationale Funktionen vom Grad 3 geben, die keinen Wendepunkt haben, oder?

11 *Die drei Graphentypen in einer Funktionenschar*

Die Bilder zeigen die Graphen zu drei Funktionen der Schar $f_k(x) = \frac{1}{3}x^3 - k \cdot x + k$.

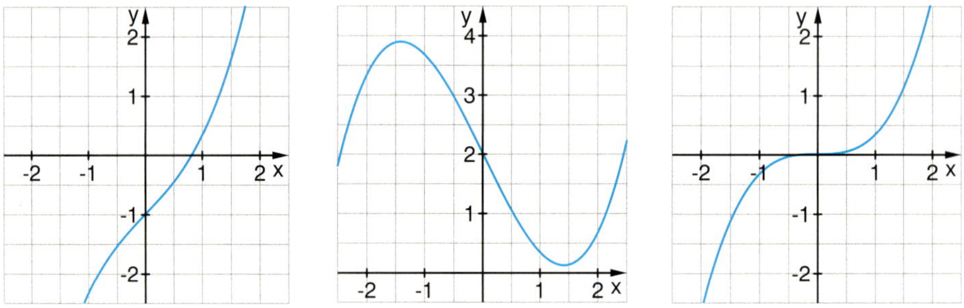

Ordne jedem Bild den zugehörigen Parameterwert k zu.

Dynamischer Übergang zwischen den drei Graphentypen

Mithilfe geeigneter Computersoftware kannst du den fließenden Übergang von einem Graphentypen in die anderen als „Film" erleben.

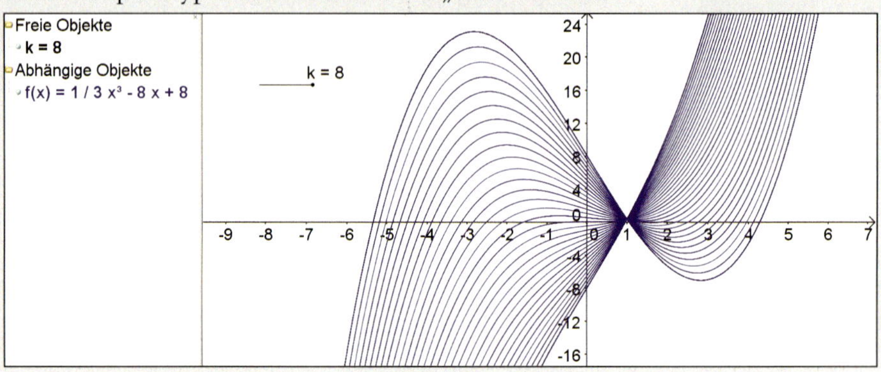

In dem Bild ist die Funktionenschar $f(x) = \frac{1}{3}x^3 - k \cdot x + k$ dargestellt. Der Wert von k kann über einen Schieberegler in bestimmten Schrittweiten verändert werden. Die „Metamorphose" der Graphen wird als „Spur" sichtbar.

12 Führe das im Exkurs beschriebene Programm mit der an deiner Schule verfügbaren Software aus. Was hältst du von der Beobachtung *„Die Extrempunkte verschmelzen zum Sattelpunkt"?* Formuliere deine eigenen Eindrücke.

13 Bestätige mithilfe der charakteristischen Typen: *Alle Graphen von ganzrationalen Funktionen dritten Grades kommen entweder aus dem „negativ Unendlichen" und laufen schließlich ins „positiv Unendliche" oder sie kommen aus dem „positiv Unendlichen" und laufen schließlich ins „negativ Unendliche".*

Basiswissen

Weitere Eigenschaften charakterisieren die Graphen ganzrationaler Funktionen.

Verhalten im Unendlichen

Der Graph jeder ganzrationalen Funktion dritten Grades $f(x) = ax^3 + bx^2 + cx + d$ verhält sich im Unendlichen wie der Graph von $g(x) = ax^3$.

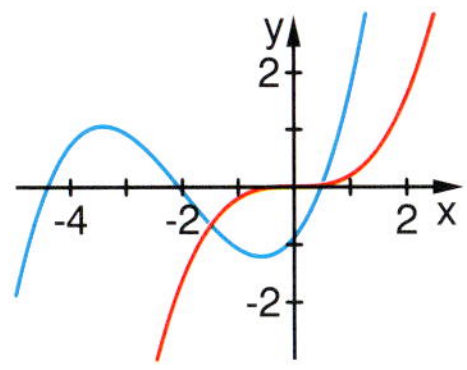

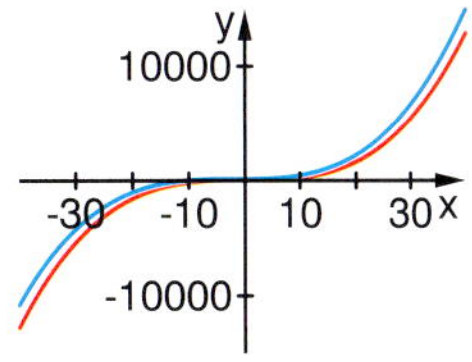

Besondere Symmetrien bei Funktionsgraphen

Der Graph einer Funktion f ist

punktsymmetrisch zum Koordinatenursprung, falls gilt $\mathbf{f(-x) = -f(x)}$ für alle x.

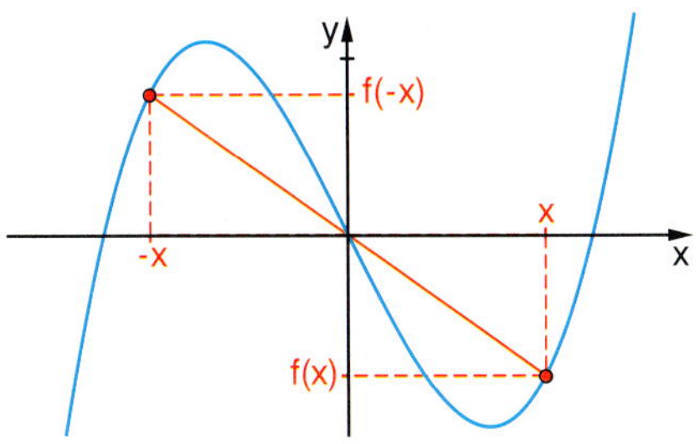

Wenn im Funktionsterm einer ganzrationalen Funktion dritten Grades nur Potenzen von x mit ungeraden Exponenten auftreten ($f(x) = ax^3 + cx$), so ist der Graph punktsymmetrisch zum Ursprung.

achsensymmetrisch zur y-Achse, falls gilt $\mathbf{f(-x) = f(x)}$ für alle x.

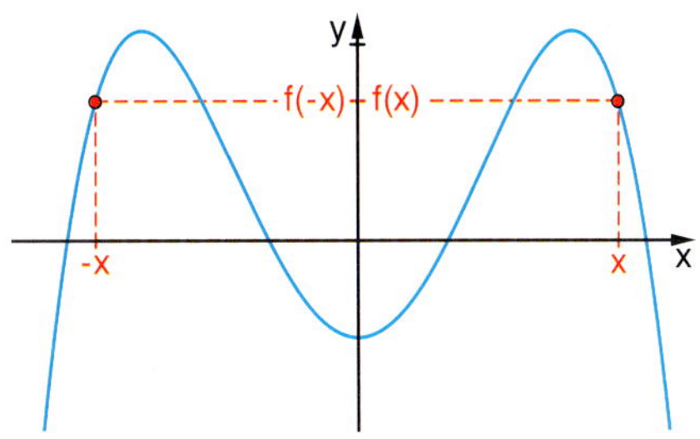

Wenn im Funktionsterm der ganzrationalen Funktion vierten Grades nur Potenzen von x mit geraden Exponenten auftreten ($f(x) = ax^4 + cx^2 + e$), so ist der Graph achsensymmetrisch zur y-Achse.

Übungen

14 a) Bestätige das im Basiswissen beschriebene Verhalten der Funktionen im Unendlichen an den zwei Beispielen.

A $f(x) = 2x^3 - 3x^2 + 1{,}5x + 4$
$g(x) = 2x^3$

B $f(x) = -0{,}5x^3 - x^2 + 2x - 10$
$g(x) = -0{,}5x^3$

Argumentiere …

(1) durch Ausfüllen der Tabelle.

x	f(x)	g(x)
10^3	■	■
10^6	■	■
10^{12}	■	■
-10^3	■	■
-10^6	■	■
-10^{12}	■	■

(2) mithilfe der Graphen in verschiedenen Fenstern.

(3) durch geschicktes Ausklammern.

$f(x) = 2x^3 - 3x^2 + 1{,}5x + 4$

$f(x) = 2x^3\left(1 - \frac{1{,}5}{x} + \frac{0{,}75}{x^2} + \frac{2}{x^3}\right)$

Was geschieht mit der Klammer, wenn $|x|$ sehr große Werte annimmt?

b) Übertrage die Argumentation mit dem Ausklammern auf die allgemeine Funktionsgleichung $f(x) = ax^3 + bx^2 + cx + d$.

15 Begründe durch entsprechend geschicktes Ausklammern wie in Aufgabe 14:
Der Graph jeder ganzrationalen Funktion vierten Grades
$f(x) = ax^4 + bx^3 + cx^2 + dx + e$
verhält sich im Unendlichen wie der Graph von $g(x) = ax^4$.

Übungen

16 *Symmetrien bei den einfachen Potenzfunktionen*
a) Welche besonderen Symmetrien weisen die Potenzfunktionen $f(x) = x^n$ ($n \in \mathbb{N}$) auf? Inwieweit bestimmt der Exponent n die Art der Symmetrie?
b) Begründe die im Basiswissen aufgeführten Sätze über die Symmetrien der speziellen ganzrationalen Funktionen dritten und vierten Grades.

17 a) Welche der Funktionen haben eine der beiden besonderen Symmetrien? Begründe mithilfe der Funktionsterme.
$f_1(x) = x^2 - 4$ $f_2(x) = x^3 - 3x$ $f_3(x) = 2x^3 + 4x$ $f_4(x) = x^4 - 2x + 4$
$f_5(x) = 2x^4 - 3x^2 + 1$ $f_6(x) = -x^3 + 3x^2$ $f_7(x) = 2x^4 - x^2 + 5$ $f_8(x) = -3x^5 + x$
b) Überprüfe die Symmetrien der jeweiligen ersten Ableitung. Gibt es einen Zusammenhang zwischen der Symmetrie des Funktionsgraphen und der des Ableitungsgraphen?

18 a) Welche der besonderen Symmetrien weisen die folgenden Funktionen jeweils auf? $f(x) = \sin(x)$ $g(x) = \frac{1}{x}$ $h(x) = |x|$ $s(x) = x + \frac{1}{x}$
Begründe mithilfe der Funktionsterme.

Sortieren nach Nullstellen

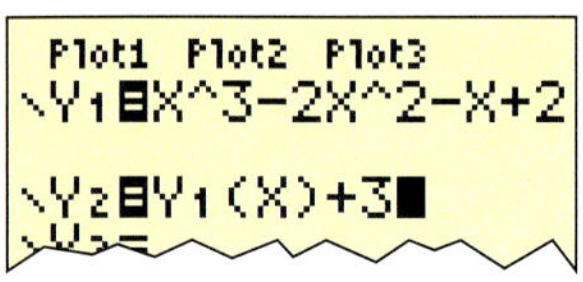

19 a) Zeige, dass $f(x) = x^3 - 2x^2 - x + 2$ drei Nullstellen bei $x_1 = -1$, $x_2 = 1$ und $x_3 = 2$ hat.
b) Verschiebe den Graphen von f in y-Richtung und beobachte, wie sich die Anzahl der Nullstellen verändert. Welche Fälle treten auf? Zeichne für jeden Fall einen Graphen.

20 Gib zu jedem im Basiswissen auf Seite 205 aufgeführten Funktionstyp an, wie viele Nullstellen er haben kann. Begründe.

Ein Produkt $a \cdot b$ ist 0, wenn mindestens einer der Faktoren 0 ist.

21 a) Zeige, dass alle Funktionen ganzrational vom Grad drei sind.
$f_1(x) = 2(x - 6)^3$
$f_2(x) = \frac{1}{2}x(x - 5)(x + 3)$
$f_3(x) = (x^2 + 1)(x - 2)$
$f_4(x) = -(x^2 - 1)(x - 2)$
$f_5(x) = -x^2(x + 10)$
$f_6(x) = -(x - 3)(x^2 + 2x + 1)$
b) Gib jeweils alle Nullstellen der Funktion an. In welchen Fällen kannst du diese direkt aus dem Funktionsterm ablesen, in welchen Fällen musst du noch weitere Überlegungen anstellen?

Linearfaktorzerlegung
Wenn x_1 eine Nullstelle einer ganzrationalen Funktion dritten Grades ist, dann lässt sich der Funktionsterm
$f(x) = ax^3 + bx^2\,cx + d$
als Produkt darstellen:
$f(x) = a(x - x_1) \cdot g(x)$.
Dabei ist g(x) der Term einer quadratischen Funktion.
Der Faktor $(x - x_1)$ heißt Linearfaktor.
Wenn sich g(x) wieder in ein Produkt zweier Linearfaktoren zerlegen lässt, so kann man daraus direkt die weiteren Nullstellen ablesen.

22 Der Satz über die Linearfaktorzerlegung kann mit unseren Kenntnissen noch nicht bewiesen werden. Bestätige ihn mithilfe der Funktionsbeispiele aus Aufgabe 21.

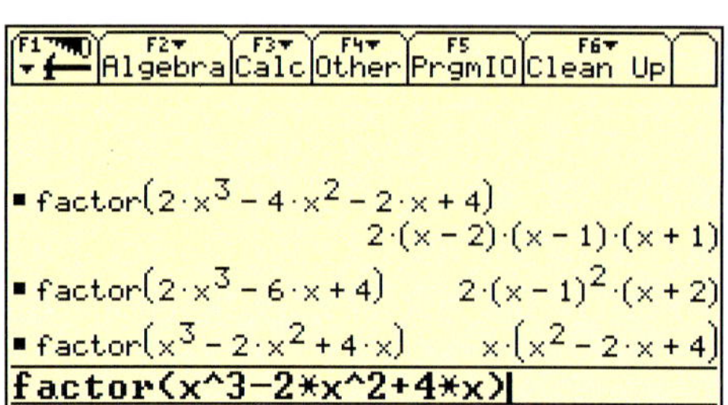

23 Ein CAS-Rechner kann die Linearfaktorzerlegung einer ganzrationalen Funktion mit dem Befehl „factor(f(x),x)" ausführen.
a) Bestätige in den nebenstehenden Beispielen jeweils durch Ausmultiplizieren des Produktterms, dass diese Zerlegung korrekt erfolgt ist.
b) Bestimme in jedem Fall die Anzahl der Nullstellen und zeichne den Graphen.

Basiswissen

Der Graph einer ganzrationalen Funktion dritten Grades hat mindestens eine Nullstelle und höchstens drei Nullstellen. In der Linearfaktorzerlegung des Funktionsterms lässt sich dies unmittelbar erkennen.

Anzahl von Nullstellen bei ganzrationalen Funktionen dritten Grades

3 Nullstellen

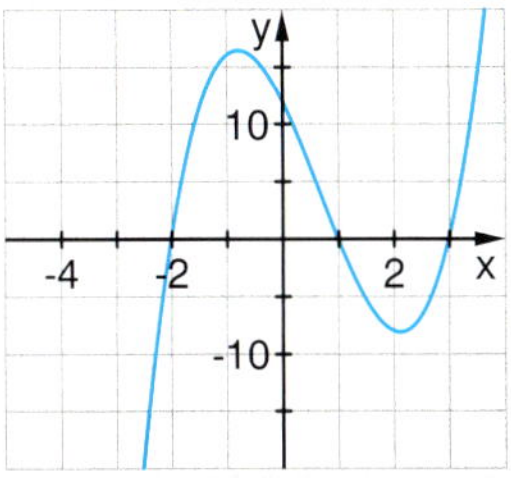

$f_1(x) = 2(x + 2)(x - 1)(x - 3)$

2 Nullstellen

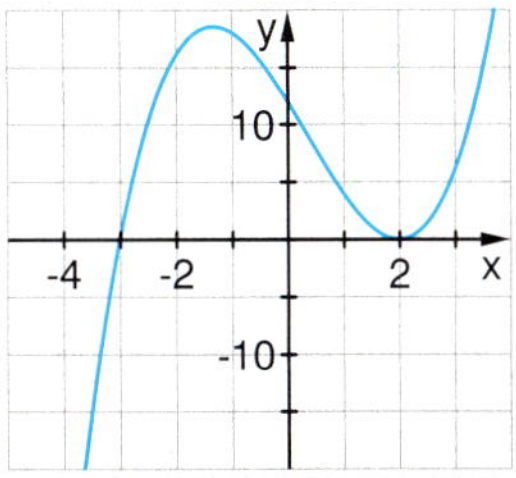

$f_2(x) = (x + 3)(x - 2)^2$

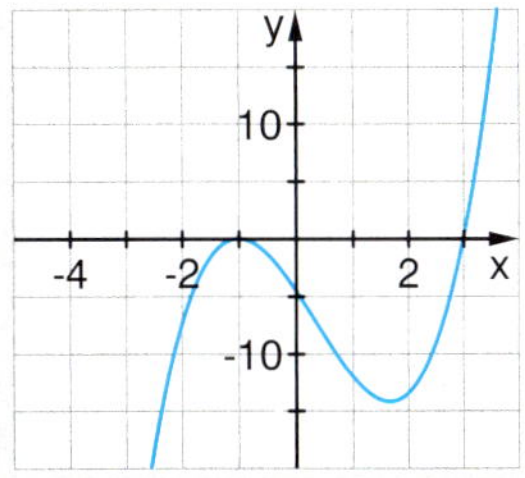

$f_3(x) = 1{,}5\,(x + 1)^2(x - 3)$

1 Nullstelle

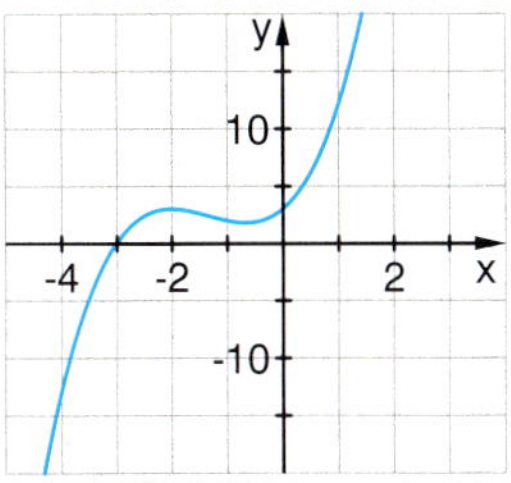

$f_4(x) = (x + 3)(x^2 + x + 1)$

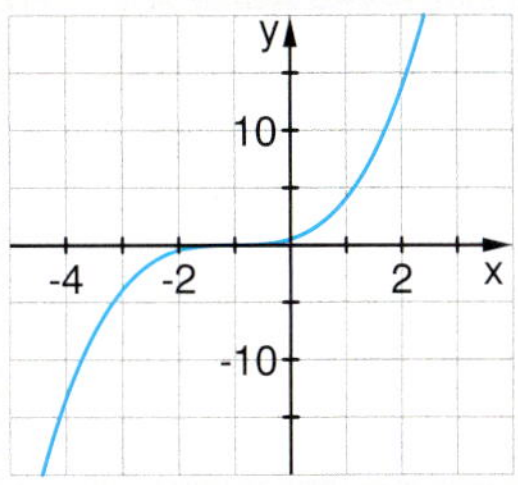

$f_5(x) = 0{,}5\,(x + 1)^3$

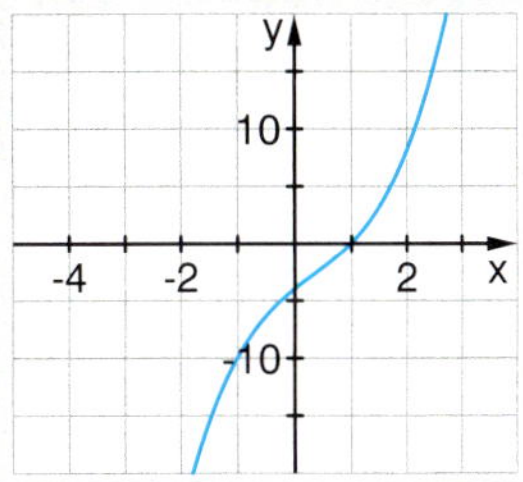

$f_6(x) = (x - 1)(x^2 + 4)$

Übungen

24 Wie verändern sich die Graphen im Basiswissen, wenn du jeweils die Funktion $-f(x)$ anstelle von $f(x)$ zugrunde legst? Was bedeutet das für die Nullstellen?
Skizziere zunächst deine Vermutung und überprüfe dann mit dem GTR.

25 Gib ganzrationale Funktionen dritten Grades mit folgenden Nullstellen an:
a) $x_1 = 4;\ x_2 = -2;\ x_3 = 7$ b) $x_1 = 3;\ x_2 = 8$ c) $x_1 = -3$
Skizziere jeweils mindestens zwei mögliche Kurvenverläufe.
Kannst du aus der Anzahl der Nullstellen der Funktion f auf die Anzahl der lokalen Extrempunkte des Graphen von f schließen?

26 a) Zeichne die Graphen der Funktion $f(x) = 0{,}5\,x^3 - x^2 - 2x + 4$ und ihrer Ableitung $f'(x)$. Wie viele Nullstellen haben jeweils f und f'?
b) Die Funktion f(x) wird auf zwei verschiedene Arten variiert:
$g(x) = f(x) + k;$ $(k = 3;\ -1;\ -5)$ $h(x) = s \cdot f(x);$ $(s = 0{,}5;\ 2;\ -0{,}5)$
Beschreibe, wie sich dies jeweils auf die Anzahl und die Lage der Nullstellen der Funktion und ihrer Ableitung auswirkt. Begründe.

27 Bestimme für die Funktionen f_1 bis f_6 im Basiswissen jeweils die erste Ableitung.
a) Was lässt sich über den Wert $f'(x)$ an den Nullstellen der Funktion jeweils aussagen?
b) Welchen Zusammenhang zu dem jeweiligen Funktionsgraphen bzw. zu dem Funktionsterm in der Produktform erkennst du?

Bei f_2 spricht man von einer **doppelten Nullstelle** bei $x = 2$, bei f_5 von einer **dreifachen Nullstelle** bei $x = -1$.

28 Warum hat jede ganzrationale Funktion dritten Grades mindestens eine Nullstelle?
Argumentiere auch mit dem Verhalten der Funktion im Unendlichen.

WERKZEUG

Bestimmung von Nullstellen

A Grafische Bestimmung mit dem GTR

Grafische Lösungen liefern immer gute Näherungen. Man weiß aber nicht ohne weitere Überlegungen, ob man alle Nullstellen gefunden hat. Wir zeichnen den Graphen in einer Fenstereinstellung, in der alle Nullstellen erkennbar sind.

(1) Trace und Zoom

Mithilfe der Trace-Funktion können Näherungswerte für die Nullstellen abgelesen werden.
Zoomen in der Nähe der Nullstelle verbessert den Näherungswert.
Hilfreich kann hierbei auch die Tabelle sein.

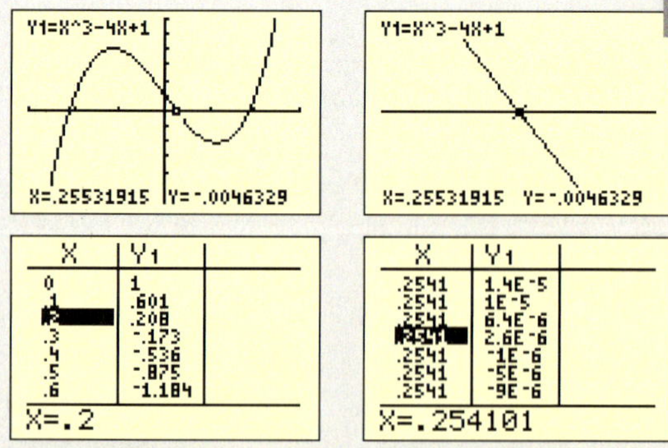

(2) Der Befehl Zero

Damit lassen sich im Grafikbildschirm direkt Näherungswerte für die Nullstellen bestimmen.
Es müssen zunächst die Grenzen eines Intervalls angegeben werden, in dem die Nullstelle liegt.

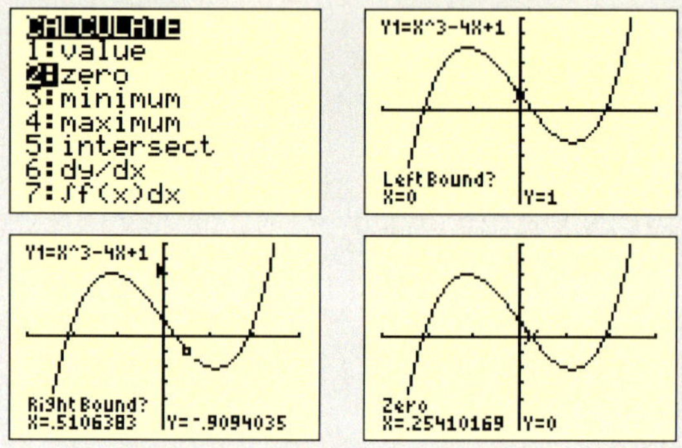

B Algebraisches Lösen der Gleichung f (x) = 0

Dies gelingt uns bei ganzrationalen Funktionen nur in Spezialfällen. Dafür kennt man dann aber die exakten Ergebnisse und auch die genaue Anzahl der Nullstellen.

(1) Linearer oder quadratischer Funktionsterm

$3x - 10 = 0$ — Die lineare Gleichung hat die Lösung $x = \frac{10}{3}$.

$x^2 + 2x - 8 = 0$ — Die quadratische Gleichung hat die Lösungen $x_1 = 2$ und $x_2 = -4$.

(2) Der Funktionsterm f (x) ist in der Produktform vorgegeben

$f(x) = (x - a) \cdot g(x) = 0$, wenn einer der Faktoren 0 ist.

$f(x) = 3(x + 1)(x - 2)(x - 3)$ — Nullstellen bei $x_1 = -1$, $x_2 = 2$ und $x_3 = 3$

$f(x) = (x - 1)^2(x + 1)$ — Nullstellen bei $x_1 = 1$ und $x_2 = -1$

$f(x) = (x + 3)(x^2 + x + 1)$ — Nullstelle bei $x_1 = -3$

(3) Am Funktionsterm lässt sich eine Produktform erkennen

$f(x) = x^3 - 3x^2 = x^2(x - 3)$ — Nullstellen bei $x_1 = 0$ und $x_2 = 3$

$f(x) = x^4 - 4x^2 + 4 = (x^2 - 2)^2$ — Nullstellen bei $x_1 = \sqrt{2}$ und $x_2 = -\sqrt{2}$

Übungen

29 Bestimme bei den folgenden Funktionen die Nullstellen. Benutze in den geeigneten Spezialfällen auch die algebraische Lösung der Gleichung.

a) $f(x) = x \cdot (x - 5) \cdot \left(x + \frac{3}{2}\right)$
b) $f(x) = 5x^4 + 3x^3$
c) $f(x) = x^3 - 3x^2 - 2x$
d) $f(x) = 5 \cdot (x^2 + 1) \cdot (x - 1)^2$
e) $f(x) = x^4 - 2x^2 + 1$
f) $f(x) = (2x + 1) \cdot (7 - x^2)$
g) $f(x) = 4x^3 - 9x$
h) $f(x) = 9x^3 - 6x^2 + x$
i) $f(x) = 2x^3 + x^2 - 4x + 1$

Übungen

WERKZEUG

Kurvendiskussion „per Hand" ohne GTR

Wenn man keinen grafischen Taschenrechner zur Hand hat, kann man mit den im Basiswissen auf Seite 193 aufgeführten Kriterien zumindest für einfache ganzrationale Funktionen schnell die besonderen Punkte errechnen. Mithilfe dieser Punkte und der Kenntnisse über die Typen von Graphen ganzrationaler Funktionen lässt sich eine gute Skizze für den Verlauf des Graphen erstellen.

$f(x) = x^3 - 3x^2 = x^2(x - 3)$

Ableitungen bestimmen

$f'(x) = 3x^2 - 6x = 3x(x - 2)$

$f''(x) = 6x - 6 = 6(x - 1)$

Nullstellen

Aus der faktorisierten Darstellung lassen sich die Nullstellen direkt ablesen:
$N_1(0|0)$ und $N_2(3|0)$

Lokale Extrempunkte

Notwendige Bedingung: $f'(x) = 0$

$3x(x - 2) = 0$ liefert $x = 0$ oder $x = 2$.

Hinreichende Bedingung: $f''(0) = -6 < 0$

$f(0) = 0$, also: Hochpunkt $H(0|0)$

Hinreichende Bedingung: $f''(2) = 6 > 0$

$f(2) = -4$, also: Tiefpunkt $T(2|-4)$

Wendepunkte

Notwendige Bedingung: $f''(x) = 0$

$6(x - 1) = 0$ liefert $x = 1$.

Hinreichende Bedingung:

f'' hat an der Stelle 1 einen Vorzeichenwechsel.

$f(1) = -2$, also: Wendepunkt $W(1|-2)$

Einzeichnen der besonderen Punkte im Koordinatensystem

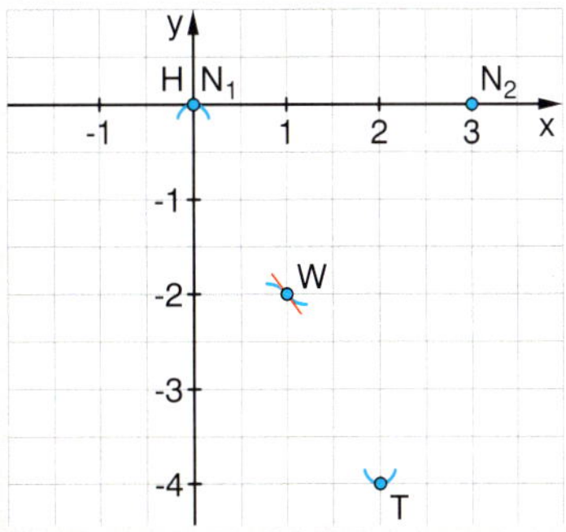

Skizzieren der Kurve

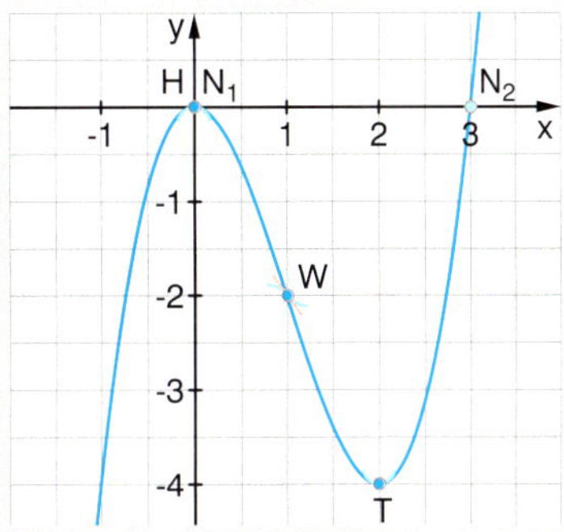

30 *Training zur Kurvendiskussion ohne GTR*

Führe selbst eine Kurvendiskussion „per Hand" einschließlich der Skizze des Graphen durch. Nutze gegebenenfalls auch weitere am Funktionsterm erkennbare Eigenschaften des Graphen (z. B. Symmetrien).

a) $f(x) = \frac{1}{4}x^3 - 3x$
b) $f(x) = -x^3 + 6x^2 - 9x$
c) $f(x) = -\frac{1}{4}x^4 + x^3$
d) $f(x) = \frac{1}{3}x^4 - 2x^2$
e) $f(x) = x^3 - 3x^2 + 3x$
f) $f(x) = -\frac{1}{2}x^3 + \frac{3}{2}x^2 - 3x$

31 Auch das Skizzieren von Graphen will geübt sein. Übertrage die Bilder ins Heft und verbinde die Punkte durch eine entsprechende Skizze.

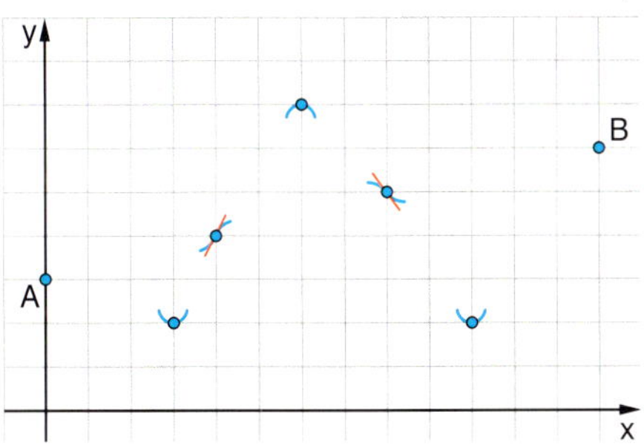

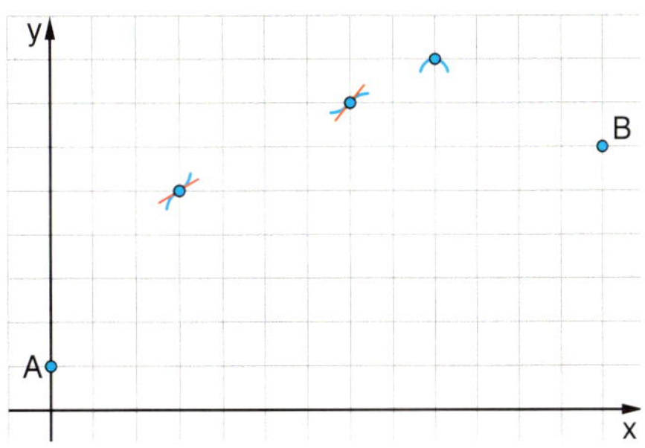

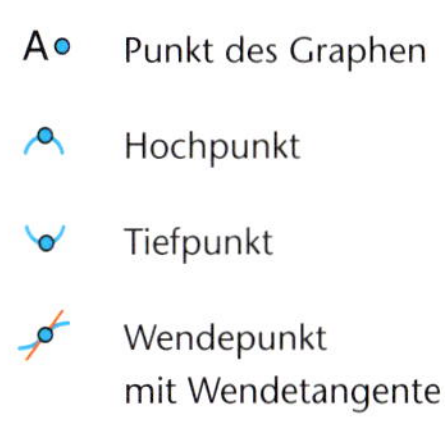

Entwirf selbst eine solche Aufgabe und stelle sie deinem Nachbarn.

Aufgaben

32 *Ganzrationale Funktionen vom Grad vier – die Vielfalt wächst*

Die Mutter der ganzrationalen Funktionen vom Grad vier ist $f(x) = x^4$.
Wie sehen die Graphen ihrer „Verwandten" $f(x) = ax^4 + bx^3 + cx^2 + dx + e$ aus?
Wie viele verschiedene Typen gibt es? Drei davon sind schon abgebildet.

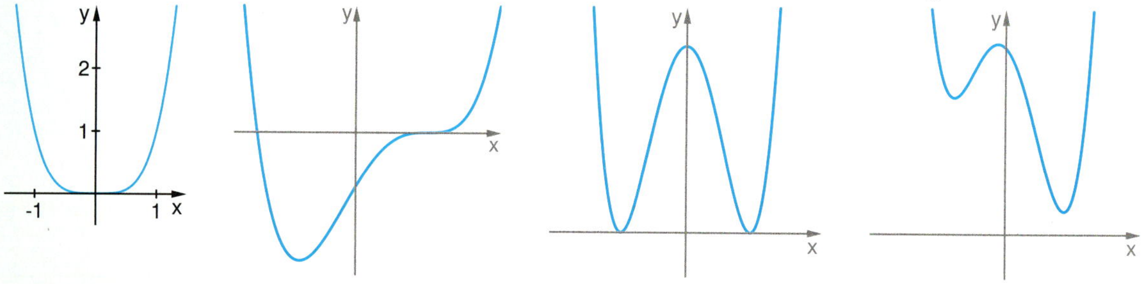

Forschungsaufgabe

Wie viele lokale Extrempunkte kann es geben, wie viele Wendepunkte, wie viele Nullstellen? Wie verhalten sich die Funktionen im Unendlichen, welche besonderen Symmetrien gibt es?

Gruppenarbeit

Die Arbeitskarten geben Anregungen, dies – ähnlich wie bei den ganzrationalen Funktionen dritten Grades – auf mehreren Wegen zu erforschen.

Experimentieren am Term

$f(x) = x^k \cdot (x + 2)^l \cdot (x - 1)^m \cdot (x - 3)^n$

Wähle k, l, m, n jeweils so, dass eine ganzrationale Funktion vom Grad vier entsteht. Skizziere jeweils die Graphen und sortiere nach gleichartigen Typen. Wähle auch verschiedene Kriterien nach denen du sortierst:
- charakteristische Form des Graphen
- Anzahl der Nullstellen
- Extrempunkte und Wendepunkte
- Symmetrien
- …

Von der Ableitung zur Funktion

Die Ableitungen f′ sind ganzrationale Funktionen dritten Grades. Mit dem Wissen darüber kannst du Aussagen über Extrem- und Wendepunkte der Funktion f machen. Skizziere dazu mögliche Typen und Ableitungen.

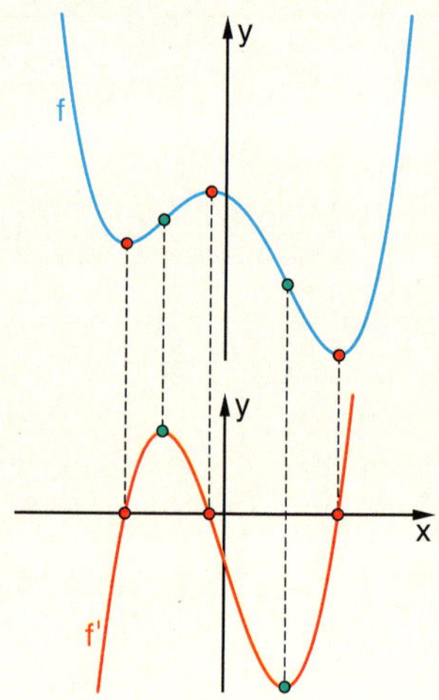

(siehe „Sortieren nach Nullstellen" Seite 209)

Experimentieren am Graphen

Untersuche die Funktionenschar

$f_t(x) = \frac{1}{4}x^4 - \frac{2}{3}tx^3 + tx^2$

für Werte des Parameters t zwischen –5 und 5 auf besondere Punkte. Skizziere alle verschiedenen Typen, die auftreten. Untersuche auch rechnerisch mithilfe der Ableitungen, wie viele Extrem- und Wendepunkte es jeweils gibt.

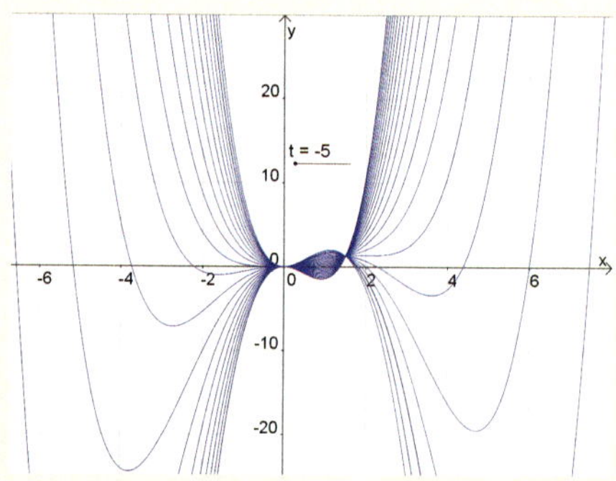

Forschungsbericht

Schreibe einen ausführlichen Forschungsbericht, in dem du alle gefundenen Typen und ihre Eigenschaften und Besonderheiten dokumentierst. Tabellen und Übersichten verdeutlichen die Muster.

Aufgaben

Wo die Bilder täuschen können

33 *Verschiedene Bilder – eine Funktion (1)*

a) Lena, Nils und Merle haben jeweils eine Grafik zu $f(x) = x^4 - 5x^3 + 2x^2 + 8x$ erzeugt und streiten sich nun, ob alle Grafiken richtig sind und welche am besten ist.

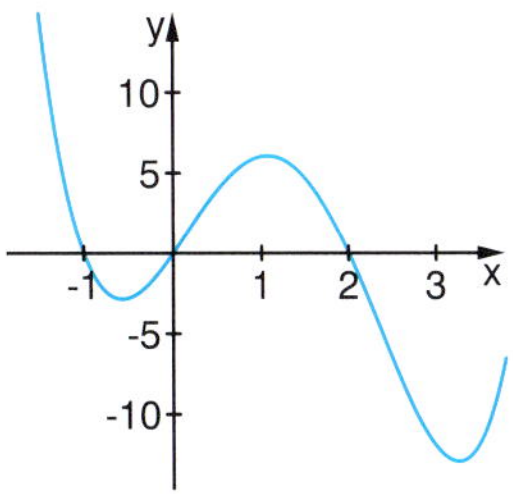

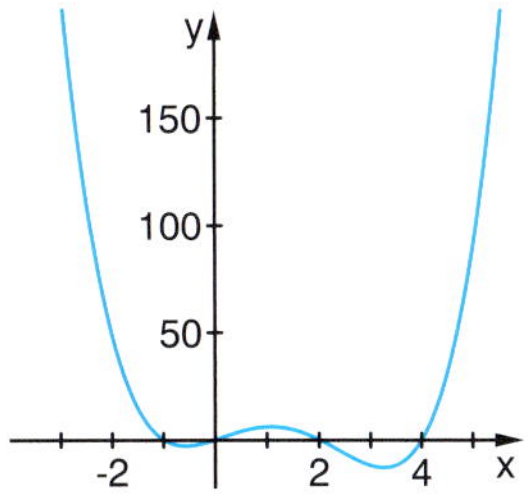

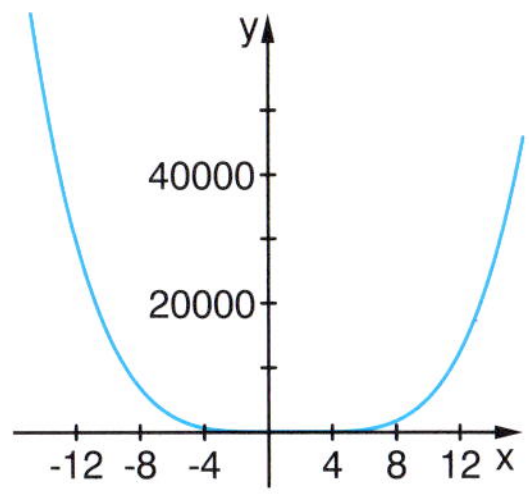

Was meinst du? Erstelle selbst eine Grafik, die den Funktionstyp möglichst gültig präsentiert.

b) Die Grafiken gehören alle zu der Funktion $f(x) = 0{,}1x^3 - 2{,}1x^2 + 2x$.

Manchmal benötigt man zwei Grafiken, um alles Charakteristische einer Funktion zu zeigen.

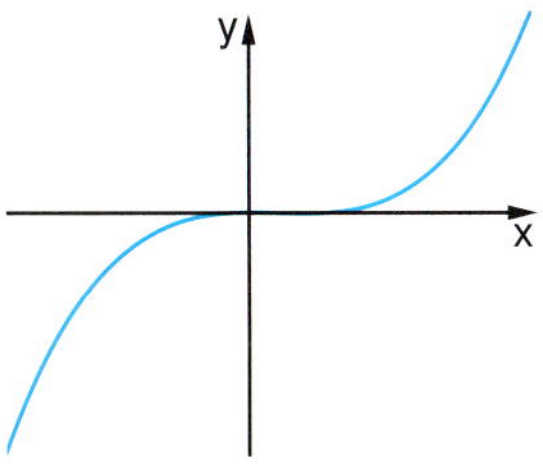

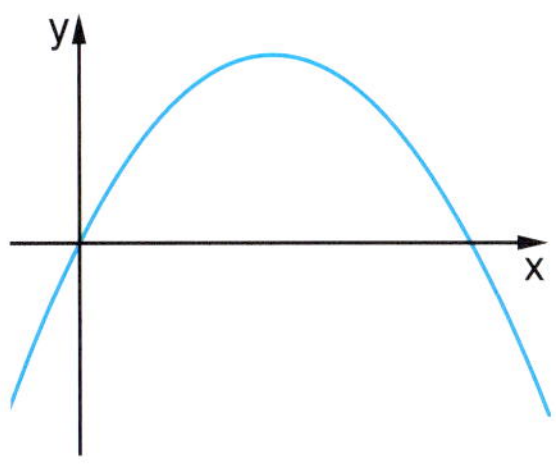

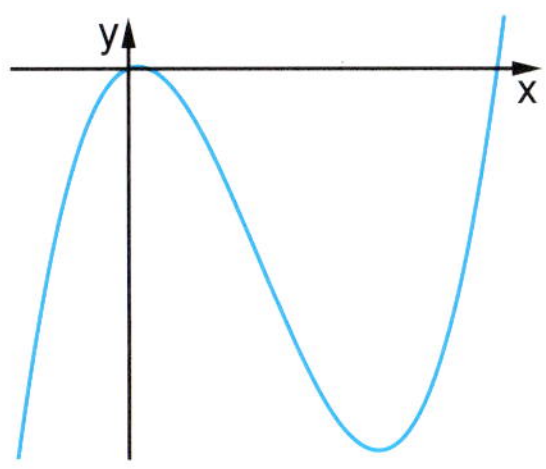

Finde zu jeder Grafik eine passende Skalierung.
Erstelle selbst eine möglichst aussagekräftige Grafik zu der Funktion.

34 *Verschiedene Bilder – eine Funktion (2)*

Zu jeder Funktion ist ein Graph gezeigt.
Beschreibe, in welcher Hinsicht die Bilder falsch oder irreführend sind.

$f_1(x) = x^3 - 12x^2 + 20x$ $\quad f_2(x) = x^4 - 10x^3 - 7x^2 + 76x - 60$ $\quad f_3(x) = 2x^3 - 6x^2 + 12x$

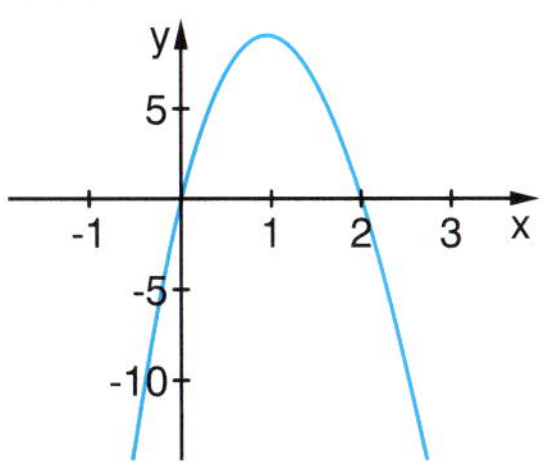

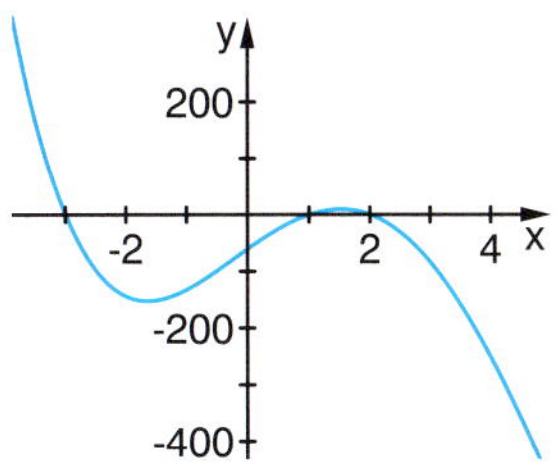

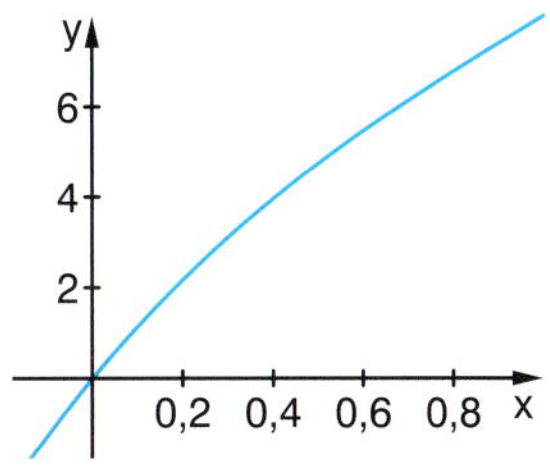

Skizziere zu jeder Funktion eine Grafik, die alle charakteristischen Eigenschaften der Funktion zeigt.

35 Gegeben sind zwei „Zwillingspaare" von Funktionen. Die darunter stehende Grafik gehört jeweils zu einem der beiden Zwillinge.

Kannst du herausfinden, zu welchem? Skizziere den jeweils anderen Zwillingspartner.
Untersuche und beschreibe die Unterschiede der einzelnen Zwillingspartner bezüglich charakteristischer Punkte. Benutze dabei sowohl grafische als auch rechnerische Methoden.

A: $f_1(x) = x^4 - 0{,}1x^2 + 1$ B: $f_3(x) = x^4 + 0{,}1x^3 + x$
$\quad f_2(x) = x^4 + 0{,}1x^2 + 1$ $\quad f_4(x) = x^4 + 0{,}1x^2 + x$

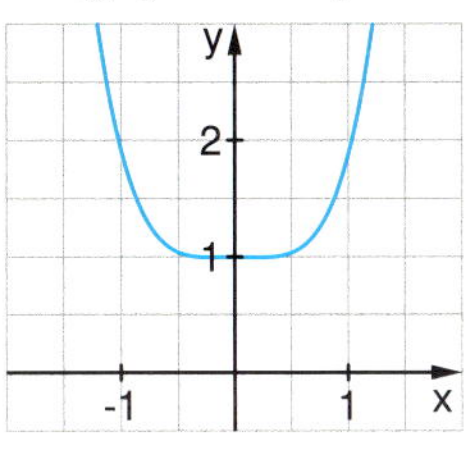

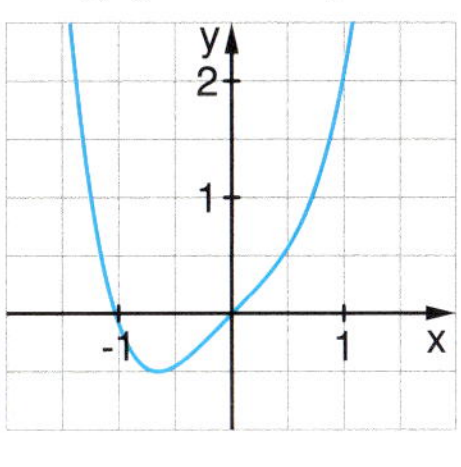

Wo Bilder trügerisch sind, können Rechnungen Klarheit verschaffen.

Wo Rechnungen versagen, können Bilder helfen.

6.4 Optimieren

Was dich erwartet

Bienen bauen ihre Waben mit minimalem Materialaufwand und maximaler Stabilität.

Wenn du einen Gegenstand möglichst günstig erwerben möchtest, wenn du mit einer Anstrengung so viel wie möglich erreichen willst, wenn du nur ein minimales Risiko auf dich nehmen willst, immer dann versuchst du zu optimieren. Aber nicht nur im täglichen Leben versuchen wir häufig, etwas möglichst schnell, gut oder kurz zu machen, auch in der Natur, in der Wissenschaft oder im Wirtschaftsleben ist Optimieren angesagt. Die Mathematik hat in ihrer langen Geschichte immer wieder zur Lösung von Optimierungsproblemen beigetragen. Dabei spielte zunächst die Geometrie eine entscheidende Rolle.
Immer dann, wenn sich Vorgänge und Situationen durch Funktionen modellieren lassen, können wir Optimierungsprobleme auch mit den Verfahren der Differenzialrechnung bearbeiten. Dabei geraten die besonderen Punkte (lokale und globale Extrempunkte, Wendepunkte als Punkte extremaler Steigung) in den Blickpunkt. Bei Problemen mit konkret vorgegebenen Daten helfen Tabellen und Graphen, bei allgemeinen Fragestellungen kann man auf die Sätze und Kalküle der Differenzialrechnung zurückgreifen.

Aufgaben

1 *Optimale Schachtel*

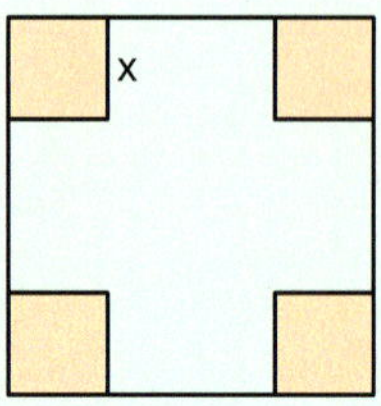

Die Schachteln werden nach einem einfachen Verfahren hergestellt: An allen vier Ecken eines quadratischen Pappbogens (20 cm × 20 cm) werden gleich große Quadrate herausgeschnitten, die verbleibenden Randflächen werden dann hoch gefaltet. Wie hängt das Volumen der Schachtel von der Seitenlänge x der ausgeschnittenen Quadrate ab? Gibt es eine Schachtel mit optimalem Volumen?
a) Einen ersten Überblick könnt ihr mit selbst gebastelten Schachteln und einer Tabelle erhalten. Die Übertragung der Tabellenwerte in ein Koordinatensystem liefert eine Vermutung über die optimale Schachtel.

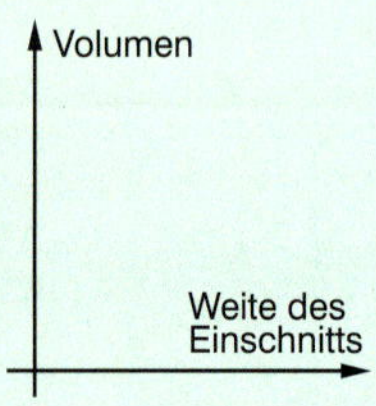

Seitenlänge x in cm	1	2	3	■
Volumen in cm^3	■	■	■	■

b) Wenn es gelingt, eine Formel für das Volumen **V** zu finden, die von der Einschnittweite **x** abhängt, kann man das maximale Volumen rechnerisch bestimmen. Bestimme eine solche Volumenfunktion und damit das maximal mögliche Volumen.
c) Eine Firma soll aus verschieden großen quadratischen Pappbögen oben offene Schachteln mit möglichst großem Fassungsvermögen herstellen. Erarbeite eine Empfehlung über die Einschnittweite.

Aufgaben

2 *Quadrate im Quadrat*

Auf den Seiten eines gegebenen Quadrates (k = 5 cm) werden immer dieselben Strecken x abgetragen, wenn man das Quadrat gegen den Uhrzeigersinn durchläuft. Auf diese Weise werden einem Quadrat andere Quadrate einbeschrieben.

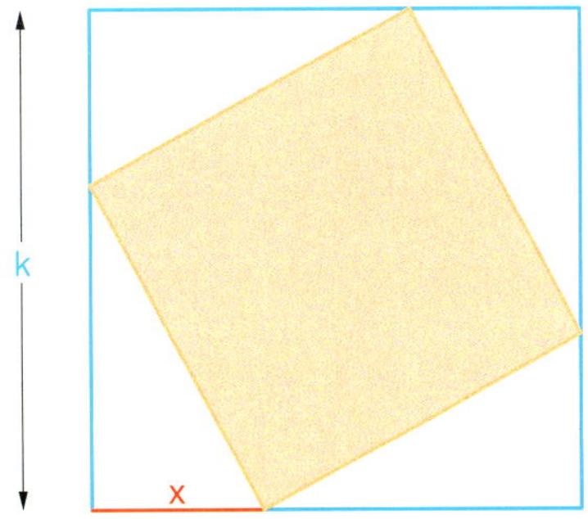

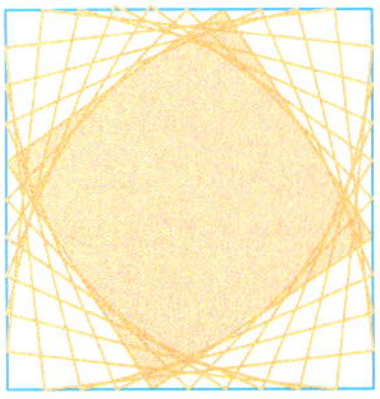

Welches dieser Quadrate hat den kleinsten Flächeninhalt?

Es gibt unterschiedliche Lösungswege. Vergleicht eure Ansätze.

(A) Ermittle die Seitenlänge des inneren Quadrates in Abhängigkeit von x ...

(B) Wenn das Quadrat minimalen Flächeninhalt hat, müssen die Dreiecke maximalen Flächeninhalt haben ...

Wie sieht die Lösung für ein Ausgangsquadrat mit beliebiger Seitenlänge k aus?

3 *Optimierung bei der Lagerhaltung*

Der TV-Großhändler möchte eine optimale Strategie für die Lagerhaltung eines beliebten Fernsehgerätes entwickeln. Nach vorliegenden Erfahrungen und Schätzungen kann er davon ausgehen, dass im kommenden Jahr etwa 2500 Geräte verkauft werden.
Er kann diese Geräte in bestimmten Stückzahlen beim Hersteller bestellen und im eigenen Lager bereit halten.

Bestellkosten
Jede Bestellung verursacht Kosten. Da sind einmal die variablen Bestellkosten, die für jedes bestellte Gerät anfallen (Verpackung, Fracht) und damit abhängig sind vom Umfang der Bestellung. Sie betragen 9 € pro Gerät. Daneben gibt es Kosten, die unabhängig von der bestellten Stückzahl pauschal bei jeder Bestellung anfallen (Buchung, Büro), sie betragen 20 €. Häufige Bestellungen kleinerer Mengen drücken zwar die Lagerkosten, dafür müssen aber höhere Bestellkosten aufgewendet werden.

Lagerkosten
Die jeweils gelieferten Geräte bewahrt der Händler bis zum endgültigen Verkauf in seinem Warenlager auf. Hierfür entstehen Kosten (Miete des Lagerraums, Versicherung, ...). Deshalb ist er bemüht, das Lager nicht unnötig groß zu halten.
In unserem Falle betragen die im Jahr anfallenden Lagerkosten 10 € pro Gerät.

Jährliche Lagerkosten

Zur Berechnung der im Jahr anfallenden Lagerkosten müssen die pro Gerät anfallenden Lagerkosten von 10 € mit der durchschnittlichen Anzahl der im Jahr zu lagernden Geräte multipliziert werden.
Wie groß ist diese durchschnittliche Anzahl?
Wenn man voraussetzt, dass man im Jahr n Bestellungen von jeweils x Geräten tätigt und die Geräte über das Jahr mit einer etwa konstanten Rate verkauft werden, so beträgt diese durchschnittliche Anzahl gerade $\frac{x}{2}$.

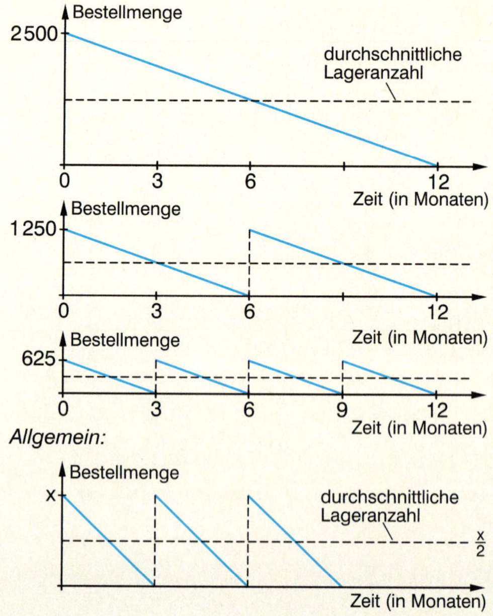

Die entscheidende Frage

In welchen Mengeneinheiten und wie oft soll bestellt werden, damit die Gesamtkosten möglichst gering sind?

Gib zunächst eine Schätzung nach Gefühl ab. Wähle dann einen der folgenden Lösungsansätze. Vergleicht eure Ergebnisse.

Tabelle und Graph

Zahl der Bestellungen pro Jahr $\frac{2500}{x}$	Stückzahl einer Bestellung x	Lagerkosten pro Jahr $\frac{x}{2} \cdot 10$	Bestellkosten pro Jahr $(20 + 9x) \cdot \frac{2500}{x}$	Gesamtkosten pro Jahr K(x)
1	2500	12500 €	22520 €	35020 €
2	1250	■	22540 €	■
5	500	2500 €	■	■
...	250	■	■	■
...	■	■	■	■

Übertrage die Tabelle ins Heft und fülle sie vollständig aus.
Zeichne die Punkte (x | K(x)) in ein Koordinatensystem.

Funktionsterm

Stelle einen Funktionsterm für die Funktion $x \rightarrow K(x)$ auf, die jeder Stückzahl x einer Bestellung die Gesamtkosten pro Jahr K(x) zuordnet. Bestimme dann das Minimum dieser Funktion im sinnvollen Definitionsbereich.

Etwas zum Nachdenken

Für das übernächste Jahr ist mit einer Steigerung des Verkaufs auf das Vierfache (10000 Geräte) zu rechnen, alle anderen Bedingungen bleiben gleich.
Der Manager überlegt:

„Wenn wir nun auch die Stückzahl jeder Bestellung auf das Vierfache erhöhen, so bleiben unsere Gesamtkosten für Bestellung und Lagerung wiederum minimal.“

Hat er recht? Prüfe mit einer der obigen Strategien nach.

Bei der hier vorgenommenen Modellierung des Problems ist eine entscheidende Voraussetzung, dass die Nachfrage für die Geräte über das ganze Jahr in etwa konstant ist. Gibt es noch andere wichtige Annahmen?

Optimierungsprobleme, die mithilfe einer Funktion modelliert werden können, lassen sich oft mit der gleichen Strategie lösen.

Basiswissen

Lösungsstrategie bei Optimierungsaufgaben

Bei einem Kegel soll die Mantellinie s 10 cm lang sein. Wie müssen der Grundkreisradius und die Höhe gewählt werden, damit der Kegel maximales Volumen hat?

1. Erfassen des Problems

- Welche Größen kommen vor? Fertige evtl. eine Skizze an und beschrifte sie passend.
- Welche Größe soll optimiert werden?

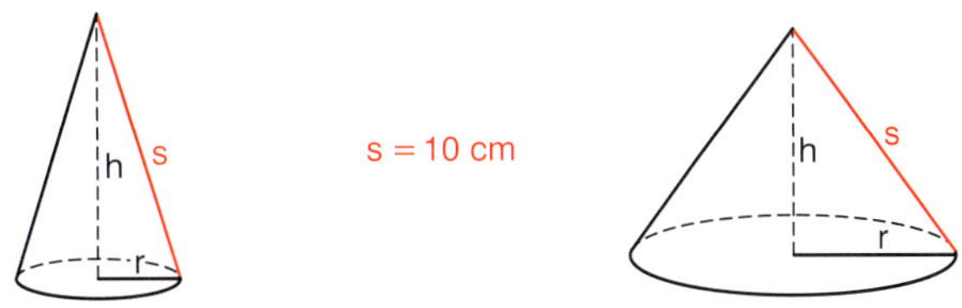

2. Herstellen eines funktionalen Zusammenhangs

- Wie lässt sich die zu optimierende Größe aus den anderen berechnen?
- Stelle eine Funktionsgleichung auf. Zahlenbeispiele/Tabelle helfen dabei.
- Drücke die zu optimierende Größe in Abhängigkeit von nur einer Variablen aus (*Zielfunktion*).
  Nutze dazu weitere Informationen des Aufgabentextes bzw. geometrische oder andere Zusammenhänge (*Nebenbedingungen*).
- Lege einen sinnvollen Bereich für die verbleibende Variable fest.

Kegelvolumen: $V(r, h) = \frac{1}{3}\pi \cdot r^2 \cdot h$

Im Funktionsterm kommen zunächst noch ***zwei*** *Variablen vor.*

Nebenbedingung: $h^2 + r^2 = 10^2$ $\qquad r^2 = 100 - h^2$

Einsetzen liefert die Zielfunktion:

$V(h) = \frac{1}{3}\pi(100 - h^2) \cdot h = \frac{100}{3}\pi \cdot h - \frac{1}{3}\pi \cdot h^3$

Im Funktionsterm kommt nur noch ***eine*** *Variable vor.*

sinnvoller Bereich: $0 < h < 10$

3. Bestimmen des Extremwertes

Bestimme den Extremwert der Zielfunktion mithilfe

- der Wertetabelle oder
- des Funktionsgraphen oder
- der Ableitung

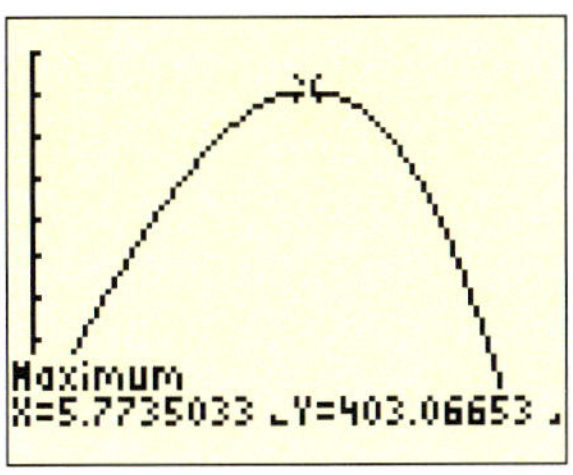

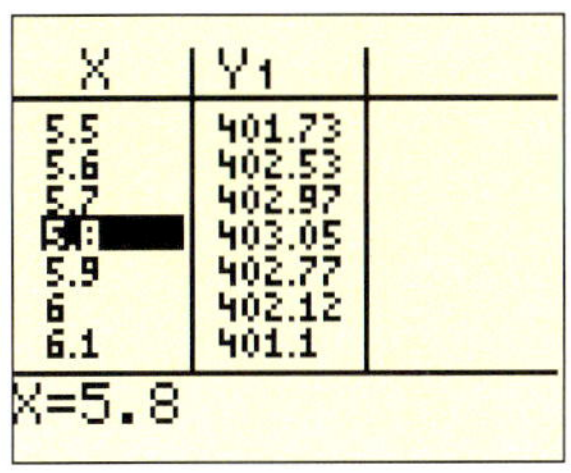

$V(h) = \frac{10^2}{3}\pi \cdot h - \frac{1}{3}\pi \cdot h^3$

$V'(h) = \frac{10^2}{3}\pi \cdot - \pi \cdot h^2 \quad V''(h) = -2\pi h$

$V'(h) = 0$ liefert $h = \frac{1}{\sqrt{3}} \cdot 10 \approx 5{,}77$ und

$r = \sqrt{\frac{2}{3}} \cdot 10 \approx 8{,}16 \quad \left(V''\left(\frac{10}{\sqrt{3}}\right) < 0\right)$

Damit erhält man als maximales Kegelvolumen 403 cm³.

Mit der Ableitung kann das Problem oft auch für einen allgemein vorgegebenen Parameter gelöst werden.

Allgemein vorgegebene Mantellinie s:

$V(h) = \frac{s^2}{3}\pi \cdot h - \frac{1}{3}\pi \cdot h^3$

$V'(h) = \frac{s^2}{3}\pi - \pi \cdot h^2 \quad V''(h) = -2\pi h$

$V'(h) = 0$ liefert $h = \frac{1}{\sqrt{3}} \cdot s$ und

$r = \sqrt{\frac{2}{3}} \cdot s \quad \left(V''\left(\frac{s}{\sqrt{3}}\right) < 0\right)$

4. Interpretation des Ergebnisses

Bei jeder vorgegebenen Mantellänge s ist bei maximalem Volumen das Verhältnis $\frac{r}{h} = \sqrt{2}$.

Beispiele

A *Rechtecke unter Funktionsgraphen*

Die Parabel mit der Gleichung $f(x) = -\frac{1}{3}x^2 + 12$ umschließt mit der x-Achse ein Flächenstück. In dieses Stück werden Rechtecke eingebaut.

Nullstellen von f: $x_1 = -6 \quad x_2 = 6$

a) Welches Rechteck hat den maximalen Flächeninhalt?

b) Hat das maximale Rechteck immer dieselbe Breite, wenn die Parabel nach oben verschoben wird?

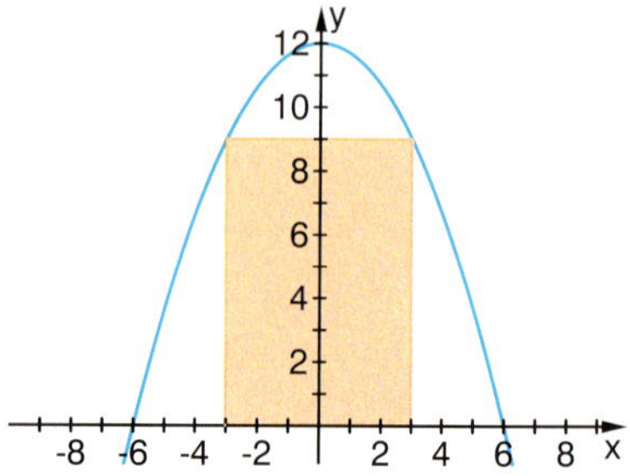

Lösung:

a) Zunächst legt man die Größe fest, die optimiert werden soll. Wir wählen t als halbe Breite des Rechtecks. Ein sinnvoller Bereich für t ist: $0 < t < 6$

Die Höhe des Rechtecks ist dann die y-Koordinate von f(x) an der Stelle t. Damit erhält man für den Flächeninhalt: $A(t) = 2t \cdot \left(-\frac{1}{3}t^2 + 12\right)$, also: $A(t) = -\frac{2}{3}t^3 + 24t$

Die Höhe des Rechtecks ist zunächst die zweite variable Größe, die Funktionsgleichung von f liefert hier die Nebenbedingung.

Eine grafisch-tabellarische Untersuchung von A(t) liefert den Hochpunkt (3,46 | 55,426). Das Rechteck mit maximalem Flächeninhalt ist ca. 6,92 breit und hat einen Flächeninhalt von ca. 55,426.

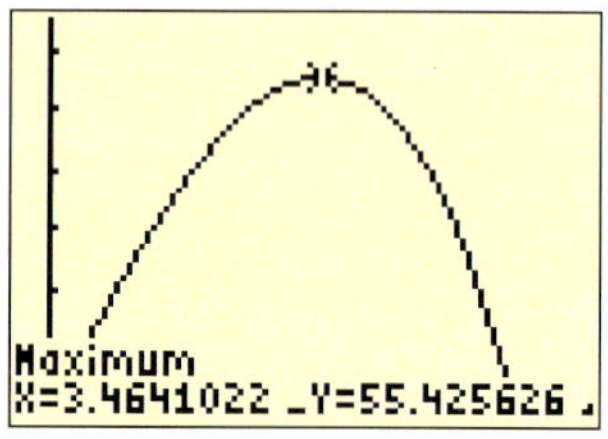

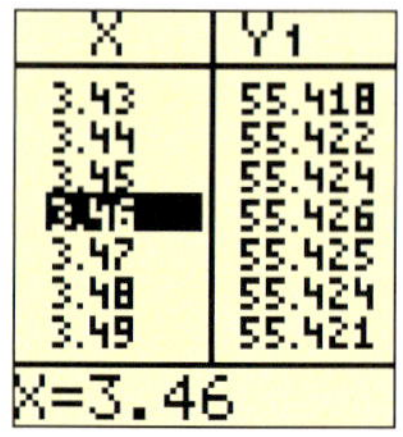

b) Mit $f(x) = -\frac{1}{3}x^2 + k$ erhält man für die Fläche des Rechtecks $A(t) = -\frac{2}{3}t^3 + 2kt$

$A'(t) = -2t^2 + 2k = 0 \quad \Rightarrow \quad t = \sqrt{k}; \quad A(\sqrt{k}) = \frac{4}{3}k\sqrt{k}$

Die Breite des Rechtecks hängt von **k** ab, sie wächst wie $y = \sqrt{x}$.

Die Modellierung passt nur, wenn alle Fischplatten verkauft werden.

B *Kosten, Umsatz und Gewinn*

Eine Firma hat durch Untersuchungen festgestellt, dass die Kosten einer Fischplatte in Abhängigkeit der Anzahl x an zubereiteten Platten durch die Funktion $K(x) = 0{,}2x^2 + 1000$ beschrieben werden können (x: Anzahl; K(x): Kosten in €). Sie verkauft die Platten für 36 €.

Wie viele Fischplatten muss die Firma verkaufen, um Gewinn zu machen? Wie hoch ist der maximale Gewinn?

Für den Umsatz U gilt: $U(x) = 36x$

Der Gewinn G kann dann durch die Differenz aus Umsatz und Kosten berechnet werden:

$G(x) = U(x) - K(x)$

$G(x) = 36x - (0{,}2x^2 + 1000)$

$G(x) = -0{,}2x^2 + 36x - 1000$

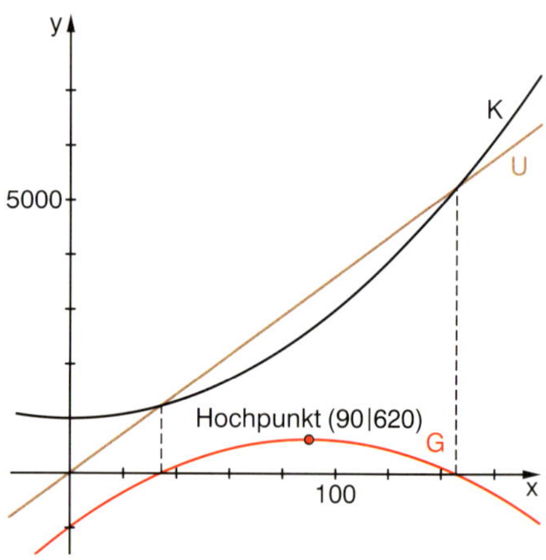

Im Bereich $34{,}3 < x < 145{,}7$ ist $G(x) > 0$. Die Firma muss mindestens 35 und darf höchsten 145 Fischplatten verkaufen, um Gewinn zu machen.

Maximaler Gewinn:

$G'(x) = -0{,}4x + 36 = 0$

$\Rightarrow x = 90; \quad G(90) = 620$

Wenn 90 Fischplatten verkauft werden, macht die Firma einen maximalen Gewinn von 620 €.

Übungen

4 *Schachteln mit maximalem Volumen*

Aus einem rechteckigen Stück Pappe mit den Seitenlängen 16 cm und 8 cm wird

a) eine oben offene Schachtel

b) eine Schachtel mit Deckel

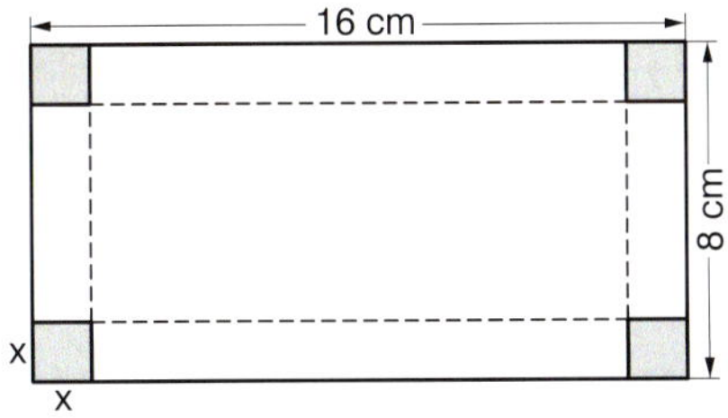

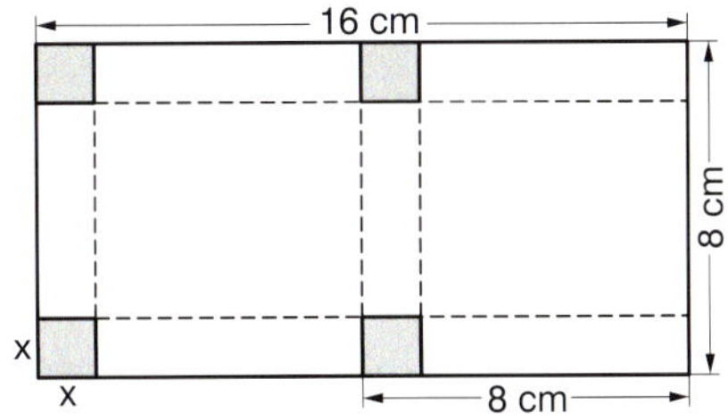

hergestellt, indem man die grauen Quadrate (Seitenlänge x) ausschneidet und dann längs der gestrichelten Linien faltet. Wie muss die Seitenlänge x der auszuschneidenden Quadrate gewählt werden, damit eine Schachtel mit größtem Volumen entsteht?

5 *Minimale Oberfläche*

a) Welcher Quader mit quadratischer Grundfläche und einem Volumen von 1000 cm^3 hat eine minimale Oberfläche?

b) Wie sieht das Ergebnis für einen Quader mit quadratischer Grundfläche bei einem anderen Volumen V aus?

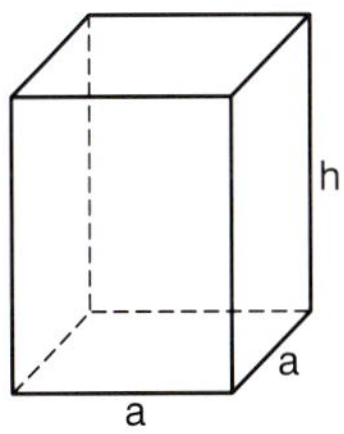

6 *Optimale Fläche einzäunen*

Goldgräber Joe kann sich mit einem 100 m langen Seil ein rechteckiges Stück Land abstecken. Dabei ist er natürlich an einer möglichst großen Fläche interessiert.

a) 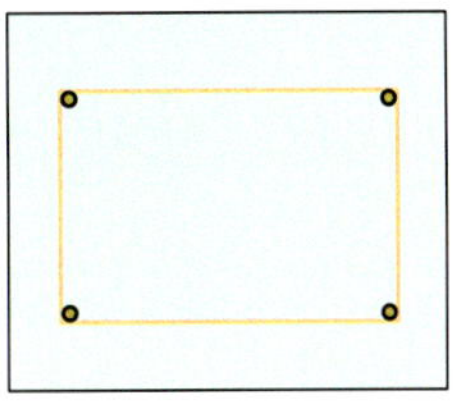

Das Seil muss alle vier Seiten umschließen.

b) 

Eine Seite wird vom Fluss begrenzt.

c) 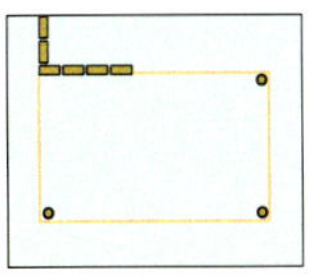

Eine Mauer von 20 m Länge kann zur Abgrenzung mit benutzt werden.

7 *Isoperimetrisches Problem*

a) Beweise dies für den allgemeinen Fall mithilfe der Optimierungsstrategie.

> Unter allen umfangsgleichen Rechtecken hat das Quadrat den größten Flächeninhalt.

iso: gleich
perimetros: Umfang
(griechisch)

b) Bei *Pierre de Fermat* tritt das Problem in nebenstehender Formulierung auf. Erläutere, warum dies dasselbe Problem ist.

> Die Strecke $\overline{AB}$ ist im Punkt T so zu teilen, dass das Rechteck mit den Seiten $\overline{AT}$ und $\overline{TB}$ ein Maximum wird.

PIERRE DE FERMAT (1601–1665)

c) Fermat stellte noch ein weiteres Problem.
Löse das Problem.

> Die Strecke $\overline{AB}$ ist so zu teilen, dass das Produkt der Quadrate über $\overline{AT}$ und $\overline{TB}$ ein Maximum wird.

d) Variiere das Problem von Fermat in c), indem du *„Produkt der Quadrate"* durch *„Summe der Quadrate"*, *„Differenz der Quadrate"* und *„Quotient der Quadrate"* ersetzt.

Übungen

8 *„Umgekehrtes“ isoperimetrisches Problem*

a) Vergleiche die nebenstehende Aussage mit der Aussage in Aufgabe 7 a). Warum spricht man hier von dem umgekehrten isoperimetrischen Problem?

> Unter allen flächengleichen Rechtecken hat das Quadrat den minimalen Umfang.

b) Zeige am Beispiel eines Rechtecks mit dem Flächeninhalt 40 cm², dass die Aussage gilt.

c) Beweise die Aussage für ein beliebiges Rechteck mit dem Flächeninhalt A.

Entsprechen die Maße des Fußballfeldes den offiziellen Vorgaben der FIFA?

9 *Stadion*

Ein Sportstadion mit einer 400-m-Laufbahn soll so angelegt werden, dass das Fußballfeld möglichst groß ist. Die beiden Kurven sollen Halbkreise sein.

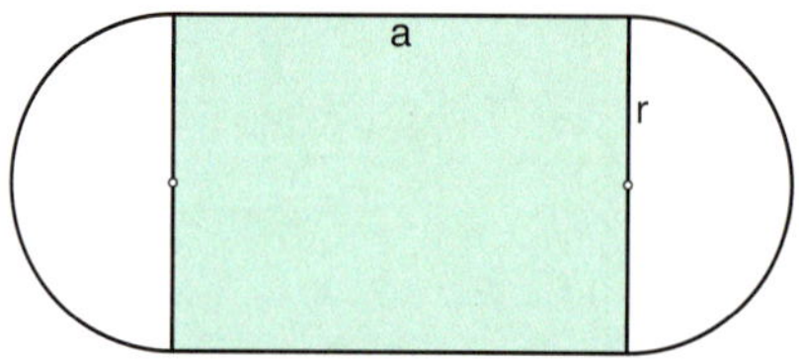

10 *Windschutz am Strand*

Ein Windschutz aus Segeltuch hat eine Rückwand, ein Dach und zwei quadratische Seitenwände. Zur Herstellung stehen 8 m² Segeltuch zur Verfügung. Bei welchen Maßen wird der Innenraum des Unterstandes maximal?

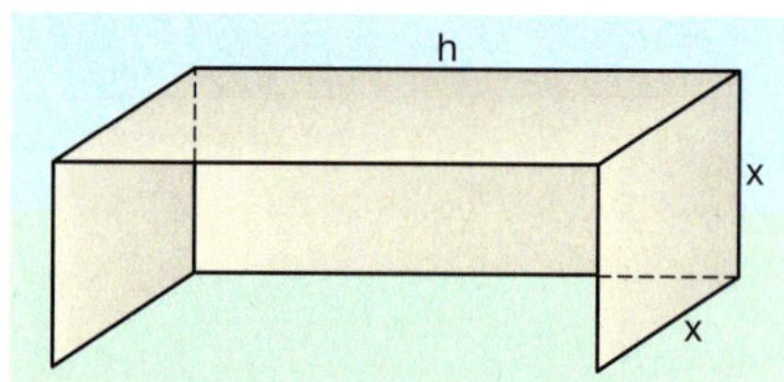

11 *Optimale Dose*

Die abgebildeten Konservendosen haben beide ein Füllvolumen von 580 cm³, aber ihre Form ist unterschiedlich.
Die hohe Form der Würstchendose ist durch den Inhalt vorgegeben.
Die Lychees erzwingen aber keine bestimmte Form. Ähnlich ist es bei Suppendosen oder Dosen für Gemüse oder Obst. Der Hersteller ist in solchen Fällen daran interessiert, möglichst wenig Material für die Herstellung zu verbrauchen.

r = 4,2 cm h = 10,7 cm r = 3,6 cm h = 14,3 cm

Die Modellierung der Dose durch einen Zylinder ist vereinfacht. In Wirklichkeit muss beim Materialverbrauch noch der Falz berücksichtigt werden, durch den Deckel und Boden mit dem Mantel verbunden sind.

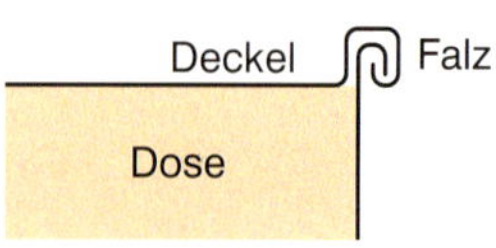

a) Vergleiche den Materialverbrauch für die beiden Dosen.

b) Wie müssen Höhe und Durchmesser eines Zylinders mit 580 cm³ Volumen gewählt werden, so dass seine Oberfläche minimal ist? Vergleiche diesen optimalen Wert mit denen der Dosen.

c) Ändert sich das optimale Verhältnis von Durchmesser und Höhe bei einem Zylinder mit einem kleineren oder größeren Volumen?

d) Wird der minimale Materialverbrauch größer oder kleiner, wenn man statt der zylinderförmigen Dose einen Quader mit quadratischer Grundfläche wählt? Schätze und rechne dann nach (siehe Aufgabe 5).

Übungen

12 *Optimale Tüten*
Forme aus einem kreisförmigen Stück Papier mit Radius 10 cm eine kegelförmige Tüte mit maximalem Volumen.
Schneide den Kreis längs eines Radius ein und forme durch Überlappen die Tüte (Kegelmantel).
(Das Beispiel im Basiswissen Seite 217 kann dir beim Optimieren helfen)

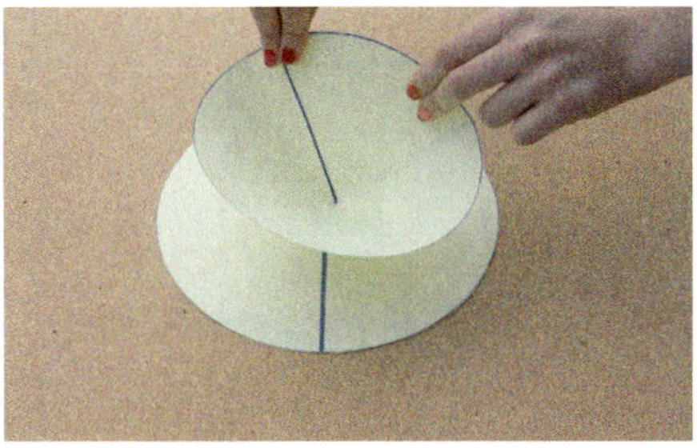

13 *Papierfalten*
Lege ein DIN-A4-Blatt (ca. 21 cm × 30 cm) mit der längeren Kante nach unten vor dich hin. Falte das Blatt nun so, dass die obere linke Ecke genau auf dem unteren Blattrand liegt.
Wie muss man falten, damit das grau gefärbte Dreieck einen möglichst großen Flächeninhalt hat?

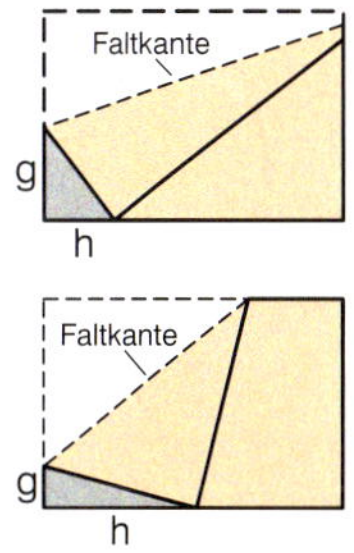

Probieren schafft Überblick:
Falte viele Dreiecke, miss, rechne und erzeuge eine Tabelle.

g	h	Flächeninhalt des Dreiecks $A = \frac{1}{2}gh$
▒	▒	▒

Übertrage die Punkte (g | A) in ein Koordinatensystem.

Funktionaler Zusammenhang:
Der Flächeninhalt A lässt sich als Funktion von g darstellen: $A = A(g)$.

Das Dreieck ist rechtwinklig.

Für die Hypotenuse gilt: $c = 21 - g$

Nebenbedingung:
$g^2 + h^2 = (21 - g)^2$

14 *Rechtecke unter Funktionen*
Es werden Rechtecke untersucht, bei denen zwei Seiten auf den Koordinatenachsen liegen und ein Eckpunkt auf dem Funktionsgraphen im 1. Quadranten.

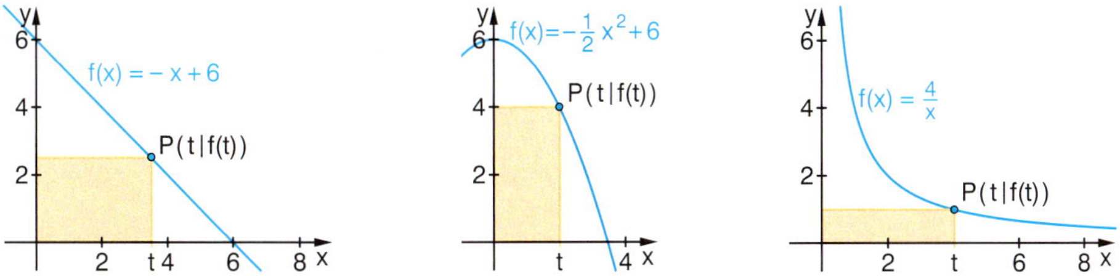

a) Bestimme jeweils die Rechtecke mit maximalem Flächeninhalt.
b) Bestimme jeweils die Rechtecke mit minimalem Umfang.
c) Erstelle selbst eine solche Aufgabe mit einer geeigneten Funktion.

In zwei Fällen wirst du Überraschendes feststellen.

15 *Mathematischer Bruch einer Glasscheibe*
Aus einer Fensterscheibe mit den Maßen a = 3 dm und b = 6 dm ist ein Stück herausgebrochen, dessen Rand durch eine Parabel g(x) beschrieben werden kann.
Aus dem Reststück soll eine möglichst große rechteckige Platte herausgeschnitten werden.
Suche die maximale Fläche der Glasplatte, wenn die Parabel die Gleichung
$g(x) = 4 - x^2$ $h(x) = 3 - x^2$ hat.

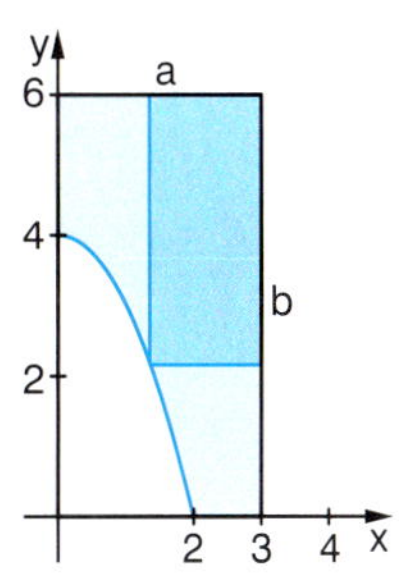

Achtung: Das Maximum kann auch am Rand des Definitionsbereichs liegen.

Übungen

16 *Gewinnmaximierung*

Zu Kosten, Umsatz und Gewinn siehe Beispiel B.

Die Firma Stilus-Stifte hat eine neue Sorte von Bleistiften entwickelt. Von der Kalkulationsabteilung wurde eine Kostenfunktion
K: *produzierte Stückzahl (in Tausend) → entstehende Kosten (in €)*
aufgestellt, die die laufenden Kosten pro Maschine und Tag (Fest- , Material-, Energie- und Lohnkosten) berücksichtigt: $K(x) = 2x^3 - 18x^2 + 62x + 32$.
a) Beschreibe dem Abteilungsleiter, der wenig von Mathematik versteht, den Graphen hinsichtlich seiner Bedeutung für die Produktionskosten. Erkläre insbesondere die Bedeutung des Wendepunktes.
b) Pro 1000 Bleistifte ist am Markt ein Preis von 50 € erzielbar. In welchem Stückzahlbereich wird Gewinn erwirtschaftet? Wo ist dieser am größten?

17 *Kosten, Umsatz und Gewinne*

Produktionskosten können auf unterschiedliche Weise entstehen.
Entsprechend werden sie durch unterschiedliche Funktionen modelliert.

Vergleiche insbesondere die Kostenfunktion bei (3) und (4).

(1) $K_1(x) = 0{,}5x + 1$
$U_1(x) = 0{,}8x$

(2) $K_2(x) = 0{,}01x^3 + 1$
$U_2(x) = 1{,}5x$

(3) $K_3(x) = 0{,}2x^3 - 1{,}2x^2 + 2{,}4x + 1$
$U_3(x) = 1{,}4x$

(4) $K_4(x) = 0{,}1x^3 - 0{,}6x^2 + 1{,}7x + 1$
$U_4(x) = 2x$

a) Erstelle zu jeder Kosten- und Umsatzfunktion eine aussagekräftige Skizze.
Beschreibe und vergleiche jeweils die Entwicklung der Produktionskosten in Abhängigkeit von der produzierten Menge.
Welche der Kostenfunktionen erscheinen dir sinnvoll? Begründe.
b) Ermittle zu den Kosten- und Umsatzfunktionen den Gewinnbereich und den maximalen Gewinn.

18 *Parfüm*

Je teurer ein Produkt verkauft wird, desto weniger kann abgesetzt werden.
Welchen Preis sollte eine Firma ansetzen?
Für den Absatz eines exklusiven Parfüms modellieren drei Teams die Preis-Absatz-Funktion für Packungspreise bis 200 € auf je unterschiedliche Weise (x: Packungspreis; y: absetzbare Packungsanzahl):

$P_1(x) = -50x + 10\,000$

$P_2(x) = 0{,}2x^2 - 90x + 10\,000$

$P_3(x) = \frac{30\,000}{\sqrt{x}}$

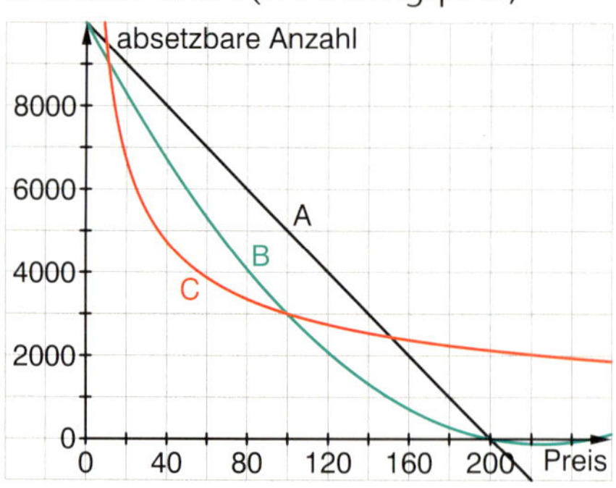

a) Begründe, dass alle drei Modelle sinnvoll sind und ordne die Graphen den Funktionen zu. Beschreibe das Kaufverhalten nach den drei Modellen.

b)

Händler H1 erwartet den Absatz von 6000 Packungen.	Händler H2 möchte mindestens 320 000 € mit dem Parfüm umsetzen.	Händler H3 will das Parfüm für 200 € anbieten.

Was sagt ihr den Händlern? Benutzt dabei jedes der drei Modelle.
c) Welche Umsätze lassen sich erzielen? Bei welchem Preis macht die Firma maximalen Umsatz? Erstelle zu jedem Modell einen Bericht und vergleiche anschließend die Ergebnisse mit deinen Mitschülern.

Übungen

19 *Stühle*

Eine Möbelfirma stellt u. a. Stühle her. Die Produktionskosten K hängen von der an einem Tag produzierten Menge x ab. Es werden maximal 300 Stühle produziert. In betriebsinternen Untersuchungen ist folgende Kostenfunktion entwickelt worden:

$K(x) = x^3 - 3x^2 + 6x + 1$ (x in Hundert Stück, K(x) in Zehntausend Euro).

a) Skizziere K(x) und beschreibe die Entwicklung der Produktionskosten in Abhängigkeit von der Stückzahl. Welche Bedeutung hat der Schnittpunkt mit der y-Achse?

b) Wo ist die Änderung der Kosten am geringsten?

c) Der Umsatz kann mit $U_p(x) = p \cdot x$ beschrieben werden (p in 100 €).
Welche Bedeutung hat der konstante Faktor p?
Die Bilder zeigen die Kosten, den Umsatz und den Gewinn für drei verschiedene Werte von p. Gib die Funktionsgleichung für den Gewinn an.

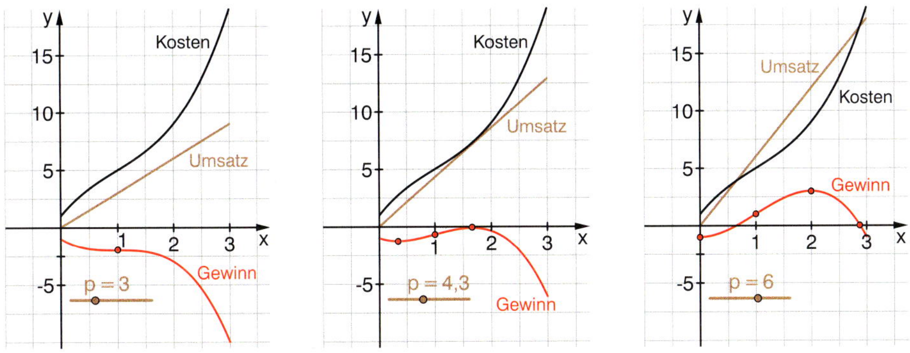

Beschreibe anhand der Bilder die Gewinnentwicklung in Abhängigkeit von p.
Welche Voraussetzungen werden bei allen Berechnungen hier gemacht?

d) Der Betriebschef möchte wissen, für welche Produktionsmenge bei verschiedenen Verkaufspreisen jeweils der höchste Gewinn erzielt wird und für welche Produktionsmenge der Gewinn am stärksten zunimmt.

Das Modell gilt nur für eine Produktion von maximal 300 Stühlen.

Übertrage die Tabelle ins Heft und fülle sie aus.

Verkaufspreis	Gewinnzone (Anzahl verkaufter Stühle)	maximaler Gewinn	stärkste Gewinnzunahme
300	■	■	■
450	■	■	■
600	■	■	■
700	■	■	■
p	■	■	■

Erstelle abschließend eine Expertise für den Betriebschef.

In der Expertise sollte enthalten sein:
- Empfehlung für Produktionsmengen
- mögliche Gewinne
- Was können die Berechnungen nicht berücksichtigen?
- Unter welchen Voraussetzungen kann es die Gewinne nur geben?

Projekt

Milchtüten

Getränke werden in verschiedenen Verpackungen angeboten. Kartons haben den Vorteil, dass sie leicht und wieder verwertbar sind.
Überlege dir, was für den Hersteller, den Verkäufer und den Kunden alles wichtig und interessant bezüglich der Gestalt von Milchtüten ist.
Für die 1-Liter-Frischmilchtüte gibt es zwei verschiedene Formen. Besorge dir von jeder Sorte eine Tüte. Ermittle die Maße (Breite und Füllhöhe) einer Milchtüte und deren Volumen bis zur Füllgrenze.

Tüte mit Giebel

Tüte ohne Giebel

Liefern die realen Maße eine Tüte mit minimalem Materialaufwand?
Welche Breite b und welche Höhe h muss die optimale Tüte haben?

arbeitsteilige Gruppenarbeit

Schneide beide Tüten auf und zeige, dass man jeweils die abgebildeten Schnittmuster (Netze) erhält.

Gruppe A

Tüte mit Giebel

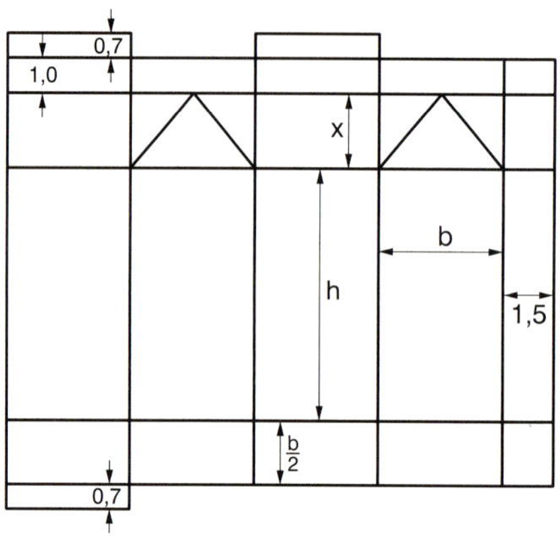

Gruppe B

Tüte ohne Giebel

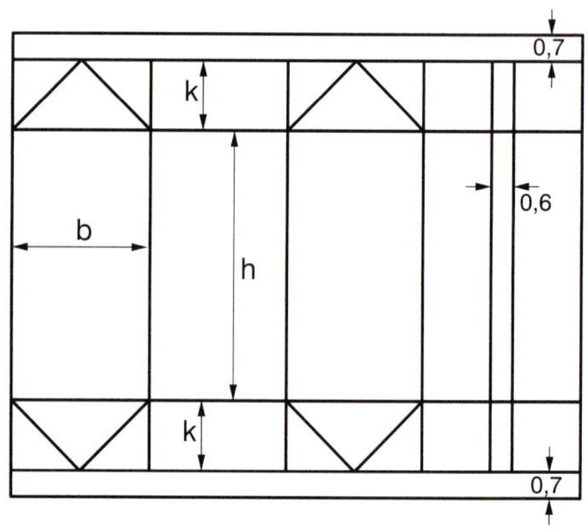

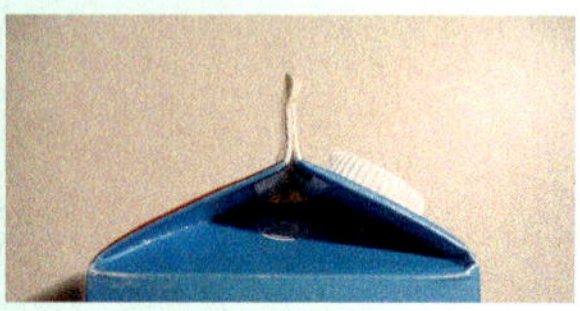

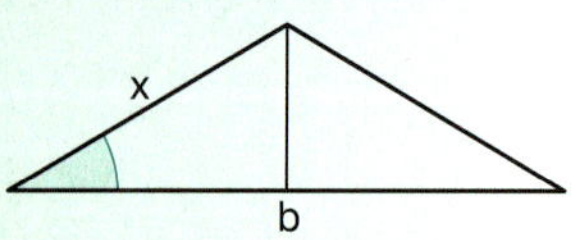

$\cos(\alpha) = \frac{\text{Ankathete}}{\text{Hypotenuse}}$

Der Materialverbrauch für den Giebel hängt von der Steilheit des Giebels ab. Veranschauliche dir dies am Schnittmuster, indem du es wieder zur Tüte zusammenfaltest.
Ermittle einen angemessenen Winkel durch Messen und bestimme damit x in Abhängigkeit von b.

Warum kann für k sinnvollerweise die halbe Breite der Tüte angenommen werden?

Für den Boden und den Deckel wird mehr Material als notwendig benutzt. Warum ist das sinnvoll? Erkläre damit, dass die optimale Milchtüte wesentlich schlanker als der Würfel ist.

Das Volumen ist jeweils fest vorgegeben.

Erstelle jeweils eine Formel für den Materialverbrauch in Abhängigkeit von einer Variablen und bestimme den minimalen Bedarf.
Vergleiche mit den Maßen und dem Materialbedarf der realen Milchtüte.

Welche der beiden Tüten bevorzugst du? Sammle jeweils Argumente für und gegen jede Tüte.

20 *Optimieren ohne Differenzialrechnung*

Aufgaben

Extremwertaufgaben haben Menschen lange vor der Entwicklung der Differenzialrechnung gelöst. Es muss also noch andere Wege zur Lösung solcher Probleme geben. Meistens waren es geometrische Methoden, die häufig zu eleganten Lösungen führten, manchmal aber auch einfache algebraische Ansätze.
In den nächsten Aufgaben wirst du etwas von diesen Methoden an bekannten und neuen Problemen kennen lernen und selbst ausprobieren können.

(A) *Isoperimetrisches Problem*

Unter allen umfangsgleichen Rechtecken hat das Quadrat den größten Flächeninhalt.

Zeige, dass das gefärbte Rechteck für jedes x den gleichen Umfang hat wie das Quadrat.
Zeige, dass der Flächeninhalt des oberen (weißen) Rechtecks immer größer ist als der des rechten (gelben) Rechtecks und begründe damit, dass das Quadrat unter allen umfangsgleichen Rechtecken den maximalen Flächeninhalt hat.

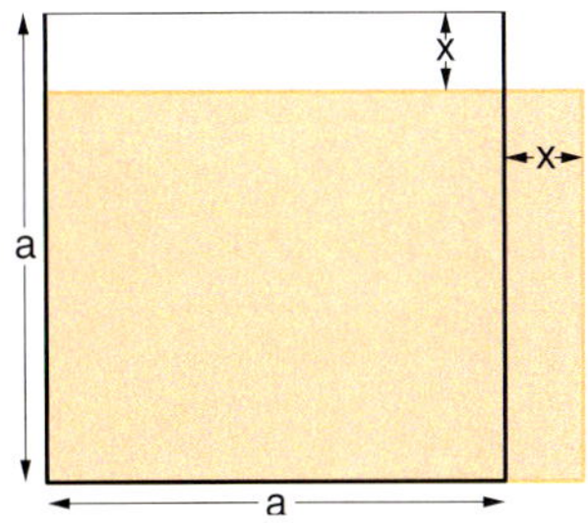

Geometrischer Beweis

Gib einen Term für den Flächeninhalt des gefärbten Rechtecks an und begründe damit, dass dieser für jeden Wert von x kleiner als der Flächeninhalt des Quadrates ist.

Algebraischer Beweis

(B) *Quadrate im Quadrat*

Vergleiche die Diagonalen der Quadrate.

Was weißt du über die Beziehungen der Seitenlängen von rechtwinkligen Dreiecken?

Warum ist damit das Problem auch für beliebige Ausgangsquadrate beantwortet?

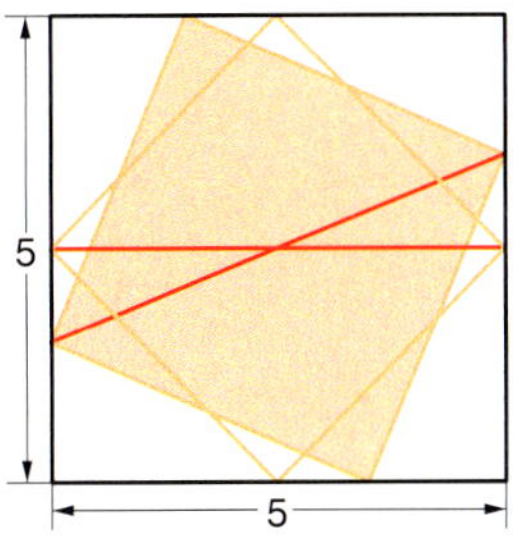

Welches der inneren Quadrate hat den kleinsten Flächeninhalt?

(C) Zu den „Quadraten im Quadrat" kann man auch das ‚umgekehrte' Problem formulieren:

Zu einem gegebenen festen Quadrat sollen Quadrate konstruiert werden, die das Quadrat umschreiben. Welches dieser Quadrate hat einen maximalen Flächeninhalt?

Zeichne ein Quadrat ABCD und konstruiere einige umbeschriebene Quadrate.
(Hinweis: Satz des Thales)

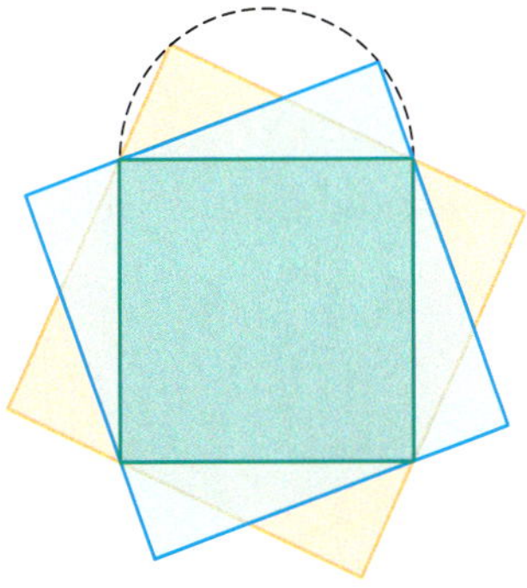

(D) Welches unter allen Rechtecken in einem gegebenen festen Kreis hat den maximalen Flächeninhalt?

Vergleiche die Dreiecke in der Abbildung und benutze den Thalessatz.

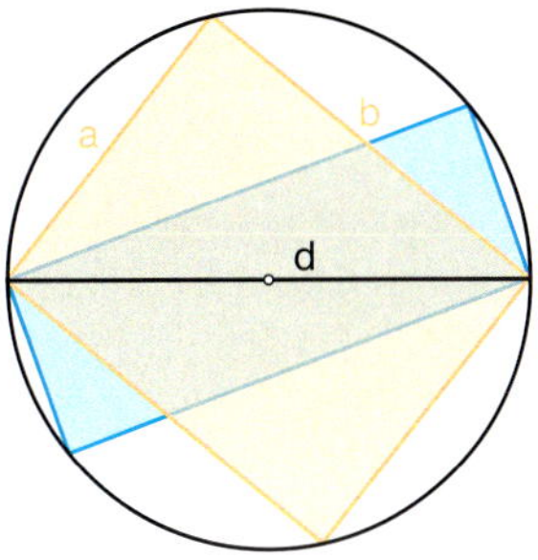

Aufgaben

21 *Viele Wege zum Ziel*

Hier kannst du an einem Problem verschiedene Lösungsmethoden ausprobieren und diese dann miteinander vergleichen.

Das Problem

Einem gleichseitigen Dreieck werden Rechtecke einbeschrieben. Welches dieser Rechtecke hat einen maximalen Flächeninhalt?

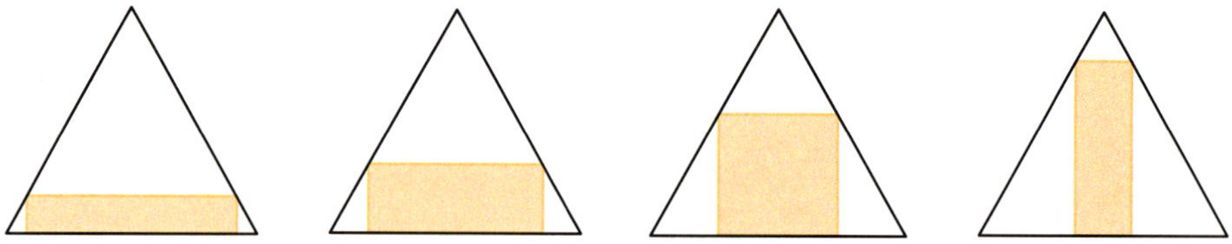

Die Lösungen

(A) Funktionaler Weg:

Beschreibe die Seiten durch lineare Funktionen.

Tipps für mögliche Wege:

Höhe des Dreiecks in Abhängigkeit von a bestimmen	Koordinaten der Eckpunkte in Abhängigkeit von a angeben	Steigung von g (x) bestimmen

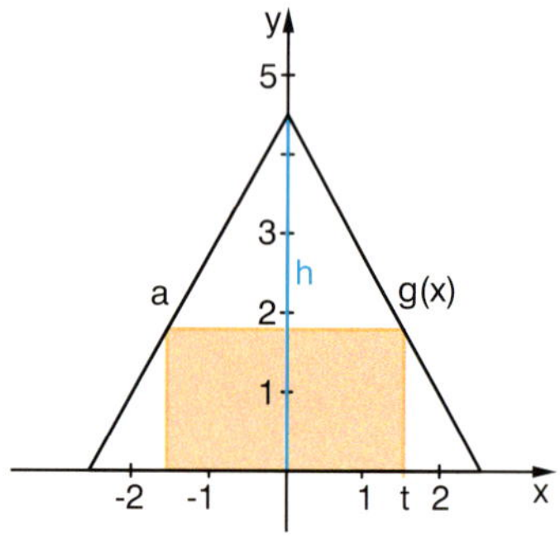

(B) Algebraisch-geometrischer Weg:

- Bestimme h in Abhängigkeit von a.
- Gib einen Term für den Flächeninhalt des Rechtecks in Abhängigkeit von x und y an.
- Die Ähnlichkeit der Dreiecke COB und PQB liefert eine Nebenbedingung für y.

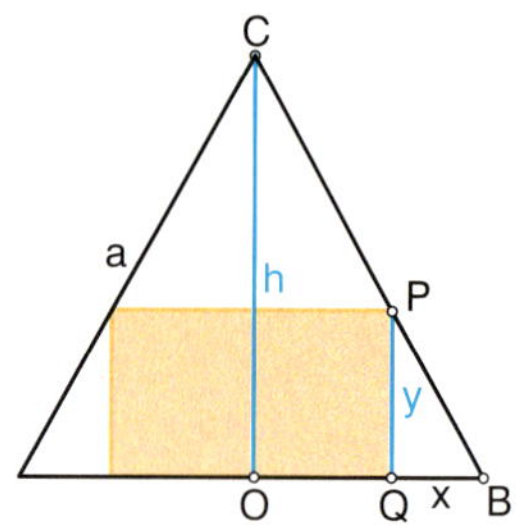

(C) Geometrischer Weg:

Bilder ohne Worte

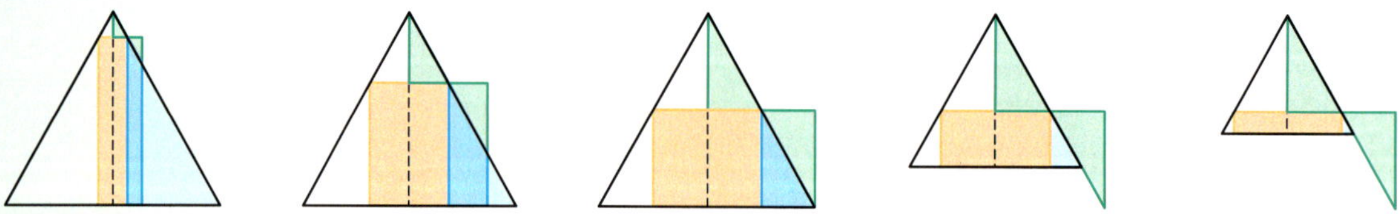

Begründe, dass die Summe aus dem Flächeninhalt eines grünen Dreiecks und des blauen Dreiecks immer mindestens so groß wie der halbe Inhalt des gelben Rechtecks ist. Wann sind sie gleich groß?

Reflexion

Vergleiche die Lösungswege:

- Welche Kenntnisse und Verfahren musst du bei den einzelnen Wegen abrufen?
- Welche Wege können einfach abgearbeitet werden, bei welchen benötigt man „zündende Ideen"?
- Welcher Weg ist für dich am einfachsten?
- Welchen Weg findest du am schönsten?

CHECK UP

1 a) Gib die Funktionsterme zu den skizzierten Graphen an. Bestimme die Ableitungsfunktionen und skizziere deren Graphen.

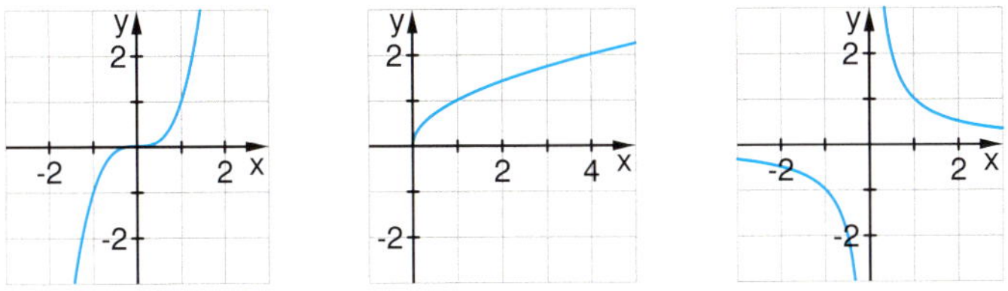

b) Die Graphen der Ableitungen dreier Funktionen sind skizziert. Skizziere die Graphen der zugehörigen Funktionen.

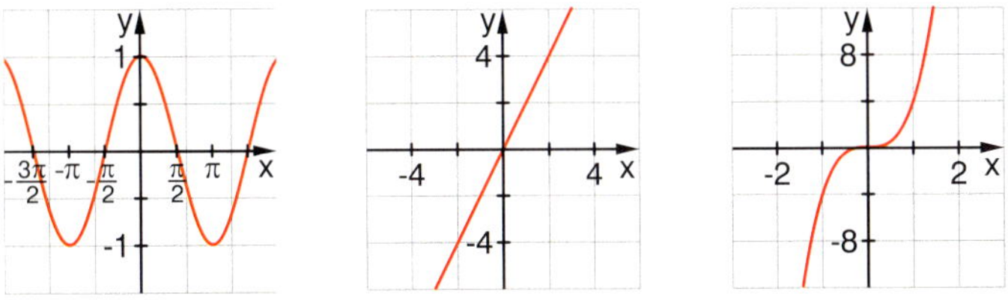

2 a) Berechne die Ableitungen der Funktionen $f_n(x) = x^n$ für $n = 2, 3, 4, 5$ und 6.
b) In welchem Verhältnis stehen die Steigungen dieser Funktionen jeweils an den Stellen $x = \frac{1}{2}$, $x = 1$ und $x = 2$?

3 Bestimme die Ableitungen zu den Funktionen.
a) $f(x) = x^3 + 5$ b) $f(x) = \frac{3}{x}$ c) $f(x) = 2 - 0{,}5\sqrt{x}$
d) $f(x) = x^2 + \frac{1}{x}$ e) $f(x) = 3x^3 - x^2 + 1$ f) $f(x) = 2x + \sin(x)$
g) $f(x) = ax^2 - bx + c$ h) $f(x) = \frac{1}{3}x + 2$ i) $f(t) = 10t^2 - t + 1$

4 Bestimme die Ableitung einer ganzrationalen Funktion vierten Grades $f(x) = ax^4 + bx^3 + cx^2 + dx + e$ ($a, b, c, d, e \in \mathbb{R}$ und $a \neq 0$).

5 Gegeben ist die Funktion $f(x) = x^2 - 4x$.
a) Bestimme die Steigung der Kurve in den Schnittpunkten mit den Koordinatenachsen.
b) Wo hat der Graph die Steigung 6 bzw. −2 bzw. 3?
c) Wo hat der Graph eine waagerechte Tangente?

6 a) Für welche x-Werte haben die Graphen von $f(x) = x^2$ und $g(x) = x^3$ parallele Tangenten?
b) Wie groß sind jeweils die Steigungen in den Schnittpunkten von f und g?

7 Bestimme jeweils die Gleichung der Tangente im Punkt $P(a \mid f(a))$.
a) $f(x) = 0{,}5x^2 + 1$; $a = 1$ b) $f(x) = \frac{2}{x}$; $a = 1$
c) $f(x) = 2\sin(x)$; $a = 0$

8 Zeige, dass die Tangente an den Graphen von $f(x) = x^3$ im Punkt $P(a \mid f(a))$ die Gleichung $y = 3a^2x - 2a^3$ hat.

9 a) Zeige: Die Tangente an den Graphen von $f(x) = x^2$ in $P(2 \mid f(2))$ ist parallel zur Sekante durch $A(1 \mid f(1))$ und $B(3 \mid f(3))$.
b) Gilt die Aussage von a) auch für $f(x) = x^3$?

Wichtige Funktionen und ihre Ableitungen

f(x)	f′(x)	f(x)	f′(x)
x^2	$2x$	$\sqrt{x}$	$\frac{1}{2\sqrt{x}}$
x^3	$3x^2$	$\frac{1}{x}$	$-\frac{1}{x^2}$
x^4	$4x^3$	$\sin(x)$	$\cos(x)$

Ableitungsregeln

Potenzfunktion $f(x) = x^n$ mit natürlichem Exponenten n	$f(x) = x^n$ $f'(x) = n \cdot x^{n-1}$
Ein **konstanter Summand** fällt beim Ableiten weg.	$f(x) = g(x) + c$ $f'(x) = g'(x)$
Ein **konstanter Faktor** bleibt beim Ableiten erhalten.	$f(x) = a \cdot g(x)$ $f'(x) = a \cdot g'(x)$
Eine **Summe** von zwei Funktionen hat als Ableitung die **Summe der beiden Ableitungen.**	$f(x) = g(x) + h(x)$ $f'(x) = g'(x) + h'(x)$

Ganzrationale Funktionen

Eine Funktion
$f(x) = a_n x^n + a_{n-1} x^{n-1} + \ldots + a_1 x + a_0$
($a_i \in \mathbb{R}$ und $a_n \neq 0$)
heißt ganzrationale Funktion n-ten Grades.
Ihre Ableitung ist eine ganzrationale Funktion vom Grad n − 1:
$f'(x) = a_n \cdot n x^{n-1} + a_{n-1} \cdot (n-1) x^{n-2} + \ldots$
$+ a_2 \cdot 2x + a_1$

Tangentengleichung

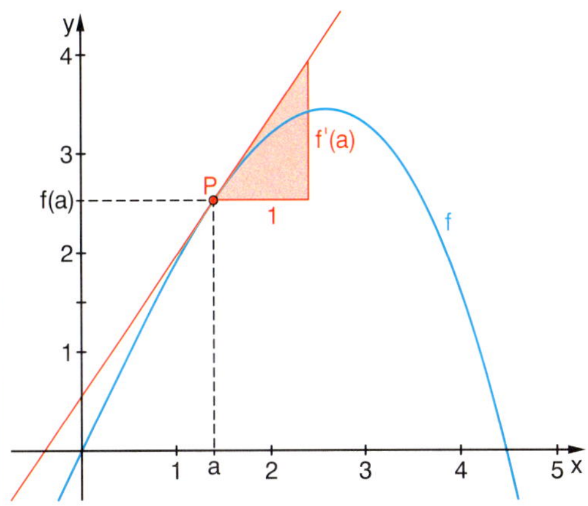

Die Tangente an den Graphen der Funktion f im Punkt $P(a \mid f(a))$ hat die Gleichung

$$y = f'(a)(x - a) + f(a).$$

CHECK UP

Zusammenhang Funktion und Ableitung

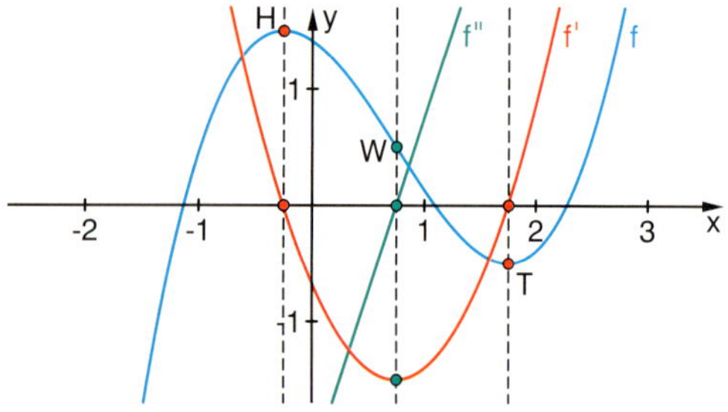

Funktion f	Ableitungen
wachsend	$f'(x) > 0$
fallend	$f'(x) < 0$
lokales Extremum	$f'(x)$ hat Vorzeichenwechsel oder $f'(x) = 0$ **und** $f''(x) \neq 0$
linksgekrümmt	$f''(x) > 0$
rechtsgekrümmt	$f''(x) < 0$
Wendepunkt	$f''(x)$ hat Vorzeichenwechsel oder $f'(x)$ hat lokales Extremum

Graphen ganzrationaler Funktionen 3. Grades

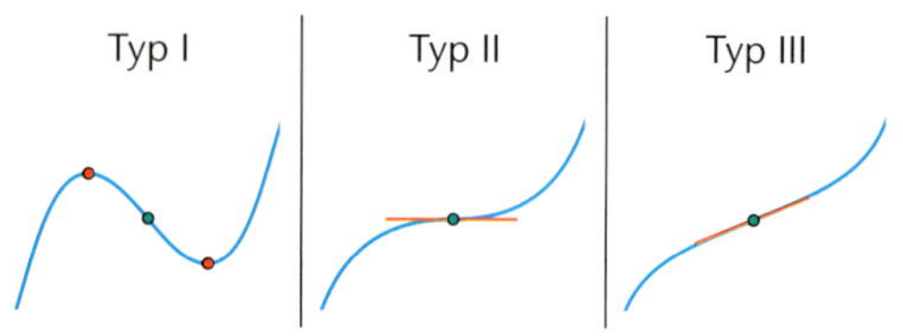

Verhalten im Unendlichen

Der Graph jeder ganzrationalen Funktionen 3. Grades $f(x) = ax^3 + bx^2 + cx + d$ verhält sich im Unendlichen wie der Graph zu $g(x) = ax^3$.

Besondere Symmetrien

achsensymmetrisch zur y-Achse

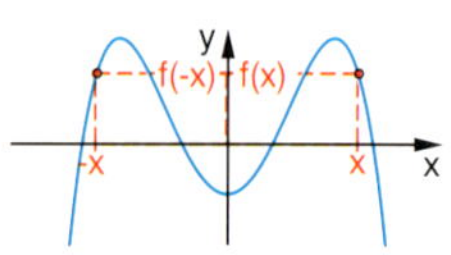

$f(-x) = f(x)$

punktsymmetrisch zum Ursprung

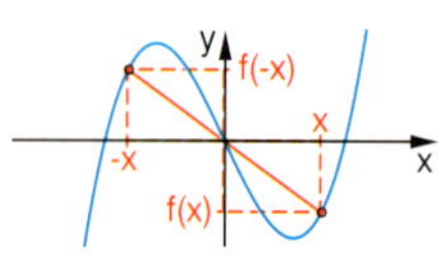

$f(-x) = -f(x)$

Nullstellen

Eine ganzrationale Funktion dritten Grades hat mindestens eine und höchstens drei Nullstellen.

10 a) Bestimme rechnerisch die Koordinaten der lokalen Extrempunkte und des Wendepunktes der Funktion $f(x) = x^3 - 3x^2 + 4$. Skizziere den Graphen.
b) Gib jeweils die Intervalle an, in denen f streng monoton wachsend bzw. streng monoton fallend ist.
c) Begründe: Der Graph geht im Wendepunkt von einer Rechtskrümmung in eine Linkskrümmung über.

11 Welche Aussagen liefern die abgebildeten Graphen der Ableitungen f′ und f″ über den Graphen der zugehörigen Funktion f?
Skizziere den Graphen von f.

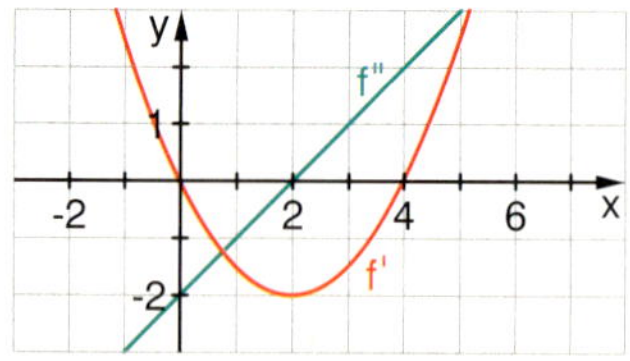

12 Die Funktion f ist eine ganzrationale Funktion dritten Grades. Welche der folgenden Aussagen sind wahr? Begründe.
(I) f hat mindestens einen Hochpunkt.
(II) f hat höchstens zwei lokale Extrema.
(III) f hat genau einen Wendepunkt.
(IV) Wenn f an der Stelle x einen Tiefpunkt hat, dann ist $f'(x) = 0$.
(V) Der Graph von f ist im ganzen Definitionsbereich linksgekrümmt.

13 Begründe mithilfe des Graphen von f′:
(a) f hat genau einen Wendepunkt.
(b) Die Tangente im Wendepunkt von f hat eine negative Steigung.
(c) Der Graph von f ist vom Typ III.
(d) f ist überall streng monoton fallend.

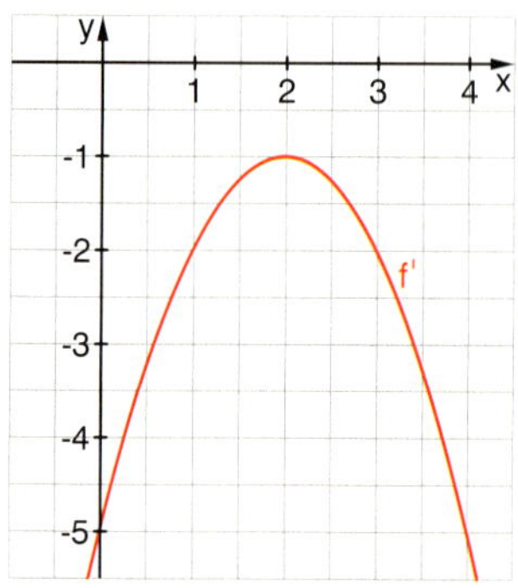

14 Begründe mit dem Verhalten im Unendlichen:
Jede ganzrationale Funktion dritten Grades hat mindestens eine Nullstelle.

15 Welche der folgenden Funktionen weisen eine der nebenstehenden besonderen Symmetrien auf?
a) $f(x) = 2x^3 - 4x$ b) $f(x) = x^3 + 2x^2$
c) $f(x) = x^4 + 2x^2 + 1$ d) $f(x) = x^4 - x$

16 a) Bestimme für die in Aufgabe 15 aufgeführten Funktionen jeweils alle Nullstellen.
b) Entscheide alleine mithilfe der Funktionsgleichungen, wie viele Extrempunkte und Wendepunkte die Funktionen jeweils haben.
c) Welche Funktionen haben einen Sattelpunkt?

17 Begründe: Der Graph einer ganzrationalen Funktion dritten Grades mit genau zwei Nullstellen ist vom Typ I.

18 a) Bestimme die Maße eines Quaders mit quadratischer Grundfläche und der Oberfläche 24 m², wenn das Volumen maximal sein soll.
b) Bleibt die Form des Quaders die gleiche, wenn man von einem anderen Wert der Oberfläche ausgeht?

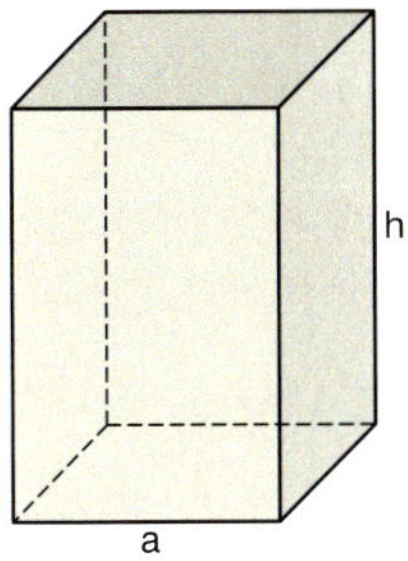

19 Ein Gewölbegang hat einen Querschnitt von der Form eines Rechtecks mit aufgesetztem Halbkreis. Der Umfang des Querschnitts ist mit U = 10 m fest vorgegeben. Wie muss das Gewölbe gestaltet werden, damit die Querschnittsfläche möglichst groß wird?

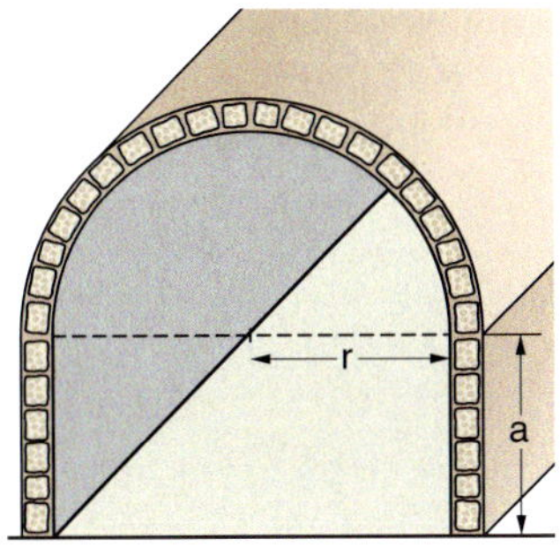

20 Der Supermarkt-Manager möchte eine optimale Strategie für die Lagerhaltung des Orangensafts entwickeln. Nach vorliegenden Erfahrungen schätzt er, dass im kommenden Jahr etwa 1200 Mengeneinheiten mit einer gleichbleibenden Rate verkauft werden. Der Manager plant über das Jahr verteilt mehrere Bestellungen von gleicher Größe beim Zulieferer.

Die Bestellkosten für jede Lieferung betragen 75 €.
Die für ein Jahr anfallenden Lagerkosten betragen 8 € pro Mengeneinheit.

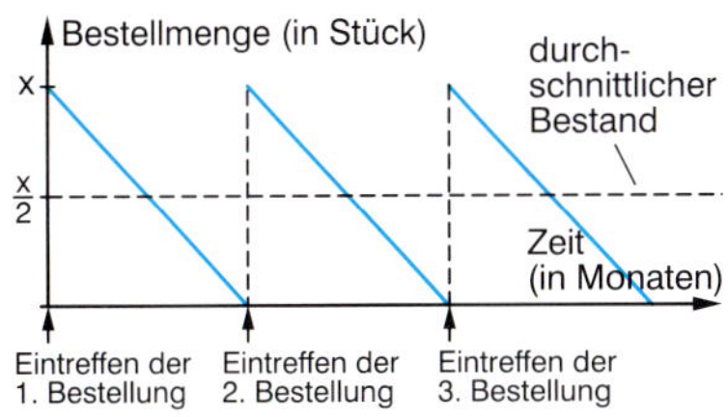

In welchen Mengeneinheiten und wie oft soll bestellt werden, damit die Gesamtkosten möglichst gering sind?

21 Die Firma Flamingo produziert Radiergummis.
Dabei entstehen Kosten, die durch die Kostenfunktion $K(x) = 2{,}5x^3 - 16x^2 + 60x + 10$ (Stückzahl x in 100, Kosten K in €) beschrieben werden.
Marktanalysen zeigen, dass je 100 Stück zu einem Preis von 40 € abgesetzt werden können.
In welchem Bereich kann Gewinn erwirtschaftet werden?
Bei welcher Stückzahl ist dieser maximal?
Wie groß ist der maximale Gewinn?

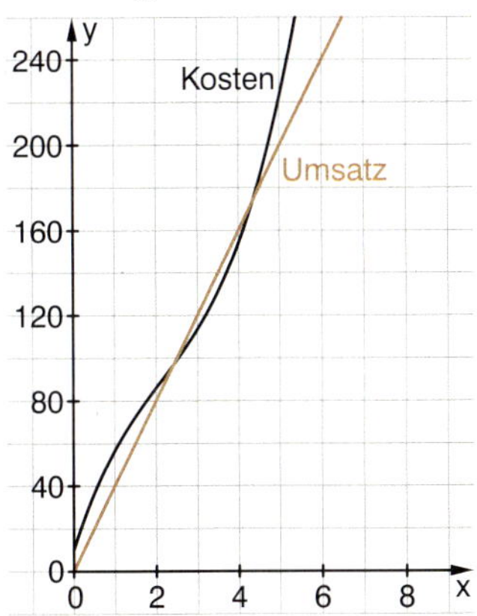

CHECK UP

Strategie bei Optimierungsaufgaben

1. Fertige eine Skizze mit Bezeichnungen der Variablen an.
2. Gib die zu optimierende Größe als Funktion der Variablen an (Zielfunktion).
3. Nutze die Beziehung zwischen den Variablen (Nebenbedingung), um die Zielfunktion als Funktion einer Variablen darzustellen.
4. Bestimme den Extremwert der Zielfunktion mithilfe
   der Tabelle oder
   dem Graphen oder
   der Ableitung.
5. Überprüfe und interpretiere das Ergebnis im Sachzusammenhang.

Anwendungsbereiche zum Optimieren

Geometrie/Verpackungen
Maximaler Flächeninhalt/Volumen bei vorgegebenem Umfang/Oberflächeninhalt
Minimaler Umfang/Oberflächeninhalt bei vorgegebenem Flächeninhalt/Volumen

Wirtschaft
Minimierung der Kosten bei der Lagerhaltung
Gesamtkosten = Bestellkosten + Lagerkosten

Maximierung des Gewinns bei gegebener Kostenfunktion und Umsatzfunktion

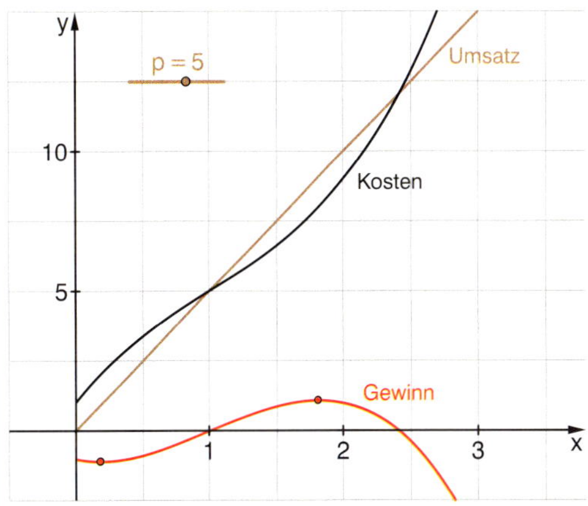

Kostenfunktion K(x)
Umsatzfunktion U(x) = p · x
Gewinnfunktion G(x) = U(x) − K(x)
x Stückzahl, p Preis/Stück

Sichern und Vernetzen – Vermischte Aufgaben zum Kapitel

Training

1 Berechne die Ableitungsfunktion.
a) $f(x) = 0{,}2x^3 + 4x^2 - 5$ b) $f(x) = -3x^4 + 6x^2 - 2x$ c) $f(x) = \frac{4}{x}$ d) $f(x) = 0{,}2 \cdot \sqrt{x}$
e) $f(x) = ax^4 + bx^2 + c$ f) $f(x) = mx + b$ g) $f(u) = 3u^3 - 2u^2$ h) $A(r) = \pi r^2$

2 Jeder Graph der Funktionen hat einen Hochpunkt und einen Tiefpunkt.
$f_1(x) = x^3 + 6x^2 + 9x$ $f_2(x) = \frac{1}{9}x^3 - x^2$ $f_3(x) = 2x^3 - 15x^2 + 36x - 24$ $f_4(x) = x^3 - 12x$
Bestimme rechnerisch die Koordinaten dieser Punkte. Gib das Krümmungsverhalten in diesen Punkten an und skizziere mit diesen Informationen den Graphen.

3 Welche Funktion hat an der Stelle a = 2 die größte Steigung, welche die kleinste Steigung? Ordne die Funktionen nach der Größe der Steigung an der Stelle 2.
$f_1(x) = 1 + 6x - x^2$ $f_2(x) = -x^3 + 12x - 4$ $f_3(x) = 2x^2 + \frac{4}{x}$ $f_4(x) = 3\sin(x)$ $f_5(x) = x^4 - 6$

4 In welchen Punkten haben die Tangenten an die Graphen die Steigung 1?
a) $f(x) = 0{,}5x^2$ b) $f(x) = \frac{2}{x}$ c) $f(x) = \sin(x) + 2$ d) $f(x) = \frac{1}{3}x^3 - 3x + 2$

5 $f(x) = 0{,}25x^4 - 1{,}5x^2 + 2$. Bestätige rechnerisch:
a) Der Graph von f ist symmetrisch zur y-Achse.
b) Der Graph hat in $P(2|0)$ eine Tangente, die parallel ist zur Geraden $y = 2x - 2$.
c) Der Graph hat in $Q(-1|f(-1))$ einen Wendepunkt mit der Wendetangente $y = 2x + 2{,}75$.
d) Der Graph hat zwei Tiefpunkte und einen Hochpunkt.

6 Bestimme die Intervalle, in denen $f(x) = x^3 - 6x^2 + 9x - 2$ streng monoton steigt bzw. fällt und in denen f linksgekrümmt bzw. rechtsgekrümmt ist.

7 Welche Eigenschaften treffen jeweils in den angegebenen Punkten zu?
(1) lokales Maximum (2) lokales Minimum
(3) $f'(x) > 0$ (4) $f''(x) < 0$
(5) Wendepunkt (6) Maximum
(7) f ist fallend (8) f′ ist steigend

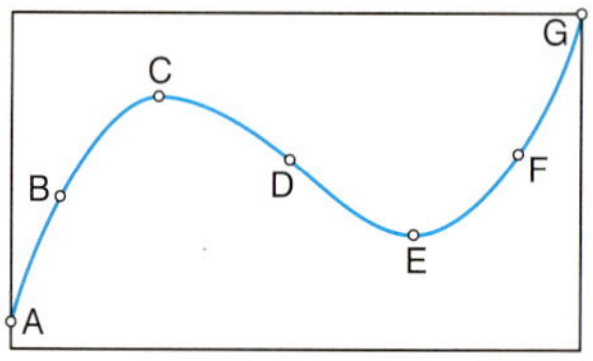

8 Ordne den Funktionen die passenden Graphen zu. Begründe.
$f(x) = (x - 1)(x + 2)^2$ $g(x) = (x - 1)^2(x + 2)$ $h(x) = 0{,}5x(x^2 - 1)$ $k(x) = 0{,}2(x - 1)^3$

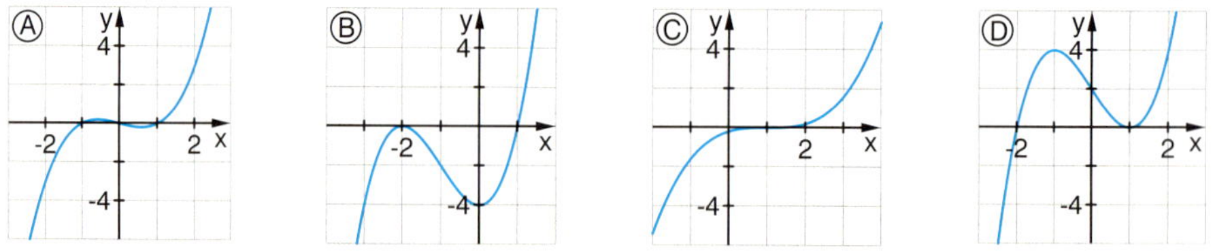

9 $f(x) = \frac{2}{x} + 2$

Bestätige rechnerisch: Die Tangenten in den Punkten $A(1|f(1))$ und $B(-3|f(-3))$ schneiden sich im Punkt $P(3|0)$.

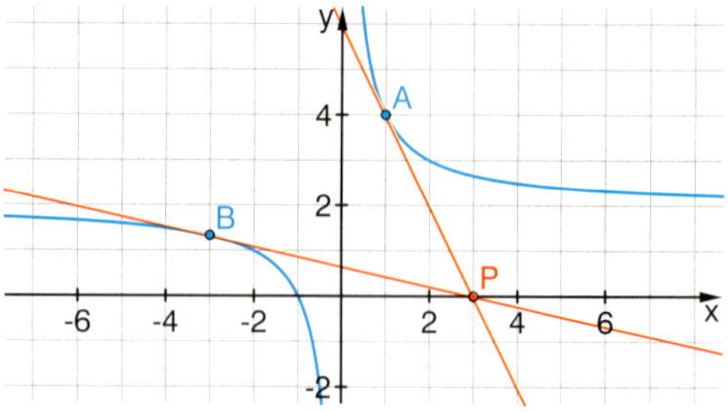

Verstehen von Begriffen und Verfahren

10 Die Funktion f sei eine ganzrationale Funktion dritten Grades.
Welche der Aussagen sind wahr? Begründe.

(I) f hat mindestens einen Hochpunkt.

(II) f hat höchstens zwei lokale Extremwerte.

(III) f hat genau einen Wendepunkt.

(IV) Wenn f an der Stelle x einen Tiefpunkt hat, dann ist $f'(x) = 0$.

(V) Wenn $f'(x) = 0$, dann hat f an der Stelle x einen relativen Extremwert.

(VI) Der Graph von f ist im ganzen Definitionsbereich linksgekrümmt.

11 a) Begründe: Die Bedingung $f'(a) = 0$ ist zwar notwendig, aber nicht hinreichend für ein lokales Extremum an der Stelle a. Gib eine hinreichende Bedingung an.
b) Gib eine notwendige und hinreichende Bedingung dafür an, dass der Graph einer Funktion f eine Gerade ist. Findest du mehrere Möglichkeiten?

12 Wahr oder falsch? Begründe deine Entscheidung.
a) Die Extremstellen der ersten Ableitung sind immer Nullstellen der zweiten Ableitung.
b) Ein Graph ohne Extrempunkte ist eine Gerade.
c) Zwischen einem Hochpunkt und einem Tiefpunkt einer ganzrationalen Funktion dritten Grades liegt immer ein Wendepunkt.
d) Liegt an der Stelle b ein lokaler Extrempunkt, so ist $f''(b) \neq 0$.
e) Aus den Ableitungen einer Funktion kann man nicht die Nullstellen ablesen.
f) Es gibt Funktionen dritten Grades, die genau ein lokales Extremum haben.
g) Jeder Sattelpunkt ist auch ein Wendepunkt.

13 a) Eine ganzrationale Funktion dritten Grades hat die Nullstellen -1, -2 und 4. An welchen Stellen liegen die lokalen Extrema und der Wendepunkt?
b) Kannst du aus den gegebenen Informationen auch die Funktionswerte an diesen Stellen bestimmen? Begründe.

14 $f(x) = x^3 + 6x^2 - 3ax + 1$
Bestimme jeweils einen Wert von a, so dass der Graph von f
a) einen Sattelpunkt
b) zwei lokale Extrema
c) einen Wendepunkt mit positiver Steigung der Wendetangente hat.

15 Zeichne für jeden der Fälle A bis D einen passenden Funktionsgraphen mit dem Punkt $(a|f(a))$.

	$f'(a) > 0$	$f'(a) < 0$
$f''(a) > 0$	A	B
$f''(a) < 0$	C	D

16 Finde zum Graphen die Funktionsgleichung.

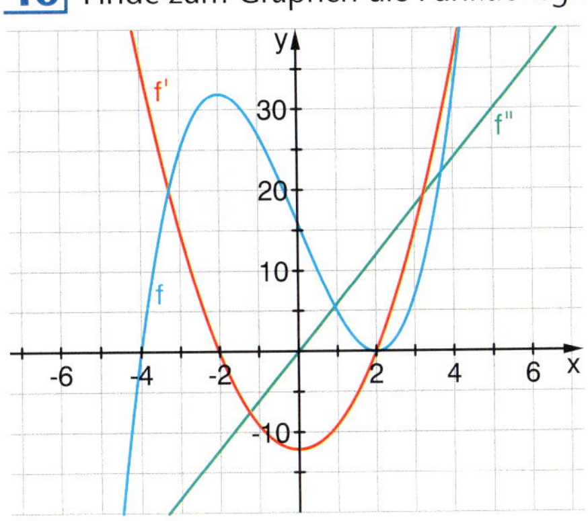

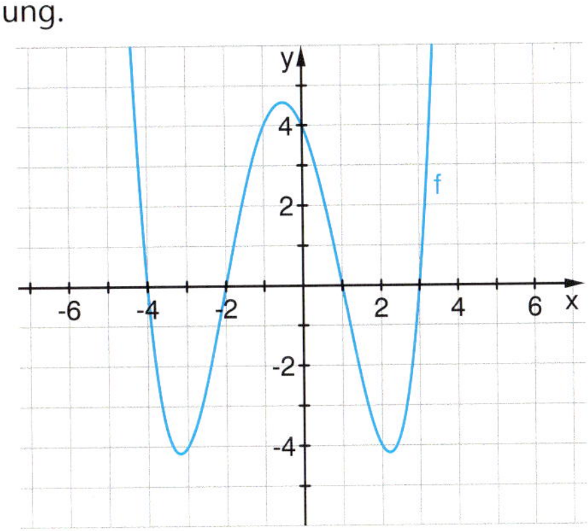

Anwenden und Modellieren

17 *Temperaturverlauf*

In einer Wetterstation wird die Lufttemperatur von einem elektronischen Messgerät erfasst. Die aufgezeichnete Temperaturkurve an einem Sommertag kann im Bereich von 5.00 Uhr am Morgen bis 21.00 Uhr am Abend recht gut durch eine ganzrationale Funktion dritten Grades modelliert werden.

$f(x) = -0{,}009\,x^3 + 0{,}21\,x^2 + 8$

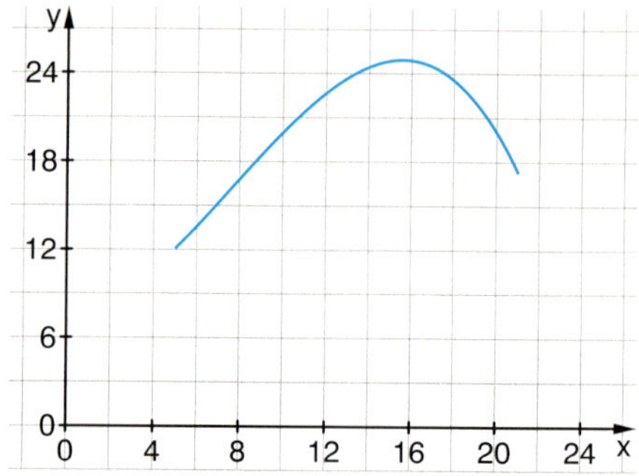

a) Beschreibe den Temperaturverlauf in dem angegebenen Bereich. Gehe dabei auch auf die Änderungsrate ein.

b) Beantworte mithilfe der Modellfunktion die folgenden Fragen:
In welchem Bereich steigt die Temperatur, in welchem Bereich fällt sie? Zu welchem Zeitpunkt ist die momentane Änderungsrate am größten, wie groß ist sie?
Vergleiche die Änderungsraten zu Beginn und Ende des angegebenen Bereichs.

c) Wie könnte die Kurve vor 5.00 und nach 21.00 aussehen? Begründe, dass die Modellfunktion für diese Bereiche nicht geeignet ist.

18 *Fallende Steine im astronomischen Vergleich*

Die Gleichungen für den freien Fall auf den Planeten Erde, Mars und Jupiter unterscheiden sich: $s(t)_{Erde} = 4{,}9\,t^2$ $\quad s(t)_{Mars} = 1{,}86\,t^2$ $\quad s(t)_{Jupiter} = 11{,}44\,t^2$. (s in Metern, t in Sekunden).

Wie lange dauert es auf den verschiedenen Planeten, bis ein Stein im freien Fall eine Geschwindigkeit von 16,6 m/s (ca. 100 km/h) erreicht?

Aus welcher Höhe muss er mindestens fallen? Schätze zuerst.

19 Die Produktionskosten können auf verschiedene Weise modelliert werden.
(x: produzierte Stückzahl in 1000; y: Kosten in 100 000 €)

A $K(x) = 0{,}5\,x$

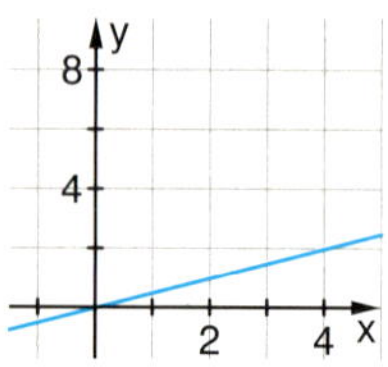

B $K(x) = 0{,}1\,x^2 + 0{,}5$

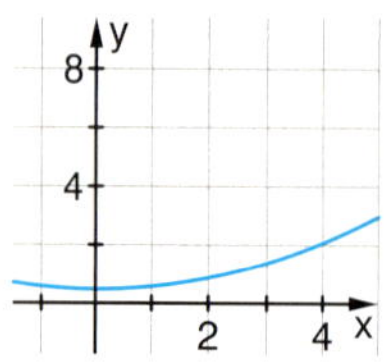

C $K(x) = \sqrt{x} + 1$

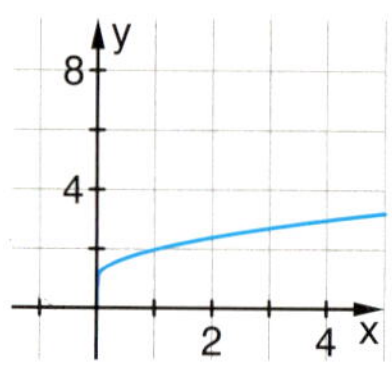

D $K(x) = 0{,}2\,x^3 - 1{,}2\,x^2 + 2{,}4\,x + 0{,}4$

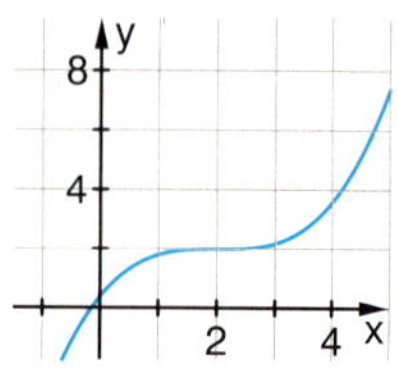

E $K(x) = 0{,}1\,x^3 - 0{,}6\,x^2 + 1{,}7\,x + 1{,}2$

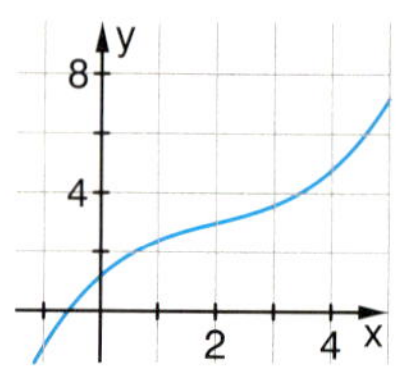

a) Beschreibe jeweils die Entwicklung der Produktionskosten in Abhängigkeit der produzierten Stückzahl. Benutze dabei sowohl die Änderung der Kosten als auch die Änderung der Änderung der Kosten. Skizziere jeweils die Änderung der Kosten und die Änderungen des Wachstums der Produktionskosten, bestimme dazu die entsprechenden Ableitungen.

b) Vergleiche die Funktionen. Welche erscheinen dir sinnvoll zur Beschreibung der Produktionskosten in Abhängigkeit der produzierten Menge zu sein?

20 Ein Farmer hat 1500 $ zur Verfügung, um zwei gleiche rechteckige Landstücke an einem Fluss „E-förmig" einzugrenzen. Das Material für die Begrenzungen parallel zum Fluss kostet 6 $ pro Meter, das Material für die drei zum Fluss senkrechten Teile kostet 5 $ pro Meter.
Finde die Abmessungen, für die die gesamte Fläche möglichst groß wird.

21 *Skizzieren, Erläutern und Begründen*

Kommunizieren und Präsentieren

a) Erläutere mithilfe einer Skizze, dass eine Funktion, die in einem Punkt eine waagerechte Tangente hat und dort linksgekrümmt ist, in diesem Punkt ein Minimum hat.
b) Gib ein Beispiel für eine Funktion an, deren Graph in einem Punkt eine waagerechte Tangente aber kein lokales Extremum hat.
c) Begründe, dass eine ganzrationale Funktion dritten Grades mindestens eine und höchstens drei Nullstellen haben kann. Skizziere einen Graphen mit genau zwei Nullstellen.
d) Die Ableitung einer ganzrationalen Funktion hat in einem Intervall ausschließlich positive Werte, aber die Ableitung ist in diesem Intervall streng monoton fallend. Skizziere mögliche Graphen einer solchen Funktion und ihrer Ableitung und kennzeichne das Intervall.

22 *Eigenschaften von Funktionsgraphen*

a) Stelle die beiden Bedingungen „waagerechte Tangente“ und „linksgekrümmt“ jeweils durch eine Gleichung/Ungleichung dar.
b) Nenne zwei unterschiedliche Charakterisierungen von Wendepunkten.
c) Können bei einer ganzrationalen Funktion genau zwei Wendepunkte zwischen einem Hoch- und einem Tiefpunkt liegen?
d) Welche Fragestellungen können zu der Gleichung $f'(x) = 0$ gehören?
e) Gibt es Funktionen vierten Grades, die keine Wendepunkte haben?
f) Von den Kreisen ist bekannt, dass eine Tangente den Kreis berührt, aber ihn nicht schneidet. Erläutere an einem Beispiel, dass man diese Aussage nicht auf beliebige Funktionsgraphen übertragen kann. Gib auch ein Beispiel für einen Funktionsgraphen an, bei dem die Aussage zutrifft.

23 *Wissen erläutern*

a) Stelle die bekannten Ableitungsregeln zusammen und erläutere jede durch ein Beispiel.

b) Zeige an einem Beispiel, dass man die Ableitungsregel für Potenzfunktionen nicht auf Exponentialfunktionen übertragen kann.

c) Stelle durch ein Beispiel dar, dass man die Ableitung eines Produktes zweier Funktionen nicht allgemein als Produkt der Ableitungen berechnen kann.

Forschungsaufgaben

24 Wenn eine ganzrationale Funktion dritten Grades zwei lokale Extrema hat, dann liegt zwischen den Extremstellen eine Wendestelle. Lässt sich Genaueres über die Lage der Wendestelle aussagen? Probiere an Beispielen und stelle eine Vermutung auf. Gilt die Vermutung allgemein? Du kannst algebraisch oder geometrisch mit der Ableitung argumentieren.

Schreibe deinen eigenen **Forschungsbericht.** Er kann auch deine Wege zur Lösung und Begründungen enthalten.

25 Zeichne an den Graphen der Funktion $f(x) = (x + 3)(x - 2)(x - 4)$ die Tangenten in den beiden Punkten, deren x-Wert jeweils in der Mitte zwischen zwei Nullstellen liegt. Du kannst beobachten, dass diese Tangenten jeweils durch die dritte Nullstelle verlaufen. Trifft diese Beobachtung auch bei anderen ganzrationalen Funktionen dritten Grades mit drei Nullstellen zu?

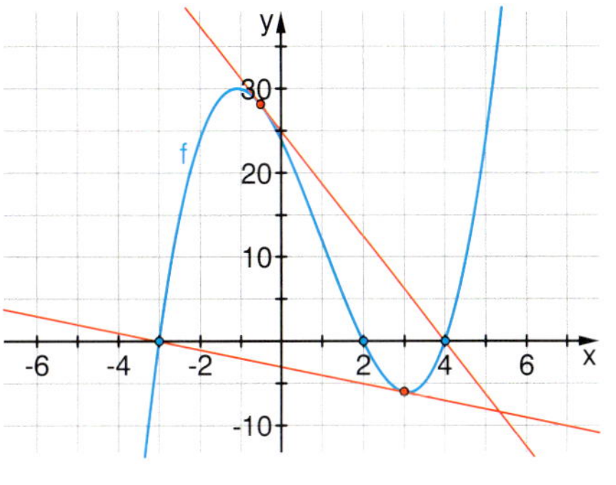

Zum Erinnern und Wiederholen

Schneller Zugriff zum Basiswissen aus den vorhergehenden Schuljahren

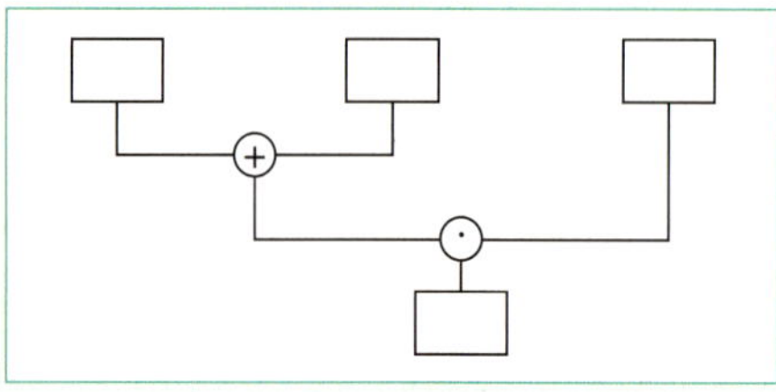

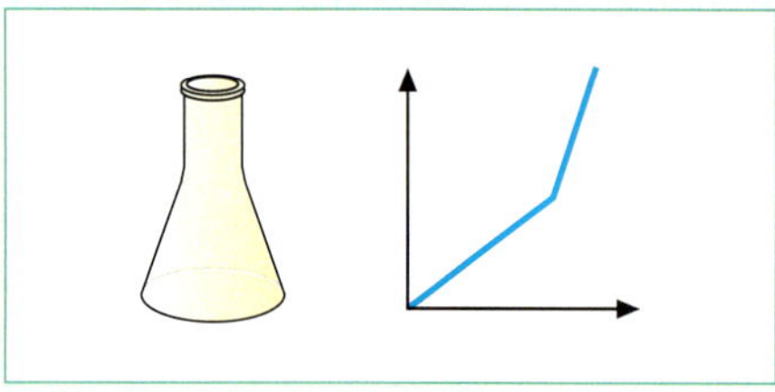

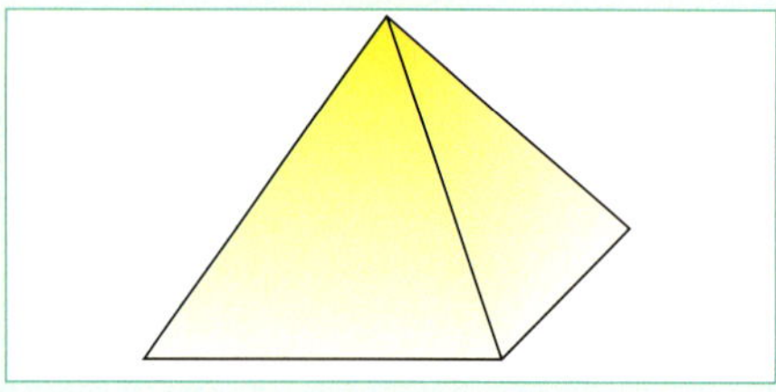

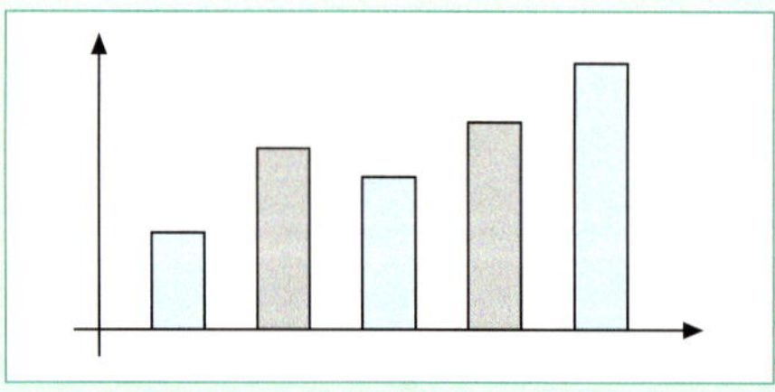

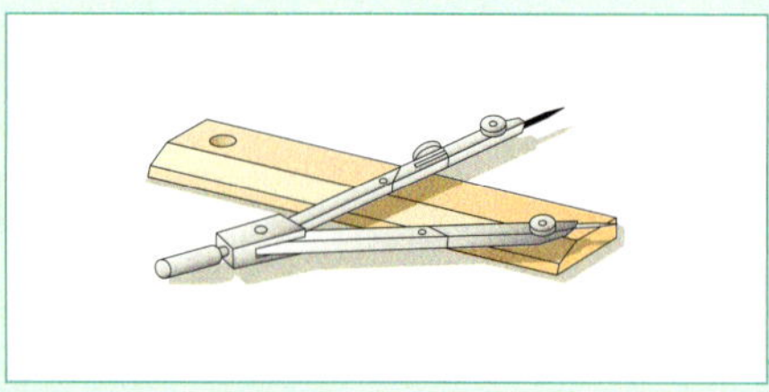

Arithmetik – Regeln und Gesetze

Beim Berechnen von Rechenausdrücken musst du, wie im Straßenverkehr, Vorfahrtsregeln beachten. Dadurch kannst du manchmal auch Rechenvorteile erlangen und somit geschickt rechnen.

Rechne von links nach rechts, dann machst du nichts falsch.

$$\begin{aligned} & 37{,}7 - 18{,}2 + 12{,}8 \\ = {} & 19{,}5 + 12{,}8 \\ = {} & 32{,}3 \end{aligned}$$

Nur Strichrechnungen

Rechne von links nach rechts, dann machst du nichts falsch.

$$\begin{aligned} & 36 : 4 \cdot 2 \\ = {} & 9 \cdot 2 \\ = {} & 18 \end{aligned}$$

Nur Punktrechnungen

Punktrechnungen werden vor Strichrechnungen ausgeführt.

$$\begin{aligned} & 13{,}4 + 6 \cdot 9 \\ = {} & 13{,}4 + 54 \\ = {} & 67{,}4 \end{aligned}$$

Punkt- vor Strichrechnung

Was in Klammern steht, wird zuerst ausgerechnet.

$$\begin{aligned} & 8 \cdot (25{,}75 - 16{,}75) \\ = {} & 8 \cdot 9 \\ = {} & 72 \end{aligned}$$

Klammern zuerst

Beim Addieren darfst du die Reihenfolge der Summanden vertauschen.

$$\frac{1}{6} + \frac{2}{3} = \frac{2}{3} + \frac{1}{6}$$

Kommutativgesetz (Vertauschungsgesetz)

Beim Multiplizieren darfst du die Reihenfolge der Faktoren vertauschen.

$$\frac{1}{8} \cdot \frac{2}{3} = \frac{2}{3} \cdot \frac{1}{8}$$

Beim Addieren darfst du die Reihenfolge, in der du addierst, selbst festlegen.

$$\begin{aligned} & 37 + 16{,}4 + 23{,}6 \\ = {} & 37 + 40 \\ = {} & 77 \end{aligned}$$

Assoziativgesetz (Verbindungsgesetz)

Beim Multiplizieren darfst du die Reihenfolge, in der du multiplizierst, selbst festlegen.

$$\begin{aligned} & 13{,}1 \cdot 20 \cdot 5 \\ = {} & 13{,}1 \cdot 100 \\ = {} & 1310 \end{aligned}$$

Du kannst eine Summe mit einer Zahl multiplizieren, indem du jeden Summanden mit der Zahl multiplizierst und die Produkte addierst.

$$\begin{aligned} & (10 + 7) \cdot 6 \\ = {} & 10 \cdot 6 + 7 \cdot 6 \\ = {} & 60 + 42 \\ = {} & 102 \end{aligned}$$

Distributivgesetz (Verteilungsgesetz)

Ausmultiplizieren

Es geht auch umgekehrt.

$$\begin{aligned} & 43 \cdot 356 + 57 \cdot 356 \\ = {} & (43 + 57) \cdot 356 \\ = {} & 100 \cdot 356 \\ = {} & 35\,600 \end{aligned}$$

Ausklammern

Arithmetik – reelle Zahlen

Wenn a eine Quadratzahl ist, dann ist die Gleichung $x^2 = a$ leicht lösbar.

$x^2 = 1{,}44$
$x_1 = 1{,}2 \qquad x_2 = -1{,}2$

Wurzeln

Wenn a keine Quadratzahl ist, dann kann man die beiden Lösungen der Gleichung $x^2 = a$ mithilfe des Wurzelzeichens schreiben.
Ist a größer oder gleich 0, dann ist $\sqrt{a}$ die positive Zahl, die mit sich selbst multipliziert (quadriert) a ergibt.

$x^2 = 2$
$x_1 = \sqrt{2} \qquad x_2 = -\sqrt{2}$

$(\sqrt{a})^2 = a$
$(\sqrt{2})^2 = 2$

Wenn a eine positive Zahl ist, dann hat die Gleichung $x^2 = a$ zwei Lösungen:
1. $x = \sqrt{a}$ ist eine Lösung, denn $(\sqrt{a})^2 = a$.
2. $x = -\sqrt{a}$ ist eine Lösung, denn $(-\sqrt{a})^2 = a$.

Summen und Wurzeln
Für $x \geq 0$ gilt das *Distributivgesetz*:
$a\sqrt{x} + b\sqrt{x} = (a + b)\sqrt{x}$

$2\sqrt{7} + 8\sqrt{7} = (2 + 8)\sqrt{7} = 10\sqrt{7}$

Rechnen mit Wurzeln

Produkte und Wurzeln
$\sqrt{x} \cdot \sqrt{y} = \sqrt{x \cdot y}$

$\sqrt{2} \cdot \sqrt{8} = \sqrt{2 \cdot 8} = \sqrt{16} = 4$

Anwendung der „Produktregel" – teilweises Wurzelziehen durch Faktorisieren
Für $y \geq 0$ gilt:
$\sqrt{9y} = \sqrt{9} \cdot \sqrt{y} = 3 \cdot \sqrt{y}$

$\sqrt{8} = \sqrt{4 \cdot 2} = \sqrt{4} \cdot \sqrt{2} = 2\sqrt{2}$

Quotienten und Wurzeln
Für $x \geq 0$ und $y > 0$ gilt:
$\frac{\sqrt{x}}{\sqrt{y}} = \sqrt{\frac{x}{y}}$

$\frac{\sqrt{18}}{\sqrt{2}} = \sqrt{\frac{18}{2}} = \sqrt{9} = 3$

---

reelle Zahlen

Reelle Zahlen:
rationale Zahlen und irrationale Zahlen

rationale Zahlen

Rationale Zahlen:
Bruchzahlen, $-\frac{12}{8}$, $\frac{1}{3}$, abbrechende oder periodische Dezimaldarstellung $-1{,}5$, $0{,}\overline{3}$

irrationale Zahlen

Irrationale Zahlen:
$\sqrt{2}$; $\sqrt{17}$, nicht abbrechende, nicht periodische Dezimaldarstellung 0,101 001 0001…

Reelle Zahlen:
Menge der rationalen und irrationalen Zahlen

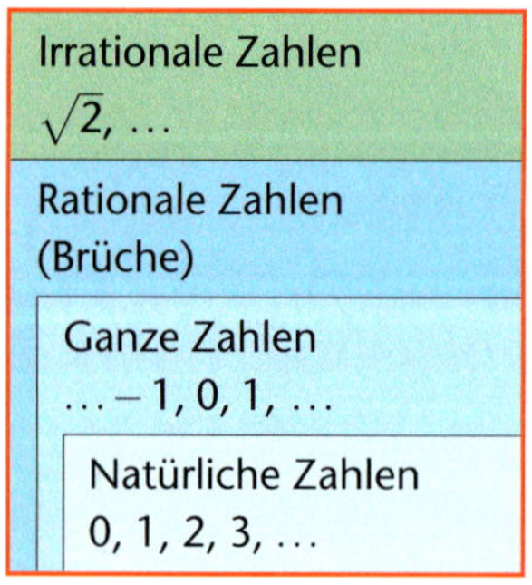

Größen – Übersichten über die Einheiten

Längen

Umrechnungszahl 10

1 km = 1000 m (· 1000)

1 m = 10 dm (· 10)

1 dm = 10 cm (· 10)

1 cm = 10 mm

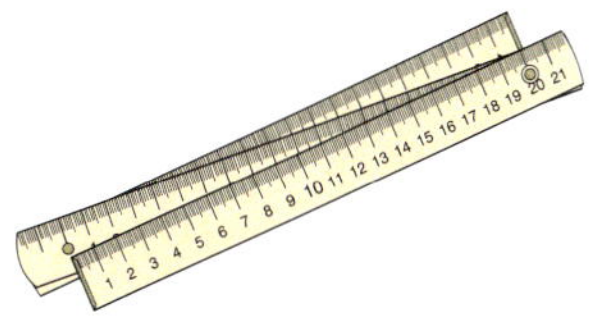

Flächeninhalte

Umrechnungszahl 100

1 ha = 100 a (· 100)

1 a = 100 m^2 (· 100)

1 m^2 = 100 dm^2 (· 100)

1 dm^2 = 100 cm^2 (· 100)

1 cm^2 = 100 mm^2

Rauminhalte
Volumina

Umrechnungszahl 1000

1 m^3 = 1000 dm^3 (· 1000)

1 dm^3 = 1000 cm^3 (· 1000)

1 cm^3 = 1000 mm^3

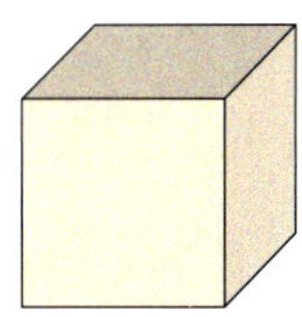

Das Volumen von Flüssigkeiten wird in Litern gemessen.
1 l = 1 dm^3 1 ml = 1 cm^3

Gewichte

Umrechnungszahl 1000

1 t = 1000 kg (· 1000)

1 kg = 1000 g (· 1000)

1 g = 1000 mg

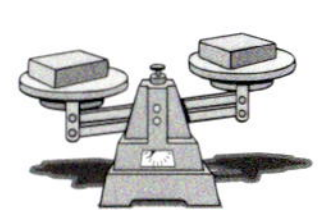

Zeitspannen

Umrechnungszahl 24 und 60

1 Tag = 24 h (· 24)

1 h = 60 min (· 60)

1 min = 60 s

Algebra – Terme 1

Terme aufstellen

Der Flächeninhalt kann durch unterschiedlich aussehende Terme beschrieben werden.

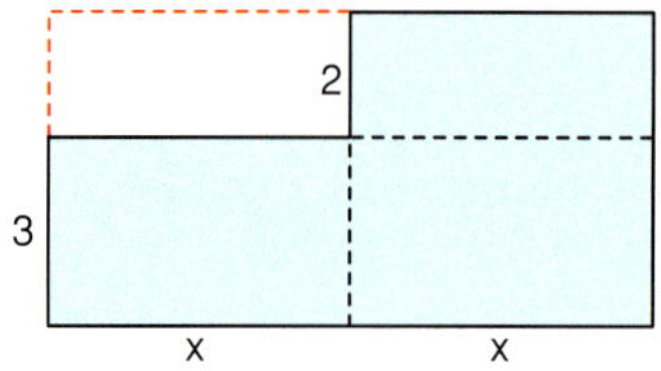

Bei jeder Einsetzung für die Variable x erhalten wir mit jedem Term den gleichen Wert.

x	$x \cdot 3 + x \cdot 5$	$2x \cdot 5 - 2 \cdot x$	$2x \cdot 3 + x \cdot 2$
3	24	24	24
4,5	36	36	36
6	48	48	48

Rechnen mit Termen

Mit Termen können wir nach den gleichen Gesetzen rechnen wie mit Zahlen:

Kommutativgesetz

bei der Addition

$a + b = b + a$

bei der Multiplikation

$a \cdot b = b \cdot a$

Assoziativgesetz

bei der Addition

$(a + b) + c = a + (b + c)$

bei der Multiplikation

$(a \cdot b) \cdot c = a \cdot (b \cdot c)$

Distributivgesetz

$a \cdot (b + c) = a \cdot b + a \cdot c$

$\frac{b+c}{a} = \frac{b}{a} + \frac{c}{a} \; (a \neq 0)$

$a \cdot (b - c) = a \cdot b - a \cdot c$

$\frac{b-c}{a} = \frac{b}{a} - \frac{c}{a} \; (a \neq 0)$

Termumformungen

Ziele beim Termumformen:

Terme als gleichwertig erkennen — $3x + 2x$ — $5x$

Terme vereinfachen — $a + b + a + b$ — $2(a + b)$

Mithilfe von Rechenregeln können wir Terme in gleichwertige Terme umformen. Dabei gelten die gleichen Gesetze wie beim Rechnen mit Zahlen (Kommutativgesetz, Assoziativgesetz, Distributivgesetz).

Strategien beim Termumformen

Strategien beim Termumformen:

Ordnen und Zusammenfassen	$6x - 2 - 3x + 5 = 3x + 3$
Ausmultiplizieren und Zusammenfassen	$3(a + 2) - 5 = 3a + 6 - 5 = 3a + 1$
Ordnen und Ausklammern	$5x - 2x + 3 = 3x + 3 = 3(x + 1)$

Algebra – Terme 2

Klammerregeln bei Addition und Subtraktion

$a + (b + c) = a + b + c$
$a + (b - c) = a + b - c$

$a - (b + c) = a - b - c$
$a - (b - c) = a - b + c$

Auflösen von „Plusklammern": Klammer einfach weglassen.

Auflösen von „Minusklammern": Rechenzeichen in der Klammer umkehren – Klammer weglassen

---

Addieren und Subtrahieren von Produkten

$4ab + 7ac - 5ac + 3ab + 6bc$

In dem Term werden Produkte addiert und subtrahiert.

Vereinfachen des Terms:

$4\,ab + 7\,ac - 5\,ac + 3\,ab + 6bc =$

Gleichartige Produkte werden gekennzeichnet

$4\,ab + 3\,ab + 7\,ac - 5\,ac + 6bc =$

$7\,ab + 2\,ac + 6bc$

und dann zusammengefasst.

Vereinfachen von Produkten

$2 \cdot 7 \cdot 5 \cdot 0{,}1 = (2 \cdot 5) \cdot (0{,}1 \cdot 7) = 10 \cdot 0{,}7 = 7$
$7a \cdot 5b = 35ab$
$2 \cdot x \cdot y \cdot 3 \cdot x = 6 \cdot x \cdot x \cdot y = 6x^2y$

Reihenfolge der Faktoren alphabetisch

In Produkten mit mehreren Faktoren kann man beliebig vertauschen und klammern.

Anwenden des Distributivgesetzes: Ausmultiplizieren und Ausklammern

Ausmultiplizieren

Eine Summe wird mit einem Faktor multipliziert.

$x \cdot (y + 2 + x)$

Jeder Summand in der Klammer wird mit dem Faktor multipliziert, die entstehenden Produkte werden dann addiert.

$x \cdot (y + 2 + x) = x \cdot y + 2x + x^2$

Ausklammern

Mehrere Produkte werden addiert.

$a \cdot b + a \cdot c + 3 \cdot a$

In jedem dieser Produkte kommt der gleiche Faktor a vor. Dann kann der Faktor a ausgeklammert werden.

$a \cdot b + a \cdot c + 3 \cdot a = a \cdot (b + c + 3)$

Produkte von Summen – Summe von Produkten

$(a + b) \cdot (c + d) = a \cdot c + a \cdot d + b \cdot c + b \cdot d$

$(3x - 4) \cdot (2 + 0{,}5x) = 1{,}5x^2 + 4x - 8$

	2	0,5 x
3 x	6 x	1,5 x^2
4	–8	–2 x

Binomische Formeln

Binomische Formeln

$(a + b)^2 = a^2 + 2ab + b^2$
$(a - b)^2 = a^2 - 2ab + b^2$
$(a + b) \cdot (a - b) = a^2 - b^2$.

Algebra – Gleichungen aufstellen und lösen

Das Problem

Um einen Packwürfel zu verschnüren, braucht man 3 m Schnur, 20 cm davon für den Knoten. Wie lang ist die Seite des Würfels?

„Übersetzen" in mathematische Sprache

Gleichung aufstellen

1. Variable (Unbekannte) festlegen

   x bezeichnet die Seitenlänge des Würfels (in cm)

2. Übersetzen der Problemstellung in passende Terme

   Die Schnur umspannt 8 Seitenlängen x. Es kommen noch 20 cm für den Knoten hinzu. Also:

   $l(x) = 8 \cdot x + 20$

   Die Länge der Schnur ist 300 cm:

   $l(x) = 300$

3. Gleichung aufstellen

   $8 \cdot x + 20 = 300$

Gleichung lösen

Probieren

$8 \cdot 10 + 20 = 100$
zu klein

$8 \cdot 40 + 20 = 340$
zu groß

$8 \cdot 30 + 20 = 260$
zu klein

$8 \cdot 35 + 20 = 300$
passt!

Tabelle

x	l(x)
5	60
10	100
15	140
20	180
25	220
30	260
35	300
40	340

Graph

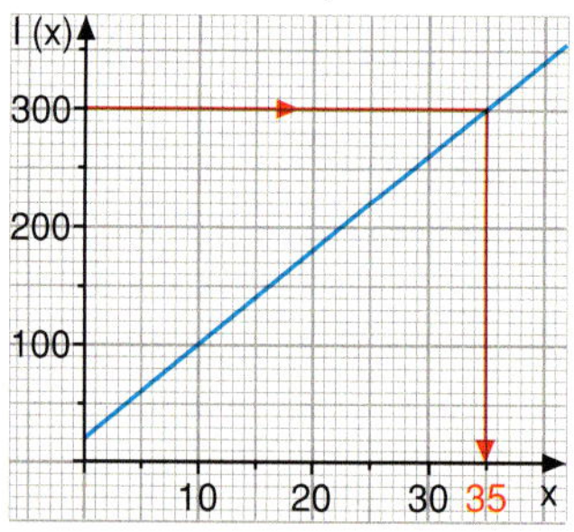

$l(x) = 8 \cdot x + 20$

Äquivalenzumformungen

$8x + 20 = 300 \quad | -20 \; -20$

$8x = 280 \quad | :8 \; = :8$

$x = 35$

Lösung aufschreiben

$x = 35$

Die Seitenlänge des Würfels beträgt 35 cm.

Einsetzprobe

Einsetzen der Lösung in die Gleichung:

Linke Seite der Gleichung:
$8 \cdot 35 + 20 = 300$

Rechte Seite der Gleichung: 300 Stimmt!

Problemprobe

3 m Schnur: Passt!

Algebra – lineare Gleichungssysteme

Lineares Gleichungssystem

Lineares Gleichungssystem

(1) $3x + 4y = 20$
(2) $-4x + 2y = -12$

Gesucht: Wertepaar (x|y), das beide Gleichungen löst.

Lösungsverfahren

Lösungsverfahren:
Erster Schritt: Auflösen der Gleichung nach y.

(1) $y = -\frac{3}{4}x + 5$

(2) $y = 2x - 6$

Damit erhalten wir zwei Funktionsgleichungen:

(1) $y(x) = -\frac{3}{4}x + 5$

(2) $y(x) = 2x - 6$

Lösung mit Tabelle

Grafische Lösung

Lösung mit Tabelle:

x	$y_1(x)$	$y_2(x)$
−1	$5\frac{3}{4}$	−8
0	5	−6
1	$4\frac{1}{4}$	−4
2	$3\frac{1}{2}$	−2
3	$2\frac{3}{4}$	0
4	2	2
5	$1\frac{1}{4}$	4

Grafische Lösung:

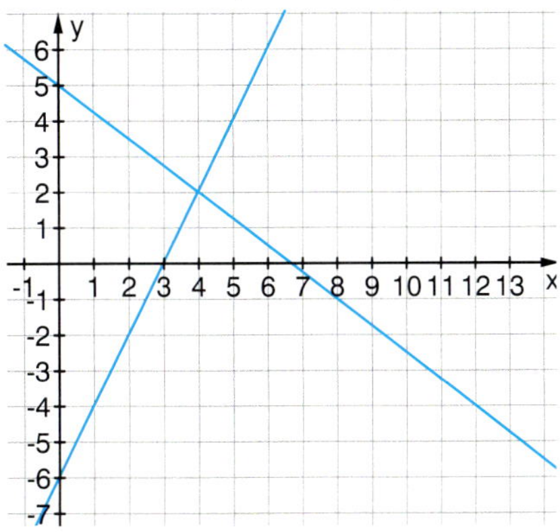

Gleichsetzungsverfahren

Rechnerische Lösung: Gleichsetzungsverfahren

$$-\frac{3}{4}x + 5 = 2x - 6 \quad | -2x - 5$$
$$-\frac{11}{4}x = -11 \quad | : \left(-\frac{11}{4}\right)$$
$$x = 4$$

Probe

Berechnung von y:

$$y = 2 \cdot 4 - 6 = 2$$

Die **Lösung** ist **(4|2)**.

Probe:

$3 \cdot 4 + 4 \cdot 2 = 20$ stimmt
$-4 \cdot 4 + 2 \cdot 2 = -12$ stimmt

Lösen mit dem GTR

Lösung mit Tabelle:

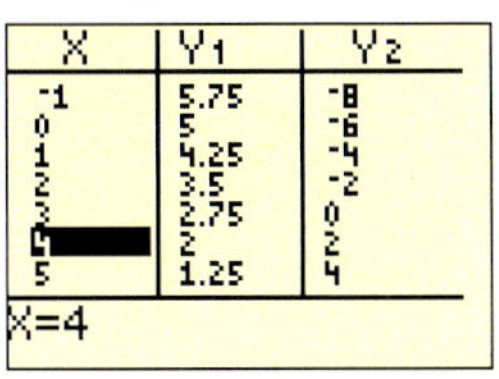

Grafische Lösung

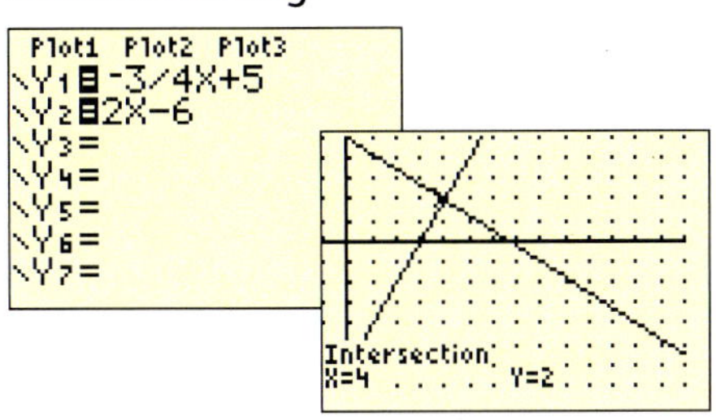

Algebra – Potenzen

Potenzen:

Potenzen

Für $a \neq 0$ gilt:

$a^n = \underbrace{a \cdot a \cdot a \cdot a \cdot \ldots \cdot a}_{\text{n-mal der Faktor a}}$

$a^0 = 1$

$a^{-n} = \frac{1}{a^n}$

$\frac{1}{a^{-n}} = a^n$

Rechenregeln

Für $a > 0$ und $b > 0$ und ganzzahlige Exponenten gilt:

Rechenregeln

- Multiplizieren $a^m \cdot a^n = a^{m+n}$
- Dividieren $\frac{a^m}{a^n} = a^{m-n}$
- Potenzieren $(a^m)^n = a^{m \cdot n}$
- Potenzieren eines Produktes $(a \cdot b)^n = a^n \cdot b^n$
- Potenzieren eines Quotienten $\left(\frac{a}{b}\right)^n = \frac{a^n}{b^n}$

---

exponentielles Modell

Zinseszins

Exponentielles Modell:

$A(t) = A \cdot \left(1 + \frac{p}{100}\right)^t$

A: Startwert,

$\frac{p}{100}$: konstante Wachstumsrate

t: Anzahl der Zeitabschnitte

Spezialfall: Zinseszins

$K(t) = K_0 \cdot \left(1 + \frac{p}{100}\right)^t$

K_0: Startkapital, p: Zinssatz

t: Zeit in Jahren

---

wissenschaftliche Schreibweise von Zahlen

Wissenschaftliche Schreibweise von Zahlen:

$a \cdot 10^z$ mit $1 \leq a < 10$ und ganzzahligem Exponenten z

Beispiele: $9{,}5 \cdot 10^7 = 95\,000\,000$. Der Taschenrechner zeigt z. B. 9,5 E7 an.

$3{,}7 \cdot 10^{-3} = 0{,}0037$. Der Taschenrechner zeigt z. B. 3,7 E-3 an.

Rechnen mit Zahlen in wissenschaftlicher Schreibweise

$(a \cdot 10^n)(b \cdot 10^m)$
$= (a \cdot b)(10^n \cdot 10^m)$
$= (a \cdot b) \cdot 10^{m+n}$

$(a \cdot 10^n) + (b \cdot 10^n)$
$= (a + b) \cdot 10^n$

Andere Darstellung von sehr großen und sehr kleinen Maßzahlen

m	Milli	=	10^{-3}	
µ	Mikro	=	10^{-6}	
n	Nano	=	10^{-9}	
p	Piko	=	10^{-12}	
T	Tera	=	10^{12}	eine Billion
G	Giga	=	10^{9}	eine Milliarde
M	Mega	=	10^{6}	eine Million
k	Kilo	=	10^{3}	ein Tausend

Funktionen – Zuordnung, Graph, Tabelle, Rechenvorschrift

Zuordnung

In vielen Situationen des Alltags besteht zwischen Größen ein Zusammenhang.
- Aktienkurse verändern sich minütlich. Jedem Zeitpunkt an einem Tag an der Börse kann man den jeweiligen DAX zuordnen.
- Das Volumen eines Würfels hängt von dessen Kantenlänge ab. Man kann somit jeder Kantenlänge das Volumen des entsprechenden Würfels zuordnen.
- Der Umfang eines Rechtecks hängt von der Länge und Breite ab. Der jeweiligen Länge und Breite wird der Umfang zugeordnet.

Zuordnung kann man auf verschiedene Arten darstellen:
- mit einer Tabelle
- mit einem Graphen
- mit Worten
- mit einer Rechenvorschrift

Zuordnung: Geschwindigkeit → Bremsweg

Text: Den Bremsweg s eines Autos auf trockener Straße errechnet man, indem man die Geschwindigkeit v mit sich selbst multipliziert und das Ergebnis durch 100 dividiert.

Tabelle

Tabelle:

Geschwindigkeit v (in km/h)		Bremsweg s (in m)
v	v · v	$\frac{v \cdot v}{100}$
10	100	1
20	400	4
50	2 500	25
100	10 000	100
200	40 000	400

Graph

Graph:

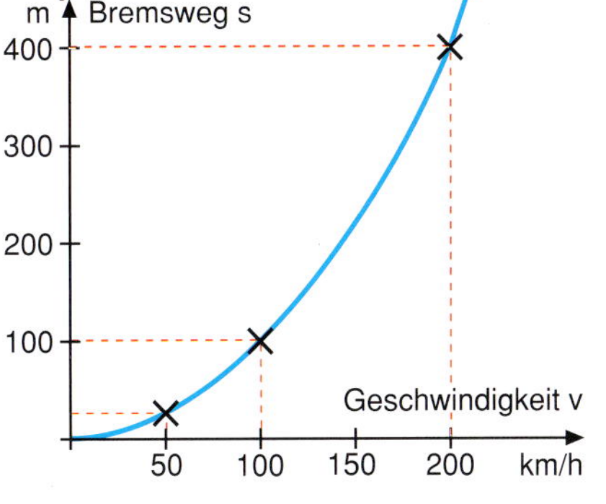

Rechenvorschrift

Rechenvorschrift: $s = \frac{v \cdot v}{100}$

Formulierungen

„lange" Formulierung	kurz	Sprechweise
Der Bremsweg s ist abhängig von der Geschwindigkeit.	s(v)	s von v
Der Bremsweg s bei einer Geschwindigkeit von 80 km/h beträgt 64 m.	s(80) = 64	s von 80 gleich 64

Funktionen – Graphen lesen, zeichnen und beschreiben

Zuordnungen lassen sich durch Graphen darstellen.

Graphen lesen

- Achte zunächst auf die Beschriftung der Achsen. Dann weißt du schon, worum es geht.
- Jeder Punkt auf dem Graphen gibt dir eine Information, die aus zwei Werten besteht. Wenn das Fahrzeug 3 Minuten gefahren ist, hat es eine Geschwindigkeit von 30 km/h. **Kurzschreibweise** für das **Wertepaar:** (3 min | 30 km/h)

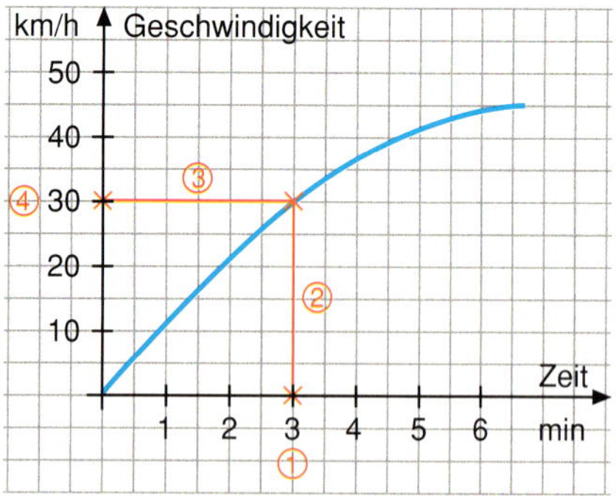

Geschwindigkeit-Zeit-Diagramm

Informationen lassen sich grafisch veranschaulichen.

Graphen zeichnen

1. *Festlegen, was dargestellt werden soll.* Welche Größe wird auf welcher Achse aufgetragen?
2. *Festlegen des Bildausschnittes.* Welche Bereiche werden auf den Achsen dargestellt?
3. *Festlegen des Maßstabes.* (z. B. 1 cm auf der Achse entspricht …)
4. *Eintragen der Wertepaare aus Tabelle.*

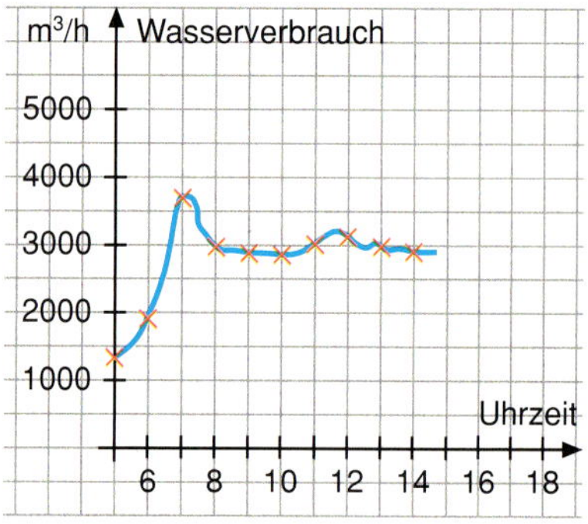

Wie kann man über Graphen sprechen? Man benötigt geeignete Begriffe, um einen Graphen beschreiben zu können.

Graphen beschreiben

Vokabular zum Beschreiben eines Graphen

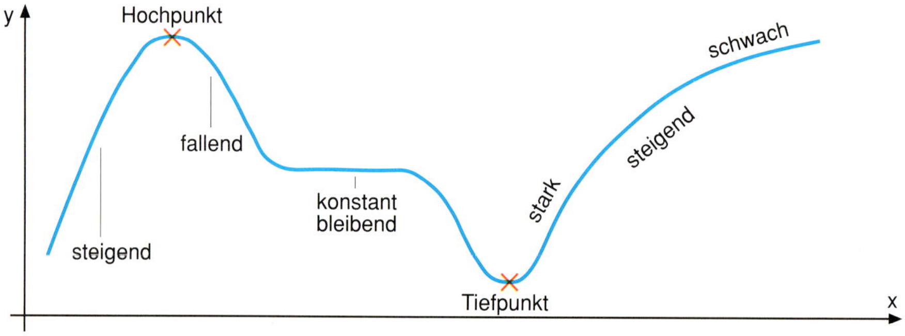

Funktionen – proportionale, antiproportionale Zuordnungen

proportionale Zuordnung

Proportionale Zuordnung x → y

100 g Wurst kosten 1,10 €

Verdoppelt sich x, dann verdoppelt sich y usw.

Menge in Gramm → Preis in €

Tabelle

Menge (in g)	Preis (in €)
100	1,10
200	2,20
300	3,30
50	0,55
1	0,011
x	0,011 · x

·3 :2 ·3 :2

Graph

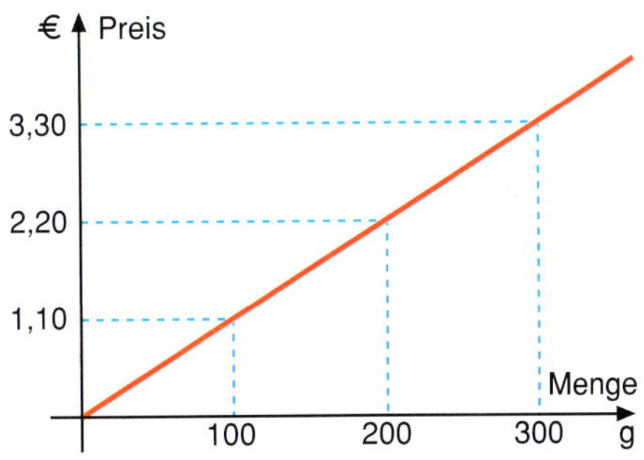

Rechenvorschrift

Rechenvorschrift: P(x) = 0,011 x

Der Graph ist eine Ursprungsgerade.

antiproportionale Zuordnung

Antiproportionale Zuordnung x → y

Für eine Strecke von 120 km benötigt man bei 20 km/h durchschnittlicher Geschwindigkeit 6 Stunden

Verdoppelt sich x, dann halbiert sich y usw.

durchschnittl. Geschwindigk. v → Zeit t für eine bestimmte Strecke

Tabelle

Geschwindigkeit v (in km/h)	Fahrzeit t für 120 km (in h)
20	6
40	3
60	2
10	12
5	24
1	120
v	120/v

·2 :4 :2 ·4

Graph

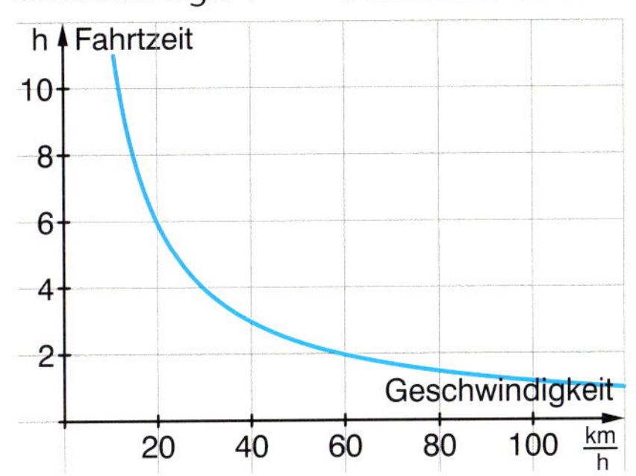

Rechenvorschrift

Rechenvorschrift: t(v) = 120/v

Rechnen im Dreisatz

3 kg Spargel kosten 18 €. Wie viel kosten 11 kg?

1) **3 kg** Spargel kosten **18 €**.

2) **1 kg** Spargel kostet:
18 € : 3 = **6 €**

3) **11 kg** Spargel kosten:
11 · 6 € = **66 €**

3 kg	18 €
1 kg	6 €
11 kg	66 €

:3 ·11 :3 ·11

Für zwei Ponys reicht ein Futtervorrat 30 Tage. Wie lange reicht er für fünf Ponys?

1) **2 Ponys** verbrauchen das Futter in **30 Tagen**.

2) **1 Pony** verbraucht den Vorrat in
2 · 30 Tagen = **60 Tagen**.

3) **5 Ponys** verbrauchen den Vorrat in
60 : 5 Tagen = **12 Tagen**.

2 Ponys	30 Tage
1 Pony	60 Tage
5 Ponys	12 Tage

:2 ·5 ·2 :5

Funktionen – Prozent- und Zinsrechnung

Anteile

Anteile kann man auf verschiedene Arten angeben.
Wie viel des Kreises ist rot gefärbt?

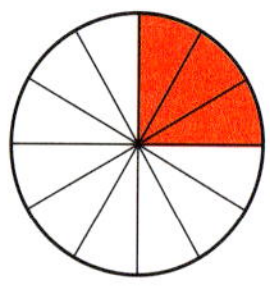

als Bruchteil $\frac{3}{12}$
als „Anteil" 3 von 12
mit Worten jeder Vierte
als Prozent 25 %

Anteile, die man sich merken sollte:

$\frac{1}{10} = 10\,\%$ $\frac{1}{5} = 20\,\%$ $\frac{1}{4} = 25\,\%$ $\frac{1}{3} = 33{,}3\,\%$ $\frac{1}{2} = 50\,\%$ $\frac{2}{3} = 66{,}6\,\%$ $\frac{3}{4} = 75\,\%$

Umrechnen in Prozent

Erweitern auf den Nenner 100

$\frac{1}{4} = \frac{25}{100} = 25\,\%$

Dezimalzahldarstellung berechnen

$1 : 4 = 0{,}25 = 25\,\%$

Prozentsatz p % gesucht

Wie viel Prozent sind 32 von 80?

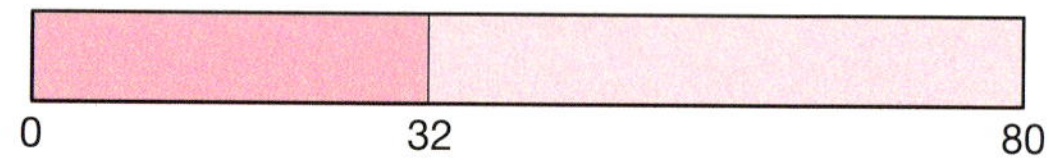

Anteil 32 von 80

$\frac{32}{80} = 0{,}4 = 40\,\%$

Prozentsatz p % = 40 %

Prozentwert P gesucht

35 % von 600?

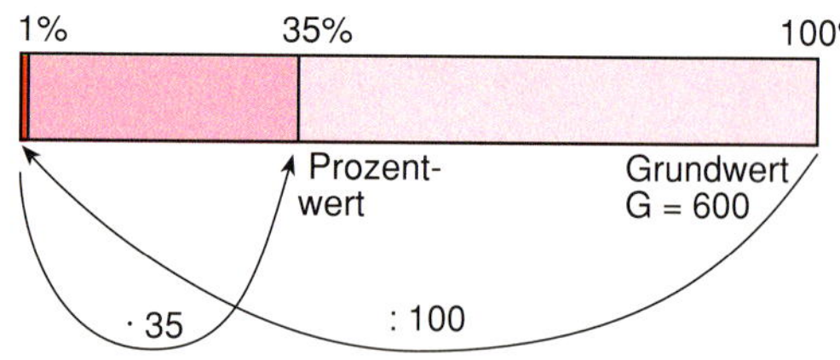

$600 \cdot \frac{35}{100} = 210$

Prozentwert P = 210

$600 \xrightarrow{\frac{35}{100}} 210$

Grundwert G gesucht

60 % entspricht 180.

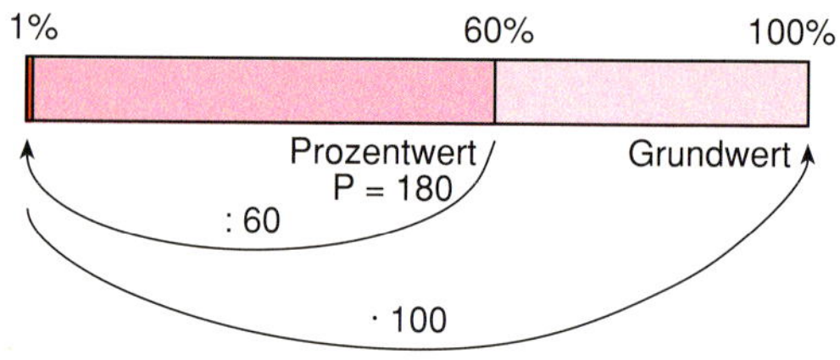

$180 \cdot \frac{100}{60} = 300$

Grundwert G = 300

$180 \xrightarrow{\frac{100}{60}} 300$

Änderung in Prozent

Wie man schnell und richtig rechnet:

2 500 € **zuzüglich** 15 %:

$2\,500\text{ €} \xrightarrow{\cdot 1{,}15} 2\,875\text{ €}$

820 € **abzüglich** 5 %:

$820\text{ €} \xrightarrow{\cdot 0{,}95} 779\text{ €}$

Der Verkaufspreis von 399 € liegt um 65 % über dem Einkaufspreis. Wie hoch war der EK?

$399\text{ €} \xrightarrow{: 1{,}65} 221{,}82\text{ €}$

Zinsrechnung ist Prozentrechnung

Prozentrechnung		Zinsrechnung	
Grundwert	G	Kapital	K
Prozentsatz	p %	Zinssatz	p %
Prozentwert	P	Zinsen	Z

Wie viel Zinsen erhält man für 320 € bei einem Zinssatz von 4 %?

K = 320 €
P % = 4 % = 0,04
Z = 320 · 0,04 = 12,80 €

Funktionen – lineare Funktionen

lineare Funktion

Funktionsgleichung: $y = 1{,}5x + 2$ $\qquad y = mx + b$

Wertetabelle:

+1 +1 +1 +1

x	−1	0	1	2	3	…
y	0,5	2	3,5	5	6,5	…

+1,5 +1,5 +1,5

+1 +1

x	0	1	2
y	b	2	…

+m +m

Graph:

Steigungsdreieck

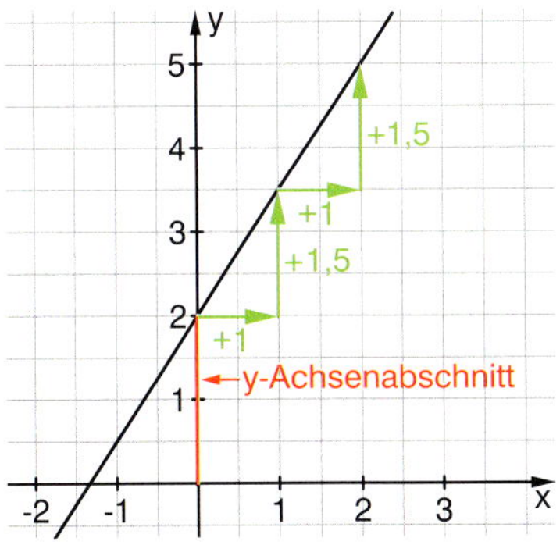

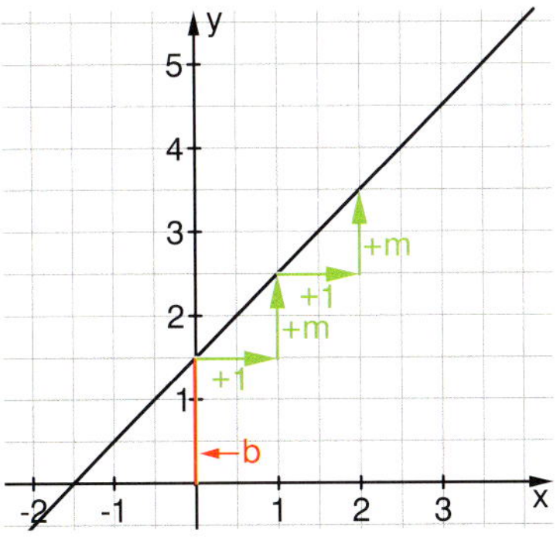

Geradengleichung zu zwei gegebenen Punkten

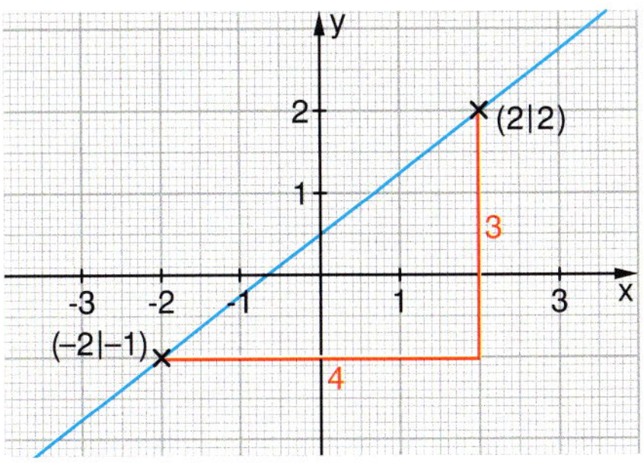

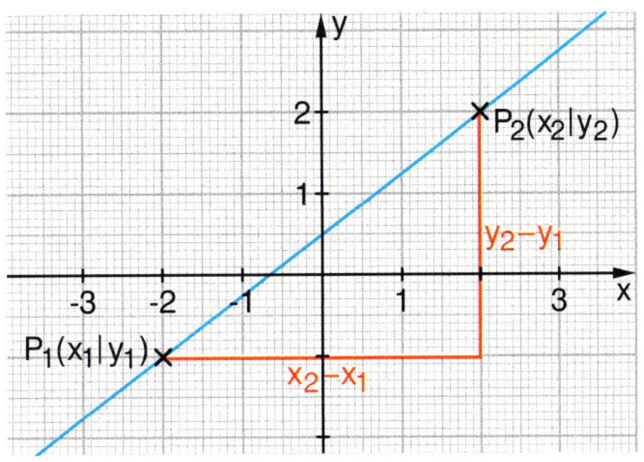

$m = \frac{2-(-1)}{2-(-2)} = \frac{3}{4}$

$y = \frac{3}{4}x + b$

$P_1(-2|-1)$: $\quad -1 = \frac{3}{4} \cdot (-2) + b$

$b = \frac{1}{2}$

$y = \frac{3}{4}x + \frac{1}{2}$

1. Steigung m mithilfe der beiden Punkte berechnen
$m = \frac{y_2 - y_1}{x_2 - x_1}$

2. Die Koordinaten eines Punktes (z. B. P_1) in die Gleichung $y = mx + b$ einsetzen. Die Gleichung nach b auflösen.

3. Funktionsgleichung aufschreiben.

Modellieren mit linearen Funktionen

Was willst du herausfinden? → Daten sammeln, Variable festlegen → Annahmen, Zusammenhänge formulieren, Vereinfachungen vornehmen → grafische mathematische Lösung → Ergebnis formulieren → Überprüfung des Ergebnisses → Was willst du herausfinden?

Funktionen – quadratische Funktionen

quadratische Funktion

Eine Funktion mit der Funktionsgleichung $f(x) = ax^2 + bx + c$, wobei $a \neq 0$ ist, nennt man eine **quadratische Funktion.**

$f(x) = 2x^2 - 4x - 6$
$a = 2;\ b = -4;\ c = -6$

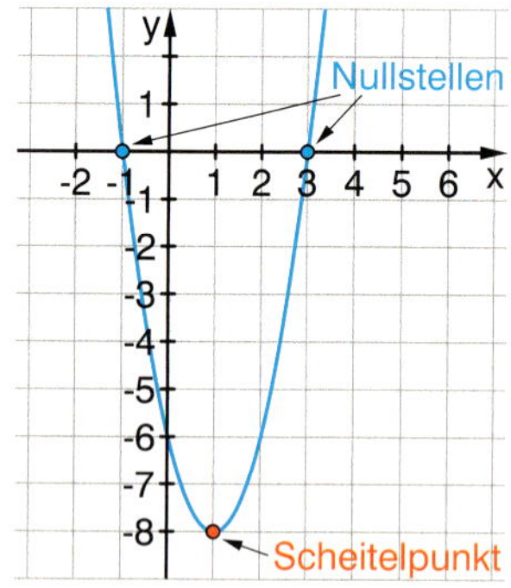

Parabel

Der Graph ist eine Parabel.

Normalform

Scheitelpunktform

Faktorisierte Form

Scheitelpunktform
$y(x) = 2(x-1)^2 - 8$

Normalform
$y(x) = 2x^2 - 4x - 6$

faktorisierte Form
$y(x) = 2(x-3)(x+1)$

Direkt abzulesen:

Scheitelpunkt $(1\,|\,-8)$,

Streckfaktor 2.

Schnittpunkt mit y-Achse $(0\,|\,-6)$,
Streckfaktor 2.

Nullstellen: 3 und -1,
Scheitelpunkt bei $x = 1$,
Streckfaktor 2.

Bei der Scheitelpunktform $f(x) = a(x-m)^2 + n$ ist $(m\,|\,n)$ der Scheitelpunkt. Durch den Parameter a wird die Normalparabel „aufgebogen" wenn $0 < |a| < 1$, „zusammengebogen" wenn $|a| > 1$.
$a > 0$: Graph nach oben geöffnet, $a < 0$: Graph nach unten geöffnet.

Lösen von quadratischen Gleichungen

Eine quadratische Gleichung kann auf unterschiedliche Weisen gelöst werden:
$x^2 + px + q = 0$ $x^2 - 4x + 1 = 0$

Die quadratische Gleichung $\mathbf{x^2 + px + q = 0}$ hat die Lösungen

rechnerisch mit der pq-Formel

$x_1 = -\frac{p}{2} + \sqrt{\frac{p^2}{4} - q};\ x_2 = -\frac{p}{2} - \sqrt{\frac{p^2}{4} - q}$

$x^2 - 4x + 1 = 0$
$x_1 = 2 - \sqrt{3} \approx 0{,}267;\ x_2 = 2 + \sqrt{3} \approx 3{,}732$

grafisch mit dem GTR

Nullstellenverfahren

$x^2 - 4x + 1 = 0$

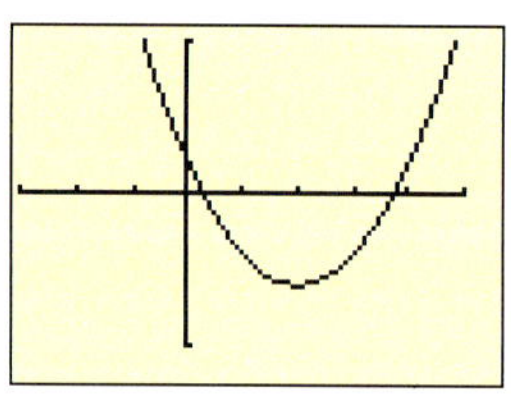

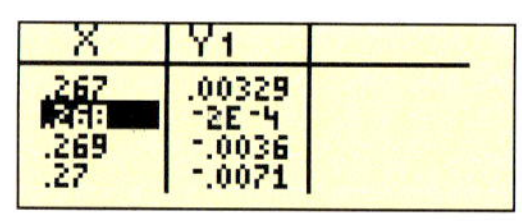

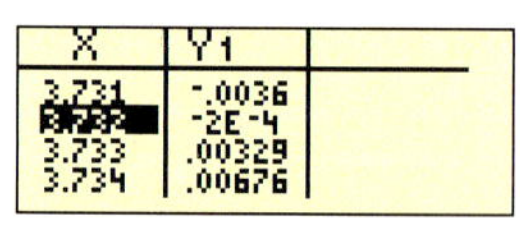

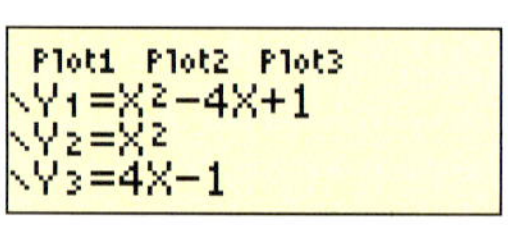

$x^2 = 4x - 1$

Schnittstellenverfahren

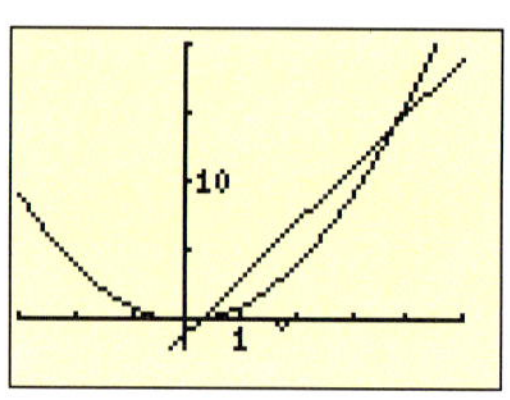

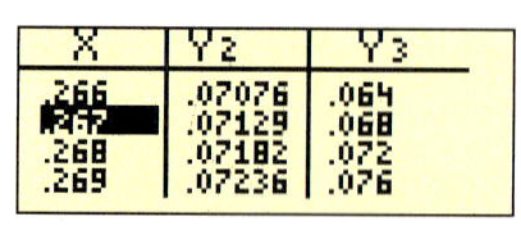

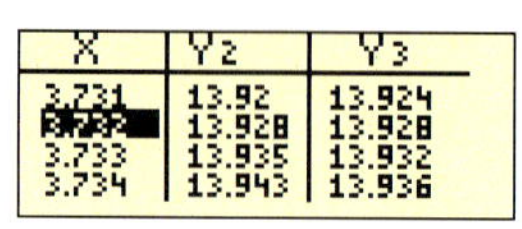

Funktionen – Trigonometrie

Definitionen am rechtwinkligen Dreieck

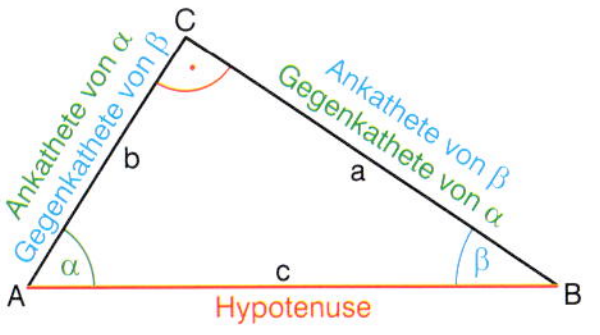

$\sin(\alpha) = \frac{a}{c}$

$\cos(\alpha) = \frac{b}{c}$

$\tan(\alpha) = \frac{a}{b}$

sin
cos
tan

Sätze am beliebigen Dreieck

Sinussatz

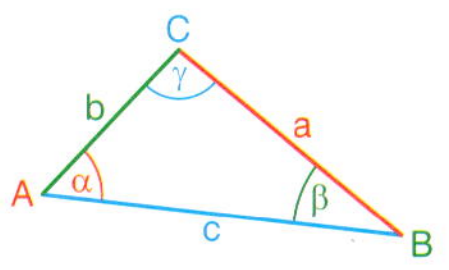

$\frac{a}{b} = \frac{\sin(\alpha)}{\sin(\beta)}$

Kosinussatz

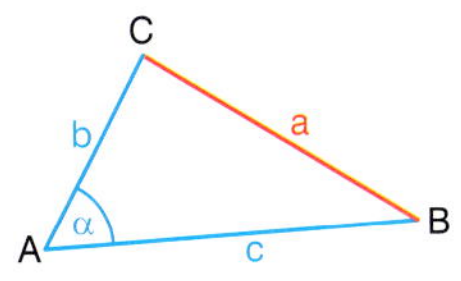

$a^2 = b^2 + c^2 - 2bc \cdot \cos(\alpha)$

Sinussatz
Kosinussatz

Sinusfunktion mit Winkeln im Gradmaß

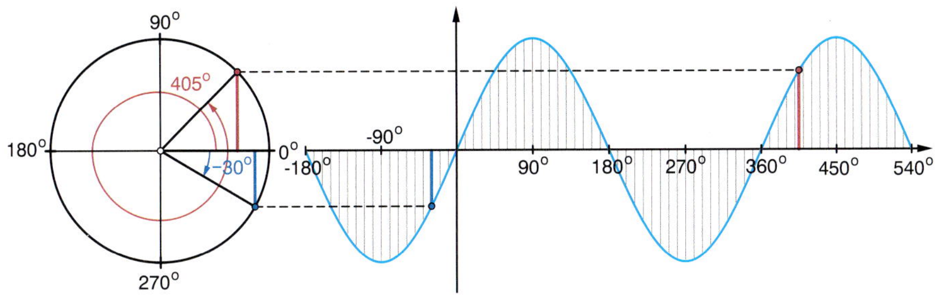

Sinusfunktion mit Winkeln im Gradmaß

Bogenmaß

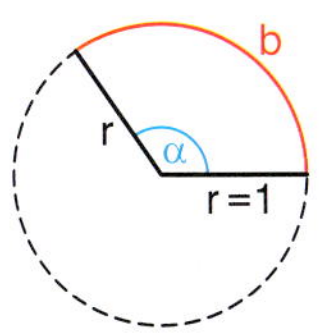

Umrechnungsformel:
Winkel im Bogenmaß =
Winkel im Gradmaß $\cdot \frac{\pi}{180°}$

Bogenmaß

Sinusfunktion mit Winkeln im Bogenmaß

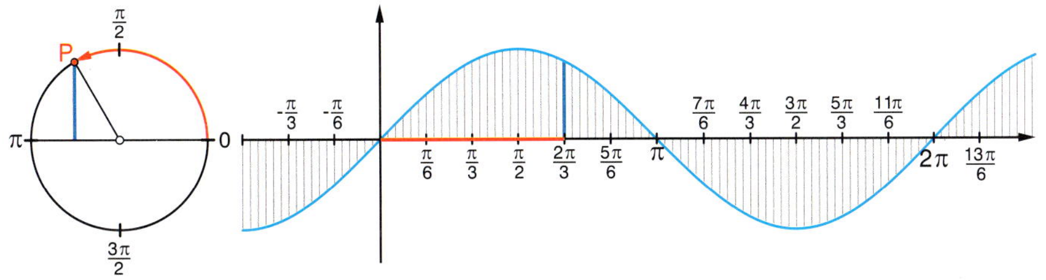

Sinusfunktion mit Winkeln im Bogenmaß

Geometrie – ebene Figuren und Körper

Grundformen ebener geometrischer Figuren (Flächen)

ebene Figuren

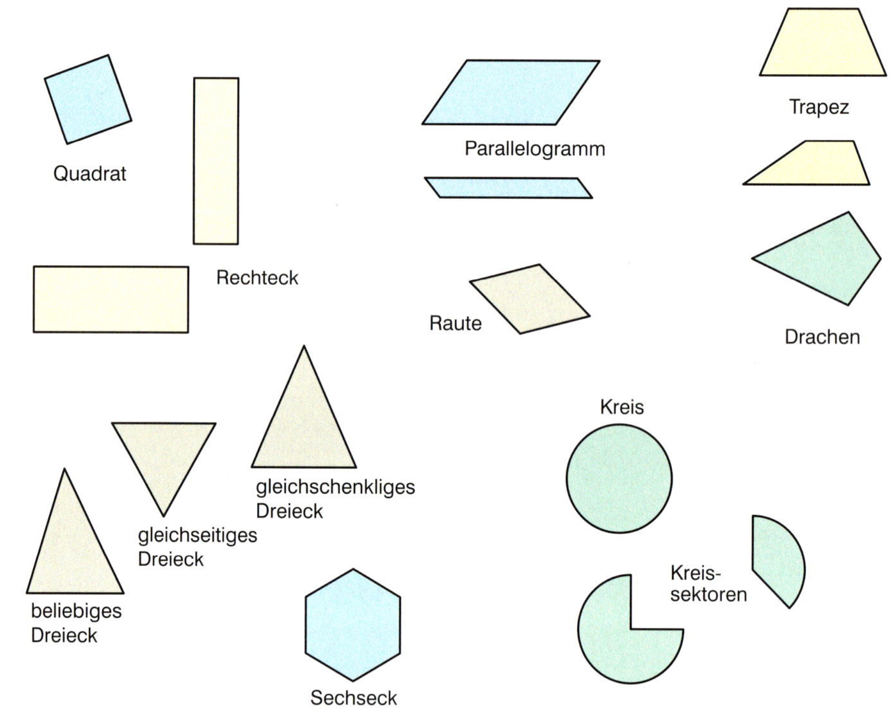

Grundformen geometrischer Körper

Körper

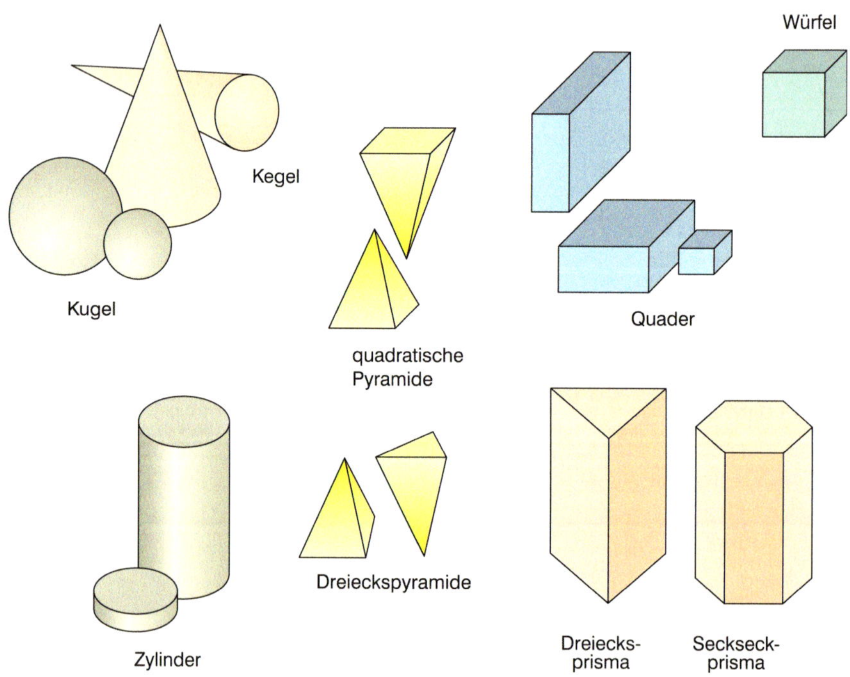

Geometrie – Winkel und Winkelsätze

Winkel
Winkeltypen

Winkel

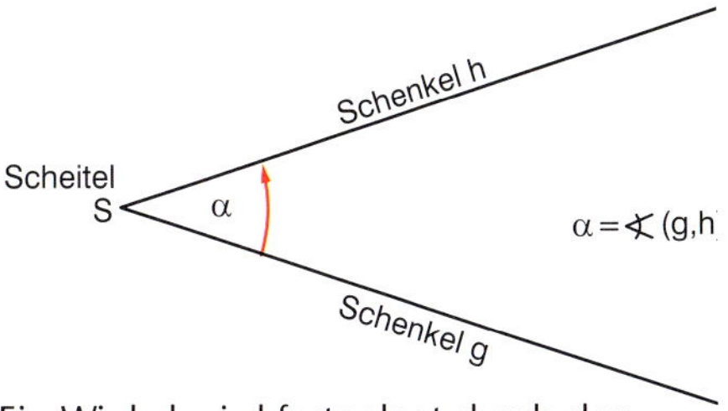

Ein Winkel wird festgelegt durch den **Scheitel S** und die beiden **Schenkel g und h.**

Winkel werden in Typen eingeteilt:

Spitzer W.
$0° < \alpha < 90°$

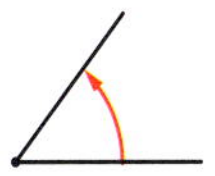

Rechter W.
$\alpha = 90°$

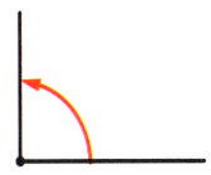

Stumpfer W.
$90° < \alpha < 180°$

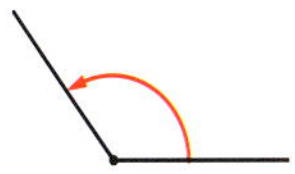

Gestreckter W.
$\alpha = 180°$

Überstumpfer W.
$180° < \alpha < 360°$

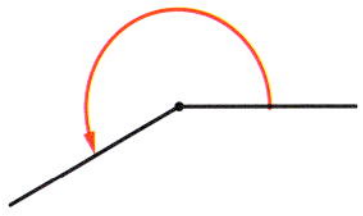

Bezeichnungen

α	β	γ	δ
Alpha	Beta	Gamma	Delta

Winkel und Winkelgrößen werden mit griechischen Buchstaben bezeichnet.

Nebenwinkel
Scheitelwinkel
Wechselwinkel
Stufenwinkel

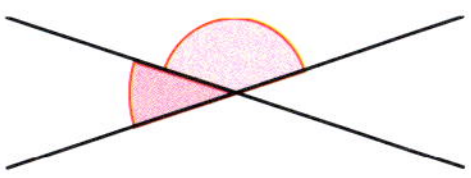

Nebenwinkel ergänzen sich zu 180°.

Scheitelwinkel sind gleich groß.

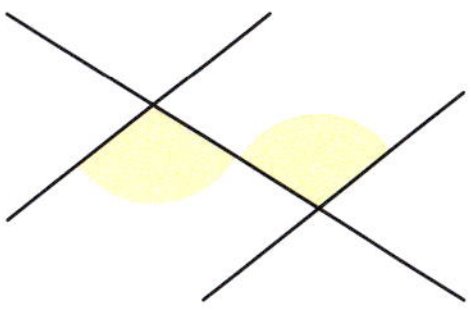

Wechselwinkel sind gleich groß.

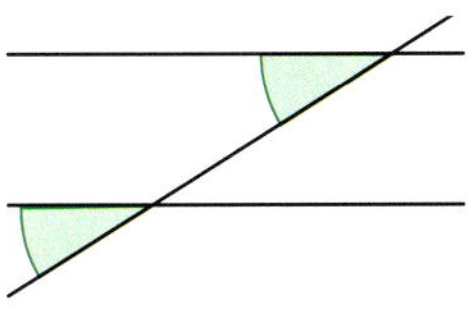

Stufenwinkel sind gleich groß.

Stufen- und Wechselwinkel an Doppelkreuzungen

Sind an einer Doppelkreuzung Stufen- und Wechselwinkel gleich groß, so sind die Geraden parallel. Sind sie es nicht, so sind die Geraden nicht parallel.

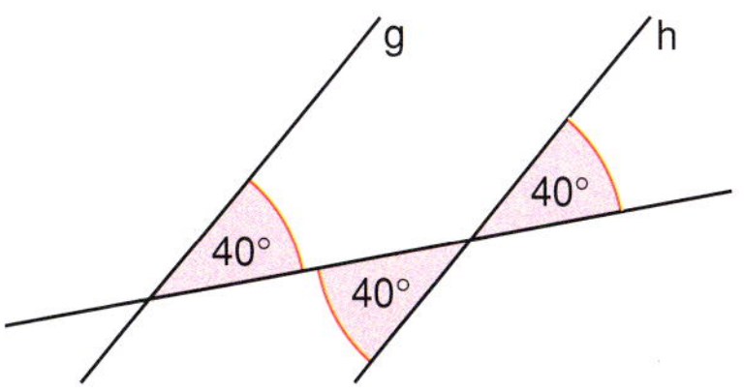

g und h sind parallel.

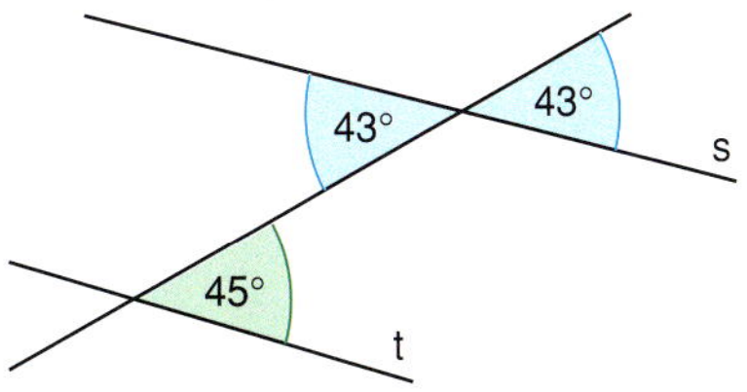

s und t sind nicht parallel.

Winkelsumme im Dreieck

Die Winkelsumme im Dreieck beträgt 180°.

Beweis:
Die blaue Gerade ist parallel zur gegenüberliegenden Dreiecksseite.
Also ist ω_1 Wechselwinkel zu α und ω_2 Wechselwinkel zu β.
Da $\omega_1 + \omega_2 + \gamma = 180°$, gilt also auch: $\alpha + \beta + \gamma = 180°$.

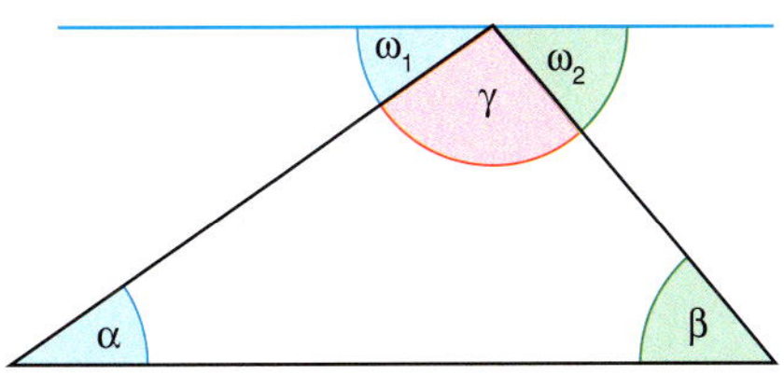

Geometrie – Konstruktionen an Dreiecken

Umkreismittelpunkt

Inkreismittelpunkt

Punkte, die von zwei Punkten A und B gleich weit entfernt sind, liegen auf der Mittelsenkrechten der Strecke $\overline{AB}$.
Die drei Mittelsenkrechten der Dreiecksseiten schneiden sich in einem Punkt, dem Mittelpunkt des **Umkreises.**

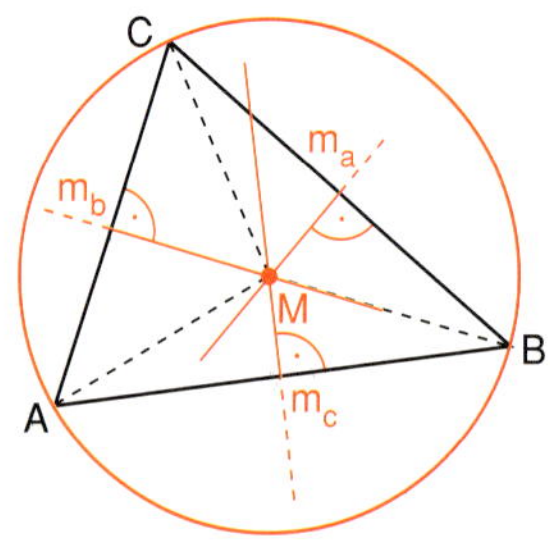

Punkte, die auf der Winkelhalbierenden eines Winkels liegen, haben von beiden Schenkeln des Winkels den gleichen Abstand.
Im Dreieck schneiden sich die drei Winkelhalbierenden der Dreieckswinkel in einem Punkt, dem Mittelpunkt des **Inkreises.**

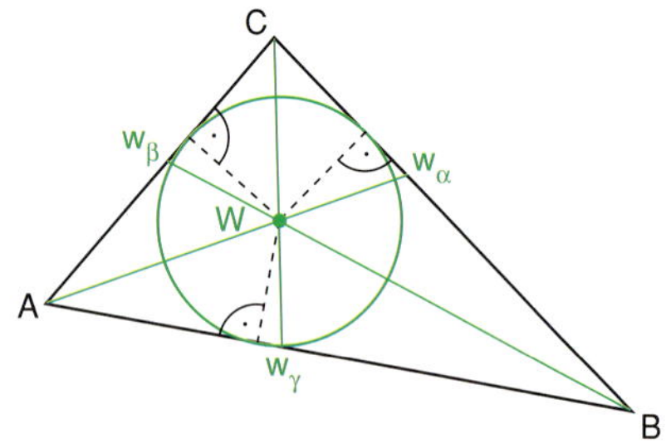

Höhenschnitttpunkt

Schwerpunkt

Im Dreieck schneiden sich die drei Höhen in einem Punkt, dem **Höhenschnittpunkt H.**

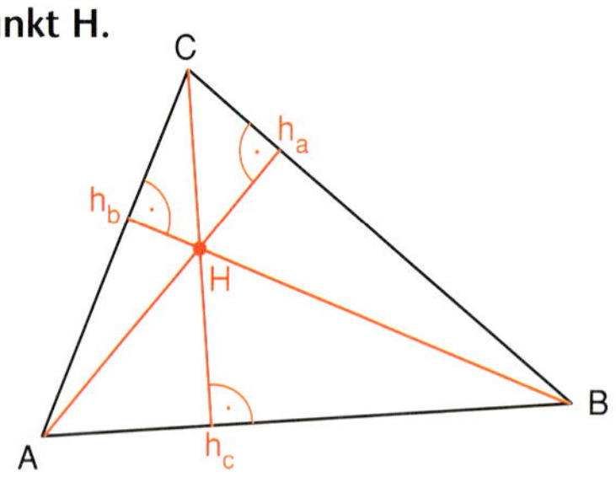

Im Dreieck schneiden sich die drei Seitenhalbierenden in einem Punkt, dem **Schwerpunkt S.**

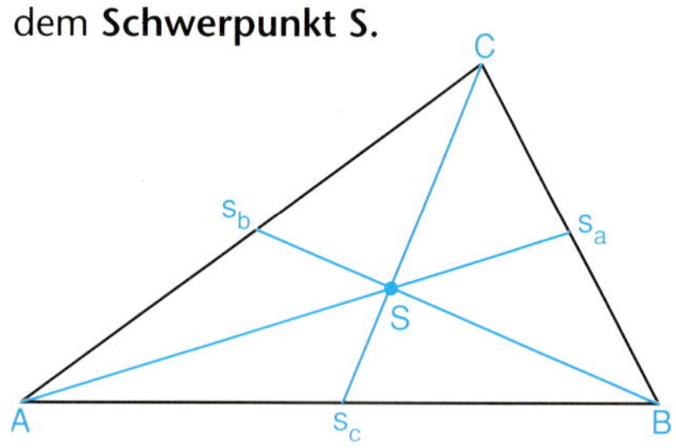

Kongruenzsätze

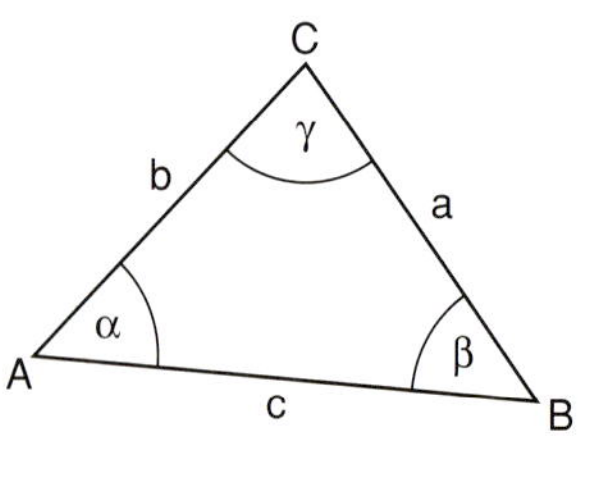

Bezeichnungen am Dreieck

Figuren, die nach Größe und Form vollständig übereinstimmen, nennt man deckungsgleich oder kongruent. Mithilfe einiger gegebener Größen kann man sie eindeutig konstruieren. Bei Dreiecken genügt hierfür die Angabe von drei geeigneten Größen.

Ein Dreieck ABC ist eindeutig konstruierbar, wenn

SSS die drei Seitenlängen gegeben sind.

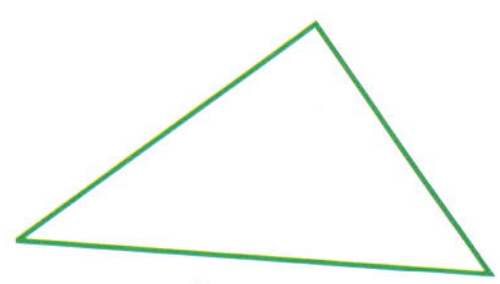

SWS zwei Seitenlängen und das Maß des eingeschlossenen Winkels gegeben sind.

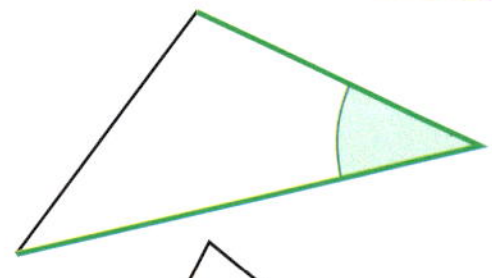

WSW eine Seitenlänge und die Größe der beiden anliegenden Winkel gegeben sind.

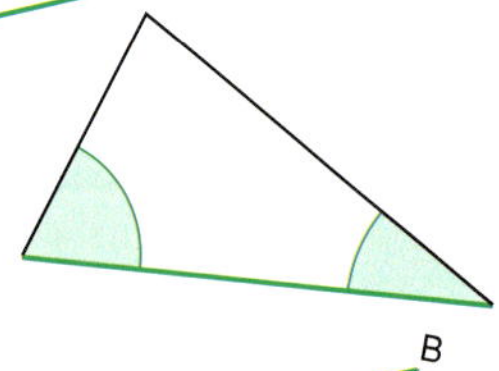

SsW Ein Dreieck ist eindeutig konstruierbar, wenn zwei Seitenlängen und der der längeren Seite gegenüberliegende Winkel gegeben sind.

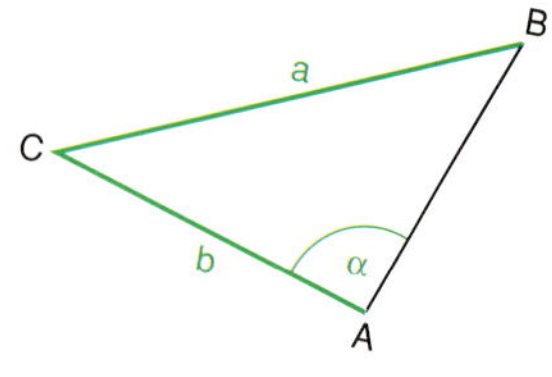

Geometrie – Haus der Vierecke

Vierecke lassen sich nach verschiedenen Kriterien ordnen. Diagramme schaffen Übersicht in der Vielfalt.

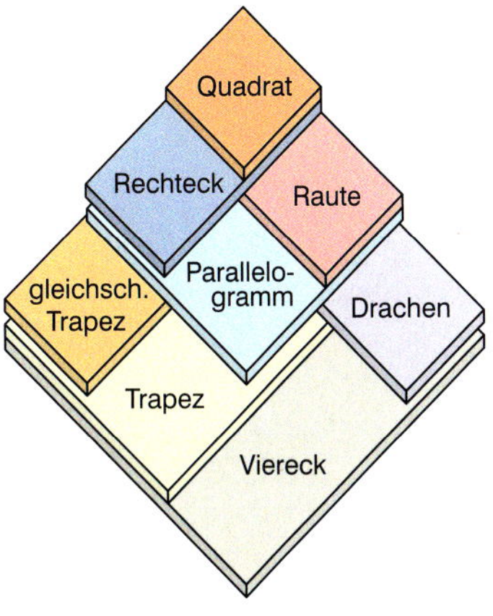

Anschauliches „Mengendiagramm"

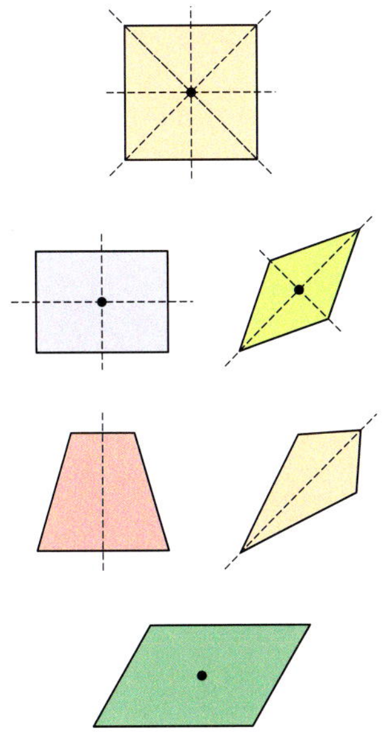

Anzahl und Lage von Symmetrien

Das Haus der Vierecke in einem Ordnungsdiagramm

das Haus der Vierecke

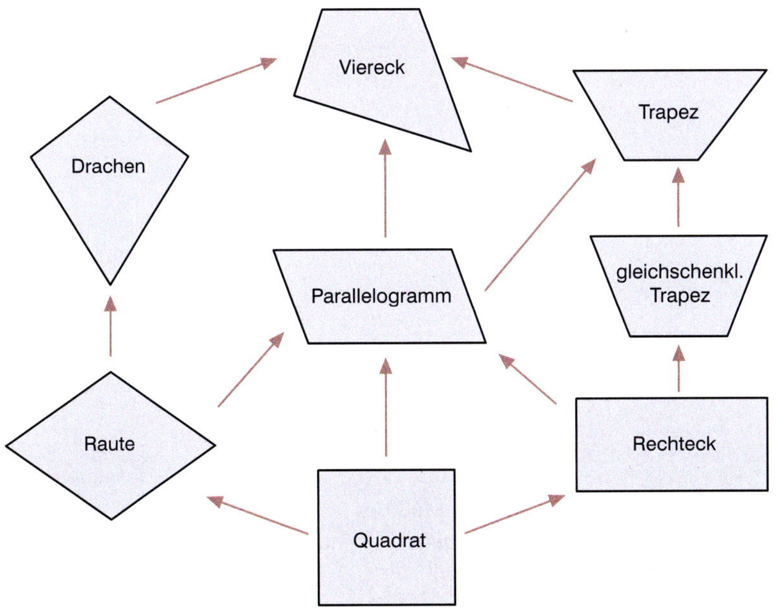

Eine „gute Definition"

gute Definition

- … legt einen Begriff präzise fest und dient der klaren Verständigung,
- … enthält nur Worte, die allgemein verständlich oder bereits klar definiert sind,
- … enthält nicht mehr Informationen als unbedingt notwendig,
- … erweist sich als nützlich bei der Ordnung und Unterscheidung von Begriffen.

Geometrie – Tangenten und Winkel am Kreis

Passante
Sekante
Sehne
Tangente

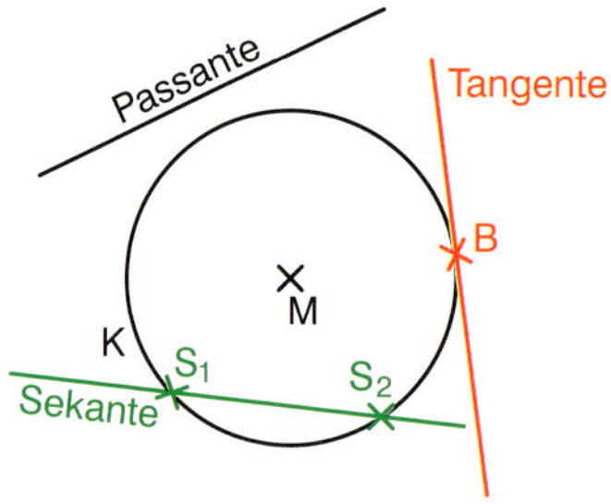

$\overline{S_1S_2}$ heißt Sehne.

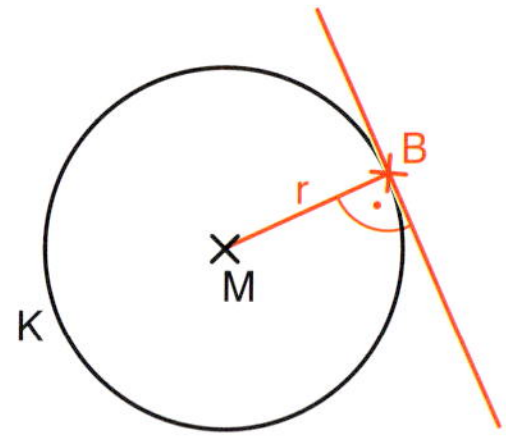

Die Tangente steht im Berührpunkt B senkrecht zum Radius MB.

Satz des Thales

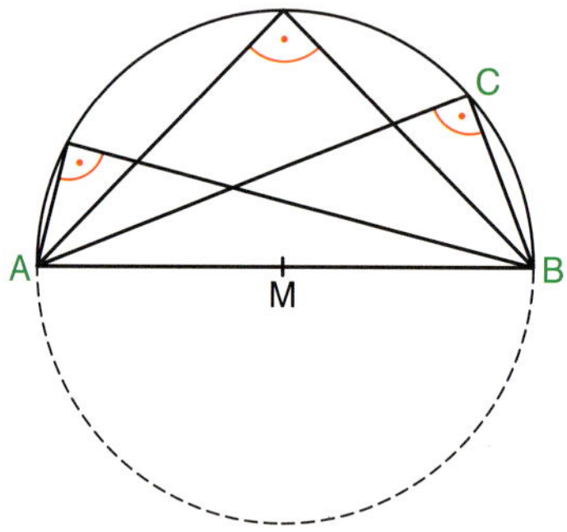

Satz des Thales
Wenn bei einem Dreieck ABC die Ecke C auf dem Kreis mit dem Durchmesser AB liegt, dann hat das Dreieck bei C einen rechten Winkel.

Es gilt auch die **Umkehrung**
Wenn ein Dreieck ABC bei C einen rechten Winkel hat, dann liegt C auf dem Kreis mit dem Durchmesser AB.

Tangentenkonstruktion

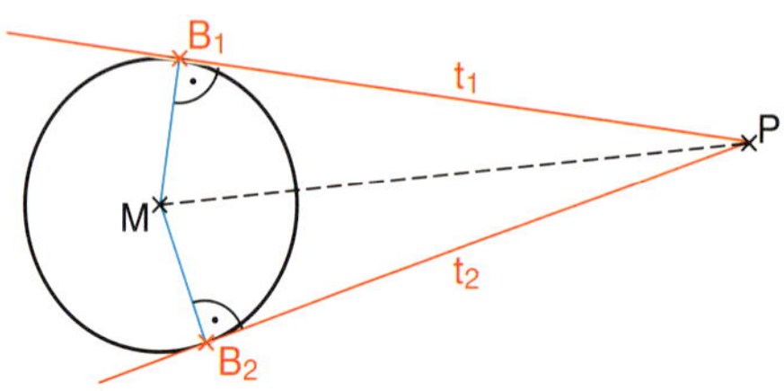

1) Zeichne die Strecke $\overline{MP}$.
2) Konstruiere den Thaleskreis über $\overline{MP}$.
3) Markiere die beiden Schnittpunkte B_1 und B_2 der beiden Kreise.
4) Die Geraden PB_1 und PB_2 sind senkrecht zu den Radien $\overline{MB_1}$ und $\overline{MB_2}$.
Sie sind die Tangenten an den Kreis.

Umfangswinkelsatz

Mittelpunktswinkelsatz

Umfangswinkelsatz

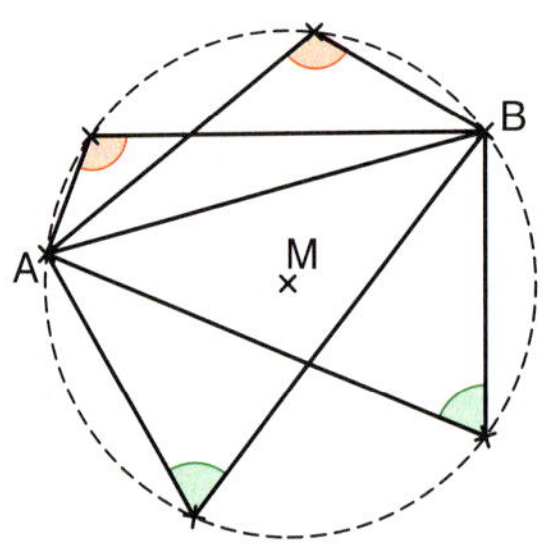

Die zu einer Kreissehne gehörigen Umfangswinkel auf derselben Seite der Sehne sind gleich groß.

Umfangs-Mittelpunktswinkelsatz

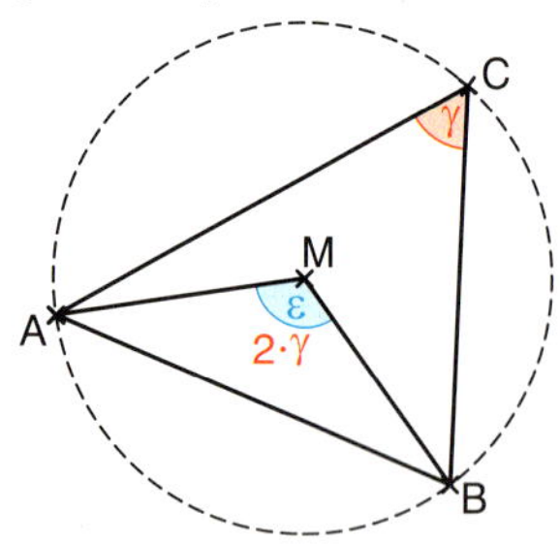

Jeder Umfangswinkel zur Sehne $\overline{AB}$, dessen Scheitel auf derselben Seite von $\overline{AB}$ liegt, ist halb so groß wie der zugehörige Mittelpunktswinkel.

Geometrie – Ähnlichkeit

zentrische Streckung

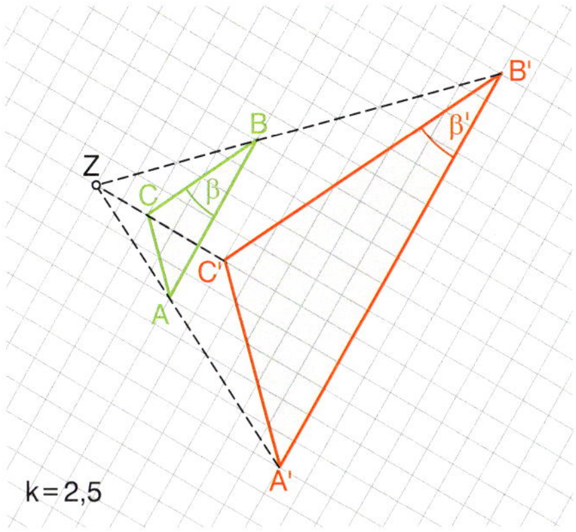

1. Entsprechende Winkel in Ausgangsfigur und Bildfigur sind gleich groß:
   $\alpha = \alpha'$ $\beta = \beta'$ $\gamma = \gamma'$

2. Ausgangsstrecke und zugehörige Bildstrecke sind parallel, z. B.:
   $\overline{BC} \parallel \overline{B'C'}$

3. Den Streckfaktor findet man in den Streckenlängen.
   $\overline{ZA'} = 2{,}5 \cdot \overline{ZA}$
   $\overline{A'B'} = 2{,}5 \cdot \overline{AB}$
   $\overline{B'C'} = 2{,}5 \cdot \overline{BC}$

Streckfaktor k
$|k| > 1$ Vergrößerung
$|k| < 1$ Verkleinerung

Strahlensätze

Erster Strahlensatz
Entsprechende Streckenverhältnisse auf den „Strahlen" durch Z sind gleich.

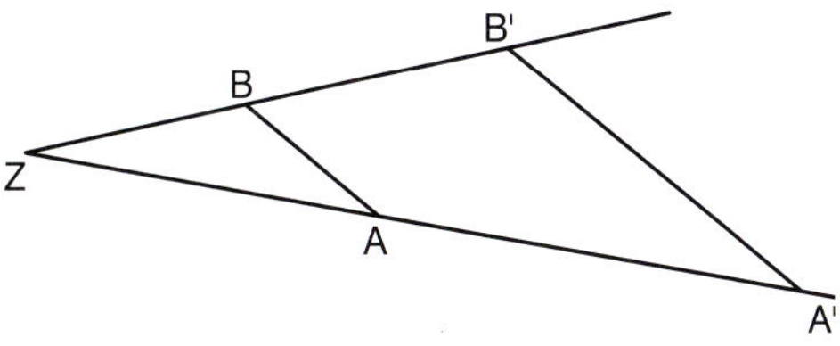

$\frac{\overline{ZA'}}{\overline{ZA}} = \frac{\overline{ZB'}}{\overline{ZB}} = k$

Zweiter Strahlensatz
Das Verhältnis zwischen Bild- und Ausgangsstrecke ist gleich dem Streckenverhältnis auf den Strahlen durch Z.

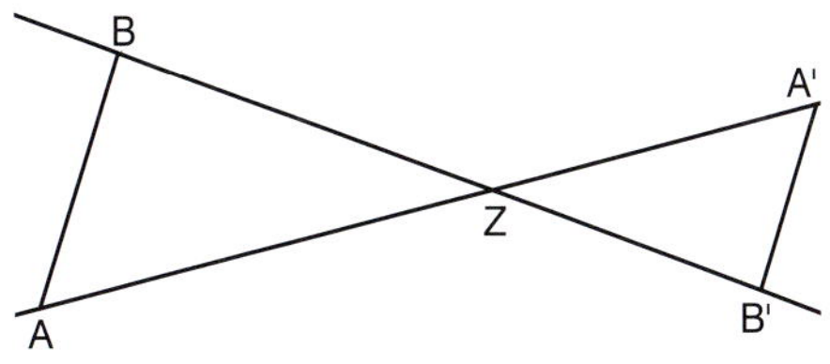

$\frac{\overline{A'B'}}{\overline{AB}} = \frac{\overline{ZA'}}{\overline{ZA}} = k$

ähnliche Figuren

- Zwei Figuren heißen ähnlich, wenn sie in entsprechenden Winkeln und Seitenverhältnissen übereinstimmen.
- Mit der zentrischen Streckung werden ähnliche Figuren erzeugt.

Flächeninhalte und Volumina bei ähnlichen Figuren

Bei der ähnlichen Vergrößerung von Körpern ändern sich Längen, Flächeninhalte und Volumina mit unterschiedlichen Faktoren:

Längenvergrößerung um den Faktor k

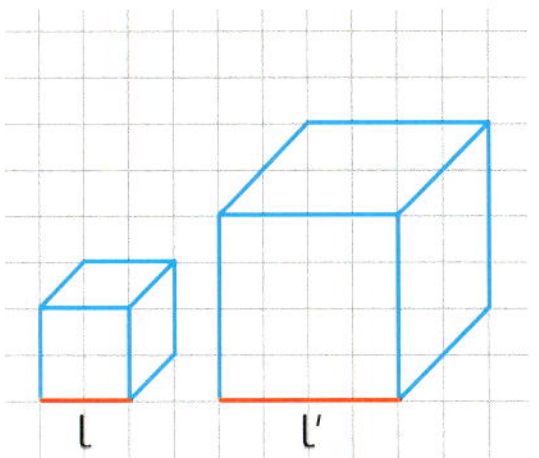

$\frac{l'}{l} = 2 = k$

Flächenvergrößerung um den Faktor k^2

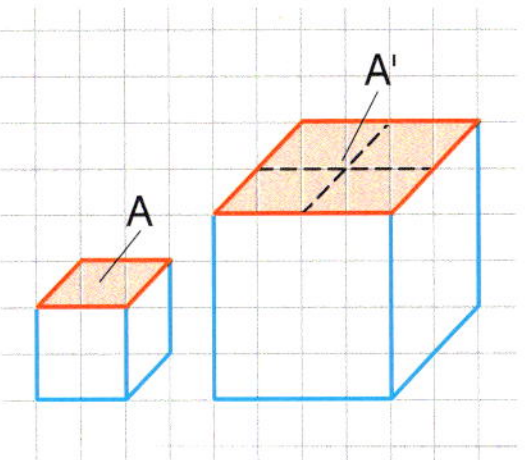

$\frac{A'}{A} = 4 = k^2$

Volumenvergrößerung um den Faktor k^3

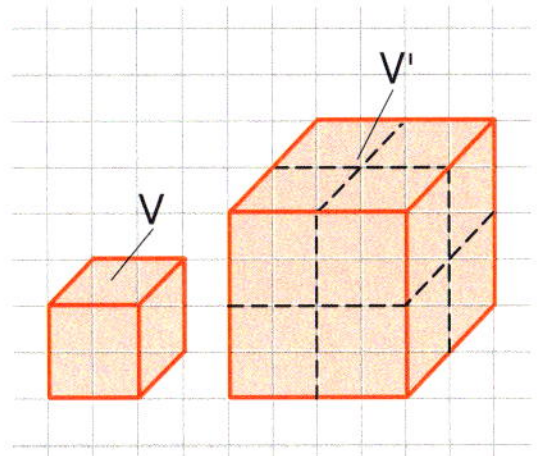

$\frac{V'}{V} = 8 = k^3$

Geometrie – Flächenberechnungen

Flächeninhalte

Strategien zur Flächenumwandlung

Durch Zerlegen und Ergänzen lassen sich Vielecke in flächengleiche Rechtecke umwandeln:

Dreieck

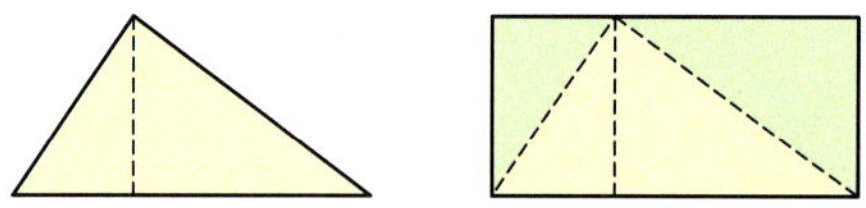

Parallelogramm

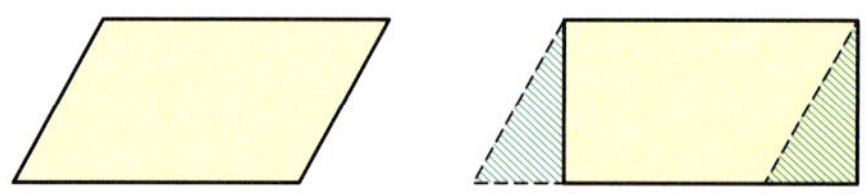

Trapez

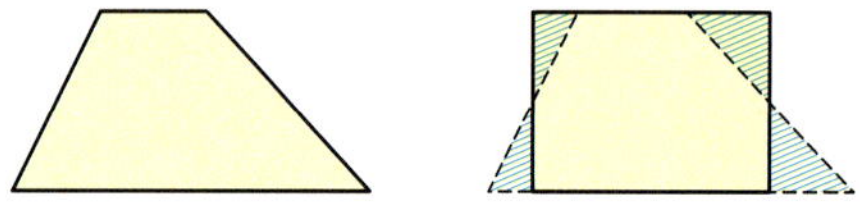

Formeln für Flächeninhalte

Mithilfe der Flächeninhaltsformel für Rechtecke $A = a \cdot b$ und der nebenstehenden Flächenumwandlung gewinnt man die Formeln für andere Flächen.

Dreieck

Dreieck
$A = \frac{1}{2} g \cdot h_g$

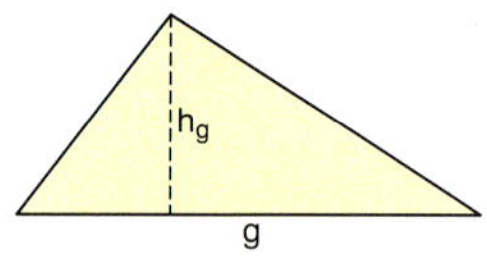

Parallelogramm

Parallelogramm
$A = g \cdot h$

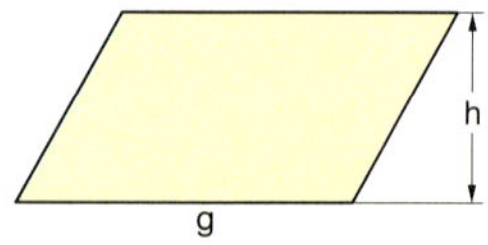

Trapez

Trapez
$A = \frac{1}{2}(a + c) \cdot h$

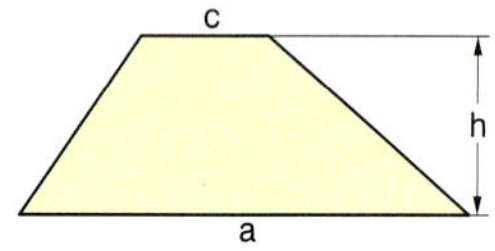

Kreisumfang und Kreisfläche:

Kreisumfang

Kreisfläche

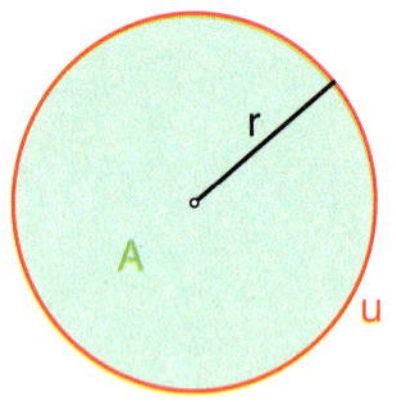

Kreisumfang
$u = 2 \cdot \pi \cdot r = \pi \cdot d$

Kreisfläche
$A = \pi \cdot r^2$

Kreiszahl π

π (sprich Pi) ist der griechische Buchstabe für p.
Näherungsweise gilt: $\pi = 3{,}14$
Auf dem Taschenrechner findest du mit der Taste π einen genaueren Näherungswert. $\pi = 3{,}14159265359\ldots$

Kreisausschnitt:

Kreisausschnitt

Bogenlänge

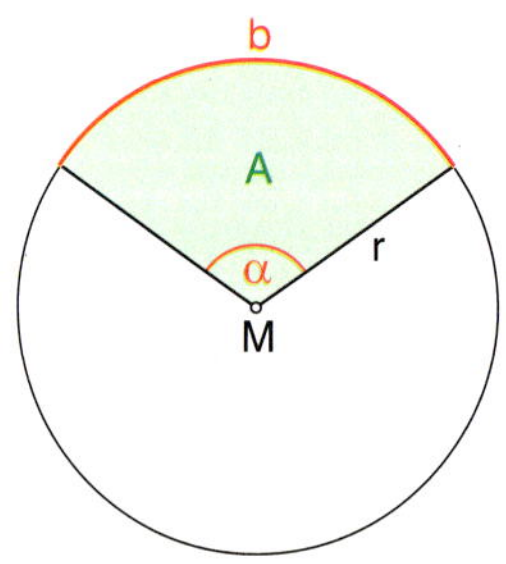

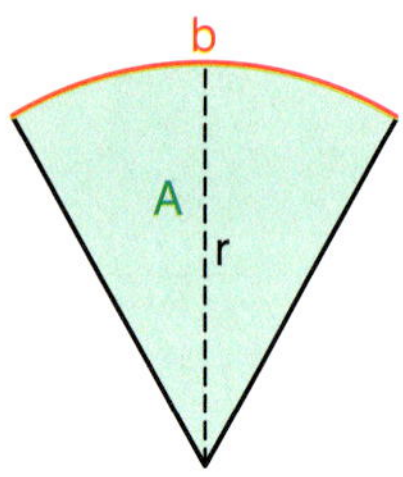

Mit Proportionalitätsüberlegungen gewinnt man Formeln für die Bogenlänge und den Flächeninhalt eines Kreisausschnitts.

Bogenlänge
$b = \frac{\alpha}{180°} \cdot \pi \cdot r$

Flächeninhalt
$A = \frac{\alpha}{360°} \cdot \pi \cdot r^2$

Zusammenhang zwischen Bogenlänge und Flächeninhalt des Kreisausschnitts:

$A = \frac{1}{2} \cdot b \cdot r$

Geometrie – Pythagoras

Rechtwinklige Dreiecke

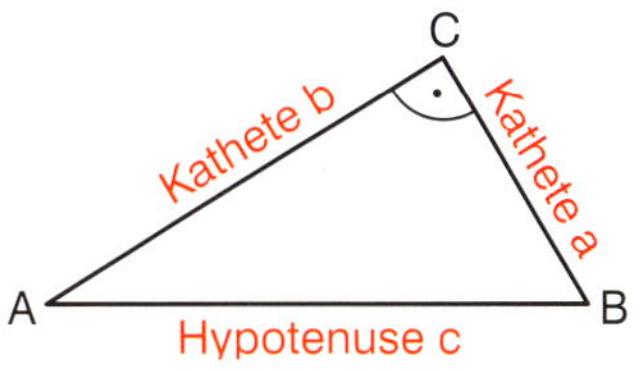

Bei einem rechtwinkligen Dreieck haben die Quadrate über den Katheten zusammen denselben Flächeninhalt wie das Quadrat über der Hypotenuse.

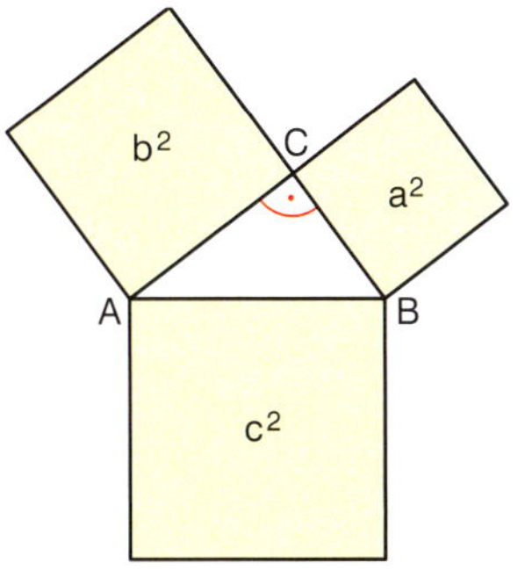

$a^2 + b^2 = c^2$

Satz des Pythagoras

Es gilt auch die **Umkehrung des Satzes von Pythagoras.**

Ein Dreieck, dessen Seitenlängen ein pythagoreisches Tripel bilden, ist rechtwinklig.

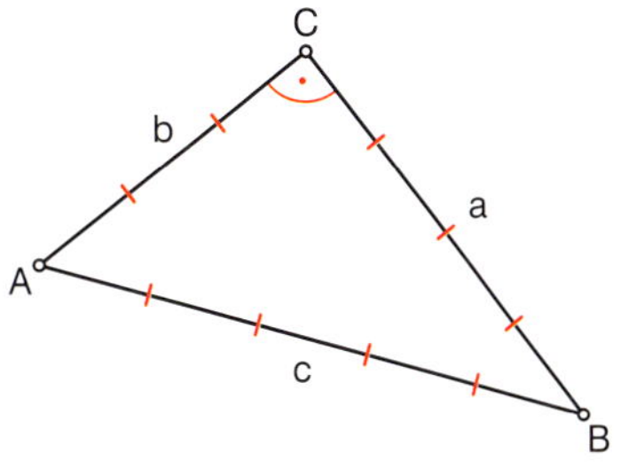

Pythagoreische Tripel
$3^2 + 4^2 = 5^2$

Höhensatz:
$h^2 = p \cdot q$

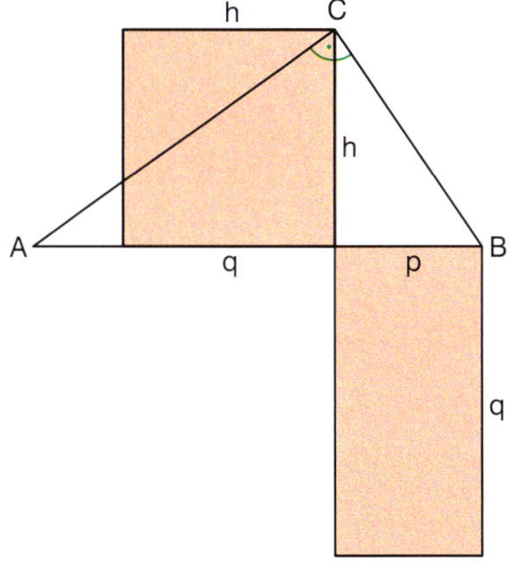

Im rechtwinkligen Dreieck ist das Quadrat über der Höhe flächeninhaltsgleich mit dem Rechteck, dessen Seiten so lang sind wie die beiden Hypotenusenabschnitte.

Kathetensatz:
$a^2 = p \cdot c$ und $b^2 = q \cdot c$

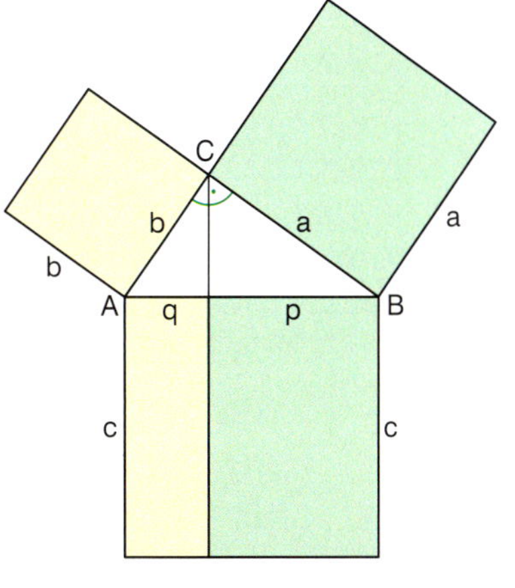

Im rechtwinkligen Dreieck ist das Quadrat über einer Kathete flächeninhaltsgleich mit dem Rechteck, dessen Seiten so lang sind wie die Hypotenuse und der anliegende Hypotenusenabschnitt.

Sätze des Euklid

Mithilfe des Satzes von Pythagoras lassen sich Längen und Abstände berechnen.

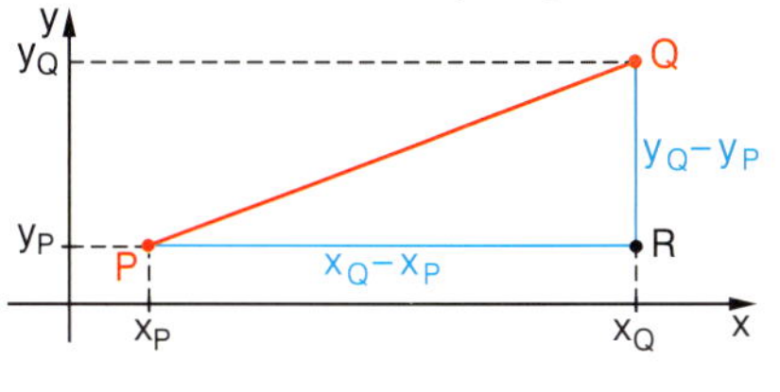

Formel:
$\overline{PQ} = d(P, Q) = \sqrt{(x_Q - x_P)^2 + (y_Q - y_P)^2}$

Abstand zweier Punkte im Koordinatensystem

Geometrie – Körperberechnungen

Berechnen von Körpern

Prisma
Pyramide

Prisma:

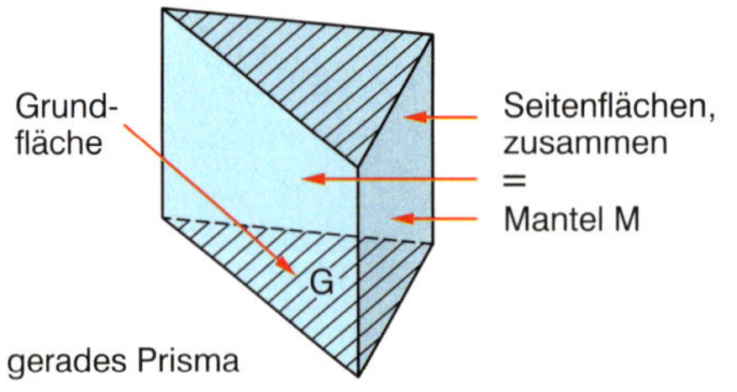

$V = G \cdot h$ $O = 2 \cdot G + M$

Pyramide:

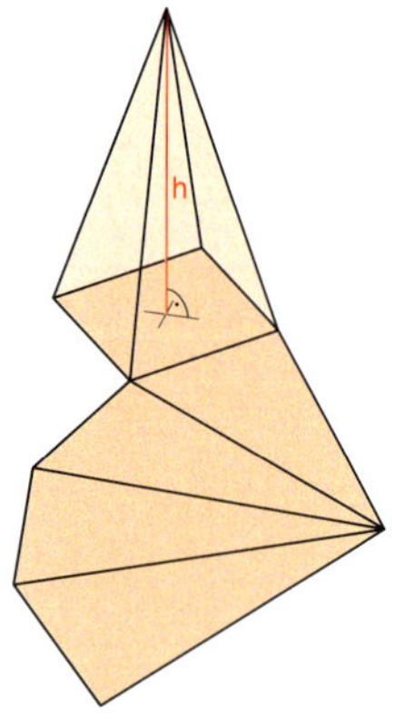

$V = \frac{1}{3} G \cdot h$ $O = G + M$

Zylinder
Kegel

Zylinder:

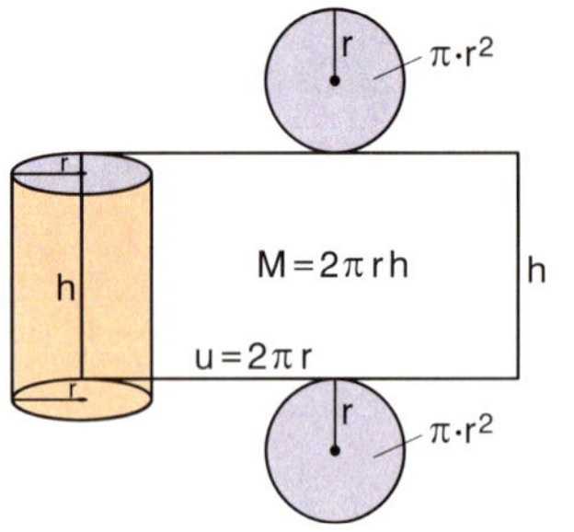

$V = G \cdot h = \pi r^2 \cdot h$

$O = 2 \cdot G + M = 2 \cdot \pi \cdot r^2 + 2\pi \cdot r \cdot h$

Kegel:

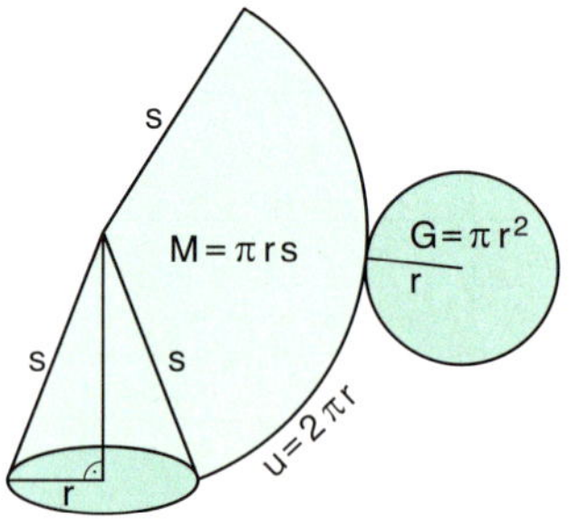

$V = \frac{1}{3} G \cdot h = \frac{1}{3} \pi r^2 \cdot h$

$O = G + M = \pi r^2 + \pi r s$

Kugel
Prinzip von Cavalieri

Kugel:

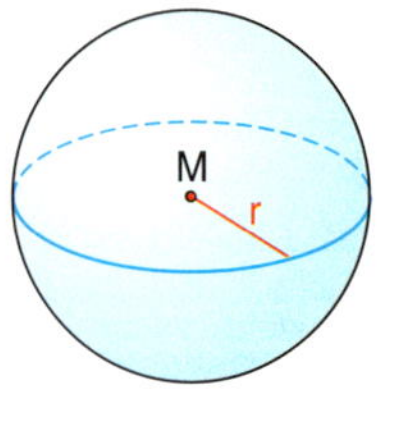

$V = \frac{4}{3} \pi \cdot r^3$ $O = 4 \cdot \pi \cdot r^2$

Prinzip von Cavalieri:

Wenn bei zwei Körpern die zur Grundfläche parallelen Querschnitte in gleichen Höhen gleichen Flächeninhalt haben, dann haben die Körper das gleiche Volumen.

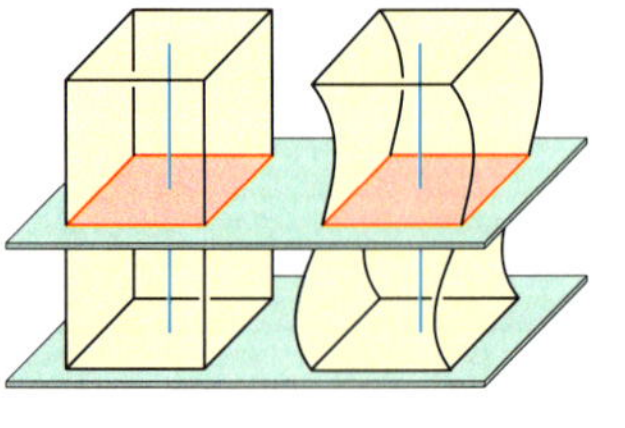

Daten – Diagramme

Diagramme: Daten „auf einen Blick“

Stabdiagramm

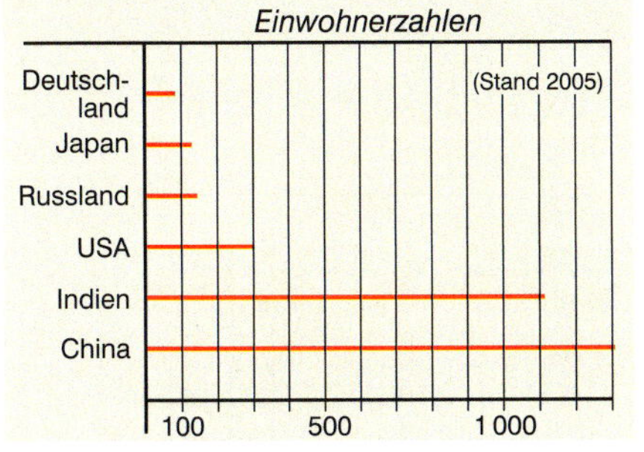

In einem Stabdiagramm entspricht die Länge des Striches der Größe der Zahl.

Bilddiagramm

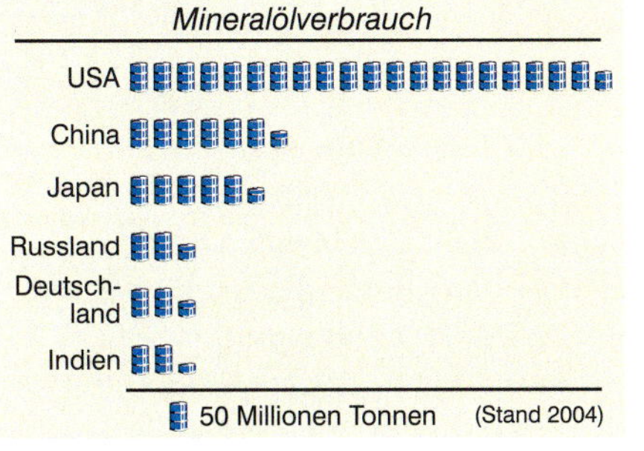

In einem Bilddiagramm stellt die Anzahl oder die Größe des Zeichens die Zahl dar.

Stabdiagramm
Bilddiagramm

Prozentzahlen lassen sich besonders gut im **Kreisdiagramm** vergleichen.

Wie kommen Schülerinnen und Schüler der 6 b zur Schule?

	Anzahl	Anteil	Prozent
zu Fuß	12	12/25	48 %
Fahrrad	4	4/25	16 %
Auto	3	3/25	12 %
Bus	6	6/25	24 %
gesamt	25	25/25	100 %

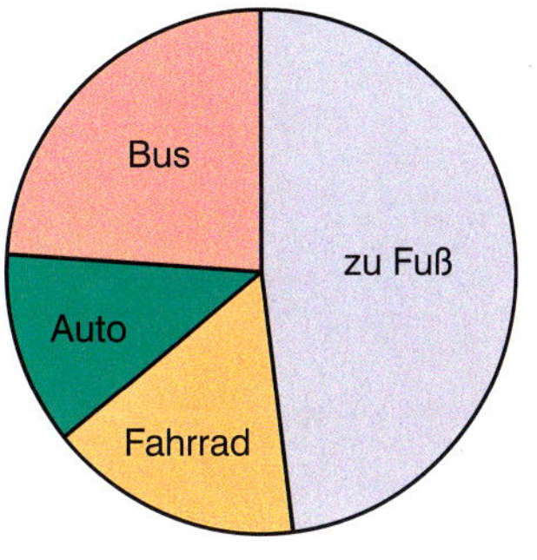

Kreisdiagramm

Kreisdiagramm

absolute Häufigkeit: Anzahl
relative Häufigkeit: Anteil (Prozent)

Für das **Kreisdiagramm** werden die Winkel berechnet.
1 % entspricht einem Winkel von $\frac{360°}{100} = 3{,}6°$.

absolute Häufigkeit
relative Häufigkeit

Die zeitliche Entwicklung von Daten wird oft in einem **Liniendiagramm** übersichtlich dargestellt.

Liniendiagramm

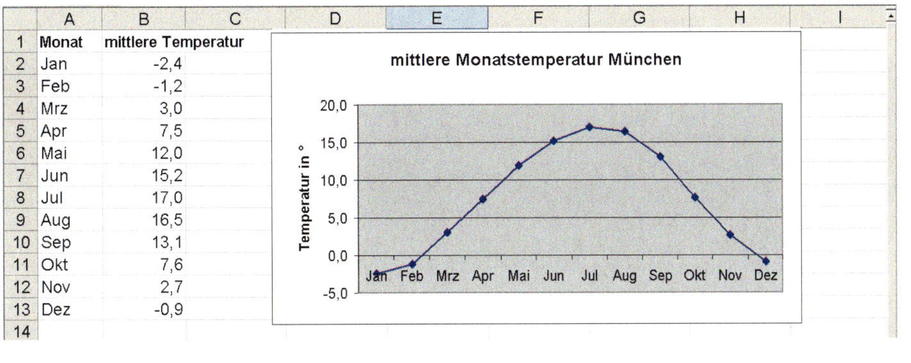

In der Tabellenkalkulation können die Diagramme zu den Tabellen mit dem Diagrammassistent leicht erstellt werden.

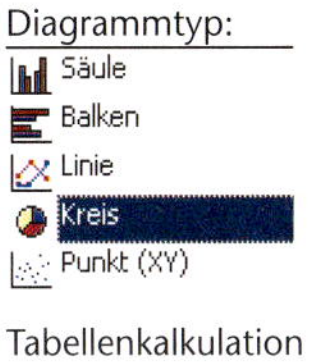

Tabellenkalkulation

Daten – Mittelwerte und Boxplot

Mittelwerte und Boxplots ermöglichen einen schnellen Vergleich von Datenlisten. Wenn du z. B. wissen möchtest, wie lange du im Mittel für bestimmte Kopfrechenaufgaben brauchst, so misst du die Zeiten einige Male und notierst die Werte.

Ergebnisliste: 15 s 20 s 15 s 10 s 25 s 45 s 35 s 15 s 25 s

Durchschnitt
arithmetisches Mittel

Um den **Durchschnitt** der Werte zu berechnen, musst zu zunächst die Summe der Werte bilden. Dividiere die Summe dann durch die Anzahl der Werte. Das Ergebnis nennt man auch arithmetisches Mittel. Im Diagramm gibt die gestrichelte Linie den Durchschnitt an.

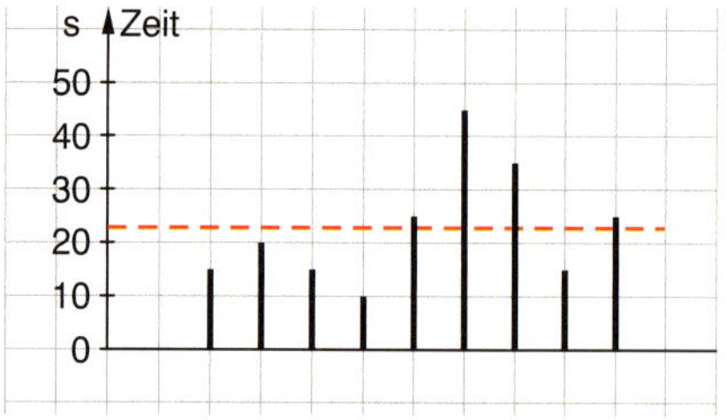

$$\frac{15\,s + 20\,s + 15\,s + 10\,s + 25\,s + 45\,s + 35\,s + 15\,s + 25\,s}{9} \approx \frac{205\,s}{9} \approx 22\tfrac{7}{9}\,s \approx 22{,}8\,s \text{ (gerundet)}$$

Zentralwert
Median

Wenn du die Werte der Größe nach ordnest, erkennst du, welcher Wert genau in der Mitte steht. Es ist der **Zentralwert**. Es stehen gleich viele Werte vor dem Zentralwert wie hinter dem Zentralwert.

| 10 s 15 s 15 s 15 s | 20 s | 25 s 25 s 35 s 45 s |

↑
Zentralwert

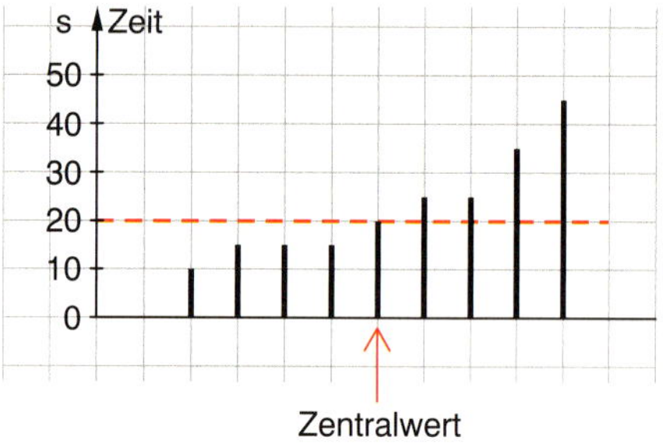

Boxplot

Mit dem Boxplot kann man große Datenmengen auf einen Blick darstellen. Drei Freunde haben im Experiment ihre Reaktionszeiten (in Hundertstelsekunden) mehrmals gemessen.

Ricarda	24	28	20	32	28	22	34	26	22	28	25	32
Sabrina	27	30	25	28	30	32	25	24	30	25	27	31
Florian	24	29	34	28	39	32	25	28	24	26	38	25

Boxplot lesen

Die Daten von Ricarda im Boxplot

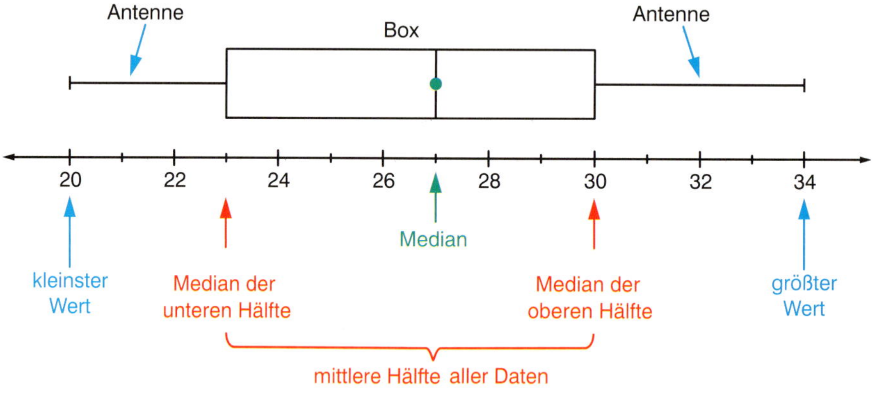

Boxplot erstellen

1. Daten der Größe nach ordnen
2. Median bestimmen
3. Daten in obere und untere Hälfte teilen
4. Mediane der oberen und der unteren Hälfte bestimmen

Mit dem GTR kannst du die drei Boxplots zu der obigen Tabelle erzeugen.

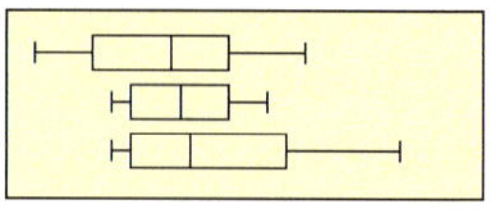

Zufall – Zufallsexperimente und Wahrscheinlichkeit

Die wichtigsten Begriffe	Beispiele	
Ein Experiment, bei dem verschiedene Ergebnisse eintreten können	Würfeln Werfen eines Basketballs auf den Korb	Zufallsexperiment
Zusammenfassung aller möglichen Ergebnisse	{1, 2, 3, 4, 5, 6} {3-Punkte-Wurf, 2-Punkte-Wurf, 1-Punkt-Wurf, kein Treffer}	Ergebnismenge
Zusammenfassung einiger Ergebnisse (Teilmenge der Ergebnismenge)	gerade Zahlen {2, 4, 6} Treffer {3-P; 2-P; 1-P}	Ereignis
Eine Zahl zwischen 0 und 1 (0 % und 100 %), die angibt, wie wahrscheinlich ein Ergebnis (Ereignis) eintritt	Die Wahrscheinlichkeit kann je nach Situation „empirisch“ oder „theoretisch“ ermittelt werden.	Wahrscheinlichkeit

Wiederholt man ein Zufallsexperiment, so kann man die relative Häufigkeit berechnen, mit der ein bestimmtes Ergebnis (Ereignis) eintritt. relative Häufigkeit

Experiment: jeweils 24-maliges Werfen eines Basketballs auf den Korb

	3 Punkte	2 Punkte	1 Punkt
Häufigkeit	2	14	8
relative Häufigkeit	$\frac{2}{24}$	$\frac{14}{24}$	$\frac{8}{24}$

Die relative Häufigkeit ist ein Schätzwert für die Wahrscheinlichkeit, mit der das betreffende Ergebnis eintritt. Statt Schätzwert sagen wir auch „empirische Wahrscheinlichkeit“ (empirisch: aus einem Experiment gewonnen). „empirische Wahrscheinlichkeit“

Die relative Häufigkeit ist ein guter Schätzwert für die Wahrscheinlichkeit, wenn das Zufallsexperiment sehr häufig wiederholt wurde.

Bei einer Reihe von Zufallsexperimenten kann man annehmen, dass jedes einzelne Ergebnis mit der gleichen Wahrscheinlichkeit auftritt. In diesen Fällen kann man die Wahrscheinlichkeit für das Eintreten eines Ergebnisses theoretisch, d. h. ohne Experiment, bestimmen. Laplace-Experiment

Münze

Würfel

Glücksrad

Urne

Ergebnismenge

Münze	Würfel	Glücksrad	Urne
{Z, W}	{1, 2, 3, 4, 5, 6}	{0, 1, …, 9}	{1, 2, …, 49}

Anzahl der Ergebnisse

2	6	10	49

theoretische Wahrscheinlichkeit

Wahrscheinlichkeit für jedes Ergebnis

$\frac{1}{2}$	$\frac{1}{6}$	$\frac{1}{10}$	$\frac{1}{49}$

Wahrscheinlichkeit für das Eintreten eines Ereignisses: $p = \frac{\text{Anzahl der günstigen Ergebnisse}}{\text{Anzahl der möglichen Ergebnisse}}$

Laplace-Formel

Zufall – Baumdiagramme bei mehrstufigen Zufallsexperimenten

Bei vielen Problemen ist es hilfreich, sich mit einer Grafik einen Überblick zu verschaffen. Als besonders wirkungsvoll haben sich Baumdiagramme erwiesen.

Baumdiagramme

mehrstufiger Zufallsversuch

Mit einem Baumdiagramm kann man alle möglichen Ergebnisse eines **mehrstufigen** Zufallsversuches übersichtlich darstellen.

Eine Münze wird zweimal geworfen. Das Baumdiagramm stellt alle möglichen Ergebnisse dieses Zufallsexperimentes dar.

Baumdiagramm

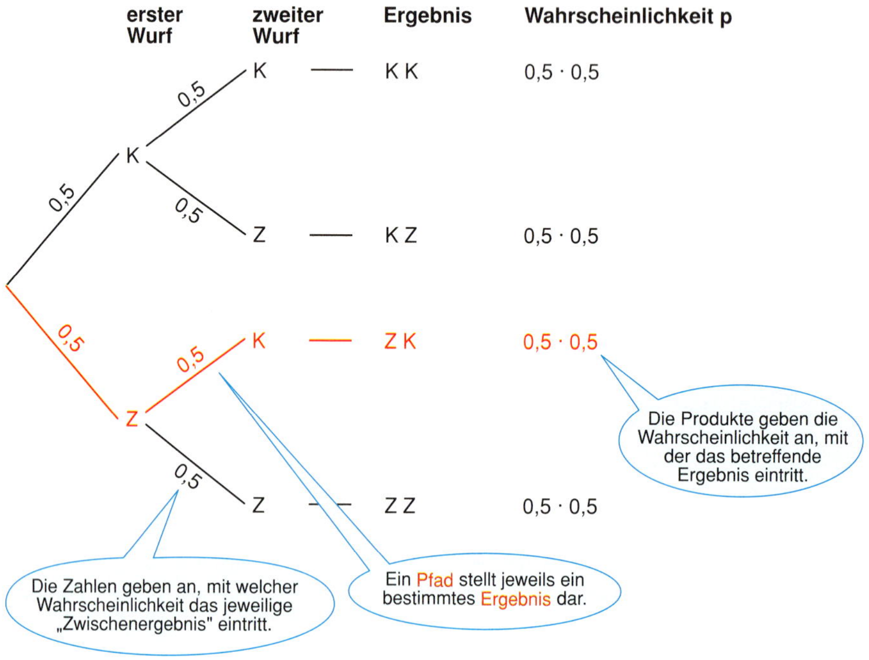

Produktregel

Rechenregel:
Die Wahrscheinlichkeit eines Ergebnisses ist das Produkt der Wahrscheinlichkeiten entlang des jeweiligen Pfades.

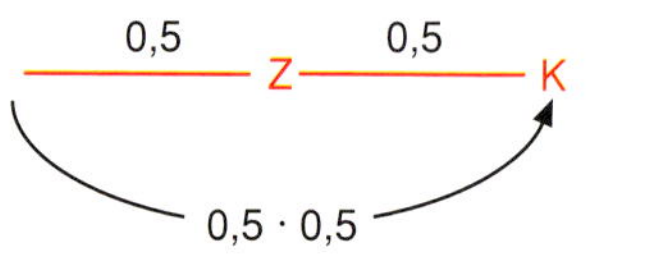

p(Z K) = 0,5 · 0,5 = 0,25

Summenregel

Summenregel:
Wird ein Ereignis durch mehrere Pfade im Baumdiagramm (Ergebnisse) beschrieben, so berechnet man dessen Wahrscheinlichkeit als Summe der einzelnen Pfadwahrscheinlichkeiten

Ereignis E:
In beiden Münzwürfen gleiches Bild

$$\begin{aligned} p(E) &= p(ZZ) + p(KK) \\ &= 0{,}5 \cdot 0{,}5 + 0{,}5 \cdot 0{,}5 \\ &= 0{,}25 + 0{,}25 \\ &= 0{,}5 \end{aligned}$$

Werkzeuge – Funktionsgraphen erstellen und Gleichungen lösen mit dem GTR

Grafiken mit dem Grafikrechner

Grafik erstellen

Mit wenigen Tastendrücken kannst du Gleichungen nicht nur mit Hilfe einer Tabelle, sondern auch graphisch lösen. Wie musst du vorgehen, wenn du z. B die Gleichung $2x + 2 = 8 - x$ lösen willst?

1. Terme eingeben

$y_1(x) = 2x + 2$
$y_2(x) = 8 - x$

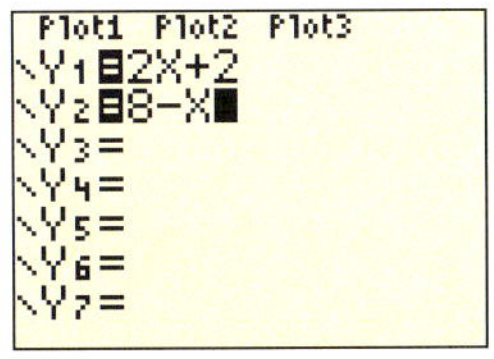

2. Zeichenbereich festlegen

Wähle Teile der x-Achse und der y-Achse aus.

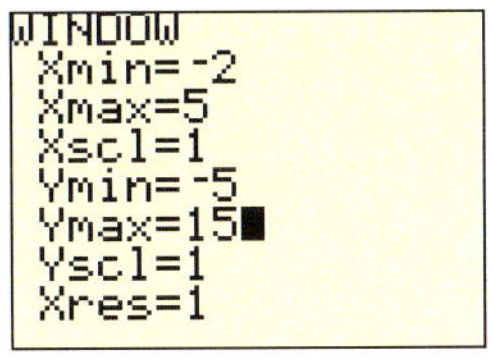

3. Grafik anzeigen

4. Lösung der Gleichung: x-Wert des Schnittpunktes ablesen oder mit TRACE finden

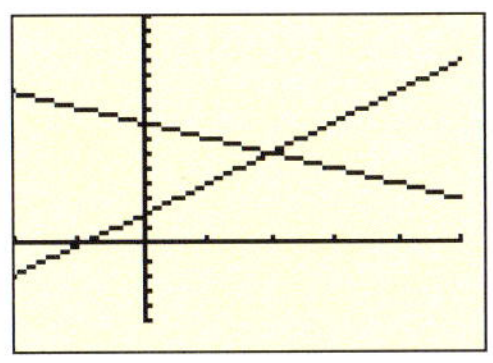

Du kannst mit dem grafikfähigen Taschenrechner (GTR) Gleichungen lösen.

Gleichung lösen

Eine Gleichung lösen heißt
- mit Grafik: Finde einen Schnittpunkt der zugehörigen Graphen. Die x-Koordinate ist dann Lösung der Gleichung.
- mit Tabelle: Finde einen x-Wert mit übereinstimmendem Tabelleneintrag.

Mit *y1 = linke Seite* und *y2 = rechte Seite* erhält man dann manchmal

(a) – sofort die genaue Lösung

$2x - 4 = 5 - x$

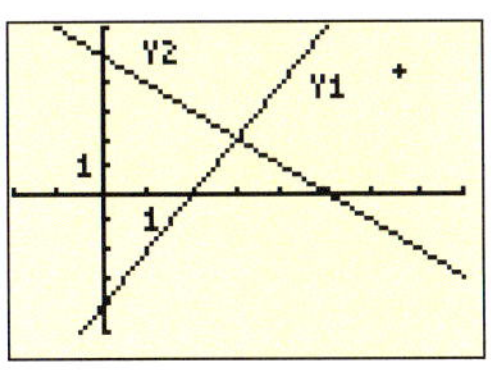

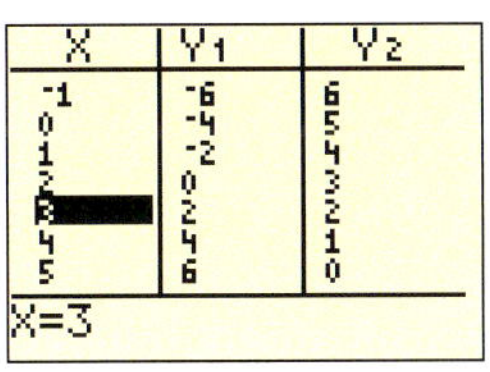

X	Y1	Y2
-1	-6	6
0	-4	5
1	-2	4
2	0	3
3	2	2
4	4	1
5	6	0

X=3

(b) – nach wiederholtem Zoomen bzw. Verfeinern der Tabelle die genaue Lösung

$3x - 2 = 5 - 2x$

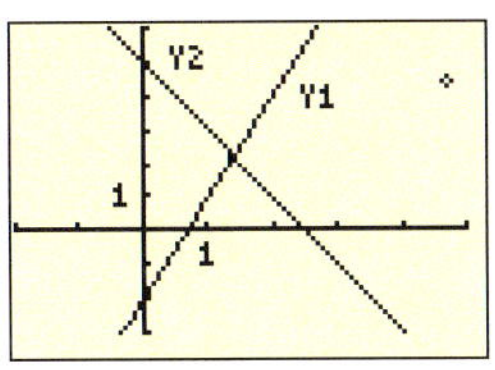

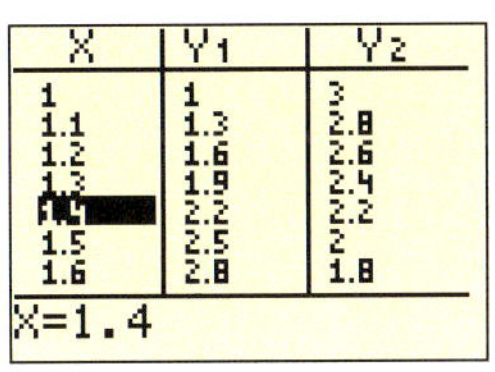

X	Y1	Y2
1	1	3
1.1	1.3	2.8
1.2	1.6	2.6
1.3	1.9	2.4
1.4	2.2	2.2
1.5	2.5	2
1.6	2.8	1.8

X=1.4

Werkzeuge – Tabellenkalkulation

Tabelle

Beim Start der Tabellenkalkulation öffnet sich ein leeres Tabellenblatt, eine Tabelle mit in Zeilen und Spalten angeordneten einzelnen Zellen.

Zeilen 1, 2, 3, …
Spalten A, B, C,…
Zellen A1, E3,..

In jede beliebige Zelle ist eine Eingabe möglich. Eingegeben werden können Zahlen, Texte und auch Formeln zur Berechnung von Werten mit den Zahlen anderer Zellen.

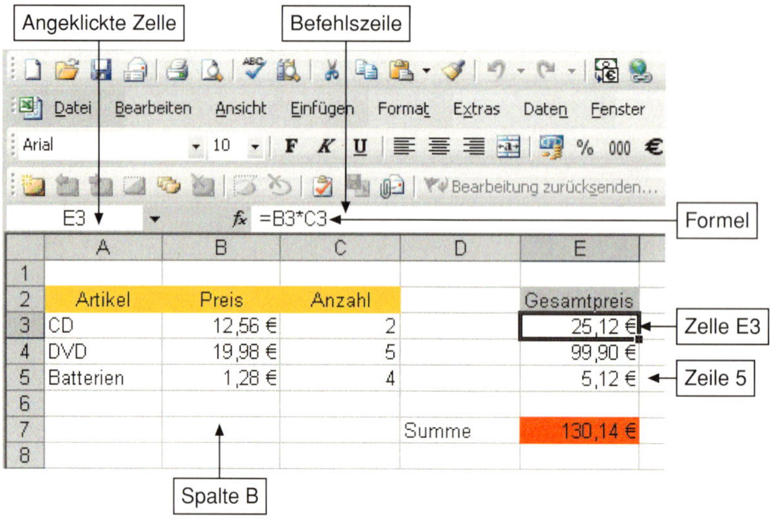

Eingabe von Formeln

Die Rechenoperation für die Formel kann in die Befehlszeile oder auch direkt in die Zelle eingegeben werden, sie muss zur Kennzeichnung als Formel auf jeden Fall mit dem Gleichheitszeichen beginnen.

= B3*C3

In dem Tabellenblatt ist in Zelle E3 die Formel **=B3*C3** geschrieben. Damit wird automatisch der Preis für eine CD mit der Anzahl der gekauften CDs multipliziert, es wird dann der Gesamtpreis für alle gekauften CDs in die Zelle geschrieben.

Die Tabellenkalkulation stellt auch viele wiederkehrende Formeln fertig zur Verfügung. In der Zelle E7 ist der Befehl **=SUMME(E3;E4;E5)** eingegeben. Damit werden die in den Zellen E3 bis E5 angegebenen Gesamtpreise für die gekauften Artikel aufsummiert.

Diagramme

Zu geeigneten Tabellen lassen sich mit der Tabellenkalkulation auch übersichtliche Diagramme erstellen. Nach dem Markieren der passenden Spalten (oder Zeilen) werden zuerst der Diagramm-Assistent und dann die gewünschte Diagrammart aufgerufen; das Diagramm wird dann automatisch erstellt.

Diagrammtyp:

Diagramm-Assistent

	A	B	C
1	Partei	Stimmenanteile	
2	CDU/CSU	35%	
3	SPD	34%	
4	FDP	10%	
5	Grüne	8%	
6	Die Linke	9%	
7	Sonstige	4%	

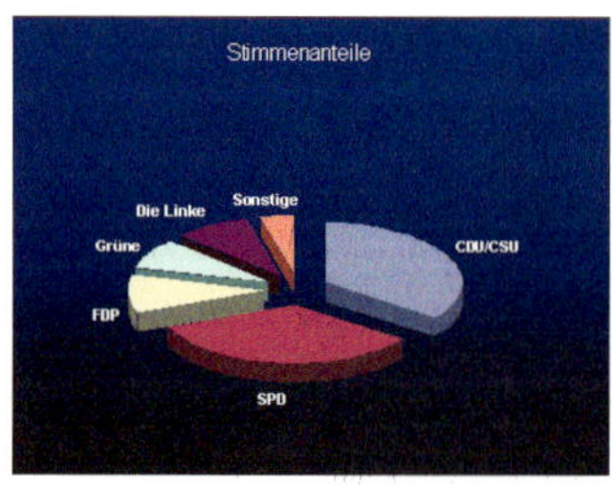

Formatierung

Wie bei der Textverarbeitung kannst du auch in der Tabellenkalkulation einzelne Zellen oder das Tabellenblatt formatieren. Damit ist gemeint, dass du z. B. die Spalten- oder Zeilenbreite, die Größe oder Farbe der Zellen, Schriftart und Schriftgröße der Einträge in den Zellen und vieles andere einstellen bzw. verändern kannst.

Hilfefunktion

Jede Tabellenkalkulation bietet eine Hilfefunktion. Nutze sie.

Werkzeuge – Dynamische Geometriesysteme

DGS

DGS = „Dynamische Geometrie-Systeme“ sind Werkzeuge, mit denen du am Computer geometrische Konstruktionen ausführen kannst.[1] Die konstruierten Figuren sind mit dem **Zugmodus** nachträglich noch in Lage und Form veränderbar. Mit der Frage **„Was passiert wenn …“** und dem gezielten Experimentieren beim Ziehen der Figuren lassen sich wichtige geometrische Eigenschaften und Zusammenhänge entdecken.

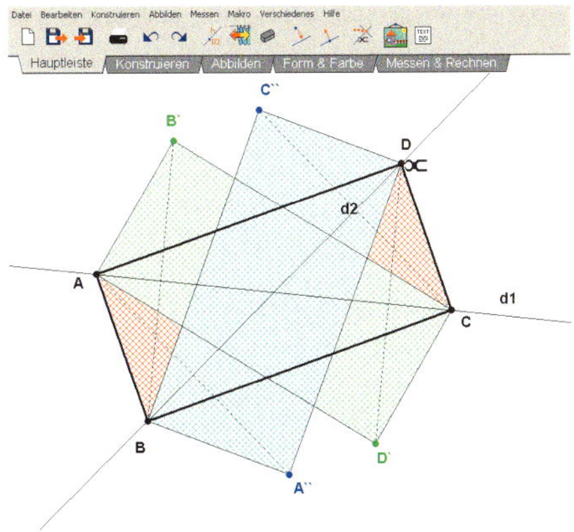

Zugmodus ∝

Experimentieren und Entdecken „Was passiert, wenn …?“

Nach dem Start des DGS erscheint ein leeres Zeichenblatt. Mit Hilfe verschiedener Menüs lässt sich auf dem Zeichenblatt konstruieren, abbilden und messen.

Hauptleiste

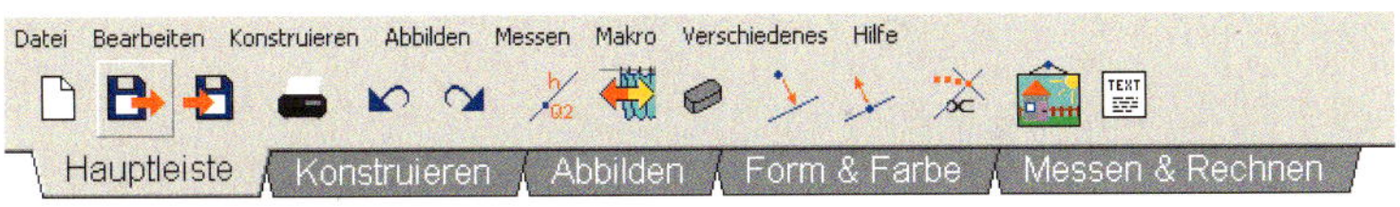

Dieses Menü musst du aktivieren, wenn du z. B. ein neues Zeichenblatt erstellen willst, wenn du deine Zeichnung speichern oder drucken willst oder ein Zeichenobjekt mit dem „Radiergummi“ löschen willst.

Konstruieren

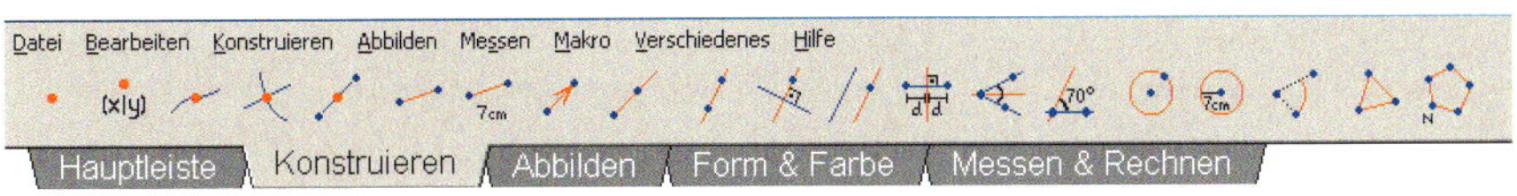

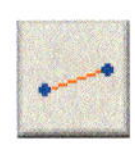

Strecke zwischen zwei Punkten

Hier findest du alle wichtigen Befehle zum Konstruieren auf dem Zeichenblatt. Wenn die Maus auf ein bestimmtes Icon zeigt, so wird der Konstruktionsbefehl beschrieben, zusätzliches Drücken der F1-Taste liefert eine ausführliche Beschreibung. Nach dem Aktivieren des Icons kann die Konstruktion durchgeführt werden.

Abbilden

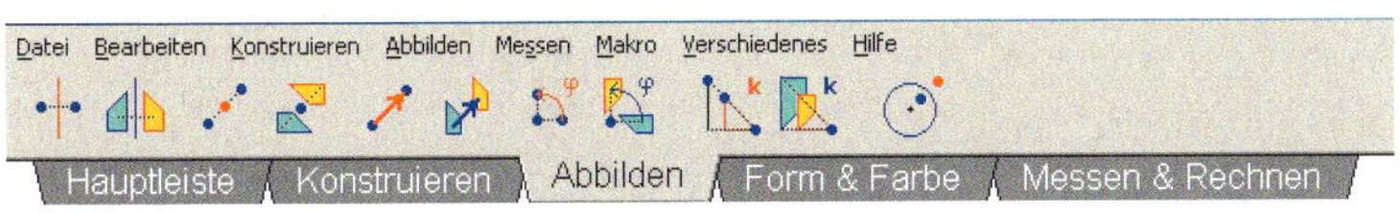

Achsenspiegelung

Hier findest du alle Abbildungen, die du kennst. Wenn du z. B. eine Figur an einer vorgegebenen Achse spiegeln willst, so musst du das Icon aktivieren, dann die Figur anklicken und anschließend die Achse.

Messen & Rechnen

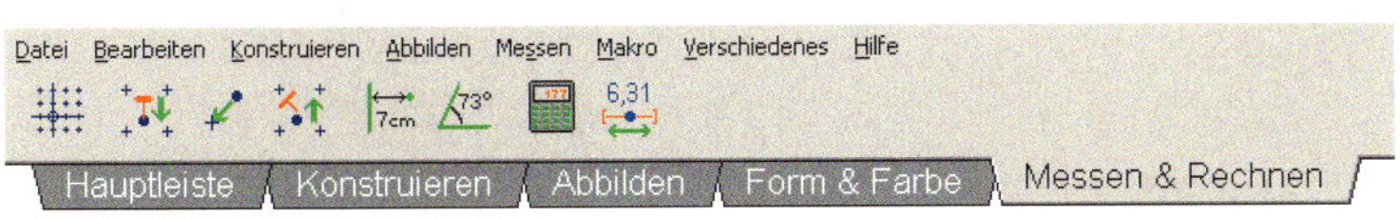

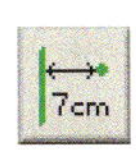

Abstand messen

Hier kannst du Abstände und Winkel in deiner Zeichnung messen. Nach dem Anklicken des Icons müssen die zu messenden Objekte angegeben werden.

1 Die hier gezeigten Menus sind dem DGS *Euklid DynaGeo* entnommen. Andere DGS wie z. B. *GeoGebra*, *GEONExT*, *Zirkel und Lineal*, *Cabri-Géomètre*, *Cinderella*, *Geometer's Sketchpad* weisen in anderer Anordnung im Wesentlichen die gleichen Icons auf.

Lösungen zu den Check-ups

Lösungen zu Seite 45

1 a) lineare Funktion: Gerade
quadratische Funktion: Parabel
b) Bei einer linearen Funktion ist $a = 0$, d. h. es gibt keinen quadratischen Term.
c) Betrachte das Vorzeichen des quadratischen Terms, also das Vorzeichen von a.
Ist $a < 0$, handelt es sich um ein Maximum, ist $a > 0$, um ein Minimum.

2 a) quadratische Funktion: $f(x) = 2x^2 - 12x$
b) keine quadratische Funktion
c) quadratische Funktion: $f(x) = x^2 - 4x + 9$
d) keine quadratische Funktion, da $a = 0$
e) quadratische Funktion: $f(x) = x^2 - 2x + 1$
f) keine quadratische Funktion

3 a) Minimum, da $a > 0$. Scheitelpunkt: $S(1{,}5\,|\,2{,}75)$
b) Maximum, da $a < 0$. Scheitelpunkt: $S(-1{,}5\,|\,4{,}25)$
c) Maximum, da $a < 0$. Scheitelpunkt: $S(0\,|\,3)$

4 a) $S(0{,}5\,|\,0)$
b) $S(-2\,|\,16)$
c) $S(-4\,|\,0)$

5 Scheitelpunkt: $S\left(\frac{a+b}{2}\,\middle|\,a \cdot b - \frac{(a+b)^2}{4}\right)$

6 a) Verschiebung um 3 in der Horizontalen,
Verschiebung um –4 in der Vertikalen.
b) Streckung mit dem Faktor 3,
Verschiebung um 4 in der Horizontalen,
Verschiebung um –1 in der Vertikalen.
c) Spiegelung an der x-Achse,
Verschiebung um 2 in der Horizontalen.
d) Spiegelung an der x-Achse,
Streckung mit dem Faktor 7,
Verschiebung um –5 in der Horizontalen,
Verschiebung um –2 in der Vertikalen.
e) Stauchung mit dem Faktor 0.5,
Verschiebung um 3 in der Vertikalen.
f) Spiegelung an der x-Achse,
Verschiebung um –3 in der Horizontalen.

7 a) $f(x) = (x-2)^2 - 3$
Streckfaktor: 1 (also weder Stauchung noch Streckung),
Verschiebung um 2 in der Horizontalen,
Verschiebung um –3 in der Vertikalen.
b) $f(x) = 2x(x+2)$
Streckfaktor: 2,
Verschiebung um –1 in der Horizontalen,
Verschiebung um –2 in der Vertikalen.
c) $f(x) = 4 - x^2$
Streckfaktor: –1,
Spiegelung an der x-Achse,
keine Verschiebung in der Horizontalen,
Verschiebung um 4 in der Vertikalen.
d) $f(x) = 0{,}5 \cdot (x-1) \cdot (x-3)$
Streckfaktor: $\frac{1}{2}$ (also Stauchung),
Verschiebung um 2 in der Horizontalen,
Verschiebung um –0,5 in der Vertikalen.

8 a) Scheitelpunkt: $S(-0{,}5\,|\,12{,}25)$ (siehe Aufgabe 5),
Streckungsfaktor: –1,
Nullstellen bei –4 und 3.
b) Umformen zu $f(x) = (x-1)^2 - 1$ (quadratische Ergänzung),
Scheitelpunkt: $S(1\,|\,-1)$.
c) Scheitelpunkt: $S(3\,|\,4)$

Lösungen zu Seite 46

9 a) $L = \{-4; 4\}$ b) $L = \{4\}$
c) $L = \{0; 3\}$ d) $L = \{0; 4\}$
e) $L = \{-4; 3\}$ f) $L = \{0; 8\}$

10 a) $L = \{-1, 8\}$
b) $L = \{-1\}$
c) $L = \left\{-\frac{1}{2} - \sqrt{\frac{3}{2}};\ -\frac{1}{2} + \sqrt{\frac{3}{2}}\right\}$

11 a) $L = \{2 - \sqrt{8};\ 2 + \sqrt{8}\}$
b) $L = \{\,\}$
c) $L = \left\{\frac{1}{2}\right\}$

12

	a)	b)	c)
Nullstellen:	$\{-2; 5\}$	$\{-3; -1\}$	$\{\,\}$
Scheitelpunkt:	$S(1{,}5\,|\,-12{,}25)$	$S(-2\,|\,2)$	$S(2\,|\,6)$
Symmetrieachse:	$x = 1{,}5$	$x = -2$	$x = 2$
Geöffnet nach …	oben	unten	oben

13 a) $D = 0$, eine Lösung
b) $D = -1$, keine Lösung
c) $D = 6$, zwei Lösungen

14 Weite des Fluges: 48,57 m
Maximale Höhe: 4,128 m
Höhe in 9,50 m Entfernung vom Abschusspunkt: 2,6 m

15 a) $a = -0{,}5$
b) (1) $f(x) = \frac{1}{50} \cdot (x+2)^2 + 2$
(2) $f(x) = -\frac{3}{4} \cdot (x-2) \cdot (x-8)$
(3) $f(x) = \frac{5}{24} \cdot x^2 + \frac{11}{12} \cdot x - 3$

16 a) Quadratische Regression:
$f(x) = -0{,}009x^2 + 0{,}6294x - 0{,}05$
b) gewählte Punkte: $P_1(0\,|\,0)$, $P_2(40\,|\,11)$, $P_3(70\,|\,0)$
quadratische Gleichung:
$f(x) = -\frac{11}{1200} \cdot x \cdot (x-70) = -\frac{11}{1200} \cdot x^2 + \frac{77}{120} \cdot x \approx -0{,}009 \cdot x^2 + 0{,}642 \cdot x$
In Teil a) wird eine gute Näherungsparabel durch alle Punkte berechnet (Quadratische Regression). Eventuell liegen nicht alle Punkte auf der Parabel, aber in der Nähe. Wählen wir aber drei feste Punkte, so bekommen wir eine eindeutige Parabel. Ihr Aussehen hängt nun aber von der Wahl der drei Punkte ab und muss nicht mit der Näherungslösung aus Teil a) übereinstimmen.

Lösungen zu Seite 47

17 a) $P_1(-1\,|\,-1)$, $P_2(2\,|\,2)$
b) t_{P_1}: $y = 4x - 6$
t_{P_2}: $y = -2x - 3$
c) $T\left(\frac{1}{2}\,\middle|\,-4\right)$

18 a)

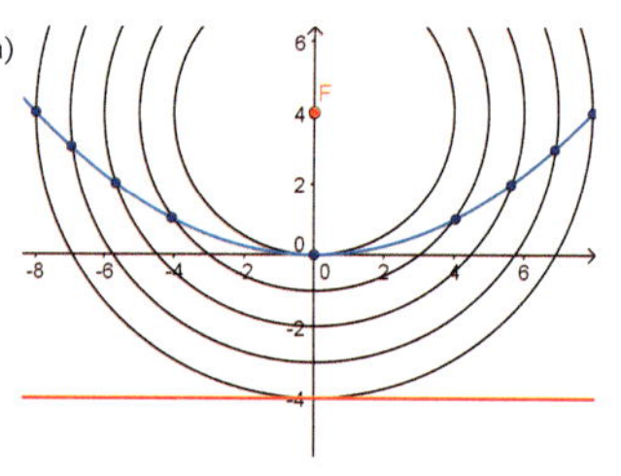

b) $y = \frac{1}{16}x^2$
c) $y = -\frac{1}{2}$

19 a) (1) $y = \frac{1}{2}x^2 + 2$ (2) $y = -\frac{1}{4}(x-2)(x+2)$
b) (1) Brennpunkt: $F_1\left(0\,\middle|\,\frac{5}{2}\right)$, Leitgerade h: $y = \frac{3}{2}$
(2) Brennpunkt: $F_2(0\,|\,0)$, Leitgerade h: $y = 2$

20 a) $\frac{1}{2}$; 4; 0,000001; $\frac{1}{27}$
b) $\sqrt[4]{3}$; $\sqrt{\frac{1}{2}} = \sqrt{0{,}5}$; $\sqrt[10]{6}$; $\sqrt{4^3}$; $\sqrt[3]{10^2}$
c) 1 (1)
d) $5^1 = 5 < 5^{\sqrt{3}} < 5^2 = 25$
$5^{1{,}7} \approx 15{,}4258466 < 5^{\sqrt{3}} < 5^{1{,}8} \approx 18{,}1194916$
$5^{1{,}73} \approx 16{,}1889286 < 5^{\sqrt{3}} < 5^{1{,}74} \approx 16{,}4515873$
e) a^r ist für alle Exponenten r definiert

21 a)

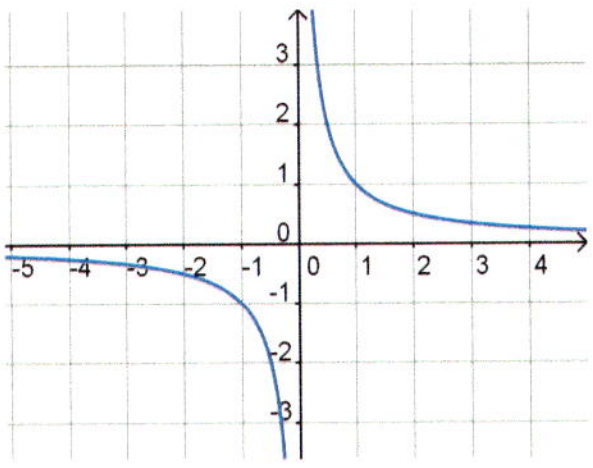

Es handelt sich um eine Hyperbel,
symmetrisch zum Ursprung,
Asymptoten: x- und y-Achse,
Definitionsmenge $D = \mathbb{R}\setminus\{0\}$,
Wertemenge $W = \mathbb{R}\setminus\{0\}$

b)

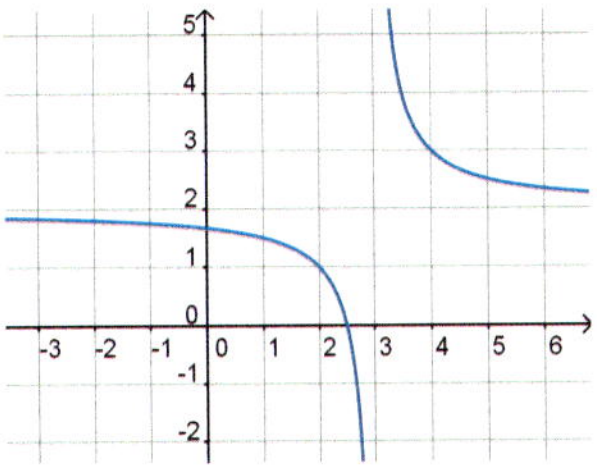

Es handelt sich um eine Hyperbel,
symmetrisch zum Punkt $P(3|2)$
Asymptoten: $x = 3$, $y = 2$
Definitionsmenge $D = \mathbb{R}\setminus\{3\}$,
Wertemenge $W = \mathbb{R}\setminus\{2\}$

c)

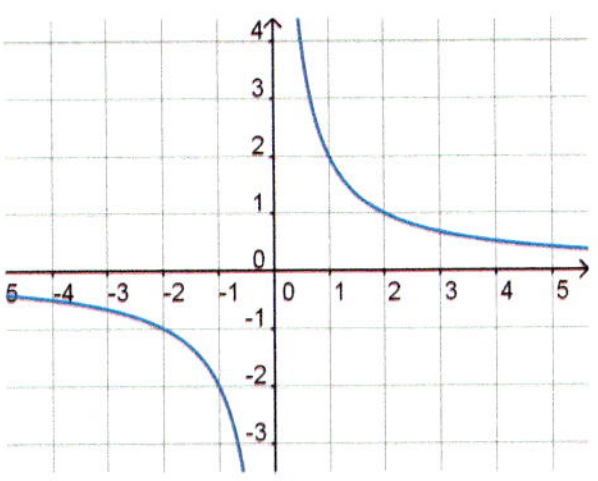

Es handelt sich um eine Hyperbel,
symmetrisch zum Ursprung
Asymptoten: x- und y-Achse,
Definitionsmenge $D = \mathbb{R}\setminus\{0\}$,
Wertemenge $W = \mathbb{R}\setminus\{0\}$

d)

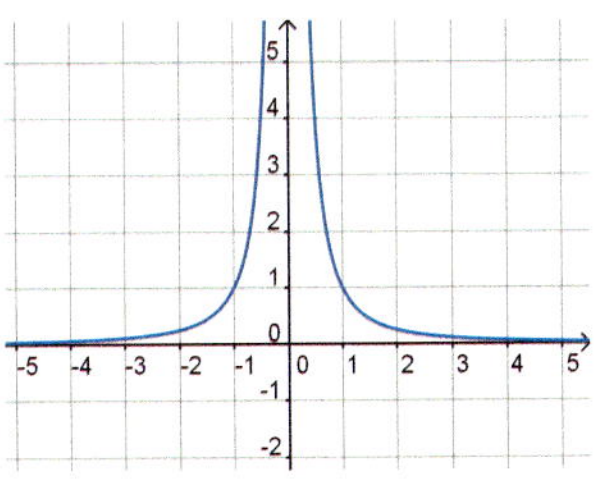

Es handelt sich um eine Hyperbel,
symmetrisch zur y-Achse,
Asymptoten: x- und y-Achse,
Definitionsmenge $D = \mathbb{R}\setminus\{0\}$,
Wertemenge $W = \mathbb{R}^+$

e)

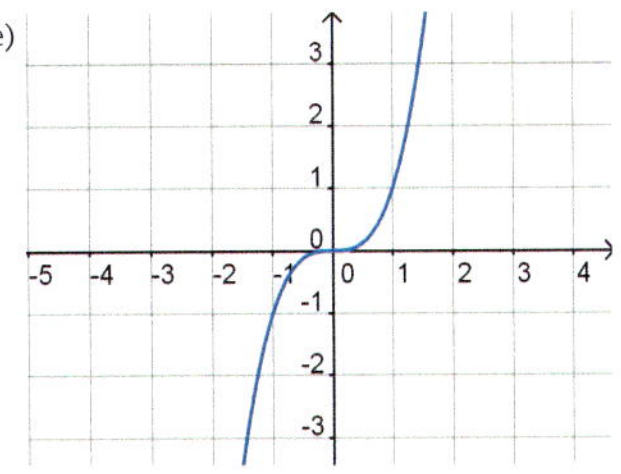

Der Graph ist symmetrisch zum Ursprung,
keine Asymptoten,
Definitionsmenge $D = \mathbb{R}$,
Wertemenge $W = \mathbb{R}$

22 a)

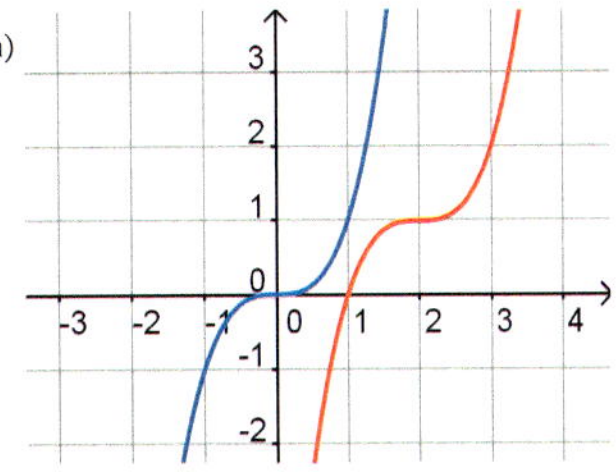

Der Graph von g ist der Graph von f, um 2 in der Horizontalen und um 1 in der Vertikalen verschoben.

b)

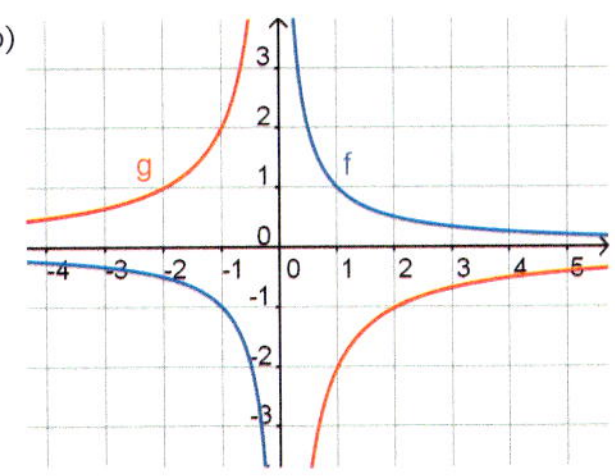

Der Graph von g ist der Graph von f, um 90° um den Ursprung gedreht und mit dem Faktor 2 in y-Richtung gestreckt.

c)

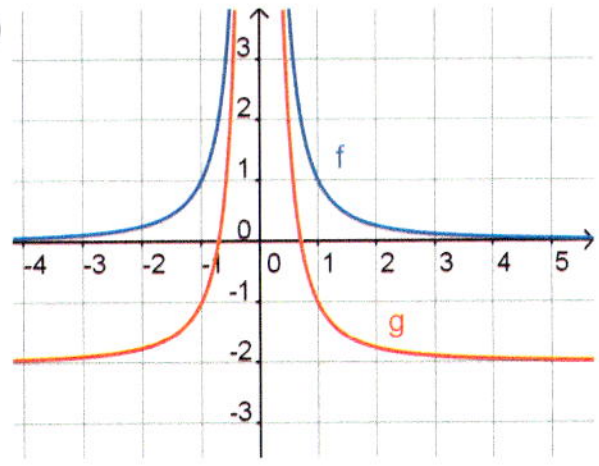

Der Graph von g ist der Graph von f, um −2 in der Vertikalen verschoben.

d)

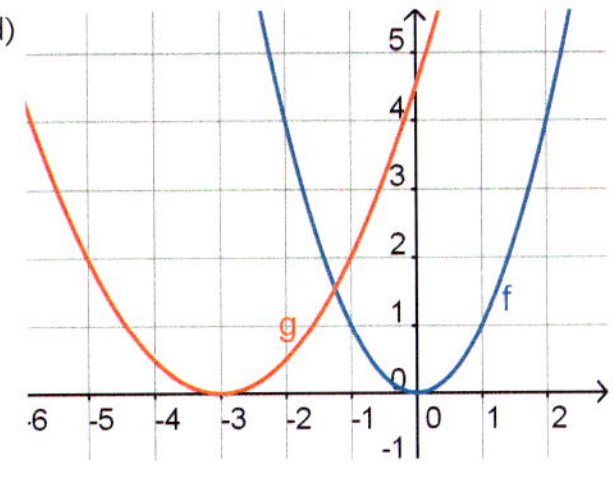

Der Graph von g ist der Graph von f, mit Faktor 0,5 gestaucht, und der Scheitelpunkt ist um −3 in der Horizontalen verschoben.

23 a) $g(x) = x^{\frac{1}{2}} = \sqrt{x}$

b) $g(x) = \frac{1}{x}$

c) $g(x) = \sqrt[5]{x}$

24 Ist eine Funktion monoton wachsend, erhält man durch Spiegelung an der ersten Winkelhalbierenden wieder eine Funktion (Senkrechtentest).

Lösungen zu Seite 84

1 a) Wachstumsfaktor 1,032

Jahre	0	1	2	3	4	5
Kontostand	2500	2580	2663	2748	2836	2926

b) $2500 \cdot 1{,}032^{18} = 4407{,}32$

2 a) $f(t) = 2000 \cdot 0{,}98^t \Rightarrow 2000 \cdot 0{,}98^t = 1000 \Rightarrow 0{,}98^t = 0{,}5$
$\Rightarrow t \approx 34{,}3$ ($\approx$ 35 Jahre)
b) Nein (Halbwertzeit: $b^t = 0{,}5$)
c) Annahme: Die Inflationsrate bleibt konstant 2 % (b = konstant).

3 a) Exponentielles Wachstum (Wachstumsfaktor 3)
b) Lineares Wachstum (Steigung 0,5)
c) Quadratisches Wachstum (Zuwachs nimmt gleichmäßig um 2 zu)
d) Exponentielles Wachstum $\left(\text{Wachstumsfaktor } \frac{1}{3}\right)$

4 Exponentiell abnehmend: b), c), d)
Exponentiell wachsend: a), e), f)

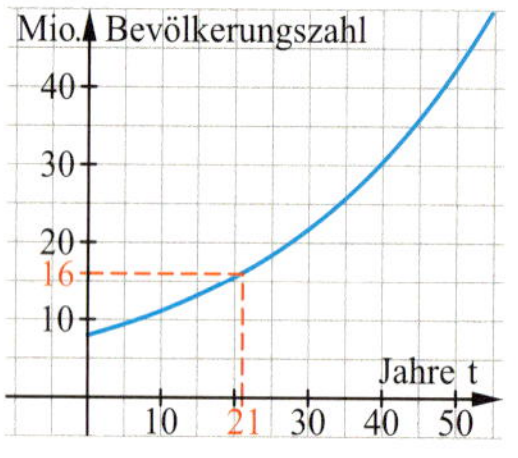

5 a) $f(t) = 8 \cdot 1{,}034^t$
b) Verdoppelungszeit zwischen 20 und 21 Jahren.

6 $m(x) = 10 \cdot 0{,}5^x$
$\Rightarrow 10 \cdot 0{,}5^x = 1{,}25 \Rightarrow x = 3$
$\Rightarrow t = 3 \cdot 1600 = 4800$

7

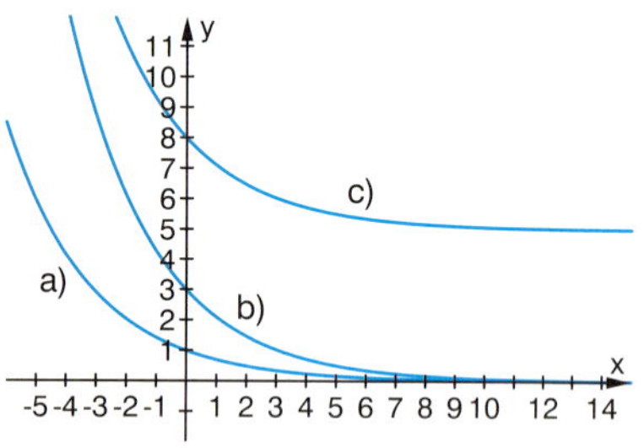

8 $g(x) = -2 \cdot 0{,}8^x$ $\quad h(x) = -2 \cdot 0{,}8^x + 3$

Lösungen zu Seite 85

9 $m(t) = 28 \cdot 0{,}82^t \Rightarrow 28 \cdot 0{,}82^t = 10 \Rightarrow 0{,}82^t = 0{,}357 \Rightarrow t \approx 5{,}2$

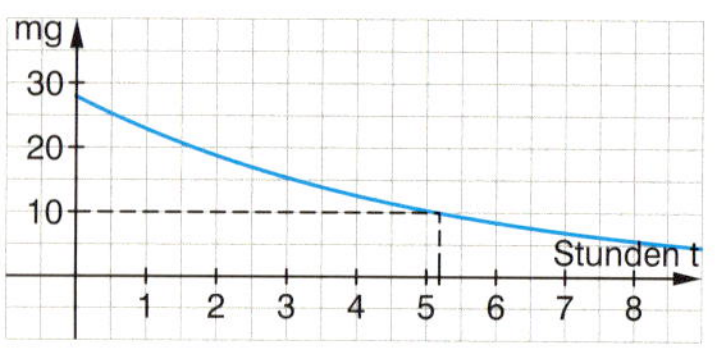

10 a) Asymptote: y = 0 Schnittpunkt (0 | 10)
Man kann bestimmen: a = 10; c = 0; 0 < b < 1 $\quad f(x) = 10 \cdot b^x$
b) $f(5) = 4 \Rightarrow 10 \cdot b^5 = 4 \Rightarrow b \approx 0{,}83 \quad f(x) = 10 \cdot 0{,}83^x$
c) $f(x) = 10 \cdot e^{-0{,}183x}$ (mit Excel oder GTR)

11 a) $5^3 = 125$ b) $2^{10} = 1024$ c) $10^4 = 10000$

12 a) $\log_3 3 = 1$ b) $\log_2 \frac{1}{8} = -3$ c) $\log_{10} 100 = 2$ d) $\log_{10} 0{,}000001 = -6$

13 a) $8^r = 64$; r = 2 b) $r^3 = 125$; r = 5 c) $10^3 = r$; r = 1000 d) $2^{-4} = r$; $r = \frac{1}{16}$

14 a) 1,43 b) 5,64 c) 1,21 d) 0 e) 2,31

15 a) $x \approx 1{,}48$ b) $x \approx 2{,}43$ c) $x \approx 11{,}90$ d) $x \approx 7{,}21$

16 a) 1,4771 b) 6,4771 c) −2,5229 d) 2,3855

17 Erdbeben in Kobe: Ungefähr 7 auf der Richter-Skala.

18 $f(x) = \log_3 x$; $\quad g(x) = \log_{\sqrt{3}} x$

Lösungen zu Seite 109

1 a) $\frac{\pi}{2}\left(\frac{\pi}{4}, \frac{\pi}{18}, \frac{\pi}{180}, 2\pi, 4\pi, \frac{5}{2}\pi\right)$
b) 180°, 60°, 120°, 36°, 540°

2

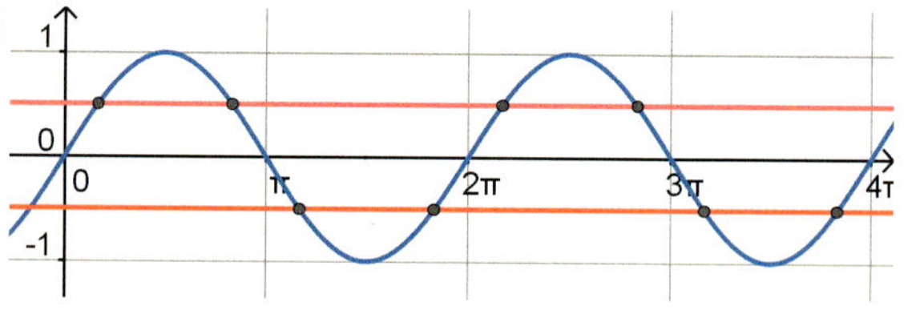

a) $x = \frac{5\pi}{6}, \frac{\pi}{6} + 2\pi, \frac{5\pi}{6} + 2\pi$
b) $x = \frac{\pi}{6} + \pi, \frac{5\pi}{6} + \pi, \frac{\pi}{6} + 3\pi, \frac{5\pi}{6} + 3\pi$

3 Die Sinusfunktion sin(x) ist eine periodische Funktion mit der Periodenlänge 2π. Das bedeutet, dass sich die Funktionswerte der Funktion im Abstand von 2π wiederholen; also: $\sin(x) = \sin(2\pi + x)$.
Die Amplitude ist der größte Ausschlag der Funktion; das ist bei der Sinusfunktion 1.

4 Max. Entfernung des Satelliten vom Äquator = Amplitude der Sinusfunktion = 4500. Die Periodenlänge und damit die Zeit für eine Erdumrundung beträgt etwa 120 Zeiteinheiten.

5 a) Der Parameter b hat Einfluss auf die Periode der Sinusfunktion.
$|b| < 1$: gestreckte Sinusfunktion, $|b| > 1$: gestauchte Sinusfunktion
b) Änderung des Parameters a.

6

	a)	b)
Amplitude:	0,5	2
Periode:	2π	4π
Verschiebung in Richtung der y-Achse:	0,5	0
Phasenverschiebung:	0	0
Funktionsgleichung:	$f(x) = 0{,}5 \cdot (\sin(x) + 1)$	$f(x) = 2 \cdot \sin(0{,}5 \cdot x)$

7 Die Lautstärke entspricht der Amplitude der Sinusfunktion und die Tonhöhe der Frequenz bzw. der Periode.

8 a) $x(t) = 5 \cdot \sin(t)$
$y(t) = 5 \cdot \cos(t)$
b) $x(t) = a \cdot \sin(t)$
$y(t) = b \cdot \cos(t)$, $a \neq b$

Lösungen zu Seite 136

1 a) Superpreis: $p(55) = \frac{1}{60} \approx 1{,}7\,\%$
$p(\text{Hauptgewinn}) = \frac{6}{60} = \frac{1}{10} = 10\,\%$
b) Einen Hauptgewinn erzielt man bei 100 Spielen etwa 10-mal.

2 a) Die Wahrscheinlichkeit ist $\frac{1}{5} = 20\,\%$
b) Simulation C

3 a) $26^3 = 17576$ b) $21 \cdot 5 \cdot 21 = 21^2 \cdot 5 = 2205$

4 $\frac{8 \cdot 7 \cdot 6}{3!} = 8 \cdot 7 = 56$

5 $\frac{20 \cdot 19 \cdot 18 \cdot 17}{4!} = 4845$
In einem Eisbecher kommt es auf die Reihenfolge nicht an. In einer Waffel könnte dies anders sein, da man nur eine Eiskugel nach der anderen schlecken kann. Dann sind es $20 \cdot 19 \cdot 18 \cdot 17 = 116280$ Möglichkeiten.

6 a) $\frac{25 \cdot 24 \cdot 23 \cdot \ldots \cdot 14}{12!} = 5200300$
b) $\frac{15 \cdot 14 \cdot \ldots \cdot 8}{8!} \cdot \frac{10 \cdot 9 \cdot 8 \cdot 7}{4!} = 6435 \cdot 210 = 1351350$

Lösungen zu Seite 137

7 a)

k	P(x = k)
0	0,000 655 36
1	0,007 864 32
2	0,041 287 68
3	0,123 863 04
4	0,232 243 2
5	0,278 691 84
6	0,209 018 88
7	0,089 579 52
8	0,016 796 16

8 $P(X > 5) = 1 - P(X \le 5)$
$\approx 0{,}0473$
(GTR-Befehl für $P(X \le 5)$: binomcdf (10,0.3,5))

9 Die Binomialverteilung ist hier nicht anwendbar, da die Treffer (= Infektionen) nicht unabhängig sind. Ist z. B. bereits ein Familienmitglied erkrankt, so steigt die Infektionswahrscheinlichkeit für die anderen Familienmitglieder stark an.

10 a) z. B. durch Mitteilung über eine genügend große Stichprobe von Patienten.
b) Es ist mit zwei Patienten zu rechnen.
c) $P(X = 2) = \binom{20}{2} \cdot 0{,}1^2 \cdot 0{,}9^{18} = 0{,}285\,179\,81$
$P(X = 0) = 0{,}9^{20} = 0{,}121\,576\,65$
$P(X > 4) = P(X = 5) + P(X = 6) + \ldots + P(X = 20) = 0{,}132\,953\,32$
d) Die Anzahl der Patienten mit Übelkeitserscheinungen ist mehr als dreimal so hoch wie nach den Herstellerangaben zu erwarten wäre. Dennoch kann dieses Ereignis (falls die Herstellerangaben richtig sind) mit der Wahrscheinlichkeit $P(X = 7) = 0{,}001\,970\,45$ auftreten.

11 Erwartungswert: $E(X) = 10$
Standardabweichung: $\sigma(X) \approx 3{,}1225$

12 Die Zahl der weiblichen Kunden liegt mit 68 %iger Wahrscheinlichkeit im Intervall $[E(X) - \sigma, E(X) + \sigma] = [513, 541]$.

13 a) X: Anzahl der Sechsen beim 100-maligen Würfeln
$E(X) = \frac{1}{6} \cdot 100 \approx 16{,}67$
Es kann mit knapp 17 Sechsen gerechnet werden.
b) $\sigma(X) \approx 3{,}7268$
c) $[E(X) - 2\sigma, E(X) + 2\sigma] \approx [9, 24]$

14 a) 30 % entsprechen 45 Portionen von dem vegetarischen Essen.
Sollten sich einmal mehr Schüler für das vegetarische Essen entscheiden (z. B. weil es sonst nur Blutwurst gibt), kann es natürlich zu einem Engpass kommen.
b) X: Anzahl der vegetarischen Essen
$E(X) = 45$
$\sigma(X) \approx 5{,}6125$
Die Wahrscheinlichkeit, dass die Anzahl der gewählten vegetarischen Essen um mehr als 5 vom Erwartungswert abweicht, liegt bei 68 %.
Rechenweg:
$E(X) = 150 \cdot 0{,}3 = 45$
$P(40 < X < 50) = P(E(X) - \sigma \le X \le E(X) + \sigma) = 0{,}68$ (Ablesen aus Tabelle)
c) Da die Wahrscheinlichkeit mit 32 % relativ hoch ist, dass die Anzahl der vegetarischen Essen um mehr als 5 vom Erwartungswert abweicht, muss der Caterer abwägen. Eventuell gibt es bestimmte fleischhaltige Gerichte, die erfahrungsgemäß eher beliebt oder unbeliebt sind (z. B. Hamburger oder Blutwurst). Dann kann er weniger bzw. mehr als 55 Portionen vegetarischer Gerichte anbieten.

Lösungen zu Seite 167

1 a) F1 → G2 F2 → G3 F3 → G1 F4 → G4
b)

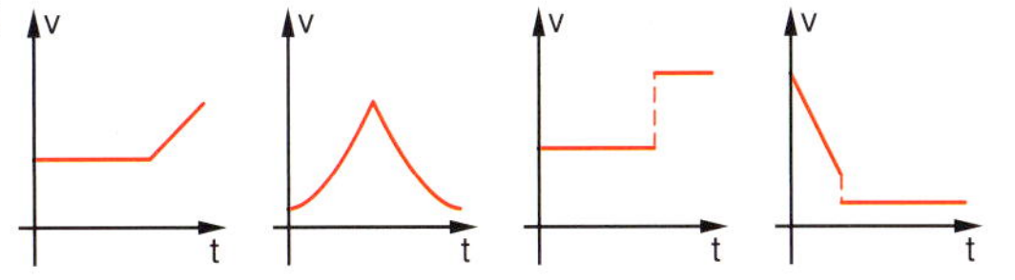

2

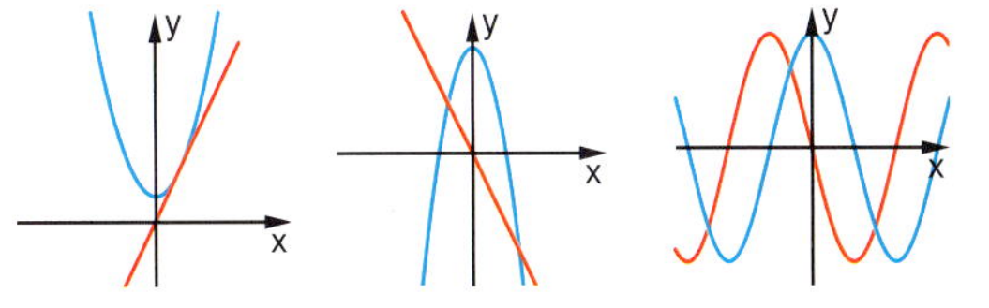

Funktionsgraph; Steigungsgraph

3 Lösung: b
Begründung: Funktionsgraph steigt für $x < 1$, also ist die Steigung dort positiv; Funktionsgraph fällt für $x > 1$, also ist die Steigung dort negativ.

4 a) Skizze des Geschwindigkeitsgraphen: rot (ohne Maßstab)

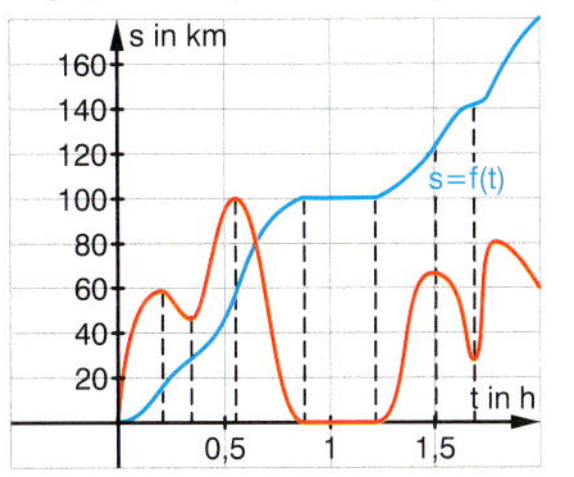

b) (I) Die Durchschnittsgeschwindigkeit während der Fahrzeiten liegt bei über 100 km/h und schwankt nur geringfügig, was typisch für eine Autobahnfahrt ist. Auf einer Bundesstraße wäre die Durchschnittsgeschwindigkeit geringer und die Schwankungen wären wegen der Ortsdurchfahrten größer. Zudem wäre zu erwarten, dass der Wagen etwa an Ampeln des Öfteren anhalten würde.
(II) Der Fahrer hat etwa von t = 0,8 h bis t = 1,25 h pausiert.
(III) Konstant war die Geschwindigkeit nur während der Pause. Der Geschwindigkeitsgraph zeigt, dass die Geschwindigkeit ansonsten nie für längere Zeiten konstant war.

5

Die mittlere Änderungsrate ist …	Die Mitte des Intervalls I liegt etwa bei …
… maximal	7
… minimal	16
… null	12

Lösungen zu Seite 168

6 a)

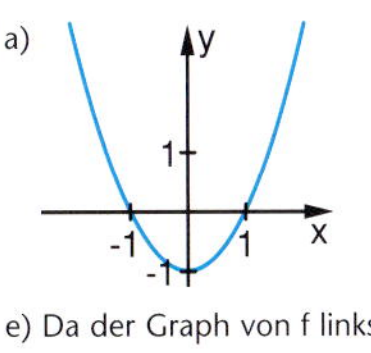

b) Durchschnittssteigung: m = 3
c) Sekantensteigung durch (2|3) und (3|8): m = 5
d) Bestimmung eines Näherungswertes mithilfe der Sekantensteigungsfunktion.
Sei h = 0,1: $msek(1) = \frac{f(1 + 0{,}1) - f(1)}{0{,}1} = 2{,}1$
(der Näherungswert wird mit kleinerem h besser).
e) Da der Graph von f linksgekrümmt ist, wächst die Steigung je weiter h rechts von 1 liegt und fällt, je weiter h links von 1 liegt. Also gilt $d_1 > d_2$.

7 a) Der Stein trifft auf, falls gilt: $f(t) = 0$, also: $0 = 80 - 5t^2$
Lösungen: $t_1 = -4$; $t_2 = 4$
Nur die Lösung t = 4 s ist sinnvoll.
b) Die Durchschnittsgeschwindigkeit ist die Sekantensteigung im Intervall [0; 4], also die der Sekante durch (0|80) und (4|0): m = −20 m/s
c) Für die Ableitungsfunktion f′ gilt:
$f'(t) = \lim\limits_{h \to 0} \frac{(80 - 5(t + h)^2) - (80 - 5t^2)}{h} = \lim\limits_{h \to 0} \frac{-10th - 5h^2}{h} = -10t$

Somit ist:

Zeit t in s	1	2	3
Höhe f(t) in m	75	60	35
Geschwindigkeit f'(t) in m/s	−10	−20	−30

d) Aus a) und c) folgt: Aufschlaggeschwindigkeit $f'(4) = -40$ m/s

8 a)

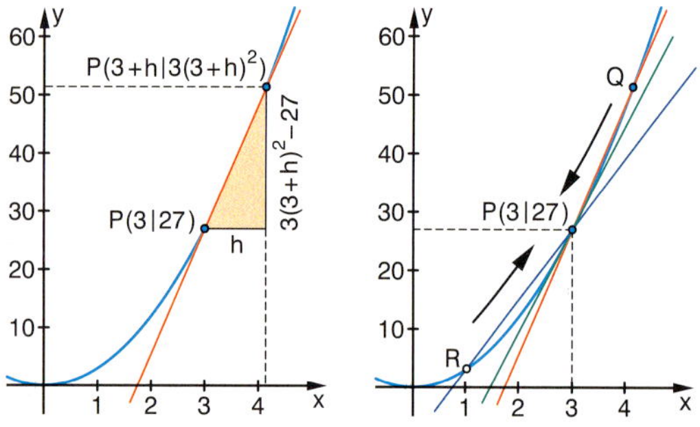

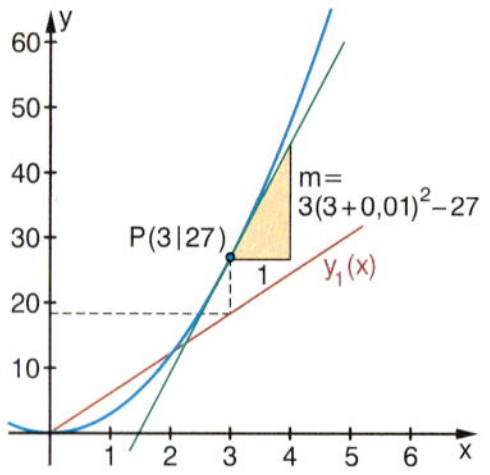

b) Term 1 → Durchschnittssteigung im Intervall [3; 3 + h]
Term 2 → Momentansteigung im Punkt (3 | f(3))
Term 3 → Sekantensteigungsfunktion für h = 0,01

9 a) Betrachtet wird die Sekantensteigung m_s durch die Punkte $(a|f(a))$ und $(a+h|f(a+h))$. Diese wird (im Beispiel) für kleiner werdendes h geringer und nähert sich, wie an dem Steigungsdreieck gut zu erkennen, der Tangentensteigung m an. m_s kommt m belebig nahe, allerdings wird m nie erreicht, da für keinen noch so kleinen Wert von h die Sekante zur gesuchten Tangente wird. Die Tangentensteigung m ist somit der Grenzwert der Sekantensteigungen.

b)

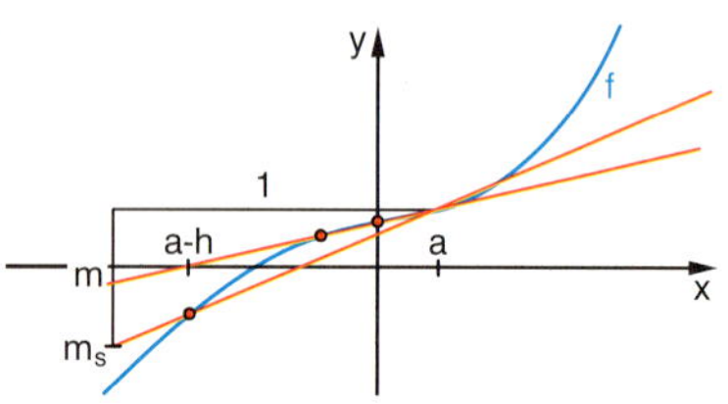

10 a) Wähle ein kleines h, etwa h = 0,01. Dann ist die Sekantensteigungsfunktion

$\text{msek}(x) = \frac{((x+0{,}01)^2+2)-(x^2+2)}{0{,}01} = \frac{0{,}02x+0{,}0001}{0{,}01} = 2x + 0{,}01$

eine gute Näherung für die Änderungsrate an der Stelle x. Die Näherung wird für kleineres h besser.

b) $f'(x) = \lim\limits_{h\to 0} \underbrace{\frac{((x+h)^2+2)-(x^2+2)}{h}}_{\text{Differenzenquotient}} = \lim\limits_{h\to 0} \frac{x^2+2hx+h^2+2-x^2-2}{h} = \lim\limits_{h\to 0} \frac{2hx+h^2}{h}$

$= \lim\limits_{h\to 0} 2x + h = 2x$

Lösungen zu den Vermischten Aufgaben (Seite 169–172) lassen sich im Internet unter www.mathematik-gymnasium.de/neue-wege/download herunterladen.

Lösungen zu Seite 227

1 a)

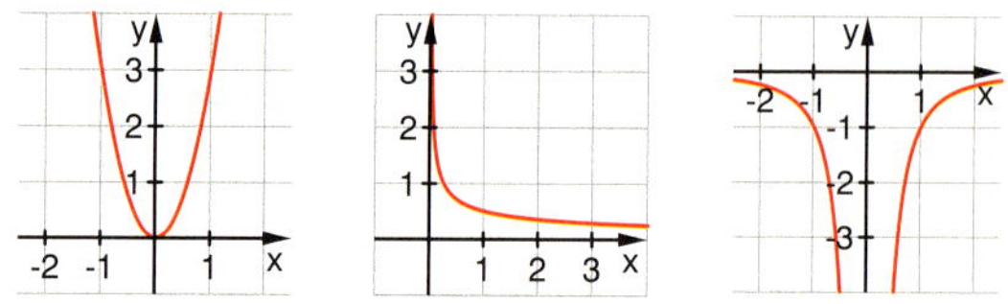

$f(x) = x^3$; $f'(x) = 3x^2$ $f(x) = \sqrt{x}$; $f'(x) = \frac{1}{2\sqrt{x}}$ $f(x) = \frac{1}{x}$; $f'(x) = -\frac{1}{x^2}$

b)

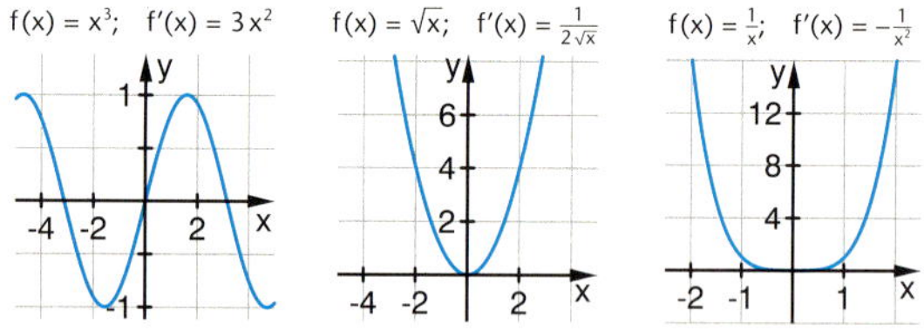

$f'(x) = \cos(x)$; $f(x) = \sin(x)$ $f'(x) = 2x$; $f(x) = x^2$ $f'(x) = 4x^3$; $f(x) = x^4$

2 a) $f_2'(x) = 2x$; $f_3'(x) = 3x^2$; $f_4'(x) = 4x^3$; $f_5'(x) = 5x^4$; $f_6'(x) = 6x^5$
allgemein gilt: $f_n'(x) = nx^{n-1}$
b) Die Steigungen von $f_2(x)$ betragen: $f_2'\left(\frac{1}{2}\right) = 1$; $f_2'(1) = 2$; $f_2'(2) = 4$
Die Steigungen stehen also jeweils im Verhältnis 1 : 2.
Entsprechend erhält man für
$f_3(x)$ jeweils das Verhältnis 1 : 4,
$f_4(x)$ jeweils das Verhältnis 1 : 8,
$f_5(x)$ jeweils das Verhältnis 1 : 16,
$f_6(x)$ jeweils das Verhältnis 1 : 32,
$f_n(x)$ jeweils das Verhältnis $1 : 2^{n-1}$.

3 a) $f'(x) = 3x^2$ b) $f'(x) = -\frac{3}{x^2}$ c) $f'(x) = -\frac{1}{4\sqrt{x}}$
d) $f'(x) = 2x - \frac{1}{x^2}$ e) $f'(x) = 9x^2 - 2x$ f) $f'(x) = 2 + \cos(x)$
g) $f'(x) = 2ax - b$ h) $f'(x) = \frac{1}{3}$ i) $f'(t) = 20t - 1$

4 $f'(x) = 4ax^3 + 3bx^2 + 2cx + d$

5 a) Schnittstelle mit y-Achse: $f(0) = 0$ $f'(0) = -4$
Schnittstelle mit x-Achse: $x_1 = 0$; $x_2 = 4$ $f'(0) = -4$; $f'(4) = 4$

b) $f'(x) = 2x - 4$
$f'(x) = 6 \Leftrightarrow x = 5$; $f'(x) = -2 \Leftrightarrow x = 1$; $f'(x) = 3 \Leftrightarrow x = 3{,}5$
c) Für waagerechte Tangenten von f(x) gilt: $f'(x) = 0 \Leftrightarrow x = -2$

6 a) Parallele Tangenten besitzen gleiche Steigungen.
Also: $f'(x) = g'(x)$
$2x = 3x^2 \Rightarrow x_1 = 0$; $x_2 = \frac{2}{3}$
b) Schnittstelle von f(x) und g(x): $f(x) = g(x) \Rightarrow x = 0$
An der Schnittstelle x = 0 gilt: $f'(0) = g'(0) = 0$

7 a) $f'(x) = x$; $f'(1) = 1$ b) $f'(x) = -\frac{2}{x^2}$; $f'(1) = -2$ c) $f'(x) = 2 \cdot \cos(x)$; $f'(0) = 2$
$y = x$ $y = -2x + 4$ $y = 2x$

8 Steigung m der Tangente im Punkt $P(a|a^3)$: $f'(a) = 3a^2 = m$
Einsetzen von m und P (mit x = a und $y = a^3$) in die allgemeine Geradengleichung $y = mx + b$ liefert: $a^3 = 3a^2 \cdot a + b \Leftrightarrow b = -2a^3$
Also folgt mit $m = 3a^2$ und $b = -2a^3$ die Tangentengleichung $y = 3a^2 \cdot x - 2a^3$.

9 a) Steigung m_t von $f(x) = x^2$ an der Stelle x = 2: $f'(2) = 4$
Steigung m_{AB} der Sekante durch A und B: $\frac{f(3)-f(1)}{3-1} = \frac{8}{2} = 4$
Also gilt $m_t = m_{AB}$.
b) Steigung m_t von $f(x) = x^3$ an der Stelle x = 2: $f'(2) = 12$
Steigung m_{AB} der Sekante durch A und B: $\frac{f(3)-f(1)}{3-1} = \frac{26}{2} = 13$
Also gilt $m_t \neq m_{AB}$.

Lösungen zu Seite 228

10 a) An lokalen Extremstellen gilt $f'(x) = 0$, also:
$f'(x) = 3x^2 - 6x = 0 \Rightarrow x_1 = 0;\ x_2 = 2$
Außerdem ist: $f''(x_1) = -6 < 0 \Rightarrow$ Hochpunkt $HP(0|4)$
$f''(x_2) = 6 > 0 \Rightarrow$ Tiefpunkt $TP(2|0)$
An Wendestellen gilt $f''(x) = 0$, also:
$f''(x) = 6x - 6 = 0 \Rightarrow x = 1$
Außerdem ist: $f'''(x) = 6 > 0 \Rightarrow$ Wendepunkt $WP(1|2)$

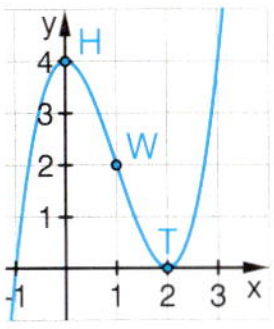

b) streng monoton wachsend: $]-\infty; 0]$; $[2, \infty[$
streng monoton fallend: $[0; 2]$

c) An Hochpunkten ist ein Graph stets rechts-, an Tiefpunkten stets links-gekrümmt. Da der Wendepunkt zwischen Hoch- und Tiefpunkt liegt, muss der Graph dort einen rechts-links-Wendepunkt haben.

11 $f(x)$ hat bei $x = 0$ einen Hochpunkt ($f'(0) = 0$ und $f''(0) < 0$) und bei $x = 4$ ($f'(4) = 0$ und $f''(4) > 0$) einen Tiefpunkt. Außerdem hat $f(x)$ bei $x = 2$ einen Wendepunkt ($f''(x)$ hat bei $x = 2$ einen VZW bzw. $f'(x)$ ein lokales Extremum).

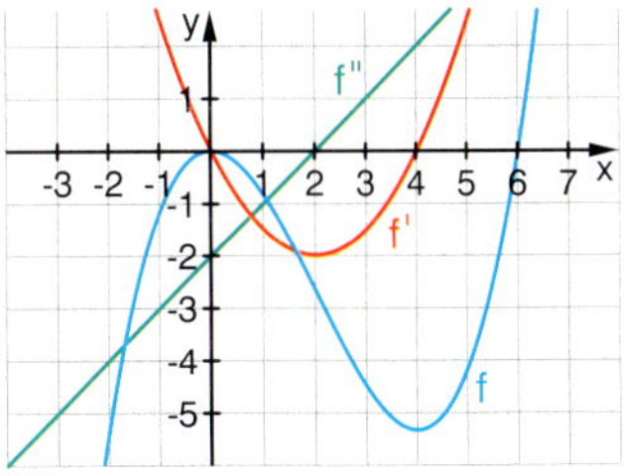

12 (I) Falsch, Gegenbeispiel: $f(x) = x^3$
(II) Wahr, $f'(x)$ ist quadratisch und kann somit höchstens zwei Nullstellen haben.
(III) Wahr, $f'(x)$ ist quadratisch und hat stets genau ein lokales Extremum.
(IV) Wahr, an einem Tiefpunkt hat $f'(x)$ einen Vorzeichenwechsel und somit eine Nullstelle.
(V) Falsch, da $f(x)$ immer einen Wendepunkt besitzt (vergl. (III)), ändert sich das Krümmungsverhalten immer.

13 a) $f'(x)$ ist eine Parabel und hat somit genau ein lokales Extremum.
b) $f'(x)$ ist für alle x negativ. Die Wendetangente hat die Steigung $m = -1$.
c) $f'(x)$ besitzt keine Nullstellen, somit hat $f(x)$ keine waagerechten Tangenten.
d) $f'(x)$ ist für alle x negativ.

14 Jede Funktion dritten Grades verhält sich im Unendlichen wie $g(x) = ax^3$ mit $a \neq 0$.
Für $a > 0$ gilt: aus $x \to \infty$ folgt $g(x) \to \infty$ sowie aus $x \to -\infty$ folgt $g(x) \to -\infty$
Für $a < 0$ gilt: aus $x \to \infty$ folgt $g(x) \to -\infty$ sowie aus $x \to -\infty$ folgt $g(x) \to \infty$
Jede Funktion dritten Grades besitzt also (mindestens) einen Vorzeichenwechsel.

15 a) Punktsymmetrie zum Ursprung
b) keine Symmetrie
c) Achsensymmetrie zur y-Achse
d) keine Symmetrie

16 a) $f_{a)}(x)$: $x_1 = -\sqrt{2}$; $x_2 = 0$; $x_3 = \sqrt{2}$
$f_{b)}(x)$: $x_1 = -2$; $x_2 = 0$
$f_{c)}(x)$: keine Nullstellen
$f_{d)}(x)$: $x_1 = 0$; $x_2 = 1$

b) $f_{a)}(x)$: zwei Extrempunkte; ein Wendepunkt
$f_{b)}(x)$: zwei Extrempunkte; ein Wendepunkt
$f_{c)}(x)$: ein Tiefpunkt; keine Wendepunkte
$f_{d)}(x)$: ein Tiefpunkt; keine Wendepunkte

c) Keine Funktion besitzt einen Sattelpunkt.

17 Da die Funktionen vom Typ II und Typ III streng monoton steigen, besitzen sie nur eine Nullstelle. Funktionen vom Typ I besitzen genau zwei Nullstellen, wenn einer der Extrempunkte mit einer Nullstelle zusammenfällt.

Lösungen zu Seite 229

18 a) a: Seitenlänge der quadratischen Grundfläche des Quaders in cm
b: Höhe des Quaders in cm
Zielfunktion: $V = a^2 \cdot b$
Nebenbedingung: $O = 24$; $24 = 2a^2 + 4ab \Leftrightarrow b = -\frac{1}{2}a + \frac{6}{a}$
Einsetzen von b in die Zielfunktion: $V(a) = -\frac{1}{2}a^3 + 6a$
Extremwertbestimmung: $V'(a) = -\frac{3}{2}a^2 + 6$; $V'(a) = 0 \Rightarrow a_1 = -2;\ a_2 = 2$

Nur a_2 ist sinnvoll im Sinne der Aufgabenstellung. Da $V'(a)$ eine nach unten geöffnete Parabel ist, liegt für a_2 ein Maximum vor.
Einsetzen von $a = 2$ in $b = -\frac{1}{2}a + \frac{6}{a}$ ergibt $b = 2$; die Ideale Form ist also ein Würfel mit der Seitenlänge 2 cm.

b) Wiederholt man die Rechenschritte aus a) mit allgemeinem O, so erhält man als ideale Seitenlänge $a = \sqrt{\frac{O}{6}}$. Setzt man diesen Wert ein, so erhält man $b = \sqrt{\frac{O}{6}}$. Die ideale Form ist also immer ein Würfel mit Seitenlänge $\sqrt{\frac{O}{6}}$ cm.

19 a: Höhe des Ganges bis zum Halbkreis in m
b: Radius des Halbkreises in m
Zielfunktion: $A = a \cdot 2r + 0{,}5 \cdot \pi r^2$
Nebenbedingung: $U = 10$; $10 = 2a + 2r + \pi r \Leftrightarrow a = -\frac{\pi r}{2} - r + 5$
Einsetzen von a in die Zielfunktion: $A(r) = -(0{,}5\pi + 2)r^2 + 10r$
Extremwertbestimmung: $A'(r) = -2(0{,}5\pi + 2)r + 10$;
$A'(r) = 0 \Rightarrow r = \frac{10}{\pi + 4} \approx 1{,}4$

Da $A(r)$ eine nach unten geöffnete Parabel ist, liegt für r ein Maximum vor.
Einsetzen von $r = \frac{10}{\pi + 4}$ in $a = -\frac{\pi r}{2} - r + 5$ ergibt $a = \frac{10}{\pi + 4} \approx 1{,}4$; die Ideale Form ist also ein Rechteck mit Breite etwa 2,4 m, Höhe etwa 1,4 m und aufgesetztem Halbkreis.

20 n: Anzahl der Bestellungen
a: Anzahl der Einheiten pro Bestellung
K: Gesamtkosten
Zielfunktion: $K = 75n + \frac{a}{2} \cdot 8$ (75 n: Bestellkosten in €; $\frac{a}{2} \cdot 8$: jährliche Lagerkosten in € (Erläuterung: man sieht leicht, dass durchschnittlich das ganze Jahr über $\frac{a}{2}$ Einheiten lagern; diese verursachen Kosten von 8 € pro Stück))
Nebenbedingung: $1200 = n \cdot a$; $n = \frac{1200}{a}$
Einsetzen von n in die Zielfunktion: $K(a) = \frac{90\,000}{a + 4a}$
Extremwertbestimmung:
$K'(a) = \frac{-90\,000}{x^2 + 4}$; $K'(a) = 0 \Rightarrow a_1 = -150;\ a_2 = 150$
Nur a_2 ist sinnvoll im Sinne der Aufgabenstellung. Da $K'(a)$ eine nach unten geöffnete Parabel ist, liegt für a_2 ein Maximum vor.
Einsetzen von $a = 150$ in $n = \frac{1200}{a}$ ergibt $n = 8$; die ideale Bestellstrategie erfordert also 8 Bestellungen á 150 Einheiten.

21 $G(x) = U(x) - K(x) = 40x - (2{,}5x^3 - 16x^2 + 60x + 10)$
$= -2{,}5x^3 + 16x^2 - 20x - 10$

Bestimmung des Gewinnbereiches:
Nullstellen von $G(x)$: $G(x) = 0 \Rightarrow x_1 \approx -0{,}38;\ x_2 \approx 2{,}43;\ x_1 \approx 4{,}35$
Nur x_2 und x_3 sind sinnvolle Produktionsmengen. Eine Vorzeichenbetrachtung zeigt, dass etwa im Intervall $[2{,}43; 4{,}35]$ ein Gewinn erwirtschaftet wird.

Bestimmung der idealen Stückzahl:
Extremstellen von $G(x)$: $G'(x) = 0 \Rightarrow x_1 \approx 0{,}76;\ x_2 \approx 3{,}51$
Die Bestimmung des Gewinnbereiches (s. o.) zeigt, dass es sich bei x_2 um das gesuchte Maximum handelt.

Bestimmung des Gewinnmaximums:
$G(3{,}51) \approx 8{,}81$
Bei einer Produktion von etwa 351 Radiergummis wird ein Gewinn von etwa 8,81 € erwirtschaftet.

Lösungen zu den Vermischten Aufgaben (Seite 230–233) lassen sich im Internet unter www.mathematik-gymnasium.de/neue-wege/download herunterladen.

Stichwortverzeichnis

Fotoverzeichnis

A1PIX /Your Photo Today, Taufkirchen: 146 unten (DUC); Agentur Focus, Hamburg: 75 (SPL), 141 rechts (Claude Nuridsany & Marie Perennou/SPL); akg-images GmbH, Berlin: 30, 62; alimdi.net, Deisenhofen: 146 oben (Michael Szoenyi); Arco Images GmbH, Lünen: 42 rechts; argus Fotoarchiv GmbH, Hamburg: 152 Mitte (Peter Frischmuth); Astrofoto Inh. Bern Koch e.K., Sörth: 101 oben rechts, 143; Bildagentur Geduldig, Maulbronn: 171 unten; bildagentur-online, Burgkunstadt: 138 Mitte, 192 oben; Biosphoto, Avignon: 142 oben (Michel Gunther); Blickwinkel, Witten: 39 (Baesemann), 82 (O. Giel); Bridgeman Berlin, Berlin: 219; Cambridge Bay Weather: 142 Mitte mittig; Caro Fotoagentur GmbH, Berlin: 138 oben (Kaiser); Corbis, Düsseldorf: 49 oben (Charles O'Rear), 50 (Craig Lovell), 81 (Bettmann), 99 unten (Sygma/Caron), 138 unten (Ted Horowitz); Emsa Werke, Emsdetten: 160; F1online digitale Bildagentur GmbH, Frankfurt/Main: 35 unten (Krauskopf); Face To Face Bildagentur GmbH, Hamburg: 162 links; fotolia.com , New York: 8 rechts (Marc Heiligenstein); Getty Images, München: 134 (Sandra Behne/Bongarts); Helga Lade Fotoagentur GmbH, Frankfurt/Main: 171 oben; Institut de Physique Nucleaire, Paris: 65 unten; Institut für Biomechanik, Deutsche Sporthochschule: 26 Mitte rechts; IPNSTOCK: 200 (Jim Powell); Juniors Bildarchiv, Ruhpolding: 214 oben; kes-online, München: 99 oben rechts; Klaus Kohn, Braunschweig: 9; Henning Körner: 224 oben links, 224 oben rechts, 224 unten; laif, Köln: 96 Mitte (REA); Frank Laumen: 102; Arno Lergenmüller, Roxheim: 51 unten, 68, 112, 113, 116 Mitte, 116 oben, 116 unten, 117 oben, 117 unten, 119, 120; LOOK-foto, München: 152 unten (Ingolf Pompe); J. Lux, Essehof: 14 unten; mauritius images, Mittenwald: 15 (Jose Fuste Raga), 21 (Plomer), 26 oben (F. Röder), 26 unten links (Christian Reister), 28 Mitte (Wendler), 35 Mitte rechts (F v. d. Ropp), 99 oben rechts (Vidler), 110 (age), 130 (Glasshouse), 147 oben (go-images), 152 oben (ANP Photo), 162 rechts (Phototake), 192 unten (age), 201 oben (Simone Fichtl), 201 unten (imagebroker); National Portrait Gallery, London: 132; OKAPIA KG Michael Grzimek & Co, Frankfurt/Main: 42 links (Walz), 131 (Laßwitz/ Naturbild), 150 (Bengt Hedberg/Naturbild AB); onboardmag.com: 28 oben; Panther Media GmbH, München: 14 oben (Philip L.); Phywe Systeme GmbH & Co. KG, Göttingen: 86 oben; Picture-Alliance, Frankfurt/Main: 53 (dpa), 65 oben (Ingo Arndt/Okapia), 67 (Klaus Rose/Okapia), 69 (dpa), 70 (dpa), 101 oben links (dpa), 125 (akg-images), 141 links (dpa/dpaweb), 166 (dpa); Rüsing, Essen: 220 unten; K.-P. Schrage, Braunschweig: 122, 126, 129; Fotoagentur SVEN SIMON Gmbh & Co. Pressefoto KG, Mülheim an der Ruhr: 26 Mitte links; Skate Association Germany e.V., Ingo Steinke, Münster: 163 oben; StockFood GmbH , München: 218 (Uwe Bender); Superbild/ Your Photo Today, Taufkirchen: 90 (Eric Bach); T. Vogt, Hargesheim/Bad Kreuznach: 94 oben, 94 unten, 100 Mitte rechts, unten, 100 oben links-1, 100 oben links-2, 100 oben links-3, 145 unten links, 145 unten rechts, 214 Mitte links, 214 Mitte rechts; TopicMedia Service, Ottobrunn: 155 (Usher); TV-yesterday, München: 222 (W. M. Weber); ullstein bild, Berlin: 135 (Oed); vario images GmbH & Co. KG, Bonn: 144, 147 unten, 159, 223; Visum Foto GmbH, Hamburg: 146 Mitte (Thomas Pflaum), 215 oben (A. Vossberg), 215 unten (Sven Doering), 220 oben (euroluftbild.de); wikipedia.org: 163 unten.

Alle übrigen Fotos: G. Schmidt, Stromberg

Es war uns nicht in allen Fällen möglich, die Inhaber der Bildrechte ausfindig zu machen. Berechtigte Ansprüche werden selbstverständlich im Rahmen der üblichen Konditionen abgegolten.